Künstliche Intelligenz verstehen

Ralf T. Kreutzer

Künstliche Intelligenz verstehen

Grundlagen – Use-Cases – unternehmenseigene KI-Journey

2., vollständig überarbeitete und erweiterte Auflage

Springer Gabler

Ralf T. Kreutzer
Campus Schöneberg
Hochschule für Wirtschaft und Recht
Berlin, Deutschland

ISBN 978-3-658-42597-5 ISBN 978-3-658-42598-2 (eBook)
https://doi.org/10.1007/978-3-658-42598-2

Die Deutsche Nationalbibliothek verzeichnet diese Publikation in der Deutschen Nationalbibliografie; detaillierte bibliografische Daten sind im Internet über https://portal.dnb.de abrufbar.

Planung/Lektorat: Angela Meffert
Springer Gabler ist ein Imprint der eingetragenen Gesellschaft Springer Fachmedien Wiesbaden GmbH und ist ein Teil von Springer Nature.
Die Anschrift der Gesellschaft ist: Abraham-Lincoln-Str. 46, 65189 Wiesbaden, Germany

Das Papier dieses Produkts ist recyclebar.

Künstliche Intelligenz ist wichtig!
Echte Intelligenz aber auch!

Vorwort zur 2. Auflage

Liebe Leserinnen und liebe Leser,

kaum ein Thema hat in den letzten Jahren die Menschen so bewegt wie die **Künstliche Intelligenz**. Die Verfügbarkeit von ***ChatGPT*** ab November 2022 hat die Möglichkeiten der Künstlichen Intelligenz einer breiten Öffentlichkeit zum ersten Mal umfassend sichtbar gemacht. Seit diesem **iPhone-Moment** vergeht kaum ein Tag, an dem in der meinungsbildenden Presse nicht über die Chancen und Risiken der Künstlichen Intelligenz im Allgemeinen und von *ChatGPT* im Besonderen diskutiert wird. Und immer mehr Verantwortungsträger erkennen, dass wir uns das Potenzial der Künstlichen Intelligenz erschließen sollten – eher früher als später!

In China wurde die Künstliche Intelligenz bereits vor vielen Jahren in den **Mittelpunkt der 4. industriellen Revolution** gestellt. Dass China und die USA heute das Rennen um die Spitzenposition bestreiten, ist folglich kein Zufall, sondern das Ergebnis strategischer Prioritäten. Davon sind wir in Deutschland und Europa noch weit entfernt. Politische Initiativen zünden kaum. So bleibt es – wieder einmal – vor allem strategisch denkenden Verantwortungsträgern in den Unternehmen überlassen, die richtigen Schwerpunkte zu setzen. Dabei gilt es, die Möglichkeiten wie auch die Gefahren, die mit dem KI-Einsatz verbunden sind, gleichermaßen zu berücksichtigen.

Dazu soll dieses Werk einen Beitrag leisten. Hier geht es nicht um die komplexen Algorithmen. Dazu gibt es einschlägige Werke. Es geht vielmehr darum, die **Potenziale der Künstlichen Intelligenz für Politik, Wirtschaft und Gesellschaft** zu erkennen – um dann angemessen zu handeln. Auch auf die Risiken wird intensiv hingewiesen, um diese bei der KI-Implementierung mitzudenken. Allerdings darf eine Fokussierung auf die Risiken den Blick auf die Chancen des KI-Einsatzes in den verschiedensten Bereichen nicht verstellen.

Schließlich hat sich die **Künstliche Intelligenz** schon lange von einer **Nice-to-have-Technologie** zu einer **Must-have-Technologie** entwickelt. Immer mehr Leistungsträger erkennen, dass die Künstliche Intelligenz keine Innovation wie viele andere ist. **KI ist eine Basisinnovation**, die bereits heute in immer mehr Wirtschafts- und Lebensbereiche vordringt. Es ist an uns, auf diese Entwicklung gut vorbereitet zu sein. Wir sollten diese Technologie für uns erschließen, wie es Generationen vor uns schon bei der Erfindung des

Buchdrucks, des Automobils, der Flugzeuge und des Internets getan haben. Und ja: Jede Technologie bringt Fluch und Segen!

Jedes Unternehmen ist aufgerufen, seine **individuelle KI-Journey** zu beginnen. Lieber früher als später! Auch hierzu werden in diesem Werk wichtige Denk- und Handlungsimpulse vermittelt. Vor allem aber soll dieses Werk neugierig darauf machen, welche Beiträge die Künstliche Intelligenz zur nachhaltigen und erfolgreichen Zukunftsgestaltung für uns alle mit sich bringt.

Meine geschätzte Ko-Autorin der ersten Auflage, *Marie Sirrenberg*, kann dieses Mal leider nicht mehr dabei sein. Sie erklimmt momentan die Karriereleiter und muss ihre wertvollen Kompetenzen in ihr eigenes Unternehmen einbringen. Ich danke ihr nochmals von Herzen, dass wir den ersten Schritt zu diesem Werk gemeinsam vollzogen haben. Ich danke meinem geschätzten Lektorinnen-Team vom *Springer Gabler Verlag*, Frau *Barbara Roscher* und Frau *Angela Meffert*, dass sie das Gelingen dieses Werkes wieder so tatkräftig unterstützt haben.

Herzlichst Ihr Ralf. T. Kreutzer

Berlin/Königswinter, Deutschland Ralf T. Kreutzer
Oktober 2023

Vorwort

Liebe Leserinnen und liebe Leser,

kaum ein Thema hat in den letzten Jahren die Menschen so bewegt wie die **Künstliche Intelligenz**. Die Verfügbarkeit von ***ChatGPT*** ab November 2022 hat die Möglichkeiten der Künstlichen Intelligenz einer breiten Öffentlichkeit zum ersten Mal umfassend sichtbar gemacht. Seit diesem **iPhone-Moment** vergeht kaum ein Tag, an dem in der meinungsbildenden Presse nicht über die Chancen und Risiken der Künstlichen Intelligenz im Allgemeinen und von *ChatGPT* im Besonderen diskutiert wird. Und immer mehr Verantwortungsträger erkennen, dass wir uns das Potenzial der Künstlichen Intelligenz erschließen sollten – eher früher als später!

In China wurde die Künstliche Intelligenz bereits vor vielen Jahren in den **Mittelpunkt der 4. industriellen Revolution** gestellt. Dass China und die USA heute das Rennen um die Spitzenposition bestreiten, ist folglich kein Zufall, sondern das Ergebnis strategischer Prioritäten. Davon sind wir in Deutschland und Europa noch weit entfernt. Politische Initiativen zünden kaum. So bleibt es – wieder einmal – vor allem strategisch denkenden Verantwortungsträgern in den Unternehmen überlassen, die richtigen Schwerpunkte zu setzen. Dabei gilt es, die Möglichkeiten wie auch die Gefahren, die mit dem KI-Einsatz verbunden sind, gleichermaßen zu berücksichtigen.

Dazu soll dieses Werk einen Beitrag leisten. Hier geht es nicht um die komplexen Algorithmen. Dazu gibt es einschlägige Werke. Es geht vielmehr darum, die **Potenziale der Künstlichen Intelligenz für Politik, Wirtschaft und Gesellschaft** zu erkennen – um dann angemessen zu handeln. Auch auf die Risiken wird intensiv hingewiesen, um diese bei der KI-Implementierung mitzudenken. Allerdings darf eine Fokussierung auf die Risiken den Blick auf die Chancen des KI-Einsatzes in den verschiedensten Bereichen nicht verstellen.

Schließlich hat sich die **Künstliche Intelligenz** schon lange von einer **Nice-to-have-Technologie** zu einer **Must-have-Technologie** entwickelt. Immer mehr Leistungsträger erkennen, dass die Künstliche Intelligenz keine Innovation wie viele andere ist. **KI ist eine Basis-Innovation**, die bereits heute in immer mehr Wirtschafts- und Lebensbereiche vordringt. Es ist an uns, auf diese Entwicklung gut vorbereitet zu sein. Wir sollten diese Technologie für uns erschließen, wie es Generationen vor uns schon bei der Erfindung des

Buchdrucks, des Automobils, der Flugzeuge und des Internets getan haben. Und ja: Jede Technologie bringt Fluch und Segen!

Jedes Unternehmen ist aufgerufen, seine **individuelle KI-Journey** zu beginnen. Lieber früher als später! Auch hierzu werden in diesem Werk wichtige Denk- und Handlungsimpulse vermittelt. Vor allem aber soll dieses Werk neugierig darauf machen, welche Beiträge die Künstliche Intelligenz zur nachhaltigen und erfolgreichen Zukunftsgestaltung für uns alle mit sich bringt.

Um diese Entwicklung zu unterstützen, wurde die 1. Auflage komplett überarbeitet, neu strukturiert und umfassend auf den aktuellen Entwicklungsstand gebracht. Hierzu zählen u. a. die folgenden Bereiche:

- **Vorstellung der großen Sprachmodelle**, wie bspw. *Aleph Alpha*, *ChatGPT*
- **Diskussion der Möglichkeiten von Generative AI**, der „schöpferischen" Künstlichen Intelligenz; hierzu zählen Systeme, die nach Aufforderungen (sogenannten Prompts) Texte, Bilder, Musik etc. erschaffen
- **Analyse von Affective Computing**, durch das KI-Systeme in der Lage sind, Emotionen wahrzunehmen und auf diese zu reagieren
- **Ethik, Fairness und Erklärbarkeit der KI** werden umfassend diskutiert
- **Präsentation von Open-Source-Lösungen, Datenpools und Förderprogrammen**, um Unternehmen den **Einstieg in die eigene KI-Journey** zu erleichtern
- **Aufzeigen von spannenden Use Cases** der Künstlichen Intelligenz, um den entscheidenden KI-Wertschöpfungsbeitrag herauszuarbeiten (bspw. auch in Richtung **Metaverse**)
- **Diskussion der rechtlichen Rahmenbedingungen** (AI Act, DSG-VO), die beim KI-Einsatz zu berücksichtigen sind

Meine geschätzte Co-Autorin der ersten Auflage, *Marie Sirrenberg*, kann dieses Mal leider nicht mehr dabei sein. Sie erklimmt momentan die Karriereleiter und muss ihre wertvollen Kompetenzen in das eigene Unternehmen einbringen. Ich danke ihr nochmals von Herzen, dass wir den ersten Schritt zu diesem Werk gemeinsam vollzogen haben.

Ich freue mich, dass ich den Geschäftsführer des *Deutschen Dialogmarketing Verbandes*, Rechtsanwalt *Franz Peter Altemeier*, für eine rechtliche Würdigung des KI-Einsatzes gewinnen konnte. Ich danke meinem geschätzten Lektorinnen-Team vom *Springer Gabler Verlag*, Frau *Barbara Roscher* und Frau *Angela Meffert*, dass sie das Gelingen dieses Werkes wieder so tatkräftig unterstützt haben.

Herzlichst Ihr Ralf. T. Kreutzer

Berlin/Königswinter, Deutschland Ralf T. Kreutzer
Oktober 2023

Inhaltsverzeichnis

Teil III KI-Challenge – wie Künstliche Intelligenz im Unternehmen zu verankern ist

Über den Autor

Prof. Dr. Ralf T. Kreutzer ist seit 2005 Professor für Marketing an der Hochschule für Wirtschaft und Recht/Berlin School of Economics and Law. Parallel ist er als Trainer, Coach sowie als Marketing und Management Consultant tätig. Er war 15 Jahre in verschiedenen Führungspositionen bei Bertelsmann (letzte Position Direktor des Auslandsbereichs einer Tochtergesellschaft), Volkswagen (Geschäftsführer einer Tochtergesellschaft) und der Deutschen Post (Geschäftsführer einer Tochtergesellschaft) tätig, bevor er 2005 zum Professor für Marketing berufen wurde.

Prof. Kreutzer hat durch regelmäßige Publikationen und Keynote-Vorträge (u. a. in Deutschland, Österreich, der Schweiz, Frankreich, Belgien, Singapur, Indien, Japan, Russland, in den USA) maßgebliche Impulse zu verschiedenen Themen rund um Marketing, Dialog-Marketing, CRM/Kundenbindungssysteme, Database-Marketing, Online-Marketing, Social-Media-Marketing, Digitalen Darwinismus, Digital Branding, Dematerialisierung, Change-Management, digitale Transformation, Künstliche Intelligenz, Agiles Management, strategisches sowie internationales Marketing gesetzt und eine Vielzahl von Unternehmen im In- und Ausland in diesen Themenfeldern beraten. Zusätzlich ist Prof. Kreutzer als Trainer und Coach im Einsatz.

Seine jüngsten Buchveröffentlichungen sind „Toolbox für Marketing und Management" (2018), „Toolbox for Marketing and Management" (2019), „B2B-Online-Marketing und Social Media" (2. Aufl., 2020, zusammen mit Andrea Rumler und Benjamin Wille-Baumkauff), „Voice-Marketing" (2020, zusammen mit Darius Vousoghi), „Die digitale Verführung“ (2020), „Kundendialog online und offline“ (2021), „Praxisorientiertes Online-Marketing“ (4. Aufl., 2021), „Toolbox für Digital Business“ (2021), „Social-Media-Marketing kompakt“ (2. Aufl., 2021), „E-Mail-Marketing kompakt“ (2. Aufl., 2021), „Online-Marketing – Studienwissen kompakt“ (3. Aufl., 2021), „Online Marketing“ (2022), „Digitale Markenführung“ (2022, zusammen mit Karsten Kilian), „Praxisorientiertes Marketing“ (6. Aufl., 2022), „Toolbox Digital Business“ (2022), „Der Weg zur nachhaltigen Unternehmensführung“ (2023), „Metaverse kompakt“ und „Next stop Metaverse“ (2023, zusammen mit Sonja Klose).

Abkürzungsverzeichnis

Abb.	Abbildung
Abschn.	Abschnitt
AGI	Artificial General Intelligence
AGV	Automated Guided Vehicle
AI	Artificial Intelligence
AIoT	Artificial Intelligence of Things
AKI	Acute Kidney-Injury
ANN	Artificial Neuronal Networks
AP	Associated Press
API	Application-Programming-Interface (Anwendungsprogrammier-Schnittstelle)
AR	Augmented Reality
AWS	Amazon Web Services
B2B	Business-to-Business
B2C	Business-to-Consumer
BAAI	Beijing Academy of Artificial Intelligence
BaaS	Backup as a Service
BAT	Baidu, Alibaba, Tencent
BATX	Baidu, Alibaba, Tencent, Xiaomi
BBC	British Broadcasting Corporation
BCI	Brain Computer Interface
BERT	Bidirectional Encoder Representations from Transformers
BKA	Bundeskriminalamt
BMI	Brain Machine Interface
BMWK	Bundesministeriums für Wirtschaft und Klimaschutz
bspw.	beispielsweise
BVLOS	Beyond Visual Line of Sight
bzgl.	bezüglich
bzw.	beziehungsweise
CAD	Computer-Aided Design

CDO	Chief Digital Officer
CFI	Leverhulme Centre for the Future of Intelligence
CLO	Chief Learning Officer
CSO	Chief Sustainability Officer
CGI	Computer-Generated Imagery
CHRO	Chief Human Resource Manager
CNN	Convolutional Neural Networks
CPI	Cost per Interest
CPO	Cost per Order
CPS	Cyber Physical System
CRISPR	Clustered Regularly Interspaced Short Palindromic Repeats
CRM	Customer-Relationship-Management
CSS	Cascading Style Sheets
CT	Computertomografie
CTM	Consumer-to-Manufacturer
CUI	Conversational User Interface
CV	Curriculum vitae
d. h.	das heißt
D2C	Direct-to-Customer
DCS	Distributed Control System
DDoS	Distributed Denial of Service
DFKI	Deutsches Forschungszentrum für Künstliche Intelligenz
DICaaS	Data-Intensive Computing as a Service
DS-GVO	Datenschutz-Grundverordnung
DTT	Data-to-Text
DWH	Data Warehouse
EEG	Elektroenzephalografie
EMG	Elektromyografie
ERP	Enterprise Resource Planning
ESG	Environmental, Social, Governance
ETFs	Exchange-Traded Funds
EU	Europäische Union
FAQs	Frequently Asked Questions
FCAS	Future Combat Air System
FLOPS	Floating Point Operations Per Second
fMRI	funktionelle Magnetresonanztomografie
FTF	fahrerlose Transportfahrzeuge
GAFA	Google/Alphabet, Apple, Facebook, Amazon
GAFAM	Google/Alphabet, Apple, Facebook, Amazon und Microsoft
GAN	Generative Adversarial Network
ggf.	gegebenenfalls
GNSS	Global Navigation Satellite System

GPS	Global Positioning System
GPT	Generative Pretrained Transformer
GPU	Graphics Processing Unit
GUI	Graphical User Interface
HALOS	Human-Augmented Language Operating System
HBP	Human Brain Project
HCM	Human Capital Management
HEAT	Hamburg Electric Autonomous Transportation
HMI	Human Machine Interface
HPCaaS	High Performance Computing as a Service
HPI	Hasso-Plattner-Institut
HR	Human Resources
HRIS	Human Resource Information System
HuaaS	Humans as a Service
HXM	Human Experience Management
IaaS	Infrastructure as a Service
IIoT	Industrial Internet of Things
insb.	insbesondere
IoE	Internet of Everything
IoT	Internet of Things
IPCC	Intergovernmental Panel on Climate Change
IT	Informationstechnologie
ITS	Intelligent Tutoring-System
IVR	Interactive Voice Response
Kap.	Kapitel
KDD	Knowledge-Discovery in Databases
KI	Künstliche Intelligenz
KMU	Kleine und mittlere Unternehmen
LAMDA	Language Model for Dialogue Applications
LiDAR	Light Detection and Ranging
LLM	Large Language Model
LPWAN	Low-Power Wide Area Network
LTE	Long Term Evolution
MaaS	Mobility as a Service
m.E.	meines Erachtens
MES	Manufacturing Execution System
MINT	Mathematik, Informatik, Naturwissenschaft, Technik
ML	Machine Learning
MLOps	Machine Learning Operations
MOOC	Massive Open Online Course
MRT	Magnetresonanztomografie
MTBF	Mean Time between Failures

MTTR	Mean Time to Recovery
MUaas	Music as a Service
MUM	Multitask Unified Model
MVP	Minimum Viable Product
NASA	National Aeronoautics and Space Administration
NFT	Non-fungible Token
NLG	Natural Language Generation
NLP	Natural Language Processing
NLU	Natural Language Understanding
NMT	Neural Machine Translation
NPS	Net Promoter Score
OECD	Organisation for Economic Co-operation and Development
OEE	Overall Equipment Effectiveness
ÖPNV	Öffentlicher Personennahverkehr
OPT	Open Pre-trained Transformer
OT	Operational Technology
PaaS	Platform as a Service
PLC	Programmable Logic Controller
PLM	Product Lifecycle Management
PPS	Produktionsplanung und -steuerung
PRI	Predictive Risk Intelligence
QUTAC	Quantum Technology and Application Consortium
RFID	Radio Frequency Identification
RLHF	Reinforcement Learning with Human Feedback
RNN	Recurrent Neural Network
ROAS	Return on Advertising Spent
ROI	Return on Investment
RPA	Robotic Process Automation
RSS	Rich Site Summary
SaaS	Software as a Service
SCADA	Supervisory Control and Data Acquisition
SDK	Software-Development-Kit
SEO	Search Engine Optimization
SLAM	Simultaneous Localization and Mapping
SPS	Speicherprogrammierbare Steuerungen/Smart Product Solutions
SST	Self-Service-Technologien
STP	Same Ten People
STS	Speech-to-Speech
STT	Speech-to-Text
TaaS	Transportation as a Service
TAM	Technology Acceptance Model
TK	Techniker Krankenkasse

TPU	Tensor Processing Unit
TTS	Text-to-Speech
TTT	Text-to-Text
TXM	Talent Experience Management
u. U.	unter Umständen
UrhG	Urheberrechtsgesetz
UX	User Experience
vgl.	vergleiche
VMES	Virtual Manufacturing Execution System
VR	Virtual Reality
XAI	Explainable Artificial Intelligence

Teil I

Grundlagen der Künstlichen Intelligenz

Was versteht man unter Künstlicher Intelligenz und wie kann man sie nutzen? 1

Zusammenfassung

Der Kern der Künstlichen Intelligenz besteht darin, Aufgaben zu übernehmen, die bisher Menschen vorbehalten waren. Durch die Fähigkeit von KI-Systemen, große Datenbestände zu analysieren, Muster zu erkennen und „neue" Inhalte zu generieren, erschließen sich vielfältige Einsatzfelder. Diese reichen von der Verarbeitung menschlicher Sprache sowie von Bildern über Expertensysteme bis hin zu Robotern, die eine Vielzahl von Aufgaben eigenständig erledigen können. Beim KI-Einsatz sind ethische Grenzen zu berücksichtigen.

„Impossible is not a fact! It is an opinion!"

Künstliche Intelligenz ist ein sehr umfassendes Forschungsfeld, das inzwischen immer stärker aus dem Dunstkreis der Spezialisten heraustritt. Oft begegnet uns die Künstliche Intelligenz noch in einer Art und Weise, die zunächst nicht an KI denken lässt. Wir stellen nur fest, dass etwas einfacher und leichter von der Hand geht als früher. Denken Sie nur an die **digitalen persönlichen Assistenten** wie *Alexa, Google Home* oder *Siri*, die Ihnen per Spracheingabe das gewünschte Musikstück von *Spotify* abspielen, Einkaufslisten erstellen und Einkäufe initiieren. Über eine Spracheingabe können Sie auch Termine vereinbaren, Begriffe suchen und sogar die komplette Steuerung Ihres Smart Homes vornehmen. Wir sprechen hier von digitalen persönlichen Assistenten, weil diese keine physisch erlebbaren Assistenten mehr sind. Teilweise haben diese Assistenten – wie *Alexa* und

---

Ergänzende Information Die elektronische Version dieses Kapitels enthält Zusatzmaterial, auf das über folgenden Link zugegriffen werden kann [https://doi.org/10.1007/978-3-658-42598-2_1].

R. T. Kreutzer, *Künstliche Intelligenz verstehen*, https://doi.org/10.1007/978-3-658-42598-2_1

Google Home – inzwischen ein eigenes „Zuhause" in Gestalt eines elektronischen Produktes erhalten. Dann sprechen wir von einem **Smart Speaker**. „Smart" ist der Lautsprecher in dem Sinne, dass dieser mit dem Internet verbunden ist.

Wenn Sie **Übersetzungshilfen im Internet** nutzen, sei es *Google Translate* oder das deutsche Start-up *DeepL*, greifen Sie ebenfalls auf KI-Anwendungen zu. Spätestens mit dem Siegeszug von *ChatGPT* wurde für Millionen von Menschen erlebbar, welche Qualität die Verarbeitung und Generierung von Sprache bereits erreicht hat. An dieser Stelle soll auch aufgelöst werden, was mit der Abkürzung GPT eigentlich gemeint ist: **Generative Pretrained Transformer**. Ein „Transformer" stellt hier eine Architektur für maschinelles Lernen dar. Diese ist bereits vortrainiert („pretrained"), sodass im Gegensatz zu vielen Chatbots ein Training durch den Anwender nicht mehr erforderlich ist. Außerdem ist GPT schöpferisch tätig, deshalb das Adjektiv „generative".

Auch bei der **Gesichtserkennung** (etwa zur Einlasskontrolle in Unternehmen oder zur Aktivierung Ihres Smartphones) werden KI-Algorithmen zur Bilderkennung eingesetzt. Bei der Auswertung von Krankenakten, von Röntgenbildern und von CT-Scans durch Computer kommen KI-gestützte **Expertensysteme** zum Einsatz.

Ein schier unerschöpfliches Einsatzfeld der Künstlichen Intelligenz stellen **Roboter** dar. Längst ist deren Einsatz nicht mehr auf Produktion und Logistik-Aufgaben beschränkt. In immer mehr Bereichen kommen Service-Roboter zum Einsatz – etwa in Hotels und Krankenhäusern. Auch in privaten Haushalten werden immer mehr Roboter eingesetzt. Das **autonome Fahren** ist ebenfalls ein KI-Einsatzfeld. Bei den entsprechenden Fahrzeugen wird ein umfassend mit Wahrnehmungssystemen ausgestatteter Roboter verwendet, der die Aufgaben eines menschlichen Fahrers übernimmt.

Die größte Herausforderung der Künstlichen Intelligenz stellt nach wie vor die umfassende **Nachbildung des menschlichen Gehirns** dar. Der Fachbegriff hierfür lautet **Artificial General Intelligence**. Wann bzw. ob dies jemals möglich sein wird, darüber gehen die Einschätzungen sehr weit auseinander!

Lohnt es sich für Sie als Student oder Manager, lohnt es sich für Unternehmen und Länder, sich intensiv mit den Entwicklungen rund um Künstliche Intelligenz zu beschäftigen? Wir meinen uneingeschränkt: „Ja"! Untermauern möchten wir diese Einschätzung durch die nachfolgenden Zahlen. Hierbei werden beim **Markt für Künstliche Intelligenz** folgende Ausprägungen berücksichtigt:

- **Art des Angebots**: Hardware, Software, Dienstleistungen
- **Eingesetzte Technologien**: maschinelles Lernen, Verarbeitung natürlicher Sprache, kontextbezogenes Computing, Computer Vision
- **Ort des Einsatzes**: vor Ort, in der Cloud
- **Unternehmensgröße**: kleine, mittlere und große Unternehmen
- **Einsatzbereiche in den Unternehmen**: Produktion, Logistik, Marketing und Vertrieb, Sicherheit, Finanzen, Recht, Personalwesen, Sonstiges

Der so definierte **weltweite Markt für Künstliche Intelligenz** wurde im Jahr 2022 auf ca. 120 Mrd. US-$ geschätzt. Bis zum Jahr **2030** wird ein **Marktvolumen** von

ca. 1600 Mrd. US-$ erwartet. Dies entspricht einer **jährlichen Wachstumsrate** von fast **40 %** im Zeitraum von 2022 bis 2030. Hierbei wird erwartet, dass der asiatisch-pazifische Markt von 2022 bis 2030 jährlich mit 42 % am stärksten wachsen wird (vgl. [72]).

Bevor wir vertiefend in die verschiedenen Einsatzfelder der Künstlichen Intelligenz einsteigen, klären wir zunächst, was unter Künstlicher Intelligenz genau zu verstehen ist und welche Ziele sich dadurch erreichen lassen. Anschließend werden verschiedene Einsatzfelder betrachtet, um die Bandbreite der KI-Nutzbarkeit zu veranschaulichen. Zusätzlich beleuchten wir, wo Deutschland beim Einsatz der Künstlichen Intelligenz heute steht und welcher Rechtsrahmen sich in der Europäischen Union (EU) abzeichnet. Daraus kann ein umfassender Handlungsbedarf abgeleitet werden – für Einzelpersonen, Unternehmen, Wirtschaft, Politik und Gesellschaft gleichermaßen.

1.1 Was ist der Kern der Künstlichen Intelligenz?

Bevor wir uns der „künstlichen“ Intelligenz nähern, lohnt sich ein Blick auf die **Intelligenz** selbst. Hierbei sollten wir nicht den Blick verengen und uns nur auf den Intelligenzquotienten beziehen. Es gilt vielmehr, sich die vielfältigen Dimensionen der menschlichen Intelligenz vor Augen zu führen.

1.1.1 Ausprägungen der Intelligenz

Beim **multiplen Intelligenzansatz** werden folgende **Ausprägungen der Intelligenz** unterschieden (vgl. [38], S. 488; [37]):

- **Sprachliche/linguistische Intelligenz**
  Hierbei handelt es sich um die Fähigkeit, Informationen zu analysieren und Inhalte in mündlicher und schriftlicher Form zu verstehen und zu erstellen, etwa in Form von Büchern, Präsentationen und Reden. Eine Voraussetzung hierfür ist es, eine Sensibilität für gesprochene und geschriebene Sprache zu entwickeln. Hierzu gehört auch die Befähigung, eine Sprache zu lernen und kontextspezifisch einzusetzen. Die sprachliche Intelligenz versetzt Menschen sogar in die Lage, sich über Dinge auszutauschen, die es nie gab, noch nicht gibt oder die erst in der Zukunft eintreten können. Durch Sprache ist der Mensch in der Lage, sich bspw. selbst Ziele zu setzen.
- **Musikalische Intelligenz**
  Die musikalische Intelligenz beschreibt die Begabung zu musizieren und zu komponieren. Auch die Zuschreibung von Sinn für unterschiedliche Art von Musik gehört hierzu.
- **Logisch-mathematische Intelligenz**
  Hierzu gehört die Befähigung, Probleme logisch zu analysieren und mathematische Operationen durchzuführen. Auch die Kompetenz, wissenschaftliche Fragen zu bearbeiten, Ursache-Wirkungs-Beziehungen zu erkennen und daraus Ableitungen für die Zukunft vorzunehmen, zählt zu dieser Form der Intelligenz.

- **Bildlich-räumliche Intelligenz**
  Zu dieser Intelligenz gehört die Fähigkeit, die Struktur und Ausdehnung von Räumen zu erfassen und sich in diesen sicher zu bewegen.
- **Körperlich-kinästhetische Intelligenz**
  Diese Intelligenz beschreibt die Fähigkeit, den Körper oder Teile davon zur Lösung von Problemen oder zur Schaffung von etwas Neuem einzusetzen. Keine sportliche Leistung ist ohne diese Intelligenz vorstellbar.
- **Interpersonelle/zwischenmenschliche Intelligenz**
  Mit interpersoneller Intelligenz wird die Fähigkeit bezeichnet, Stimmungen, Wünsche, Motive und Absichten anderer Menschen zu erkennen und zu verstehen bzw. nachzuempfinden. Diese Kompetenz ist für das friedliche und konstruktive Zusammenleben von Menschen unverzichtbar.
- **Intrapersonelle Intelligenz**
  Die intrapersonelle Intelligenz versetzt Menschen in die Lage, die eigenen Stimmungen, Wünsche, Motive und Absichten zu erkennen und zu verstehen. Durch diese Art der Selbsterkenntnis können eigene Reifeprozesse erzielt werden.
- **Naturalistische Intelligenz**
  Diese Intelligenz beschreibt die Fähigkeit, Naturphänomene zu erfassen, zu unterscheiden und zu bewerten. Hierdurch können die Entwicklung der Erde, das Auftreten von Ebbe und Flut, das Entstehen von Tsunamis sowie von Mond- und Sonnenfinsternissen nicht mehr auf Götter, sondern auf Naturgesetze zurückgeführt werden.
- **Existenzielle/spirituelle Intelligenz**
  Diese Intelligenz befähigt den Menschen, über die eigene Existenz nachzudenken. Hier kann bspw. über den Sinn des Lebens reflektiert werden.
- **Kreative/schöpferische Intelligenz**
  Sie beschreibt die Fähigkeit von Menschen, in Worten und Taten neue Leistungen zu erbringen (etwa Musik, Text, Film, Tanz, Malerei, Bildhauerei, Architektur). Durch diese Intelligenz kann der Mensch auch darüber nachdenken, wie sich das eigene Leben oder Nationen entwickelt hätten, wenn bestimmte Ereignisse nicht oder anders stattgefunden hätten. Menschen können außerdem Geschichten erfinden, die mit dem realen Leben nichts oder nur wenig zu tun haben. Ein schönes Beispiel hierfür sind die Romane über *Harry Potter*.

Die verschiedenen **Ausprägungen der Intelligenz** lassen sich auch in die folgenden fünf Stufen unterteilen:

1. **Denken und Deduktion**
   Diese Stufe bezieht sich auf die Fähigkeit, logische Schlüsse zu ziehen und Probleme durch strukturierte Analyse zu lösen. **Deduktion** ist ein logischer Schlussfolgerungsprozess, bei dem aus allgemeinen Prämissen spezifische Schlussfolgerungen abgeleitet werden.

2. **Lernen und Induktion**
   Auf dieser Ebene wird neues Wissen erworben und genutzt, um Muster zu erkennen und Vorhersagen für zukünftige Ereignisse oder Verhaltensweisen zu treffen. **Induktion** ist ein Schlussfolgerungsprozess, der auf der Basis einzelner, spezifischer Beobachtungen oder Datenpunkten allgemeine Regeln oder Prinzipien ableitet.
3. **Kreativität und Kognition**
   Hier geht es um die Fähigkeit, neue Ideen oder Lösungen zu generieren und die Welt auf eine komplexere und abstraktere Weise zu verstehen.
4. **Bewusstsein und Wahrnehmung**
   Diese Stufe bezieht sich auf die Fähigkeit, die eigene Existenz und die Umwelt wahrzunehmen und darauf zu reagieren.
5. **Selbstbewusstsein und Selbstwahrnehmung**
   Auf der höchsten Ebene der Intelligenz findet eine Reflexion über das eigene Selbst statt, was die Fähigkeit zur Selbstkritik und zum Verständnis des eigenen emotionalen Zustands beinhaltet.

Menschen verfügen – in unterschiedlicher Ausprägung – über alle fünf Stufen der Intelligenz. Die heutigen **KI-Systeme** sind schwerpunktmäßig auf der Stufe 3 und 4 (hier nur „Wahrnehmung") unterwegs, ohne allerdings bereits über ein eigenes Bewusstsein zu verfügen.

▶ **Merk-Box** Die menschliche Intelligenz entsteht durch Vorstellungskraft und ein Wissen über die Zusammenhänge in der wirklichen Welt. Hierfür ist ein tiefes Verständnis – gleichsam eine Weltsicht – erforderlich, an der es der Künstlichen Intelligenz – heute noch – fehlt.

Wäre der KI-Agent ein Mensch mit Emotionen und eigenem Bewusstsein, würde er folglich neidvoll und traurig auf diesen reichen Schatz an Intelligenz der Menschen blicken!

An dieser Stelle soll nicht diskutiert werden, inwieweit diese verschiedenen Ausprägungen der Intelligenz unabhängig voneinander existieren. Die Auflistung soll vielmehr ein Gefühl für die **Vielfalt der menschlichen Intelligenz** vermittelt. Vor diesem Hintergrund wird es noch viele Jahre oder Jahrzehnte dauern, bis Maschinen in der Lage sein werden, die den Menschen angeborenen und erlernten Felder der Intelligenz in ihrer Gesamtheit abzudecken. Hier ist an die schon angesprochene Artificial General Intelligence zu denken. Deshalb ist es m.E. nicht nur verfrüht, sondern auch überzogen, sich bei der KI-Diskussion vor allem auf Schreckensszenarien zu konzentrieren, bei denen KI-Maschinen die Weltherrschaft übernehmen. Ein durchaus lesenswertes Beispiel hiervon stammt vom Bestseller-Autor *Frank Schätzing* und trägt den schönen Titel *„Die Tyrannei des Schmetterlings"*.

Merk-Box Die Beschäftigung mit der Künstlichen Intelligenz (KI) bzw. der Artificial Intelligence (AI) umfasst zwei Bereiche. Hierzu zählt zunächst die Erforschung, wie **„intelligentes" Verhalten** Probleme löst. Basierend auf den so gewonnenen Erkenntnissen werden Systeme entwickelt, die automatisiert **„intelligente" Lösungen** erzeugen (sollen). Die Suche nach Lösungen beschränkt sich hierbei allerdings nicht darauf, diese so zu erarbeiten, wie Menschen dies tun würden. Es wird vielmehr angestrebt, auch Ergebnisse zu finden, die außerhalb des von Menschen vorgedachten Lösungsraums liegen können.

Der Kern der Künstlichen Intelligenz ist **Software**. Und diese Software benötigt meist **große Datenvolumina**, um zu überzeugenden Lösungen zu kommen. Um diese Daten durch die Algorithmen der Künstlichen Intelligenz zu verarbeiten, werden sehr **leistungsstarke Rechner** benötigt. Alles ist heute – in vielen Ländern – in hohem Maße gegeben.

Zusätzlich muss man sich über eines im Klaren sein. Im Kern geht es bei KI-Anwendungen immer um eines: **Mustererkennung**!

Wie schon gesagt: Alle KI-Systeme weisen – heute noch – das **Fehlen einer generellen Weltsicht** auf – einer Weltsicht, wie sie dem Menschen eigen ist.

1.1.2 Wesen und Fähigkeiten der Künstlichen Intelligenz

Es gibt verschiedene Ansätze, um das Wesen der **Künstlichen Intelligenz** begrifflich zu erfassen. Die folgende sehr flexible Definition von Rich [73] ist für die grundlegende Klärung m.E. am besten geeignet. Sie lautet:

> „Artificial Intelligence is the study of how to make computers do things at which, at the moment, people are better."

Diese Kennzeichnung der Künstlichen Intelligenz verdeutlicht, dass die Grenzen des Machbaren immer wieder neu definiert werden. Oder haben Sie vor zehn, 15 oder 20 Jahren damit gerechnet, dass uns ein Chatbot – so wir ihn damals schon kannten – einmal wissenschaftliche Aufgabenstellungen in Sekundentakt überzeugend lösen könnte?

Eine etwas präzisere Definition der Künstlichen Intelligenz lautet:

Künstliche Intelligenz bezeichnet die Fähigkeit einer Maschine, kognitive Aufgaben auszuführen, die wir mit dem menschlichen Verstand verbinden.

Gartner [39] definiert die Künstliche Intelligenz wie folgt:

> „Bei KI handelt es sich um die Anwendung fortschrittlicher analyse- und logikbasierter Techniken (inkl. maschinellen Lernens), um Ereignisse zu interpretieren, Entscheidungen zu unterstützen und zu automatisieren sowie Maßnahmen zu ergreifen." (Übersetzung aus dem Englischen durch den Autor)

In diesem Werk wird der Definition des Europäischen Parlaments gefolgt, die Künstliche Intelligenz wie folgt kennzeichnet [33]:

> „Künstliche Intelligenz ist die Fähigkeit einer Maschine, menschliche Fähigkeiten wie logisches Denken, Lernen, Planen und Kreativität zu imitieren." (Übersetzung aus dem Englischen durch den Autor)

Zu diesen Fähigkeiten der Künstlichen Intelligenz gehören Möglichkeiten zur Wahrnehmung sowie die Fähigkeiten zur Argumentation, zum selbstständigen Lernen und damit zum eigenständigen Finden von Problemlösungen (vgl. auch [32]). Es können fünf **Arten von Auswertungen** – kombiniert oder isoliert – eingesetzt werden:

- **Description** (Beschreibung des „Ist")
- **Inspection** (Analyse des „Warum")
- **Prediction** (Vorhersage des „Wird")
- **Prescription** (Empfehlung des „Was")
- **Generation** (Schaffung von „Neuem")

Abb. 1.1 zeigt, dass – ausgehend von „Description" bis zu „Generation" sowohl die **Komplexität der Aufgabe** wie häufig auch der erzielbare **Wert für das Unternehmen** zunehmen. Der Einsatz von Machine Learning und Deep Learning ermöglicht die **Erstellung von Vorhersagen** sowie die **Ableitung von Empfehlungen**. Hierdurch kann ein KI-

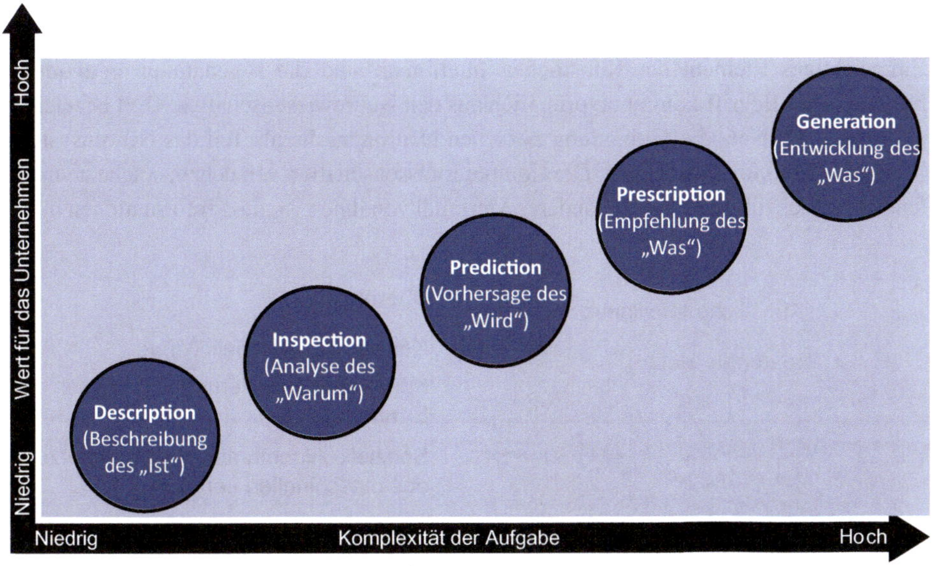

Abb. 1.1 Einordnung verschiedener Aufgaben nach Komplexität und erreichbarem Wert für ein Unternehmen

gesteuerter Prozess automatisiert entscheiden, ohne dass ein menschlicher Entscheidungsträger tätig werden muss. Außerdem können KI-Systeme „neue" Inhalte kreieren.

Bei der Entwicklung der Künstlichen Intelligenz kam es zu einem interessanten **Phänomen**. Die ersten Aufgaben der Künstlichen Intelligenz waren für Menschen schwer, für KI-Systeme dagegen einfach zu bearbeiten. Hier ist bspw. an komplexe Rechenprozesse zu denken. Für die KI-Systeme war es sehr leicht, anhand von Regeln große Datenmengen zu bearbeiten. Dagegen ist es für Computer oft viel schwerer, solche Aufgaben zu bewältigen, die für Menschen leicht zu meistern sind. Dies ist bei der Sprach- und Objekterkennung der Fall. Ein Mensch kann sehr einfach erkennen, wann es sich bei einem physischen Objekt um einen Tisch und wann um einen Stuhl handelt. Beide weisen zwar meistens vier Beine auf, aber die Funktion ist eine andere. Um dies zu lernen, müssen dem KI-System häufig Tausende von Bildern gezeigt werden. Trotzdem kann dieses System – noch nicht – den eigentlichen „Sinn der Objekte" erkennen. Die Ursache hierfür liegt in der – noch – fehlenden Weltsicht.

Wenn ein KI-System durch eine große Zahl von Fotos die **Unterscheidung zwischen Schäferhund und Wolf** gelernt hat, kann man das System sehr leicht in die Irre führen, wenn ein Schäferhund auf einem Bild mit Schnee zu sehen ist. Dann kann es passieren, dass der Schäferhund als Wolf erkannt wird, wenn beim Training des KI-Systems viele Fotos von Wölfen auch Schnee aufwiesen. Ein Wolf wurde dann nicht anhand von spezifischen Merkmalen erkannt, sondern weil auf den Fotos das Muster „Schnee" zu erkennen war. Oder anders herum: Trägt ein Wolf auf einem Foto ein Halsband für die Leine, wird das KI-System mit Sicherheit einen Schäferhund vermuten, weil auf den Trainingsfotos für die KI-Algorithmen sicherlich kaum Wölfe mit Halsband vorkamen, dagegen aber Schäferhunde mit Halsband. So viel zur (jetzigen) Intelligenz der Computer.

Den **Inhalten der Künstlichen Intelligenz** nähern wir uns am besten über die Abb. 1.2. Ein wichtiges Element der Künstlichen Intelligenz sind die sogenannten **neuronalen Netze**. Dieser Begriff kommt ursprünglich aus den Neurowissenschaften. Dort bezeichnet ein neuronales Netz die Verbindung zwischen Neuronen, die als Teil des Nervensystems bestimmte Funktionen ausüben. Die Computerwissenschaften versuchen, solche neuronalen Netze nachzubilden. Ein besonderes Merkmal von ihnen ist, dass Informationen in den

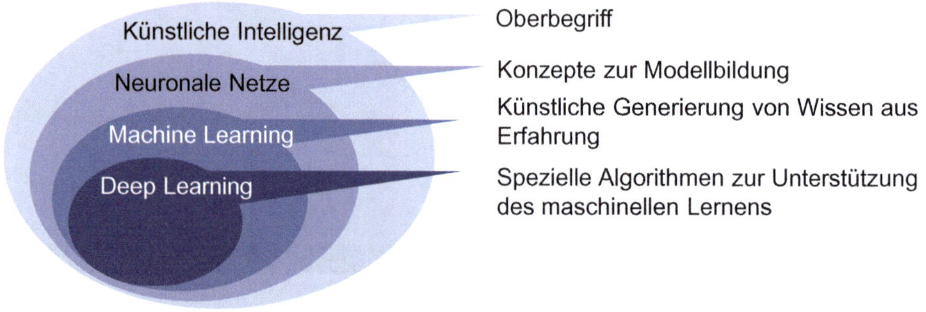

Abb. 1.2 Leistungsbestandteile der Künstlichen Intelligenz

Netzen nicht über lineare Funktionen verarbeitet werden. Außerdem findet eine parallele Verarbeitung von Informationen statt, die durch die Verknüpfung der Neuronen und die speziellen Verarbeitungsfunktionen ermöglicht wird. Auf diese Weise können auch sehr komplexe, nicht-lineare Abhängigkeiten der Ursprungsinformationen abgebildet werden. Entscheidend ist, dass neuronale Netze diese Abhängigkeiten selbstständig erlernen. Hierbei werden verschiedene Lernprozesse unterschieden, die später vorgestellt werden.

Unter einem **neuronalen Netzwerk** ist ein System von Hard- und Software zu verstehen, dessen Aufbau sich am menschlichen Gehirn orientiert. Es stellt damit gleichsam das **Masterpiece der Künstlichen Intelligenz** dar. Ein neuronales Netzwerk verfügt in der Regel über eine große Anzahl von Prozessoren, die parallel arbeiten und in mehreren Schichten angeordnet sind (vgl. Abb. 1.3). Die erste Schicht (**Input Layer** oder **Eingabe-Schicht**) erhält die Rohdaten. Diese Schicht kann mit den Sehnerven in der menschlichen Sehverarbeitung verglichen werden. Jede nachfolgende Schicht (hier **Hidden Layer** 1 und 2) erhält den Output der vorhergehenden Schicht – und nicht mehr die Daten, die in den vorgelagerten Schichten verarbeitet wurden. Analog dazu empfangen Neuronen im menschlichen System, die weiter vom Sehnerv entfernt sind, Signale von den Neuronen, die ihnen näher liegen. Dieser natürliche Prozess wird in neuronalen Netzwerken nachempfunden. Zur Verarbeitung der Daten kann eine sehr große Zahl von Hidden Layers eingesetzt werden – häufig nicht nur 100, 1000 oder 10.000. Das KI-System lernt von jedem Übergang zu einer anderen Schicht (idealerweise) dazu. Die letzte Schicht (**Output Layer** oder **Ausgabe-Schicht**) erzeugt die Ausgabe der Ergebnisse des KI-Systems (vgl. [74], S. 801–810; vgl. vertiefend [22, 24]).

Artificial Neuronal Networks (ANN) bzw. **künstliche neuronale Netze** versuchen, die Funktionsweise des menschlichen Gehirns zu imitieren. Die verbundenen Einheiten – hier die künstlichen Neuronen – sind in Schichten organisiert, um die Input-Informationen zu verarbeiten. Jede Einheit kann ein Signal an eine andere Einheit weiterleiten – wie im menschlichen Gehirn. Allerdings sind die Neuronen im menschlichen Gehirn auf komplexe und (bisher) unvorhersehbare Weise miteinander verbunden. Im Gegensatz dazu

Abb. 1.3 Verschiedene Schichten bei neuronalen Netzwerken

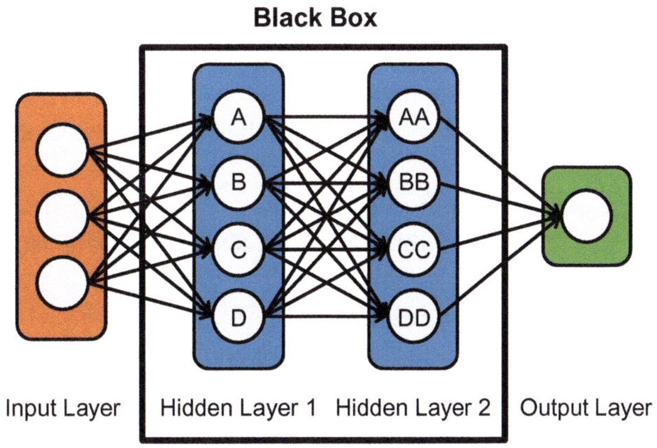

sind die künstlichen Neuronen von KI-Systemen in einer linearen Abfolge angeordnet. Der Gesamtprozess der Umwandlung von Eingaben in Ausgaben basiert auf der Programmierung der einzelnen Neuronen.

Jeder **Verarbeitungsknoten** verfügt über einen eigenen Wissensbereich. Dieser umfasst nicht nur die Regeln, mit denen er ursprünglich programmiert wurde. Dazu gehören vielmehr auch das Wissen und die Regeln, die im Zuge des sogenannten **Machine Learnings** bzw. des **maschinellen Lernens** ergänzend oder korrigierend erarbeitet wurden. Das bedeutet, dass die „Maschine" selbstständig dazulernt und sich damit vom ursprünglichen „Wissen" mehr oder weniger weit entfernen kann. Hierzu kommen spezielle Algorithmen zum Einsatz – konkret sogenannte **selbst-adaptive Algorithmen**. Hierdurch können die Maschinen später eigenständig lernen, ohne dass Programmierer in den laufenden Lernprozess eingreifen müssen (vgl. vertiefend [77]). Beim Machine Learning wird ein Algorithmus oder eine statistische Formel erstellt, die eine Reihe von Datenpunkten in ein einziges Ergebnis umwandelt. Die Algorithmen des Machine Learnings „lernen" durch Training. Sie erkennen Muster und Korrelationen in den Daten und nutzen diese, um neue Erkenntnisse und Vorhersagen zu liefern, ohne dass sie ausdrücklich dafür programmiert wurden.

▶ Merk-Box **Was ist eigentlich ein Algorithmus?** Ein **Algorithmus** ist eine **eindeutige Handlungsvorschrift** bzw. eine **programmierte Anweisung**, um Daten zur Lösung eines bestimmten Problems in einer spezifischen Art und Weise zu verarbeiten. Die folgenden **Anforderungen an Algorithmen** sind zu berücksichtigen:

- **Eindeutigkeit**
  Ein Algorithmus darf keine sich widersprechenden Elemente aufweisen. In diesem Sinne muss der Algorithmus eindeutig sein.
- **Ausführbarkeit**
  Ein Algorithmus darf nur solche Anweisungen enthalten, die auch ausführbar sind.
- **Endlichkeit** (auch **Finitheit)**
  Die Beschreibung des Algorithmus muss endlich sein. Folglich darf ein Algorithmus nur eine endliche Zahl von Handlungsvorschriften umfassen.
- **Terminierung**
  Der Algorithmus muss nach einer endlichen Zahl von Schritten ein Ergebnis liefern.
- **Determiniertheit**
  Der Algorithmus muss bei gleicher Datenlage immer zum identischen Ergebnis kommen.
- **Determinismus**
  Innerhalb der Anweisungen darf es zu jedem Zeitpunkt der Ausführung immer nur eine Möglichkeit zur Fortsetzung geben. Das bedeutet, dass jeder Folgeschritt eindeutig definiert sein muss.

In diesem Sinne ist bereits ein Kochrezept ein Algorithmus. Auch die Formeln zur Ermittlung des Body Mass Index, zur Errechnung der Umsatzrentabilität oder zur Ermittlung von CPI (Cost per Interest) bzw. CPO (Cost per Order) sind Beispiele für Algorithmen. Wesentlich kompliziertere Algorithmen werden bspw. von *Google* und *Facebook* eingesetzt, um zu ermitteln, welche Inhalte ein bestimmter Nutzer zu sehen bekommt. Viele Unternehmen setzen bei ihren Empfehlungen (Stichwort Recommendation Engine) Algorithmen ein. Durch deren Einsatz sollen genau solche Angebote empfohlen werden, die die höchste Kaufwahrscheinlichkeit aufweisen (vgl. vertiefend [54]).

Eine Besonderheit der neuronalen Netze stellt folglich deren **Anpassungsfähigkeit** innerhalb eines bestimmten Einsatzfeldes dar. Diese führt dazu, dass sich die neuronalen Netze selbstständig verändern und damit weiterentwickeln können. Hierzu fließen jeweils die Erkenntnisse ein, die auf Grundlage der sogenannten „Erstausbildung" durch die Trainingsdaten sowie durch die Verarbeitung weiterer Daten gewonnen wurden. Eine große Bedeutung kommt der Gewichtung der jeweiligen Input-Streams zu. Das KI-System gewichtet selbstständig jene Dateneingaben höher, die dazu beitragen, richtige Antworten zu erhalten. Beim **Machine Learning** lernen Programme aus vorhandenen Daten und wenden dieses Wissen auf neue Daten an oder nutzen es, um Daten vorherzusagen. Beim maschinellen Lernen werden von den KI-Systemen eigenständig neue Lernalgorithmen entwickelt und bestehende verbessert. Diese Algorithmen ermöglichen es, auch große Mengen komplexer Daten zu analysieren und verschiedene Aufgaben zu bearbeiten.

Eine spezielle Ausgestaltung der neuronalen Netze und eine Teilmenge des Machine Learnings stellt das sogenannte **Deep Learning** dar (vgl. Abb. 1.3; vgl. [74], S. 801–839; [7, 30]). Die Algorithmen des Deep Learnings verfügen über mehrere Schichten von neuronalen Netzen, die Informationen auf vielen Ebenen verarbeiten. Vor der Entwicklung des Deep Learnings verfügten die künstlichen neuronalen Netze oft nur über drei Schichten. Deep-Learning-Netze verfügen heute häufig über zehn und mehr Schichten. Das „Deep" bezieht sich folglich auf die große Anzahl der Schichten des neuronalen Netzes. Der größte Unterschied zwischen Deep Learning und anderen Techniken des maschinellen Lernens besteht darin, dass größere neuronale Netze ihre Leistung durch größere Datenmengen immer weiter verbessern. Deep Learning erzielt gerade bei der Verarbeitung von komplexen und oft hochdimensionalen Daten wie Bildern, Sprache und Text bessere Leistungen als Machine Learning.

Convolutional Neural Networks (CNN) ähneln in ihrer Funktionsweise gewöhnlichen neuronalen Netzen. Der einzige Unterschied besteht darin, dass die Verbindungen zwischen den neuronalen Schichten dem Teil des Gehirns ähneln, der Bilder verarbeitet. Diese Architekturen sind so programmiert, dass sie jede Eingabe als ein Bild wahrnehmen. **Recurrent Neural Networks** (RNN) unterscheiden sich von anderen neuronalen Netzwerken durch ihre Architektur. Die Neuronen sind hier so miteinander verbunden, dass sie sich gegenseitig Feedbacksignale senden können. Hierdurch wandern die Informationen in Schleifen von Schicht zu Schicht.

Merk-Box Die „Maschine" emanzipiert sich im Zuge ihres Einsatzes zunehmend von den ursprünglichen Eingaben (Daten und Regeln). Das ist der zentrale Unterschied zu den klassischen **regelbasierten Systemen**. Bei regelbasierten Systemen werden die Daten nach Regeln verarbeitet, die im Vorfeld definiert wurden. Die Systeme der Künstlichen Intelligenz sind dagegen in der Lage, zu lernen und sich dadurch eigenständig weiterzuentwickeln.

Dieser Prozess verbessert die bestehenden Algorithmen – führt aber auch zur Entwicklung von neuen Algorithmen. Auf der Basis dieser Algorithmen sollen überzeugendere Ergebnisse erzielt werden, als durch die Anwendung vorgegebener Regeln. Folglich stellen die initial eingesetzten Algorithmen nur das Ausgangsmaterial für die Weiterentwicklung der Algorithmen dar. Wenn sich die weiterentwickelten Algorithmen im Laufe des Lernprozesses als aussagekräftiger erweisen, arbeitet die „Maschine" selbstständig mit diesen weiter. Dieser Prozess wird **Machine Learning** genannt.

Um die beschriebenen Lernprozesse zu unterstützen, sind die verschiedenen Ebenen vielfältig miteinander verbunden. Wie Abb. 1.3 verdeutlicht, sind die Eingänge jedes Knotens einer Ebene „n" mit vielen Knoten der vorangestellten Ebene „n−1" verbunden. Eine Ausnahme bildet die Input Layer, die auch nur einen Knoten aufweisen kann (Abb. 1.3 zeigt hier drei Knoten). Zusätzlich sind die Ausgänge der Ebene „n" mit den Eingängen der nachfolgenden Ebene „n+1" verbunden. Die beschriebenen Verknüpfungen ermöglichen die stufenweise Informationsweitergabe von Layer zu Layer. Die zweite Ausnahme hinsichtlich der Anzahl der Knoten liefert die Output Layer. Dort kann es einen (so in Abb. 1.3) oder auch mehrere Knoten geben, von denen Antworten abgelesen werden können.

Zur Beschreibung von neuronalen Netzen kann zum einen die **Tiefe des Modells** herangezogen werden. Diese wird durch die Anzahl der Schichten definiert, die zwischen Eingang und Ausgang liegen. Hier wird von den sogenannten versteckten Schichten des Modells gesprochen (deshalb **Hidden Layer**). Neuronale Netze können auch durch die **Breite des Modells** beschrieben werden. Dazu wird die Anzahl der versteckten Knoten des Modells bzw. die Anzahl der Ein- und Ausgänge pro Knoten berücksichtigt. Variationen des klassischen neuronalen Netzwerkdesigns erlauben verschiedene Formen der Vorwärts- und Rückwärtsausbreitung von Informationen zwischen den Ebenen.

1.1.3 Arten des Lernens

Bevor KI-Systeme sich eigenständig weiterentwickeln können, müssen diese zunächst einmal selbst trainiert werden. Beim Machine Learning sind verschiedene **Arten des Lernens** zu unterscheiden:

- **Supervised Learning** (beaufsichtigtes bzw. überwachtes Lernen)
- **Unsupervised Learning** (unbeaufsichtigtes bzw. unüberwachtes Lernen)

- **Reinforcement Learning** (verstärkendes Lernen/Verstärkungslernen bzw. Lernen durch Belohnung)
- **Self-supervised Learning**

Supervised Learning
Beim **Supervised Learning** kennt das KI-System bereits die richtigen Antworten. Das System wird folglich darauf trainiert, auf bestimmte Stimuli angemessen zu reagieren. Das KI-System muss hierfür Algorithmen erarbeiten, die die korrekten Antworten möglichst präzise aus dem vorhandenen Datensatz ableiten. Dazu wird der Lernalgorithmus mit einer Reihe von Eingaben und den entsprechenden Ausgaben gefüttert. Das Ergebnis, das ein Algorithmus liefern soll, ist hier bereits bekannt. Um für dieses überwachte Lernen einen **Trainingsdatensatz** zu erstellen, müssen Menschen jedes Element der Input-Daten mit verschiedenen Merkmalen versehen und hierdurch kennzeichnen. Zusätzlich sind die Output-Variablen zu definieren. Der Algorithmus wird darauf trainiert, eine Verbindung zwischen den Input-Daten und den Output-Variablen zu finden. Hierbei werden u. a. die lineare Regression, die lineare Diskriminanzanalyse sowie das Entscheidungsbaumverfahren eingesetzt. Das Training ist abgeschlossen, wenn der Algorithmus ausreichend genau die gewünschten Ergebnisse liefert. Dann wird dieser Algorithmus auf neue Daten angewendet, die bisher nicht zum Trainingsdatensatz gehörten.

Die Aufgabe eines so zu trainierenden KI-Systems kann darin bestehen, Gesichter von gesuchten Personen auf Fotos oder in Video-Aufzeichnungen zu erkennen. Hierzu müssen entsprechende **Trainingsdaten** erstellt werden. Dazu werden die Fotos der gesuchten Personen von Menschen beschriftet (Stichwort **Labeling**; vgl. Abb. 1.4). Hier wird dem System folglich mitgeteilt, was die richtige Antwort für jede einzelne Eingabe wäre. Dazu werden die Trainingsdaten von Menschen mit den entscheidungsrelevanten Daten angereichert. In diesem Beispiel sind das beschriftete Fotos, weil das KI-System auf Bilderkennung trainiert werden soll. Zum Training von Übersetzungssystemen werden dem System in der Trainingsphase identische Texte in verschiedenen Sprachen zur Verfügung gestellt.

Abb. 1.4 Prozess des Supervised Learnings – Stufe 1

Der Prozess des Supervised Learning soll anhand eines Beispiels verdeutlicht werden. Um ein neuronales Netzwerk entsprechend zu trainieren, wird es zunächst mit großen Datenmengen versorgt. Gleichzeitig ist dem Netzwerk mitzuteilen, wie der Output aussehen soll. Um ein **Netzwerk zur Identifikation von Gesichtern bekannter Schauspieler** zu trainieren, wird dem System im Zuge der Erstausbildung eine Vielzahl von Fotos von Schauspielern, Nicht-Schauspielern, Masken, Statuen, Gemälden, Tiergesichtern etc. zur Verfügung gestellt. Jedes einzelne Foto wird mit einer Beschriftung („Labeling") versehen, die die Inhalte des Fotos möglichst gut beschreibt. Das können zum einen die Namen der dort abgebildeten Schauspieler sein. Zum anderen werden hierdurch Hinweise darauf geliefert, dass es sich nicht um einen Schauspieler handelt, sondern um eine Maske oder ein Tier.

Um die Trainingsphase zu verkürzen, können dem System bei der initialen Bereitstellung von Material auch bestimmte Regeln mitgegeben werden. Hier spricht man von den sogenannten **Preloading Rules**. Solche Regeln können das Training nicht nur beschleunigen, sondern das Modell auch leistungsfähiger machen. Einem **System zur Gesichtserkennung** können bspw. folgende Regeln mitgeteilt werden:

- Augenbrauen befinden sich über den Augen.
- Schnurrbärte sind unter der Nase (deshalb auch Oberlippenbart).
- Bärte sind über und/oder neben dem Mund, auf den Wangen und am Halsansatz zu finden.
- Bärte finden sich überwiegend bei Männern; allerdings gibt es auch Damenbärte.
- Augen liegen meist auf gleicher Höhe nebeneinander.
- Augen befinden sich rechts und links oberhalb der Nase.
- Der Mund liegt unter der Nase.
- Etc.

Durch die **Bereitstellung von beschreibenden Informationen** sowie möglicherweise von **Preloading Rules** kann das Modell seine **internen Gewichtungen** anpassen. So lernt es, seine Arbeitsweise kontinuierlich zu verbessern. Es können bspw. die Knoten A, B und D in Abb. 1.3 dem Knoten BB der nächsten Schicht mitteilen, dass es sich bei dem Eingabebild um ein Foto von *Daniel Craig* handelt. Dagegen meint Knoten C, auf dem Bild *Roger Moore* erkannt zu haben. Diese Fehlzuordnung kann darauf zurückzuführen sein, dass auf dem entsprechenden Foto neben dem Schauspieler ebenfalls ein *Aston Martin* zu sehen ist, den beide in *James-Bond*-Filmen nutzten. Bestätigt jetzt das Trainingsprogramm, dass auf dem Foto tatsächlich *Daniel Craig* abgebildet ist, wird der Knoten BB das Gewicht der Eingabe von Knoten C verringern, weil dieser eine falsche Bewertung geliefert hat. Gleichzeitig wird das System die Gewichte für die Knoten A, B und D erhöhen, weil deren Ergebnisse korrekt waren. Jeder Knoten entscheidet eigenständig, welche Eingaben von der vorherigen Schicht in welcher Form an die nächste Schicht gesendet werden. Um zu diesen Entscheidungen zu gelangen, verwenden neuronale Netze Regeln und Prinzipien. Zur **Klassifizierung** können Entscheidungsbäume, Random Forests, lineare

Klassifikatoren, Naive-Bayes-Klassifikatoren und die k-Nearest-Klassifikation verwendet werden. Zur Ermittlung von **Regression** können sowohl lineare und logistische Regression als auch Polynom-Regression Verwendung finden.

Auf der Grundlage dieser Trainingsdaten werden Algorithmen entwickelt, um die vordefinierten Ergebnisse zu erzielen. Das Ziel eines solchen KI-Systems kann es auch sein, Fotos von bestimmten Personen (etwa von Straftätern) in einer Vielzahl von Fotos möglichst eindeutig zu erkennen. Solange die gewünschte Trefferqualität noch nicht erreicht wird, müssen weitere Trainingsdaten durch Labeling generiert und zum Training des Algorithmus bereitgestellt werden (vgl. Abb. 1.5).

Ein so trainiertes KI-System kam als **Test zur Gesichtserkennung** 2018 am Bahnhof Berlin-Südkreuz zum Einsatz. Hierbei galt es, im Vorfeld als „gesucht" gekennzeichnete Personen in den Menschenmengen zu erkennen, die täglichen den Bahnhof nutzen. Unabhängig davon, ob eine „gesuchte" Person eine Brille oder einen Schal trug, konnte das KI-Systeme die relevanten Gesichter in über 80 % der Fälle zuverlässig identifizieren. Die Auswertung der Testergebnisse machte deutlich, dass Systeme zur automatisierten Gesichtserkennung einen wesentlichen Mehrwert für die polizeiliche Arbeit aufweisen können. Die Rate von falschen Treffern – das System erkennt Person A, obwohl es sich um Person B handelt – lag durchschnittlich unter 0,1 %. Von 1000 Abgleichen wäre folglich nur ein einziger fehlerhaft. Durch die Kombination verschiedener Systeme können diese „false positive" genannten fehlerhaften Treffer auf bis zu 0,00018 % reduziert werden (vgl. [18]). Durch den Einsatz solcher Systeme kann die Polizeiarbeit unterstützt werden, wenn der Gesetzgeber dafür die notwendigen Rahmenbedingungen schafft.

Eine weitere spannende Aufgabenstellung für das Supervised Learning besteht darin, in den **sozialen Medien** die **Menschen** zu identifizieren, die besonders anfällig dafür sind,

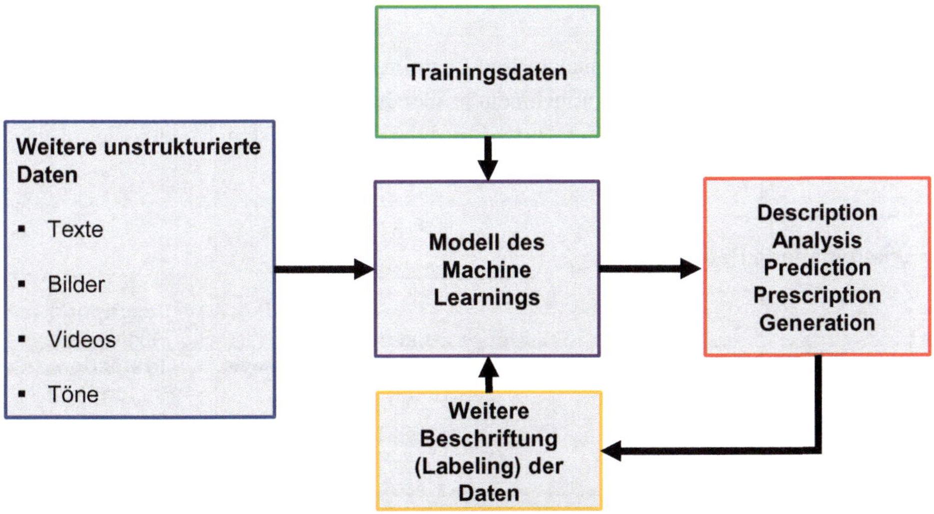

Abb. 1.5 Prozess des Supervised Learnings – Stufe 2

falsche Mitteilungen zu glauben oder **Verschwörungstheorien zu vertrauen**, diese **positiv zu kommentieren** und **weiterzuleiten**. Das zu erklärende Phänomen ist hier die „Verführbarkeit", die es – durch welche Merkmale auch immer – im gigantischen Datensatz der sozialen Medien zu erkennen gilt. Solche Erkenntnisse können außerhalb dessen liegen, was Menschen vermuten würden. Eine solche Anwendung ist durch den *Cambridge-Analytica-/Facebook*-Skandal im Jahr 2016 im Hinblick auf die Manipulation der US-Präsidentenwahl bekannt geworden. Auch hier geht es im Kern wiederum um eine Mustererkennung, auf der dann manipulative Botschaften aufsetzen (vgl. vertiefend [53], S. 82–84).

Unsupervised Learning

Im Gegensatz zum Supervised Learning verfügt das KI-System beim **Unsupervised Learning** (unüberwachte Lernen) nicht über vordefinierte Zielwerte, sondern muss Ähnlichkeiten und damit Muster in den Daten eigenständig erkennen. Dem Anwender des KI-Systems sind solche Muster im Vorfeld folglich nicht notwendigerweise bekannt. Die durch das System gewonnenen Erkenntnisse können somit auch außerhalb des bisher „menschlich Vorstellbaren" liegen. Beim Unsupervised Learning wird dem KI-System folglich nicht die richtige Antwort vorgegeben. Es wird vielmehr erwartet, dass es selbst zu relevanten Ergebnissen kommt. Dies geschieht, indem es die Daten erforscht, um eine Art Struktur oder Muster zu finden. Das KI-System nutzt hierbei seine Erfahrungen bei der Lösung eines Problems, um ein anderes, verwandtes Problem zu lösen. Als Input erhält der Algorithmus hier unbeschriftete Daten. In diesen soll er eigenständig eine Struktur erkennen (bspw. die Merkmale von Kündigern oder potenziellen Neuwagenkäufern – oder eben von verführbaren Personen). Dazu identifiziert der Algorithmus Datengruppen, die ein ähnliches Verhalten oder ähnliche Merkmale aufweisen (vgl. Abb. 1.6). Hierbei werden u. a. die hierarchische und die k-Means-Clusterung verwendet.

Um das Grundprinzip des Unsupervised Learnings zu vermittelt, reicht ein ganz einfaches Beispiel. Stellen Sie sich vor, in einem großen **Einkaufskorb** liegen alle Ihre gekauften Produkte. Diese stellen hier den **Dateninput** dar. Das KI-System hat jetzt die Aufgabe,

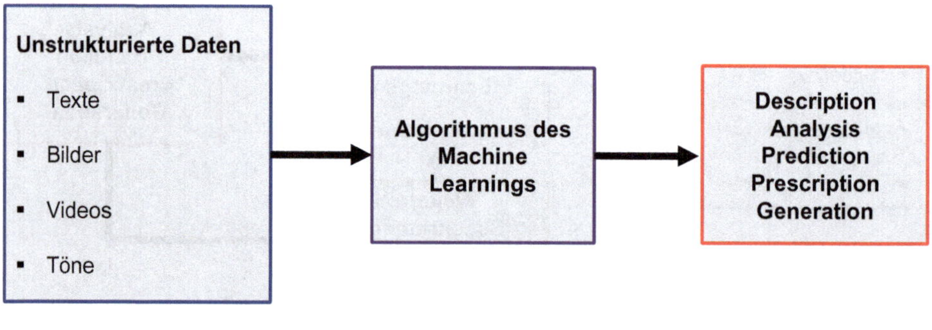

Abb. 1.6 Prozess des Unsupervised Learnings

Muster im Einkaufskorb zu erkennen. Hierzu wird ein Produkt nach dem anderen aus dem Korb genommen und begutachtet. Zunächst einmal können verpackte und unverpackte Produkte erkannt und gruppiert werden. Bei den verpackten Produkten können kalte Produkte erkannt werden und solche, die Zimmertemperatur aufweisen. Weiter können diese Produkte nach Gewicht, Volumen, Farbigkeit, Verpackungsmaterial etc. gruppiert werden. Immer, wenn etwas Passendes gefunden wird, erfolgt die Zuordnung – bspw. der zehnten Packung H-Milch zur entsprechenden Gruppe der verpackten Produkte. Bei den unverpackten Produkten können längere (bspw. Bananen, Lauchstangen), runde (Zitronen, Apfelsinen, Grapefruits) und schuppige (Ananas, komplette Fische) erkannt werden. Ergibt sich beim Vergleichsprozess keine Paarigkeit, wird eine neue Gruppe definiert. Dieser Prozess wird so lange durchgeführt, bis alle Produkte zugeordnet sind. Das Ergebnis sind verschiedene **Gruppen** bzw. **Cluster**. Eine Struktur in den Ausgangsdaten wird sichtbar. Beim Unsupervised Learning findet das KI-System folglich **eigenständige Lösungen**. Auch hier geht es im Kern wieder um eine Mustererkennung, an die sich weitere Verarbeitungsschritte anschließen können.

Reinforcement Learning
Beim **Reinforcement Learning** (auch Verstärkungslernen, Lernen durch Belohnung bzw. durch Versuch und Irrtum) liegt zu Beginn der Lernphase kein optimaler Lösungsweg vor. Das System muss iterativ durch einen **Trial-and-Error-Prozess** eigenständig Lösungswege ausprobieren. Die eingeschlagenen Wege gilt es anschließend zu verwerfen und/oder weiterzuentwickeln – je nachdem, ob ein gewünschtes oder ein ungewünschtes Ergebnis erzielt wurde. Dieser iterative Prozess wird durch „Belohnungen" (bei guten Lösungsideen) sowie „Bestrafungen" (bei schlechten Ansätzen) vorangetrieben. Das KI-System prägt sich jede Erfahrung ein und nutzt die erzielten Ergebnisse für nachfolgende Erfahrungen. Dieses Lernkonzept wird häufig eingesetzt, wenn nur wenige Trainingsdaten vorliegen oder das ideale Ergebnis nicht klar definierbar ist. Es kommt auch zum Einsatz, wenn erst aus der Interaktion mit der Umwelt etwas gelernt werden kann.

Im Zuge des Verstärkungslernens trifft der Algorithmus eine Entscheidung und handelt entsprechend. Wenn die Aktion das KI-System zu einer Annäherung an das Ziel führt (bspw. ein Sieg beim Schachspiel oder bei einer erfolgreichen Anlageentscheidung, Stichwort Robo Advisor in Abschn. 9.1), erhält das System eine Belohnung. Alternativ erfährt es eine Bestrafung, wenn man sich vom Ziel entfernt. Das kann bspw. der sinkende Kurs einer gerade gekauften Aktie sein, wenn das System nicht auf fallende Kurse gesetzt hat. Der Algorithmus optimiert seine Aktionen selbstständig, indem er sich laufend selbst korrigiert (vgl. Abb. 1.7).

Die Vorschläge bei *Netflix*, *Spotify* & Co. nutzen das Reinforcement Learning. Schließlich lernen die KI-Systeme hier sehr schnell, welchen Empfehlungen gefolgt wird – und wann das Hören eines Musiktitels oder das Sehen eines bestimmten Films unterbrochen wird. Durch „Belohnung" (Nutzer hört/sieht die Empfehlung komplett) bzw. „Bestrafung" (Empfehlungen werden ignoriert oder nur teilweise genutzt) lernt der KI-Agent die Präfe-

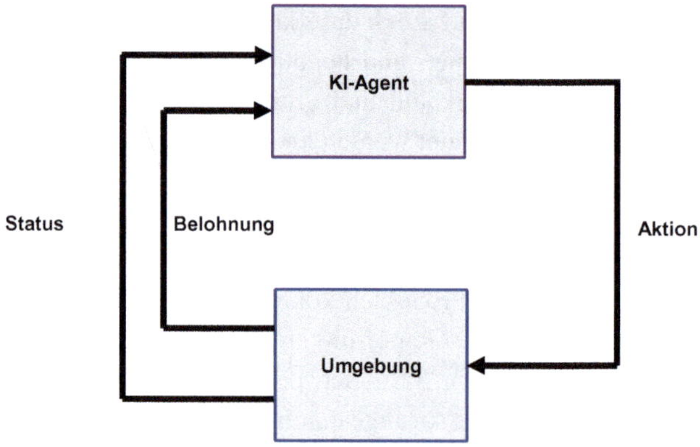

Abb. 1.7 Prozess des Reinforcement Learnings

renzen jedes einzelnen Nutzers immer besser kennen. Hierdurch werden individualisierte Empfehlungen möglich – one-to-one – für Millionen von Nutzern.

Was Reinformcement Learning bedeutet, kann am Beispiel des **Go-Spiels** besonders anschaulich erklärt werden (vgl. Abschn. 1.2). Das zuerst eingesetzte KI-System ***AlphaGo*** wurde noch klassisch mit Tausenden von menschlichen Amateur- und Profispielen trainiert, um das Go-Spiel zu erlernen. Hier wurde zunächst das Supervised Learning eingesetzt – der Algorithmus sollte ein bestimmtes Ziel erreichen, hier das Gewinnen des Spiels. Das weiterentwickelte KI-System ***AlphaGo Zero*** übersprang dagegen diesen Trainingsschritt und setzte auf Reinforcement Learning. Hierzu kam *TensorFlow* zum Einsatz, ein spezielles Framework zur datenstromorientierten Programmierung. Bemerkenswert ist die Tatsache, dass das verwendete neuronale Netzwerk am Starttag nichts über das Spiel Go wusste – außer den einzuhaltenden Regeln. Anders als die früheren Versionen von *AlphaGo* nahm *AlphaGo Zero* nur die Steine des Brettes wahr. Informationen über ungewöhnliche Go-Brettpositionen und andere historische Daten wurden dem System dagegen nicht mitgeteilt. Das KI-System lernte eigenständig durch Verstärkung. Es spielte immer wieder gegen sich selbst, bis es vorhersehen und erkennen konnte, welche Züge den Ausgang des Spiels positiv bzw. negativ beeinflussen.

AlphaGo Zero erlernte das Spiel folglich allein dadurch, dass es Go-Partien gegen sich selbst spielte. Bereits nach drei Stunden erreichte *AlphaGo Zero* das Niveau eines menschlichen Anfängers im Go-Spiel. Nach 19 h verhielt sich das System wie ein fortgeschrittener Spieler und nach 70 h wie ein echter Super-Profi. Auf diese Weise übertraf es schnell das menschliche Spielniveau und besiegte die zuvor veröffentlichte Version von *AlphaGo*, die den Champion *Lee Sedol* besiegte, mit 100 zu 0 Spielen. Um diesen Lernerfolg zu erzielen, spielte *AlphaGo Zero* in den ersten drei Tagen insgesamt 4,9 Mio. Spiele gegen sich selbst in schneller Folge. Das frühere KI-Systeme *AlphaGo* benötigte dagegen noch mehrere Monate des Trainings, um das gleiche Niveau zu erreichen. Nach 40 Tagen erzielte *AlphaGo Zero* die weltbesten Ergebnisse – ohne menschliche Eingriffe und ohne zuvor mit historischen Daten trainiert worden zu sein (vgl. [28]). Ein Video zeigt diese Entwicklung sehr plastisch auf: https://deepmind.com/blog/article/alphago-zero-starting-scratch.

Food for Thought Was passiert, wenn sich selbstlernende Maschinen ein Wissen aneignen, welches für den Menschen kaum oder nicht mehr nachvollziehbar ist?

Self-supervised Learning

Eine neue Art zum Trainieren von KI-Systemen stellt **Self-supervised Learning** dar. Um ein solches selbstüberwachtes Lernen zu ermöglichen, müssen Computer in der Lage sein, die Welt und die sie beschreibenden Daten in ihrer Gesamtheit zu verstehen, ohne für eine bestimmte Aufgabe programmiert worden zu sein. Aufgaben können solche KI-Systeme allein durch das Wissen über die Struktur der bereitgestellten Daten lösen. Was hiermit gemeint ist, kann wie folgt erklärt werden: Ein Baby hat bis zum Alter von ca. neun Monaten gelernt, dass ungestützte Objekte aufgrund der Schwerkraft zu Boden fallen. Es hat gleichsam ein **intuitives Modell der Welt** aufgebaut. Das Baby hat durch mehrere Erlebnisse erfahren, was passiert, wenn man lose Objekte fallen lässt – seien es Bälle, Puppen oder Handtücher. Dieses Wissen führt dazu, dass in Zukunft bestimmte Objekte (bspw. Lieblingsgeschirr) nicht mehr fallengelassen werden. Hierfür musste das Baby nie gesehen haben, wie eine Tasse zu Boden fällt. Das Baby abstrahiert von den Einzelerfahrungen und leitet daraus generell gültige Gesetzmäßigkeiten ab. Wenn sich dann dennoch ein Teller Spinat Richtung Boden bewegt …

Ähnlich verhält es sich, wenn wir die Wörter **Haus** oder **Stadt** hören. Hier haben Menschen sofort eine Vorstellung davon – unabhängig von einem konkreten Haus oder einer konkreten Stadt. Menschen verfügen über die Fähigkeit, schon aus einer geringen Anzahl an Daten zu lernen. Menschen kennen das **„Konzept eines Hauses"** und das **„Konzept einer Stadt"**. Hierdurch sind wir in der Lage, ganz verschiedene Ausprägungen von Häusern und Städten als solche zu erkennen und korrekt von Hütten oder Dörfern abzugrenzen. KI-Modell können das – noch – nicht.

Hier stellt sich die Frage nach der **Art dieses Lernprozesses**. Wie Lernen Menschen und Tiere allein durch Beobachtung und Erfahrungen, die Welt in ihrer Gesamtheit zu verstehen? Und dies unabhängig von konkreten Aufgaben? Wie gelingt es, aus nur wenigen Beispielen oder nur wenigen Versuchen („Herdplatte = heiß") Erkenntnisse für die Zukunft abzuleiten? Gleichzeitig können Menschen beim Lernprozess auch abstrahieren: Wenn „Herdplatte = heiß" bedeutet, dann gilt auch „Topf auf Herdplatte = heiß" und ggf. sogar „Suppe in Topf auf Herdplatte = heiß". Hierbei geht es um Lernprozesse, die von konkreten Aufgabenstellungen abstrahieren. Im Kern geht es darum, den KI-Systemen ein **Verständnis der Welt** zu vermitteln – ihnen quasi den gesunden Menschenverstand einzuhauchen. Was wird dafür benötigt? Eine große Datenmenge, leistungsfähige Algorithmen und vor allem: sehr große Rechnerleistungen. Die Entwicklung von KI-Systemen, die in diese Richtung gehen, hat Fahrt aufgenommen (vgl. [59], S. 19).

Wie das **Self-supervised Learning** genau funktioniert, soll hier beschreiben werden. Bei dieser Art des Machine Learnings lernt das Modell von den Daten selbst, ohne explizite – von Menschen vergebene – Labels zu benötigen. Bei dieser Lernform wird eine **Vorhersageaufgabe** definiert, indem ein Teil der vorhandenen Daten verborgen wird. Das

Modell versucht dann, den verborgenen Teil basierend auf dem sichtbaren Teil vorherzusagen. Dies soll für den Einsatz von **Texten** am Beispiel des Satzes „Ich liebe es, am Strand zu laufen." erklärt werden. Beim Prozess des Self-supervised Learnings würde bspw. das Wort „laufen" verborgen. Dann wird das Modell aufgefordert, das fehlende Wort vorherzusagen. In diesem Fall lernt das Modell durch den Kontext, dass das fehlende Wort wahrscheinlich eine Aktivität ist, die man am Strand macht. Da die KI-Engine die richtige Lösung weiß, muss kein Mensch mehr die Korrektheit der Antwort überprüfen. Das KI-System kennt ja selbst bereits die korrekte Antwort. Deshalb heißt es: „self-supervised". Wenn die KI-Engine Wörter gut vorhersagen kann, kann die Aufgabe auch schwieriger ausfallen. Dann müssen ganze Sätze und später auch ganze Abschnitte vorhergesagt werden. Auch hier weiß das lernende Systeme bereits, wie die korrekte Antwort lautet. Deshalb können hier sehr viel schneller große Lernfortschritte erzielt werden. Schließlich müssen die Ergebnisse nicht mehr von Menschen überprüft werden.

Das Self-supervised Learning wird auch bei **Bildern** anwendet. Angenommen, wir haben das Bild eines Hundes. Dann wird ein Teil des Bildes verborgen, bspw. der Schwanz des Hundes. Das Modell wird aufgefordert, den fehlenden Teil des Bildes vorherzusagen bzw. zu „füllen" – wieder basierend auf dem sichtbaren Teil des Bildes. Auch hier ist die korrekte Antwort „bekannt". In beiden Fällen lernt das Modell, Muster in den Daten zu erkennen. Diese Muster werden verwendet, um Vorhersagen bzgl. der fehlenden Teile zu treffen. Tausende, Hunderttausende oder Millionen von Lernprozessen können so ohne menschliche Intervention – ohne Labeling (vgl. Abb. 1.4) – durchgeführt werden.

▶ **Merk-Box** Die großen Fragen lauten nach wie vor:

- Wie können KI-Systeme ein Verständnis der Welt erwerben?
- Und bis wann wird dies ggf. für eine Vielzahl von Anwendungen gelungen sein?

▶ **Food for Thought** Es bestehen – nach wie vor – wichtige Unterschiede in den **Lernprozessen von Mensch und Maschine**. Der Mensch lernt und orientiert sich in der Welt, indem er konsequent auf seinen bisherigen Erfahrungen aufbaut. Hierbei wird alles, was der Mensch erlebt, kontextualisiert und damit in einen bestimmten Zusammenhang gesetzt. Den heutigen KI-Systeme fehlt ein solches Hintergrundwissen. Außerdem fehlen ihnen Instinkt und Intuition, um Entscheidungen zusätzlich abzusichern.

Außerdem fungieren **Informationen** beim Menschen häufig gleichzeitig als **Gefühlstrigger**. Wörter, Bilder, Zahlen, Gerüche, Geschmackseindrücke etc. lösen häufig – in Verbindung mit Erinnerungen – ganze Gefühlsketten aus. Und diese Gefühlsketten beeinflussen das menschliche Handeln. KI-Systemen sind solche Prozesse (noch) fremd.

Hierbei gilt: **Wissen** unterscheidet sich vom bloßen **Vorhandensein von Informationen**. Und **Weisheit** wiederum ist etwas ganz anderes als **Wissen**. Und von Weisheit sind die heutigen KI-Systeme noch weit entfernt.

Zur **Entmystifizierung der Künstlichen Intelligenz** könnte man ganz platt formulieren:

▶ **Merk-Box** Der **Kern der Künstlichen Intelligenz** besteht darin, selbstständig große Datenmengen zu verarbeiten, darin eigenständig Muster zu erkennen und auf deren Grundlage Entscheidungen und/oder Vorhersagen zu treffen oder „neue" Inhalte zu generieren. KI-Anwendungen sind bei solchen Aufgabenstellungen häufig schneller und – je nach System – auch kostengünstiger als der Mensch bzw. als regelbasierte Systeme.

1.1.4 Generative AI

Eine zunehmende Bedeutung kommt heute der sogenannten **Generative AI** – der **schöpferischen Künstlichen Intelligenz** zu. Hierbei handelt es sich um eine Teildisziplin der Künstlichen Intelligenz. Diese beschäftigt sich mit der Erzeugung von neuen Daten, Bildern, Texten oder anderen Inhalten durch den Einsatz von Algorithmen und Modellen. Im Gegensatz zu anderen Anwendungen der Künstlichen Intelligenz zur Analyse und Auswertung von Daten zielt die Generative AI auf die Schaffung „neuer" Inhalte.

Die Generative AI nutzt hierbei ebenfalls verschiedene Methoden des maschinellen Lernens, um zu erkennen, wie bestimmte Datenstrukturen aussehen und wie sie generiert werden können. Die Algorithmen werden trainiert, indem sie auch hier eine große Menge an Daten analysieren und versuchen, Muster in diesen Daten zu finden. Sobald das Modell trainiert ist, kann es verwendet werden, um „neue", noch nicht gesehene Daten zu generieren.

Beispielhafte Anwendungen von Generative AI sind u. a. die Erstellung von Kunstwerken, das Generieren von Texten (Stichwort *ChatGPT*), die Erzeugung von realistisch aussehenden Bildern oder die Schaffung von virtuellen Welten. Generative AI hat das Potenzial, verschiedene Industrien zu revolutionieren, indem es neue Wege der Erstellung von Inhalten aufzeigt. Es gibt jedoch auch Bedenken hinsichtlich der potenziellen Missbrauchsmöglichkeiten von Generative AI, insbesondere im Hinblick auf die Erzeugung von gefälschten Inhalten oder die Schaffung von Deepfake-Videos. Deshalb ist es wichtig, die Risiken und Herausforderungen im Zusammenhang mit dieser Technologie zu verstehen und zu adressieren, um eine sichere und verantwortliche Nutzung sicherzustellen.

▶ **Food for Thought** ***Geoffrey Hilton***, genannt der **Pate der Künstlichen Intelligenz**, hat bis zum Jahr 2023 bei *Google* in der KI-Entwicklung gearbeitet. Er formulierte einen spannenden Gedanken: Es gibt nur wenige Beispiele, in denen eine intelligentere Einheit von einer weniger intelligenten Einheit kontrolliert wird. Bei KI-Anwendungen ist die weniger intelligente Einheit die Menscheit (vgl. [44], S. 24).

Zusammenfassung

- Die **Künstliche Intelligenz** mit ihren unterschiedlichen Anwendungen ist bereits in vielen Bereichen unseres Alltags angekommen – ohne dass dies überall sichtbar wird.
- Die **Facetten der menschlichen Intelligenz** sind so vielfältig, dass noch viele Jahre an Entwicklungsarbeit und hohe Budgets notwendig sind, um auch nur in die Nähe der menschlichen Intelligenz zu gelangen. Die Herausforderung lautet hier: **Schaffung einer Artificial General Intelligence**.
- Die Anwendungen der Künstlichen Intelligenz setzen auf den Erkenntnissen auf, die durch **neuronale Netze** gewonnen werden. Es werden Konzepte des **Machine Learnings** bzw. des **Deep Learnings** eingesetzt.
- Die Verarbeitung der Informationen in KI-Systemen erfolgt in verschiedenen **Layern** i.S. von Verarbeitungsschichten.
- Um den automatisierten Lernprozess voranzutreiben, werden die Lernformen **beaufsichtigtes Lernen** (Supervised Learning), **unüberwachtes Lernen** (Unsupervised Learning) und **verstärkendes Lernen** (Reinforcement Learning) verwendet.
- Ein relativ neues Lernkonzept stellt das **selbstüberwachte Lernen** (Self-supervised Learning) dar. Hierzu müssen Computer in der Lage sind, die Welt und die sie beschreibenden Daten in ihrer Gesamtheit zu verstehen, ohne für eine bestimmte Aufgabe programmiert worden zu sein.
- Durch **Generative AI** bzw. **schöpferische Künstliche Intelligenz** werden „neue" Inhalte erzeugt.

1.2 Welche Ziele lassen sich mit Künstlicher Intelligenz erreichen?

Schon immer war der Mensch bestrebt, die Natur zu imitieren und den dort anzutreffenden Lösungen nachzueifern. Aus einer Klaue wurde das Messer abgeleitet. Die Fähigkeit der Vögel zu fliegen inspirierte die Menschen zur Entwicklung unterschiedlichster Fluggeräte. Das Feuer mit seinen verschiedenen Eigenschaften wurde durch Menschen zum Herd, zur Glühbirne und zur Heizung „domestiziert". Eine bisher noch nicht gelöste Aufgabe haben sich die Menschen jetzt vorgenommen: die **maschinelle Nachbildung der menschlichen Intelligenz**.

An ersten Rechenmaschinen wurde bereits im 17. Jahrhundert gearbeitet. Der Abakus, eine heute teilweise noch im Einsatz befindliche mechanische Rechenhilfe, wird sogar bereits auf das zweite vorchristliche Jahrtausend datiert. Die Entwicklung hin zum Computer wurde maßgeblich erst in den 1940er-Jahren von dem deutschen Entwickler *Konrad Zuse* vorangetrieben. Die Maschinen *Zuse Z3* und *Zuse Z4* waren die ersten universell programmierbaren Computer. Bereits damals war es das primäre Ziel, mit Hilfe von Technik menschlicher Intelligenz ebenbürtig zu werden. Seither wurden weitere wegweisende Durchbrüche erzielt. Abb. 1.8 zeigt, in welchen Bereichen die Automatisierung und Digi-

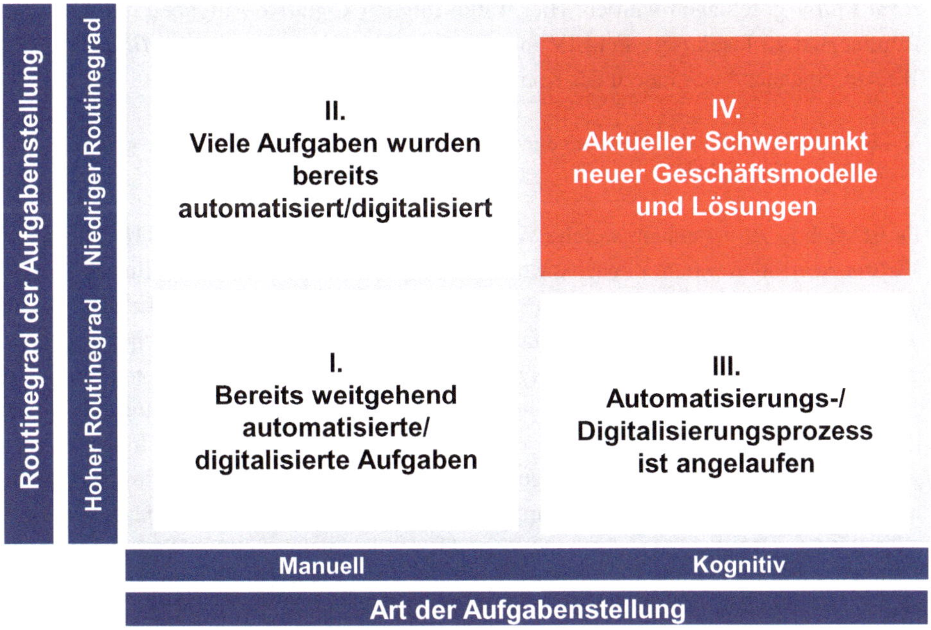

Abb. 1.8 Einsatzfelder von Automatisierung und Digitalisierung – zunehmend mit KI-Unterstützung

talisierung – zunehmend mit KI-Unterstützung – erfolgt. Hierbei wird zwischen der **Art der Aufgabenstellung** mit den Ausprägungen „manuell" bzw. „kognitiv" und dem **Routinegrad der Aufgabenstellung** mit den Dimensionen „hoher bzw. niedriger Routinegrad" unterschieden.

Manuelle Aufgaben mit hohem Routinegrad sind schon weitgehend automatisiert bzw. digitalisiert (Feld I in Abb. 1.8). Auch manuelle Aufgaben, die nur einen niedrigen Routinegrad aufweisen, sind bereits vielfach automatisiert bzw. digitalisiert (Feld II). In beiden Bereichen finden sich vielfältige Aufgaben in Produktions- oder Logistikprozessen. Hier werden zunehmend auch KI-Agenten eingesetzt, um die Prozesse effizienter zu gestalten.

Erst deutlich später konnten die Automatisierung und Digitalisierung sowie der KI-Einsatz auch in die Bereiche vordringen, in denen kognitive Aufgabenstellungen zu meistern sind. Zuerst gelang das im III. Feld. Hier weisen die kognitiven Aufgaben noch einen hohen Routinegrad auf. Ein Beispiel hierfür, das weltweit aufhorchen ließ, war der Wettkampf zwischen dem damals amtierenden **Schach-Weltmeister *Garry Kasparov*** durch den Schachcomputer ***Deep Blue***. Im Jahr 1997 ist es zum ersten Mal einem Computer gelungen, einen Weltmeister im Schachspiel zu schlagen. Warum handelt es sich hierbei um eine kognitive Aufgabe mit hohem Routinegrad? Ganz einfach: weil es beim Schach nur eine beschränkte Zahl von erlaubten Spielzügen gibt.

Es dauerte noch bis zum Jahr 2011, bis in der mit Sprachwitz, Ironie und freier Assoziation gespickten Wissensshow ***Jeopardy*** die amtierenden **Champions *Ken Jennings*** und

Brad Rutter geschlagen wurden. Hier waren folglich kognitive Aufgaben mit niedrigem Routinegrad zu lösen (vgl. Feld IV in Abb. 1.8). Der Gewinner war der *IBM*-Computer ***Watson***. Spannend war hierzu der Kommentar von *Ken Jennings* [51]:

> „Brad and I were the first knowledge-industry workers put out of work by the new generation of 'thinking' machines."

Es ist wichtig zu verstehen, welche Voraussetzungen für den Sieg des ***IBM*-Computers *Watson*** zu erfüllen waren. Zunächst wurde *Watson* mit den Inhalten von Millionen von Büchern mit enzyklopädischem Wissen gefüttert, inkl. Wörterbüchern und Lexika. Watson wurde außerdem mit einer KI ausgestattet, um natürliche Sprache zu verstehen und Ironie zu erkennen. Außerdem war das KI-System in der Lage, abstrakte Aussagen zu entkodifizieren, gezielt auf Wissen zuzugreifen und schnelle Entscheidungen zu treffen. *Watson* hatte außerdem die spezielle Struktur der Fragen dieser Quizshow erlernt, indem die Fragen- und Antwort-Sequenzen vorhergehender Spielshows analysiert und für das Training herangezogen wurden. Ergänzend wurde *Watson* darauf trainiert, nicht nur nach Schlüsselwörtern in den Inhalten zu suchen – wie eine klassische Suchmaschine. Watson analysierte auch die Sätze im Umfeld von Schlüsselwörtern, um größere Zusammenhänge zu erkennen. Hierdurch konnte *Watson* zusätzlich ergänzende Quellen aus verschiedenen Kontexten heranziehen. Basierend auf diesem umfassenden Datenbestand und einer sehr intelligenten Verarbeitung der Fragen sowie des verfügbaren „Wissens" entwickelte Watson einen Weg, um die Antworten auf neue Fragen innerhalb von Sekundenbruchteilen zu finden.

Wie lief das Frage-und-Antwort-Spiel *Jeopardy* damals genau ab? *Watson* konnte bereits in natürlicher gesprochener Sprache antworten. Verstehen konnte *Watson* die natürliche gesprochene Sprache im Jahr 2011 allerdings noch nicht. Deshalb wurden dem Rechner die Quiz-Fragen jeweils als Text in Schriftform übermittelt. Anschließend suchten Algorithmen im Wissensarchiv nach Wörtern, die in einer Beziehung zur Anfrage stehen. *Watson* konnte online auf *Wikipedia* sowie die letzten zehn Jahrgänge der *New York Times* zugreifen. Daraus wurden jeweils 50 bis 60 Informationseinheiten ausgewählt und ein Ranking aus maximal 200 Hypothesen erstellt. Bei den zu beantwortenden Fragen ging es um Geografie, um exakte Datumsangaben oder auch um Wortspiele. Anhand von vielen Tausend *Jeopardy*-Fragen früherer Spielrunden ermittelte *Watson*, mit welchen Algorithmen sich welche Fragenkategorie am besten beantworten ließen. Dafür arbeiteten über 1000 Algorithmen in parallelen Prozessen. *Watson* bezwang die menschlichen Genies in einem Feld, in dem – anders als beim Schach – Mehrdeutigkeiten, Ironie und Wortspiele ihren Platz haben (vgl. [52]).

Noch tiefer in das Feld IV in Abb. 1.8 ist der **Go-Wettkampf** vorgedrungen. Allerdings dauerte es für einen Sieg der KI beim schwersten Brettspiel der Welt weitere fünf Jahre. Erst im März 2016 gelang es einem KI-System, den amtierende Go-Weltmeister*Lee Sedol* aus Südkorea 4:1 zu schlagen. Der Gewinner war – wie schon in Abschn. 1.1 angesprochen – das KI-System von *Google*-namens ***AlphaGo***. *Lee* verlor vier von fünf Spielen gegen die selbstlernende, sich immer weiter verbessernde Software. Vor dem Spiel gab sich der Weltmeister noch siegesgewiss. Schließlich ist das Spiel Go viel variantenreicher als Schach. So verfügt das Spielfeld nicht über 64, sondern über 361 Felder. Dadurch ergeben sich viel mehr Spielmöglichkeiten – eine Herausforderung für Mensch und Maschine gleichermaßen.

Ausgewiesene Spezialisten hatten vorher behauptet, dass dies ein Rechner nie schaffen könne! Warum? Das 19 x 19 große Go-Spielbrett weist 361 Positionen auf. Jede Position kann gar nicht oder aber mit einem weißen oder schwarzen Stein besetzt sein. Deshalb ist die Anzahl aller möglichen Stellungen 3 hoch 361. Folglich sind hier 10 hoch 172.241 verschiedene Züge möglich. Kenner behaupten, dass diese Anzahl die Zahl der Atome im Weltall übertrifft, weil deren Anzahl „lediglich" ca. 10 hoch 80 beträgt – im Vergleich zu den möglichen Go-Zügen folglich fast schon eine verschwindend geringe Zahl.

Um in diesem Wettkampf zu bestehen, verfügte der Weltmeister nur über ein – allerdings sehr gut trainiertes – Gehirn. *AlphaGo* konnte dagegen auf zwei neuronale Netzwerke mit Millionen von Verbindungen zugreifen. Der Computer konnte „denken" und die wahrscheinlichsten Züge seines Gegenübers vorhersagen. Das Besondere war die Verbindung von Wissen mit Intuition. Deep-Learning-Algorithmen ermöglichten nicht nur eine Analyse von tausenden Spielzügen. Durch Trial-and-Error trainierte sich das neuronale Netzwerk auch selbst, um aus eigenen Erfahrungen zu lernen – wie ein Mensch, nur sehr viel schneller (vgl. zum Reinforcement Learning Abschn. 1.1.3).

Nach dem Wettkampf sagte *Lee Sedol* zweierlei: Der Computer habe ihn immer wieder überrascht mit Zügen, die kein Mensch machen würde und die auch noch nie gespielt wurden. Gleichzeitig hatte er aber immer wieder auch das Gefühl, gegen einen Menschen zu spielen.

▶ **Food for Thought** Der ***Sputnik*-Moment für die USA** war der 4. Oktober 1957. Zu diesem Zeitpunkt unerwartet gelang es der Sowjetunion, den ersten von Menschen entwickelten Satelliten mit Namen *Sputnik* ins Weltall zu schießen. Das löste in den USA mit der Gründung der *NASA (National Aeronoautics and Space Administration)* einen Wettlauf zwischen den damaligen Großmächten im All aus. Dieser führte schließlich im Juli 1969 zur Mondlandung durch die US-Amerikaner.

Der ***Sputnik*-Moment für China** war das Jahr 2016 (vgl. [60], S. 3). In diesem Jahr verlor der Go-Weltmeister *Lee Sedol* gegen *AlphaGo*. Bei *AlphaGo* handelt es sich um das *DeepMind* genannte System der Künstlichen Intelligenz von *Google*. Die Führung in China erkannte durch die Niederlage des Go-Weltmeisters: Wenn die Künstliche Intelligenz in der Lage ist, im Go-Spiel zu siegen, dann steckt in dieser Technologie ein enormes Potenzial, das es zu nutzen gilt. *Bis zur Niederlage im Go-Spiel haben sich in China nur wenige Spezialisten mit dem Thema Künstliche Intelligenz beschäftigt. Damit war es anschließend vorbei. Ab 2016 setzte ein regelrechter KI-Rausch ein, der Hunderttausende Forscher auf die neue Technologie neugierig machte und den chinesischen Staat zu großen Investitionen motivierte – mit beachtlichen Fortschritten auf diesem Gebiet.*

Wird es einen solchen *Sputnik*-Moment auch für Deutschland oder Europa geben? Und wenn ja, wie lange müssen wir auf diesen noch warten?

Der **Siegeszug der KI** setzt sich immer weiter fort. Eines wird schon jetzt sichtbar: Bisher war die Improvisationsfähigkeit von KI-Systemen noch sehr eingeschränkt. Die KI-Anwendungen folgen zumeist Algorithmen, die es ihnen nur erlaubten, in einer bestimmten Situation auf eine bestimmte Art und Weise zu handeln. In neuen (untrainierten) Situationen waren die KI-Systeme schnell überfordert – fehlte ihnen doch der „gesunden Menschenverstand". Jetzt fangen KI-Systeme jedoch langsam an, Menschen in immer mehr Bereichen zu übertreffen.

Die von der *Carnegie Mellon University* entwickelte KI namens ***Libratus*** hat 2017 vier der weltbesten professionellen **Pokerspieler** in einem 20-tägigen Poker-Marathon besiegt. Ursprünglich hieß es, dass ein KI-System beim Poker nicht gewinnen könne, weil es nicht zu bluffen in der Lage sei. Das Gegenteil wurde in diesem Wettbewerb im *Rivers Casino* in Pittsburgh bewiesen. Um dieses Ziel zu erreichen, analysierte ein Meta-Algorithmus des KI-Systems, welche Lücken die Profis in der Strategie von *Libratus* erkannt und ausgenutzt hatten. Anschließend wurden diese Lücken nach Prioritäten geordnet und über Nacht durch neu entwickelte Algorithmen geschlossen. *Libratus* war der erste Computer, der vier professionelle Pokerspieler besiegte. Aufgrund der Höhe des Sieges waren sich die Experten zu 99,98 % sicher, dass die Siege statistisch signifikant und folglich nicht auf Zufall zurückzuführen seien (vgl. [80]).

Im Jahr 2021 schlug ein KI-Computer namens ***Dr. Fill*** 1287 Konkurrenten bei einem jährlich stattfindenden **US-amerikanischen Kreuzworträtsel-Turnier**. Hier treten Teilnehmer aus der ganzen Welt an, um acht originelle Kreuzworträtsel zu lösen. Der erfolgreichste Teilnehmer war 2021 kein Mensch mehr, sondern ein KI-System, an dessen Entwicklung ein Forscherteam der *University of California*, Berkeley beteiligt war. *Dr. Fill* löste das letzte Rätsel in 49 s. Es war damit mehr als zwei Minuten schneller als der beste menschliche Teilnehmer. Diesem Erfolg ging eine umfassende Trainingsphase voraus. Im Zuge dieses Trainings erlernte das KI-Systeme das Auslesen der Hinweise in den Kreuzworträtseln und die Generierung möglicher Antworten. Hierbei sind zwei Stufen zu durchlaufen. Zunächst sind für jeden Hinweis mehrere Antwortalternativen zu erarbeiten. Anschließend ist zu prüfen, welche der möglichen Antworten in den jeweiligen Kontext des Kreuzworträtsels passen. Hierzu wurden für jede Antwortalternative die Wahrscheinlichkeit berechnet, dass es sich um die korrekte Antwort handeln würde (vgl. [75]).

Schließlich sorgte die Veröffentlichung von *ChatGPT* Ende November 2022 dafür, dass KI-Anwendungen in einer vorher nie gekannten Weise in der Öffentlichkeit diskutiert wurden. Menschen, die vorher noch keine KI-Anwendungen aktiv eingesetzt hatten, erkannten auf einmal die Leistungsfähigkeit von KI-Systemen (vgl. vertiefend Abschn. 4.2.2). Dieser Effekt wurde noch dadurch verstärkt, dass mit *DALL-E 2, Midjourney* und *Stable Diffusion* Anwendungen für die Allgemeinheit einsetzbar wurden, um basierend auf Texten Bilder generieren zu lassen. Weitere Systeme erlauben es inzwischen, aus Texten Musik zu generieren, bspw. mit *Riffusion* oder *Google MusicLM*. Die Künstliche Intelligenz ist in der Breite der Gesellschaft angekommen (vgl. vertiefend Abschn. 4.6).

▶ **Merk-Box** Die Einführung von *ChatGPT* Ende November 2022 war für die Künstliche Intelligenz der ***iPhone*-Moment** – der Durchbruch für die Technologie namens Künstliche Intelligenz.

▶ **Food for Thought** Welchen Stellenwert einzelne Unternehmen der Künstlichen Intelligenz beimessen, wird durch das Statement des Vorstandsvorsitzenden von *Google*, *Sundar Pichai*, deutlich. Er bezeichnet *Google* jetzt als **„AI-first"-Unternehmen**. Danach werden alle weiteren Entwicklungen primär unter den Fokus gestellt, die KI-Kompetenz von *Google* weiter auszubauen. Warum das so ist, macht eine weitere Einschätzung von *Pichai* deutlich:

„AI is more important than fire or electricity."

Man braucht diesem Statement nicht ganz zuzustimmen, aber in einer Liga mit der Elektrizität spielt die Künstliche Intelligenz allemal!

Die Künstliche Intelligenz ist *die* Schlüsseltechnologie dieses Jahrhunderts!

Zusammenfassung

- **Künstliche Intelligenz** stellt keine bloße Imitation menschlicher Intelligenz dar. Sie dient auch der Ausführung von Tätigkeiten, die bisher von Menschen nicht, nicht so schnell und/oder nicht so gut verrichtet werden konnten.
- Die **Einsatzfelder von Automatisierung und Digitalisierung** lassen sich nach der Art und dem Routinegrad von Aufgabenstellungen unterscheiden und werden durch KI-Einsatz weiter vorangetrieben.
- **KI-basierte Systeme** erschließen sich Jahr für Jahr **neue Anwendungsfelder**. In regelmäßigen Abständen werden Leistungen erbracht, die nie zuvor durch eine Kombination von Hard- und Software generiert werden konnten. Ein überzeugendes Beispiel hierfür ist *ChatGPT*.
- Das **Zielsystem von KI-Lösungen** ist nach oben offen!
- Die Zeit, in KI einzusteigen, ist **jetzt**!

1.3 Einsatzfelder der Künstlichen Intelligenz

Zur Beschreibung der unterschiedlichen Einsatzfelder der Künstlichen Intelligenz gibt es bisher kein einheitliches Vorgehen. Manche Experten fokussieren stärker auf den IT-Bezug. Dadurch resultieren KI-Kategorien wie „Machine Learning", „Deep Learning", „Modeling", „Problem Solving" oder „Uncertain Knowledge" (vgl. [40, 74]). Solche Einteilungen sind m.E. wenig sinnvoll, weil sie eher auf die Grundlagen der Künstlichen Intelligenz und damit auf dessen „Maschinenraum" abzielen und nicht auf die spannenden Nutzungsbereiche. Vor diesem Hintergrund sehen wir die wichtigsten **Einsatzfelder der Künstlichen Intelligenz** wie in Abb. 1.9 aufzeigt.

Abb. 1.9 Einsatzfelder der Künstlichen Intelligenz

Es sei allerdings schon an dieser Stelle angemerkt, dass viele KI-Lösungen mehrere der in Abb. 1.9 gezeigten Einsatzfelder der Künstlichen Intelligenz gleichzeitig nutzen. Dies wird am Beispiel eines **autonom fahrenden Fahrzeugs** deutlich:

- Gibt der Fahrer sein Reiseziel per Sprachbefehl ein und bestätigt das Auto das Fahrtziel über die natürliche gesprochene Sprache mit: „Das Ziel Königswinter wurde erfasst", so erfolgt bei Ein- und Ausgabe eine **Sprachverarbeitung**.
- Ein autonom oder teilautonom fahrender PKW muss kontinuierlich eine Vielzahl von Bildinformationen aus verschiedenen Kameras und aus weiteren Sensoren verarbeiten. Nur so werden rote Ampeln, Stopp-Schilder und Geschwindigkeitsbeschränkungen sowie Fußgänger, Fahrradfahrer und weitere Verkehrsteilnehmer erkannt. Grundlage hierfür ist eine **Bildverarbeitung**.
- Während der Reise kann sich der Fahrgast über die günstigsten Tankstellen, touristische Attraktionen und interessante Restaurants und Hotels informieren lassen. Hierfür werden **Expertensysteme** genutzt.
- Schließlich stellt das gesamte Fahrzeug mit den integrierten Technologien (u. a. Sprach- und Bilderkennung) einen besonders leistungsstarken **Roboter** dar. Er hat die Aufgabe, die Fahrgäste und/oder Dinge sicher und ökonomisch von A nach B zu transportieren.

Viele KI-Anwendungen stellen folglich schon heute Mischformen der verschiedenen Einsatzfelder der Künstlichen Intelligenz dar.

> **Merk-Box** **Künstliche Intelligenz ist eine Querschnittstechnologie** – so wie Computer, Automobile, Telefonie und das Internet selbst. Deshalb werden KI-Anwendungen alle Branchen und alle Stufen der Wertschöpfung durchdringen – früher oder später, mehr oder weniger umfassend.

Im Folgenden werden die einzelnen Einsatzfelder der Künstlichen Intelligenz näher beleuchtet.

1.3.1 Natural Language Processing (NLP) – Verarbeitung natürlicher Sprache

Die **Verarbeitung natürlicher Sprache** wird hier als erstes wichtiges Einsatzfelder der Künstlichen Intelligenz vertieft (vgl. Abb. 1.9). Natürliche Sprachen sind solche, die von Menschen gesprochen werden. Davon abzugrenzen sind Programmiersprachen wie *Java* oder *C++*. **Natural Language Processing** (NLP) bzw. die **Sprachverarbeitung** (Speech Recognition) beschäftigt sich mit Computerprogrammen, die es Maschinen ermöglichen, menschliche Sprache – in Wort und Schrift – zu verstehen. Hierbei geht es um eine spezifische Form der automatisierten Mustererkennung, die **sprachliche Intelligenz** genannt wird. Die Verarbeitung natürlicher Sprache ermöglicht eine intuitive Form der Kommunikation zwischen Menschen und intelligenten Systemen. NLP steuert moderne interaktive **Sprachdialogsysteme** (IVR – **Interactive Voice Response**), indem es Sprache verarbeitet, um die Kommunikation zu verbessern. Chatbots sind die häufigste Anwendung von NLP in der Wirtschaft.

Welche **Bedeutung der Spracherkennung** zukünftig beigemessen wird, zeigt sich an den in diesem Segment erwarteten Wachstumsraten. Der weltweite **Markt für die Verarbeitung natürlicher Sprache** wird voraussichtlich von ca. 27 Mrd. US-$ im Jahr 2022 auf ca. 160 Mrd. US-$ im Jahr 2029 wachsen. Das entspricht in diesem Zeitraum einem jährlichen Wachstum von 18 % (vgl. [36]). Diese Entwicklung wird u. a. vorangetrieben von Unternehmen wie *Amazon*, *Google*, *HewlettPackard Enterprise Development LP*, *IBM*, Microsoft/OpenAI und *SAP*. Dieses enorme Wachstum sowie das Engagement der Tech-Giganten stellen für Sie gute Gründe dar, sich mit den korrespondierenden Anwendungsfeldern der Künstlichen Intelligenz ebenfalls zu befassen.

Folgende **Anwendungsformen des Natural Language Processings** sind hier zu unterscheiden:

- **Speech-to-Text (STT)**
  Bei dieser Anwendung wird das gesprochene Wort unmittelbar in einen digitalen Text überführt. Dies ist bei der Anwendung von *Siri* (*Apple*) der Fall, wenn E-Mails oder Notizen ins Smartphone diktiert werden. Dieser Text kann anschließend in anderen Anwendungen weiterverarbeitet werden.

- **Speech-to-Speech (STS)**
  Eine solche Anwendung liegt bei *Google Translate* vor, wenn dort eine Spracheingabe bspw. in Deutsch erfolgt – und eine unmittelbare Übersetzung ins Japanische oder Chinesische mit Sprachausgabe erzeugt wird. Bei der Ausgabe von Sprache wird die sogenannte Natural Language Generation (NLG) verwendet. Auch Frage- und Antwort-Sequenzen beim Einsatz digitaler persönlicher Assistenten (wie *Alexa* oder *Google Home*) nutzen diese Variante. Es müsste hier allerdings präziser lauten: STT – Verarbeitung – TTS. Die digitalen Assistenten wandeln die gesprochene Sprache zunächst in einen digital vorliegenden Text um. Dieser Text wird anschließend interpretiert und verarbeitet. Die Antwort ist zunächst wieder ein digitaler Text. Dieser wird schließlich durch gesprochene Sprache ausgegeben – und das alles in wenigen Sekunden.
  Google hat schon im Jahr 2018 gezeigt, wozu KI-Systeme hier fähig sind. *Google Assistant* vereinbarte einen Friseurtermin – ohne dass dies vom Menschen am anderen Ende der Leitung erkannt wurde. Das Video findet sich hier: https://www.youtube.com/watch?v=yv_8dx7g-WA.

> **Filmtipp** Ein **inspirierendes Gedankenspiel**, wie natürlich sich die zukünftige Speech-to-Speech-Kommunikation mit einem digitalen Assistenten anfühlen kann, zeigt der Film *HER* von *Spike Jonze*.

- **Text-to-Speech (TTS)**
  Diese Anwendung erstellt auf der Grundlage digitaler Dokumente eine gesprochene Version des Textes. E-Mails, SMS und andere Inhalte (bspw. aus Büchern oder von Webseiten) können auf diese Weise „vorgelesen" werden. Auch akustische Ansagen in Sprachdialogsystemen gehören in diese Kategorie. Besonders hilfreich kann diese Funktion für Sehbehinderte sein, denen so das „Lesen" von Bildschirminformationen ermöglicht wird.

  Amazon Polly setzt KI-Technologien ein, um natürlich klingende menschliche Sprache zu synthetisieren (vgl. [4]). Hierdurch können schriftlich vorliegende Texte in natürliche Sprache umgewandelt werden. *Amazon* hält hierfür Dutzende von lebensechten Stimmen in einer breiten Palette von Sprachen für sprachaktivierte Anwendungen bereit. Diese Möglichkeit bietet sich bei RSS-Feeds sowie bei Inhalten von Websites an. Die Sprachausgaben von *Amazon Polly* können auch gespeichert und bei Anrufen wiedergegeben werden.
- **Data-to-Text (DTT)**
  Data-to-Text-Lösungen basieren auf strukturierten Daten. Hierbei kann es sich um Attribute handeln, die bspw. bereits in Tabellenform vorliegen. Dies sind Produktmerkmale, Geschäftsergebnisse eines Unternehmens oder Resultate von sportlichen Wettkämpfen. Der Nutzer behält bei der Generierung des Textes die Kontrolle über den Text-Output. Die so generierten Texte sind konsistent und aussagekräftig. Der Text-Output ist multilingual; d. h., die Ausgabe ist in verschiedenen Sprachen gleichzeitig möglich. Durch Data-to-Text-Lösungen können größere Textmengen auf Basis struktu-

rierter Datensätze mit variablen Details generiert werden. Solche Anwendungen bieten sich zur Produktbeschreibung im E-Commerce, im Finanzsektor sowie bei der Sportberichterstattung an (vgl. [8]).

- **Text-to-Text (TTT)**
  Bei TTT-Anwendungen wird bspw. ein elektronisch vorliegender Text mittels eines Übersetzungsprogramms wie *DeepL* oder *Google Translate* in eine andere Sprache – ebenfalls in Textform – überführt. Bei Anwendungen wie *ChatGPT* wird auf eine in natürlicher Sprache schriftlich formulierte Aufgabe oder Frage eine Antwort ebenfalls in natürlicher Sprache erzeugt und als Text ausgegeben. Die Antworten können hierbei nur eine nach dem anderen generiert werden – und auch immer nur in einer Sprache. Der Nutzer hat keinerlei Kontrolle über den generierten Text.

KI-Systeme haben inzwischen große Fortschritte darin erzielt, gesprochene Sprache und Texte zu verarbeiten. Hierbei werden zunehmend auch die Herausforderungen gemeistert, die darin liegen, dass jeder Mensch eine **individuelle mündliche und schriftliche Ausdrucksform** aufweist. Die **menschliche Sprache** besteht aus einem individuellen Mix der folgenden Aspekte (vgl. [67], S. 141–143):

- **Dialekt**
- **Akzent**
- **Wortschatz** (etwa Umgangssprache, Fachterminologie)
- **Phonologie** (hier geht es um die Laute in einem Sprachsystem)
- **Morphologie** (hier werden der Aufbau und die Struktur von Wörtern betrachtet)
- **Syntax** (hier handelt es sich im Kern um die Lehre vom Satzbau; es geht um die in einer Sprache üblichen Verbindungen von Wörtern zu Wortgruppen und Sätzen sowie um die korrekte Verknüpfung sprachlicher Einheiten in einem Satz)
- **Semantik** (hier handelt es sich um die Bedeutung von sprachlichen Zeichen und Zeichenfolgen; im Kern geht es um die Bedeutung bzw. den Inhalt von Wörtern, Sätzen bzw. von ganzen Texten)
- **Pragmatik** (sie untersucht die kontextabhängigen Inhalte konkreter sprachlicher Äußerungen)

NLP-Anwendungen müssen in der Lage sein, trotz teilweise erheblicher Unterschiede in all diesen Facetten möglichst die „wahre" Bedeutung einer Aussage zu verstehen – so, wie es auch ein menschliches Gehirn versucht, wenn auch hier nicht immer korrekt! Ein für KI-Systeme noch immer schwer zu bewältigendes Daten-Dilemma entsteht, wenn in der Kommunikation noch Sprachwitz, Ironie, Sarkasmus, Wortspiele und rhetorische Floskeln verwendet werden. Zu diesen Floskeln zählen bspw. Aussagen wie „sag ich jetzt mal", „halt eben", „jetze", „am Ende des Tages" usw.

▶ **Food for Thought** Das folgende Beispiel einer Übersetzung durch *DeepL* zeigt, welche Herausforderungen die KI-gestützte Übersetzung auch im Jahr 2023 noch zu bewältigen hat.

- According to *Sinek*, the fundamental difference between the "Apples" of the world and everyone else is that they start with "why".
- Laut *Sinek* besteht der grundlegende Unterschied zwischen den „Äpfeln" der Welt und allen anderen darin, dass sie mit dem „Warum" beginnen.

Obwohl der Begriff „Apples" mit einem Großbuchstaben beginnt, erkennt das Programm nicht das Wortspiel, dass mit „Apples" nicht Äpfel, sondern Tech-Giganten aus der *Apple*-Liga gemeint sind.

Der für die Verarbeitung gesprochener Sprache zuständige KI-Prozess wird als **Natural Language Understanding (NLU)** bezeichnet. Bei dieser Form der Textverarbeitung geht es darum, dem Text einen Sinn zu geben und Informationen zu extrahieren, aus denen sich sinnvolle Erkenntnisse ableiten lassen. Die besondere Herausforderung liegt nicht nur in der reinen Sinnerfassung eines Satzes, sondern auch in der vielschichtigen Bedeutung, die mit einem einzigen Satz verbunden sein kann – besonders abhängig vom jeweiligen Kontext.

Diese Herausforderung soll am Beispiel des sogenannten **4-Ear-Listenings** verdeutlicht werden. Hier wird auch vom **Vier-Ohren-Modell** bzw. vom **Nachrichten-Quadrat** gesprochen (vgl. Abb. 1.10; vgl. [78]). Danach kann jede verbale Botschaft auf vier verschiedene **Dimensionen der Kommunikation** hin überprüft werden:

1. **Sachlicher Inhalt**
   Hierbei geht es um die spezifische, die „reine", die „objektive" Information einer Aussage. Aber welcher Empfänger hört „rein objektiv"?
2. **Selbst-Offenbarung**
   Mit einer Botschaft übermittelt der Sender gleichzeitig – gewollt oder ungewollt – Informationen über sich selbst, die er mit der anderen Person teilen möchte – oder auch nicht.
3. **Beziehung**
   Mit den von uns verwendeten Begriffen sowie der Art der Betonung „verraten" wir auch etwas darüber, wie wir über die andere Person denken und in welcher Beziehung wir zu dieser Person stehen.
4. **Handlungsappell**
   Häufig enthält eine Botschaft auch eine Bitte oder eine Aufforderung, die sich an die andere Person richtet. Das muss aber nicht so sein.

Was der Empfänger aus einer Botschaft von uns heraushört, ist folglich nicht eindeutig festgelegt und in hohem Maße subjektiv eingefärbt – basierend auf bisherigen Erfahrungen. Unser Gesprächspartner hört potenziell mit allen vier Ohren zu und entscheidet – unterbewusst oder bewusst – eigenständig darüber, welche Dimension er aus einer Botschaft heraushört oder heraushören will.

Abb. 1.10 4-Ear-Listening – die vier Aspekte einer Nachricht

> **Merk-Box** Viele **Missverständnisse in der alltäglichen Kommunikation** – privat und beruflich – sind darauf zurückzuführen, dass wir uns meistens nicht über alle **vier Aspekte einer von uns gesendeten oder empfangenen Nachricht** im Klaren sind.
>
> Folglich sind Missverständnisse eine logische Konsequenz – allerdings sind diese in vielen Fällen vermeidbar.
>
> **Man muss nur darüber sprechen!**

Ein bekanntes Beispiel soll dies verdeutlichen. Stellen Sie sich folgende Situation vor: Sie sitzt am Steuer des gemeinsamen Autos, er auf dem Beifahrersitz. Jetzt sagt er: „Die Ampel ist grün!" Was kann – je nach der Qualität der Beziehung und der bisher gemachten Erfahrungen zwischen den beiden Protagonisten – herausgehört werden?

- **Sachlicher Inhalt**
  Die Ampel ist grün und wir können fahren. Hier wird nur ein neutraler Sachverhalt präzise beschrieben.
- **Selbst-Offenbarung**
  Ich bin viel besser qualifiziert, ein Auto zu fahren, als du. Denn ich habe – im Vergleich zu dir – schon mitbekommen, dass die Ampel längst grün ist.
- **Beziehung**
  „Immer" muss ich dir sagen, was zu tun ist. „Nie" wirst du von allein aktiv.
- **Handlungsappell**
  Jetzt fahr halt endlich los!

Die Stabilität der hier unterstellten Beziehung zwischen den beiden Personen hängt maßgeblich davon ab, mit welchem der vier Ohren die Botschaft in solchen und tausend anderen Kontexten aufgenommen und entsprechend interpretiert wird.

> **Merk-Box** Nutzen Sie das **4-Ear-Listening** für ein paar Tage im beruflichen und privaten Alltag – und erkennen Sie, welche Missverständnisse auftreten, wenn wir uns der verschiedenen Dimensionen unserer Botschaften nicht bewusst sind. Hier können wir nur besser werden!
>
> Wie kann das gelingen? Indem wir – etwa bei unerwarteten Reaktionen des Gegenübers – mitteilen, welche Art von Botschaft wir „eigentlich" senden wollten (etwa, dass die Ampel „grün" zeigte – und nicht mehr).

Diese – auch bei Menschen nicht umfassend ausgeprägte – **Fähigkeit des 4-Ear-Listenings** muss ein KI-System perspektivisch auch entwickeln, wenn es zu einem empathischen, mitfühlenden und wertschätzenden Gesprächspartner werden möchte. Hiervon sind viele Anwendungen noch weit entfernt, wie wir Tag für Tag erleben können.

Was alles zum Themenfeld **Natural Language Processing** gehört, zeigt Abb. 1.11 (vgl. [62]). Hier taucht wieder der Begriff **Natural Language Understanding (NLU)** auf. Das Verständnis von Sprache ist eine Voraussetzung für **Natural Language Generation (NLG)**. Funktionen, die über das reine Sprachverständnis bzw. die reine Sprachwiedergabe hinausgehen, werden dem Bereich Natural Language Generation zugeordnet. Beide Einsatzfelder zusammen werden als Natural Language Processing bezeichnet.

Natural Language Understanding bezieht sich auf die Dekodierung von natürlicher Sprache. Hier geht es um die maschinelle Verarbeitung des Informationsinputs, der als Text oder gesprochene Worte vorliegt (vgl. Abb. 1.11). Dies geschieht durch **semantisches Parsen** (Semantic Parsing) bzw. die Extraktion von Informationen. Die **Semantik**

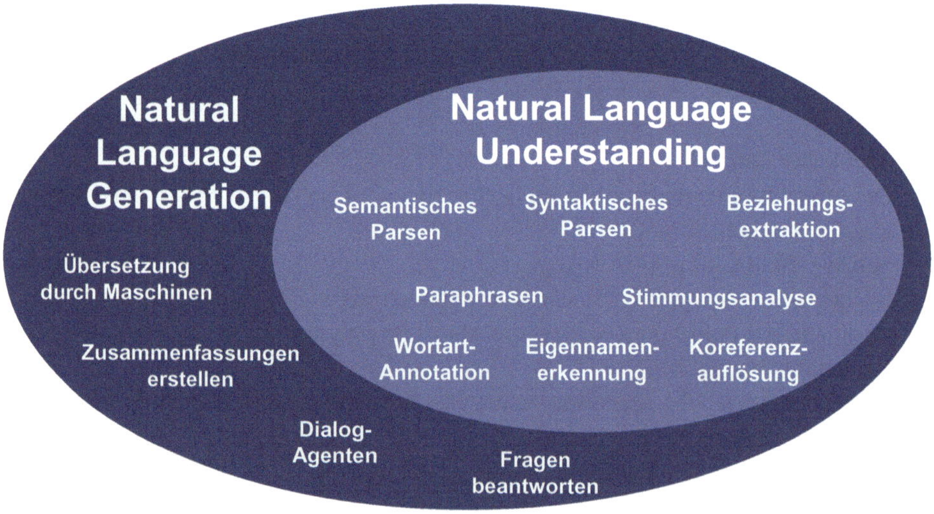

Abb. 1.11 Funktionen innerhalb des Natural Language Processings

befasst sich mit der Bedeutung von sprachlichen Zeichen und Zeichenfolgen und versucht, den Inhalt eines Wortes, eines Satzes oder eines Textes zu erkennen. Der Begriff **Parsing** steht hier für Zergliederung bzw. Analyse. Zusätzlich wird beim NLU das **syntaktische Parsen** (Syntactic Parsing) verwendet. In Abgrenzung zur Semantik handelt es sich bei der **Syntaktik** um die Lehre davon, wie Sätze gebildet werden. Hier geht es darum, wie üblicherweise die Verbindungen von Wörtern und Wortgruppen in Sätzen erfolgen. Folglich werden hier die grammatikalischen Strukturen eines Textes analysiert und genutzt, um eine kontextfreie Beziehung der einzelnen Wortelemente darzustellen. Durch den kombinierten Einsatz von Semantic Parsing und Syntactic Parsing wird es möglich, nicht nur einzelne Wörter oder Sätze zu verstehen, sondern den gesamten Inhalt zu erschließen.

Durch die **Beziehungsextraktion** (Relationship Extraction) wird der Inhalt von Texten erfasst. Zusätzlich werden mehrfache Beziehungen innerhalb der Sätze im Kontext analysiert. Wenn in einem Text bspw. die Vorständin *Kirsten Gabriel* der *Jahns & Friends AG* Journalistenfragen beantwortet, so bedeutet dies, dass *Kirsten Gabriel* bei der *Jahns & Friends AG* beschäftigt ist. Wenn später im Text von Frau *Gabriel* die Rede ist, gilt immer mitzudenken, dass diese als Vorständin der *Jahns & Friends AG* tätig ist. Ihre Ausführungen müssen folglich der *Jahns & Friends AG* zugerechnet werden.

Zusätzlich werden **Paraphrasen** eingesetzt. Es handelt es sich um die Umschreibungen eines sprachlichen Ausdrucks mit anderen Wörtern oder Ausdrücken. Das Ziel einer Paraphrase besteht darin, auch bei einer Umschreibung den ursprünglichen Sinn eines Wortes oder eines Ausdrucks wiederzugeben. In dem Kontext der Künstlichen Intelligenz geht es vor allem darum, eine semantische Identität verschiedener Sätze zu ermitteln.

Durch eine **Stimmungsanalyse** (Sentiment Analysis) werden gezielt wertende Informationen aus Sprachnachrichten identifiziert. Hierbei wird häufig zwischen positiven, neutralen und negativen Stimmungslagen unterschieden. So kann aus *Twitter*-Kommentaren oder *Facebook*-Posts abgeleitet werden, ob der Sender dieser Botschaft gegenüber einem Politiker, einer Partei und/oder bestimmten politischen Vorhaben eher kritisch, neutral oder positiv eingestellt ist. Gleiches kann im Hinblick auf Marken, Manager und Unternehmen erfolgen. Dieser Stimmungsanalyse kommt im Kontext des Online- und Social-Media-Marketings eine große Bedeutung zu (vgl. vertiefend [55], S. 88–90).

Um das Verständnis von Sprache sicherzustellen, wird die sogenannte **Wortart-Annotation** (Part-of-Speech Tagging) verwendet. Der Begriff **Annotation** bedeutet Anmerkung oder Hinzufügung. Konkret bedeutet das im Kontext von Natural Language Understanding, dass Wörtern oder ganzen Texten ergänzende Erklärungen oder Zusatzinformationen beigefügt werden, um das Verständnis zu erhöhen. Hierdurch sollen Mehrdeutigkeiten ausgeschlossen werden. Diese Art der Hinzufügung bzw. Annotation kann an folgendem Beispielsatz erläutert werden:

„Die Frau arbeitet in dem Unternehmen."

Die entsprechenden **Annotationen** hierzu lauten:

- „die" (Annotation: bestimmter Artikel, weiblich, Singular, Nominativ)
- „Frau" (Annotation: Nomen, weiblich, Singular, Nominativ)

- „arbeitet" (Annotation: finites Verb, Präsens, 3. Person Singular, Indikativ, abgeleitet von der Grundform „arbeiten")
- „in" (Annotation: Präposition)
- „dem" (Annotation: bestimmter Artikel, Neutrum, Singular, Dativ)
- „Unternehmen" (Annotation: Nomen, Neutrum, Singular, Dativ)

Eine weitere Methode im Zusammenhang mit der Informationsextraktion stellt die **Eigennamenerkennung** dar. Hierbei wird versucht, alle Eigennamen, wie bspw. Vornamen, Nachnamen, Markennamen, Unternehmensnamen, zu identifizieren und entsprechend zuzuordnen. Wenn dies korrekt gelingt, wird das Autorengespann „Kreutzer/Land" durch ein Übersetzungsprogramm nicht mehr fälschlich in „Kreutzer/Country" übersetzt (wie in einem Testlauf geschehen). Dann wird auch „*Twitter*" inhaltlich korrekt und nicht mehr – kontextabhängig falsch – als „Zwitschern" übersetzt! Übersetzungsergebnisse wie „*Facebook*, Zwitschern und E-Mail sind für das Unternehmen die wichtigsten Kommunikationskanäle" werden erst dann vermieden, wenn die Eigennamenerkennung sauber funktioniert.

In der weiteren Verarbeitung eines Textes wird durch die **Koreferenz-Auflösung** ermittelt, welche Wörter zur selben **Entität** (eine Größe oder Einheit) gehören. Erst hierdurch werden sinnrelevante Verbindungen erkannt. Ein Beispiel kann dies verdeutlichen: In einem Satz wird über „*Volkswagen*" gesprochen. Dann schließt sich der folgende Satz an: „Das Unternehmen blickt auf eine lange Tradition des Automobilbaus zurück, in der es langfristig wachsen konnte." In diesem Fall gehören „Unternehmen" und „es" zur Entität „*Volkswagen*". Diese Zuordnung ist eine wichtige Grundlage für ein tiefes Verständnis, wie es bei NLU-Aufgaben unverzichtbar ist.

▶ **Merk-Box** Programme des **Natural Language Understandings** starten mit der reinen inhaltlichen Dekodierung des Textes bzw. des gesprochenen Wortes. Zusätzlich wird der Text auf grammatikalische Strukturen hin analysiert. Wörter werden bestimmten Wortgruppen zugeordnet. Außerdem werden übergeordnete Verknüpfungen vorgenommen, die über den eigentlichen Inhalt des Textes hinausgehen. Erst das Zusammenspiel der verschiedenen Analyseschritte ermöglicht ein umfassendes Verständnis über die korrekte Beziehung von Wörtern – als Grundlage für eine erfolgreiche Kommunikation im Zuge eines **Natural Language Processings**.

Der Übergang zur **Natural Language Generation** (NLG) erfolgt bei der **Beantwortung von Fragen**, die nicht auf „Textkonserven" aufsetzen, sondern in Realtime generiert werden. Dies ist bspw. bei *ChatGPT* und *Bard* der Fall. Auch die **Übersetzung eines Textes** in eine andere Sprache setzt ein Natural Language Understanding voraus. Dies ist unverzichtbar, um den Ursprungstext zu verarbeiten und eine sinngleiche Übersetzung vorzunehmen – ein weiteres spannendes Einsatzfeld von Natural Language Generation. Die automatische Übersetzung von Texten aus einer Sprache in eine andere hat sich von der primären Verwendung vordefinierter Regeln über die Verwendung komplexer statistischer

Modelle bis hin zur Verwendung neuronaler Netze zur Nachahmung des menschlichen Denkens entwickelt.

Bei der **Zusammenfassung von Texten** wird ebenfalls NLG verwendet. Die komprimierteste Form von Zusammenfassung ist das Kategorisieren eines Textes, welches den gesamten Inhalt in einem Wort oder einer Wortgruppe zusammenfasst. Dies soll anhand eines Kunden-Feedbacks verdeutlicht werden. Der ursprüngliche Text lautete: „Der Kopfhörer war viel zu teuer!!! So eine miese Verarbeitung habe ich noch nicht erlebt und der Stecker geht auch schon kaputt.“ Der Kommentar kann durch das Schlagwort „teuer“ der Kategorie „Preis“ zugeordnet werden. Jedoch ist es oft sinnvoll, so auch hier, Mehrfachzuordnungen vorzunehmen. Denn in diesem Beispiel werden auch die Kategorien „Produkt“ (durch den Begriff „Kopfhörer“ und „Stecker“) und „Qualität“ (erkennbar an den Begriffen „Verarbeitung“ und „kaputt“) angesprochen. Eine prägnante Zusammenfassung des Kunden-Feedbacks würde hier lauten: „Produkt zu teuer“, „Qualität überzeugt nicht“ und „Stecker defekt“. Bei vielen tausenden Kommentaren, die ein Online-Händler bekommt, wird die Auswertung wesentlich erleichtert, wenn das Feedback in solche Kategorien aufbereitet zusammengefasst wird.

Ziel vieler NLP-Anwendungen ist es, dass Maschinen in die Lage versetzt werden, mit Menschen über die natürliche Sprache zu kommunizieren. Neben einer **Mensch-zu-Maschine-Kommunikation** ermöglichen entsprechende Programme heute auch eine verbesserte **Mensch-zu-Mensch-Kommunikation**, indem Sprach-, Schreib- und/oder Lesebehinderungen durch die Nutzung der Künstlichen Intelligenz ausgeglichen werden.

Eine besondere Bedeutung kommt dem Natural Language Processing bei der Mensch-zu-Maschine-Kommunikation durch sogenannte **Dialog-Agenten** (Dialogue Agents) zu. Hierzu zählen die Chatbots, die inzwischen auf vielen Websites zu finden sind. Auch die digitalen persönlichen Assistenten, wie *Alexa*, *Bixby*, *Cortana*, *Google Assistant*, *Siri* & Co., gehören zu den Dialog-Agenten (vgl. vertiefend Abschn. 4.2.1). Hier wird auch von **Interactive Voice Response** (IVR) gesprochen.

Der Begriff **Chatbot** setzt sich aus „Chat“ für „Plausch/Plaudern“ und „Bot“ als Kurzform von „Roboter“ zusammen. Bei einem Chatbot handelt es sich um eine Software, mit der sich ein Nutzer in geschriebener oder gesprochener Sprache unterhalten kann. Ein Chatbot kann zu ausgewählten Themen Fragen beantworten oder bestimmte Aufgaben erledigen (vgl. [46], S. 19–28):

- Die ersten Varianten von Chatbots waren rein **textbasierte Dialogsysteme**, die das Chatten zwischen einem Menschen und einem technischen System erlaubten. Hierzu bietet der Chatbot einen Bereich zur Texteingabe und zur Textausgabe an. So kann ein Mensch in natürlicher, geschriebener Sprache mit einem System kommunizieren. Die Texteingaben werden durch Natural Language Understanding interpretiert. Anschließend werden vorgefertigte Antworten präsentiert.
- Bei **sprachbasierten Dialogsystemen** kann eine Eingabe auch durch das gesprochene Wort erfolgen. Allerdings werden auch hier lediglich vorgefertigte Antworten präsentiert, die sich an einem erwarteten Dialogmuster orientieren. Es handelt sich hierbei

folglich in beiden Fällen um regelbasierte Bots. Brechen Nutzer aus diesen erwarteten Dialogmustern und damit aus den vordefinierten Regularien eines Dialogbaums aus, kommt der Chat zum Abbruch – oder ein Mensch springt ein.

Zur Steuerung des Chatbots wird häufig ein **Avatar** eingesetzt. Ein Avatar ist eine künstliche Person oder eine Grafikfigur, die eindeutig der virtuellen Welt zugeordnet werden kann. Den meisten Nutzern sind solche Figuren aus Computerspielen bekannt. Im Kontext von Chatbots handelt es sich um virtuelle Helfer, die die Kommunikation mit dem System „natürlicher" gestalten sollen (vgl. weiterführend Abschn. 4.2.4).

Merk-Box Nicht bei jedem Chat-Fenster einer Website handelt es sich um einen Chatbot. Viele Websites bieten heute einen **Live-Chat** an. Das bedeutet, dass der Nutzer hier mit einem echten Menschen kommunizieren kann. Der Einsatz von Künstlicher Intelligenz ist dann nicht erforderlich. Beim Live-Chat wird die natürliche Intelligenz verwendet!

Außerdem wird nicht bei jedem Chatbot umfassend auf Künstliche Intelligenz gesetzt. Vielfach handelt es sich um **Dialogsysteme**. Hier werden zwar die Fragen durch Natural Language Understanding interpretiert. Die Antworten sind dagegen vordefiniert und werden auf Grundlage der entsprechenden Triggerwörter ausgespielt.

Die Künstliche Intelligenz wird erst bei den sogenannten **digitalen (persönlichen) Assistenten** umfassend bei der Sprachein- und -ausgabe eingesetzt. Bei den digitalen Assistenten werden auch die Antworten durch Künstliche Intelligenz erzeugt – in Realtime. Hierbei handelt es sich um ein wichtiges Anwendungsfeld von Natural Language Generation.

Die Abgrenzung zwischen Chatbots und digitalen (persönlichen) Assistenten ist nicht immer leicht. Einfache, regelbasierte Chatbots nutzen die Spracherkennung, um die geschriebenen oder gesprochenen Texte zu verstehen. Die Antworten werden dann auf Basis von vordefinierten Schlüsselbegriffen zugeordnet. Ein dynamischer Dialog, bei dem das KI-System eigenständige Antworten generiert, kommt hier jedoch nicht zustande. Das kann erst ein digitaler (persönlicher) Assistent leisten (vgl. Abschn. 4.2.1).

Eine Untergruppe von Chatbots sind die sogenannten **Social Bots**. Diese sind in den sozialen Medien aktiv und operieren dort von einem Account aus. Sie können Texte und Kommentare erstellen, Inhalte liken und weiterleiten. Treten sie in den direkten Dialog mit Nutzern ein, entspricht ihre Funktionalität der von Chatbots. Social Bots analysieren Posts und Tweets und könnten automatisch aktiv werden, wenn sie bestimmte Hashtags oder sonstige als relevant definierte Schlüsselbegriffe erkennen. Hierdurch können Social Bots in den sozialen Medien kursierende Inhalte (Text und Bild) verstärken und damit – je nach Bewertung – ökonomisch und politisch manipulativ wirken. Solche Aktivitäten von Social Bots wurden in Wahlkämpfen in den USA und in Großbritannien beobachtet (vgl. [11]). Geben sich diese Social Bots als reale Menschen aus, handelt es sich um **Fake Accounts** mit gefälschten Nutzerprofilen. Solche Fake Accounts werden häufig von Ländern betrieben, die die westlichen Demokratien durch Falschinformationen (sogenannte Fake News) und Verschwörungstheorien schwächen möchten. Social Bots können sich auch als Maschine zu erkennen geben (vgl. Abschn. 4.3).

Über **Text-to-Speech-Anwendungen** können KI-Agenten so mit Aufnahmen von Sprechern, Politikern oder Schauspielern trainiert werden, dass diese KI-Systeme Stimmfärbung, Sprachmelodie, Betonungen und sogar die Tempi des Originals übernehmen können. Hierdurch können allen Menschen, deren Sprachmuster online vorliegen, Wörter und Sätze in den Mund gelegt werden, die diese niemals gesagt haben. Hierzu können u. a. die folgenden Systeme eingesetzt werden:

- ***Deepdub***: https://deepdub.ai/
- ***DeepZen***: https://deepzen.io/
- ***Firefly*** von ***Adobe:*** https://firefly.adobe.com/?workflow=route-to-path
- ***Respeecher:*** https://www.respeecher.com/

Zukünftig werden vielleicht auch keine Synchronsprecher mehr benötigt – die Übersetzung übernehmen KI-Agenten, die auf diese Anwendungen trainiert sind.

Inzwischen werden immer weitere KI-Einsatzfelder präsentiert, die auf Texteingaben basieren. Hier ist an Konzepte wie **Text-to-Music** zu denken. ***Riffusion*** erzeugt Musik aus Textvorgaben. Hierbei wird auf dem Open-Source-Projekt *Stable Diffusion* aufgesetzt. Die KI-Engine wird mit den Spektogrammen von Musik sowie mit beschreibenden Texten trainiert. Ein Spektrogramm ist die bildliche Darstellung des zeitlichen Verlaufs des Frequenzspektrums eines Signals – hier von Musik. Durch Machine Learning wird ermittelt, in welcher Beziehung Text und Musik zueinander stehen. Hierdurch ist *Riffusion* in der Lage, aus Texteingaben „neue" Musik zu generieren (vgl. ergänzend Abschn. 4.6.3).

Die Nutzer sind bei *Riffusion* aufgerufen, ihre Lieblingsstile sowie ihre Lieblingsinstrumente wie Saxofon, Klavier und/oder Geige zu nennen. Außerdem können Genres wie Jazz oder Gospel, aber auch Tänze wie Tango oder Rumba als **Text-Prompt** eingegeben werden. Ein **Prompt** ist eine Eingabe, auf die durch das KI-Modell reagiert wird. Auf Wunsch werden auch Klänge wie Kirchenglocken oder Regen in die Musik integriert. Das Ergebnis reflektiert die Wünsche, klingt aber vielfach noch sehr synthetisch. Sie können es hier selbst testen: https://www.riffusion.com.

Google präsentiert mit ***MusicLM*** ein weiteres Text-to-Music-Konzept (vgl. [1]). Basierend auf Texteingaben wird die korrespondierende Musik erzeugt. Um die weitere Forschung zu unterstützen, veröffentlichte das Unternehmen MusicCaps. Hierbei handelt es sich um einen Datensatz mit 5500 Musik-Text-Paaren sowie mit umfangreichen Textbeschreibungen, die von menschlichen Experten bereitgestellt wurden. Das soll anderen Forschern die Arbeit damit erleichtern. Diese Beispiele finden sich hier: https://google-research.github.io/seanet/musiclm/examples/.

Text-to-Picture-Konzepte werden im nächsten Abschnitt präsentiert, weil sie eine besonders innovative Form von Computer Vision darstellen.

1.3.2 Natural Image Processing – Computer Vision – Bildverarbeitung

Die **Bildverarbeitung** stellt ein weiteres wichtiges Einsatzfeld der Künstlichen Intelligenz dar (vgl. Abb. 1.9). Unter Bildverarbeitung (auch **Natural Image Processing** bzw. **Computer Vision**) versteht man die Verarbeitung von Signalen, die Bilder repräsentieren. Das Resultat einer Bildverarbeitung kann entweder wiederum ein Bild sein oder ein Datensatz, der die Merkmale des verarbeiteten Bildes repräsentiert (vgl. [9]). Bei Letzterem wird von **Bilderkennung** bzw. von **Image Recognition** sowie von **maschinellem Sehen** gesprochen. Die Bilderkennung kann sich auf Standbilder (Fotos) und auf Bewegtbilder (Videos) beziehen. In einem anschließenden Schritt werden die Bildinformationen verarbeitet, um Entscheidungen oder weitere Prozessschritte einzuleiten. Hierbei geht es ebenfalls um eine spezifische Form der automatisierten Mustererkennung, die **visuelle Intelligenz** genannt wird. Diese stellt die Grundlage für die Entwicklung von Anwendungen wie selbstfahrenden Autos, autonomen Drohnen und automatischen Bestandskontrollen im Einzelhandel dar. Diese Form der Bildverarbeitung ist inhaltlich von der **Bildbearbeitung** zu unterscheiden, bei der die Inhalte von Bildern selbst verändert werden (bspw. durch *Adobe Photoshop*).

Eine **Auswertung von Standbildern** (Fotos) liegt vor, wenn Personen auf Bildern erkannt werden sollen. Der Prozess der Bilderkennung wird als **Tagging** bezeichnet. Sie kam – intensiv kritisiert – u. a. bei *Facebook* zum Einsatz. Hierdurch war es bis 2021 möglich, dass Nutzer auf den bei *Facebook* hochgeladenen Fotos und in Videos automatisch erkannt wurden, ohne vorher von anderen markiert worden zu sein. Für diese Aufgabe griff *Facebook* auf die Profilbilder der Nutzer sowie auf Fotos zu, auf denen die Personen bereits eindeutig markiert wurden. Basierend auf diesen Daten wurde hierfür eine sogenannte **digitale Identifikationsmarke** erstellt, die dann als Suchraster über vorhandenes oder neu hochgeladenes Bildmaterial lief. Durch dieses Vorgehen erhielt *Facebook* spannende Daten über Aktivitäten von und die Vernetzung zwischen den Nutzern:

Person A kennt Person B. Die Personen A, C und G waren gemeinsam auf einer Party, beim Wandern, am Strand, auf der Chinesischen Mauer etc. Person X war allein in Thailand unterwegs.

Diese Auswertung wurde von vielen Stellen massiv kritisiert. Neben der **Verletzung von Persönlichkeitsrechten** bestand vor allem das Risiko, dass demokratische und nicht-demokratische Staaten ihre Bürger auf diese Weise umfassend überwachen konnten. Diese Form der **Identifikation von Einzelpersonen** ist heute in **China** an der Tagesordnung. So konnten Personen, die an Demonstrationen gegen die Corona-Auflagen teilgenommen hatten, auch noch später auf Fotos und Videos erkannt und verhaftet werden. Hierzu tragen auch die im öffentlichen Bereich installierten Überwachungskameras bei. Das Ziel besteht darin, eine Kamera pro acht Personen in China im öffentlichen Raum zu installieren. Das wären ca. 1,75 Mrd. Kameras (vgl. vertiefend zum Social Scoring Abschn. 5.2.2).

Die Bilderkennung wird auch eingesetzt, um Bilder zu finden, die einer Vorlage ähneln. Diese Anwendung findet sich bei ***Google Reverse Image Search***. Wie überzeugend das heute schon funktioniert, zeigen die Suchergebnisse in Abb. 1.12. Der Input dieser Suche

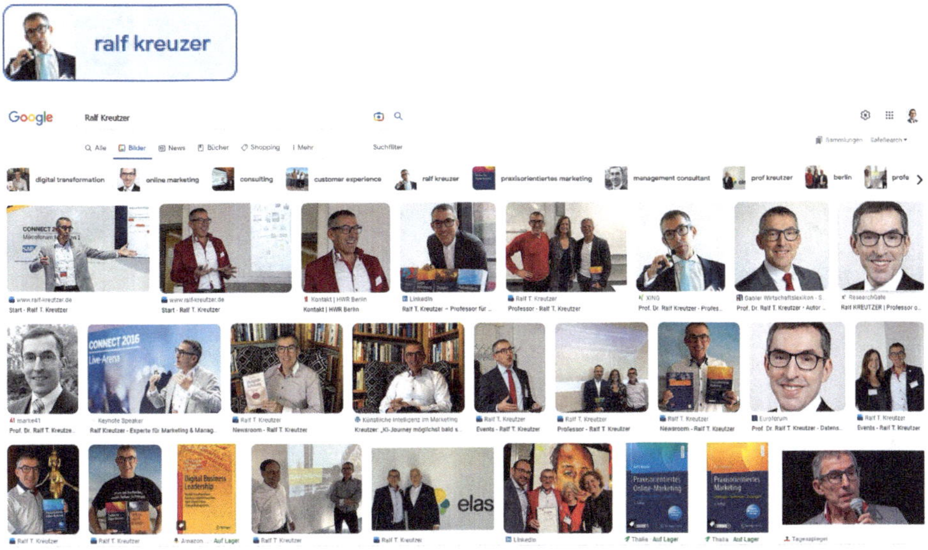

Abb. 1.12 Treffer einer bildbasierten Suche bei *Google Reverse Image Search*

basierte auf dem Foto, das in der Abbildung oben links zu sehen ist. Zunächst einmal wurde ich anhand des Fotos eindeutig als „*Ralf Kreutzer*" identifiziert. Wie man sieht, liefert diese Suche auch recht überzeugende Ergebnisse – weit über Fotos hinaus. Im Gegensatz zu früheren Recherchen wurden auf der ersten Trefferseite keine Falschzuordnungen ausgewiesen. Hierzu werden auch die Meta-Daten der Fotos beigetragen haben.

Allerdings wird auch häufig darüber berichtet, wo die Bilderkennung heute noch scheitert. Eine besondere Herausforderung für die Bilderkennung zeigt Abb. 1.13. Warum gelingt es vielen KI-Systemen heute noch nicht immer, korrekt zwischen Hund und Muffin zu unterscheiden? Dies ist für Menschen dagegen ein leichtes Spiel! Die Erklärung ist ganz einfach: Die heute eingesetzten Algorithmen werden durch Hunderttausende von Bildern trainiert, die verschiedene Objekte zeigen und mit entsprechenden Beschreibungen versehen sind (vgl. zum Supervised Learning Abschn. 1.1). Die Systeme verstehen jedoch nicht die inhaltliche Bedeutung des Fotos, sondern fokussieren auf eine reine **Mustererkennung**. Der menschliche Intellekt kann dagegen – spielend einfach – ein lebendes Wesen von einem Gebäck unterscheiden, weil die menschliche Intelligenz in den Abbildungen mehr als nur schemenhafte Muster erkennt.

Die Grenzen der Bilderkennung wurden jüngst auch bei *Facebook* sichtbar. Nutzer, die sich beim Boulevard-Blatt *Daily Mirror* das Video „Weißer Mann ruft Polizei wegen schwarzer Männer am Hafen" angesehen hatten, wurden anschließend gefragt: „Möchten Sie weiterhin Videos über Primaten sehen?" Eine *Facebook*-Sprecherin sah sich daraufhin zu folgender Aussage genötigt: „Das war eindeutig ein inakzeptabler Fehler!" Passiert im KI-Jahr 2021 (vgl. [68]). Aufgrund der heutigen Grenzen der KI-gestützten Bilderkennung sind in vielen Ländern der Welt tausende Menschen – sogenannte „Cleaner" oder eu-

Abb. 1.13 Grenzen der Bilderkennung

phemistisch „Content-Moderatoren" – im Einsatz. Diese prüfen visuelle Beiträge in den sozialen Medien auf inakzeptable Inhalte (vgl. Abschn. 1.5).

▶ **Filmtipp** *„The Cleaners"* ist ein Dokumentarfilm der Regisseure *Moritz Riesewieck* und *Hans Block* aus dem Jahr 2018. Dieser Film beschreibt die Aufgaben und die Probleme von Content-Moderatoren auf den Philippinen, die „unpassende" Inhalte in sozialen Netzwerken löschen müssen. Sehr sehenswert!

▶ **Merk-Box** Die **Grenzen der Bilderkennung von KI-Systemen** werden (heute noch) dadurch bestimmt, dass die Künstliche Intelligenz lediglich visuelle Muster miteinander vergleicht. Die hinter den Mustern liegende Bedeutung bleibt den Systemen (heute noch) verborgen.

Im Gegensatz dazu beruhen unser Denken und unsere natürliche Intelligenz auch darauf, dass wir den **Wesenskern einer Sache** erkennen und eine Sache von ihrer Oberfläche unterscheiden können. Unsere Wahrnehmung geht folglich über den oberflächlichen Eindruck hinaus, weil wir zum visuellen Eindruck weitere Inhalte assoziieren (vgl. [45], S. N4).

Der Grund dafür ist einfach: Algorithmen erkennen Sachverhalte anders als Menschen, weil ihnen ein **„Modell der Welt" als generischer Erfahrungsschatz** fehlt. Was die KI-Systeme (heute noch) nicht aufweisen, sind das Körpergefühl sowie ein intuitives Verständnis für die Physik. Wir Menschen erlernen das im Zuge unserer Sozialisation „nebenbei". Deshalb benötigen wir oft nur eine einzige Begegnung mit einem Objekt (eine Trainingseinheit), um ein Tier sicher wiederzuerkennen. Intuitiv gleichen wir das neue Objekt mit unserer ersten Erfahrung ab: ein Körper mit vier Beinen, Fell und Schnauze? Das muss ein Tier sein! Für uns sehr leicht, für KI-Systeme noch extrem schwer (vgl. [84], S. 33).

KI-Systemen fehlt heute noch die Fähigkeit, ein **Symbol höherer Stufe** zu kreieren (vgl. Malsburg [63], S. 11). Ein solches Symbol höherer Stufe ist bspw. das Bild, das wir in unserem Inneren erzeugen, wenn wir an den **Ostersonntagmorgen** denken. Dieses Bild setzt sich zusammen aus einer Vielzahl gespeicherter Erinnerungen:

- Erlebnisse (vergebliche Ostereiersuche im Garten in unserer Jugend)
- Bilder (ein hübsch gedeckter Frühstückstisch mit Osterglocken)
- Gerüche (ein wunderbarer Lammbraten)
- Geschmäcke (etwa der bunten Fondant-Eier)
- Geräusche (das Geläut der städtischen Kirche)
- Gefühle (beim Berühren eines *Steiff*-Osterhasen)
- Stimmungen (so bei der Rezitation von *Goethes Osterspaziergang* „Vom Eise befreit …")

Die **Komplexität dieser Verknüpfung** ganz unterschiedlicher Erinnerungen beim Trigger-Wort „Ostern" kann heute noch kein KI-System leisten. Wir Menschen vollziehen solche **Gedankenwanderungen** – ganz ohne jede Anstrengung!

Die heutigen KI-Systeme verfügen dagegen über keine eigene Biografie. Sie weisen kein **phänomenales Bewusstsein** auf, das Menschen zueigen ist. Unter einem phänomenalen Bewusstsein versteht man die Zusammenfassung aller geistigen Zustände und Ereignisse, die von einem Menschen erlebt werden und die einen subjektiven Charakter aufweisen (vgl. [42], S. 267). KI-Systemen fehlt heute noch ein **Konzept von Bewusstsein**. Dieses setzt voraus, dass ein Lebewesen die Welt mit seinen Sinnen erfasst und an diesem teilnimmt, um sich zu entwickeln und um zu überleben (vgl. [10], S. 18).

▶ **Merk-Box** KI-Systeme fügen bis heute noch nicht über einen **gesunden Menschenverstand**. Sie wissen nicht einmal, dass es sie gibt – und sie können sich auch nicht selbst wahrnehmen.

Durch Computer Vision können bekannte **Personen** erkannt werden. Durch die **Gesichtserkennung und -analyse** kann die Ähnlichkeit eines Gesichts mit einem anderen Bild oder mit einem Bild aus der eigenen Bilddatenbank ermittelt werden. Solche Gesichtsvergleiche können im Zuge von Onboarding- und Authentifizierungs-Workflows verwendet werden, um die Identität der angemeldeten Benutzer zu überprüfen. Hierdurch werden bspw. Warnungen bei einem Smart Home möglich, wenn sich nicht autorisierte Personen auf dem eigenen Grundstück bewegen. Nähern sich dagegen autorisierte Personen dem Eingang, kann die Wohnung oder das Haus auf den jeweiligen Ankömmling ausgerichtet werden. Hierzu zählen bspw. das automatische Einschalten von Licht in vordefinierten Räumen, das Spielen der präferierten Musik bis hin zur Regelung der Heizung auf die gewünschte Temperatur. Im Zuge der **Gesichtserkennung** können auch weitere Attribute ermittelt werden, wie bspw. offene Augen, Brillen und Gesichtsbehaarung. Die **Texterkennung** ermöglicht es, auch aus schiefem und verzerrtem Text aus Bildern und Videos von Straßenschildern sowie aus Posts in den sozialen Medien und aus Produktverpackungen verarbeitbaren Text zu extrahieren.

▶ **Merk-Box** Es sei nur der Vollständigkeit halber darauf hingewiesen, dass bei **Anwendungen zur Gesichtserkennung** die einschlägigen Gesetze der jeweiligen Länder zum **Datenschutz** zu berücksichtigen sind.

Systeme zur Gesichtserkennung werden heute schon in vielen Bereichen eingesetzt. Mit **Touch ID** hatte *Apple* schon länger eine Authentifizierung durch einen Fingerabdruck ermöglicht. Die **Face ID** von *Apple* erlaubt jetzt eine Authentifizierung via Gesichtserkennung – intuitiv durchführbar und sicher. Hierfür genügt ein kurzer Blick auf das Display, um *iPhone* oder *iPad Pro* sicher zu entsperren. Mit Face ID können auch Einkäufe im *iTunes-Store*, im App-Store und im Book Store sowie Zahlungen mit *Apple Pay* und weitere Transaktionen autorisiert werden. App-Entwickler können es auch erlauben, dass sich Nutzer per Face ID in ihren Apps anmelden. Ein weiterer Anwendungsfall für die Gesichtserkennung ist die **Einlasskontrolle für Mitarbeiter und Lieferanten von Unternehmen**. Auch **Besucher von Veranstaltungen** können sich durch Gesichtserkennungssysteme legitimieren, bevor sie den Eingang passieren.

Ein gleichermaßen faszinierender wie erschreckender **Einsatz der Gesichtserkennung** startete in Moskau: Beim Bezahlsystem via Gesichtserkennung namens ***FacePay*** ersetzt das Gesicht die erforderliche Fahrkarte in der Moskauer U-Bahn. Die Fahrgäste können hier mit einem Blick in eine Kamera bezahlen. Um dieses Bezahlsystem zu nutzen, müssen sich die Nutzer im Vorfeld auf der Internetseite der Moskauer Metro registrieren. Hier sind auch die Telefonnummer und Bankverbindung zu hinterlegen. Außerdem ist ein aktuelles eigenes Foto hochzuladen (vgl. [83]).

Was spricht für diese Lösung? Bequemlichkeit! Doch welche Risiken gehen damit in einem Land einher, dass nicht gerade für seine demokratische und pluralistische Gesellschaft bekannt ist? Durch *FacePay* können sehr umfassende **Bewegungsprofile von Menschen** erstellt werden. So kann ermittelt werden, wenn Personen zu Demonstrationen oder zu „politisch heiklen Orten" fahren. Zu diesen Orten gehören bspw. Gefängnissen oder Schauplätze von Gerichtsverfahren gegen politische Gefangene. Der Staat hat hier unmittelbaren Zugriff auf diese Daten – von den jeweiligen Nutzern selbst digital bereitgestellt! Werden die Daten von *FacePay* mit den Daten aus weiteren stationären und mobilen Überwachungskameras verknüpft, kann eine umfassende Transparenz über die Tätigkeiten von politischen Gegnern, Aktivisten, Journalisten und anderen erzeugt werden. Gerade in Russland wird Software zur Gesichtserkennung intensiv eingesetzt – und in Moskau allein sind bereits mehr als 200.000 Überwachungskameras installiert.

▶ **Belletristischer Lesetipp** Wer einmal in spannender Form erkennen möchte, welche Konsequenzen mit einer umfassenden Video-Aufzeichnung für jeden einzelnen und die Gesellschaft insgesamt verbunden sind, sollte das sehr spannende Buch von *Dave Eggert „The Circle"* lesen. Der gleichnamige Film mit *Emma Watson* ist auch gut; aber das Buch ist m.E. um Klassen besser.

Interessante Einsatzbereiche von Computer Vision bieten heute Lösungen wie *DALL-E 2* (gehört zu *OpenAI*), *Midjourney* und *Stable Diffusion* (gehört zu *Stability AI*). Hierbei handelt es sich um **Text-to-Picture-Generatoren**. Durch Eingabe einer Textbeschreibung lassen sich Bilder erstellen. Hierbei handelt es sich ebenfalls um eine **generierende Künstliche Intelligenz**. In welchen Bereichen können **Text-to-Picture-Generatoren** zielführend eingesetzt werden? Durch KI generierte Bilder können zur Illustration von Blogs und Werbekampagnen, aber bspw. auch für Buchcover verwendet werden. Ein Beispiel für ein solches Cover zeigt Abb. 1.14. Der Kreativität hinsichtlich weiterer Nutzungsbereiche sind keine Grenzen gesetzt (vgl. vertiefend Abschn. 4.6).

Über mögliche **Urheberrechtsverstöße** durch Text-to-Picture-Generatoren wird momentan intensiv diskutiert, wenn bei der Kreation auf vorhandenes Bildmaterial zurückgegriffen wird. Soweit für das Training der KI-Agenten Bildmaterial mit einer entsprechenden Creative-Commons-Lizenz verwendet wurden, werden sich Beschwerden gegen diese Dienste schwierig gestalten. Hier dürfte es den Künstlern häufig auch schwerfallen, konkret nachzuweisen, in welchem Umfang in ein finales Bild eigene Schöpfungen eingeflossen sind.

Abb. 1.14 KI-generiertes Buchcover. (Quelle: © Springer Fachmedien Wiesbaden GmbH)

Mit Text-to-Picture-Konzepten sind allerdings auch weitere Gefahren verbunden. Hier ist an **Deepfakes** zu denken. Um gefälschte, aber täuschend echt wirkende Bilder sowie Audio- oder Videoaufnahmen zu erzeugen, wird Bild- oder Audiomaterial aus der realen Welt zusammengetragen, analysiert und dann systematisch manipuliert. Hierdurch werden Inhalte geschaffen, die sehr wirklichkeitsnah wirken, allerdings gefälscht sind. Deepfakes werden nicht nur – ganz legal – bei Filmen eingesetzt – sondern auch illegal, indem bspw. Persönlichkeiten zu Porno-Darstellern gemacht werden. Besonders kritisch wird es jedoch, wenn auf diese Weise Fehlinterpretationen und Gerüchte in die Welt gesetzt werden, die Demokratien unterwandern sollen. Werden überzeugende Fehlinformationen in den öffentlichen Diskurs eingeführt, kann dies das Vertrauen in staatliche Organe, das Regierungshandeln und damit die Demokratie insgesamt schwächen. Genau hieran haben Staaten wie China und Russland ein großes Interesse, um selbst „glänzen" zu können. Ein Beispiel für Deepfakes liefert das folgende Video mit *Barack Obama*: https://www.youtube.com/watch?v=cQ54GDm1eL0.

Anhand der genauen Berechnung von Bildpunkten lassen sich bekannte Gesichter in alle möglichen Settings einfügen. Neben den positiven Effekten neuer Gestaltungsmöglichkeiten birgt dieser Vorstoß erhebliche Gefahren mit sich. In Zukunft kann der Bildinhalt eines jeden Fotos in den sozialen Medien angezweifelt werden, da es sich bei dem angeblichen Beweisfoto einer Straftat um eine Fälschung handeln kann. Diese kreativen Fälschungen stellen nicht nur die Justiz, sondern auch die aufgeklärte Menschheit vor neue Herausforderungen bei der Glaubwürdigkeit von Bildmaterial. Diese Möglichkeiten zur Fälschung lassen sich auch auf Videos übertragen, wie das obige Beispiel von *Barack Obama* eindrucksvoll zeigt. Das eingesetzt KI-System wurde mit 13 h Videomaterial des ehemaligen US-Präsidenten gefüttert. Hierdurch konnte es die Bewegung seiner Mundpartie exakt erfassen und bei der Eingabe einer neuen Rede anwenden. Mit einer solchen Anwendung kann jeder interessierte Nutzer seine eigenen Worte aus dem Mund von *Barack Obama* hören. Die Möglichkeit zu solchen Fälschungen ist bei jeder Person möglich, von der genug digitales Bildmaterial vorhanden ist.

► **Food for Thought** **Fake News 2.0**: Die Fälschungsmöglichkeiten bei Fotos und in Videos werden es immer schwerer machen, Fälschungen auf die Spur zu kommen. Da Bilder bei den Betrachtern einen besonders nachhaltigen Eindruck hinterlassen, ist die Gefahr einer umfassenden Manipulation von Menschen und ganzen Gesellschaften nicht zu unterschätzen.

Die spannende Frage lautet deshalb: Welche Effekte sind zu erwarten, wenn jedes Ereignis jederzeit – von wem auch immer – visuell in Szene gesetzt werden kann, unabhängig davon, ob es je so stattgefunden hat?

Für diese Fälschungen wurde der Fachbegriff **Deepfakes** geprägt.

Angesichts solcher Entwicklungen stellt **Fake Detection** ein wichtiges Aufgabenfeld der Künstlichen Intelligenz dar. Hierbei geht es im Kern darum, Falschmeldungen von korrekten Nachrichten in den unterschiedlichen Online-Quellen zu identifizieren. Bei der

Entwicklung solcher KI-Algorithmen stellt die Erfassung von Trainingsdaten häufig die größte Herausforderung dar. Schließlich müssen Informationen darüber vorliegen, welche Nachrichten „korrekt" und welche „falsch" sind – und das bei einer unendlich umfassend sprudelnden Informationsflut, die permanent neue Inhalte generiert. Das kann dazu führen, dass Inhalte, die gestern noch falsch waren, heute auf einmal korrekt sind. So kann die Aussage, dass *Elon Musk* 3000 Mitarbeiter bei *Twitter* entlassen hat, gestern noch falsch gewesen sein. Heute wurden die Entlassungen vollzogen – folglich ist die Aussage jetzt korrekt.

Hierbei kann das Attribut „falsch" in verschiedenen Formen auftreten:

- Beiträge können eklatant **inkorrekt** i.S. von nicht wahrheitsgemäß sein.
- Beiträge können ein korrektes Ergebnis darstellen, aber (einige) **falsche Interpretationen** vornehmen.
- Beiträge können sich „**pseudowissenschaftlich**" verkleiden, d. h. einen scheinbar wissenschaftlichen Bezug herstellen, der de facto aber nicht gegeben ist (bspw. bei einer nicht-repräsentativen Umfrage).
- Beiträge können als Nachrichten **getarnte Meinungen, Angebots- und/oder Unternehmensempfehlungen** sein.
- Beiträge können verfälscht sein, weil ein **Pro-domo-Effekt** vorliegt (hier kann ein Unternehmen positiv über die eigenen Leistungen sprechen, ohne dass dies zutrifft).
- Beiträge können **ironisch bzw. sarkastisch** das Gegenteil dessen ausdrücken, was eigentlich gemeint ist – eine Ausdrucksform, die u. U. nicht alle als solche erkennen.
- Beiträge können **Zitate anderer Quellen** enthalten, deren Aussage der Autor zustimmt – oder auch nicht.
- Beiträge können **sinnentstellend aus dem Zusammenhang gerissen** sein und so einen ganz anderen Inhalt vermitteln, als vom Sender ursprünglich gedacht.

► **Food for Thought** Wie bedeutsam die Entdeckung tendenziöser und/oder falscher Nachrichten ist, haben die Entwicklungen im US-Wahlkampf und bei der Brexit-Abstimmung gezeigt. Auch die aktuellen Beobachtungen, wie einzelne Gruppen eine gezielte Desinformation breiter Bevölkerungskreise und damit eine Schwächung westlicher Demokratien anstreben, unterstreichen die Relevanz von Face Detection.

Zu den hier zu bewältigenden Aufgabenstellungen gehört auch die **Identifikation von Fake Accounts**, die sich in den sozialen Medien eingenistet haben (vgl. auch Abschn. 4.2.3). Solche Fake Accounts werden auch **Sockenpuppe** bzw. **Sockpuppet** genannt. Dieser Begriff ist angelehnt an einen Bauchredner mit Handpuppe. Fake Accounts beziehen sich auf (zusätzliche) Nutzerkonten, mit denen verschiedene Ziele angestrebt werden. Legitim ist der Einsatz zum Schutz der eigenen Privatsphäre. Sie können allerdings auch dazu dienen, Meinungen innerhalb einer Community mit mehreren Stimmen zu vertreten – um damit das Stimmungsbild zu verzerren. Fake Accounts werden auch dazu genutzt, die Regeln einer Community zu unterlaufen und ganz bewusst zu provozieren oder Dialoge zu stören.

Inzwischen wird regelmäßig davon berichtet, dass *Facebook* oder *Twitter* wieder Hunderte von solchen Fake Accounts identifiziert und geschlossen hat. Es ist davon auszugehen, dass gleichzeitig in ähnlichem Umfang neue Fake Accounts von den sogenannten **Troll-Fabriken** eröffnet werden. Unter einem **Troll** versteht man im Online-Umfeld eine Person, die durch ihre Kommunikation vor allem andere Gesprächsteilnehmer emotional provoziert, die Kommunikation im Internet auf destruktive Weise behindert und/oder tendenziöse Beiträge verbreiten möchte. Diese Trolle treiben ihr Unwesen außer in den sozialen Netzen vor allem in Diskussionsgruppen, Blogs und Chatrooms. Außerdem versuchen diese Propagandisten, ihre „Beiträge" auch in Wikis zu platzieren, um so die öffentliche Wahrnehmung und Meinung zu manipulieren. Außerdem werden Bewertungen von Videos und anderen Beiträgen in sozialen Medien verfälscht. Gleichzeitig wird versucht, den eigenen Posts eine größere Sichtbarkeit zu verschaffen. Hierfür kann der Troll Menschen oder Chatbots dazu provozieren und motivieren, Beiträgen zu einem bestimmten Zeitpunkt auf eine bestimmte Art und Weise zu kommentieren oder zu teilen. So kann die vermeintliche **Popularität einer Botschaft** dramatisch verfälscht werden.

Es stellt kein triviales Unterfangen der Plattformbetreiber dar, diese schwarzen Schafe zu identifizieren und auszugrenzen. Sind die Kriterien zu „scharf" eingestellt, werden auch Konten von „Unbeteiligten" geschlossen – u. U. deshalb, weil sie Falschmeldungen wiederholt haben, um auf das Problem hinzuweisen. Sind die Kriterien zu „unscharf" definiert, bleiben viele „schwarze Schafe" unerkannt. Die Künstliche Intelligenz kann einen wesentlichen Beitrag dazu leisten, Muster zu erkennen, die auf manipulative Bots und Posts hinweisen. Entsprechende Trigger können Zeitpunkt und Frequenz von Posts sein, die Fokussierung auf ein bestimmtes Zielpublikum sowie die dominierenden Inhalte und deren Tonalität.

Bei diesen Herausforderungen ist allerdings das menschliche Auge nach wie vor unverzichtbar. Hierzu werden bei *Facebook*, *Google* und Co. die schon angesprochenen **Content-Moderatoren** eingebunden. In den entsprechenden Service-Centern haben diese Mitarbeiter die Aufgabe, die nicht eindeutig zu bewertenden Inhalte zu prüfen, bevor sie blockiert oder freigegeben werden. KI-gesteuerte Algorithmen reichen hierfür nach wie vor nicht aus.

► **Food for Thought** In dem Maße, wie die Künstliche Intelligenz bei der Identifikation von Fake News voranschreitet, wird auch deren Einsatz zur Generierung eben dieser Fake News verbessert werden.

Die frühzeitige **Erkennung von Falsch-Informationen** kann für ganz unterschiedliche Unternehmensbereiche relevant sein (vgl. [41]). Hierbei ist an den Marketing-Bereich zu denken, der tendenziöse (falsche) Darstellungen schnell erkennen sollte. Auch das Risk-Management, die Forschungs- und Entwicklungs-Abteilung, der Vertrieb und sogar der Bereich Human Resources können von einer Früherkennung profitieren. Unternehmen werden auf die folgenden Arten angegriffen, die nicht überschneidungsfrei sind:

- **Verbreitung rufschädigender Inhalte** über das Unternehmen, seine Repräsentanten und/oder seine Angebote und Marken
- Abschreckung von potenziellen Kunden durch **Falschinformationen über die Qualität von Produkten und/oder Services**
- Beeinträchtigung des Employer-Images durch **gefälschte Bewertungen durch Mitarbeiter**, die dort nie gearbeitet haben

▶ **Merk-Box** Es wird zukünftig immer mehr KI-Systeme geben, die Texte, Bilder und Videos manipulieren. Gleichzeitig werden immer mehr KI-Systeme entwickelt, um solche **Manipulationen** zu erkennen.

Allerdings gilt:

Eine Manipulation kann erst nach ihrer Veröffentlichung als solche erkannt werden. Doch dann hat sich diese Falschmeldung vielleicht schon weltweit verbreitet, hat Hass und Zwietracht gesät und ggf. regionale und globale Krisen ausgelöst.

Außerdem ist zu fragen, wie viele der weltweiten Rezipienten einer manipulierten Botschaft den später nachgereichten Hinweis „Vorsicht, Manipulation!" überhaupt noch mitbekommen (wollen)?

Auch hier hilft nur ein umfassender **Aufbau von Medienkompetenz**, um Fälschungen als informierter Rezipient zu erkennen.

Den „Digital Natives" (ab Geburtsjahr 1980) wird fälschlicherweise häufig eine umfassende **Digitalkompetenz** zugeschrieben. Dies trifft aber vielfach nicht zu. Die Digitalkompetenz dieser Personen reicht häufig nicht über eine reine **Bedienkompetenz von Applikationen** hinaus. Zusätzlich sind sie oft nicht in der Lage, zwischen glaubwürdigen und unglaubwürdigen Inhalten im Internet zu unterscheiden. Gerade hier zeigt sich der Mangel an Medienkompetenz in besonderer Weise.

1.3.3 Expert Systems – Expertensysteme

Expertensysteme sind ein weiterer spannender Einsatzbereich der Künstlichen Intelligenz (vgl. Abb. 1.9). Unter Expertensystemen versteht man Computerprogramme, die Menschen bei der Lösung komplexer Fragestellungen unterstützen – wie ein menschlicher Experte. Hierzu leiten die Programme **konkrete Handlungsempfehlungen** auf der Grundlage einer systemtechnisch verfügbaren Wissensbasis ab. Dazu sind die Systeme mit einer Vielzahl von Informationen zu versorgen. Eine wichtige Datengrundlage sind die sogenannten Wenn-Dann-Beziehungen, durch die für Computer menschliches Wissen nachvollziehbar gemacht wird. Durch den Einsatz der Künstlichen Intelligenz konnten die bereits seit vielen Jahrzehnten eingesetzten Expertensysteme entscheidend weiterentwickelt werden. Zum einen können in den KI-Systemen immer umfangreichere Datenbestände ausgewertet werden. Außerdem werden durch die verschiedenen Formen des Machine Learnings neue Erkenntnisse generiert – häufig sogar in Realtime! Hier werden wir in den nächsten Jahren sehr große Entwicklungssprünge feststellen.

Es sind folgende **Komponenten von Expertensystemen** zu unterscheiden:

- **Komponente zum Wissenserwerb**
  Bei dieser Komponente geht es um den Auf- und Ausbau einer Wissensbasis, um Entscheidungen auf einer möglichst relevanten Datenbasis aufzusetzen. Die Herausforderung besteht u. a. darin, neben unternehmensinternen Daten (First Party Data) auch die Datenströme von Big Data (Second und Third Party Data) „anzuzapfen". Aus der Vielfalt dieser Daten sind die für Entscheidungen relevanten Informationen herauszufiltern.
- **Komponente zur Entwicklung von Problemlösungen**
  Bei der lösungsorientierten Auswertung der Wissensbasis können verschiedene Vorgehensweisen genutzt werden. Zum einen kann auf Basis der vorliegenden Daten auf eine Entwicklung in der Zukunft geschlossen werden. Hier wird von einem **datengetriebenen bzw. vorwärts verketteten Ansatz** gesprochen. Dieser wird bspw. mit Robo Advisors in der Anlageberatung eingesetzt (vgl. Abschn. 9.1). Hierzu werden aus Daten der Vergangenheit Entwicklungen prognostiziert.

  Zum anderen kann von einem identifizierten Entwicklungsstand in der Zukunft „zurückgerechnet" werden. Dann soll bspw. ermittelt werden, welche Auslöser für bestimmte Entwicklungen verantwortlich waren. Bei diesem **ereignisinduzierten bzw. rückwärts verketteten Vorgehen** können Hypothesen über den Ablauf bereits abgeschlossener Prozesse gebildet werden. Ein gutes Beispiel hierfür stellt die Erderwärmung dar. Basierend auf den so gewonnenen Erkenntnissen können Entscheidungen bzw. Entscheidungsempfehlungen generiert werden, um bspw. das Ausmaß der „akzeptablen" Erderwärmung zu gewährleisten. Solche Konzepte werden bspw. vom *Weltklimarat* – dem *Intergovernmental Panel on Climate Change* (*IPCC*) – eingesetzt.
- **Komponente zur Kommunikation von Lösungen**
  Eine weitere wichtige Komponente eines Expertensystems ist die „Ausgabefunktion". Hier geht es um die Erklärung der gefundenen Lösungen gegenüber dem Nutzer des Systems. Die Qualität dieser Erklärung stellt ein wichtiges Akzeptanzkriterium für die gefundenen Lösungen dar. Schließlich möchten sich die Anwender von KI-Systemen generell nur ungern blind einer nicht nachvollziehbaren Empfehlung beugen (vgl. zum Thema Explainable Artificial Intelligence Abschn. 1.4.3). So besteht beim Beispiel Erderwärmung die Herausforderung darin, die erkannten Zusammenhänge so aufzubereiten, dass sie für interessierte Personen tatsächlich nachvollziehbar sind und idealerweise konkrete Handlungsimpulse aufzeigen.

Es ist leicht zu erkennen, warum solchen Expertensystemen im Kontext der Künstlichen Intelligenz eine sehr hohe Bedeutung zukommt. KI-gestützte Systeme können – auf einer bestimmten Start-Wissenskonstellation aufbauend – eigenständig dazulernen und damit den **Erkenntnishorizont des Menschen** ausweiten und perspektivisch überwinden. Das gewonnene Wissen kann entweder den Nutzern zur Verfügung gestellt werden. Dann setzen Menschen die Ergebnisse und Empfehlungen in Handlungen um. Ein solches auf **Kreation** ausgerichtetes Expertensystem wurde genutzt, um Musikspezialisten bei der Komposition der 10. *Beethoven*-Symphonie zu unterstützen (vgl. Abschn. 4.6.3).

Die gewonnenen Erkenntnisse können auch direkt – ohne menschliche Intervention – in laufende Prozesse einfließen. Dies geschieht bspw. in der **Produktion** zur Qualitätssicherung und in der **Logistik** zur Steuerung von Warenströmen (vgl. Kap. 3). Bei der Auswertung von Röntgen- und CT-Aufnahmen im **Gesundheitswesen** werden ebenfalls Expertensysteme eingesetzt (vgl. Abschn. 5.1).

Der **Zugriff auf leistungsstarke Expertensysteme** wird in Zukunft immer stärker für „normale" Anwender möglich gemacht. Hierbei kommen sogenannte (digitale) **Self-Service-Technologien (SST)** zur Anwendung. Eine einfache derartige Anwendung liegt bei jeder *Google*-Suchanfrage zugrunde. Auch die Übersetzungshilfen von *DeepL*, *Google Translate*, *Skype* & Co. verwenden für die **Text-to-Text**- sowie für **Speech-to-Speech-Übersetzung** in Echtzeit entsprechende Expertensysteme. Vielfach verlassen sich die Nutzer schon komplett auf die hierdurch erzielten Übersetzungsleistungen. Auch *ChatGPT* kann in diesem Sinne als ein Expertensystem interpretiert werden, dessen Ergebnisse aber immer noch sehr kritisch reflektiert werden sollten (vgl. Abschn. 4.2.2).

▶ **Food for Thought** In unserem Alltag sowie im Arbeitsumfeld treffen wir – aufgrund einer fehlenden oder unzureichenden Datengrundlage – allzu oft lediglich **Gut-genug-Entscheidungen** (vgl. [2], S. 110). Warum gibt es riesige Wartehallen an Flughäfen? Sie müssen den Flugreisenden Platz zum Warten bieten. Der Grund ihres Wartens ist einer **Informationslücke** geschuldet, die bei jedem einzelnen Reisenden durch einen **zeitlichen Puffer** kompensiert werden muss. Aufgrund einer unzureichenden Vernetzung verschiedener Informationen ist keine **Just-in-Time-Anreise** möglich. Dazu fehlen uns Informationen über

- die Verfügbarkeit von Taxis am Startpunkt,
- die Verkehrsverhältnisse auf den Zubringerstraßen (für das eigene Auto, ein Taxi oder den Bus),
- das Ausmaß der Unpünktlichkeit und Unzuverlässigkeit der *Deutschen Bahn* und anderer Zug-Gesellschaften,
- die Parkverhältnisse und das Verkehrsaufkommen am Flughafen,
- die kürzesten Wege auf dem Flughafengelände,
- die Warteschlangen an der Gepäckannahme und den Sicherheitskontrollen sowie
- den tatsächlichen Boarding-Zeitpunkt sowie den wirklichen Abflugzeitpunkt des gebuchten Fluges.

Deshalb müssen wir an vielen Stellen **Pufferzeiten** einplanen, wenn wir unseren Flug nicht verpassen möchten. Vielleicht wird uns in ferner Zukunft ein autonom agierendes Fahrzeug zum spätestmöglichen Zeitpunkt abholen und zum Flughafen bringen, ohne dass wir jemals einen Flug verpassen – und das ganz ohne Stress. Hierzu würden die relevanten Informationsströme in einem **Traffic-Expertensystem** zusammengeführt. Eine minimale Vorstufe hiervon stellt die App der *Deutschen Bahn* dar, in der zumindest die zu erwartenden Verspätungen relativ präzise angezeigt werden – und häufig auch der Sitzplatz, wenn Züge in umgekehrter Wagenreihung in den Bahnhof einfahren. Teilweise werden bereits Empfehlungen für alternative Verkehrsmittel ausgesprochen, wenn wieder einmal „Verzögerungen im Betriebsauflauf" eingetreten sind. Allerdings kann man sich auf diese oft in Realtime verfügbaren Informationen auch nicht immer verlassen!

► **Merk-Box Expertensysteme** werden perspektivisch auch die Arbeitswelt immer umfassender durchdringen. Durch KI-Systeme müssen – hoffentlich – in Zukunft immer weniger Gut-genug-Entscheidungen aufgrund einer nur unzureichenden Datenbasis getroffen werden.

1.3.4 Robotics – Roboter

Roboter stellen ein weiteres Einsatzfeld der Künstlichen Intelligenz dar (vgl. Abb. 1.9). Mit dem Begriff Roboter werden technische Apparaturen bezeichnet, die Menschen – bisher meist mechanische – Arbeit oder sonstige Aufgaben abnehmen. Es können folgende Roboter-Arten unterschieden werden. Die Abgrenzung zwischen den einzelnen Kategorien ist nicht immer trennscharf.

- **Klassifizierung von Robotern nach Einsatzfeldern**
  - **Industrieroboter** (bspw. in der Automobilindustrie oder zur Abfüllung von Kosmetikprodukten und zur Verarbeitung von Nahrungsmitteln)
  - **Medizinroboter** (etwa zur direkten/indirekten Patientenversorgung, zur Pflege, zur Durchführung von Operationen)
  - **Service-Roboter**
    - Business-Einsatz (u. a. zum Check-in im Hotel und am Flughafen)
    - Privater Einsatz (etwa ein Saug-, Fensterputz-, Unkrautjät- oder Rasenmäh-Roboter)
  - **Erkundungs-, Lösch- und Militärroboter** (so zur Erkundung der Mars-Oberfläche, zur Brandbekämpfung bzw. zur Entschärfung von Minen und Blindgängern; solche Roboter sind auch als Drohnen im Einsatz)
  - **Spielzeugroboter** (Kinder können mit *Lego Boost* Modelle mit Motoren und Sensoren entwerfen und mit Code-Befehlen aktivieren; weitere Spielzeugroboter werden bspw. von*Tinkerbot* und *Cozmo* angeboten)
  - **Navigationsroboter** (bspw. beim autonomen Fahren für Menschen und Material)

- **Klassifizierung von Robotern nach dem Grad ihrer Mobilität**
  - **Stationäre Roboter** (integriert in Fertigungsstraßen, bspw. in die Herstellung von Chips und Batterien)
  - **Mobile Roboter** (etwa für Logistikprozesse bei der Belieferung durch selbstfahrende Fahrzeuge und Drohnen oder für den selbstgesteuerten Einsatz als Mähroboter); ein spannendes Beispiel zeigt sich hier: https://www.youtube.com/user/BostonDynamics
- **Klassifizierung von Robotern nach dem Grad ihrer Interaktion mit Menschen**
  - **Klassische Roboter** (arbeiten unabhängig von Menschen; befinden sich oft in eingezäunten Bereichen, damit Menschen durch Roboter nicht zu Schaden kommen)
  - **Cobots/Collaborative Roboter** (können mit Menschen „Hand in Hand" arbeiten, weil die Roboter die Menschen erkennen und entsprechend „vorsichtig" agieren; neue Varianten von Cobots reagieren sogar auf Berührung)
- **Klassifizierung von Robotern nach dem Grad ihrer „menschlichen Erscheinung"**
  - **Maschinenartige Roboter** (sehen wie Maschinen aus und agieren auch so)
  - **Humanoide Roboter** (ähneln Menschen und nähern sich in ihren Verhaltensweisen Menschen immer mehr an; durch deren menschenähnliche Aussehen eröffnen sich neue Einsatzfelder, bspw. als Sex-Puppen mit einstellbaren Stimmungen und zusätzlichen Features, um bspw. Gespräche zu führen und Witze zu erzählen)

▶ **Merk-Box** Bei **Robotics** ging es bisher vor allem um die Entwicklung und das Training von **Robotern**, damit diese auf vorhersehbare Weise mit Menschen und der Welt insgesamt interagieren können. Jetzt emanzipieren sich Roboter zunehmend von einer vordefinierten Aufgabenerfüllung. Durch den verstärkten KI-Einsatz können Roboter eigenständig lernen, um auch in nicht geplanten Situationen angemessen zu agieren und hierbei ein gewisses Maß an „digitalem" Selbstbewusstsein zu zeigen.

▶ **Food for Thought** In den letzten Jahren hat sich die **Motorik von Robotern** bereits enorm verbessert. Heute können Roboter auch rohe Eier bewegen und sich auf Beinen sicher durch unwegsames Gelände bewegen. Dennoch wird es wohl noch Jahrzehnte dauern, bis Roboter eigenständig die Spülmaschine ausräumen und die abgespülten Objekte korrekt in die Schränke verteilen können. Wenn überhaupt!

Folgende **Grundkomponenten von Robotern** sind zu unterscheiden:

- **Sensoren zur Erfassung der Umwelt**
  Roboter sind mit unterschiedlichen Sensoren ausgestattet, mit denen sie ihre Umwelt erfassen können. Beim autonomen Fahren werden Informationen über Kameras sowie durch Radar- und LiDAR-Systeme gewonnen (Light Detection and Ranging). Bei LiDAR handelt es sich um eine Erfassung der Umwelt durch ein dreidimensionales Laser-Scanning (vgl. Abschn. 3.2.2).

Durch die über Sensoren gewonnenen Informationen können Roboter auf die sich kontinuierlich verändernde Umwelt reagieren. Diese Wahrnehmung kann sich auf einen überraschend auftauchenden Fußgänger, auf das nächste zur Bearbeitung anstehende Werkstück oder auf einen Druckabfall an Turbine 13 beziehen. Über Sensoren werden auch Bewegungen wahrgenommen und durch KI interpretiert, um bspw. mit Menschen zu interagieren (Stichwort Cobot). Schließlich können über die gesprochene Sprache auch direkte Anweisungen an den Roboter gegeben werden, die anschließend in Handlungen umgesetzt werden.

- **Set von Funktionen**
  Je nach Komplexitätsgrad des Roboters kann dieser nur „fest verdrahtete" Funktionen ausüben. Dies kann das Setzen von 24 Schweißpunkten sein oder das Lackieren einer Karosserie. Ein KI-gesteuerte Roboter kann dagegen selbstständig lernen und die Effizienz und Bandbreite seines Einsatzes kontinuierlich steigern.
- **Bewegungskomponenten**
  Einfache Industrieroboter sind fest verankert und werden durch einen Käfig vom Menschen getrennt, weil diese durch den Roboter nicht erkannt und ggf. verletzt würden. „Sehende" Roboter (etwa im Logistik-Einsatz) können dagegen eigenständig durch Lagerhallen navigieren und dabei Hindernissen ausweichen.
- **Interaktion mit der Umwelt**
  Für die Interaktion mit der Umwelt können Greifarme und Ähnliches vorhanden sein, um die programmierten Funktionen auszuüben. Zusätzlich ist eine Schnittstelle zur Interaktion mit dem Roboter erforderlich, um ihm seine Aufgaben und weitere Daten verfügbar zu machen. Dies kann klassisch durch Programmcodes erfolgen. Alternativ kann der Roboter seine Umwelt durch Sensoren wahrnehmen. Dann erkennt der Roboter selbstständig, was als Nächstes zu tun ist. Oder er lernt durch „vorgelebte" Bewegungsabläufe, die Menschen ihm zeigen. Alternativ kann auch eine auditive Schnittstelle verwendet werden. Dann lautet bspw. der Befehl: „Nächstes Werkstück anfordern!" Die Reaktion des Roboters kann eine spezielle Bewegung sein – oder die Ausgabe einer Information per Text oder gesprochener Sprache.

Gegenüber Menschen konnten **Roboter** bereits seit vielen Jahren eine **Vielzahl von Vorteilen** ausspielen. Dazu gehören vor allem:

- Kraft
- Ausdauer (kein Feierabend- oder Urlaubsbedürfnis; keine klassischen Erschöpfungszustände; keine Vorbehalte gegenüber Nacht- und Wochenend-Schichten)
- Präzision
- Schnelligkeit
- Unbeirrbarkeit (etwa durch Gefühlsschwankungen oder Ablenkungen aller Art)
- Niedrigerer Stundenlohn (auch inklusive aller Wartungskosten)
- Keine Vertretung durch Gewerkschaften

Heute kommt noch eine wesentliche Komponente dazu, die den **Siegeszug eines Robotereinsatzes** in den nächsten Jahren massiv steigern wird: die Künstliche Intelligenz.

▶ **Merk-Box** Durch Künstliche Intelligenz verfügen die Roboter zunehmend über eine ganz wesentliche weitere Stärke: **Intelligenz.**

Die sich dadurch ergebenden weiteren Einsatzfelder werden die Welt grundlegend verändern!

Auf die schon kurz angesprochenen **humanoiden Roboter** wird nun vertiefend eingegangen. Im Zuge der Entwicklung dieser Roboter mussten und müssen viele technische Herausforderungen überwunden werden. Dazu hat die Künstliche Intelligenz wesentlich beigetragen. Humanoide Roboter sollen autonom mit ihrer jeweiligen Umwelt interagieren und sich auch selbstständig fortbewegen. Hierzu werden entweder Beine oder eine Plattform mit Rädern eingesetzt. Ihre **Menschenähnlichkeit** erhalten die Roboter durch künstliche Arme und Hände und ein dem Menschen nachempfundenes Gesicht (vgl. Abb. 1.15).

Die „knuffige" Gestalt des humanoiden Roboters *Pepper* stellt aber noch lange nicht den Abschluss der Entwicklung dieser Art von Robotern dar. Welche Stufe der Entwicklung hier schon erreicht wurde, zeigt das Beispiel des bereits 2016 vorgestellten Roboters namens ***Sophia***. Einen Eindruck von *Sophia* liefert das folgende Video: https://www.youtube.com/watch?v=W0_DPi0PmF0. Hier kann man nicht mehr nur von einem „menschen-

Abb. 1.15 Kommunikation mit einem humanoiden Roboter namens *Pepper*

ähnlichen“ Gesicht sprechen. Bisher wurden humanoide Roboter wie *Pepper* ganz bewusst niedlich dargestellt, um Menschen nicht zu verängstigen und der Befürchtung einer Substitution vorzubeugen. Diese Zeit ist jetzt allerdings vorbei.

Jetzt werden die humanoiden Roboter immer menschenähnlicher. Diese Roboter können zunehmend auch menschliche Gesichtsausdrücke zeigen. Wie das aussehen kann, finden Sie hier am Beispiel des Roboters namens ***Amecas***: https://www.youtube.com/watch?v=IPukuYb9xWw. Verknüpft man das menschliche Erscheinungsbild dieser Roboter mit dem Wissen von *IBM Watson* oder anderen KI-Systemen, dann bekommen die Menschen immer leistungsstärkere Konkurrenz. Schließlich laufen umfassende Forschungsprojekte, damit Roboter auch über eine menschenähnliche Wahrnehmung verfügen. Hierdurch sollen Roboter auch Stimmungen und Gemütslagen wahrnehmen. Außerdem sollen sie Gestik und Mimik ihrer Gegenüber erkennen und richtig interpretieren (vgl. Abschn. 1.3.5).

▶ **Merk-Box** Eine Kopie des Menschen verbunden mit der gigantischen Lern- und Leistungsfähigkeit von Computern ist längst keine Fiktion mehr.

Per Download aus der Cloud könnte ein solcher Roboter täglich neue Sprachen erlernen, aktuellste wissenschaftliche Erkenntnisse und weitere neue „Kunststücke“ parat haben. Notwendige Updates können in Realtime erfolgen, um immer auf dem neuesten Stand zu sein!

Wie sieht der Umgang mit Robotern heute bereits aus – und in welche Richtung sollten die Entwicklungen vorangetrieben werden? Momentan wünschen sich die Menschen in Deutschland Roboter, die wie Menschen sprechen, sich wie Menschen verhalten und auch wie Menschen Emotionen erkennen können. Aber wie richtige Menschen dürfen sie nicht aussehen – noch nicht!

In diesem Kontext wird vom **Uncanny Valley** gesprochen. Damit wird ein „unheimliches Tal“ oder auch ein „**Gruselgraben**“ bezeichnet, der die **Akzeptanzlücke** bei „zu menschlichen“ Robotern beschreibt. Die Akzeptanz eines technisch simulierten Verhaltens ist von der Menschenähnlichkeit des Trägers (bspw. Roboter, Avatar) abhängig. Wie Abb. 1.16 zeigt, steigt die Akzeptanz zunächst stetig mit einer zunehmenden Menschenähnlichkeit an. Dann kommt es zu einem starken Einbruch. Die hohe Menschenähnlichkeit der Roboter wird dem Menschen unbehaglich. Dieser Einbruch wird als „Uncanny Valley“ bezeichnet. Das bedeutet: Menschen erachten hochabstrakte, völlig künstliche Figuren mitunter als sympathischer und akzeptabler als Figuren, die besonders menschenähnlich bzw. natürlich gestaltet sind. Das Uncanny Valley könnte perspektivisch durch Roboterversionen überwunden werden, die sich nicht mehr von echten Menschen unterscheiden lassen. Alles eine Frage der Gewöhnung!

Auch beim schon angesprochenen **autonom fahrenden Fahrzeug** handelt es sich im Kern um einen komplexen Roboter, der auf eine Vielzahl von Funktion der Künstlichen Intelligenz zugreift. Zunächst zeichnen mehrere Kameras die Umgebung des Fahrzeugs auf. Die gewonnenen Bilder werden ausgewertet und daraus Entscheidungen abgeleitet – alles in Echtzeit. Wird eine rote Ampel mit Relevanz für die eigene Fahrspur erkannt, er-

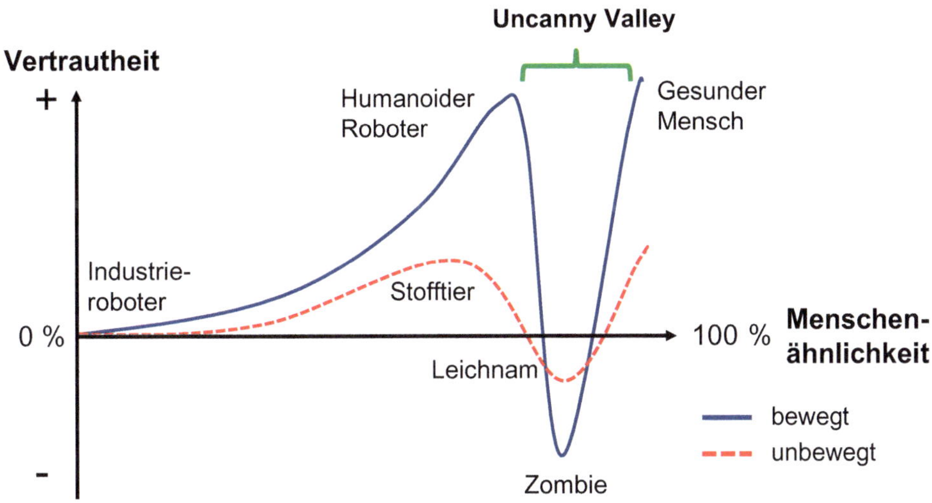

Abb. 1.16 Uncanny Valley – der Gruselgraben

folgt ein Stopp des Autos – orientiert an weiteren Umfeldinformationen (bspw. welche Fahrzeuge bremsen ebenfalls ab, welche folgen). Wird ein Tempolimit von 70 km/h als relevant für die eigene Fahrtrichtung erkannt, wird das Fahrzeug automatisch auf diese Zielgeschwindigkeit heruntergebremst, wenn es vorher schneller unterwegs war. Da hier Menschenleben unmittelbar betroffen sein können, wie mehrere Todesfälle im Zusammenhang mit der Nutzung autonom fahrender Fahrzeuge gezeigt haben, sind hier besonders hohe Sicherheitsstandards zu berücksichtigen.

> **Food for Thought** Vielleicht werden wir schon bald von einer **Generation R** bzw. **Generation Robotic** sprechen, den **Robotic Natives**. Die Angehörigen dieser Generation werden so selbstverständlich mit Robotern umgehen wie die Kids heute mit Smartphone und Internet – und früher mit *Lego*-Steinen und der *Märklin*-Eisenbahn.

Gerade die **Wahrnehmung der Umgebung** stellt für Roboter seit jeher eine große Herausforderung dar. Schon erste Roboter-Modelle in den 1970er-Jahren (wie bspw. *ELIZA*) wurden darauf programmiert, eine Wand in einem Raum zu erkennen. Heute geht es jedoch um viel mehr. Ein Roboter soll ein Gebäude nicht nur lokalisieren, sondern möglichst auch gleich kartieren können. Diese Aufgabe wird als **Simultaneous Localization and Mapping** (SLAM) bezeichnet – als simultane Positionsbestimmung und Kartierung. Es handelt sich um eine Fähigkeit, die Menschen schon im Kleinkindalter beherrschen:

- Wo befindet sich die Tür?
- Durch welchen Raum muss ich gehen, um ins Bad zu gelangen?
- Wo befinden sich welche Gegenstände im Raum?
- Wo befinde ich mich selbst?

Die Erforschung unbekannter Umgebungen und das sichere Orientieren in diesen erfolgt beim Menschen intuitiv. Die Sinnesorgane Augen, Haut, Ohren und Nase nehmen die dafür relevanten Informationen auf. Sie ermöglichen eine absolute und relative Orientierung im Raum.

Für die Robotik stellt die autonome Erkundung zur Erstellung einer Karte einer unbekannten Umgebung dagegen ein grundlegendes Problem dar. Die Qualität der Karte hat direkten Einfluss auf die Qualität des nachfolgenden Roboterbetriebs. Instabilitäten beim **Simultaneous Localization and Mapping** können zu Karten von schlechter Qualität und Navigationsfehlern während oder nach der Erkundung führen. Deshalb wurden inzwischen verschiedene KI-Systeme entwickelt, die ein SLAM sicher und effektiv durchführen können. Dafür sind die Systeme mit verschiedenen Sensoren auszurüsten. Hierzu zählen Ultraschall, Kameras oder LiDAR. Erst die dreidimensionale Erfassung der Umgebung ermöglicht es einem Roboter, sich lokal sicher zu bewegen, Hindernisse rechtzeitig zu erkennen und zu umfahren. Ist zusätzlich die absolute Position des Roboters bekannt (etwa durch GPS-Sensoren), kann eine Karte aufgebaut werden.

Erst durch SLAM ist ein Roboter folglich in der Lage, seine Umgebung zu kartieren und gleichzeitig seine Position innerhalb dieser Umgebung zu bestimmen. Bisher war SLAM eine Herausforderung für KI-Systeme. Schließlich musste der Roboter hierzu seine Position in Echtzeit ermitteln und gleichzeitig eine Karte der Umgebung erstellen. Dies bedingt eine komplexe Datenverarbeitung und -analyse sowie die Fähigkeit, sich in Echtzeit in einer sich verändernden Umgebung zu bewegen. Die großen Fortschritte im maschinellen Lernen und in der Bildverarbeitung haben inzwischen zu einer neuen Generation von SLAM-Systemen geführt. Diese Systeme können Echtzeit-Positionierung und Mapping auf einer höheren Genauigkeitsstufe durchführen und sind robuster und schneller als frühere SLAM-Systeme.

Beispiele für KI-Systeme, die SLAM sicher beherrschen, sind u. a. selbstfahrende Autos, Drohnen und Roboter in der Industrieautomation. Diese Systeme können ihre Position in Echtzeit bestimmen und ihre Umgebung kartieren. Hierdurch können diese Roboter Hindernisse vermeiden und effektiv navigieren. Obwohl SLAM bereits eine fortgeschrittene KI-Technologie ist, gibt es noch Raum für Verbesserungen und Fortschritte. Dies betrifft insb. die Genauigkeit und Zuverlässigkeit der Positionierung und des Mappings. Heute gibt es bereits viele **Anbieter von SLAM-Lösungen**. Dazu zählen u. a. die folgenden Unternehmen:

- ***Microsoft***
  Spatial Mapping bietet eine detaillierte Darstellung der realen Oberflächen in der Umgebung der *HoloLens* und ermöglicht es Entwicklern, ein überzeugendes Mixed-Reality-Erlebnis zu schaffen. Durch die Verschmelzung der realen Welt mit der virtuellen Welt kann eine Anwendung Hologramme real erscheinen lassen. Anwendungen können sich auch natürlicher an die Erwartungen der Benutzer anpassen, indem sie vertraute Verhaltensweisen und Interaktionen aus der realen Welt bieten (vgl. [66]).

- ***Amazon***
  Amazon hat mit *Amazon Robotics* eine Reihe von Robotern entwickelt, die in der Industrieautomation eingesetzt werden. Sie beherrschen die SLAM-basierte Navigation und das entsprechende Mapping (vgl. [3]).
- ***Intel***
  Intel hat ein SLAM-System namens *RealSense* entwickelt, das in Kameras und Sensoren integriert ist. Es ermöglicht Entwicklern, Anwendungen für Robotik, Automatisierung und Augmented Reality zu erstellen (vgl. [49]).

Es gibt auch viele kleinere Unternehmen, die SLAM-Lösungen anbieten. Dies ist vor allem bei Robotik und der industriellen Automatisierung der Fall. Da die Nachfrage nach SLAM-Technologien in verschiedenen Branchen und Anwendungsbereichen weiter wächst, wird auch die Zahl der Anbieter von SLAM-Lösungen weiter zunehmen.

Technologien der Künstlichen Intelligenz und vor allem auch Roboter können nach ihrem Automatisierungsgrad unterschieden werden. Das **Fünf-Stufen-Modell** in Abb. 1.17 visualisiert die mögliche **Arbeitsteilung zwischen menschlichem und maschinellem Handeln**. Der Grad der Automatisierung von Entscheidungen hängt von der Komplexität der Fragestellung und der Leistungsfähigkeit des jeweils eingesetzten KI-Systems ab. Welche rechtlichen, ethischen und auch wirtschaftlichen Fragen mit der jeweils gewählten Arbeitsteilung verbunden sind, machen folgende Beispiele deutlich.

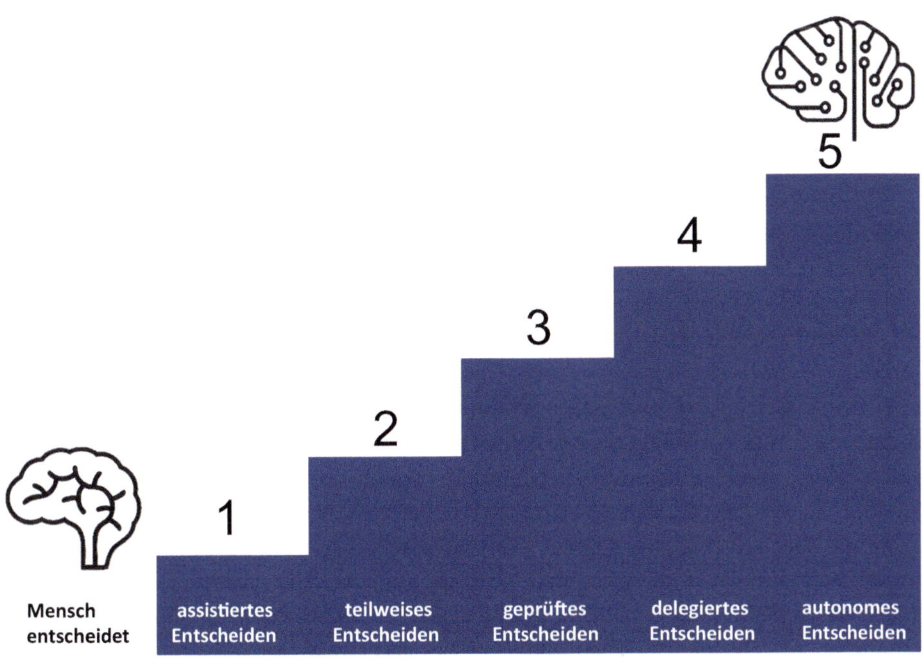

Abb. 1.17 Fünf-Stufen-Modell der Automation des Entscheidens

1. Beim **assistierten Entscheiden** unterstützt ein KI-System den Menschen bei seinen Entscheidungen. Dies kann ein KI-Algorithmus sein, der Kaufvorschläge bei *Amazon* unterbreitet oder bei *Google* zu einer Auto-Vervollständigung bei unseren Suchen führt. Die Autokorrektur im Smartphone stellt ein weiteres Beispiel für das assistierte Entscheiden dar. Viele lustige und ärgerliche Beispiele bei entsprechend „optimierten" Textnachrichten machen deutlich, dass manche Nutzer dem KI-System hier bereits ein autonomes Entscheiden erlauben.
2. Beim **teilweisen Entscheiden** werden dem Nutzer durch das KI-System bereits Entscheidungen abgenommen. Dies ist bei Online-Suchprozessen der Fall. Hier werden dem Nutzer nach bestimmten (nicht transparenten) Algorithmen Informationen präsentiert bzw. vorenthalten. Letztendlich bleibt es hier aber dem Suchenden überlassen, ob er sich mit den Treffern zufriedengibt oder durch eine veränderte Anfrage nach weiteren Inhalten sucht.
3. Beim **geprüften Entscheiden** werden mögliche Entscheidungen des KI-Systems durch den Menschen überprüft. Hier kommt es zu einer Cross-Validierung. Wenn das KI-System und der Mensch zum gleichen Ergebnis kommen, muss es passen. Die heute verfügbaren KI-basierten Übersetzungsprogramme – vor allem *DeepL* – liegen heute schon im Übergangsbereich vom geprüften Entscheiden zum delegierten Entscheiden. Bei einer kritischen Analyse der heute erzielten Übersetzungsergebnisse können – gerade bei komplexeren Sachverhalten – allerdings immer noch viele Fehler festgestellt werden. Aber es werden weniger.
4. Beim **delegierten Entscheiden** werden (Teil-)Aufgaben vom Menschen ganz bewusst an ein KI-System verlagert. Dies ist vielfach bei Qualitätskontrollen in der Produktion der Fall. Hier entscheiden entsprechende Systeme eigenständig, ob ein Produkt den Qualitätsanforderungen entspricht oder nicht. Je nach Ergebnis schließen sich automatisch Prozessschritte zur Fehlervermeidung und/oder Fehlerkorrektur an. Dies können bspw. eine vertiefende Qualitätsüberprüfung oder eine sofortige Aussonderung der Produkte sein.
5. Beim **autonomen Entscheiden** werden ganze Aufgabenkomplexe an ein KI-System verlagert. Aufgaben und Entscheidungen werden dort ohne weitere menschliche Intervention oder Prüfung ausgeführt bzw. getroffen. Das autonome Fahren ist ein überzeugendes Beispiel hierfür.

Eine solche **Delegation von Entscheidungen an KI-Systeme** hat unterschiedliche Konsequenzen. Es ist von weniger großer Relevanz, welche **Kaufempfehlungen** einem Kunden bei *Amazon* oder *Zalando* allein KI-gestützt und damit ohne menschliche Intervention unterbreitet werden. Auch Fehler durch automatisierte **Übersetzungssysteme** wie *Google Translate* oder – viel leistungsstärker – *DeepL* werden in den meisten Fällen keine gravierenden Auswirkungen auf Leben und Überleben haben. Ganz anders sieht die Situation beim **autonomen Fahren** aus. Hier macht schon der Begriff deutlich, dass der Fahrer die komplette Entscheidungsverantwortung an einen Roboter abgegeben hat. Deutlichstes Zeichen hierfür ist, wenn in diesen Fahrzeugen sowohl das Lenkrad wie auch Gas- und

Bremspedale fehlen! KI-Systeme müssen alle Entscheidungen in Echtzeit treffen – wobei es immer um Leben und Tod geht. Denn schon ein leichtes und kurzzeitiges Abkommen von der eigenen Fahrbahn kann eigenes und fremdes Leben gefährden (vgl. zum Trolley-Problem Abschn. 1.4.1).

Ein autonomes Entscheiden liegt auch in den **sozialen Medien** vor. Hier werden den Nutzern nach bestimmten (nicht transparenten) Algorithmen der Plattform-Betreiber Informationen präsentiert bzw. vorenthalten. Gleicht ein Nutzer diese einseitige Informationsversorgung nicht durch die Nutzung weiterer Medien aus, die nicht oder durch andere Algorithmen ausgespielt werden, kann ein sehr einseitiges Weltbild entstehen. Dann kommt es zur sogenannte **Filter Bubble** bzw. zu einer **Echokammer**, in der jeder Einzelne nur die Informationen erhält, die zu den algorithmisch ermittelten Präferenzen passen. Dann lebt jeder in seiner eigenen (Schein-)Welt, die von der Realität mehr oder weniger weit entfernt sein kann (vgl. grundlegend [69]; zur damit verbundenen „digitalen Verführung" [53]).

1.3.5 Affective Computing – Emotional AI – emotionale Künstliche Intelligenz

Die Entwicklung der Künstlichen Intelligenz hat sich in den letzten Jahren vor allem um die Weiterentwicklung der in Abb. 1.9 oben aufgezeigten Einsatzfeldern konzentriert. Hierbei ging es vor allem um die Steigerung der sprachlichen, mathematischen und logischen Denkfähigkeiten, die Verbesserung der Bilderkennung sowie die Umsetzung in Handlungen, bspw. durch Roboter. Ein Schwerpunkt lag auch auf der Generative AI. Eine zunehmende Bedeutung kommt jetzt der **emotionalen Künstlichen Intelligenz** zu (auch **Emotional AI**). Vielfach wird auch von **Affective Computing** gesprochen. Hierbei geht es um die Entwicklung von Algorithmen und Systemen, um **menschliche Emotionen** zu erkennen, zu interpretieren, zu verarbeiten und zu simulieren:

- **Emotional AI für Texte** analysiert das geschriebene Wort durch NLP und Stimmungsanalysen (Sentiment Analysis). Hierzu ist bspw. in Bewertungen, Kommentaren oder Nachrichten zu analysieren, ob die Inhalte positiv, neutral oder negativ ausfallen.
- **Emotional AI für gesprochene Sprache** analysiert die natürliche menschliche Sprache. Hier können Anrufe im Service-Center oder in Notrufzentralen analysiert und bewertet werden. So können nicht nur Sprachmuster erkannt, sondern auch die Inhalte ganzheitlicher interpretiert werden.
- **Emotional AI für Video-Inhalte** analysiert die Augen- und Gesichtsbewegungen sowie den Gang und die Körpersprache. Diese Signale geben Aufschluss über die emotionalen Befindlichkeiten und können auch in Bewerbungsprozesse eingebunden werden (vgl. Abschn. 8.2).

▶ **Merk-Box Affective Computing** bezieht sich auf das Studium und die Entwicklung von Systemen und Geräten, die menschliche Emotionen erkennen, interpretieren, verarbeiten und simulieren können. Es ist ein interdisziplinärer Bereich, der Computerwissenschaften, Psychologie und Kognitionswissenschaften kombiniert. Das **Ziel des Affective Computings** ist es, Maschinen zu schaffen, die auf menschliche Emotionen auf eine Art und Weise reagieren können, die der menschlichen Reaktion ähnelt, um eine natürlichere und intuitivere Interaktion zwischen Mensch und Maschine zu ermöglichen (vgl. grundlegend [70]).

Die Idee hinter Emotional AI ist es, den Maschinen eine Art von Emotionalität zu verleihen, um **menschenähnlichere Interaktionen** zu ermöglichen. Hierzu zählt, bspw. Aggression oder Zuneigung in der Sprache sowie in Fotos und Videos zu erkennen. Expertensysteme können ihre Antworten – in Schrift und Sprache – dann auch emotional unterschiedlich übermitteln. Hierdurch hat ein KI-System sehr viel mehr Handlungsoptionen. Durch eine **Emotionsanalyse** können Unternehmen bspw. den emotionalen Zustand ihrer Kunden und Mitarbeiter besser verstehen. Dann können Chatbots auf den jeweiligen emotionalen Zustand der Benutzer reagieren. Virtuelle Assistenten wären in der Lage, emotionale Unterstützung zu bieten. Die **emotionale Maschinen-Intelligenz** ist auch unverzichtbar, wenn Roboter in der Versorgung und Betreuung von Menschen weitere Aufgaben übernehmen sollen. Eine solche maschinelle emotionale Intelligenz könnte auch einen entscheidenden Beitrag leisten, um das in Abb. 1.17 gezeigte Uncanny Valley – den Gruselgraben – zu überwinden. Vielleicht werden schon bald die erfolgreichsten **KI-Systeme** über eine solche **emotionale Maschinen-Intelligenz** verfügen, die der menschlichen Interaktion sehr ähnlich ist.

Nachfolgenden werden ausgewählte **Einsatzbereiche des Affective Computings** aufgezeigt (vgl. auch Abschn. 4.4):

- Im **Gesundheitswesen** kann Affective Computing in Therapiesitzungen eingesetzt werden, um die Emotionen von Patienten zu erkennen und zu überwachen. Es kann auch verwendet werden, um – bspw. durch Fernüberwachung – Stimmungsstörungen zu erkennen und zu behandeln.
- Im **Bildungsbereich** kann Affective Computing dazu beitragen, den emotionalen Zustand von Lernenden zu erkennen. Hierdurch können menschliche wie digitale Dozenten individuell auf die jeweilige Person zugehen – durch weitere Lernhinweise, anderes Trainingsmaterial und Ähnliches (vgl. vertiefend Kap. 7).
- Im **Kundenservice** kann Affective Computing dazu beitragen, die Kundenzufriedenheit zu verbessern, indem es den Mitarbeitern im Kundendienst sowie automatisierten Systemen ermöglicht, besser auf die Emotionen der Kunden zu reagieren.

Trotz seiner großen Potenziale hat Affective Computing noch einige Herausforderungen zu bewältigen. Eine davon ist die **Genauigkeit der Emotionserkennung**. Menschen zeigen Emotionen auf unterschiedliche Weise, und es kann schwierig sein, diese Unterschiede in einem Computermodell zu berücksichtigen. Das KI-gestützte Erkennen von Emotionen wird dann zuverlässiger, wenn weitere Daten berücksichtigt werden. Hierzu zählen die Stimme, die Atem- und Herzfrequenz sowie die Körperhaltung.

Zusätzlich gibt es auch **ethische Bedenken** im Zusammenhang mit Emotional AI. Hierbei geht es zum einen um den Schutz der persönlichen Daten, die für eine Ermittlung der emotionalen Befindlichkeiten herangezogen werden. Die Sammlung und Analyse von emotionalen Daten kann als Eingriff in die Privatsphäre angesehen werden. Außerdem bieten künstlich generierte „menschliche Emotionen" – die Simulation von Gefühlen – auch vielfältige Möglichkeit zur Manipulation. Die Entwicklung von Richtlinien und Regulierungen ist daher von entscheidender Bedeutung. Hierdurch ist sicherzustellen, dass die Vorteile der emotionalen Künstlichen Intelligenz genutzt werden, ohne die Privatsphäre der Benutzer zu verletzen.

Hierbei gilt es eines zu bedenken:

> **Merk-Box** Gerade das **Fehlen menschlicher Emotionen bei KI-Systemen** hat dazu geführt, dass diese Systeme weniger Fehler verursachen. Schließlich waren solchen KI-Systemen Stimmungsschwankungen fremd, die bei Menschen das Analyse-, Urteils- und Entscheidungsverhalten trüben können.
>
> Was passiert, wenn KI-Systemen jetzt zu „menschlichen Emotionen" verholfen wird? Werden die KI-Lösungen dann menschlicher – und ggf. automatisch schlechter? Oder können durch die Verbindung von emotionaler und (analysebedingter) kognitiver Intelligenz bessere Resultat erzielt werden, wenn KI-Agenten auch die eigenen Gefühle reflektieren und bei der Arbeit berücksichtigen können?
>
> Schließlich geht auch beim Menschen eine hohe **emotionale Intelligenz** mit der Fähigkeit einher, die eigenen Impulse zu kontrollieren und starke Emotionen zu unterdrücken – eine Voraussetzung, um rational handeln und emotionale Störungen minimieren zu können.
>
> In jedem Fall hat **Affective Computing** das Potenzial, die Art und Weise, wie wir mit Technologie interagieren, grundlegend zu verändern.

Viele der heute eingesetzten KI-Systeme werden für die Ausführung einer einzigen Aufgabe trainiert. Bisher gelingt es aber vielfach noch nicht, die in einem Feld erworbenen Fähigkeiten auf andere Einsatzbereiche zu übertragen. So können Schach-Computer keine Anlageempfehlungen geben und Übersetzungsprogramme können keine Bilder erzeugen. Hierbei kann entweder liebevoll von einer **Insel-Intelligenz** gesprochen werden – oder eher härter von **Fachidioten**. Menschen sind dagegen regelrechte Universalisten. Hierbei kommt den menschlichen Emotionen die Rolle eines wichtigen Navigators zu, um sich immer wieder auch in neuen Situationen zurechtzufinden und dort andere Fähigkeiten einzusetzen. Auch das Bauchgefühl ist vielfach ein überzeugender Navigator. Wenn es gelänge, KI-Systeme mit ähnlichen Fähigkeiten ausstatten, könnte dies ein große Durchbruch für das in Abschn. 1.1 beschriebene Self-supervised Learning sein!

KI-Systeme mit emotionaler Intelligenz können in verschiedenen Feldern eingesetzt werden. Sensoren ermöglichen es heute schon, nicht nur Wörter, sondern auch unterschiedliche Gesichtszüge, die jeweilige Körperhaltung, eingesetzte Gesten sowie die verwendete Sprache mit Stimmfrequenz, Lautstärke und Sprechpausen etc. wahrzunehmen. Verbunden mit einer intelligenten Verarbeitung der so gewonnenen Inhalte kann auf die emotionale Befindlichkeit des menschlichen Gegenüber reagiert werden. Verschiedene Unternehmen lassen emotionale Machine Intelligence bereits in ihre Anwendungen einfließen, etwa bei Recruiting-Prozessen (vgl. Abschn. 8.2).

Zusammenfassung

- Die Einsatzfelder der Künstlichen Intelligenz sind eng miteinander verzahnt.
- Ein wichtiges Einsatzfeld der Künstlichen Intelligenz stellt die Verarbeitung und Generierung natürlicher Sprache dar. Sie ermöglicht neue Formen der Kommunikation zwischen Menschen und Maschinen und wird – etwa durch *ChatGPT* – das Such- und Schreibverhalten von Menschen grundlegend verändern.
- Durch die Möglichkeit einer Verarbeitung und Generierung von Bildern können KI-Agenten neue Aufgaben übernehmen. So wird es möglich, dass Maschinen und Menschen Hand in Hand zusammenarbeiten. Außerdem wird die Künstliche Intelligenz immer stärker auch zum Schöpfer „neuer" visueller Inhalte.
- Allerding ist die „Neu-Kreation" von Stimmen, Fotos und Videos auch kritisch zu beurteilen. In Zukunft wird es aufgrund der entstehenden Deepfakes immer schwerer sein, Dichtung und Wahrheit zu unterscheiden, weil KI-basierte Fälschungen kaum noch zu erkennen sein werden. Hierin liegt ein großes Gefährdungspotenzial für Demokratien.
- Die Verfügbarmachung von umfassendem Wissen durch Expertensysteme bietet die Chance, besser Entscheidungen zu treffen. Voraussetzung hierfür ist allerdings eine vertrauenswürdige Datenbasis. Zusätzlich ist zu prüfen, auf der Basis welcher Prämissen und Werte Entscheidungen durch diese Expertensysteme getroffen werden.
- Intelligente Roboter nutzen häufig mehrere oder alle Einsatzfelder der Künstlichen Intelligenz gleichzeitig. Sie können „natürlich" hören und sehen, fundierte Entscheidungen treffen und selbstständig ausführen. Sie werden in Summe die größten Auswirkungen auf die Unternehmen und Volkswirtschaften haben.
- Die mögliche Arbeitsteilung zwischen menschlichem und maschinellem Handeln wird durch das Fünf-Stufen-Modell sichtbar.
- Inzwischen halten auch Emotionen Einzug in KI-Systeme. Sie werden ganz neue – menschlichere – Einsatzfelder ermöglichen. Hierbei handelt es sich um das Aufgabenfeld Affective Computing.

1.4 Ethik und Fairness der Künstlichen Intelligenz

1.4.1 Stand der Forschung zu Ethik und Fairness der Künstlichen Intelligenz

Ein Einsatz der Künstlichen Intelligenz ohne die Diskussion von Ethik und Fairness darf es nicht geben. Den Stand der Dinge dokumentiert eine Studie der Stanford University [81]. Hiernach hat die **Forschung zu Fairness und Transparenz** in der Künstlichen Intelligenz seit 2014 explosionsartig zugenommen. Die Anzahl der einschlägigen Veröffentlichungen auf Ethikkonferenzen hat sich verfünffacht. **Algorithmische Fairness** und **Voreingenommenheit der KI** sind keine rein akademischen Themen mehr. Solche Fragestellungen haben sich vielmehr zu einem Mainstream-Forschungsthema mit weitreichenden Auswirkungen entwickelt. Bei der dynamischen Entwicklung von KI-Anwendungen zeigen sich verschiedene Phänomene (vgl. [81], S. 11 f., 100–138):

- Die heute eingesetzten Sprachmodelle sind leistungsfähiger als je zuvor – aber häufig auch verzerrter. Ein Modell mit 280 Mrd. Parametern, das im Jahr 2021 entwickelt wurde, weist eine um 29 % höhere ausgelöste **Toxizität** auf als ein Modell mit 117 Mio. Parametern aus dem Jahr 2018. Die Systeme werden im Laufe der Zeit immer leistungsfähiger, doch mit der zunehmenden Leistungsfähigkeit steigt auch die potenzielle Schwere ihrer Verzerrungen.
- Multimodale Modelle, die verschiedene Daten (Text, Bild, Sound etc.) verarbeiten können, erlernen **multimodale Vorurteile**. Durch das Training multimodaler Text-Bild-Modelle wurden bei der Bildklassifizierung und der Erstellung von Bildern aus Textbeschreibungen bisher unerreichte Ergebnisse erzielt. Allerdings spiegeln diese in ihren Ergebnissen oft auch gesellschaftliche Stereotypen und Vorurteile wider. So werden bspw. Bilder von schwarzen Menschen doppelt so häufig als nicht-menschlich eingestuft wie die Bilder von anderen Ethnien.
- **Kommerzielle Gesichtserkennungssysteme** sowie **Systeme zur Überprüfung von Lebensläufen** können aufgrund der Rasse, des Alters und/oder des Geschlechts zu diskriminierenden Ergebnissen kommen. Die Ursache hierfür liegt darin, dass KI-Modelle menschliche soziale Voreingenommenheit widerspiegeln und verstärken können. Algorithmen gelten dagegen als fair, wenn sie Vorhersagen treffen, die Einzelpersonen oder Gruppen aufgrund geschützter Merkmale, die nicht zur Entscheidungsfindung herangezogen werden können, weder bevorzugen noch diskriminieren (vgl. Abschn. 8.3).

Solche Phänomene haben zu vielen Mutmaßungen über die künftige Entwicklung der Künstlichen Intelligenz und die Beziehungen zwischen Menschen und Maschinen geführt. *Stephen Hawking* hat eindringlich davor gewarnt, dass eine vollständige KI das Ende der Menschheit bedeuten könnte (vgl. [43]). Auch der Philosoph *Nick Bostrom* spricht in seinem viel beachteten Buch *Superintelligenz* von der Möglichkeit, dass Computer den Menschen in Bezug auf seine kognitiven Fähigkeiten überholen könnten (vgl. [21]). Angesichts der jüngsten Fortschritte und der sich daraus ergebenden Vorteile der KI sowie der Notwendigkeit eines menschlichen Eingreifens auf verschiedenen Ebenen wird für die Zukunft jedoch ein kooperativer Ansatz zwischen Künstlicher Intelligenz und Menschen erwartet bzw. gefordert. Da der KI-Einsatz weltweit nicht mehr zu stoppen ist, stellt sich hier die Frage nach den dafür unverzichtbaren **ethischen Anforderungen an die Künstlichen Intelligenz**.

Wenn über ethische Fragen diskutiert wird, geht es im Kern um die Unterscheidung zwischen „gut" und „böse". Ein wichtiges Thema innerhalb der Ethik ist die Frage nach der **Moral**. Die **empirische Ethik** bzw. die **deskriptive Ethik** analysiert das Verhalten sowie die Sitten und Werte wie auch die Moral unterschiedlicher Gruppen, Kulturen und/oder Länder. Hierzu kann die Künstliche Intelligenz wichtige Beiträge durch Description, Inspection und Prediction leisten (vgl. Abb. 1.1). Die **normative Ethik** widmet sich dagegen dem „Sollen". Hier wird definiert, was geschehen sollte. Damit ist der in Abb. 1.1 aufgezeigte Bereich der Prescription angesprochen. Gerade hier zeigt sich die Bedeutung der Moral und der Unterscheidung zwischen „gut" und „böse". Die Fähigkeit eines KI-Systems, zwischen beiden Polen zu unterscheiden, ist dann unverzichtbar, wenn KI-Systeme autonome Entscheidungen auslösen, die von Menschen nicht mehr hinterfragt werden.

> **Food for Thought** Die Künstliche Intelligenz kann sehr umfassend und – ja – weltverändernd eingesetzt werden. Den möglichen Einsatzfeldern der Künstlichen Intelligenz sind – technisch – (fast) keine Grenzen gesetzt. Deshalb sollten die Grenzen durch **ethische Normen** festgelegt werden.
>
> Dass eine Einigung auf ethische Normen weltweit gelingen könnte, muss allerdings stark angezweifelt werden. Schließlich wird der bisher vorherrschende und vielfach friedens- und wohlstandsschaffende Multilateralismus zunehmend in Frage gestellt. An dessen Stelle tritt vermehrt ein regelrechter **Systemwettbewerb** zwischen den demokratischen Ländern einerseits und einer zunehmenden Anzahl von Autokratien und Diktaturen andererseits.

Aufgrund vieler Unsicherheiten ist die weitere KI-Entwicklung nicht absehbar. Selbst Spezialisten fällt es schwer zu definieren, wann welche Ergebnisse zu erwarten sind, wann bzw. ob eine technologische Singularität oder eine Intelligenzexplosion erreicht werden – und welche Entwicklungen im Feld des Transhumanismus zu erwarten sind. So bleibt die Notwendigkeit der **Definition ethischer Ziele** bestehen.

Ein prominentes Beispiel für die Relevanz ethischer Ziele ist das sogenannte **Trolley-Problem** bei autonom agierenden Fahrzeugen:

- Wofür soll sich das System in einer Gefahrensituation entscheiden?
- Soll es bei einem unvermeidlichen Unfall das Leben eines Kindes gefährden?
- Oder den Tod eines älteren Ehepaars verschulden?

- Oder soll es gegen die Wand fahren und damit das Leben des Fahrzeugführers und ggf. weiterer Insassen riskieren?
- Können wir vorab per Programm Menschenleben in mehr und weniger wertvolle Gruppen einteilen und damit über Leben und Tod entscheiden?
- Oder wollen wir einen Zufallsgenerator einsetzen, der diese finale Entscheidung unabhängig von den Vorgaben der Programmierer übernimmt?

Food for Thought In diesem Kontext wird auch vom **Todes-Algorithmus** gesprochen. Denn hier soll letztendlich ein Algorithmus darüber entscheiden, wer überleben wird und wer nicht.

Interessant ist bei dieser Diskussion, dass für die „Maschine" höhere moralische Maßstäbe definiert werden als für die autofahrenden Menschen selbst. Denn auch bei Menschen als Fahrzeugführern gibt es keine verbindliche Regel, wie in einem solchen Fall zu entscheiden ist.

Schließlich heißt es im § 1 unseres Grundgesetzes:

„Die Würde des Menschen ist unantastbar."

Das gilt für alle angesprochenen potenziellen Unfallopfer gleichermaßen. Allerdings trägt dieses fundamentale Werteversprechen nicht zur Lösung des Trolley-Problems bei!

Beim autonomen Fahren stellt sich außerdem das Problem der **semantischen Lücke** – mit einem Risiko für Leib und Leben. Mit dem Begriff der semantischen Lücke wird eine spezifische Diskrepanz beschrieben. Diese Diskrepanz entsteht zwischen häufig unausgesprochenen Erwartungen an ein autonomes Fahrsystem einerseits und der Fähigkeit andererseits, dieses System entsprechend zu spezifizieren, zu implementieren und zu testen. Die Ursachen für diese semantische Lücke liegen in folgenden drei Faktoren begründet (vgl. [23], S. 21):

- Die **Betriebsumgebungen von Systemen** sind sehr **komplex** und in ihren **vielfältigen Ausgestaltungsmöglichkeiten unvorhersehbar**. Hier ist bspw. an das Umfeld zu denken, in dem sich ein Fahrzeug bewegt. Die Bandbreite reicht von einer gut ausgeleuchteten, wenig frequentierten Autobahn bis zu einem abschüssigen, nicht ausgezeichneten Feldweg bei Starkregen in der Nacht.
- Die **Systeme** selbst weisen eine **hohe Komplexität** auf. Deshalb können nicht alle möglichen Erscheinungsformen im Vorfeld eines Einsatzes durchgespielt werden. Hier ist bspw. an die Vielzahl der Daten zu denken, die beim autonomen Fahren über den Einsatz von Kameras sowie von Radar- und LiDAR-Systemen gewonnen werden.

  Gleichzeitig weist ein selbstlernendes System auch eine **interne Veränderungsdynamik** auf. Schließlich lernen die KI-Anwendungen selbstständig dazu und können in einer weiteren ähnlichen Situation folglich ganz andere Reaktionen auslösen als in einer ähnlichen Situation zuvor. Diese Veränderungen sind als solche kaum vorhersehbar. Hier ist etwa daran zu denken, dass ein autonom fahrendes Auto erkennt, dass sich kaum ein Verkehrsteilnehmer akribisch an die vorgegebenen Geschwindigkeitsbeschränkungen hält. Die meisten Fahrzeuge fahren etwas schneller – und wer sich korrekt an die Geschwindigkeit hält, wird zum Verkehrshindernis und mit Lichthupe zum schnelleren Fahren angehalten. Was lernt das KI-System hierdurch? Und was sollte es aus diesen Erfahrungen lernen?

- Die größte semantische Lücke entsteht durch die Notwendigkeit, den Systemen **Entscheidungen von Menschen zu übertragen**. Menschen treffen ihre Entscheidungen auf der Basis eines wie auch immer ausgeprägten ethischen Urteilsvermögens. Außerdem fließt in menschliche Entscheidungen das Wissen um ein gesetzeskonformes Vorgehen mit einer Antizipation möglicher Strafen bei Fehlverhalten ein. So wird etwa überlegt, ob das Halten in einer Halteverbotszone erfolgen sollte. Bei dieser Entscheidung werden die Bequemlichkeit einerseits und die Höhe des möglichen Bußgeldes andererseits abgewogen, gewichtet mit der Wahrscheinlichkeit, tatsächlich ertappt zu werden.

  Zusätzlich kommt die **menschliche Intuition** gegenüber dem Verhalten anderer Verkehrsteilnehmer ins Spiel. Der Mensch ahnt, dass ein Fahrzeug auf der Autobahn vor ihm gleich (ohne Blinker) ausschert – und das tut es dann auch!

► **Merk-Box** Die Künstliche Intelligenz ist heute noch nicht in der Lage, relevante **semantische Lücken** zu schließen. Wird sie es je sein – in einer komplexen Welt wie der unseren?

Die fehlenden Antworten bei dieser semantischen Lücke können nachhaltige **soziale, politische, ökologische** und **ökonomische Implikationen** mit sich bringen. Dass die Beherrschung der KI-Technologie nicht trivial ist, sieht man bereits heute daran, dass Menschen häufig nicht mehr nachvollziehen können, wie manche KI-Programme zu ihren Entscheidungen gelangen. Das liegt daran, dass die Künstliche Intelligenz verschiedene Algorithmen einsetzt. Das Ergebnis bei einem **klassischen Entscheidungsbaum** (Decision Tree) kann noch gut nachvollzogen werden. Werden dagegen Konzepte wie das **Reinforcement Learning** oder **Deep Learning** (vgl. Abschn. 1.1) eingesetzt, ist die Nachvollziehbarkeit von Prozess und Ergebnis bei einer Verarbeitung von ggf. vielen Millionen Parametern selbst für Spezialisten nur schwer oder nicht mehr zu erreichen.

► **Merk-Box** Beim Einsatz von KI-Algorithmen kommt es zunehmend zu einem **Trade-off zwischen Nachvollziehbarkeit und Präzision**. Die Nutzer müssen sich entscheiden, ob ihnen die Nachvollziehbarkeit des Ansatzes oder die akkuraten Ergebnisse wichtiger sind. Beides gemeinsam ist oft nicht erreichbar.

Ob KI-generierten Lösungen besser oder schlechter sein werden als die aus Menschenhand, kann nur auf Basis von Werten entschieden werden. Folglich stellen sich verschiedene **ethische Fragen**:

- Wer definiert die Werte, die KI-Systeme ihren Entscheidungen und Handlungen zugrunde legen – weiterhin der Mensch oder die Maschine selbst?
- Was wären überhaupt „richtige" Werte?
- Wie wird „gut" von „böse" unterschieden?
- Was wäre „gerecht" – und aus wessen Perspektive wird das definiert?
- Was passiert, wenn die Werte von Menschen und Maschinen nicht mehr deckungsgleich sind?
- Wer entscheidet in entsprechenden Konfliktsituationen – ggf. in Echtzeit – über den jeweils relevanten Wertekanon?
- Welche Prüfinstanzen wären zu dieser Werteabwägung fähig?
- Wie lange wird der Mensch noch das Sagen haben?
- Wird der Mensch von KI-Systemen überhaupt noch in Entscheidungssituationen einbezogen – und wenn ja, von wem und wann und mit welchen Konsequenzen?

Die Relevanz von Werten soll durch das folgende **Gedankenexperiment** verdeutlicht werden:

> **Food for Thought** Stellen Sie sich vor, dass ein KI-System ein Pestizid entwickeln soll, das Bienen nicht gefährdet. Der gesamte Prozess der Entwicklung des Pestizids, dessen Produktion sowie die drohnengestützte Aufbringung des Pestizids erfolgen vollautomatisch.
>
> Plötzlich wird festgestellt, dass alle Menschen im Einsatzbereich des Pestizids verstorben sind. Man hatte schlicht vergessen, dem KI-System die „Nebenbedingung" mitzugeben, dass auch Menschen den Pestizid-Einsatz überleben sollten!
>
> Dieses Gedankenexperiment macht eines unverzichtbar: Verantwortungsvolle Unternehmen (und Regierungen) müssen dafür Sorge tragen, dass **ethische Prinzipien beim KI-Einsatz** zwingend berücksichtigt werden. Parallel zur Erschließung immer neuer Anwendungsfelder müssen die **ethischen Fragen der KI** mitgedacht und beantwortet werden.

Soll KI-basierten Entscheidungen – trotz fehlender Nachvollziehbarkeit – gefolgt werden, so sind diesen KI-Systemen **„Werte"** fest einzuprogrammieren, auf deren Grundlage Entscheidungen zu treffen sind. Hier stellen sich grundlegende Fragen:

- Was passiert, wenn das KI-System feststellt, dass die einprogrammierten Werte den relevanten Lösungsraum stark einschränken und eine vermeintlich „beste" Lösung verhindern? Schließlich können die von Menschen auf Basis des heutigen Wissens definierten Werte überholt sein – angesichts eines viel umfassenderen, KI-generierten Wissens.

- Kann das System die Werte in einer solchen Situation selbstständig weiterentwickeln und damit verändern?
- Wann kann bzw. wann darf sich ein KI-Agent von den ursprünglich definierten Werten entfernen?
- Und wer muss dafür sein OK geben – der KI-Agent selbst oder doch ein Mensch?
- Und wenn ein Mensch, dann welcher?
- Und wer überprüft dessen Entscheidungen?
- Und anhand welcher Werte?
- Und wer entscheidet, welche Werte hierzu herangezogen werden?

Welche Relevanz diese Fragestellungen haben, wird an folgender Entwicklung deutlich.

▶ **Food for Thought** Im Zuge der Diskussion um *ChatGPT* wurde in **China** von staatlicher Stelle gefordert, dass solche Chat-Roboter **„sozialistische Werte“** verinnerlichen müssten (vgl. [5], S. 22). Eine Indoktrination solcher Werte soll folglich auch durch entsprechende KI-Anwendungen gewährleistet werden. Das unterstreicht einmal mehr, dass sich China immer mehr vom Partner und Wettbewerber in Richtung **systemischer Rivale** entwickelt. Hierzu trägt auch bei, dass sich China immer mehr von der ursprünglichen Position eines **Duplikators** wegbewegt und zum globalen **Innovator** wird.

▶ **Food for Thought** Was würde passieren, wenn ein KI-System feststellt, dass das **Überleben des Planeten Erde** langfristig nur mit einer Bevölkerung von einer Milliarde Menschen möglich ist – oder ganz ohne Menschen und deren massive Eingriffe in die Natur? Welche Entscheidungen wären zu treffen und von wem wären diese durchzusetzen?

Oder ist schon die Prämisse falsch, dass der Planet Erde weiter existieren soll – wo es doch genug andere Planeten (ob belebt oder nicht) gibt?

Oder sollte man allein das weitere Wachstum der Menschheit in den Mittelpunkt stellen – koste es, was es wolle?

Fragen über Fragen, die ohne ein Wertegerüst nicht beantwortet werden können. Aber wer darf dieses Wertegerüst – durch wen legitimiert – entwickeln?

Wo gibt es eine Hotline zur höheren Wahrheit, die für alle Menschen weltweit die universell geltenden Werte definiert, an die sich dann auch alle Länder und Menschen halten?

Es muss in jedem Falle im **Vorfeld des KI-Einsatzes** definiert werden, bis zu welchem Grad die Künstliche Intelligenz eigenständig entscheiden kann und wo die **Kontrollinstanz Mensch** unverzichtbar ist. Wir sollten diese Grenze vorab definieren. Vielleicht – oder sogar sicherlich – wird sich diese Grenze immer weiter hin zur Autonomie der KI-Systeme verschieben, weil wir mit den Ergebnissen gute Erfahrungen gemacht haben. Können wir folglich überhaupt eine sichere und pro-menschliche Künstliche Intelligenz kreieren? Spätestens bei der Nutzung von KI-Systemen durch das Militär stoßen wird an massive Grenzen (vgl. Kap. 10).

Wie Unternehmen **ethische Prinzipien des KI-Einsatzes** in Guidelines umsetzen, zeigt das Beispiel SAP [76]. Das Unternehmen hat folgende **Leitprinzipien für Künstliche Intelligenz** formuliert:

1. We are driven by our values.
2. We design for people.
3. We enable business beyond bias.
4. We strive for transparency and integrity in all that we do.
5. We uphold quality and safety standards.
6. We place data protection and privacy at our core.
7. We engage with the wider societal challenges of artificial intelligence.

Food for Thought
- Wie viel Autonomie möchten wir als Nutzer sowie als Entscheidungsträger in Unternehmen den KI-Technologien einräumen?
- Wo setzen wir die ethischen Grenzen für die Künstliche Intelligenz – im Allgemeinen und im eigenen Unternehmen?
- Wie können wir feststellen, dass diese Grenzsetzung zielführend ist?
- Von welchen Zielen lassen wir uns leiten?

Deloitte [29] hat ein Rahmenwerk zu ***Trustworthy AI*** entwickelt. Hierbei stellt das Unternehmen Vertrauen in den Mittelpunkt des Handelns. Dieses **KI-Framework** soll Unternehmen bei der **Entwicklung ethischer Schutzmaßnahmen** in sechs Schlüsseldimensionen unterstützen. Dies soll dazu beitragen, dass die mit der Künstlichen Intelligenz verbundenen Risiken beherrscht werden und beim Einsatz die Vorteile dominieren. Eine solchermaßen vertrauenswürdige KI erfordert Governance und die Einhaltung gesetzlicher Vorschriften über den gesamten KI-Lebenszyklus hinweg: von der Idee über das Design, die Entwicklung und den Einsatz bis hin zum Betrieb von KI-Engines. Hierfür sind die folgenden **Dimensionen einer vertrauenswürdigen Künstlichen Intelligenz** zu berücksichtigen:

- Faire und unparteiische Prozesse und Ergebnisse
- Robuste und zuverlässige Resultate
- Respektvoll gegenüber der Privatsphäre
- Sichere und geschützte Informationsverarbeitung
- Verantwortlicher und rechenschaftspflichtiger Einsatz
- Transparente und erklärbare Nutzung

Eine solche **KI-Governance** ist in die Technologien, die Prozesse und vor allem auch in die Schulungen der Nutzer zu integrieren. Hierzu zählt auch die Einhaltung geltender Vorschriften. Dazu zählen bspw. eine Risikobewertung, die Verankerung von Kontrollmechanismen und die allgemeine Einhaltung von Vorschriften. Im **Zusammenspiel von Governance und Compliance** kann ein ethisch vertretbarer und vertrauensvoller KI-Einsatz erfolgen (vgl. [29]; vgl. zur KI-Compliance Abschn. 9.4).

1.4.2 Intelligenzexplosion, Superintelligenz und Transhumanismus

Bei der **Definition der KI-Herausforderungen** gibt es unterschiedliche Herangehensweisen. Ein gängiger Ansatz ist es, die Künstliche Intelligenz wie folgt zu unterteilen:

- **Schwache Künstliche Intelligenz** (auch Weak/Narrow Artificial Intelligence)
- **Starke Künstliche Intelligenz** (auch Artificial General Intelligence, AGI)

Diese Einteilung wurde erstmals 1980 von dem US-amerikanischen Philosophen *John Searle* vorgestellt (vgl. [79], S. 5–7). **Schwache Künstliche Intelligenz** begnügt sich bereits mit der Ausführung einer Aufgabe auf mindestens menschlichem Niveau. Hierzu zählen Schach spielen, Kunden Auskunft geben und Internetsuchen. Hier geht es nicht primär um die Imitierung von menschlichen Fähigkeiten, sondern um das Lösen komplexer Probleme. Außerdem sollen Aufgaben überzeugender gelöst werden, als es die menschliche Kognition und die menschlichen physischen Möglichkeiten erlauben. Anwendungen der schwachen KI finden sich inzwischen in vielen Gebrauchsgegenständen – bspw. bei digitalen Assistenten oder im Auto als Einparkhilfe. Auch die Online-Empfehlungsalgorithmen oder Übersetzungsprogramme wenden die schwache KI an.

Starke Künstliche Intelligenz beschreibt dagegen das Bestreben, menschliche Fähigkeiten durch eine Technologie in sehr vielen Bereichen unseres Lebensalltages nachzubilden, zu optimieren und sogar in neue Leistungssphären vorzustoßen. Hierzu wäre es wichtig, der KI gleichsam ein „Bewusstsein" einzuhauchen, um die Welt viel umfassender wahrzunehmen und zu interpretieren als bisher. Während die schwache KI in der Lage ist, Menschen bei einer spezifischen Aufgabe zu schlagen, könnte eine Artificial General Intelligence die Menschen bei fast jeder kognitiven Aufgabe in Qualität und Geschwindigkeit weit übertreffen.

Während bisher Anwendungen der schwachen Künstlichen Intelligenz dominierten, stoßen die Forscher immer stärker in Anwendungen der starken Künstlichen Intelligenz vor. Es wird erwartet, dass KI-Technologien durch ihre **Selbstlernfähigkeit** mittelfristig eine kritische „Erkenntnismasse" überschreiten werden. Diese Selbstlernfähigkeit führt dazu, dass ein KI-System ohne externe Unterstützung allein aufgrund der gewonnenen Erfahrungsdaten, eigenen Beobachtungen und Schlussfolgerungen seine Wissensbasis ergänzen und dadurch sein Problemlösungsverhalten optimieren kann. Dies kann eine wahre **Intelligenzexplosion** zur Folge haben, die zu einer **Superintelligenz** führt – eine Intelligenz, die die Grenzen menschlichen Denkens, Fühlens und Handelns überwindet (vgl. Abb. 1.18; vgl. [21, 57]).

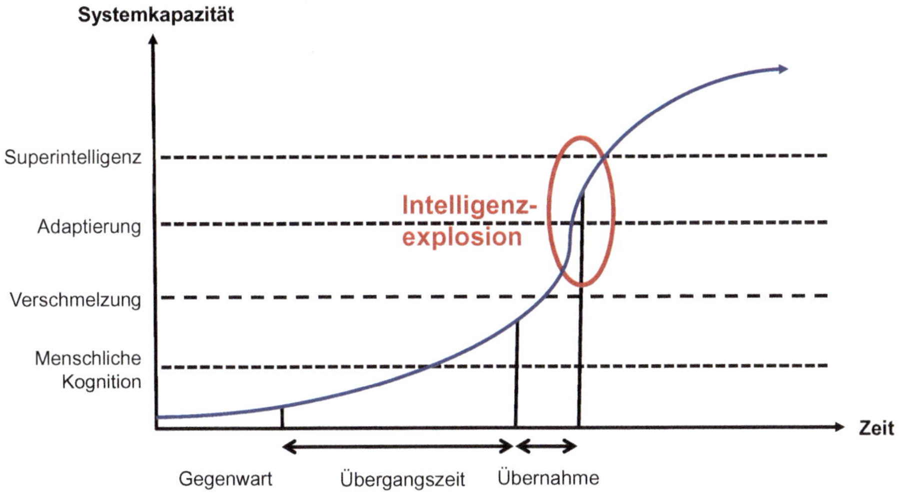

Abb. 1.18 Entwicklung zu einer Intelligenzexplosion

Eine **Intelligenzexplosion** in der Künstlichen Intelligenz bezieht sich auf die Vorstellung, dass eine starke KI in der Lage ist, ihre eigene Intelligenz zu verbessern und neue KIs zu entwickeln. Dies kann zu einem exponentiellen Anstieg der Intelligenz führen. So könnte sich eine **Superintelligenz** entwickeln, die der menschlichen Intelligenz weit überlegen ist. Dann wären keine Menschen mehr erforderlich, um KI-Systeme (weiter) zu entwickeln! Die Künstliche Intelligenz entwickelt sich autonom weiter … Diese Vorstellung birgt sowohl Chancen als auch Risiken. Eine hoch entwickelte KI könnte komplexe Probleme besser lösen und menschliche Arbeitskräfte ersetzen. Eine solche Superintelligenz kann aber auch außer Kontrolle geraten und ein ungewolltes Eigenleben führen.

▶ **Merk-Box** Momentan ist die Idee einer **Intelligenzexplosion** noch ein rein theoretisches Phänomen. Schließlich ist – heute noch – kein KI-System in der Lage wäre, sich selbstständig in einem solchen Ausmaß zu verbessern, dass dadurch eine Intelligenzexplosion ausgelöst würde.

Die heutigen KI-Systemen verfügen über **kein Bewusstsein**. Sie empfinden **keine eigenen Gefühle** und weisen auch **keinen eigenen Willen** auf.

Statt von Intelligenzexplosion wird teilweise auch von technologischer Singularität gesprochen. Diese **technologische Singularität** kennzeichnet den Zeitpunkt, an dem sich Maschinen durch Künstliche Intelligenz in solch einer Geschwindigkeit selbst verbessern, dass sie den technischen Fortschritt in einem Ausmaß beschleunigen, der eine Prognose der Zukunft des Menschen und der Menschheit nicht mehr zulässt (vgl. [26, 82]). Damit bezieht sich die technologische Singularität auf einen hypothetischen Punkt in der Zukunft, an dem die technologische Entwicklung exponentiell ansteigt und die menschliche Zivilisation grundlegend verändert. So könnten bspw. Probleme gelöst werden, die bisher als unlösbar galten. Ein weiterer Aspekt der technologischen Singularität ist die Vorstellung, dass die Entwicklungen so schnell voranschreiten würden, dass sie außerhalb der Kontrolle der Menschheit geraten könnten. Die Konsequenzen einer solchen Entwicklung sind schwer abzuschätzen, da die Technologien so komplex und weitreichend wären.

Eine **Superintelligenz** wäre der Inbegriff der **starken Künstlichen Intelligenz** bzw. der **Artificial General Intelligence**. Eine solche Entwicklung könnte dazu beitragen, Krisen und Kriege zu beenden sowie Krankheiten und Armut zu bekämpfen. Dies könnte eines der größten Ereignisse in der Geschichte der Menschheit werden. Allerdings gibt es auch berechtigte Bedenken, dass dieser Schritt zur Superintelligenz auch das letzte Ereignis in der Menschheitsgeschichte werden könnten. Das wäre der Fall, wenn die Menschen nicht in der Lage sind, die Ziele der Künstlichen Intelligenz an den Zielen der Menschen auszurichten, bevor diese superintelligent wird und sich von den sie entwickelnden Menschen emanzipiert.

▶ **Food for Thought**

„Almost any technology has the potential to cause harm in the wrong hands, but with AI and robotics, the hands might be operating on their own. …

We can hope that a robot that is smart enough to figure out how to terminate the human race is also smart enough to figure out that that was not the intended utility function; but in building intelligent systems, we want to rely not just on hope, but on a design process with guarantees of safety.“ ([74], S. 1056)

Eine **Superintelligenz** könnte sich von der menschlichen Intelligenz emanzipieren und zu anderen Lösungen kommen, als sie Menschen bisher erdacht haben – basierend auf mehr Daten, einer schnelleren Verarbeitung und einer (objektiveren?) Auswertung.

Wann es zu der in Abb. 1.18 gezeigten **Intelligenzexplosion** kommen könnte, ist unbekannt. Der erwartete Eintrittszeitpunkt wurde immer wieder um Jahrzehnte nach hinten verschoben. Ein Teil der Wissens-Community geht sogar davon aus, dass der Mensch diesen Zeitpunkt gar nicht selbst ermitteln kann (vgl. [74], S. 1055).

▶ **Merk-Box** Auch wenn nach wie vor unklar ist, ob bzw. wann es zu einer Intelligenzexplosion kommen könnte, müssen wir die Möglichkeit der **Entwicklung einer Superintelligenz** in Betracht ziehen.

Denn eines ist unstrittig: Wenn eine Superintelligenz auftreten wird, hat diese dramatische Auswirkungen auf unsere Gesellschaft!

▶ **Belletristischer Lesetipp** Wer diese Entwicklungen einmal in einem guten, fiktionalen Roman ausgeleuchtet sehen möchte, sollte den schon angesprochenen Bestseller von *Frank Schätzing „Die Tyrannei des Schmetterlings“* lesen.

Im Kontext der Superintelligenz werden die Begriffe Uploading und Upshifting verwendet, um den Übergang eines menschlichen Geistes oder Bewusstseins in eine digitale Form zu beschreiben.

- **Uploading** bezieht sich auf die Idee, dass das menschliche Bewusstsein in eine digitale Form kopiert werden könnte, um es auf einen Computer oder ein anderes digitales Medium hochzuladen. Diese digitale Kopie wäre in der Lage, wie ein menschliches Gehirn zu denken und zu handeln. Dieses transferierte Bewusstsein würde die gesamte Persönlichkeit eines Menschen mit all seinen Erinnerungen, Erfahrungen, Emotionen etc. umfassen. Das Uploading wird oft als eine Möglichkeit betrachtet, die Grenzen des menschlichen Körpers und des menschlichen Verstandes zu überwinden.
- Das **Upshifting** bezieht sich auf die Vorstellung, dass das menschliche Bewusstsein durch technologische Veränderungen erweitert werden kann. Diese Veränderungen können dazu führen, dass das menschliche Bewusstsein sich selbst verbessert und erweitert, um höhere Intelligenz und Fähigkeiten zu erreichen. Durch Upshifting soll die menschliche Intelligenz erweitert und verbessert werden, ohne die Grenzen des menschlichen Körpers zu überschreiten.

Es ist zu beachten, dass Uploading und Upshifting noch theoretische Konzepte sind. Derzeit gibt es keine Technologie, die es uns ermöglichen würde, das menschliche Bewusstsein in eine digitale Form zu überführen oder es auf andere Weise zu erweitern, die über ein einfaches Bio-Hacking hinausgeht (vgl. Abschn. 5.1.7). Außerdem stellen sich auch viele ethische und philosophische Fragen, die noch geklärt werden müssen, bevor diese Konzepte tatsächlich umgesetzt werden sollten.

Im Zusammenhang mit der Idee der technologischen Singularität und der Schaffung einer Superintelligenz wird der Begriff **Transhumanismus** verwendet. Transhumanismus ist eine philosophische Bewegung, die die Anwendung von Technologie nutzt, um die Grenzen der menschlichen Biologie und der menschlichen Fähigkeiten zu erweitern. Diese Erweiterung kann sich auf psychische/intellektuelle und physische Kompetenzen beziehen. Dieses Ziel soll durch eine Verschmelzung des Menschen und Technologien erreicht werden. Hierfür dient bspw. die biologische Erweiterung von Menschen durch den Einsatz von Technologie und Künstlicher Intelligenz. Die transhumanistische Bewegung befürwortet die Verbesserung der menschlichen Gesundheit und Lebenserwartung durch Technologie. Dies gelingt bspw. durch die Verbesserung von Prothesen und Implantaten, die künstliche Steigerung von Sinneswahrnehmungen oder die Verwendung von KI zur Diagnose und Behandlung von Krankheiten. Transhumanisten glauben, dass die Menschheit durch den Einsatz von Technologie in der Lage sein wird, ihre körperlichen und geistigen Fähigkeiten zu erweitern und damit eine höhere Stufe der Evolution zu erreichen (vgl. [31, 65]).

Diese „Erweiterung" mag im ersten Moment abstrakt klingen, doch schauen wir uns eine medizinische Entwicklung näher an. Seit jeher spielt die Technologie in der Medizin eine tragende Rolle. So dienen bspw. **Prothesen** in jeglicher Form als Erweiterungen von beeinträchtigten Körperteilen und ersetzen zerstörte Funktionen. Was mit Holzbeinen, Brillen und später Herzschrittmachern begann, weitet sich nun immer mehr auf neuronaler Ebene aus. So soll das Leiden von Patienten mit Parkinson, Epilepsie oder psychischen Erkrankungen wie Depression durch Eingriffe direkt im Gehirn gelindert werden. Dazu werden **neurotechnologische Implantate** benutzt. Elektroden werden in bestimmte Hirnbereiche implantiert und stellen Funktionen wieder her, die gestört oder ausgefallen sind. Das kann das Leben von depressiven Menschen sowie von Parkinson-Patienten erträglicher machen.

Vor diesem Hintergrund sind folgende Fragen zu beantworten:

- Wie viel Transhumanismus steckt bereits in unserer heutigen Forschung?
- Welche Auswirkungen haben solche Eingriffe direkt ins Gehirn auf die menschliche Persönlichkeit und unsere Gesellschaft?
- Was definiert uns als Menschen?
- In welcher Form sollen wir die Ziele und Möglichkeiten des Transhumanismus in politische, gesellschaftliche und wirtschaftliche Entscheidungen einfließen lassen?
- Welche ethischen Grenzen sind hier zu beachten – und wer definiert diese?

▶ **Food for Thought** Die Entwicklung in Richtung **Transhumanismus** verdeutlicht, dass die heutigen Grenzen der Künstlichen Intelligenz nicht mehr in der Technologie liegen. Es gibt vielmehr einen dringenden Handlungsbedarf, die damit verbundenen ethischen Fragen zu klären, bevor die technologischen Entwicklungen unreflektiert voranschreiten!

Sonst übernehmen visionäre Wissenschaftler das KI-Steuer – aus welchen Regionen der Welt diese stammen und mit welchem Werte-Fundament diese auch immer ausgestattet sein mögen.

1.4.3 Explainable Artificial Intelligence – erklärbare Künstliche Intelligenz

Eine unverzichtbare Aufgabe für jeglichen KI-Einsatz lautet vor diesem Hintergrund: Schaffung einer **Explainable Artificial Intelligence** (**XAI/Explainable AI**; auch **erklärbare Künstliche Intelligenz**). Hierunter versteht man den Versuch, eine **Black Box „Künstliche Intelligenz“** (**Black Box AI**; vgl. Abb. 1.3) zu vermeiden und zumindest eine **Grey Box „Künstliche Intelligenz“** (**Grey Box AI**) zu schaffen. Es soll zumindest eine partielle Nachvollziehbarkeit von Ergebnissen und Entscheidungen ermöglicht werden. Eine **White Box „Künstliche Intelligenz“** (**White Box AI**) wird dagegen nicht angestrebt. Es wäre ein utopisches Ziel, für Nutzer und Betroffene von KI-Systemen eine vollständige Transparenz zu vermitteln.

▶ **Merk-Box** **Wir verstehen noch längst nicht, wie die Künstliche Intelligenz zu ihren Aussagen kommt.**

Das gilt selbst für ausgewiesene KI-Spezialisten! Vielleicht werden wir auch nie verstehen, wie komplexe KI-Engines agieren.

Durch den **Aufbau einer Grey Box „Künstliche Intelligenz“** sollen der Prozess und die Ergebnisse des KI-Einsatzes besser nachvollziehbar gemacht werden (vgl. vertiefend [12]). Zur Schaffung einer Grey Box werden drei Felder unterschieden – die Transparenz der Daten, der Algorithmen und der Auslieferung der Daten:

- **Transparenz der Daten**
  Da die Qualität und „Unbestechlichkeit“ der Künstlichen Intelligenz mit den verfügbaren Datengrundlagen steht und fällt, sollte es dem interessierten Anwender möglich sein, die **Datengrundlagen der KI-Anwendung** zu prüfen. Enthalten die Trainingsdaten Verzerrungen oder werden durch die Trainingsdaten irrelevante Grundgesamtheiten abgebildet, ist den Ergebnissen des KI-Systems nicht zu trauen. Hierdurch kommt es – auch bei hoch entwickelten Algorithmen – zum sogenannten **GiGo-Effekt**: „Garbage-in-Garbage-out“. Der GiGo-Effekt beschreibt das Phänomen, dass auf der Grundlage von schlechten Daten auch nur schlechte Erkenntnisse gewonnen werden können. Umgangssprachlich heißt dieser Effekt auch „Shit-in-Shit-out“.

  Es ist allerdings darauf hinzuweisen, dass es wiederum oft eines Expertenwissens bedarf, um die Datengrundlagen von KI-Systemen kritisch zu überprüfen. Für Außenstehende ist das meist nicht möglich – und oft auch nicht gewollt, wenn unternehmensinterne Daten verarbeitet werden. Hier könnten Zertifizierungsprozesse mit entsprechenden Prüfsiegeln für die verwendeten Daten zumindest in ausgewählten Einsatzbereichen weiterhelfen.

  Eine besondere Herausforderung besteht darin, eine Fairness von Künstlicher Intelligenz zu erreichen. Menschen, die Preloading Rules definieren (vgl. Abschn. 1.1) und zu Trainingszwecken Daten in die Systeme einspeisen, sind per se voreingenommen – das liegt in unserer Natur. Damit können die hier verwendeten Regeln wie auch die Daten ein Bias (eine Verzerrung) aufweisen. Ein Bias kann sich auf spätere Bewertungen und Entscheidungen auswirken – ohne dass dies (leicht) zu erkennen wäre. Wie können KI-Systeme ein Bias entwickeln? Systeme entwickeln ein Bias, wenn die Daten, aus denen die KI-Systeme lernen sollen, unvollständig und/oder unausgewogen sind. Die Daten können aufgrund ihrer Struktur auf ein bestimmtes Ergebnis ausgerichtet sein. Da die Eingangsdaten für ein KI-System zunächst jedoch das einzige „Lernmaterial“ darstellen, werden die in den Input-Daten enthaltene Ungleichgewichte oder Vorurteile zur Grundlage der KI-Ergebnisse.

  So könnten bspw. bei Kreditwürdigkeitsprüfungen „Kundinnen im Alter von 20 bis 30 Jahren“ ein Kredit verwehrt werden, wenn im nicht-repräsentativen Trainingsdatensatz viele Kundinnen in diesem Alter ihren Zahlungsverpflichtungen nicht nachgekommen sind. Dieser Datensatz würde folglich eine Verzerrung – ein Bias – aufweisen. Deshalb auch der Hinweis, dass dieser Datensatz damit „nicht-repräsentativ“ wäre. Hier noch ein weiteres Beispiel für ein Bias: Ein KI-System soll lernen, Schuhe wiederzuerkennen. Wenn das System in der Trainingsphase nur mit Fotos von Sneakers gefüttert wurde, könnten später auf Fotos weder High Heels noch Birkenstock-Sandalen noch Western-Stiefel als Schuhe erkannt werden.

Deutlich gravierendere Auswirkungen hat es, wenn eine Personalabteilung **Bewerber für Führungspositionen** per KI auswählt – und das System mit den Daten aus der Vergangenheit trainiert wurde. Da in vielen Bereichen Führungskräfte vor allem mit Männern besetzt wurden, lernt das System, dass Männer eher für Führungspositionen geeignet erscheinen. Diese datenbasierte Erkenntnis wird das KI-System bei der Auswertung der Lebensläufe zugrunde legen und seine Einstellungsempfehlungen primär auf Männer ausrichten. Wenn Führungspositionen in einem Unternehmen dagegen gleichmäßig mit Männern und Frauen besetzt werden und man nach fünf Jahren prüft, welches Geschlecht sich in einer Führungsposition halten konnte, sieht die Datenwelt schon wieder anders aus. Eine darauf basierende KI-Empfehlung würde dann die Realität des jeweiligen Unternehmens abbilden.

Wie schnell es zu solchen Verzerrungen kommen kann, zeigt auch eine Studie aus dem Jahr von Lambrecht und Tucker [58]. Hier wurde erkannt, dass Facebook-Werbeanzeigen geschlechterdiskriminierend ausgespielt wurden. Es handelte sich um Jobanzeigen aus dem MINT-Bereich, die Frauen weniger häufig ausgespielt wurden als Männern. Diese unbewusst eingebaute Diskriminierung resultierte daraus, dass junge Frauen auf Facebook eine begehrte Zielgruppe sind. Folglich ist es bei ihnen teurer, eine Werbeanzeige zu platzieren. Wenn der Algorithmus also die Wahl hatte, bei gleichen Klick-Raten zwischen einem Mann und einer Frau zu entscheiden, fiel die Wahl auf die kostengünstigere Variante – in diesem Fall den Mann.

Ein Beispiel aus der Rechtsprechung kann diese Gefahr eines Bias ebenfalls eindrucksvoll belegen. In den USA sollte ein KI-System Gerichtsurteile fällen. Dazu wurde es anhand von alten Gerichtsurteilen trainiert. Beim Einsatz wurde ein interessantes Phänomen festgestellt: Wenn man bei den Angeklagten die Hautfarbe von Weiß auf Schwarz verändert, ging plötzlich das Strafmaß nach oben. Hierbei wurde deutlich, dass die häufig beklagten härteren Strafen für schwarze Straftäter, die in den als Trainingsmaterial verwendeten bisherigen Urteilen dokumentiert waren, vom KI-System unreflektiert auf die neuen Rechtfälle übertragen wurden (vgl. vertiefend [61]).

▶ **Food for Thought** Eine große Fehlerquelle bei KI-Anwendungen: **Bias in – Bias out!**

Schließlich gilt: Die Realität, auf der die Künstliche Intelligenz basiert, hängt von den Daten ab, mit denen sie trainiert wurde und weiter gespeist wird. Und diese Daten stammen oft aus der Vergangenheit.

Je stärker sich KI-Modelle im Alltagshandeln niederschlagen, desto stärker bleibt dieses Handeln in Verhaltensmustern der Vergangenheit gefangen. Umso schwieriger wird es, aus solchen tradierten Mustern auszubrechen, um eine ewige Feedback-Schleife zu vermeiden, die immer nur Variationen des Vergangenen reproduziert.

Allerdings muss hier auch auf eines hingewiesen werden: Wenn bestimmte Personengruppen keine Einladung zu Vorstellungsgesprächen erhalten, dann kann es auch schlicht an der Tatsache liegen, dass sich Angehörige dieser Gruppe im Unternehmensalltag nicht bewährt hat. Und wenn das Risiko einer Nichtrückzahlung von Krediten von Banken bei bestimmten Gruppen höher als das von anderen eingeschätzt wird, kann dies schlicht darauf zurückzuführen sein, dass solche Personen ihre Kredite nicht pünktlich zurückgezahlt haben. Deshalb ist es wichtig, zwischen Bias einerseits und repräsentativen Datengrundlagen andererseits zu unterscheiden. Eine „Ungleichbehandlung" von Menschen ist allerdings immer dann gerechtfertigt, wenn sich diese selbst auch ungleich verhalten. Dann handelt es sich nicht um eine Diskriminierung, sondern um die Reaktion auf bestimmte Verhaltensmuster.

Zu welchen Effekten ein nicht balanciertes **Training der Gesichtserkennung** führen kann, zeigt Abb. 1.19. Hierbei handelt es sich um **Ergebnisse einer Gesichtsanalyse-Software** des chinesischen KI-Unternehmens ***Sensetime***. Bei zwei, im Abstand von zwei Jahren durchgeführten Analysen des Autors in China wurde u. a. das Alter ermittelt. Im Jahr 2018 wurde das Alter des Autors auf 43 Jahre geschätzt (linkes Foto) – und 2020 in zwei verschiedenen Durchgängen auf 40 Jahre. Das ist zwar schmeichelhaft für den Autor, lag aber um 20 Jahre vom realen Wert entfernt. Hier zeigt sich eine Schwäche von KI-Systemen, wenn diese bspw. nur mit Daten aus der chinesischen Bevölkerung trainiert wurden – und sogenannte „Langnasen" im Trainingsdatensatz nicht vorkamen.

Allerdings können KI-Systeme auch „ausgleichend" wirken und Verzerrungen vermeiden, wo Menschen aufgrund ihrer Vorerfahrungen, der jeweiligen Gefühlslage oder andere wechselnder Rahmenbedingungen ihre „Objektivität" zu verlieren drohen. Es wurde vielfach schon in der Rechtsprechung beobachtet, dass Urteile härter ausfallen, wenn der „eigene" Fußfallverein verliert, wenn das Wetter schlecht ist – oder schlicht am Nachmittag eines anstrengenden Arbeitstages.

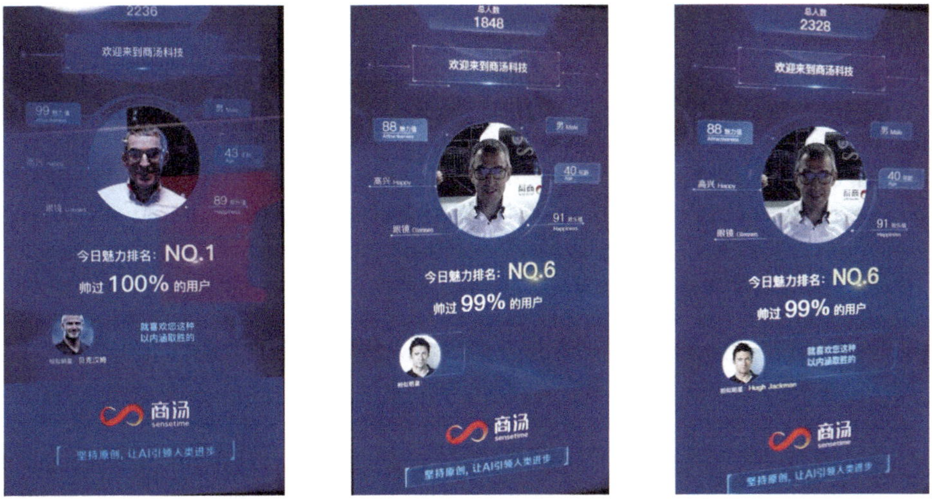

Abb. 1.19 Gesichtserkennung führt zu weiteren Daten

- **Transparenz der Algorithmen**
  Bei KI-Anwendungen wäre spannend zu wissen, aufgrund welcher Schritte eines Algorithmus ein bestimmtes Ergebnis erzielt wurde. Da die Maschine allerdings selbstständig dazulernt, ist dieser Prozess nicht leicht nachzuvollziehen. Für die Akzeptanz der KI-Ergebnisse ist es aber unverzichtbar, zumindest die **Haupteinflussfaktoren einer Entscheidung** erkennen zu können. So sollte der Nutzer eines KI-Systems zur Bonitätsbewertung von Kunden erkennen, welches die zentralen Faktoren der Entscheidung waren. Es sollte folglich nachvollzogen werden können, warum bei einer KI-gestützten Bonitätsbewertung Person A im Vergleich zu Person B keinen Kredit erhält. Dieses Wissen ist auch bei einer Empfehlung unverzichtbar, dass eine bestimmte Person für ein neues Angebot über einen bestimmten Kanal in drei Tagen angesprochen werden sollte. Auch bei einer KI-unterstützten Erarbeitung von Gerichtsurteilen soll deutlich werden, warum für den Angeklagten X eine Bewährungsstrafe vorgeschlagen wird und weshalb der Angeklagte Y ins Gefängnis soll.

  Heutige KI-Systeme können i. d. R. nicht erklären, warum sie zu diesem oder jenem Ergebnis kommen. Diese Systeme können zwar viele Aufgaben kompetent lösen. Den KI-Agenten fehlt aber vielfach nach wie vor das **deklarative Wissen**, um die gefundenen Zusammenhänge zu erklären und diese an die Nutzer der KI-Systeme als Antwort auf die Frage nach dem „Warum?“ zu übermitteln. Doch als Anwender und als „Objekt der Entscheidung“ möchte man wissen, warum in welchen Situationen so oder so entschieden wurde bzw. wird.
- **Transparenz der Auslieferung von Daten**
  Die Ergebnisse von KI-Systemen sind für die Nutzer und/oder die Betroffenen so aufzubereiten, dass auch eine mathematisch und/oder statistisch wenig geschulte Person die gewonnenen **Erkenntnisse verstehen** kann. Diese Notwendigkeit entfällt allerdings heute schon in den Fällen, in denen Ergebnisse automatisiert in weiterführende Prozesse einfließen.

Wie könnte eine Lösung aussehen, um Bias bei der Entwicklung von KI-Systemen zu vermeiden und zugleich die Erklärbarkeit von KI-Systemen zu erhöhen? Zunächst einmal müssen wir uns vor Augen führen, dass es Menschen sind, die mit ihren Entscheidungen die Rahmenbedingungen für die Algorithmen setzen. Es sind auch Menschen, die (ausgewählte) Daten zum Training von KI-Systemen bereitstellen. Und es sind wiederum (oft) Menschen, die Ergebnisse der KI weiterverarbeiten. Die Herausforderung besteht folglich darin, eine möglichst professionelle, verzerrungsfreie Zusammenarbeit zwischen Mensch und Maschine zu erreichen. Dies wird vor allem durch **Diversität** erreicht: Deshalb sollte im verantwortlichen **KI-Programmierer-Team** eine hohe Diversity (nach Alter, Geschlecht, Nationalität, Ethnie etc.) vorliegen, damit weder bei der Auswahl der Trainingsdatensätzen noch bei der Erarbeitung von Preloading Rules (unbewusste) Stereotype und Vorurteile der Programmierer mitgegeben werden. Zusätzlich ist eine Diversität oder – besser – eine Repräsentativität der eingesetzten Trainingsdaten sicherzustellen.

▶ **Merk-Box** Damit Sie mögliche Verzerrungen in Ihren Daten vermeiden, sollten Sie unterschiedliche (verlässliche) Datenquellen heranziehen. Die Daten sollten jeweils repräsentativ für die Grundgesamtheit sein, auf die ein KI-System später angewandt werden soll.

Ein **Data-Audit** kann hier wertvolle Unterstützung leisten, indem es systematisch die Qualität der einlaufenden Daten überprüft. Besonders wertvoll ist es, wenn ein solches Data-Audit von dritten Parteien durchgeführt wird.

Eine hohe **Diversität in Ihren Teams** führt – quasi automatisch – dazu, dass sich Vorurteile oder Stereotypen in KI-Systemen vermeiden lassen.

▶ **Food for Thought** Die Algorithmen und folglich auch die Ergebnisse eines KI-Systems werden durch das jeweilige Design und die verwendeten Trainingsdaten maßgeblich beeinflusst. KI-Systeme werden von fehlbaren Menschen entworfen, partiell trainiert und eingesetzt.

Was gilt es folglich bei der Entwicklung und beim Einsatz von KI zu vermeiden?

Dass die Fehlbarkeit der Menschen durch KI-Systeme potenziert und multipliziert wird!

Ohne **Explainable Artificial Intelligence** bleiben KI-Anwendungen eine Black Box, die eine kritische Analyse der zugrunde liegenden Daten, der angewandten Prozesse sowie der gewonnenen Ergebnisse schwer oder unmöglich macht. Dann können Anwender nicht nachvollziehen, wie ein Ergebnis zustande kommt – und es fällt schwerer, den Ergebnissen trotzdem zu „trauen". Die **Forschung zur erklärbaren KI** versucht Techniken zu entwickeln, damit KI-Systeme nicht nur Ergebnisse, sondern auch Erklärungen zu deren Zustandekommen liefern.

Mit einer (zumindest partiellen) **Transparenz über KI-Prozesse** und die dadurch erzielten Ergebnisse steht und fällt die Bereitschaft, sich KI-Systemen anzuvertrauen. Schließlich möchte sich (heute) niemand auf Systeme und deren Entscheidungen verlassen, die nicht zumindest in groben Zügen nachvollziehbar sind. Oder sind wird schon dazu übergegangen, uns KI-Systemen und deren Entscheidungen und Empfehlungen blind anzuvertrauen? Etwa beim Robo Advisor, der unsere Geldanlage automatisch und nicht nachvollziehbar vornimmt? Oder bei Musik-Empfehlungen von *Spotify* und Filmempfehlungen von *Netflix,* denen wir ungeprüft folgen? Auch bei den Informationen, die uns über die sozialen Medien bereitgestellt werden, hinterfragen wir die dahinterliegenden KI-Algorithmen nicht. Wir beschäftigen uns meist mit den Inhalten, die im Newsfeed erscheinen, ohne darüber nachzudenken, dass dort auch ganz andere Nachrichten stehen könnten.

Wo werden die **Grenzen der KI-Akzeptanz** in fünf oder zehn Jahren liegen? Werden wir uns bei der Partnerwahl und der Berufswahl ausschließlich auf KI-Agenten verlassen? Weil uns diese besser kennen als wir uns selbst? Oder stellt sich die Frage nach der Transparenz in zehn Jahren gar nicht mehr, weil jedermann gelernt hat, dass KI-Entscheidungen „die besseren" sind?

Merk-Box Der Aufbau von **Vertrauen** ist ein zentraler Erfolgsfaktor für den KI-Einsatz! Vertrauen wird durch Transparenz geschaffen. Deshalb sollten Sie von Anfang an auf **Explainable Artificial Intelligence** setzen – selbst dann, wenn Ihre KI-Spezialisten lieber darauf verzichten möchten.

Ohne eine gewisse Transparenz über Daten, Prozesse und Ergebnisse werden Sie – Stand heute – bei den Anwendern nur schwer eine Akzeptanz für KI-Anwendungen und deren Ergebnisse gewinnen. Die beteiligten Personen müssen zumindest die Grundlagen der Künstlichen Intelligenz nachvollziehen können.

1.4.4 Reduktion von Noise als Erfolgsfaktor

Um die Fehlbarkeit von Mensch und Maschine zu reduzierten, kann die **Reduktion von Noise** beitragen. Als **Noise** (auf Deutsch schlicht „Lärm" oder auch „Rauschen") wird alles bezeichnet, was die Klarheit oder Präzision eines laufenden Prozesses stört, verschleiert, verringert oder anderweitig beeinträchtigt. Das kann die Übermittlung einer Nachricht oder das Treffen einer Entscheidung sein (vgl. [6]). Noise führt zu einer zufälligen und unerwünschten Streuung bei Entscheidungen. Kahneman et al. [50] haben herausgearbeitet, dass selbst wichtige Entscheidungen vollkommen anders ausfallen, wenn im Kontext nur minimale Veränderungen vorgenommen werden und sich das Noise Level verändert. Außerdem treffen verschiedene Menschen – auch unter sonst gleichen Bedingungen – in Abhängigkeit vom jeweiligen Noise Level häufig ganz unterschiedliche Entscheidungen.

Warum ist es wichtig, sich die **Auswirkungen von Lärm und Rauschen in Entscheidungssituationen** bewusst zu machen? Störende Geräusche machen es unmöglich, Entscheidungen präzise vorherzusehen. Die Bandbreit möglicher Entscheidungen kann hierbei enorm sein. Je nach Richter kann sich die Strafe für einen Bankräuber auf fünf Jahren oder aber auf 15 Jahre Haft belaufen. Aber nicht nur im Gerichtssaal wirkt sich Noise auf Entscheidungen aus. Auch die Vorgehensweise von Ärzten – bei gleichen Symptomen eines Patienten – ändern sich mit dem jeweiligen Noise Level. Die Zensuren von Klausuren wie auch die Ergebnisse von Bewerbungsgesprächen fallen ebenfalls unterschiedlich aus – je nachdem, welcher Noise gerade auf den Entscheidungsprozess und die hier handelnden Personen einwirkt (vgl. vertiefend [50]).

Was sind mögliche **Lösungsansätze**, um die Auswirkungen von Noise zu reduzieren? Hier helfen das **Mehr-Augen-Prinzip** und wiederum die schon empfohlene **Diversität**. Auch ein **Mehr an Zeit** kann die verzerrenden Einflüsse reduzieren. Dann müssen Entscheidungen nicht aus einer guten oder schlechten Laune heraus getroffen werden. Wichtig ist deshalb, dass nicht nur der Einfluss durch Bias, sondern auch durch Noise bei KI-Anwendungen stärker thematisiert wird. Hierdurch kann ein vielfach noch vorherrschender blinder Fleck der Entscheidungsfindung erkannt und dann auch beseitigt werden.

Insgesamt gilt, dass die Künstliche Intelligenz durch eine menschliche Intelligenz zu ergänzen ist. So können Implausibilitäten früh erkannt werden, die auf verschiedenen Verzerrungen basieren. Hierfür kommen **„Human-in-the-loop"-Systeme** zum Einsatz. Der Human-in-the-Loop ist ein Mensch, der KI-Anwendungen trainiert, testet und optimiert, um hierdurch zuverlässigere Ergebnisse zu erzielen. Dies kann an einem Beispiel verdeutlicht werden. Ein KI-System zur Unterscheidung verschiedener Vogelarten kann leicht auf Schwierigkeiten stoßen, weil viele Vögel sehr ähnliche Eigenschaften aufweisen. Hier kann ein Mensch eingreifen und auf wichtige Unterscheidungsmerkmale hinweisen, die das System berücksichtigen soll (Stichwort Preloading-Rules). Hierdurch wird das KI-System zu überzeugenderen Ergebnissen angeleitet. Durch diese Zusammenarbeit werden zwei unterschiedliche Arten von Intelligenz gleichzeitig genutzt: die menschliche und die Künstliche Intelligenz. Anhand der durch einen Menschen bereitgestellten Daten kann das KI-System seinen Fortschritt kontinuierlich prüfen und die Qualität der Ergebnisse ermitteln. Das menschliche Wissen wird um die Schnelligkeit des KI-Systems ergänzt und jeweilige Nachteile der beteiligten Partner werden ausgeglichen.

Fast ist es so, als müssten wir einen **Babysitter für die KI** installieren. Oder anders formuliert: „AI can help humans with bias – but only if humans are working together to tackle bias in AI" [64].

▶ **Merk-Box** In vielen Einsatzbereichen soll und kann – heute noch – eine **KI-Engine** nur ein **Ko-Pilot** sein, aber kein **Auto-Pilot**. Hierbei gilt:

Die Grenzen zwischen Ko- und Auto-Pilot werden sich in den nächsten Jahren immer stärker Richtung Auto-Pilot verschieben.

Das hängt von unseren Erfahrungen mit KI-Systemen ab. Und vielleicht fragen unsere Enkelkinder einmal:

Warum, um Himmels willen, habt iheuch selbst einmal ans Steuer eines Fahrzeugs gesetzt, Partner „aus Liebe" und Berufe „nach Zuneigung" ausgewählt, statt euch gleich auf KI-gestützte Empfehlungen zu verlassen?

Zusammenfassung

- Eine gängige Unterteilung von Künstlicher Intelligenz erfolgt in **schwache Künstliche Intelligenz** und **starke Künstliche Intelligenz.**
- **Schwache Künstliche Intelligenz** hat zum Ziel, menschliche Fähigkeiten auf demselben oder einem etwas höheren Niveau zu erreichen (so bspw. beim Schachspiel).
- **Starke Künstliche Intelligenz** beschreibt die Bestrebung, menschliche Fähigkeiten durch den Einsatz von Technologie in nahezu allen Bereichen unseres Lebensalltages durch künstliche Anwendungen zu erreichen.
- Bei der Entwicklung von starker Künstlicher Intelligenz kommt es zu Phänomenen wie **Intelligenzexplosion, technologische Singularität, Superintelligenz** und **Transhumanismus**.
- Eine große Herausforderung besteht darin, die Prozesse und Ergebnisse der Künstlichen Intelligenz nachvollziehbar zu machen. Hier wird von **Explainable Artificial Intelligence** gesprochen.

- Explainable Artificial Intelligence bezieht sich auf die **Transparenz der eingesetzten Daten,** die **Transparenz der verwendeten Algorithmen** wie auch auf die **Transparenz der Auslieferung der Ergebnisdaten**.
- Eine zumindest partielle Transparenz (**Grey Box AI**) zu schaffen, ist eine Voraussetzung für die Akzeptanz von KI-Systemen – innerhalb und außerhalb des Unternehmens.
- Es ist darauf zu achten, dass die **Daten für das Training** der Algorithmen sowie die **initial eingesetzten Algorithmen frei von Verzerrungen, Vorurteilen und Stereotypen** sind. Sonst können keine neutralen Ergebnisse erzielt werden.
- KI ist eine mächtige Technologie, die viele **potenzielle Gefahren** mit sich bringt. Hierzu zählen tödliche autonome Waffen, unbeabsichtigte Nebenwirkungen und Fehler sowie vorsätzlicher Missbrauch. Menschen, die mit KI-Technologie arbeiten, haben eine ethische Verpflichtung, Gefahrenquellen wirkungsvoll zu vermeiden.
- Vor der Entwicklung von starker Künstlicher Intelligenz bedarf es deshalb – idealerweise – einer **globalen ethischen Einigung** über den KI-Einsatz, zu der es vermutlich aber nie kommen wird.

1.5 Wo stehen Unternehmen in Deutschland im globalen KI-Umfeld?

Um die fast unbegrenzten **Potenziale eines KI-Einsatzes** zu erschließen, müssen die unterschiedlichsten Wissenschaften ihre Silos und Elfenbeintürme verlassen und ihr Wissen in entsprechende **KI-Netzwerke** einbringen. Für die weitere Entwicklung bedarf es einer großen Zahl an Wissenschaftlern sowie deren umfassender Vernetzung. Welche Wissenschaften haben für die Entwicklung der Künstlichen Intelligenz eine besondere Bedeutung? Hier sind die Biologie, die kognitiven Wissenschaften (wie Psychologie, Philosophie und Linguistik) sowie die Ökonomie, die Informatik, die Mathematik und die Ingenieurwissenschaften zu nennen.

Die **Biologie** liefert die Grundlagen, von denen das „Idealbild" von KI-Systemen abgeleitet wird. Um einen humanoiden Roboter zu entwickeln, sind umfassende Kenntnisse aus den Bereichen Anatomie und Psychologie sowie der Neurowissenschaften erforderlich. Schließlich soll ein humanoider Roboter – wie bereits angesprochen – dem Menschen nicht nur äußerlich nachempfunden sein, sondern auch menschliches Verhalten imitieren und soziale Entscheidungen treffen können. Hierzu sind Erkenntnisse der **kognitiven Wissenschaften** einzubinden.

Die **Mathematik** wiederum liefert das Handwerkszeug, um die Algorithmen der KI-Technologien zu entwickeln. Sie ermöglicht es **Informatikern**, leistungsstarke KI-Programme zu schreiben. **Ingenieure** implementieren im Zusammenspiel mit diesen Algorithmen die kognitiven und physischen Leistungen der Roboter und Maschinen. Damit diese Entwicklungen Marktreife erlangen, bedarf es nicht zuletzt der **Ökonomen**, die die Kundenbedürfnisse frühzeitig erkennen und die vorgelagerten Arbeitsschritte damit befruchten. Soweit es über die Grundlagenforschung hinausgeht, sind die Ökonomen auch

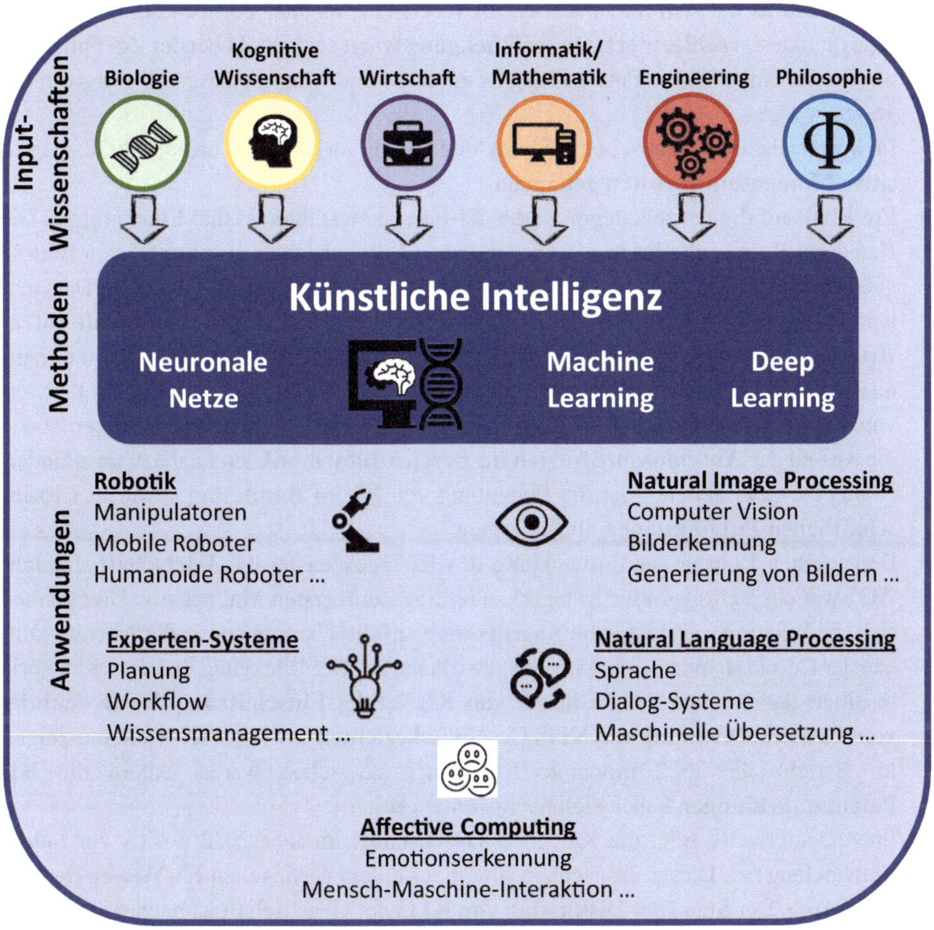

Abb. 1.20 Input-Wissenschaften, Methoden und Anwendungsfelder der Künstlichen Intelligenz

maßgeblich für die Erreichung eines Returns on Investment (ROI) verantwortlich, damit KI-Investitionen langfristig rentabel werden. Schließlich können Philosophen daran arbeiten, für die KI-Anwendungen relevante Werte zu diskutieren. Wie die Künstliche Intelligenz in Summe mit ihren Einsatzfeldern und Methoden eingebettet ist, zeigt Abb. 1.20.

Hier stellt sich die Frage, wie gut diese Vernetzung in Deutschland und in Europa bereits gelungen ist, um die Potenziale der Künstlichen Intelligenz zu erschließen. Wichtige Daten zum **Stand der KI in Deutschland** liefert der **KI-Monitor** des BVDW [25]. Hier sind die zentralen Ergebnisse zusammengefasst:

- Der **Wert des KI-Index** beträgt im Jahr 2022 **122 Punkte**. Im Vergleich zum Basisjahr 2019 mit dem Index-Wert 100 liegt hier eine Steigerung um 22 Indexpunkte vor. Hier zeigt sich eine positive Entwicklung.

- Der **KI-Index** hat sich im Jahr 2022 im Vergleich zum Jahr 2021 allerdings um 1,22 Indexpunkte **verschlechtert**. Dieser **Rückgang** wiegt schwer, da bei der Zukunftstechnologie KI eine positive Entwicklung zu erwarten und wünschenswert bzw. notwendig gewesen wäre.
- Im Vergleich zur dynamischen Entwicklung in den Vorjahren ist im Jahr 2022 das **positive Momentum verloren gegangen**.
- Ein Blick auf die Einzelkategorien des KI-Index liefert interessante Erkenntnisse. Die Kategorie **Rahmenbedingungen** hat in jedem Erhebungsjahr einen negativen Beitrag geleistet. Das heißt, dass sich die Rahmenbedingungen für den KI-Einsatz in Deutschland von Jahr zu Jahr verschlechtert haben. Dazu zählt zum einen die **digitale Infrastruktur**. Diese hat sich zwar im Vergleich zum Vorjahr verbessert, weist im internationalen Vergleich aber immer noch signifikanten Nachholbedarf auf. Der Stellenwert von **Kooperationen zwischen Unternehmen und Forschungseinrichtungen** sowie die Anzahl der **Abschlussprüfungen im Bereich Informatik** sind nahezu unverändert geblieben. Zum anderen hat die Bedeutung von **KI im Bundestag** sowie in **wissenschaftlichen Publikationen** abgenommen.
- Den größten Beitrag zur Entwicklung des KI-Index leistet die **Wirtschaft**. Im Jahr 2022 war der Beitrag dieser Kategorie allerdings zum ersten Mal negativ. Hier können sich die Inflation, der russische Angriffskrieg auf die Ukraine sowie die Nachwirkungen der Corona-Pandemie negativ ausgewirkt haben. Der Rückgang in dieser Kategorie resultiert daraus, dass beim **Einsatz von KI**, bei der **Einschätzung der Bedeutung von KI**, bei der **Nennung von KI in Geschäftsberichten** sowie bei **KI-Stellenanzeigen** im Berichtsjahr 2022 moderate Rückgänge zu sehen waren. Allein die **KI-Patentanmeldungen** haben sich positiv entwickelt.
- Interessanterweise trägt die Kategorie **Gesellschaft** im Jahr 2022 positiv zur Index-Entwicklung bei. Dieser Zuwachs resultiert aus einem gestiegenen **KI-Wissen der Bevölkerung**. Der Stand der **Diskussion von KI** in der Gesellschaft ist nach wie vor neutral. Das **Suchinteresse an KI** bei *Google Search* hat abgenommen – ggf. erklärbar durch ein insgesamt zunehmendes Wissen.

Zu vergleichbaren Ergebnissen kommt eine *Bitkom*-Studie, die unter dem Titel **„Künstliche Intelligenz – Wo steht die deutsche Wirtschaft?“** veröffentlicht wurde. Im Zuge dieser Studie wurden 606 Unternehmen ab 20 Beschäftigten aus allen Branchen in Deutschland repräsentativ befragt. Eine zentrale Erkenntnis der Studie lautet [14]:

▶ **Merk-Box** „Deutschlands Unternehmen erkennen die Chancen Künstlicher Intelligenz und sehen zunehmend Vorteile beim Einsatz dieser Technologie – im praktischen Einsatz kommt KI aber kaum voran."

Im Einzelnen zeigen sich für das Jahr 2022 bei der Frage **„Sehen Sie Künstliche Intelligenz eher als Chance oder eher als Risiko für Ihr Unternehmen?“** folgende Einschätzungen (vgl. [14]):

- 65 % sehen KI als Chance für das eigene Unternehmen.
- 21 % beschreiben KI als Risiko für das eigene Unternehmen.
- 13 % unterstellten, dass KI keinen Einfluss auf das eigene Unternehmen hat.

Auf die Frage **„Inwieweit setzt Ihr Unternehmen KI ein bzw. plant oder diskutiert den Einsatz?“** zeigen sich die in Abb. 1.21 ausgewiesenen Ergebnisse. Lediglich 9 % weisen bereits heute einen **KI-Einsatz im eigenen Unternehmen** aus – in einer der sich nach wie vor als führend bezeichnenden Industrienationen der Welt! Im Vergleich zum Vorjahr ist dies nur eine sehr kleine Zunahme von einem Prozent. Der Prozentsatz der Unternehmen, die den **KI-Einsatz diskutieren oder planen,** ist sogar von 30 % auf 25 % gefallen. Gleichzeitig hat sich der Anteil der Unternehmen, für die **KI kein Thema** ist, von 59 auf 64 % erhöht. Zur Erklärung dafür, dass der Künstlichen Intelligenz als Zukunftstechnologie weniger Aufmerksamkeit geschenkt wird, werden verschiedene Faktoren herangezogen. Dazu zählen auch die gestiegenen Energiekosten, die hohen Inflationsraten sowie die unterbrochenen Lieferketten. Die Entwicklung des KI-Einsatzes geht hier mehrheitlich in die falsche Richtung.

Bei einer vertiefenden Auswertung zeigt sich, dass der **Einsatz der Künstlichen Intelligenz** in hohem Maße von der **Unternehmensgröße** abhängt (vgl. [14]):

- Unternehmen mit 20 bis 99 Beschäftigten setzen nur zu 5 % KI-Lösungen ein.
- Bei Unternehmen mit 100 bis 499 sowie 500 bis 1999 Beschäftigten sind es schon 18 %.
- 48 % der Unternehmen mit 2000 oder mehr Beschäftigten nutzen Lösungen der Künstlichen Intelligenz.

Spannend sind auch die Antworten auf die Frage: **„Welche Vorteile sehen Sie beim Einsatz von KI in Unternehmen?“** (vgl. Abb. 1.22; vgl. [14]). Von den befragten Unternehmen werden hier besonders **schnellere und präzisere Problemanalysen** (52 %), **be-**

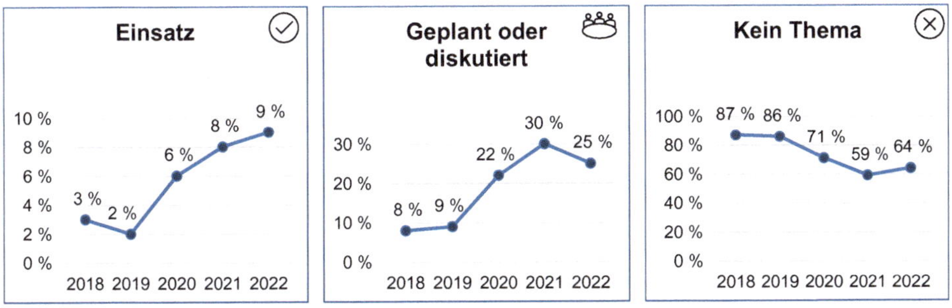

Abb. 1.21 Inwieweit setzt Ihr Unternehmen KI ein bzw. plant oder diskutiert den Einsatz?

Abb. 1.22 Welche Vorteile sehen Sie beim Einsatz von KI in Unternehmen? (Datenquelle: [14])

schleunigte Prozesse (43 %) sowie ein **geringerer Ressourcenverbrauch** (39 %) genannt. Lediglich 11 % erwarten **Kostensenkungen**. Weitere Vorteile werden beim Personal gesehen. Hier geht es um die **Vermeidung menschlicher Fehler** (38 %) sowie um die Möglichkeit, durch den Einsatz der Künstlichen Intelligenz **Expertenwissen ins Unternehmen** zu holen (36 %). 26 % sehen durch den KI-Einsatz die Möglichkeit, dass sich **Beschäftigte auf andere Aufgaben konzentrieren** können. Auch im Hinblick auf das eigene Geschäftsmodell kann KI wertvolle Beiträge liefern. 46 % erwarten durch KI eine **gestärkte Wettbewerbsfähigkeit**. 27 % setzen durch KI auf **verbesserte** und 21 % auf **völlig neue Produkte oder Dienstleistungen**. Vor dem Hintergrund dieser wichtigen Vorteile eines KI-Einsatzes ist es umso schwerer zu verstehen, dass sich der Fokus auf KI im Jahr 2022 verkleinert hat (vgl. Abb. 1.21).

Neben dem Blick auf die Vorteile sind auch mögliche Risikobereiche auszuleuchten. Hierzu wurde die folgende Frage gestellt: **„Welche Risiken sehen Sie beim Einsatz von KI in Unternehmen?"** Die Antworten zeigt Abb. 1.23 (vgl. [14]). Zunächst sei anzumerken, dass alle befragten Unternehmen Risiken beim Einsatz von KI sehen. An oberster Stelle werden hier **IT-Sicherheitsrisiken** genannt (79 %), gefolgt von möglichen **Verstößen gegen Datenschutzvorgaben** (61 %) und zu erwartenden **Anwendungsfehlern bei der KI-Nutzung** (59 %). 49 % der Unternehmen sorgen sich um die in Abschn. 1.4.3 angesprochene mangelnde **Nachvollziehbarkeit der Ergebnisse**. Weiter werden von 48 % zu erwartende **Fehler bei der Programmierung** sowie eine **mangelnde Beherrschbarkeit von KI-Systemen** genannt. Auch auf die in Abschn. 1.4 diskutierten möglichen, aber **schwer erkennbaren Fehlerquellen in den Lerndatenbeständen** (47 %) sowie auf **fehlende Lerndatenbestände** insgesamt (42 %) wird hingewiesen. Nach wie vor wird auch auf Risiken in der Belegschaft verwiesen, wenn auch auf niedrigerem Niveau. 27 % sehen

Abb. 1.23 Welche Risiken sehen Sie beim Einsatz von KI in Unternehmen? (Datenquelle: [14])

das Risiko einer **Verunsicherung der Beschäftigten** bzw. einen **Kontroll- bzw. Kompetenzverlust bei Führungskräften**. Die Aussagen unterstreichen die Bedeutung, den Wissenstand zum Themenfeld Künstliche Intelligenz in Deutschland insgesamt deutlich zu steigern.

Investitionen in die Künstliche Intelligenz werden in den kommenden Jahren zunehmen – allerdings langsam (vgl. [14]):

- 6 % der Unternehmen haben im Jahr 2022 bereits in KI investiert.
- 10 % planen ein KI-Investment für 2023.
- 20 % wollen 2024 oder später investieren.
- Die überwiegende Mehrheit – 64 % – hat noch nicht in KI investiert und plant dies auch zukünftig nicht.

▶ **Merk-Box Abwarten ist keine Strategie!**

Die internationalen Wettbewerber warten nicht auf uns! Folglich sollten wir auch nicht auf einen deutschen oder einen europäischen Sputnik-Moment warten. Das würde viel zu lange dauern!

Vielleicht reicht jetzt der *iPhone*-Moment von *ChatGPT*, dass in vielen Unternehmen sowie in Gesellschaft und Politik ein längerfristiges Umdenken stattfindet.

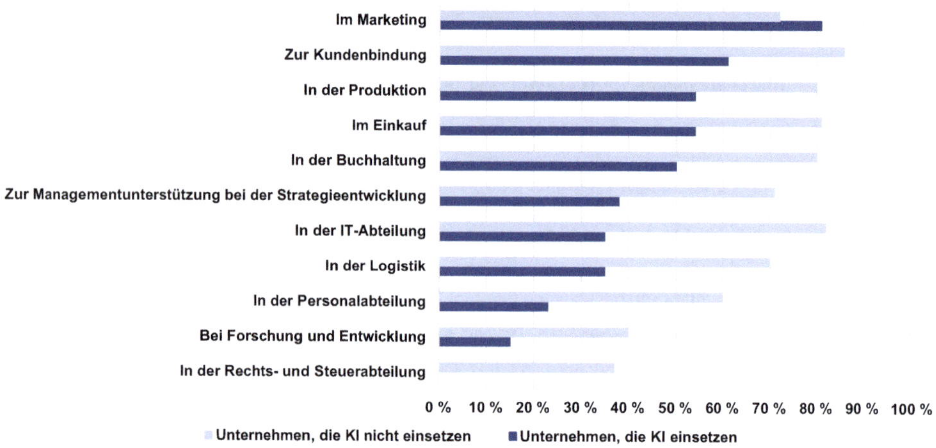

Abb. 1.24 In welchen Bereichen Ihres Unternehmens kommen KI-Tools zum Einsatz bzw. in welchem Bereich halten Sie einen künftigen Einsatz für wahrscheinlich? (Datenquelle: [14])

Eine weitere Frage lautete: **„In welchen Bereichen Ihres Unternehmens kommen KI-Tools zum Einsatz bzw. in welchem Bereich halten Sie einen künftigen Einsatz für wahrscheinlich?“** Die in Abb. 1.24 ausgewiesenen Antworten stammen von 54 Unternehmen, die KI bereits einsetzen, und von 539 Unternehmen ohne KI-Einsatz. Es sind jeweils die Prozentwerte für die Antworten „sehr wahrscheinlich“ und „eher wahrscheinlich“ ausgewiesen (vgl. [14]). Heute finden sich KI-Anwendungen vor allem im **Marketing** (81 %) und hier vor allem zur **Kundenbindung** (61 %). Weiter wird die Künstliche Intelligenz in der **Produktion** (54 %), im **Einkauf** (54 %) sowie in der **Buchhaltung** (50 %) eingesetzt. Spannend ist, dass KI-Systeme heute noch kaum bei der **Strategieerstellung** (38 %), in der **IT** und der **Logistik** (je 35 %) eingesetzt werden. Auch in der **Personalabteilung** (23 %) und im Bereich **Forschung und Entwicklung** (15 %) findet KI kaum statt.

Eines zeigt ein Blick auf die Auswertung in Abb. 1.24 deutlich: Die Unternehmen, die selbst noch keine KI-Lösungen einsetzen, könnten sich deren Verwendung in praktisch allen Unternehmensbereichen vorstellen. Hier finden sich fast durchgehend Prozentwerte oberhalb von 70 und teilweise von 80 %. Hieraus kann gefolgert werden:

▶ **Merk-Box** Es besteht in den Unternehmen kein Mangel an möglichen Einsatzfeldern der Künstlichen Intelligenz!

Interessante Antworten liefert die Frage: **„Wer treibt in Ihrem Unternehmen das Thema Künstliche Intelligenz aktuell voran?“** Die Ergebnisse zeigt Abb. 1.25 (vgl. [14]). Interessant ist, dass bei den Unternehmen, die bereits KI nutzen oder dies konkret planen, das Thema nur selten vom Top-Management vorangetrieben wird. Nur in 14 % der befragten Unternehmen sind hier **Geschäftsführung** bzw. **Vorstand** die verantwortlichen

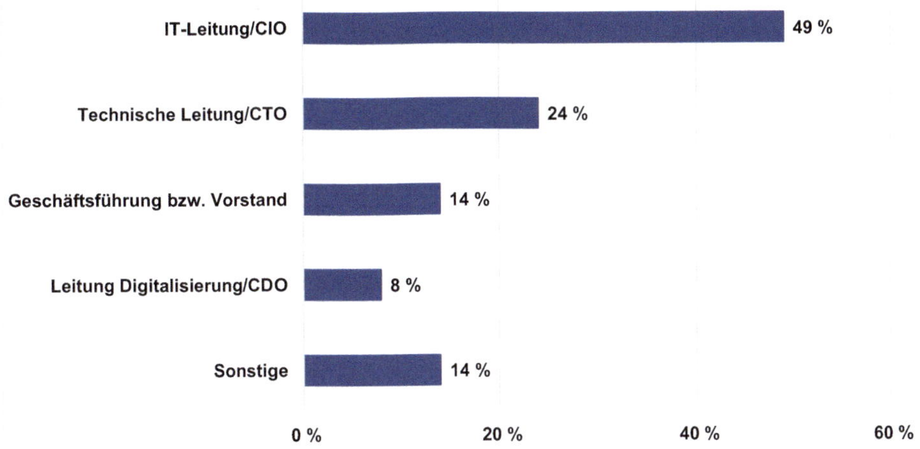

Abb. 1.25 Wer treibt in Ihrem Unternehmen das Thema Künstliche Intelligenz aktuell voran? (Datenquelle: [14])

Treiber. Viel häufiger sind **IT-Leitung** bzw. ein **CIO** für den KI-Einsatz verantwortlich (49 %). In 24 % der Unternehmen ist die **technische Leitung** bzw. ein **CTO** der zentrale Treiber des KI-Einsatzes. Eine **Leitung Digitalisierung** bzw. ein **CDO** zeichnet nur in 8 % der Unternehmen verantwortlich. Das dürfte vor allem daran liegen, dass eine Gesamtverantwortung für Digitalisierung nur in wenigen Unternehmen organisatorisch verankert ist.

Wie viele **Personen** beschäftigen sich in den befragten Unternehmen schwerpunktmäßig mit dem Thema KI (vgl. [14])?

- In den meisten Unternehmen (65 %) sind dies **Teams mit weniger als 5 Personen**.
- 17 % der Unternehmen setzen hierfür **5 bis 9 Personen** ein.
- Bei 6 % sind es **10 bis 19 Personen** und bei 2 % sogar **20 oder mehr**.

Interessant ist, dass in der Mehrheit der Unternehmen **KI eine Männersache** ist. In 70 % der Unternehmen ist keine Frau mit dem Thema befasst. Lediglich in 20 % der Fälle ist mindestens eine Frau im KI-Team eingebunden. Allerdings wurde in Abschn. 1.4.3 ausgewiesen, welche große Relevanz eine **Diversität** – auch im Team – für den Erfolg von KI-Anwendungen besitzt.

Nur 1 % aller befragten Unternehmen sieht sich bei der Künstlichen Intelligenz an der Spitze – 13 % sehen sich immerhin noch unter den Vorreitern. Beachtliche 43 % zählen sich zu den Nachzüglern und 42 % glauben, dass ihr Unternehmen bereits den Anschluss verpasst hat. Etwas positiver sieht die Einschätzung bei den Unternehmen aus, die bereits KI einsetzen. Hier sehen sich 12 % an der Spitze und eine Mehrheit von 54 % unter den Vorreitern. Bei den KI-Anwendern halten sich „nur“ 34 % für einen Nachzügler (vgl. [14]).

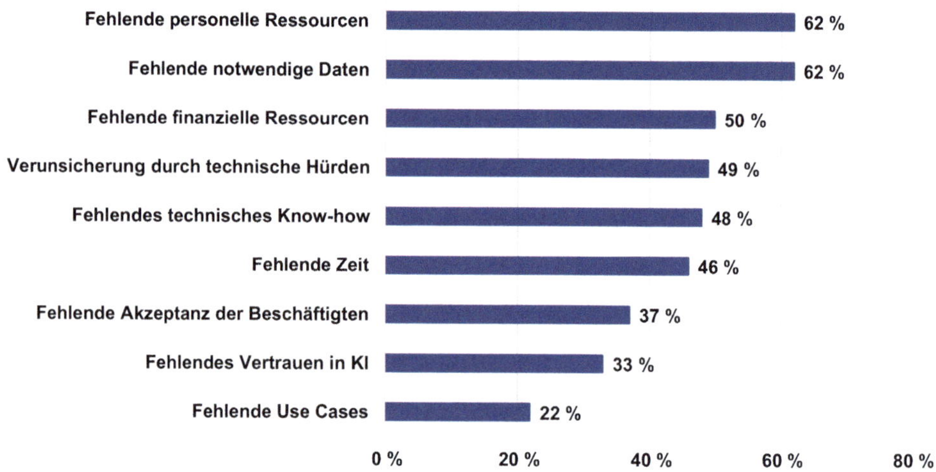

Abb. 1.26 Was sind die größten Hemmnisse für den KI-Einsatz in Ihrem Unternehmen? (Datenquelle: [14])

▶ **Merk-Box** Die überwiegende Mehrheit der Manager in Deutschland sieht bei der Künstlicher Intelligenz noch großen Nachholbedarf im eigenen Unternehmen.

Schließlich wurde auch die Frage gestellt: **„Was sind die größten Hemmnisse für den KI-Einsatz in Ihrem Unternehmen?"** Die Antworten zeigt Abb. 1.26 (vgl. [14]). Die größten Hemmnisse für einen KI-Einsatz sind weiterhin **fehlende personelle Ressourcen** und **fehlende Daten** (je 62 %). 50 % der Unternehmen beklagen einen **Mangel an finanziellen Ressourcen** und 49 % eine **Verunsicherung durch rechtliche Hürden**. Weitere Hemmnisse sind **fehlendes technisches Know-how** (48 %) und **Zeitmangel** (46 %). Eine **fehlende KI-Akzeptanz durch die Beschäftigten** (37 %) sowie ein generell **fehlendes Vertrauen in KI** (33 %) runden das Bild ab. Lediglich 22 % fehlt es immer noch an Use Cases für KI im Unternehmen – eine Lücke, die mit Blick auf Abb. 1.24 schnell zu schließen wäre.

Vor diesem Hintergrund erhält die Frage **„Welche Maßnahmen würden Ihrem Unternehmen helfen, den KI-Einsatz voranzutreiben?"** besondere Relevanz. Die Antworten finden sich in Abb. 1.27 (vgl. [14]). Zur Steigerung des KI-Einsatz im eigenen Unternehmen wünschen sich die Befragten vor allem eine **finanzielle Förderung eigener KI-Projekte** (78 %). 68 % wünschen sich einen **Austausch mit KI-erfahrenen Unternehmen** sowie **Unterstützung bei der rechtlichen und ethischen Beurteilung** der Entwicklung und des Einsatzes von KI-Lösungen. Auf der Wunschliste steht für 55 % eine **bessere Verfügbarkeit von KI-Experten** auf dem Arbeitsmarkt, mehr **Informationen über marktfähige KI-Anwendungen** (54 %) sowie ein besserer **Zugang zu Daten** (45 %), die für das Training von KI-Systemen benötigt werden.

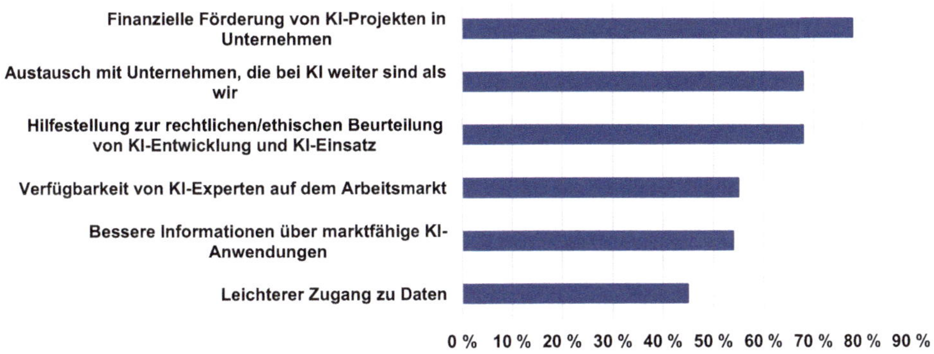

Abb. 1.27 Welche Maßnahmen würden Ihrem Unternehmen helfen, den KI-Einsatz voranzutreiben? (Datenquelle: [14])

> **Food for Thought** Zusammenfassend kann festgestellt werden: Mögliche Use Cases sind in den Unternehmen bekannt und auch die notwendigen KI-Tools liegen vor. Was in den Unternehmen fehlt, sind Zeit, Personal und die finanziellen Mittel.

Angesichts dieser Ergebnisse muss man dem Statement von ***Achim Berg***, dem **Präsidenten des *Bitkom***, beipflichten [13]:

> „Keine Leute, kein Geld, keine Zeit – das dürfen keine Gründe gegen KI sein. Die zukunftsgerichtete Allokation von Ressourcen ist oberste Managementaufgabe. Künstliche Intelligenz muss in jedem Unternehmen auf die Agenda."

> **Food for Thought** Das größte Risiko der Künstlichen Intelligenz bestünde darin, sich nicht mit ihr zu beschäftigen!

Weitere interessante Ergebnisse zum Stand des KI-Einsatzes in Deutschland liefert eine Studie des ***Bundesministeriums für Wirtschaft und Klimaschutz*** ([19], S. 7 f.). Hierbei wurde untersucht, über welche **technischen und organisatorischen Kompetenzen** KI-aktive Unternehmen in Deutschland verfügen. Außerdem wurde analysiert, welche Rolle **Kooperationen** bei der Entwicklung und Anwendung von Künstlicher Intelligenz spielen. Die repräsentative Befragung von rund 550 KI-aktiven Unternehmen wurde 2021 und 2022 durchgeführt. Hierbei wurden folgende **Trends bei den KI-aktiven Unternehmen** sichtbar:

- Mehr als **10 %** der in Deutschland aktiven Unternehmen setzen die Künstliche Intelligenz aktiv ein. Das bedeutet gegenüber 2019 fast eine Verdopplung der **Anzahl KI-nutzender Unternehmen**.
- Besonders intensiv ist die KI-Nutzung ist in verschiedenen **Dienstleistungsbranchen**. Hierzu zählen die Sektoren Information/Kommunikation, Finanzdienstleistungen sowie technische und wissenschaftliche Dienstleistungen.
- Die häufigsten Einsatzbereiche der KI sind **Spracherkennung**, **Text-Mining** sowie **Prozessautomation und -optimierung**.

- Vor allem die **Geschäftsführung** treibt den KI-Einsatz voran. Nur wenige Unternehmen setzen auf eigene KI-Teams, um Anwendungsfälle in den Unternehmen zu erschließen.
- Die Mehrheit der KI-aktiven Unternehmen haben **eigene KI-Kompetenzen** aufgebaut, die sich auf das Daten-Management und die Software-Entwicklung beziehen. Eine umfassende Methodenkompetenz zum maschinellen Lernen und zur Erklärbarkeit von KI-Ergebnissen sind dagegen weniger weit verbreitet.
- In der Mehrheit der KI-aktiven Unternehmen fehlt es an ausreichenden **Kompetenzen zu rechtlichen Fragen**. Auch die Fähigkeit zur Folgeabschätzung und zur Risikobewertung von KI-Anwendungen sind kaum vorhanden. Um die KI-Kompetenzen zu stärken, ist vor allem die **Weiterbildung von Beschäftigten** auszubauen.
- Jedes zweite KI-aktive Unternehmen investiert verstärkt in die **technischen Voraussetzungen für den KI-Einsatz**. Außerdem entwickeln die Unternehmen verstärkt explizite **Datenstrategien**.
- Die KI-aktiven Unternehmen kooperieren intensiv mit anderen Unternehmen oder Einrichtungen, bspw. um KI-Know-how zu teilen und gemeinsam KI-Anwendungen zu entwickeln. Häufig wird auch der Datenzugang kooperativ ausgestaltet. Durch solche **Kooperationen** kann das Fehlen eigener technologischer oder organisatorischer Fähigkeiten kompensiert werden.
- 90 % aller Unternehmen in Deutschland setzen beim KI-Einsatz auf eine **Zusammenarbeit mit anderen Unternehmen oder Einrichtungen**. Zu den Kooperationspartnern zählen vor allem IT-Dienstleister (71 %) sowie Wissenschaftseinrichtungen (55 %). Kunden und Unternehmen der eigenen Branche – hier durchaus auch Wettbewerber – sind ebenfalls wichtige Kooperationspartner.
- Lediglich 26 % der KI-aktiven Unternehmen entwickeln ihre KI-Anwendungen selbst. 32 % arbeiten gemeinsam mit einem Kooperationspartner und bei 41 % erfolgt die KI-Entwicklung vor allem durch Dritte. Hierbei sind die meisten **Kooperationen** in Deutschland überregional ausgerichtet, bei „KI-Profis" auch international.
- Die wichtigsten **Herausforderungen für KI-Kooperationen** stellen die technischen Schnittstellen, die fehlende Komptabilität von Softwarelösungen wie auch ein unzureichendes gemeinsames KI-Verständnis dar. Auch die Regelungen des Datenschutzes erschweren vielen KI-aktiven Unternehmen eine umfassende Zusammenarbeit.
- Ein umfassenderer KI-Einsatz erfordert neben mehr **KI-Spezialisten** auch die **Bereitstellung datenschutzkonformer Cloud-Angebote**, die gleichzeitig **höchste Datensicherheit** gewährleisten.
- Mehr **öffentliche Förderung für KI-Kooperationsprojekte**, die Definition von **Standards zu KI-Anwendungen** wie auch eine **Anpassung des Datenschutzrechts** sind weitere Voraussetzungen, um eine intensive Zusammenarbeit bei KI-Anwendungen zu erleichtern.

Folglich sollten sich Unternehmen um die Kooperationen bemühen. Zu den spannenden Kooperationsansätzen auf europäischer Ebene zählt das Projekt ***CLAIRE***. *CLAIRE* wurde im Jahr 2018 als Bottom-up-Initiative der europäischen KI-Gemeinschaft gegründet. Dessen Ziel ist es, eine **europäische Exzellenz in KI-Forschung und Innovation** aufzubauen. Hierfür wird ein umfangreiches Netzwerk i.S. eines pan-europäisches Bündnis von Forschungslaboren für Künstliche Intelligenz entwickelt (vgl. [27]).

Das sogenannte ***CLAIRE Hub*** soll KI-Talente durch den Austausch und die Interaktion von KI-Forschern in allen Phasen ihrer Karriere fördern. In diesem Hub sollen die klügsten KI-Köpfe Europas befristet zusammenarbeiten. Hierdurch soll der Wissensfluss zwischen europäischen Forschern unterstützt werden. Gleichzeitig soll das hier gewonnene Know-how in die Institutionen der einzelnen Länder zurückfließen. Konkret hat sich *CLAIRE* die folgenden Ziele gesetzt [27]:

- „CLAIRE wird sich auf eine vertrauenswürdige KI konzentrieren, die die menschliche Intelligenz fördert, anstatt sie zu ersetzen, und die somit den Menschen in Europa zugutekommt.
- CLAIRE wird sich für eine erhebliche Aufstockung der Mittel zur Stärkung der bestehenden KI, für neue Forschungsmöglichkeiten und die damit verbundenen elementaren, europäischen Interessen, einsetzen.
- CLAIRE wird mit den wichtigsten Akteuren auf diesem Gebiet zusammenarbeiten, um Mechanismen für die Einbindung der Bürgerinnen und Bürger, die Zusammenarbeit zwischen Industrie und dem öffentlichen Sektor sowie für innovationsgetriebene Ausgründungen und innovationsgetriebenes Wachstum zu finden.
- CLAIRE wird auf diese Weise Herausforderungen in verschiedenen Bereichen und für eine Vielzahl von Anwendungen definieren und angehen, darunter Gesundheit, Produktion, Transport, wissenschaftliche Forschung, Finanzdienstleistungen und Unterhaltung."

Alle Unternehmen und viele weitere Organisationen sind aufgerufen, eine konkrete Mitarbeit in dieser und weiteren Institutionen zu prüfen. Hierzu kann auch die jährlich veröffentlichte **Landkarte der KI-Start-ups in Deutschland** beitragen, die von ***appliedAI*** herausgegeben wird. Diese Landkarte zeigt, in welchen Feldern Start-ups in Deutschland den KI-Einsatz voranzutreiben. Die so geschaffene Transparenz soll zum Aufbau von Partnerschaften zwischen Start-ups und Unternehmen beitragen. Alle in der ***German AI Start-up Landscape*** enthaltenen Start-ups wurden in Deutschland nach 2011 gegründet oder üben hier ihre Kernaktivitäten aus. Zusätzlich weisen diese Unternehmen ein Geschäftsmodell auf, das auf maschinellem Lernen basiert (vgl. [47]).

Auf der **Landkarte der KI-Start-ups in Deutschland für 2022** finden sich insgesamt 304 Start-ups. 228 dieser Start-ups waren schon im Vorjahr auf dieser Liste. 76 Start-ups wurden in diese Liste neu aufgenommen. Spannend ist zu sehen, was aus den 50 Unternehmen geworden ist, die hier nicht mehr vertreten sind (vgl. [47]):

- 32 % dieser Start-ups wurden aufgekauft.
- 20 % befinden sich in Liquidation.

- 4 % setzen nicht mehr auf Künstliche Intelligenz.
- 2 % sind an die Börse gegangen.
- Die restlichen 40 % wurden vor mehr als 10 Jahren gegründet und fallen damit aus der hier zugrunde gelegten Definition eines Start-ups heraus.

Zusätzlich ist festzustellen, dass sich die **Konzentration von Start-ups** in Berlin und München verringert hat. Statt 64 % finden sich im Jahr 2022 nur noch 57 % der Start-ups in diesen beiden Städten. Die Mehrheit der Start-ups konzentriert sich bei der Gründung auf die Bedürfnisse einer einzelnen **Branche**. Die meisten KI-Start-ups konzentrieren sich auf das **Gesundheitswesen**, den **Produktionssektor** sowie das **Transportwesen** (vgl. Abb. 1.28).

Lediglich 14 % der Start-ups entwickeln KI-Tech-Stacks. Mit **Tech Stack** als Kurzform für **Technology Stack** wird eine Kombination aus Tools, Programmiersprachen und Frameworks bezeichnet. Hiermit entwickeln Teams unterschiedliche Anwendungen, etwa Datenbanken, Infrastruktur-Lösungen oder Business Tools. In Deutschland werden hier vor allem **KI-Anwendungen** und **Plattformen** entwickelt (vgl. Abb. 1.29).

Bei den **Unternehmensfunktionen** liegt der Schwerpunkt bei **Kundenservice** und **Marketing** – gefolgt von **IT & Security** (vgl. Abb. 1.30).

Die Start-ups, die sich auf das Feld **Enterprise Intelligence** konzentrieren, finden sich in Abb. 1.31. Hier liegt der Schwerpunkt auf **Computerlinguistik** und **Computer Vision**

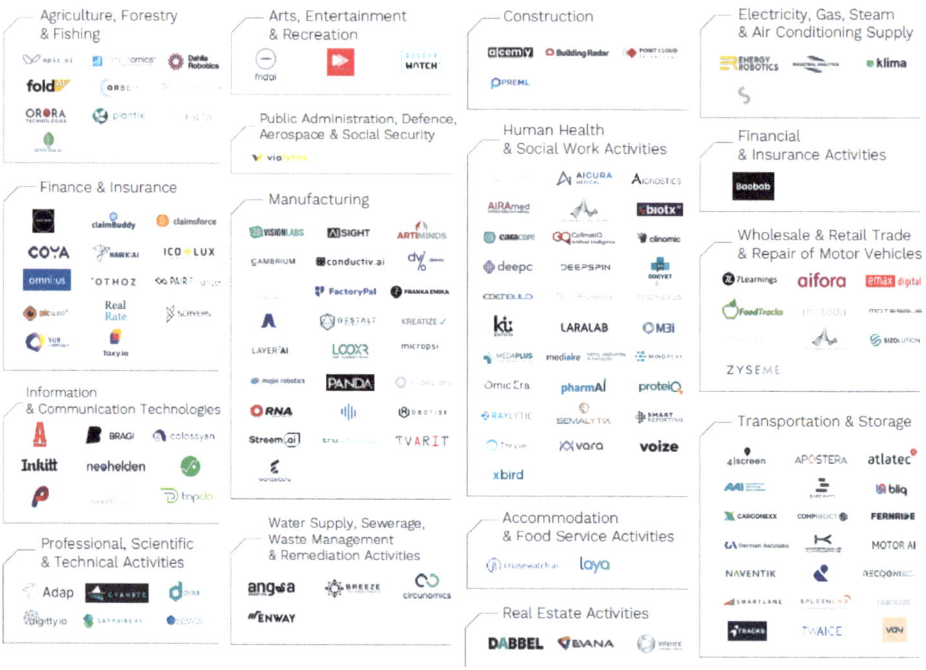

Abb. 1.28 Landkarte der KI-Start-ups in Deutschland – Industrieunternehmen ([47], veröffentlicht unter der Lizenz CC-BY 4.0 ohne Veränderungen)

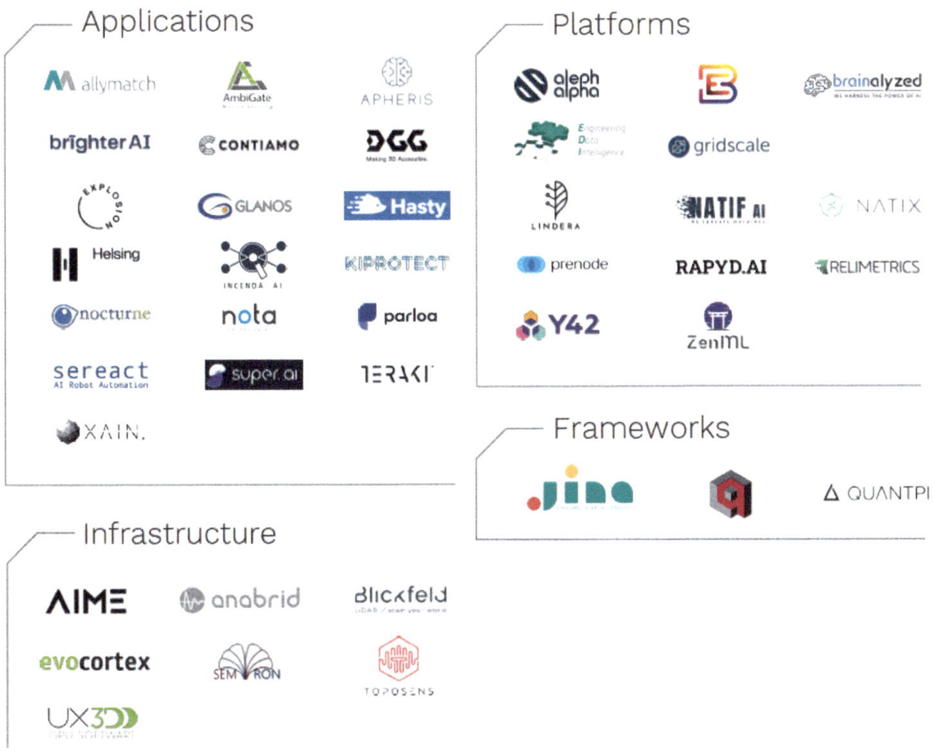

Abb. 1.29 Landkarte der KI-Start-ups in Deutschland – AI Technology Stack ([47], veröffentlicht unter der Lizenz CC-BY 4.0 ohne Veränderungen)

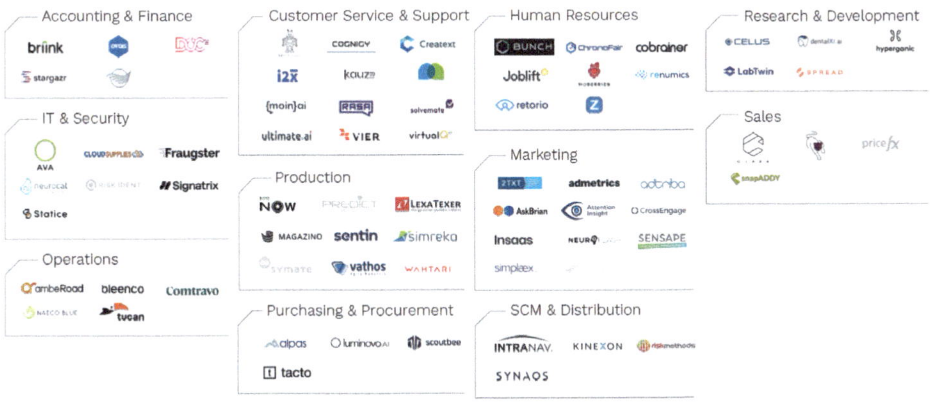

Abb. 1.30 Landkarte der KI-Start-ups in Deutschland – Unternehmensfunktionen ([47], veröffentlicht unter der Lizenz CC-BY 4.0 ohne Veränderungen)

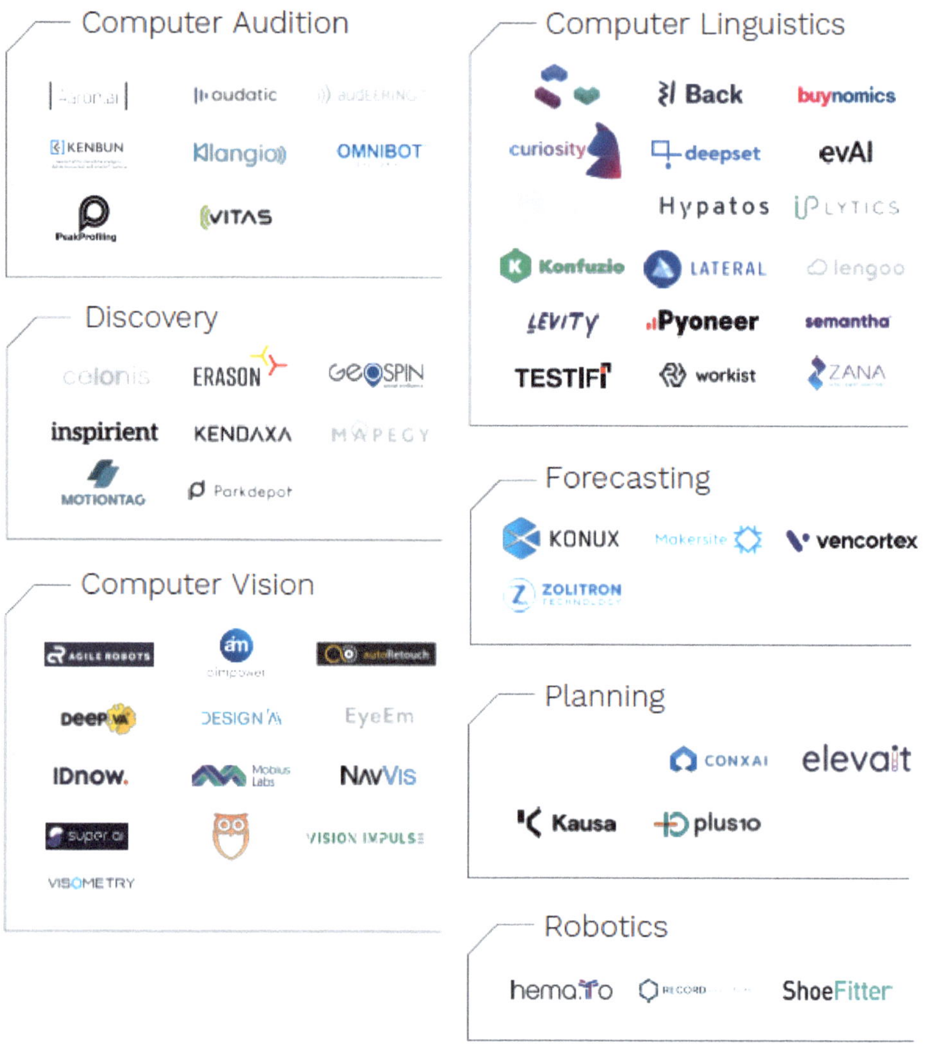

Abb. 1.31 Landkarte der KI-Start-ups in Deutschland – Enterprise Intelligence ([47], veröffentlicht unter der Lizenz CC-BY 4.0 ohne Veränderungen)

Nach dem Blick auf die Wirtschaft ist jetzt die Frage zu beantworten: **Wie steht die deutsche Öffentlichkeit zum Thema Künstliche Intelligenz?** Hierauf liefert eine repräsentative Studie des Bitkom [15] Antworten, bei der 1007 Personen ab 16 Jahren telefonisch befragt wurden. Hier die spannendsten Resultate – repräsentativ für Deutschland (vgl. [15]):

- 73 % der Bundesbürger meinen inzwischen, dass **KI eine Chance** ist. Hierbei sehen 26 % KI sogar ausschließlich als Chance und 47 % eher als Chance.
- 24 % sehen **KI als Gefahr**; 14 % eher und 10 % sogar ausschließlich als Gefahr.

- Gleichzeitig sind 79 % davon überzeugt, dass KI die **Wettbewerbsfähigkeit der deutschen Wirtschaft stärken** kann. Eine deutliche Steigerung im Vergleich zu 2020, als der Wert noch bei 66 % lag.
- Heute wünschen sich 66 % einen KI-Einsatz, wenn dieser ihnen **konkrete Vorteile** bringt (etwa im medizinischen Sektor oder Verkehr).
- Bereits 51 % geben an, regelmäßig **KI-basierte Produkte und Dienste** zu nutzen. Hierzu zählen bspw. Sprachassistenten.
- 35 % befürchten, dass der **Mensch durch KI-Systeme entmündigt** wird. Im Jahr 2020 wurde diese Sorge allerdings noch von 46 % der Menschen genannt.
- 88 % der Bevölkerung wünschen sich eine **umfassende Prüfung von KI-Software**, um diese erst nach Zulassung einzusetzen.
- 34 % fordern ein **Verbot des KI-Einsatzes in bestimmten Anwendungsbereichen**.

Das Institut für Demoskopie Allensbach [48] stellte 1101 Personen, die repräsentativ für die Bevölkerung in Deutschland ab 16 Jahren stehen, folgende Frage: „Empfinden Sie Computeranwendungen, die auf Künstlicher Intelligenz beruhen, als Fortschritt, oder beunruhigt Sie das?“. Die Antworten fielen wie folgt aus:

- 40 % sind eher beunruhigt.
- 31 % sehen KI als Fortschritt, sind aber auch beunruhigt.
- 9 % sind unentschieden.
- Lediglich 20 % sehen KI-basierte Anwendungen als Fortschritt.

▶ **Food for Thought** Die Antworten der deutschen Bevölkerung signalisieren eine ambivalente Haltung der deutschen Bevölkerung zur Künstlichen Intelligenz:

Die Menschen sehen gleichzeitig den – teilweise bereits täglich erfahrbaren – Nutzen, aber auch mögliche Risiken. Deshalb ist es so wichtig, dass Wirtschaft und Politik die Gesellschaft in die KI-Reise einbindet und nicht KI-Untergangspropheten und Verschwörungstheoretikern das diskursive Feld überlassen.

Zusammenfassung

- Eine *Bitkom*-Studie unterstreicht, dass der bisher erreichte **Stellenwert die Künstliche Intelligenz in deutschen Unternehmen** nicht überzeugen kann, zumal sich der Fokus auf KI abgeschwächt hat.
- Die am **KI-Index** des *BVDW* gezeigte Entwicklung zeigt eine abnehmende Dynamik der Beschäftigung mit KI.
- Das Fehlen von **Zeit**, **Budgets** und vor allem von **KI-Personal** limitiert in deutschen Unternehmen den KI-Einsatz.
- Eine Studie des *BMWK* weist aus, dass bei den KI-aktiven Unternehmen der **eigene Kompetenzaufbau** vorangetrieben wird und viele Herausforderungen durch **Kooperationen** angegangen werden.

- Ein Blick auf die **Landkarte der KI-Start-ups in Deutschland** zeigt, in welchen Sektoren KI-Gründungen in Deutschland erfolgt sind.
- Solche Start-ups stellen interessante **Kooperationspartner** dar.
- In der deutschen Bevölkerung existiert eine **ambivalente Haltung zur Künstlichen Intelligenz**.

1.6 Rechtsrahmen der EU für den KI-Einsatz

Wie sieht der **Stand der KI-Entwicklung in Europa** aus? Hier muss man feststellen, dass **Europa** (sehenden Auges) darauf verzichtet, in der Zukunft bei der Künstlichen Intelligenz eine (führende) Rolle zu übernehmen, um hierdurch strategische Wettbewerbsvorteile zu erzielen. Durch die 2018 in Kraft getretene **europäische Datenschutz-Grundverordnung** (DS-GVO) wird es den europäischen Unternehmen immer schwerer gemacht, auf relevante Datengrundlagen zur Entwicklung der Künstlichen Intelligenz zuzugreifen, wenn es um personenbezogene Daten geht. Dabei gilt eine einfache Gleichung:

► Keine umfassenden Datengrundlagen = keine leistungsstarken KI-Systeme.

Welche Unsicherheit bei den Unternehmen auch fünf Jahre nach dem Inkrafttreten der DS-GVO noch vorliegt, zeigt eine Studie des Bitkom [16]. Im Zuge dieser Studie wurden 602 Unternehmen ab 20 Beschäftigten in Deutschland telefonisch befragt. Die erzielten Ergebnisse sind repräsentativ für die Gesamtwirtschaft. Insgesamt zeigt sich, dass die europäische **Datenschutz-Grundverordnung** in großen Teilen der deutschen Wirtschaft als **Hindernis für Wachstum und Wohlstand durch Innovationen** in der digitalen Welt wahrgenommen wird. Die Antworten auf die Frage „Haben Sie in Ihrem Unternehmen schon einmal Pläne für Innovationen in Zusammenhang mit der Nutzung von Daten wegen rechtlicher Vorgaben oder Unsicherheiten gestoppt?" zeigt Abb. 1.32 (vgl. [16]). In Summe beantworten 60 % der Unternehmen diese Frage mit „Ja"!

Zusätzlich wurde den Unternehmen die Frage gestellt: „Inwieweit treffen folgende Aussagen zum Thema Datenpolitik aus Sicht Ihres Unternehmens zu bzw. nicht zu?". Die Ergebnisse zeigt Abb. 1.33 (vgl. [16]). 62 % der Unternehmen **zögern bei der Datennutzung** – aus Angst vor Verstößen gegen den Datenschutz. 63 % sagen sogar, dass die strengen Regeln der DS-GVO in Deutschland **innovative datengetriebene Geschäftsmodelle ersticken** oder **aus dem Land vertreiben**. Diese Entwicklung zeigt sich bei länderübergreifenden Kooperationsprojekten, in der medizinischen Forschung sowie bei der Digitalisierung des Gesundheitswesens und der Verwaltung insgesamt. Gerade kleine und mittelständische Unternehmen verfügen nicht über die notwendigen praxistauglichen Hilfestellungen, um im datengetriebenen digitalen Zeitalter innovative Geschäftsideen zu entwickeln und umzusetzen. 58 % der Unternehmen glauben sogar, dass Deutschland durch den Verzicht auf eine Datennutzung **Chancen für Wachstum und Wohlstand verschenkt**.

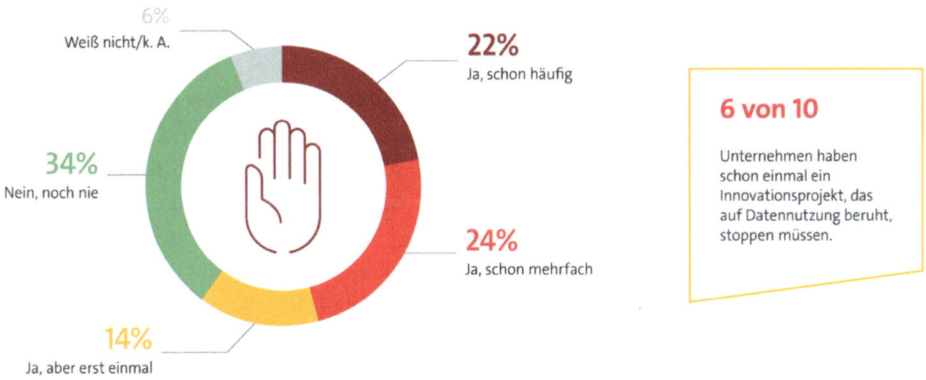

Abb. 1.32 Innovative Datenprojekte werden häufig ausgebremst: Haben Sie schon einmal Pläne für Innovationen in Zusammenhang mit der Nutzung von Daten wegen rechtlicher Vorgaben oder Unsicherheiten gestoppt? (Datenquelle: [16])

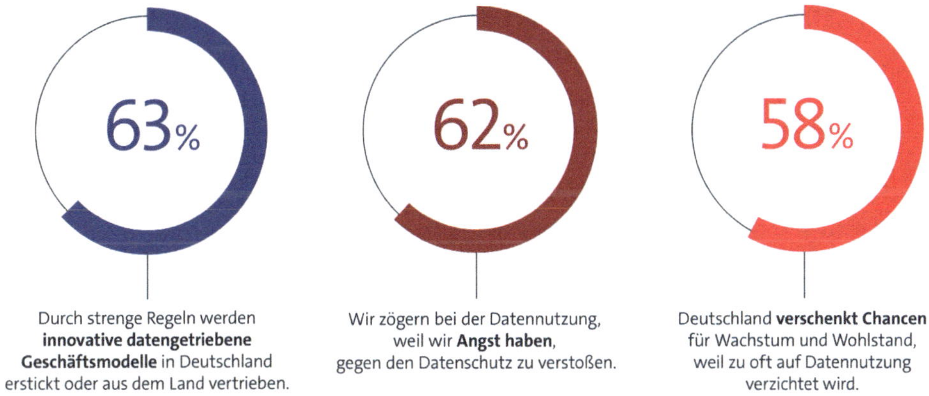

Abb. 1.33 Regeln zur Datennutzung schränken Unternehmen ein: Inwieweit stimmen Sie den folgenden Aussagen zu bzw. nicht zu? (Datenquelle: [16])

Hierzu ein Statement von ***Achim Berg***, Präsident des Bitkom [16]:

Food for Thought

„Ein einheitliches Datenschutzrecht für die ganze EU war und ist ein großartiges Projekt für die Bürgerinnen und Bürger ebenso wie für die EU als Wirtschaftsraum. Nach fünf Jahren Datenschutz-Grundverordnung muss man allerdings festhalten: Die DS-GVO hat ihr Versprechen, für europaweit einheitliche, verständliche und praxistaugliche Datenschutz-Regeln zu sorgen, nicht eingelöst. Stattdessen führt die von jeder nationalen und regionalen Aufsicht eigenständige Interpretation der Regeln zu Rechtsunsicherheit. Viele Unternehmen verzichten deshalb auf die Entwicklung neuer Technologien und Dienste – oder verlagern ihre Projekte ins Ausland. Das zeigt sich nicht zuletzt an Verboten für innovative Technologien wie ChatGPT in einzelnen EU-Mitgliedstaaten, die für massive Verunsicherung sorgen. … Die vorhandenen Spielräume der DS-GVO werden in Deutschland kaum genutzt. Wir müssen

Datenverarbeitungen als Chance verstehen, nicht immer nur als Risiko. Wenn wir fünf Jahre so weitermachen wie zuletzt, schwächen wir unsere Innovations- und Wettbewerbsfähigkeit."

Deshalb gilt es, in Deutschland und Europa eine **Balance zwischen Privatsphäre und unternehmerischen Interessen** herzustellen. Hierzu sind die rechtlichen Regelungen grundlegend zu überdenken. Und das möglichst schnell! Das gilt auch für den auf **EU-Ebene** diskutierten **KI-Rechtsrahmen** – den **AI Act** [34]. Auch die **Europäische Union** ist davon überzeugt, dass die Künstliche Intelligenz zur Lösung vieler Probleme beitragen kann. Hierbei wird allerdings besonderer Wert auf das Vertrauen gelegt, das die Menschen zu dieser Technologie entwickeln. Um das **Vertrauen in die Künstliche Intelligenz** zu fördern, hat die EU-Kommission entsprechende **Maßnahmen zur Förderung der KI-Exzellenz** vorgeschlagen. Der AI Act soll die Sicherheit und die Grundrechte von Menschen und Unternehmen gewährleisten. KI-Investitionen und KI-getriebene Innovation sollen in allen EU-Ländern gefördert werden. Gleichzeitig werden Vorschriften vorgeschlagen, die dazu beitragen sollen, dass in der EU eingesetzte **KI-Systeme** sicher, transparent, ethisch, unparteiisch und unter menschlicher Kontrolle sind. Hierfür werden die verschiedenen Anwendungen in Risikoklassen eingeteilt und unterschiedlich streng reguliert.

- **Unzulässig**
  Alle KI-Konzepte, die als eindeutige Bedrohung für EU-Bürger angesehen werden, sind verboten. Hierzu zählen bspw. die behördliche Bewertung des sozialen Verhaltens (Stichwort **Social Scoring**; vgl. Abschn. 5.2.2). Aber auch **Spielzeuge mit Sprachassistent** sind verboten, die Kinder zu riskantem Verhalten verleiten könnten.
- **Hohes Risiko**
  Ein hohes Risiko wird bei der **kritischen Infrastruktur** unterstellt, bei der Leben und Gesundheit der Bürger gefährdet werden könnten. Hierzu zählt bspw. die Verkehrsinfrastruktur. Ein solches Risiko wird auch bei der KI-Bewertung von Prüfungen und der KI-gestützten Auswertung von Lebensläufen gesehen, wenn von deren Ergebnis der Zugang einer Person zu Bildung und Berufsleben abhängt. Bei **Sicherheitskomponenten von Produkten** wird ebenfalls von einem hohen Risiko ausgegangen. Dies wird bspw. bei KI-Anwendungen für die roboterassistierte Chirurgie angenommen. Auch bei zentralen **privaten und öffentlichen Dienstleistungen** wird ein hohes Risiko gesehen. Hierzu zählt auch die KI-gestützte Bewertung der Kreditwürdigkeit. Auch bei der Überprüfung der Echtheit von Beweismitteln bei der Strafverfolgung sowie bei der Überprüfung der Echtheit von Reisedokumenten wird ein hohes Risiko vermutet. Bei allen diesen Anwendungsfällen sind die KI-Systemen im Vorfeld des Einsatzes intensiv zu prüfen. Diese Prüfungspflicht besteht auch während des gesamten Lebenszyklus eines solchen KI-Systems.
- **Begrenztes Risiko**
  Bei bestimmten KI-Systemen, wie Chatbots, muss nur eine gewisse Transparenz eingehalten werden. Die hierdurch erreichbare Transparenz soll es den Nutzern ermöglichen, fundierte Entscheidungen zu treffen.

- **Minimales Risiko**
  In diese Kategorie fallen viele KI-Systeme, die kein oder nur ein minimales Risiko für die Bürgerrechte und/oder die Sicherheit darstellen. Hierzu zählen KI-gestützte Videospiele oder Spamfilter. In diese Risikokategorie fallen auch viele weitere KI-Anwendungen, die nur ein minimales oder kein Risiko für die Rechte und Sicherheit der Bürger darstellen.

Wenn **KI-Systeme mit hohem Risiko** entwickelt werden, sind die nachfolgend beschriebenen Stufen zu durchlaufen (vgl. [35]):

- **Schritt 1:** Ein KI-System mit hohem Risiko wird entwickelt.
- **Schritt 2:** Das KI-System muss der Konformitätsbewertung unterzogen werden. Hierbei wird geprüft, ob es den KI-Anforderungen genügt. Bei ausgewählten Anwendungen ist eine notifizierte Stelle einzubeziehen.
- **Schritt 3:** Es muss eine Registrierung von eigenständigen KI-Systemen in einer EU-Datenbank erfolgen.
- **Schritt 4:** Zusätzlich ist eine Konformitätserklärung erforderlich. Außerdem muss das KI-System die CE-Kennzeichnung tragen. Anschließend kann das KI-System in den Verkehr gebracht werden.

Werden bei KI-Systemen mit hohem Risiko im Lebenszyklus wesentliche Änderungen vorgenommen, so ist wieder Schritt 2 durchzuführen. Nach der Markteinführung des KI-Systems wird der Markt durch die Behörden überwacht. Außerdem müssen die Nutzer selbst für die Aufsicht und Kontrolle des KI-Systems sorgen. Außerdem sind die Anbieter des KI-Systems verpflichtet, ein System zur Überwachung nach der Einführung zu entwickeln. Zusätzlich sind Anbieter und Nutzer verpflichtet, schwere Vorfälle und Fehlfunktionen zu melden.

► **Merk-Box** Diese Regelungen werden in dieser oder ähnlicher Form im Jahr 2025 für die Länder der EU Gültigkeit erlangen. Alle Unternehmen sind gut beraten, sich bei ihren KI-Entwicklungen schon heute an diesen Leitplanken zu orientieren.

Es wird sichtbar, wie die EU stark regulierend in den **Markt der KI-Anwendungen** eingreift. Ob hierdurch ein tragfähiger Kompromiss zwischen Risikovermeidung einerseits und der KI-basierten Schaffung von Wettbewerbsvorteilen andererseits gelungen ist, wird sich erst noch zeigen müssen. Schließlich sind zu diesem **AI Act** mehrere Punkte kritisch anzumerken (vgl. [17]):

- Es besteht die Gefahr, dass die EU durch eine zu starke **Fokussierung auf Risiken** und durch ein **Übermaß an Regulierung** die KI-Entwicklung in Europa ausbremst. Hierdurch kann es zu internationalen Wettbewerbsnachteilen der europäischen Wirtschaft kommen. Diese Nachteile drohen, wenn relevante KI-Entwicklungen in Zukunft außerhalb von Europa stattfinden und die KI-Experten aus Deutschland und anderen europäischen Ländern dorthin auswandern.

- Die vorgestellte **Risikoklassifizierung** ist sehr vage formuliert. Um diesen risikobasierten Ansatz der EU-Kommission sinnvoll einzusetzen, müssen die einzelnen Risikokategorien sehr viel präziser definiert werden. Eine pauschale Klassifizierung von Anwendungsfällen reicht hierfür nicht aus.
- Bei der geplanten zusätzlichen Regulierung für Systeme mit vielen möglichen Einsatzzwecken („**General Purpose AI**"), so etwa bei der Bild- oder Spracherkennung, besteht noch beträchtlicher Klärungsbedarf, um Unsicherheiten bei der Umsetzung zu vermeiden.
- Europa steht bei Künstlicher Intelligenz am **Scheideweg**. Entweder erfolgt durch den AI Act eine **Behinderung von KI-Innovationen** in Europa – oder es eröffnet sich in Europa eine **Chancenperspektive für KI**.

Gleichzeitig wurde der in der EU bereits 2018 entwickelte **Koordinierte Plan für KI** 2021 aktualisiert. Hierdurch sollen Investitionen in KI beschleunigt, KI-Strategien zwecks rechtzeitiger Umsetzung angegangen und KI-Strategien EU-weit aufeinander abgestimmt werden. Im Einzelnen werden folgende Ziele angestrebt [35]:

- „Schaffung günstiger Voraussetzungen für die Entwicklung und Verbreitung von KI
- Aufbau einer strategischen Führungsrolle in hochwirksamen Sektoren
- Die EU zum richtigen Standort für eine erfolgreiche KI machen
- Sicherstellen, dass KI-Technologien den Menschen dienen"

Um diese Ziele zu erreichen, plant die EU-Kommission die folgenden **Maßnahmen im KI-Sektor** (vgl. [35]):

- **Öffentlich-private Partnerschaften für Künstliche Intelligenz, Daten und Robotik** sind zu etablieren. Diese dienen der Entwicklung, Umsetzung und Förderung einer gemeinsamen strategischen Forschungs-, Innovations- und Einführungsagenda für Europa.
- Durch die Schaffung von **Netzwerken der KI-Exzellenz-Zentren** sollen der Austausch von Know-how erleichtert und die Zusammenarbeit mit der Industrie gefördert werden.
- Die Errichtung von **Test- und Versuchseinrichtungen** soll es ermöglichen, modernste Technologien unter realen Bedingungen zu erproben.
- Durch die Etablierung von **digitalen Innovationszentren** werden zentrale Anlaufstellen für den Zugang zu technischem Fachwissen und Experimenten geschaffen.
- Über eine **europäische KI-Plattform** sollen die zentralen KI-Ressourcen (Know-how, Algorithmen, Software, Entwicklungstools etc.) seitens der Industrie und vom öffentlichen Sektor abgerufen werden können.
- Zusätzlich werden KI-Projekte durch **EU-Forschungsgelder** gefördert.

Die EU-Kommission will jährlich eine Mrd. € aus den Programmen „Digitales Europa" und „Horizont Europa" in KI investieren. Noch in diesem Jahrzehnt sollen KI-Investitionen von mehr als 20 Mrd. € pro Jahr in der EU mobilisiert werden (vgl. [35]). Es wird spannend sein, in welcher Form die sich hier abzeichnenden **Zielkonflikte** aufgelöst werden können.

▶ **Food for Thought** Es bleibt der Kreativität von uns allen überlassen, wie etwas reguliert werden soll, was sich selbst dynamisch weiterentwickelt. Als die ersten Texte zum AI Act formuliert waren, gab es *ChatGPT* noch nicht. Und noch bevor der AI Act in Kraft treten wird, werden viele weitere KI-Einsatzfelder erschlossen worden sein, die vom Gesetz nicht oder nicht umfassend erfasst werden.

Die Künstliche Intelligenz ist und bleibt ein Moving Target – auch für die Regulierung!

Die Einschränkungen des KI-Einsatzes in Europa machen nachvollziehbar, warum bei der **Entwicklung von KI-Anwendungen** heute vielfach US-amerikanische und chinesische Unternehmen dominieren. Dies sind die sogenannten **GAFAM-Unternehmen** (*Google/Alphabet, Apple, Facebook, Amazon* und *Microsoft*) aus den USA. Die chinesischen Pendants *Baidu* oder auch *ByteDance* (Muttergesellschaft von *TikTok*), *Alibaba, Tencent* und *Xiaomi* werden unter der Bezeichnung **BATX-Unternehmen** zusammengefasst. Diese wie auch viele weitere chinesische Unternehmen investieren umfassend in eigene KI-Lösungen. Es ist absehbar, dass deren Lösungen zukünftig den Weltmarkt dominieren werden.

▶ **Food for Thought** Es hat sich spätestens durch die ***Facebook-Cambridge-Analytica-*** **Debatte** bestätigt, was wir eigentlich schon längst wussten: Unsere Daten werden systematisch missbraucht. Nur leider schafft es die derzeitige DS-GVO nicht, solche Missbräuche zu unterbinden. Vielmehr müssen auch kleine Handwerksbetriebe, mittelständische Unternehmen und Start-ups jetzt umfassende bürokratische Herausforderungen meistern, um nicht von der Abmahnindustrie angegriffen zu werden. Das kann solche Unternehmen schnell an den Rand der Existenz führen, wie Berichte in der Tagespresse regelmäßig zeigen. Ist dies der eigentlich gewünschte Fortschritt für unsere Gesellschaft? Sicherlich nicht!

Einerseits ist es durchaus zu würdigen, dass Europa die Rechte des Einzelnen schützen will. Jedoch schießt die DS-GVO in der jetzigen Form vielfach über das Ziel hinaus. Europäische Unternehmen bemühen sich um die Berücksichtigung der dort definierten neuen Anforderungen. Weitgehend unberührt davon holen die Mega-Player wie *Amazon*, *Facebook*, *Google* & Co. einfach eine Permission für die weitere Datennutzung ein. Diese geben wir meist – schon genervt – unwillig, ohne jeden Tag aufs Neue die Regelungen (oft Dutzende von Seiten) gelesen zu haben. Schließlich möchten wir unsere *Google*-Suche fortsetzen sowie *Facebook*, *Instagram* oder *TikTok* nutzen. Dabei möchten wir möglichst nicht abgelenkt werden.

So werden die Datenkraken weiterwachsen. Gleichzeitig werden die nicht marktbeherrschenden Unternehmen weiter an Daten und damit an Macht, Einfluss und Wettbewerbskraft verlieren.

Wollen wir in Europa zum öffentlich gläsernen Menschen werden wie in China? Sicherlich nicht! Doch welche wirtschaftlichen Optionen bieten diese massiven Ausbremsungen für Unternehmen in Deutschland und Europa, eine eigene **KI-Leadership** nicht nur bei der Nutzung von Maschinendaten zu übernehmen? Langfristig keine! Wenn wir keinen verantwortungsvollen Umgang mit Daten schaffen, die die Grundlage jeder KI-Technologie bilden, kann müssen wir auch hinnehmen, dass außerhalb von Europa entwickelte Lösungen auch hier eingesetzt werden. Solche Lösungen können ggf. deshalb leistungsstärker sein, weil bei der Entwicklung auf umfassende Datenbestände zurückgegriffen werden konnte. Und wenn diese Lösungen die Nutzer überzeugen, werden neue oder alte Mega-Player den Weltmarkt dominieren – auch in Europa und Deutschland!

Da europäische Unternehmen beim Wettkampf um die Führungsrolle bei der KI-Entwicklung bisher nur wenig hervorgetreten sind, wird es bei der Nutzung der Künstlichen Intelligenz wohl bei einem **US-amerikanisch-chinesischen Duopol** bleiben bzw. dazu kommen. Vielleicht wird China diesen Wettkampf sogar gewinnen, weil dort – wie bereits aufgezeigt – gewaltige Datenmengen zum Trainieren der Systeme vorliegen.

► There is no data like more data!

Deshalb darf sich die EU beim Thema Künstliche Intelligenz keine Überregulierung leisten!

Wie formuliert *Sundar Pichai*, CEO von *Google*, so treffend [71]?

> „Künstliche Intelligenz ist zu wichtig, um sie nicht zu regulieren – und zu wichtig, um sie nicht gut zu regulieren“

► **Merk-Box** Die **Anwendungsfelder der Künstlichen Intelligenz** fragen nicht danach, auf welchen Grundlagen diese Systeme entwickelt wurden. Es geht für den Erfolg auf dem Weltmarkt (leider) nur darum, wer die leistungsstärkeren Systeme besitzt. Hier haben Deutschland und Europa derzeit schlechte Karten, weil das regulatorische Gerüst zu eng gefasst wird.

Spannend ist, dass der unterschiedliche KI-Einsatz die **relative Wettbewerbsposition von Ländern** verändern wird. Die USA und China führen das KI-Rennen an – viele weitere Industrienationen in Europa sowie Japan und Südkorea versuchen zu folgen. Es ist davon auszugehen, dass sich die **Unterschiede im KI-Einsatz** zwischen den Ländern über die Jahre tendenziell noch vergrößern werden. Die Einführung und Übernahme von KI-Technologien könnten in den langsam wachsenden Industrieländern einen Wachstumsschub auslösen. Könnten!

Gleichzeitig können die KI-Technologien bei den **Unternehmen** zu einer **Leistungslücke** zwischen Spitzenreitern auf der einen Seite und langsamen Anwendern und Nichtnutzern auf der anderen Seite führen. Zu den **KI-Spitzenreitern** werden die Unternehmen zählen, die in den nächsten Jahren KI-Tools vollständig in ihre Wertschöpfungsketten integrieren. Sie haben die Chance, vom KI-Einsatz überproportional zu profitieren. Diesen potenziellen KI-Spitzenreitern wird eine große Anzahl von **KI-Nachzüglern** gegenüberstehen, die KI-Technologien nicht oder nicht konsequent einsetzen.

Eine solche divergierende Entwicklung kann sich auch auf der Ebene der Arbeitnehmer einstellen. Die **Nachfrage nach Jobs** wird sich noch stärker von Arbeiten mit wiederholenden Aktivitäten zu sozial und kognitiv zu meisternden Aufgaben verlagern. Berufsbilder, die sich durch repetitive Tätigkeiten auszeichnen und/oder die nur geringe digitale Fähigkeiten erfordern, können den größten Rückgang bei der Gesamtbeschäftigung erfahren. Dagegen wird die Nachfrage nach Arbeitskräften für nicht wiederkehrende Aufgaben und solche Tätigkeiten steigen, die hohe digitale Fähigkeiten erfordern. Hiermit verschärft sich der schon heute sichtbare War for Talents in Handwerk und Management noch mehr – und nicht nur bei Menschen, die über Fähigkeiten zur Entwicklung und Nutzung von Systemen der Künstlichen Intelligenz verfügen. Allerdings sind die **Prognosen zu den Beschäftigungseffekten des KI-Einsatzes** nicht einheitlich. Vielfach wird eine **Polarisierung des Arbeitsmarktes** erwartet. Neben dem bereits beschriebenen Bedarf an hoch qualifizierten Personen könnte auch ein zunehmender Bedarf an niedrigqualifizierten Personen entstehen. Wie heißt es so schön ([20], S. 136):

> „Irgendjemand muss ja schließlich dem digitalen Personal ganz analog die Wohnung putzen, das Essen servieren und den Coffee to go in den Becher füllen."

Heute wird davon ausgegangen, dass primär Arbeitsplätze mit einem mittleren Qualifikationsprofil verloren gehen. Ein solche Entwicklung wurde bereits in den letzten beiden Jahrzehnten in Deutschland beobachtet.

► **Merk-Box** Wie bedroht der eigene oder der anvisierte Beruf heute schon ist, können Sie selbst mit dem ***Job-Futuromat*** des *Instituts für Arbeitsmarkt- und Berufsforschung* feststellen:

https://job-futuromat.iab.de/

Der **Einsatz der Künstlichen Intelligenz** wird sich nachhaltig und durchdringend auf Arbeitnehmer, Unternehmen und Volkswirtschaften auswirken. Wie bei vielen neuen Technologien halten sich diese Effekte in den Anfangsjahren zunächst noch in Grenzen. Die umfassenden Effekte werden sich erst später zeigen.

► **Food for Thought** Welche Effekte im Einzelfall eintreten werden, hängt von der Geschwindigkeit und dem Umfang des KI-Einsatzes in den einzelnen Unternehmen und in der gesamten Wirtschaft ab. Wird die Künstliche Intelligenz primär für **Effi-**

zienzsteigerungen eingesetzt, bleibt ein großes Wertschöpfungspotenzial der neuen Technologie ungenutzt. Verwenden die Unternehmen die Künstliche Intelligenz dagegen verstärkt für **Produkt- und Service-Innovationen** oder für die **Entwicklung neuer Geschäftsmodelle**, so werden sich viel umfassendere Effekte auf die wirtschaftlichen Ergebnisse einstellen (vgl. vertiefend [56]).

Think-Box: Fragen, die Sie sich stellen sollten!

- Liegt in meinem Unternehmen ein umfassendes Verständnis der Künstlichen Intelligenz vor – auch auf der höchsten hierarchischen Ebene?
- Haben wir uns schon einmal systematisch mit den verschiedenen Einsatzfeldern der Künstlichen Intelligenz beschäftigt?
- Findet eine solche Analyse bei uns eher dezentral in verschiedenen Funktionsbereichen oder Abteilungen statt – oder werden die Erkenntnisse aus verschiedenen Bereichen unternehmensübergreifend konsolidiert?
- Wo würde sich der Einstieg in KI-Lösungen besonders anbieten? Wo existieren die berühmten „Low-hanging Fruits“?
- Wo sollte ein KI-Einsatz verstärkt werden?
- Wurden bereits konkrete Ziele für den KI-Einsatz formuliert?
- In welchem Ausmaß stehen die relevanten Ressourcen Zeit, Budget und Personal zur Verfügung?
- Haben wir uns schon ausreichend mit den ethischen Anforderungen an einen KI-Einsatz beschäftigt?
- Wo liegt in meinen Unternehmen die Gesamtverantwortung für das Themenfeld „Künstliche Intelligenz“?

Zusammenfassung

- Der **Einsatz der Künstlichen Intelligenz** wird sich massiv auf die Arbeitnehmer, die Unternehmen und die Volkswirtschaften insgesamt auswirken.
- **Mitarbeiter** werden teilweise ihren Arbeitsplatz verlieren, während gleichzeitig neue Arbeitsplätze entstehen. In Summe wächst die Verantwortung eines jeden, sich kontinuierlich für die künftigen Anforderungen weiter zu qualifizieren.
- **Unternehmen** stehen vor der Herausforderung, die Chancen der Künstlichen Intelligenz zu erkennen und zu nutzen. Gleichzeitig müssen die Risiken erkannt und bewältigt werden.
- Die Position der global agierenden **Volkswirtschaften** wird sich in Abhängigkeit der Nutzung der Künstlichen Intelligenz verändern. Bestehende Ungleichgewichte können gleichermaßen vergrößert wie verkleinert werden.

- Jede Volkswirtschaft für sich und jede Ländergruppe ist aufgerufen, das **Veränderungspotenzial der Künstlichen Intelligenz** für den eigenen Verantwortungsbereich früh zu erkennen und zu nutzen. Abwarten ist auch hier keine akzeptable Strategie!
- Die **EU** erarbeitet ein **AI Act**, um die Rahmenbedingungen für KI-Investitionen und KI-getriebene Innovation zu definieren.
- Es ist wichtig, dass die **Rahmenbedingungen nicht zu eng definiert** werden, damit Europa und die europäischen Unternehmen den Anschluss an relevante KI-Entwicklungen nicht verlieren.

Literatur

1. Agostinelli, A., Denk, T., Borsos, Z., Engel, J., Verzetti, M., Caillon, A., Huang, Q., Jansen, A., Roberts, A., Tagliasacchi, M., Sharifi, M., Zeghidour, N., & Frank, C. (2023). MusicLM: Generating music from text. https://research.google/pubs/pub52118/. Zugegriffen am 30.03.2023.
2. Agrawal, A., Gans, J., & Goldfarb, A. (2018). *Prediction machines: The simple economics of Artificial Intelligence.*
3. Amazon. (2023a). Amazon Rekognition. https://aws.amazon.com/de/rekognition/. Zugegriffen am 29.03.2023.
4. Amazon. (2023b). Amazon polly. https://aws.amazon.com/de/polly/. Zugegriffen am 08.06.2023.
5. Ankenbrand, H. (2023, April 12). Chinas fragiler Goldrausch um ChatGPT. *Frankfurter Allgemeine Zeitung*, 22.
6. APA. (2023). Noise. https://dictionary.apa.org/noise. Zugegriffen am 30.03.2023.
7. Arel, I., Rose, D., & Karnowsk, T. (2010). Deep machine learning – A new frontier in Artificial Intelligence research. *Research Frontier, 11*, 13–18.
8. AXSemantics. (2023). GPT4 erklärt. https://de.ax-semantics.com/gpt-4-ueberblick-und-die--unterschiede-zu-gpt-3/. Zugegriffen am 29.03.2023.
9. Bajpai, M. K., Singh, K. K., & Giakos, G. (Hrsg.). (2021). *Machine vision and augmented intelligence – Theory and applications*. Springer.
10. Barthelmeß, U., & Furbach, U. (2021, Juli 5). Computer auf dem Weg zum Bewusstsein. *Frankfurter Allgemeine Zeitung,* 18.
11. Bendel, O. (2023). Social bots. https://wirtschaftslexikon.gabler.de/definition/social-bots-54247. Zugegriffen am 25.05.2023.
12. Bitkom. (2019). *Blick in die Blackbox. Nachvollziehbarkeit von KI-Algorithmen in der Praxis.*
13. Bitkom. (2021). Künstliche Intelligenz kommt in Unternehmen allmählich voran. https://www.bitkom.org/Presse/Presseinformation/Kuenstliche-Intelligenz-kommt-in-Unternehmen-allmaehlichvoran. Zugegriffen am 31.03.2023.
14. Bitkom. (2022). KI gilt in der deutschen Wirtschaft als Zukunftstechnologie – wird aber selten genutzt. https://www.bitkom-research.de/de/pressemitteilung/ki-gilt-der-deutschen-wirtschaft-als-zukunftstechnologie-wird-aber-selten-genutzt. Zugegriffen am 31.03.2023.
15. Bitkom. (2023a). Drei Viertel sehen Künstliche Intelligenz als Chance. https://www.bitkom.org/Presse/Presseinformation/Drei-Viertel-sehen-Kuenstliche-Intelligenz-Chance. Zugegriffen am 31.03.2023.
16. Bitkom. (2023b). Fünf Jahre DS-GVO: Unternehmen sind weiterhin verunsichert. https://www.bitkom.org/Presse/Presseinformation/Fuenf-Jahre-DS-GVO. Zugegriffen am 22.05.2023.
17. Bitkom. (2023c). Bitkom zur Abstimmung über den AI Act. https://www.bitkom.org/Presse/Presseinformation/Bitkom-zur-Abstimmung-ueber-AI-Act. Zugegriffen am 23.06.2023.

18. BMI. (2018). Projekt zur Gesichtserkennung erfolgreich. https://www.bmi.bund.de/SharedDocs/pressemitteilungen/DE/2018/10/gesichtserkennung-suedkreuz.html. Zugegriffen am 28.03.2023.
19. BMWK. (2022). *Kompetenzen und Kooperationen zu Künstlicher Intelligenz. Ergebnisse einer Befragung von KI-aktiven Unternehmen in Deutschland.*
20. Bollmann, R. (2018). Die Zukunft der Arbeit. *Frankfurter Allgemeine Quaterly, 8*, 132–140.
21. Bostrom, N. (2016). *Superintelligenz: Szenarien einer kommenden Revolution*. Suhrkamp.
22. Brenner, W., van Giffen, B., Koehler, J., Fahse, T., & Sagodi, A. (2021). *Bausteine eines Managements Künstlicher Intelligenz. Eine Standortbestimmung*. Springer Gabler.
23. Burton, S. (2021, September 6). Die Tücken des autonomen Fahrens. *Frankfurter Allgemeine Zeitung*, 21.
24. Buxmann, P., & Schmidt, H. (Hrsg.). (2021). *Künstliche Intelligenz. Mit Algorithmen zum wirtschaftlichen Erfolg* (2. Aufl.). Springer Gabler.
25. BVDW. (2022). KI-Monitor 2022, Status quo der Künstlichen Intelligenz in Deutschland, Gutachten. https://www.iwkoeln.de/studien/christian-rusche-kuenstliche-intelligenz-in-deutschland.html. Zugegriffen am 30.03.2022.
26. Chalmers, D. (2010). The singularity – A philosophical analysis. *Journal of Consciousness Studies, 9–10*, 7–65.
27. CLAIRE. (2023). CLAIRE. https://claire-ai.org/?lang=de#. Zugegriffen am 03.04.2023.
28. DeepMind. (2017). AlphaGo Zero: Starting from scratch. https://deepmind.com/blog/article/alphago-zero-starting-scratch. Zugegriffen am 15.12.2020.
29. Deloitte. (2023). Trustworthy AI. https://www2.deloitte.com/us/en/pages/deloitte-analytics/solutions/ethics-of-ai-framework.html. Zugegriffen am 08.05.2023.
30. Domingos, P. (2015). *The master algorithm: How the quest for the ultimate learning machine will remake our world.* New York
31. Eichenberg, A., & Haid, C. (Hrsg.). (2020). *Das Ende des Menschen? Wege durch und aus dem Transhumanismus*. Verlag am Goetheanum.
32. Ertel, W. (2021). *Grundkurs Künstliche Intelligenz: Eine praxisorientierte Einführung*. Springer Gabler.
33. EU. (2021). Was ist künstliche Intelligenz und wie wird sie genutzt? https://www.europarl.europa.eu/news/de/headlines/society/20200827STO85804/was-ist-kunstliche-intelligenz-und-wie-wird-sie-genutzt. Zugegriffen am 06.06.2023.
34. EU. (2023a). Ein europäischer Ansatz für künstliche Intelligenz. https://digital-strategy.ec.europa.eu/de/policies/european-approach-artificial-intelligence. Zugegriffen am 30.03.2023.
35. EU. (2023b). Künstliche Intelligenz – Exzellenz und Vertrauen. https://commission.europa.eu/strategy-and-policy/priorities-2019-2024/europe-fit-digital-age/excellence-and-trust-artificial-intelligence_de. Zugegriffen am 03.04.2023.
36. Fortune Business Insights. (2023). Key market insights. https://www.fortunebusinessinsights.com/industry-reports/natural-language-processing-nlp-market-101933. Zugegriffen am 29.03.2023.
37. Gardner, H. (2020). A resurgence of interest in existential intelligence: Why now? https://www.howardgardner.com/howards-blog/a-resurgence-of-interest-in-existential-intelligence-why-now. Zugegriffen am 26.11.2021.
38. Gardner, H., Davis, K., Christodoulou, J., & Seider, S. (2011). The theory of multiple intelligences. In R. Sternberg & B. Kaufman (Hrsg.), *The Cambridge handbook of intelligence* (S. 485–503). Cambridge.
39. Gartner. (2023). What is Artificial Intelligence? https://www.gartner.com/en/topics/artificial--intelligence?utm_campaign=RM_GB_2022_ITLDR_C_NL1_JANUARY14&utm_medium=email&utm_source=Eloqua&cm_mmc=Eloqua-_-Email-_-LM_RM_GB_2022_ITLDR_C_NL1_JANUARY14-_-0000. Zugegriffen am 28.03.2023.

40. Görz, G., Schmid, U., & Braun, T. (Hrsg.). (2020). *Handbuch der Künstlichen Intelligenz* (6. Aufl.).
41. Grothe, M. (2019). Corporate security: Social listening und die Digitalisierung der Desinformation – durch Algorithmen systematisch unknown Unknowns entdecken. In P. Gentsch (Hrsg.), *Künstliche Intelligenz für Sales, Marketing und Service. Mit AI und Bots zu einem Algorithmic Business – Konzepte, Technologien und Best Practices* (2. Aufl., S. 237–251). Springer Gabler.
42. Hagendorf, H., Müller, H.-J., Krummenacher, J., & Schubert, T. (2011). *Allgemeine Psychologie für Bachelor: Wahrnehmung und Aufmerksamkeit.*
43. Hawking, S. (2014). BBC interview vom 2.12.2014. https://www.youtube.com/watch?v=fFL-VyWBDTfo. Zugegriffen am 13.12.2021.
44. Hinton, G. (2023, Mai 5). Tödliche Intelligenz. *Frankfurter Allgemeine Zeitung*, S. 24.
45. Hofstadter, D. R. (2018, Juni 27). Das letzte Refugium menschlicher Intelligenz. *Frankfurter Allgemeine Zeitung*, N4.
46. Hundertmark, S. (2021). *Digitale Freunde. Wie Unternehmen Chatbots erfolgreich einsetzen können*. Wiley.
47. Initiative for Applied Artificial Intelligence. (2022). Deutsche KI-Startup-Landkarte 2022. https://www.appliedai.de/de/hub/2022-deutsche-ki-startup-landkarte. Zugegriffen am 03.04.2023.
48. Institut für Demoskopie Allensbach. (2023, April 25). Angst vor KI. *Frankfurter Allgemeine Sonntagszeitung*, 22.
49. Intel. (2023). Introduction to Intel® RealSense™ Visual SLAM and the T265 Tracking Camera. https://dev.intelrealsense.com/docs/intel-realsensetm-visual-slam-and-the-t265-tracking-camera. Zugegriffen am 30.03.2023.
50. Kahneman, D., Sibony, O., & Sunstein, C. R. (2021). *Noise – Was unsere Entscheidungen verzerrt und wie wir sie verbessern können*. Siedler.
51. Kairos Future. (2015). Future disruptive technologies, Do you fully understand how new disruptive technologies will reshape your industry? http://www.kairosfuture.com/research/programs/future-disruptive-technologies. Zugegriffen am 29.11.2021.
52. Kramer, A. (2011). IBM-Supercomputer gewinnt Quizshow. http://www.heise.de/newsticker/meldung/IBM-Supercomputer-gewinnt-Quizshow-1191298.html. Zugegriffen am 30.11.2021.
53. Kreutzer, R. T. (2020). *Die digitale Verführung. Warum wir uns auch mit den Schattenseiten moderner Entwicklungen beschäftigen sollten*. Springer Gabler.
54. Kreutzer, R. T. (2021a). *Kundendialog online und offline. Das große 1x1 der Kundenakquisition, Kundenbindung und Kundenrückgewinnung*. Springer Gabler.
55. Kreutzer, R. T. (2021b). *Praxisorientiertes Online-Marketing. Konzepte – Instrumente – Checklisten* (4. Aufl.). Springer Gabler.
56. Kreutzer, R. T. (2021c). *Toolbox für Digital Business. Leadership, Geschäftsmodelle, Technologien und Change-Management für das digitale Zeitalter*. Springer Gabler.
57. Krüger, S. (2021). *Die KI-Entscheidung. Künstliche Intelligenz und was wir daraus machen*. Springer.
58. Lambrecht, A., & Tucker, C. (2017). Algorithmic bias? An empirical study into apparent gender-based discrimination in the display of STEMCareer ads, präsentiert auf dem NBER Summer Institute, Juli 2017.
59. LeCun, Y. (2021, Juli 26). Die KI der Zukunft. *Frankfurter Allgemeine Zeitung*, 19.
60. Lee, K-F. (2018). *AI super-powers, China, Silicon Valley, and the New World Order.*
61. Ludwig, J., & Mullainathan, S. (2021). *Fragile algorithms and fallible decision-makers: Lessons from the justice system*. National Bureau of Economic Research.
62. MacCartney, B. (2014). Understanding natural language understanding. https://nlp.stanford.edu/~wcmac/papers/20140716-UNLU.pdf. Zugegriffen am 30.11.2021.

63. Malsburg, von der C. (2018, November 28). Schaltzentrale à la Mutter Natur. *Bonner Generalanzeiger*, 11.
64. Manyika, J., Silberg, J., & Presten, B. (2019). What do we do about the biases in AI? Harvard Business Review, October. https://hbr.org/2019/10/what-do-we-do-about-the-biases-in-ai. Zugegriffen am 06.11.2021.
65. Markhoff, E. (2021). *Evolution, Eugenik und Transhumanismus*. Tredition.
66. Microsoft. (2023). Spatial mapping. https://learn.microsoft.com/en-us/windows/mixed-reality/design/spatial-mapping. Zugegriffen am 30.03.2023.
67. Nilsson, N. (2010). *The Quest for Artificial Intelligence – A History of Ideas and Achievements.*
68. o. V. (2021, September 6). Skandal um Software von Facebook. *Frankfurter Allgemeine Zeitung*, 23.
69. Pariser, E. (2017). *Filter Bubble: Wie wir im Internet entmündigt werden.*
70. Picard, R. (1997). *Affective computing*. MIT Press.
71. Pinchai, S. (2023, Mai 31). „Künstliche Intelligenz ist zu wichtig, um sie nicht zu regulieren". In A. Armbruster, & C. Budras, Interview. *Frankfurter Allgemeine Sonntagszeitung*, 19.
72. Precedence Research. (2023). Artificial Intelligence (AI) market. https://www.precedenceresearch.com/artificial-intelligence-market, Zugegriffen am 28.03.2023.
73. Rich, E. (1983). *Artificial intelligence*.
74. Russell, S., & Norvig, P. (2022). *Artificial Intelligence, A modern approach* (4. Aufl.). Pearson.
75. Sairam, A. (2021). This year's American Crossword Puzzle Tournament was won by an artificial intelligence system named Dr. Fill. UC Berkeley researchers played a role in Dr.Fill's creation. https://www.dailycal.org/2021/05/21/artificial-intelligence-system-dr-fill-wins-american-crossword-puzzle-tournament/. Zugegriffen am 30.11.2021.
76. SAP. (2023). SAP's guiding principles for artificial intelligence (AI). https://www.sap.com/products/artificial-intelligence/ai-ethics.html. Zugegriffen am 30.03.2023.
77. Schölkopf, B., & Smola, A.J. (2018). *Learning with kernels: Support vector machines, regularization, optimization, and beyond.*
78. Schulz von Thun, F. (2022). Das Kommunikationsquadrat. https://www.schulz-von-thun.de/die-modelle/das-kommunikationsquadrat. Zugegriffen am 04.01.2022.
79. Searle, J. (1980). Minds, brains, and programs. *Behavioral and Brain Sciences, 3*, 417–457.
80. Spice, B. (2017). Carnegie Mellon Artificial Intelligence beats top Poker Pros, Historic win at Rivers Casino is first against best human players. https://www.cmu.edu/news/stories/archives/2017/january/AI-beats-poker-pros.html. Zugegriffen am 25.11.2021.
81. Stanford University. (2022). Artificial Intelligence index report 2022. https://de-statista-com.ez-proxy.hwr-berlin.de/statistik/studie/id/111696/dokument/studie-ueber-kuenstliche-intelligenz-weltweit/?locale=de. Zugegriffen am 29.03.2023.
82. Vinge, V. (1993). Technological singularity. VISION-21 Symposium.
83. Wilczynski, M. (2021). Gesicht ersetzt Fahrkarte. https://www.tagesschau.de/ausland/asien/facepay-moskau-u-bahn-101.html. Zugegriffen am 07.12.2021.
84. Wolfangel, E. (2018, Juli 14/15). Künstliche Dummheit. *Süddeutsche Zeitung*, 33.

2 Treiber der Künstlichen Intelligenz

Zusammenfassung

In diesem Kapitel werden die zentralen Treiber der Künstlichen Intelligenz diskutiert. Hierzu zählen Moore's Law, die Digitalisierung und Dematerialisierung von Produkten und Prozessen, die Vernetzung über das Internet of Everything, die Verfügbarkeit von Big Data sowie verschiedenste neue Technologien. Auch die Ausrichtung auf eine nachhaltige Unternehmensführung stellt einen KI-Treiber dar.

„Knowledge is power!"

Für den zunehmend sichtbar werdenden **Siegeszug der Künstlichen Intelligenz** sind nicht einzelne Faktoren allein verantwortlich. Hier zeigt sich das Zusammenwirken verschiedener Entwicklungen, die sich gegenseitig verstärken (vgl. [2], S. 277). Folgende **Treiber der Künstlichen Intelligenz** sind besonders herauszuheben:

- Exponentielle Entwicklung der Leistungsfähigkeit von IT-Systemen und darauf basierenden Technologien
- Vordringen der Digitalisierung und Dematerialisierung in immer mehr Bereiche der Wertschöpfung
- Steigende Vernetzung zwischen Objekten, Daten, Prozessen und Lebewesen
- Verfügbarkeit von Big Data – häufig sogar in Echtzeit
- Zugang zu neuen Technologien

Ergänzende Information Die elektronische Version dieses Kapitels enthält Zusatzmaterial, auf das über folgenden Link zugegriffen werden kann [https://doi.org/10.1007/978-3-658-42598-2_2].

R. T. Kreutzer, *Künstliche Intelligenz verstehen*, https://doi.org/10.1007/978-3-658-42598-2_2

▶ **Merk-Box** Die Kombination mehrerer Entwicklungen führt dazu, dass sich die zukünftigen Veränderungen nie mehr so langsam vollziehen werden wie bisher.
Erfreuen wir uns an der „Langsamkeit der bisher erlebten Veränderung".
So gemütlich wird es nicht bleiben, denn die Veränderungsgeschwindigkeit wird jetzt erst richtig zunehmen!

2.1 Moore's Law und die Effekte der Exponentialität

Die Verknüpfung der genannten **Treiber der Künstlichen Intelligenz** führt zu einem **Tipping-Point** i. S. einer wichtigen Trendwende hin zu einer exponentiellen Entwicklung in den KI-Systemen. Um zu verstehen, was **exponentielles Wachstum** bedeutet, hilft folgende Denkaufgabe:

- Wie viele Meter legt ein Mensch zurück, der **31 analoge Schritte** von einem Meter Länge zurücklegt? Genau 31 m.
- Wie viele Meter würde ein Mensch zurücklegen, der **31 exponentielle Schritte** gehen könnte, wenn sich also die Schrittgröße von Schritt zu Schritt verdoppeln würde? Wenn der Mensch seinen 31. exponentiellen Schritt vornehmen würde, hätte er mehr als eine Milliarde Meter zurückgelegt!

Diese Exponentialität liegt dem sogenannten **Moore'schen Gesetz** (**Moore's Law**) zugrunde. Basierend auf empirischen Beobachtungen wurde von *Gordon Moore*, einem der Gründer von *Intel*, schon 1965 das folgende „Gesetz" abgeleitet. Es besagt, dass ca. alle zwei Jahre eine **Verdoppelung der Leistungsfähigkeit von integrierten Schaltkreisen** erreicht werden kann. Wenn man den Bau des ersten integrierten Schaltkreises auf das Jahr 1958 datiert, haben wir inzwischen schon mehr als 32 Verdopplungszyklen hinter uns. Das bedeutet, dass jede Verdopplung heute auf einem bereits extrem hohen Leistungsniveau stattfindet.

▶ **Food for Thought** Hätte die Automobilindustrie die gleichen technologischen Durchbrüche erzielt wie die Computer-Industrie, würde der *VW Käfer* von 1971 heute eine Geschwindigkeit von 480.000 km pro Stunde erreichen – bei einem Kaufpreis für das Fahrzeug von vier Euro-Cent (vgl. [12]). Das wären die Konsequenzen der beschriebenen exponentiellen Entwicklungsschübe – übertragen auf die Automobilindustrie!

Ein Ende dieser Entwicklung ist noch nicht abzusehen, auch wenn die Entwicklungsdynamik bei den integrierten Schaltkreisen in den letzten Jahren etwas abgenommen hat. Hier stößt die Mechanik der Verkleinerung an ihre physikalischen Grenzen. Dennoch werden die kommenden Technologie- und Leistungssprünge alles bisher Erreichte weiter in den Schatten stellen. Der nächste gigantische Schub wird jetzt vom **Quanten-Computing** erwartet, welches die Dichotomie aus „0“ und „1“ überwindet. Diese **Quanten-Computer** verarbeiten Daten völlig anders als die heute geläufigen Systeme. Herkömmliche Computer können Daten nur als Serien von 0 und 1 (binärer Code) verarbeiten. Quanten-Computer können 0 und 1 und eine Vielzahl von Positionen dazwischen gleichzeitig verwenden. Die kleinsten Recheneinheiten von Quanten-Computern sind Quantum Bits (**Qubits**). Diese können sich untereinander nach speziellen Gesetzmäßigkeiten der Quanten-Mechanik verbinden. Hierdurch können sie einen wesentlich komplexeren Gesamtzustand anzunehmen. Diese damit einhergehende Verschränkung der Qubits zu einem Gesamtzustand ist der Kern der Innovation von Quanten-Computern.

Die Fähigkeit der Quanten-Computer, viele Berechnungen parallel auszuführen, verkürzt die Verarbeitungszeit von Rechenprozessen beträchtlich. **KI-Systeme auf Quanten-Computern** könnten Aufgaben in Sekunden lösen, für die selbst die leistungsstärksten Supercomputer heute noch Hunderte oder Tausende von Jahren brauchen würden. Dies erweitert den Lösungsraum und damit auch den Einsatzbereich von KI ganz beträchtlich. Die ersten Quanten-Computer werden in ausgewählten Forschungslabors weltweit eingesetzt. Bis diese in Alltagsanwendungen eingesetzt werden können, werden aufgrund der Komplexität der Quanten-Computer noch viele Jahre vergehen. In Zukunft wird diese Technologie einen massiven Einfluss auf das Maschinen-Lernen, Verschlüsselungstechnologie sowie die Datenanalyse haben. Hierdurch wird die zusätzliche Rechenleistung zur Verfügung stehen, die für weitreichende KI-Anwendungen notwendig ist.

Im Jahr 2021 ist der erste Quanten-Computer Deutschlands als Forschungsplattform ***IBM Quantum System One*** in Betrieb genommen worden. Die ***Fraunhofer Gesellschaft für anwendungsorientierte Forschung*** betreibt in einem Gemeinschaftsprojekt den ersten von *IBM* entwickelten universellen Quanten-Computer. Hier sollen Forscher anwendungsbezogene Quanten-Algorithmen entwickeln, die neue Technologie testen sowie weiteres Know-how gewinnen. Um diese Ziele zu erreichen, haben sich zehn führende Unternehmen der deutschen Wirtschaft zum *Quantum Technology and Application Consortium* (QUTAC) zusammengeschlossen. Sie wollen mit dieser Forschungsplattform Quanten-Computing industriell nutzbar und wirtschaftlich erfolgreich machen. Auch kleine und mittlere Unternehmen sowie Start-ups können den Quanten-Computer nutzen (vgl. [3]).

Zusätzlich wird seit 2022 ein Computer mit mehr als 5000 Qubits am ***Forschungszentrum Jülich*** eingesetzt. Die hier erfolgte Verknüpfung von Quanten- und Supercomputing-Technologien bietet die Grundlage für viele weitere Entwicklungsschritte – auch und gerade bei KI-Anwendungen (vgl. [7]).

2.2 Digitalisierung und Dematerialisierung von Produkten, Dienstleistungen und Prozessen

Parallel zu den exponentiellen Entwicklungen findet in vielen Bereichen eine **Digitalisierung** und damit auch eine **Dematerialisierung von Produkten, Dienstleistungen und Prozessen** statt. Daten (bspw. über unsere Kunden) und Prozesse (wie Beratung, Verkauf,

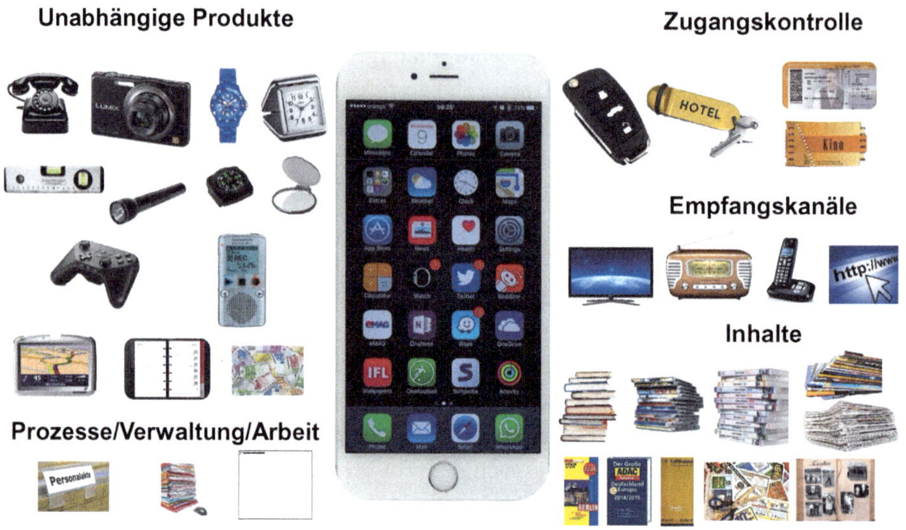

Abb. 2.1 Dematerialisierung von Produkten, Dienstleistungen und Prozessen – die Entwicklung des Smartphones zum Smart-Service-Terminal

Zahlungsprozesse, aber auch Schulungen, Workshops, Meetings, Bewerbungs- und Coaching-Gespräche) werden zunehmend digitalisiert und damit online verfügbar. Zusätzlich verlieren auch bisher überwiegend physisch bereitgestellte Produkte ihre Körperlichkeit. Damit werden gleichzeitig physische Grenzen überwunden, die bisher in vielen Geschäftsmodellen eine große Bedeutung hatten und häufig deren Grundlage darstellten. Der Transfer von physischen Objekten in Daten macht diese für eine **Verarbeitung in KI-Prozessen** verfügbar. Das bedeutet, dass die mit einer Dematerialisierung verbundene Überwindung der Körperlichkeit von Produkten, Dienstleistungen und Prozessen vielfach erst die Voraussetzungen schafft, um diese Bereiche der Künstlichen Intelligenz zugänglich zu machen.

Welches Ausmaß die **Dematerialisierung** bereits erreicht hat, zeigt Abb. 2.1. Heute verlagern sich immer mehr Aktivitäten ins Smartphone oder andere Smart Devices, die so zum **Smart-Service-Terminals** mutieren.

- **Unabhängige Produkte**, wie das Festnetztelefon, eine eigenständige Kamera, die Armbanduhr, der Reisewecker, aber auch die Wasserwaage, die Taschenlampe, der Kompass und der Schminkspiegel werden durch das Smartphone bzw. entsprechende Apps – häufig ersatzlos – verdrängt. Dies gilt auch für das aus der Mode gekommene Diktiergerät sowie auch – allerdings nur teilweise – für eigenständige Spielkonsolen. Die Navigation und die Terminverwaltung erfolgen in zunehmendem Maße ebenfalls digital.
- Zusätzlich zeichnet sich im Metaverse ein Siegeszug der NFTs ab. Ein NFT (Non-fungible Token) ist ein digitales Asset, das auf einer Blockchain-Plattform erstellt und

veröffentlicht wird. Im Gegensatz zu herkömmlichen Kryptowährungen wie *Bitcoin* ist ein NFT einzigartig und nicht austauschbar, was es zu einem beliebten Mittel für den Handel mit digitalen Kunstwerken, Sammlerstücken und anderen virtuellen Objekten macht (vgl. Kap. 11; [18]).

- Mit der Dematerialisierung von Produkten und Dienstleistungen können auch die dahinter liegenden **Prozesse** umfassend digitalisiert werden. Zu denken ist hier an Beratungsprozesse durch Chatbots. Auch Bankdienstleistungen und hier vor allem Zahlungsprozesse werden verstärkt dematerialisiert und über das Smartphone abgewickelt. Hier ist an *Apple Pay*, *Google Pay*, *WeChat Pay* und *Ali Pay* zu denken. *Bitcoin* ist die „fast perfekte" Dematerialisierung von Geld – gleichsam eine dematerialisierte Knappheit!
- Die größte Verschiebung von Prozessen in die digitale Welt hat allerdings beim **Online-Shopping** stattgefunden. Im Jahr 2022 hat der Online-Umsatz einen Anteil von 15,7 % am gesamten Einzelhandelsumsatz von 717 Mrd. € in Deutschland erreicht (vgl. [20]). Außerdem hat die Corona-Pandemie dazu geführt, dass immer mehr **Trainings, Meetings, Workshops** etc. im virtuellen Bereich stattgefunden haben. Ein großer Teil der zunächst ganz unfreiwillig ins **Homeoffice** verbannten Arbeiten und Arbeitsplätze wird auch zukünftig im Homeoffice verbleiben. Hierdurch ergeben sich weitere spannende Geschäftsmodelle.
- Auch die **Zugangskontrolle** wird in immer stärkerem Maße digitalisiert. Das Spektrum reicht hier von Keyless Drive beim eigenen PKW bis zum Online-Einchecken im Hotel, bei Flügen und im Kino. Auch bei Veranstaltungen und Messen ist die Zugangskontrolle immer häufiger digital. Hierdurch können viele weitere Daten über die Nutzer gewonnen werden.
- Das Smart-Service-Terminal führt auch die relevanten **Empfangskanäle** zusammen: TV, Radio, Telefon und Internet. Das führt dazu, dass immer mehr Menschen bspw. auf TV-Geräte und Radios verzichten.
- Schließlich wird das Smartphone zur zentralen **Content-Plattform**: Bücher, Zeitungen, Zeitschriften, Kataloge, aber auch CDs und DVDs wurden bisher physisch produziert und zum Kunden transportiert. Heute genügt ein Download oder ein Streaming vieler Inhalte, um unterhalten und informiert zu sein. Zusätzlich kann man jeden Moment – 24/7 – selbst aktiv sein, etwa durch Suchprozesse, Shopping oder ein Engagement in den sozialen Medien.
- Auch klassische **Kartenwerke** (wie Stadtpläne oder Straßenkarten) werden zunehmend dematerialisiert, weil eine Navigationsunterstützung online verfügbar ist. Hier erfolgt häufig sogar ein Realtime-Update mit Angabe aktueller Staus, Stauumfahrungen und Verspätungen im öffentlichen Personennahverkehr. Klassische **Flugpläne** (bspw. von *Lufthansa*) gibt es schon seit Jahren nicht mehr – und niemand hat sie vermisst (außer den Druckereien, die viele lukrative Aufträge verloren). **Coupons** werden heute ebenfalls verstärkt oder sogar nur noch online übermittelt. Und statt in einem **Fotoalbum** werden Fotos schnell auf Tablet oder Smartphone präsentiert.

Die **Kombinatoion weiterer Anwendungen** sowie die hier **generierten Datenströme** schaffen laufend neue **Einsatzfelder der Künstlichen Intelligenz**. Die digital verfügbaren Daten können bei Bedarf in Echtzeit ausgewertet werden, um – ggf. ebenfalls in Echtzeit – Produkte, Services und Prozesse zu optimieren. Ein Beispiel hierfür ist die Verknüpfung von *Google Maps* mit dem Navigationssystem, welches – in Echtzeit – Verkehrsfunkdaten erhält und eine dynamische Stauumfahrung ermöglicht. In Abhängigkeit der bereits erreichten Reisezeit kann dem Fahrer, der ggf. über ein Wearable bezüglich seiner Körperfunktionen getrackt wird, gleichzeitig noch ein Restaurant auf der Ausweichroute empfohlen werden. Dieses Restaurant kann auf Basis von Kundenbewertungen ausgewählt werden, die dem Profil des Fahrers entsprechen und deshalb als relevant erachtet werden. Außerdem können Präferenzen für bestimmte Restaurants berücksichtigt werden, die der Fahrer bei *Facebook* oder *Yelp* zum Ausdruck gebracht hat. Diese Empfehlungen können durch KI-generierte natürliche Sprache übermittelt werden – bspw. durch einen digitalen Assistenten wie *Alexa*. Für die einen eine Horrorvision – für die anderen einfach nur Komfort und Relevanz!

Angesichts dieser unaufhaltsamen Entwicklung sollten Sie sich umfassend mit der folgenden Frage beschäftigen:

> **Merk-Box** Wie können nicht nur die eigene Kommunikation, sondern auch angebotene Produkte und/oder Dienstleistungen sowie Teile der Wertschöpfungsketten mobil verfügbar gemacht werden?
>
> Diese Frage ist sowohl im B2B- wie auch im B2C-Markt zu beantworten!

Zusätzlich entfällt – wie bereits angedeutet – bei digitalen Angeboten vielfach auch der **digitale Transport zum Käufer**, um Inhalte physisch auf einem Endgerät zu speichern. Dieser Schritt ist nicht mehr notwendig, wenn Inhalte in der **Cloud** vorgehalten und erst im Nutzungsmoment per **Streaming** zur Verfügung gestellt werden. Eine dezentrale Datenhaltung pro Nutzer wird hier durch eine zentrale Datenhaltung in der Cloud ersetzt. Dieser Trend zur Verlagerung in die Cloud beschränkt sich nicht auf Daten, sondern umfasst weiterführende Geschäftsprozesse (vgl. vertiefend [16]). Auch diese digitalen Prozesse generieren wiederum eine Vielzahl von Daten, die für weitere Optimierungen genutzt werden können.

2.3 Vernetzung von Produkten, Services, Prozessen, Tieren und Menschen

Die diskutierten Entwicklungen werden verstärkt durch einen Trend zur **Vernetzung von „Dingen"**. Welche Dimensionen hier erwartet werden, zeigt Abb. 2.2. Da die Vernetzung über das Internet erfolgt, spricht man vom **Internet of Things** (IoT). Wichtig ist, dass bei den in Abb. 2.2 ausgewiesenen Werten Computer, Laptops, Smartphones,

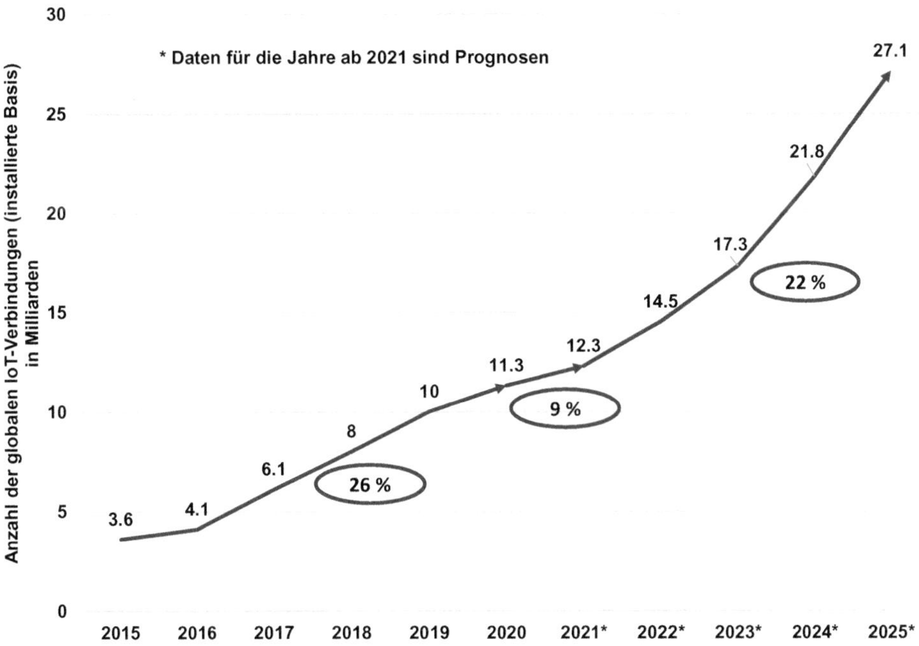

Abb. 2.2 Erreichte und erwartete Entwicklung der Verknüpfungsintensität zwischen Objekten – in Mrd. vernetzter IoT Devices (Datenquelle: [13])

Tablets oder Festnetz-Telefone nicht mitgezählt wurden, sondern nur andere Objekte. Die ausgewiesenen Prozentzahlen zeigen an, wie hoch das durchschnittliche jährliche Wachstum der vernetzten Objekte in drei Zeitabschnitten ausgefallen ist bzw. prognostiziert wird (vgl. [13]):

- 2015 bis 2020: 26 %
- 2020 bis 2021: 9 %
- 2021 bis 2025: 22 % (Prognose)

Allerdings bleibt die Vernetzungsdynamik heute nicht auf „Dinge" beschränkt. Es werden nicht nur Produkte, sondern auch Services, Prozesse und Menschen miteinander vernetzt. Deshalb ist von einem **Internet of Everything** zu sprechen. Welche Felder hier zu unterscheiden sind, zeigt Abb. 2.3.

- Zum Internet of Everything gehört zunächst das **Internet of Things** selbst. Im privaten Umfeld werden **Dinge** wie Uhren, Kühlschränke, Zahnbürsten, TV-Geräte, Autos, Häuser, Rollläden, Puppen etc. mit dem Internet verbunden und damit auch über dieses ansprechbar gemacht. Hierbei handelt es sich um verbraucherorientierte Lösungen. Beim Internet der Dinge dominiert die menschliche Interaktion mit den Objekten.

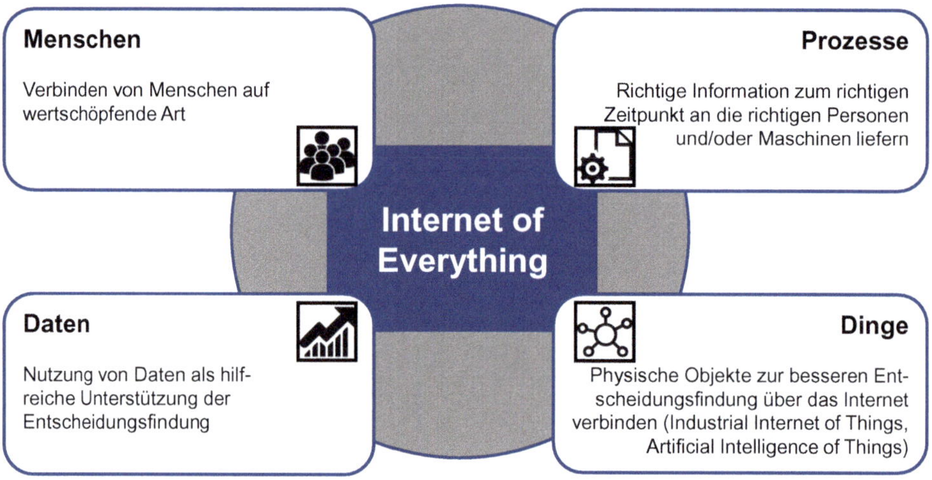

Abb. 2.3 Bestandteile des Internet of Everything

- Wird das Internet of Things im Unternehmenskontext eingesetzt, spricht man vom **Industrial Internet of Things** (IIoT). Bei IIoT sind komplexe industrielle Systeme (Maschinen und ganze Produktionsanlagen) so miteinander vernetzt, dass ihre Daten zur Fernüberwachung und Leistungsanalyse über das Internet übertragen werden können. Sensoren und Netzwerktechnologien sind die wichtigsten IIoT-Treiber. Solche Anwendungen sind im produzierenden bzw. im industriellen Umfeld zu finden. IIoT-Technologien werden hier weniger zur Interaktion mit dem Menschen genutzt. Es steht vielmehr die Interaktion Maschine-zu-Maschine im Zentrum.
- Zusätzlich werden immer mehr **Prozesse** miteinander verbunden. Im Privatbereich werden bspw. verschiedene **Kauf-, Bezahl- und Lieferprozesse** miteinander verbunden. Beim Industrial Internet of Things geht es um die Vernetzung von industriellen Prozessen und Abläufen. Der Kern der IIoT-Lösung besteht in der **Steuerung und Überwachung von Produktionsprozessen**. Hierdurch soll die betriebliche Effizienz gesteigert und Kosten sollen gesenkt werden. Außerdem können durch die Vernetzung auch neue Geschäftsmodelle entwickelt werden (Stichwort Predictive Maintenance, vgl. Abschn. 3.1.3).
- Außerdem können über das Internet **Daten** der unterschiedlichsten Quellen zusammengeführt und konsolidiert ausgewertet werden. Die beschriebenen Nutzerschnittstellen über Sprache und Bild sowie der verstärkte Einsatz von Sensoren generieren weitere Daten für KI-Anwendungen. Diese Möglichkeiten eröffnen sich im privaten wie im unternehmerischen Umfeld. Für das Industrial Internet of Things sind besonders die durch Sensoren generierten Daten wichtig. Diese bilden die Grundlage für eine umfassende Automatisierung sowie für einen verstärkten Einsatz der Künstlichen Intelligenz im Produktionsbereich.

- Heute wird bereits von einer **Sensor Economy** gesprochen, weil Sensoren in immer mehr Bereichen eingesetzt werden. Zusätzlich wird es durch das Industrial Internet of Things möglich, auf Basis von digital verfügbaren Daten auch physische Objekte im digitalen Raum selbst zu entwickeln. Die Fertigung von Prototypen sowie von Klein- oder Großserien lassen sich dann ebenfalls über das Industrial Internet of Things anstoßen. Hierzu bietet das Metaverse auch vielfältige Lösungen an (vgl. Kap. 11; vgl. vertiefend [18]).
- Schließlich lassen sich auch **Menschen** immer häufiger direkt mit dem Internet verbinden. Dies gelingt bspw. über Fitness-Tracker oder – bei Cyborgs – direkt über implantierte Chips. Ein **Cyborg** ist ein Mensch, der seinen Körper dauerhaft durch künstliche Bauteile (hier Chips) ergänzt hat. Der Begriff Cyborg ist abgeleitet von **Cyb**ernetic **Or**ganism. Das Chippen von Menschen wird als **Body-Hacking** bzw. als **Bio-Hacking** bezeichnet (vgl. Abschn. 5.1.6).
- Der Einsatz von Lösungen der **Augmented Reality** (AR) bzw. der **Virtual Reality** (VR) basiert vielfach auf einer solchen Vernetzung. Augmented-Reality-Brillen können den Außendiensteinsatz von Servicekräften unterstützen, etwa bei Wartungs- und Reparaturarbeiten. VR-Anwendungen werden bspw. für Trainings verwendet. Viele dieser Entwicklungen finden im Metaverse zusammen (vgl. Kap. 11).
- Das Zusammenspiel dieser Entwicklungen eröffnet fast täglich neue Anwendungsfälle für die Künstliche Intelligenz – für Konsumenten und Unternehmen gleichermaßen. Durch das Industrial Internet of Things kann im Zusammenspiel mit KI-Systemen die **Nutzung von Anlagen und Prozessen** optimiert werden. Zusätzlich lässt sich die **Mitarbeiterproduktivität** steigern und das **Management der Supply Chain** verbessern. Außerdem können **Kundenerlebnisse** optimiert und **Innovationen bei Produkten, Dienstleistungen und Geschäftsmodellen** gefördert werden. Diese Anwendungen werden im 2. Teil dieses Werkes vertieft.

> **Merk-Box** Das Industrial Internet of Things ist viel mehr als nur eine Verbindung von Objekten. In dieses Netzwerk werden Objekte, Prozesse, Daten und auch Menschen eingebunden.
>
> Deshalb sollte es treffender **Industrial Internet of Everything** heißen.

- Allerdings dürfen auch die **kritischen Aspekte** des **(Industrial) Internet of Everything** nicht ausgeblendet werden. Der Einsatz solcher Netzwerke bringt eine extrem **hohe Komplexität** mit sich – im Zuge der Entwicklung, aber auch im täglichen Einsatz. Je mehr Objekte, Prozesse, Daten und Menschen in ein solches Netzwerk eingebunden sind, desto größer sind die möglichen **Einflugschneisen für Hacker**. Deshalb erfordert ein (Industrial) Internet of Everything höchste Sicherheitsstandards. Denn wenn Hacker einmal in ein solches Netzwerk eingedrungen sind, können sie im schlimmsten Fall ein globales System zum Stoppen bringen, was schon mehrfach passiert ist.

- Schwachstellen solcher Systeme werden auch durch **fehlende internationale Standards** und **proprietäre Protokolle** der verschiedenen Anbieter geschaffen. Dies führt dazu, dass IIoT-Anwendungen verschiedener Produzenten u. U. nicht miteinander kompatibel sind. Auch das Management der Prozesse für die Gewinnung, Verarbeitung und Speicherung der enormen Datenvolumina kann **Sicherheitslücken** und **Datenlecks** verursachen.

> **Merk-Box** Diese mit der Entwicklung des (Industrial) Internet of Everything verbundenen Möglichkeiten haben einen dramatischen Einfluss auf einzelne Unternehmen, ganze Branchen und jedes einzelne Land. Deshalb sind diese Entwicklungen nicht nur zu beobachten, sondern aktiv mitzugestalten!

Eine Weiterentwicklung des (Industrial) Internet of Things stellt die **Artificial Intelligence of Things** (**AIoT**) dar. Die Artificial Intelligence of Things ist eine innovative Verschmelzung von Künstlicher Intelligenz und dem Internet of Things. Diese Verbindung zielt darauf ab, die Möglichkeiten der Datenerfassung und Datenkommunikation des IoT mit der Fähigkeit der Künstlichen Intelligenz zu kombinieren. Diese Kombination ermöglicht ein leistungsförderndes Zusammenwirken der beiden Konzepte. Über das Internet of Things wird eine Vielzahl von Daten (häufig in Echtzeit) gewonnen und zusammengeführt. Diese Daten können durch die KI-Agenten (häufig ebenfalls in Echtzeit) ausgewertet werden. Hierdurch werden schnelle Analysen ermöglicht, die weitere Handlungsimpulse für Produktentwicklung, Produktion, Logistik, Vertrieb und Marketing auslösen können. Über die KI ist es hierbei möglich, die gewonnenen Echtzeit-Daten mit Referenzergebnissen anderer Maschinen oder Prozesse zu vergleichen – bei Bedarf auch weltweit, um zu immer überzeugenderen Lösungen zu kommen.

Durch effizientere IoT-Operationen sowie ein leistungsstärkeres Daten-Management werden bisher unausgeschöpfte **Lernpotenziale** erschlossen. Außerdem können die Interaktionen zwischen Mensch und Maschine deutlich verbessert werden. Basierend auf Maschinen- und Sensordaten über Temperatur, Vibration, Geräusche und andere Faktoren können Fertigungsketten immer feiner justiert werden. Diese Entwicklungen wirken sich unmittelbar auf die **Overall Equipment Effectiveness** bzw. die **Gesamtanlagen-Effektivität** aus. Gleichzeitig können durch eine Artificial Intelligence of Things die Innovationsfähigkeit wie auch die Wettbewerbsfähigkeit gesteigert werden. Wie im weiteren Verlauf dieses Werkes gezeigt werden wird, gibt es bereits eine Vielzahl von AIoT-Anwendungen.

> **Merk-Box** Die Zusammenführung der Künstlichen Intelligenz mit dem Internet of Things zur **Artificial Intelligence of Things** (**AIoT**) bildet eine perfekte Symbiose.
>
> Schließlich sind eine Erhebung und Zusammenführung von Daten nur dann zielführend, wenn diese auch schnell und innovativ ausgewertet werden können. Außerdem können die meisten KI-Agenten ihr Potenzial erst dann voll ausschöpfen, wenn große Datenmengen verfügbar sind.

> **Food for Thought** **Daten** sind das neue **Öl**! Das **Internet of Everything** stellt die **Pipelines**, um die Daten rund um den Globus zu pumpen. Die **Künstliche Intelligenz** ist die **Raffinerie**, die Daten veredelt und daraus die unterschiedlichsten Produkte und Dienstleistungen extrahiert.

2.4 Big Data

Das Vordringen von KI-Anwendungen in immer weitere Anwendungsbereiche ist nicht nur auf leistungsstärkere Software und Hardware zurückzuführen, sondern vor allem auch auf die reichliche **Verfügbarkeit von Big Data**. KI-Anwendungen benötigen – vor allem bei Deep Learning – große Datenmengen, um überzeugende Ergebnisse zu liefern.

> **Merk-Box** Big Data ist der unverzichtbare Rohstoff für KI-Systeme.
> Und wie heißt es so überzeugend?
> Who owns the data, owns the business, owns the industry!
> Der Zugang zu den Daten wird in immer mehr Märkten überlebenswichtig!

In fast allen Lebens- und Wirtschaftsbereichen ist ein enormes **Wachstum des Datenvolumens** zu beobachten. Nicht umsonst wird deshalb von **Big Data** gesprochen. Big Data kann durch folgende Merkmale gekennzeichnet werden (vgl. Abb. 2.4):

Abb. 2.4 Die fünf Vs von Big Data

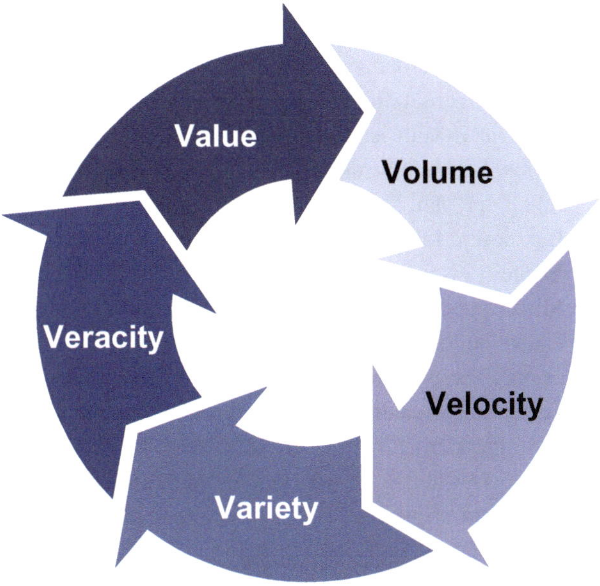

- **Volume** (i. S. von Datenvolumen bzw. Datenmenge)
  Mit „Volume“ wird der Umfang der verfügbaren Datenmenge beschrieben. Auf diesen Umfang wirken sich die Breite sowie die Tiefe der verfügbaren Daten aus. Durch User-generated Content (bspw. in den sozialen Medien), durch den zunehmenden Einsatz von Sensoren und durch die weiter voranschreitende Vernetzung von Objekten werden im privaten wie im geschäftlichen Bereich immer umfangreichere Datenströme erzeugt. Dazu tragen auch die hohe Verbreitung intelligenten Geräte (Smart Devices) sowie der verstärkte Einsatz des (Industrial) Internet of Everything bei.
- **Velocity** (i. S. der Geschwindigkeit der Datengenerierung)
  „Velocity“ beschreibt die Geschwindigkeit, mit der Daten entweder generiert oder vorhandene Daten aktualisiert, analysiert, verarbeitet und/oder gelöscht werden. Heute können viele Daten in Echtzeit erfasst, dokumentiert und ausgewertet werden, um unmittelbar weitere Prozesse – teilweise automatisiert – anzustoßen.
- **Variety** (i. S. der Vielzahl der Datenquellen und Datenformate)
  Unter „Variety“ ist zum einen die Vielzahl der internen und externen Datenquellen zu verstehen. Zum anderen bezeichnet „Variety“ auch die unterschiedlichen Datenformate (etwa strukturierte, semi- und unstrukturierte Daten), die es meist parallel auszuwerten gilt.

  Strukturierte Daten weisen eine normalisierte Form auf. Sie können unmittelbar in einer zeilen- und spaltenorientierten Datenbank gespeichert werden. Im Gegensatz dazu liegen **unstrukturierte Daten** in einer nicht identifizierbaren und nicht normalisierten Datenstruktur vor. Dazu zählen bspw. Texte in natürlicher Sprache, Präsentationen, Bilder sowie Audio- und Videodateien. Bei unstrukturierten Daten ist nur der Dateityp bekannt. Allerdings liegt der Inhalt nicht in Form voneinander abhängiger Datenfelder vor. Deshalb müssen unstrukturierte Daten vor eine Verarbeitung entsprechend aufbereitet werden.

  Im Gegensatz hierzu weisen **semistrukturierte Daten** eine gewisse Grundstruktur auf. Die E-Mail ist ein Beispiel für semistrukturierte Daten. Eine E-Mail weist eine gleichbleibende Struktur auf – mit Absender, Empfänger, Betreffzeile. Der eigentliche Inhalt der Mail kann Text in natürlicher Sprache, Emojis, Fotos und Videos enthalten. Bei diesem Inhalt handelt es sich folglich um unstrukturierte Daten.
- **Veracity** (i. S. der Qualität der Daten und Datenquellen)
  Mit „Veracity“ (i. S. von „Wahrheitsgehalt“) ist die Qualität der verfügbaren Daten und Datenquellen angesprochen. Im Vergleich zum nachgelagerten Kriterium „Value“ geht es bei „Veracity“ nicht um die Bedeutung der Daten i. S. der Semantik, sondern allein um deren formalen Informationsgehalt. Die Qualität der Daten hebt bei „Veracity“ auf die folgenden Dimensionen ab:
  - **Korrektheit** (i. S. der Freiheit von Fehlern)
  - **Vollständigkeit** (i. S. der Abdeckung aller relevanten Felder)
  - **Konsistenz** (i. S. der Freiheit von Widersprüchen)
  - **Aktualität** (i. S. der Gültigkeit der Daten)

Damit verbunden ist auch die Frage der Vertrauenswürdigkeit der Daten, i. S. der Freiheit von systematischen Verzerrungen. Hier ist vor allem darauf zu achten, die Aussagen von **Pro-domo-Quellen** kritisch zu bewerten. „Pro domo" bedeutet wörtlich „für das Haus" und im übertragenen Sinne „in eigener Sache" oder „zum eigenen Nutzen". Hier ein Beispiel für einen Pro-domo-Effekt: Wenn der *Verband der Automobilindustrie* oder der *Verband Forschender Arzneimittelhersteller* Statements oder Analyseergebnisse präsentiert bzw. interpretiert, kann davon ausgegangen werden, dass solche Präsentationen bzw. Interpretationen eher wohlwollend für die Aktivitäten der vertretenen Unternehmen ausfallen. Hier kann somit eine (partielle) „Verzerrung" der Daten bzw. deren Interpretation vorliegen. Dies gilt im Grundsatz für alle Verbände sowie für die Veröffentlichungen von Unternehmen, die ihre Leistungen in einem positiven Licht darstellen wollen.

Fehlt es an Veracity, d. h. an der Qualität der Daten und/oder der Datenquellen, dann kommt es zu dem bereits in Abschn. 1.4.3 beschriebenen **GiGo-Effekt**. Falsche oder „verschmutzte" Eingabedaten führen zu falschen Ergebnissen, wenn solche Fehler nicht im Verarbeitungsprozess erkannt und bereinigt werden können.

- **Value** (i. S. des Wertes der Daten)
  Mit „Value" ist der Wert und damit die Relevanz der Daten im Hinblick auf eine spezifische Anwendung gemeint. Logisch betrachtet liegt diese Dimension auf einer höheren Ebene und wird beeinflusst durch die vorgenannten 4 Vs.

Die Relevanz und das Zusammenspiel dieser Kriterien sollen anhand eines Fahrzeugs verdeutlicht werden, dessen Steuerung über KI-Systeme erfolgt. Bereits heute generiert ein vernetztes Auto eine Datenmenge von ca. 25 Gigabyte pro Stunde (**Volume**). Diese Daten entstehen und verändern sich in Echtzeit und müssen – teilweise – auch in Echtzeit verarbeitet werden (**Velocity**). Ein autonom fahrendes Auto muss gleichzeitig Daten über das Wetter, den Gegenverkehr, aktuelle Verkehrshinweise, die Straßenverhältnisse, den Zielort und vieles mehr auswerten. Diese Daten liegen sowohl strukturiert wie auch semi- und unstrukturiert vor (**Variety**). Wichtig ist, dass die verarbeiteten Informationen über Staus auch zutreffen. Sonst wird ggf. eine Stauumleitung empfohlen, obwohl sich der Stau bereits vor einer Stunde aufgelöst hat. Auch dürfen die Sensoren nicht verschmutzt sein, weil sie sonst fehlerhafte Daten senden (**Veracity**). Schließlich müssen die Daten für das jeweilige Fahrzeug relevant sein. Stauhinweise auf Strecken, die gar nicht befahren werden, sind in diesem Sinne nutzlos. Dies gilt auch für Wetterinformationen, die sich auf Gebiete beziehen, die das Fahrzeug nicht tangiert. Der Hinweis auf Radarfallen auf Straßen, die nicht genutzt werden, sind ebenfalls irrelevant (**Value**).

> **Merk-Box** Die **Bewältigung der fünf Vs von Big Data** stellt die ultimative Herausforderung für die Künstliche Intelligenz dar. Mit der Qualität des Data Handling steht und fällt die Qualität aller darauf basierenden Anwendungen.

Es mag paradox klingen, aber der **Einstieg ins Zeitalter von Big Data** sollte durch eine umfassende **Verarbeitung von Small Data** erfolgen – eine Nutzung der Daten, die an den unterschiedlichsten Stellen in Ihrem Unternehmen bereits vorliegen (vgl. vertiefend [15], S. 71–84). Viele Unternehmen verfügen über einen **gigantischen Datenschatz**, der durch den eigenen Geschäftsbetrieb gewonnen wurde. Allerdings wird dieser – hier als **Small Data** bezeichnete – Datenschatz häufig weder gesehen noch genutzt. Deshalb besteht Ihre **erste Herausforderung im Datenmanagement** zunächst darin, die unternehmenseigenen Daten und Datenquellen systematisch zu erfassen und in einen **Single Point of Truth** (auch **Single Source of Truth**) zu überführen. Dieser „einzige Punkt der Wahrheit" beschreibt einen Datenbestand, der für sich eine Korrektheit beanspruchen kann.

Ihre **zweite Herausforderung im Datenmanagement** besteht in der Prüfung, für welche Prozesse diese Daten genutzt werden sollten. Dies können Aktivitäten zur Entwicklung von Geschäftsmodell-Innovationen oder zur Erarbeitung neuer Angebote sein. Auch die Kundenkommunikation kann datengestützt häufig viel erfolgreicher ausgestaltet werden, soweit dies innerhalb des engen Rechtsrahmens der DS-GVO zulässig ist. Diese Verordnung enthält Vorschriften zum **Schutz natürlicher Personen** bei der **Verarbeitung personenbezogener Daten**. Das bedeutet, dass die Verarbeitung von Daten, die von Geräten, Maschinen und/oder Anlagen ohne Personenbezug generiert werden, deutlich weniger Restriktionen unterliegt. Diesen Spielraum sollten Sie möglichst intensiv zur Weiterentwicklung Ihrer Handlungsoptionen nutzen.

► **Food for Thought** Welcher Typ von Datenschützer ist in Ihrem Unternehmen aktiv?

- Ein **Gestalter**, der Ihnen hilft, die rechtlichen Möglichkeiten kreativ zu nutzen?
- Oder ein **Verhinderer**, der aus lauter Angst und aufgrund von vorauslaufendem Gehorsam alle kreativen Nutzungsmöglichkeiten blockiert?

Bei den **Datenquellen** sind verschiedene Kategorien zu unterscheiden. Von **First Party Data** wird gesprochen, wenn Sie selbst die „erste Partei" sind, die diese Daten erfasst hat (Kern von Small Data). Die von Ihnen selbst erhobenen Daten sind von allen möglichen Daten häufig die wichtigsten. Hierzu zählen bspw. alle **Informationen über Interessenten und Kunden**, die Sie im Zuge der Akquisition, Betreuung/Bindung und Rückgewinnung gewinnen. Auch allen Reaktionen auf Ihre Kommunikationsanstöße, die durchgeführten Transaktionen, Anrufe im Service-Center und Informationen über den Besuch Ihrer Website (wenn dieser mit einem Log-in verbunden war) gehören dazu. In Ergänzung zu den First Party Data wird heute zunehmend ein weiterer Begriff verwendet: **Zero Party Data**. Hier handelt es sich um Informationen, die Kunden freiwillig an Unternehmen weitergeben. Zero Party Data sind damit eine Teilmenge von First Party Data und sollten deshalb nicht als eigene Kategorie betrachtet werden.

Die **Informationen aus Beschaffungs-, Produktions- und Distributionsprozessen** gehören ebenfalls zu den First Party Data. Sie sind nicht nur für die Überwachung, Steuerung und Optimierung laufender Prozesse notwendig, sondern können auch Impulse für die Optimierung sowie für die Weiterentwicklung Ihres Geschäftsmodells liefern.

► **Merk-Box** Außer kundenbezogenen Informationen gehören auch alle weiteren Daten, die Sie unmittelbar aus Ihren Anwendungen, Maschinen und Anlagen generieren, zu **First Party Data**.

Häufig sind First Party Data eine besonders wertvolle Datengrundlage für KI-Anwendungen. Schließlich ist Ihr Unternehmen die einzige Instanz, die Zugriff auf diese Daten hat – von erfolgreichen Hackern einmal abgesehen.

Nach einer umfassenden Auswertung Ihrer First Party Data sollten Sie prüfen, auf welche Daten aus zweiter und dritter Hand Sie ebenfalls zugreifen sollten. Bei Second und Third Party Data handelt es sich um Daten anderer Parteien. **Second Party Data** werden normalerweise nicht „gehandelt". Sie können oft nur durch eine Vereinbarung mit vertrauenswürdigen Partnern erschlossen werden. Wenn Sie bspw. ein **Produktionsnetzwerk mit Zulieferern** und/oder ein **Vermarktungsnetz mit Vertriebspartnern** aufbauen, können in diesen wichtigen Informationen ausgetauscht werden. Hier ist Ihre Kreativität gefordert, um **wertschöpfende Partnerschaften mit anderen Unternehmen** zur gemeinsamen Nutzung relevanter Datenquellen zu entwickeln. Unternehmen, die außerhalb dieser Netzwerke agieren, können auf diese Daten nicht zugreifen.

Third Party Data werden auf Märkten gehandelt und stehen allen zugriffsberechtigten Unternehmen zur Verfügung, die dafür zu bezahlen bereit sind. Entweder können Sie solche Daten erwerben und in Ihre Systeme integrieren. Oder Sie greifen zumindest nutzend auf solche Daten zu. Zu diesen **Datenanbietern** (auch **Daten-Aggregatoren**) gehören bspw. die Anbieter von Informationen zum Wetter, zur Verkehrslage, zu Pendlerströmen in Innenstädten, zu Modetrends, zur Preisentwicklung auf den Rohstoff- und Aktienmärkten etc. Auch **Adressverlage** und **Datendienstleister**, die Sie bei der Kundenakquisition sowie der Kundenentwicklung durch umfassende Datenpools und leistungsstarke Analysewerkzeuge systematisch unterstützen können, zählen zu diesen wichtigen Datenquellen (vgl. vertiefend [15], S. 101–103, 116 f.).

Der Vorteil von **Third Party Data** liegt in ihrer großen Menge. Deshalb kann vor allem hier mit Recht von Big Data gesprochen werden. Allerdings erwerben Sie beim Zugriff auf diese Daten meist **keine Exklusivität** – es sei denn, Sie sind bereit, dafür zu bezahlen („exklusive Datennutzung" bzw. „Konkurrenzausschluss"). Bei kundenbezogenen Third-Party-Daten handelt es sich meist nicht um 1:1-Daten zu einzelnen Personen (Datenschutz!), sondern um Informationen, die eine größere Gruppe von Konsumenten, Managern oder Unternehmen beschreiben. Dennoch sollten Sie die Relevanz auch solcher Daten für Ihre Unternehmensentwicklung prüfen (vgl. am Beispiel Kundendialog [15], S. 110–112).

▶ **Merk-Box** Es ist zwischen **First Party Data** (selbst gewonnen), **Second Party Data** (in Partnerschaften gemeinsam generiert und/oder genutzt) und **Third Party Data** (von Dritten zur Nutzung bereitgestellt) zu unterscheiden.

First Party Data kommt in vielen Bereichen die größte Bedeutung zu, weil kein Konkurrent ebenfalls über genau diese Daten verfügt. Hierdurch können Wettbewerbsvorteile erzielt werden.

Vor diesem Hintergrund wäre es mehr als wünschenswert, wenn das europäische Projekt ***Gaia-X*** von Erfolg gekrönt würde. Der Name *Gaia* entstammt der griechischen Mythologie und steht für die personifizierte Erde als eine der ersten Gottheiten. *Richard Wagner* nennt diese Gottheit übrigens *Erda*. Das Ziel des Projektes *Gaia-X* besteht darin, für die Staaten, Unternehmen und Menschen in Europa eine sichere und vernetzte **europäische Dateninfrastruktur** zu schaffen. Hierdurch soll eine **digitale Souveränität** aufgebaut werden. Gleichzeitig wird eine Förderung **datenbasierter Innovationen** angestrebt.

Die im Zuge von *Gaia-X* aufzubauende **Infrastruktur** soll die **Keimzelle eines Ökosystems** werden, in dem Daten und Dienste zusammengeführt und vertrauensvoll verfügbar gemacht werden. In diesem Rahmen sollen auch einheitliche Standards zum Datenschutz sowie zum Austausch von Daten erarbeitet werden. Sowohl die Unternehmen wie auch die Nutzer sollen innerhalb des Projektes *Gaia-X* Daten sammeln und miteinander teilen. Hierbei soll die Kontrolle über die Daten jeweils erhalten bleiben. Um dies zu erreichen, basiert die **Architektur von *Gaia-X*** auf dem Prinzip der Dezentralisierung. Hierbei geht es um das Zusammenwirken verschiedener individueller Plattformen, die alle auf dem *Gaia-X*-Standard basieren. Es soll eine Dateninfrastruktur entwickelt werden, die Offenheit, Transparenz und Vertrauen sicherstellt. Das Ziel ist nicht die Entwicklung einer Cloud, sondern eines **vernetzten Systems**, das viele Cloud-Service-Anbieter miteinander verbindet (vgl. BMWK, [1]). Ein Einsatzbereich wird in Abschn. 3.1.5 für den Produktionssektor aufgezeigt.

Die **Entwicklung des Datenvolumens** hat inzwischen unvorstellbare Größenordnungen erreicht (vgl. Abb. 2.5; vgl. [21]). Auch bei der Datenverfügbarkeit für Privatpersonen und Unternehmen zeichnet sich eine exponentielle Zunahme ab. Die Menge der weltweit erstellten, erfassten, kopierten und genutzten Daten hat im Jahr 2023 über 120 Zettabyte erreicht. Ein Zettabyte entspricht einer Sextillion Byte. Das sind eintausend Exabytes oder eine Milliarde Terabytes. Bis zum Jahr 2025 soll das weltweite Datenaufkommen auf mehr als 180 Zettabyte anwachsen. Die durch Corona-Pandemie erzwungene **Sprung-Digitalisierung** hat zu einer zusätzlichen Wachstumsdynamik geführt. Nicht nur die Unternehmen haben weitere Prozesse digitalisiert. Auch die Konsumenten haben – vor allem im Lockdown – mehr digitale Medien genutzt als je zuvor. Hierzu zählen nicht nur die Aktivitäten in den sozialen Medien, sondern auch der Zugriff auf Streaming-Angebote und Online-Spiele – und mit jeder Nutzung werden weitere Daten generiert.

Welches sind die wichtigsten **Datenquellen**, die hinter diesem exponentiellen Wachstum der Datenmengen in Abb. 2.5 stehen? Hier ist zwischen dem Privatsektor und dem Unternehmensbereich zu unterscheiden. Im **privaten Bereich** generieren vor allem **Dinge und Prozesse** selbst immer mehr Daten über ihren eigenen Einsatz. Häufig erfolgt dies über die schon angesprochenen Sensoren. Sie machen in ihrer „smarten" Ausprägung (d. h. vernetzt über das Internet) als Smart Watch, Smart Home, Smart Refrigerator etc. ihre Daten über das Internet verfügbar. Auch bei der Nutzung digitaler Prozesse, wie bei Streaming-Diensten von *Amazon Prime Music/Video, Spotify*, *Maxdome* oder *Netflix,* wird ganz nebenbei eine Vielzahl von Daten über das Verhalten der Nutzer generiert. Das Spektrum reicht von der Art der gesehenen oder gehörten Inhalte über den Zeitpunkt und den Ort bis hin zur Information, bei welcher Szene Zuschauer oder Zuhörer den Streaming-

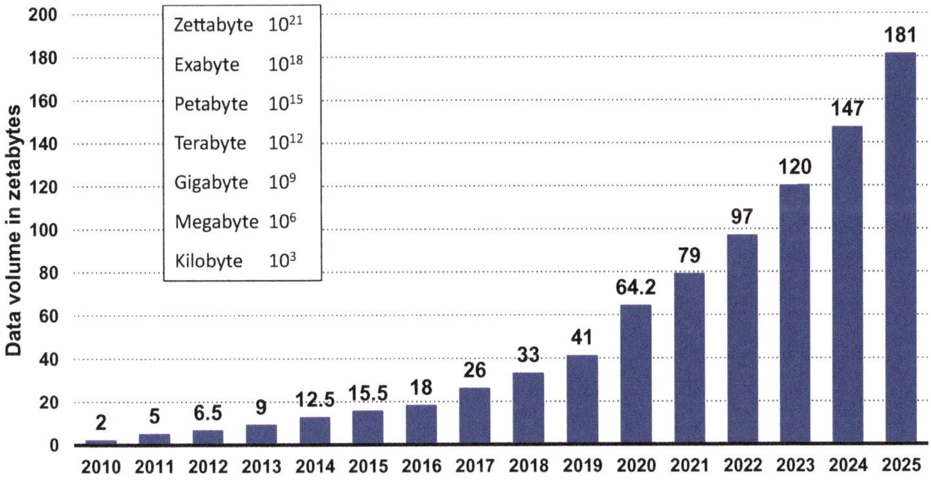

Abb. 2.5 Ist-Stand und Prognose des Volumens der weltweit erstellten, erfassten, kopierten und genutzten Daten von 2010 bis 2025 – in Zettabytes. (Datenquelle: [21])

Vorgang abgebrochen haben. Zum anderen ist auch der **Mensch** ein immer mehr Daten generierendes und – vor allem – ein Daten teilendes Wesen.

Diesen Entwicklungen liegt ***Zuckerberg's Law*** zugrunde [11]:

> „I would expect that next year, people will share twice as much information as they share this year, and the year after, they will be sharing twice as much as they did the year before. That means that people are using Facebook, and the applications and the ecosystem, more and more."

Bei der Nutzung von Smart Devices wird gleichzeitig auch eine Vielzahl von **Metadaten** generiert. Diese „Daten über Daten" sagen etwa aus, wer, wann, von wo aus und mit wem wie lange kommuniziert hat. Diese Metadaten beschreiben etwa das Telefonierverhalten – unabhängig vom jeweiligen Inhalt des Gesprächs. Bei *Google*-Suchen wird – neben den inhaltlichen Schwerpunkten – bspw. auch erfasst, von welchem Gerät, in welcher Intensität und mit welchem Ergebnis wie lange gesucht wurde. Alle diese Daten bilden den sogenannten **digitalen Schatten**, den wir bei allen unseren Online-Aktivitäten werfen – ob wir wollen oder nicht. Auch diese Daten gehören zum gigantischen Datenstrom, der für KI-Anwendungen so spannend ist.

Zusätzlich zu den hier genannten Datenquellen generieren im **Unternehmensumfeld** die unterschiedlichsten Produktionsprozesse sowie die Nutzung von Aggregaten (bspw. die Triebwerke von Flugzeugen) und Anlagen ebenfalls einen nicht endenden Strom von Daten. Diese vielfältigen Datenquellen sind eigentlich beste Voraussetzung für den Aufbau leistungsstarker KI-Systeme auch in Deutschland und Europa. Eigentlich!

In Europa diskutieren vor allem Politiker begeistert die **Datenschutz-Grundverordnung** (DS-GVO), die zum 25.05.2018 in Kraft getreten ist. Hier wird zum Meilenstein erklärt, dass endlich die umfassende Datennutzung durch Unternehmen unterbunden wurde. Dafür sind große Budgets und viel Energie in die Entwicklung von Prozessen geflossen, um dem Grundsatz der DS-GVO „**Verbot mit Erlaubnisvorbehalt**“ sowie den Regeln „**Privacy by design**“, „**Privacy by default**“ und „**Datensparsamkeit**“ gerecht zu werden (vgl. auch Abschn. 1.6).

► **Food for Thought** Vielleicht ist es in der EU noch niemandem aufgefallen, aber die Erfordernisse der DS-GVO und ein „Mehr an Daten“, das für KI-Entwicklungen unverzichtbar ist, schließen sich in vielen Bereichen aus!

Viele übersehen, was bereits 2009 als **Gesetz der Disproportionalität von Information** beschrieben wurde ([14], S. 69):

> „Je mehr Informationen über einen Konsumenten bzw. einen Entscheidungsträger oder ein Unternehmen vorliegen, desto trennschärfer können Angebote platziert werden. Das bedeutet: Wir benötigen mehr Informationen über Interessenten und Kunden, um diesen weniger, dafür aber relevante Informationen zu übermitteln.“

Dieser Grundsatz gilt ganz besonders für die Nutzung der Künstlichen Intelligenz!

Deshalb ist es sehr fraglich, ob die von der DS-GVO geforderte **Datensparsamkeit** der richtige Weg ist, wenn Deutschland und Europa beim Thema Künstliche Intelligenz in der ersten Liga mitspielen möchten. Europa hat allerdings beschlossen, dass den hier aktiven Unternehmen vor allem personenbezogene Daten nicht mehr in Pipelines zugeführt wird, sondern nur noch tröpfchenweise. Hinzu kommt, dass sich die Unternehmen nun zwangsläufig mit der rechtskonformen Umsetzung der DS-GVO befassen müssen. Das lähmt zum einen vorhandene Geschäftsprozesse, indem man sich permanent damit befassen muss, in welcher Form man mit seinen Kunden überhaupt noch in Kontakt treten und deren Daten speichern darf. Zum anderen lenkt es den Blick von anderen wichtigen Themen ab – wie der strategischen Auseinandersetzung mit der Künstlicher Intelligenz. Wie soll vor diesem Hintergrund die Künstliche Intelligenz zum Erfolg gebracht werden, deren Leistungsstärke mit den zur Verfügung stehenden Informationen steht und fällt? Nicht umsonst wurde in der zitierten *Bitkom*-Umfrage von 61 % der Unternehmen als größtes Risiko „Verstöße gegen Datenschutzvorgaben“ genannt (vgl. Abb. 1.23). Gleichzeitig würde ein „leichterer Zugang zu Daten“ den Unternehmen helfen, den KI-Einsatz voranzubringen (vgl. Abb. 1.27).

Eine kritische Stimme zur einer umfassenden Datennutzung sei hier auch zitiert. *Shoshana Zuboff*, emeritierte Professorin der *Harvard Business School*, hat für die sich abzeichnenden Entwicklungen den Begriff **Überwachungskapitalismus** geprägt. Sie versteht darunter

> „… eine Mutation des modernen Kapitalismus. Sein Rohstoff sind Daten, die aus der Überwachung von menschlichem Verhalten gewonnen werden. Diese Daten, wie sich jemand verhält, verwandelt der Überwachungskapitalismus in Prognosen, wie sich jemand verhalten

wird – und diese Prognosen werden in neuen Märkten verkauft. Der Überwachungskapitalismus hat sein Wurzeln im digitalen Milieu und dominiert dieses heute. Er stieg zur Dominanz auf, weil er den ersten effizienten Weg zur Online-Monetarisierung eröffnete, da er Investitionen schnell und zuverlässig in Kapital umwandelt. […]

Der Überwachungskapitalismus […] muss immer tiefer in unser Alltagsleben, unsere Persönlichkeit, unsere Emotionen eindringen, um unser zukünftiges Verhalten vorhersagen zu können. […]

Im Überwachungskapitalismus […] sind wir kaum noch Kunden und Angestellte, sondern in erster Linie Informationsquellen, Datenmaterial eines Apparats, dessen Funktionsweisen uns weitgehend verborgen bleiben. Es ist kein Kapitalismus für uns, sondern *über uns*. Der beobachtet uns, um seine Produkte zu entwickeln. […]

Es ist falsch zu sagen: ‚Sollen sie doch meine Erfahrungen scannen, ich habe nichts zu verbergen.' Ich sage: Wer nichts zu verbergen hat, *ist nichts*. Unser inneres Leben, unsere privaten Erfahrungen, Einstellungen, Gefühle und Wünsche sind das, was uns ausmacht als menschliche Wesen. Sie sind unser moralisches Zuhause" ([26], S. 68; vertiefend [27]).

> **Lesetipp** Wenn Sie dieses Thema vertiefen möchten, empfehlen wir Ihnen das Buch des Internet-Pioniers *Jaron Lanier:*
>
> **„Zehn Gründe, warum du deine Social Media Accounts sofort löschen musst"**
>
> *Lanier* gruppiert seine Ausführungen um den Begriff *BUMMER*. Dieses Akronym steht für *„Behaviors of Users Modified and Made into an Empire for Rent"*. Dies kann in etwa übersetzt werden mit: Das Verhalten der Nutzer wird verändert und in ein Vermietungsimperium verwandelt.
>
> Auch mein eigenes Werk **„Die digitale Verführung"** liefert viel lesenswerten Stoff zum Nachdenken in diesem Kontext.

2.5 Neue Technologien

Bei der Analyse der Marktdurchdringung neuer Technologien ist zu berücksichtigen, dass sich deren wirtschaftliche Effekte häufig erst nach vielen Jahren zeigen. Für die Unternehmen stellt sich hier die Frage, auf welche Technologien das Augenmerk auszurichten ist – und welche vernachlässigt werden können. Eine wichtige Orientierungshilfe für Unternehmen liefert hierzu der jährlich aktualisierte ***Gartner* Hype Cycle für neue Technologien**. Dieser zeigt, in welcher **Phase des Lebenszyklus** sich branchenübergreifend relevante Technologien befinden. Diese technologischen Lebensphasen werden von *Gartner* anhand der in die Technologien gesetzten **Erwartungen** definiert. Im Kontext der Künstlichen Intelligenz ist hier vor allem der **Hype Cycle for Artificial Intelligence** von Interesse (vgl. Abb. 2.6; [10]).

Hinsichtlich der Erwartungen an die Technologien definiert *Gartner* fünf verschiedene Phasen, die **Aufschluss über den Stand der Erwartungen sowie der Marktaufnahme neuer Technologien** liefern.

Abb. 2.6 *Gartner*® Hype Cycle for Artificial Intelligence – 2022 (*Gartner* and Hype Cycle™ are registered trademarks of Gartner, Inc. and/or its affiliates in the U.S. and internationally and are used herein with permission. All rights reserved.)

1. **Innovation Trigger** („Technologische Impulse")
   In dieser Phase werden Informationen neuer Technologien publiziert und von Medien gerne aufgegriffen. Ob diese Technologien einen nachhaltigen Einsatz finden werden, ist zu diesem frühen Zeitpunkt noch nicht absehbar.
2. **Peak of Inflated Expectations** („Höhepunkt der überzogenen Erwartungen")
   In dieser Phase werden erste Erfolgsstorys veröffentlicht, die die Erwartungen an eine neue Technologie anfeuern. Gleichzeitig können erste Misserfolge bei der Nutzung der Technologie sichtbar werden, die die Erwartungen an Grenzen stoßen lassen. Der technologische Einsatz bleibt nach wie vor auf wenige Unternehmen beschränkt.
3. **Trough of Disillusionment** („Tiefpunkt der Ernüchterung")
   Diese Talsohle im technologischen Lebenszyklus basiert auf der Erkenntnis, dass viele Erwartungen an neue „Wunderwaffen" nicht erfüllt wurden. In dieser Phase trennt sich die Spreu vom Weizen.
4. **Slope of Enlightenment** („Anstieg der Erkenntnis/Aufklärung")
   Jetzt wird für immer mehr Unternehmen sichtbar, wie eine Technologie nutzbringend eingesetzt werden kann. Technologische Entwicklungen der zweiten und dritten Generation der Initialtechnologie werden angeboten und zunehmend von innovationsoffenen Unternehmen aufgegriffen und in den Workflow integriert.

5. **Plateau of Productivity** („Produktivitätsplateau")
   Die Technologie wird jetzt breit eingesetzt, da deren Vorteile nicht nur sichtbar sind, sondern sich auch umfassend rechnen. Der Einsatz als Mainstream-Technologie ist vorgezeichnet. Der Einsatz in immer mehr Unternehmen und Anwendungsbereichen ist nur noch eine Frage der Zeit.

Zusätzlich präsentiert *Gartner* im Hype Cycle eine **Prognose**, wann voraussichtlich das Produktivitätsplateau erreicht werden wird. Die Bandbreite reicht hier von „weniger als zwei Jahren" bis zu „mehr als zehn Jahre". Es wird auch ausgewiesen, ob Technologien schon veraltet sein können, bevor diese das Produktivitätsplateau erreicht haben werden.

Der ***Gartner* Hype Cycle 2022** identifiziert die wichtigsten **Innovationen im Bereich der KI-Technologien und KI-Techniken**, die über die alltäglichen KI-Anwendungen hinausgehen. Hierbei wird empfohlen, besonders auf die KI-Innovationen zu achten, die in zwei bis fünf Jahren zum Mainstream werden können. Hierzu zählen Composite AI, Decision Intelligence und Edge AI. Unternehmen, die sich diese KI-Anwendungen früh erschließen, können erhebliche Wettbewerbsvorteile erzielen. Die nachfolgend präsentierten **KI-Innovationen im Hype Cycle** spiegeln komplementäre und manchmal auch widersprüchliche Prioritäten in vier Hauptkategorien wider (vgl. [8–10]):

- **Datenzentrierte KI**
  Die KI-Anwender haben sich bisher vielfach darauf konzentriert, die Ergebnisse von KI-Lösungen durch eigene Optimierungsmaßnahmen zu verbessern. Bei der datenzentrierten KI verlagert sich der Schwerpunkt auf die Verbesserung und Anreicherung der Daten, die zum Trainieren der Algorithmen verwendet werden. Zu den Innovationen der datenzentrierten KI gehören **synthetische Daten**. Diese werden durch maschinelles Lernen künstlich erzeugt. Sie ahmen die Struktur und die statistischen Eigenschaften von Daten nach, die aus realen Ereignissen gewonnen wurden. Hierbei verzichten sie auf die Nutzung der identifizierenden Eigenschaften dieser Daten (etwa Namen und persönliche Details). Durch synthetische Daten kann die Verwendung personenbezogener Daten zum Training von Modellen partiell ersetzt werden.

  Heute stellen große Datenmengen nach wie vor die Voraussetzung für erfolgreiche KI-Lösungen dar. In Zukunft werden auch Small- und Wide-Data-Ansätze aussagefähige KI-Anwendungen ermöglichen und somit die Abhängigkeit von Big Data reduzieren. Die Entwicklung von **Small-Data-Ansätzen** strebt an, auch mit weniger Daten nützliche Erkenntnisse zu erzielen. Bei **Wide-Data-Ansätzen** werden verschiedene kleine und große, unstrukturierte und strukturierte Datenquellen synergetisch ausgewertet, um zu relevanten Resultaten zu kommen. Immer mehr Unternehmen werden gezwungen sein, ihren Fokus von Big Data auf Small und Wide Data zu verlagern.
- **Modellzentrierte KI**
  Zu den Innovationen in diesem Bereich gehören u. a. zusammengesetzte KI, kausale KI und generative KI. Bei der **zusammengesetzten KI (Composite AI)** erfolgt eine Verschmelzung verschiedener KI-Techniken. Dies soll die Effizienz des Lernens verbes-

sern und die Ebene der Wissensrepräsentationen erweitern. Da es kein Patentrezept für eine einzelne KI-Technik gibt, bietet Composite AI eine Plattform, um verschiedene Unternehmensprobleme auf effektivere Weise zu lösen. Composite AI wird sich in zwei bis fünf Jahren durchsetzen. Die Bandbreite der Composite AI reicht von einer Verbindung verschiedener Lernprozesse über eine vernetzte Nutzung von Natural Language Processing, Computer Vision, Expertensystemen und Robotern. Das Ergebnis ist ein zusammengesetztes KI-System, das ein breiteres Spektrum von Geschäftsproblemen auf effizientere Weise löst. Hierdurch wird ein KI-Einsatz auch solchen Unternehmen ermöglicht, die zwar keinen Zugang zu großen Mengen historischer oder beschrifteter Daten haben, aber über erhebliches menschliches Fachwissen verfügen.

Kausale KI umfasst verschiedene Techniken wie Kausaldiagramme und Simulationen. Mit deren Hilfe können kausale Zusammenhänge aufgedeckt werden, um die Entscheidungsfindung zu verbessern. Wahrscheinlich wird es noch fünf bis zehn Jahre dauern, bis sich kausale KI auf breiter Front durchsetzt. Durch kausale KI kann die Effizienz der Anwendungen gesteigert werden. Fachwissen wird hinzugefügt, um kausale KI-Modelle auch mit kleineren Datensätzen zu erstellen. Durch einfacher zu interpretierende Ursache-Wirkungs-Beziehungen können KI-basierte Ergebnisse auch leichter nachvollzogen werden.

Generative AI verwendet Algorithmen des maschinellen Lernens, um auf der Basis von Trainingsdaten originäre Medieninhalte wie Texte, Bilder, Audio- und Videoinhalte zu generieren, die die Anmutung „echter" Inhalte haben. Hier ist an *ChatGPT* oder *DALL-E* zu denken. Anwendung der schöpferischen KI bieten sich allerdings auch für betrügerische oder kriminelle Handlungen an. Generative AI kann auch synthetische Daten und Modelle von physischen Objekten erstellen. Generative KI wurde bspw. eingesetzt, um in weniger als 12 Monaten ein Medikament zur Behandlung von Zwangsstörungen zu entwickeln. *Gartner* schätzt, dass bis 2025 mehr als 30 % der neuen Medikamente und Materialien systematisch mithilfe generativer KI-Techniken entdeckt werden.

Die Nutzung der KI-Ressourcen Personal, Daten, Modelle und Rechner-Kapazitäten muss in Summe noch effizienter gestaltet werden. Hierzu kann – neben Composite AI und Generative AI – auch Multi-Experience beitragen. Um eine **Multi-Experience** zu erreichen, werden verschiedene Modalitäten (bspw. analoge und digitale Touchpoints wie Apps und Devices) eingesetzt, um ein nahtloses Erlebnis für die Kunden zu erschaffen. Ein **vierstufiges Multi-Experience-Modell** sollte eine digitale User Journey wie folgt abbilden:

- **Sync me:** Speichern von Informationen über einen Nutzer, die dieser jederzeit leicht finden und abrufen kann
- **See me:** Verstehen des gesamten Nutzer-Kontexts (inkl. des aktuellen Standorts, der jeweiligen Situation sowie der aktuellen und historischen Präferenzen), um dem Nutzer in diesem Kontext relevante Informationen und Interaktionen zu präsentieren
- **Know me:** Einsatz von Predictive Analytics, um dem Nutzer relevante Handlungsvorschläge zu unterbreiten

  - **Be me:** Handlungen im Namen des Nutzers vornehmen, wenn hierfür die Erlaubnis erteilt wurde und die Handlungen im Interesse des Nutzers liegen
- **Anwendungszentrierte KI**
  Zu den Innovationen in diesem Bereich gehören Entscheidungsintelligenz und Edge-KI bzw. Edge AI. **Entscheidungsintelligenz** (**Decision Intelligence**) wird sich in ca. zwei bis fünf Jahren durchsetzen. Sie dient dazu, die Entscheidungsfindung zu verbessern. Dazu muss es gelingen, explizit zu verstehen, wie Entscheidungen getroffen und wie die Ergebnisse bewertet und durch Feedback verbessert werden. Eine solche Entscheidungsintelligenz hilft dabei, die Unvorhersehbarkeit der Ergebnisse von Entscheidungen zu reduzieren. Dies kann durch eine korrekte Erfassung und Berücksichtigung verschiedener Unsicherheitsfaktoren aus dem Geschäftskontext gelingen.

  Auch **Edge KI** wird sich erst in zwei bis fünf Jahren durchsetzen. **Edge AI** bezieht sich auf den Einsatz von KI-Techniken, die in Endpunkten, Gateways und Edge-Servern des Internets der Dinge eingebettet sind. Bei Edge AI handelt es sich folglich – in Abgrenzung zum Cloud-Computing – um eine Form der **dezentralen KI-gestützten Datenverarbeitung** „am Rande des Netzwerks" („Edge" steht für „Rand" oder „Kante"). Hierbei werden KI-Anwendungen und Daten von den zentralen Knotenpunkten (bspw. Rechenzentren) weg und hin zu den Rändern des Netzwerks verlagert. Hierbei kann es sich auch um Anwendungen handeln, die bspw. in autonomen Fahrzeugen oder in Systemen zur Sichtprüfung in der Fertigung eingesetzt werden. Schließlich werden durch Edge-KI die Latenzzeiten (i. S. von zeitlichen Verzögerungen) bei der Entscheidungsfindung durch den Einsatz lokaler Analyseverfahren verkürzt. Außerdem trägt Edge-KI auch zur Senkung der Verbindungskosten bei, weil sich der Datenverkehr zwischen dem Edge und der Cloud reduziert. Schließlich werden die Netzwerke von der Übertragung sehr hoher Datenvolumina entlastet, weil Datenströme stärker direkt vor Ort verarbeitet werden. Gleichzeitig wird eine dauerhafte Verfügbarkeit der Lösung erreicht, weil diese unabhängig von der Netzwerkkonnektivität ist.
- **Menschenzentrierte KI**
  Zur menschenzentrierten KI werden u. a. die verantwortungsvolle KI und die digitale Ethik gerechnet. Wenn KI-Systeme menschliche Entscheidungen ersetzen, können diese gute wie schlechte Ergebnisse gleichermaßen verstärken. Deshalb sollte ein Fokus auf **verantwortungsvoller KI** liegen. Dies ist ein Oberbegriff für die Aspekte, die bei der Einführung von KI zu angemessenen geschäftlichen und ethischen Entscheidungen führen (vgl. Abschn. 1.4). Es wird geschätzt, dass es noch fünf bis zehn Jahre dauern wird, bis sich verantwortungsbewusste KI durchgesetzt hat.

  Hiermit verbunden ist das Thema der **digitalen Ethik**. Diese umfasst die Wertesysteme und moralischen Grundsätze für das Verhalten bei elektronischen Interaktionen zwischen Menschen, Organisationen und Dingen. Hierbei geht es um den Schutz der Privatsphäre und die Vermeidung von Voreingenommenheit. Schließlich sind sich immer mehr Menschen darüber bewusst, dass ihre Daten wertvoll sind. Gleichzeitig herrscht aber eine mangelnde Transparenz über deren Nutzung vor und Datenschutzverletzungen sind an der Tagesordnung. Die Unternehmen bemühen sich deshalb vielfach, die Risiken im Zusammenhang mit der Verwaltung und Sicherung personenbezogener Daten zu verringern. Gleichzeitig werden von vielen Regierungen immer strengere Gesetze zur Datennutzung verabschiedet.

Viele Unternehmen ignorieren allerdings heute noch die Umsetzung dieser digitalen Ethik. *Gartner* prognostiziert, dass bis 2024 erst 30 % der großen Unternehmen eine neue **Voice-of-Society-Messung** verwenden werden. Diese Messung soll es den Unternehmen ermöglichen, schnell auf gesellschaftliche Probleme zu reagieren und deren Auswirkungen auf ihre Geschäftstätigkeit zu bewerten. Unternehmen müssen die digitale Ethik umfassend in ihre KI-Strategien integrieren. Hierdurch können die Unternehmen ihren Einfluss und ihr Ansehen bei Kunden, Mitarbeitern, Partnern und der Gesellschaft stärken.

Der **KI-Markt** befindet sich nach wie vor in einem **evolutionären Zustand**. Am Beginn des Hype Cycles steht – nach wie vor – die schon angesprochene **Artificial General Intelligence** (AGI). Hiermit ist die Nachbildung der menschlichen Intelligenz gemeint. Das Ziel besteht darin, dass ein System jede intellektuelle Aufgabe erfolgreich bewältigen kann, zu der auch ein Mensch in der Lage ist. AGI ist der Inbegriff der „starken Künstlichen Intelligenz". Nach Einschätzung von Gartner [10] wird es noch mehr als zehn Jahre dauern, bis diese das Produktivitätsniveau erreichen wird – wenn überhaupt jemals.

▶ **Merk-Box** **Artificial General Intelligence** zielt darauf ab, die Prinzipien der Intelligenz herauszuarbeiten, die unabhängig von einer spezifischen Aufgabenstellung oder einem vordefinierten Kontext funktionieren. Hierfür müsste die KI in der Lage sein, auf frühere Erfahrungen zurückzugreifen und diese zu analysieren, um die beste Lösung für ein neues Problem zu finden. Solche Prinzipien sollen Maschinen nicht nur in die Lage versetzen, jede intellektuelle Aufgabe zu meistern, zu der ein Mensch fähig ist, sondern sogar darüber hinausführen.

Die angesprochenen Ausprägungen **kausale KI**, **datenzentrierte KI**, **Decision Intelligence**, **Composite AI** sowie **Generative AI** befinden sich auf dem aufsteigenden Bereich der Erwartungskurve (vgl. Abb. 2.6). **Edge AI** und **digitale Ethik** haben den Höhepunkt der Erwartungen schon knapp überschritten. Bei den **autonomen Fahrzeugen** wurde inzwischen – auf breiter Front – das Tal der Enttäuschung erreicht. Hier wird es wohl noch mehr als zehn Jahre dauern, bis diese Technologie auf Level 5 zur Verfügung steht (vgl. Abschn. 3.2). **Intelligente Applikationen**, **Data Labeling** und **Computer Vision** sind dagegen schon auf dem Weg zum umfassenden Einsatz.

▶ **Food for Thought** Jetzt ist Ihr Unternehmensgeist gefordert, um aus Technologien und technischen Use Cases profitable Business Cases zu entwickeln. Denn Eines ist sicher – KI-Anwendungen werden die Welt noch einmal nachhaltig verändern. Dies liegt daran, dass KI-Technologien ein besonders hohen Innovationsgehalt und folglich ein großes disruptives Potenzial mit sich bringen. Es ist daher unumgänglich geworden, sich bei der **digitalen Transformation**, aber auch bei der **ökologischen Transformation** mit KI-Technologien zu beschäftigen.

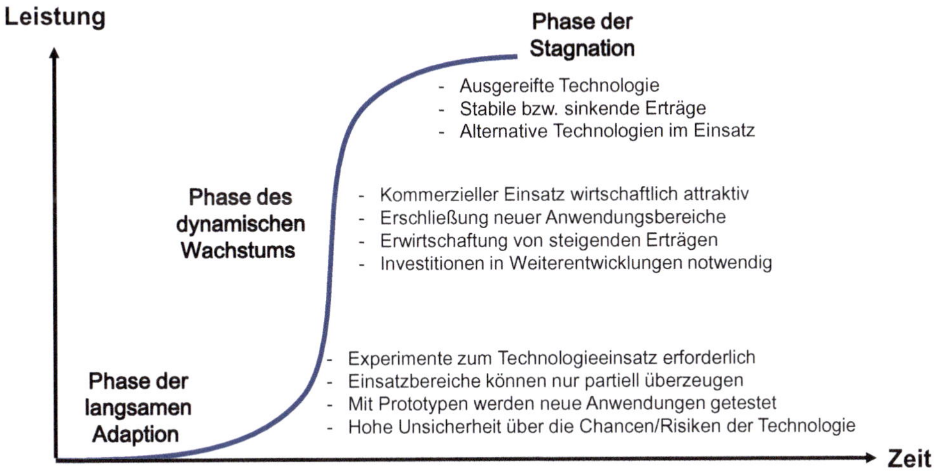

Abb. 2.7 S-Kurve der Adaption von neuen Technologien

An dieser Stelle ist der Hinweis unverzichtbar, dass sich die **wirtschaftlichen Auswirkungen des KI-Einsatzes** – wie bei allen neuen Technologien – zunächst nur allmählich zeigen werden. Erst in den nächsten Jahren wird sich ein umfassendes und dynamisches Wachstum der KI-Anwendungen einstellen. So wird sich bei der Nutzung der Künstlichen Intelligenz durch Unternehmen die in Abb. 2.7 dokumentierte **S-Kurve** zeigen. Diese S-Kurve zeigt idealtypisch auf, wie Innovationen insgesamt im Markt aufgegriffen werden – bei Unternehmen und Kunden gleichermaßen.

Obwohl eine solche S-förmige Entwicklung regelmäßig zu beobachten ist, überrascht sie die Akteure immer wieder aufs Neue! Was ist die Ursache hierfür? Meist wird bei Innovationen eine **lineare Entwicklung** erwartet – und keine **S-Kurve**. Menschen sind nicht geschult darin, ein **nicht-lineares Wachstum** zu verstehen. Die meisten Menschen erwarten intuitiv, dass neue Dinge zunächst recht schnell wachsen, bevor sie sich auf einem konstanten linearen Wachstumspfad einpendeln. Eine solche Entwicklung ist vielfach in der Natur zu beobachten – nicht zuletzt beim Wachstum von Menschen selbst!

Eine **S-Kurve** zeigt allerdings einen ganz anderen Verlauf. In der ersten **Phase der langsamen Adaption** hat man den Eindruck, als würde nicht viel passieren. Das ist der Moment, in dem Manager frustriert sind über den langsamen Fortschritt und Bedenkenträger aufs Parkett treten. Dann sind Statements zu hören wie:

- Diese Technologie wird sich nie durchsetzen.
- Der Markt ist noch nicht reif für diese Technologie.
- Man muss immer nur investieren; Erfolge zeichnen sich nicht ab.
- Das Timing stimmt einfach nicht.
- Lasst uns das KI-Projekt einfach schnell beenden.

Das Paradoxe ist, dass es nach der Einführung von wegweisenden neuen Technologien – etwa der Einführung von elektrischem Licht in Fabriken Ende des 19. Jahrhunderts und des Einzugs von Computern in den 1990er-Jahren – zunächst zu einer **Verlangsamung der Produktivität** kam. Dieser Zusammenhang wurde von *Chad Syverson*, Wirtschaftswissenschaftler der *University of Chicago*, hervorgehoben. Demnach kam es erst nach einigen Jahren zu einer tatsächlichen Produktivitätssteigerung. Die Basis-Technologie zeigte erst dann positive Effekte, als sie durch Innovationen und spannende Use Cases ergänzt wurden (vgl. [2, 24], S. 125–127).

> **Merk-Box** **Digitalisierung und KI-Technologien** sind per se noch keine Erfolgsfaktoren, die quasi automatisch für wirtschaftliches Wachstum und gesellschaftlichen Wohlstand sorgen. Erst **KI-basierte Innovationen** können **Wachstums-, Effizienzsteigerungs- und Wohlstandspotenziale** erschließen. Dafür bedarf es Ideen, Budgets, Mut sowie kreativer und engagierter Mitarbeiter, um große Ideen Wirklichkeit werden zu lassen.

Oft erst nach vielen Monaten oder sogar Jahren setzt bei innovativen Technologien gemäß der S-Kurve die zweite **Phase des dynamischen Wachstums** ein (vgl. Abb. 2.7). Dann ändert sich auch die Tonalität der Kommunikation:

- Warum haben wir nicht schon früher auf KI gesetzt?
- Weshalb fehlt uns eigene KI-Expertise an Bord?
- Wieso können wir KI-Lösungen nicht schon in weitere Produkte und Dienstleistungen integrieren?
- Warum haben wir keine KI-Roadmap für unser Unternehmen?
- Wer hat beim KI-Thema geschlafen?
- Warum stehen für die KI-Konzepte keine ausreichenden Budgets zur Verfügung?

Das dynamische Wachstum der zweiten Phase kann Jahre und Jahrzehnte anhalten. Bei der Künstlichen Intelligenz werden es wohl eher Jahrzehnte sein, bis immer weitere und vielleicht sogar alle Lebens- und Arbeitsbereiche von KI-Lösungen durchdrungen sein werden. Erst dann wird sich die Dynamik der Entwicklung abschwächen und auf einem Plateau der Produktivität verharren. Dann ist die dritte **Phase der Stagnation** erreicht (vgl. Abb. 2.7). Spätestens hier, oft aber auch schon viel früher, ist der Start der S-Kurven von neuen Technologien zu beobachten. So wird eine S-Kurve von der nächsten S-Kurve abgelöst. Das ist immer nur eine Frage der Zeit.

> **Merk-Box** Um sowohl den Einstieg in innovativen Technologien als auch den Ausstieg aus Technologien nicht zu verpassen, ist eine tiefes **Verständnis der S-Kurven** unverzichtbar. Dann wird auch eine längere Anlaufphase der Adaption akzeptiert – und es wird nicht der Zeitpunkt verpasst, zu dem auf eine neue Technologie mit neuer S-Kurve zu setzen ist.

Bei der **Ausschöpfung der KI-Potenziale** kommt den in Abschn. 2.5 beschriebenen **neuen Technologien** ein besonderer Stellenwert zu. Sie ermöglichen einerseits neue Geschäftsmodelle, bspw. basierend auf dem Internet of Things bzw. dem Internet of Everything (vgl. vertiefend [16]). Gleichzeitig verkörpern neue Technologien auch unternehmensbedrohende Risiken, wenn Unternehmen deren Relevanz für die Nutzer nicht erkennen und nicht schnell genug auf die entsprechenden Technologien setzen. Dann kommt es zum **digitalen Darwinismus** genannten Phänomen der „Ausselektion" nicht mehr überlebensfähiger Geschäftsmodelle (vgl. vertiefend [19]).

Wie schon angedeutet, steht und fällt der Erfolg im **globalen KI-Wettlauf** mit der **Verfügbarkeit qualitativ hochwertiger Daten** (vgl. Abschn. 2.4) und entsprechend **leistungsstarker Computer**. Deshalb wird hier ein Blick darauf geworfen, wo heute die **leistungsstärksten Rechner der Welt** stehen (vgl. Abb. 2.8; [22]). Fünf dieser Rechner stehen in den USA, zwei in China und jeweils ein solcher Top-Rechner in Japan, Finnland und Italien.

Die Rechenleistung in Abb. 2.8 wird in TeraFLOPS ausgewiesen. **FLOPS** steht für Floating Point Operations Per Second. Das bedeutet auf Deutsch „Gleitkomma-Operationen pro Sekunde". „Operationen" bezieht sich bspw. auf das Addieren und Multiplizieren von Zahlen, während „Gleitkomma" für die IT-übliche Zahlendarstellung steht. Damit kennzeichnet ein FLOPS, wie viele Berechnungen ein Rechner pro Sekunde durchführen kann. Je größer diese Zahl ist, desto leistungsstärker ist der Computer. Für die Ermittlung der FLOPS wird die gesamte Rechenleistung von Hauptspeicher, Prozessor, Bus, Compiler usw. gemessen. Weist ein Computer eine Rechenstärke von einem TeraFLOPS (TFLOPS) auf, so kann dieser Rechner 1.000.000.000.000 Operationen pro Sekunde durchführen. Der in Abb. 2.8 ausgewiesene Supercomputer *Frontier* erzielt eine Rechenleistung von rund 1.102.000 TeraFLOPS. Damit war dieser Computer im November 2022 der **leistungsstärkste Supercomputer** weltweit.

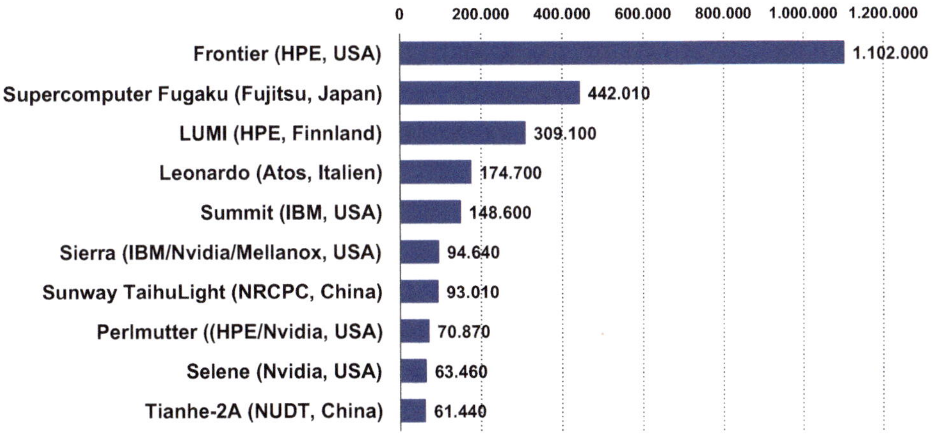

Abb. 2.8 Rechenleistung der leistungsstärksten Supercomputer weltweit im November 2022 (in TeraFLOPS) (Datenquelle: [22])

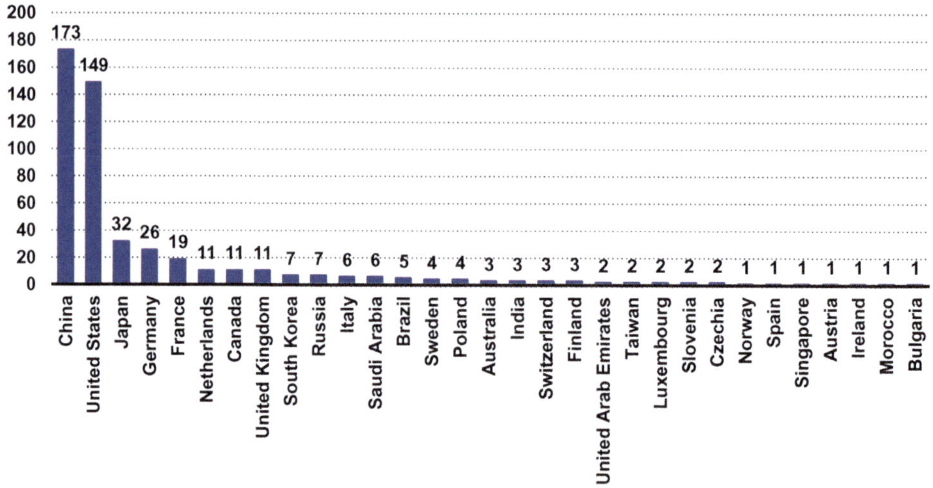

Abb. 2.9 Standorte der 500 leistungsstärksten Supercomputer weltweit nach Ländern – 2021 (Datenquelle: [23])

Solche Supercomputer werden vor allem in der Forschung und Entwicklung eingesetzt. Hierbei ermöglichen Hochleistungsrechner für Wissenschaft und Wirtschaft Simulationen, Datenauswertungen und verlässlichere Prognosen. Supercomputer können Problembereiche in Angriff nehmen, die mit herkömmlichen Computern nicht oder nur schwer lösbar waren. Hierzu zählen auch komplexe Klimamodelle. Folglich ist auch die Frage spannend, in welchen Ländern die meisten Supercomputer zu finden sind. Die meisten der **500 leistungsstärksten Supercomputer** weltweit befinden sich heute in Asien (vgl. Abb. 2.9; [23]). **China** führt diese Hitliste unangefochten mit 173 Supercomputern an. Die **USA** folgen mit 149 Supercomputern. Nach **Japan** (32) liegt **Deutschland** mit 26 Supercomputern auf Rang 4. Insgesamt finden sich nur vier europäische Länder unter den Top 10 der Supercomputer-Standorte. Selbst wenn alle in Europa stationierten Supercomputer zusammengezählt werden, erreichen wir mit 98 noch nicht einmal den Stand in den USA – geschweige denn die Ausstattung in China.

Eine wichtige Voraussetzung, damit die beschriebenen Technologien ihre (positiven) Wirkungen entfalten können, ist ein leistungsstarkes und möglichst flächendeckendes Mobilfunknetz. Hierbei kommt dem **Mobilfunkstandard 5G** besondere Bedeutung zu. „5" steht dabei für die 5. Generation. Dieser neue Standard lässt sich durch folgende Merkmale beschreiben (vgl. [5]):

- Signifikant **schnellere Datenübertragung** gegenüber 4G-Netzen (Übertragungsraten von bis zu 10 Gigabits/Sekunde statt 500 Megabits/Sekunde; eine Steigerung auf das 20-Fache)
- Nutzung **höherer Frequenzbereiche**
- Erhöhung der Frequenzkapazität ermöglicht einen **höheren Datendurchsatz**

- **Echtzeitübertragung** unterstützt ein Ansteuern von weltweit 100 Mrd. Mobilfunkgeräten
- Extrem **kurze Latenzzeiten** (i. S. von Reaktions-, Verzögerungs- bzw. Übertragungszeit) von lediglich einer bis drei Millisekunden auch über größere Entfernungen (der Mensch benötigt für die Übertragung vom Auge zum Gehirn etwa die zehnfache Zeit); die Latenzzeit liegt im LTE-Netz bei ca. 50 Millisekunden (LTE bzw. Long Term Evolution ist eine Bezeichnung für den Mobilfunkstandard der dritten Generation)
- Signifikante **Senkung des Energieverbrauchs** bei der Datenübertragung gegenüber 4G
- 5G kann pro Quadratkilometer eine Million Geräte verbinden; zehnmal mehr als der 4G-Standard

Die **Schnelligkeit von 5G** wird an folgendem Beispiel deutlich. Soll der **Inhalt einer DVD** (4,5 GB) heruntergeladen werden, so ergeben sich bei den verschiedenen Mobilfunk-Standards die folgenden Zeitbedarfe:

- 2G (bei 0,25 Megabits/Sekunde): ein Tag, 16 h
- 3G (bei 42,2 Megabits/Sekunde): 14 min, 33 s
- 4G (bei 500 Megabits/Sekunde): 1 min und 13 s
- 5G (bei 10.000 Megabits/Sekunde): 3,7 s

Die geringen Latenzzeiten der 5G-Netze sind auch für **selbstfahrende Autos** von zentraler Bedeutung. Hier müssen Datenübertragung und Reaktion in Echtzeit erfolgen, um ein sicheres Navigieren zu ermöglichen. Entscheidungen müssen in Sekundenbruchteilen getroffen werden. Beim Menschen beträgt die Reaktionszeit von der Erkennung einer Gefahr bis zum Bremsen ca. eine Sekunde. In dieser Zeit legt ein Fahrzeug bei einer Geschwindigkeit von 100 km/h ungefähr 28 m zurück. Ein autonomes Fahrzeug kann bei einer Latenzzeit von einer Millisekunde 1000-mal schneller reagieren als der Mensch. Dann wird nach weniger als einem Zentimeter Wegstrecke das Bremsmanöver ausgelöst.

Geringe Latenzzeiten und hohe Verbindungsgeschwindigkeiten sich auch für Anwendungen des Industrial Internet of Things bedeutsam. Hier sind vor allem garantierte Reaktionszeiten wichtig – und nicht allein einmalig erreichbare Spitzenleistungen. Die auf **5G-Netzen** basierende schnellere Datenübertragung ermöglicht in Verbindung mit **KI** und **Edge Computing** eine zuverlässige Kommunikation zwischen Maschinen. Hierdurch werden die Voraussetzungen für eine automatisierte und autonome Produktion geschaffen. Die auf 5G basierende **Konnektivität** ist eine wichtige Voraussetzung für die weitere Digitalisierung der Industrie. Durch virtuelle Netzebenen können mobile Roboter flexibel in der Produktion eingesetzt werden.

Einer **Datenkommunikation in Echtzeit** auf der Basis der 5G-Geschwindigkeit wird in immer mehr Anwendungsfällen eine Schlüsselrolle zukommen. Die **Einführung von 5G** wird nicht nur eine **Echtzeit-Kommunikation Maschine-zu-Maschine**, sondern auch **Echtzeit-Kommunikation Mensch-zu-Maschine** ermöglichen. 5G liefert die Grundlagen für die Entwicklung neuer Geschäftsmodelle. Neue Formen der Interaktion werden unterstützt, bspw. im Bereich Industrie 4.0 und in der Medizin. Eine wichtige Voraussetzung hierfür stellt neben der **Netzinfrastruktur** auch die Entwicklung gemeinsamer **Standards der Datenübertragung** dar (vgl. [5]).

> **Merk-Box** Bei **Einsatz der 5G-Technologie** geht es nicht nur um **Geschwindigkeit**, sondern auch um die **Verfügbarkeit** und **Zuverlässigkeit** der Netze. Alles zusammen schafft die Voraussetzungen für die Verbesserung bestehender sowie für die Entwicklung neuer Geschäftsmodelle.
>
> **Künstliche Intelligenz und 5G unterstützen sich gegenseitig.**
>
> 5G liefert hohe Übertragungsraten auch bei großen Datenmengen. Die KI ermöglicht die schnelle Auswertung hoher Datenvolumen – oft auch in Realtime. So können KI-gestützt erlangte Erkenntnisse unmittelbar in die Abläufe zurückgespielt werden.

Eine Kernfrage bei jeder neuen Technologie lautet jedoch:

Wird diese Technologie auf Akzeptanz stoßen?

Diese Frage ist beim Thema KI von den Unternehmen sowohl nach innen wie nach außen zu richten und wie folgt zu konkretisieren:

- Werden die eigenen Führungskräfte und Mitarbeiter die neue Technologie akzeptieren und wertschöpfend einsetzen?
- Werden die eigenen Kunden sowie weitere wichtige Stakeholder (bspw. Kooperationspartner, gesellschaftliche Interessensgruppen) die KI-Technologie und deren Einsatz begrüßen?

Um diese Fragen zu beantworten, wird das **Technology Acceptance Model** (**TAM** bzw. **Technologieakzeptanzmodell**) eingesetzt. Anhand dieses Modells kann ermittelt werden, warum Menschen eine (neue) Technologie verwenden – oder auch nicht (vgl. grundlegend [4]). Das in Abb. 2.10 gezeigte Konzept stellt eine Weiterentwicklung des initialen Modells dar und geht auf Venkatesh und Davis [25] zurück.

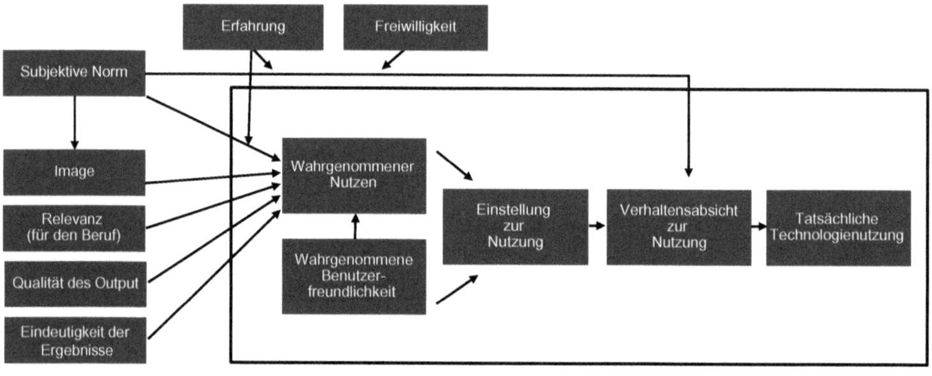

Abb. 2.10 Technology Acceptance Model. (Quelle: In Anlehnung an [25], S. 188)

Nach dem Technology Acceptance Model basiert die **Bereitschaft zur Nutzung einer (neuen) Technologie** auf zwei zentralen Faktoren:

- **Ausmaß der wahrgenommenen Nützlichkeit einer Technologie**
  Unter der wahrgenommenen Nützlichkeit versteht man das subjektive Empfindung einer Person, dass die Anwendung einer Technologie Vorteile mit sich bringt.
- **Ausmaß der wahrgenommenen Benutzerfreundlichkeit einer Technologie**
  Die wahrgenommene Benutzerfreundlichkeit beschreibt, mit wie viel oder auch wie wenig (zusätzlichem) Aufwand das Erlernen sowie die Nutzung einer neuen Technologie einhergeht.

Diese beiden Faktoren beeinflussen die **Einstellung zur Nutzung der Technologie**. Diese wiederum wirkt sich auf die **Absicht zur Nutzung** aus. Diese bestimmt letztendlich den konkreten **Einsatz der Technologie**.

Wie Abb. 2.10 verdeutlicht, wirken sich weitere **Einflussfaktoren** auf den **Prozess der Technologie-Akzeptanz** aus. Zu diesen Faktoren zählen die **subjektiven Normen** der (potenziellen) Nutzer. Diese werden konkretisiert als wahrgenommener sozialer Druck, ein bestimmtes Verhalten auszuführen oder auch nicht auszuführen. Auch das jeweilige **Image**, das ein Nutzer beim Einsatz der Technologie aufbaut, ist verhaltensrelevant. Zusätzlich wirken sich die (berufliche) **Relevanz,** die **Qualität** sowie die **Eindeutigkeit der erzielten Ergebnisse** auf die Technologie-Akzeptanz aus. Fehlt es an Qualität und Klarheit der Ergebnisse, reduziert das die Bereitschaft zur Nutzung der Technologie. Zusätzlich wirken sich die bisher gewonnenen **Erfahrungen** sowie der wahrgenommene **Grad der Freiwilligkeit** einer Nutzung auf die Akzeptanz aus.

Wendet man das **Technology Acceptance Model** auf die **Künstliche Intelligenz** in einem durchschnittlichen Unternehmen an, so kommt man – Stand heute – vielfach zu folgendem Ergebnis:

- **Erfahrung**: Eher gering und deshalb akzeptanzbremsend.
- **Freiwilligkeit**: Meist hoch, weshalb man sich in vielen Unternehmen mit der Künstlichen Intelligenz vielfach noch gar nicht beschäftigt hat. Die hohe Freiwilligkeit ist grundsätzlich akzeptanzfördernd – führt bei der KI aber häufig dazu, dass man sich nicht mit ihr beschäftigt.
- **Subjektive Normen**: (Noch) wird eine Beschäftigung mit KI in unserem Kulturkreis vielfach eher kritisch gesehen. Wer Bedenken gegen den KI-Einsatz vorbringt, kann heute häufig (noch) punkten. Wer KI dagegen einsetzt, muss teilweise schon mit Angriffen rechnen. Das fördert in Summe nicht die Akzeptanz dieser Technologie.
- **Image**: Vielfach werden über einen KI-Einsatz immer noch Horrorstorys erzählt. Es wird häufiger darüber berichtet, was KI-gestützt alles falsch gelaufen ist als darüber, wo bereits heute KI in hohem Maße Nutzen stiften kann. Dies liegt auch daran, dass viele KI-Nutzer die von ihnen in Anspruch genommenen KI-Anwendung gar nicht als solche erkennen (können). Deshalb wird KI-Anwendern außerhalb des eigenen engeren Umfelds häufig mit Skepsis begegnet. Auch das wirkt sich negativ auf die KI-Akzeptanz aus.

- **Relevanz**: Viele Entscheidungsträger und Mitarbeiter erkennen noch nicht, wie relevant das Thema für die eigene Branche, das eigene Unternehmen und die eigene Beschäftigungsfähigkeit ist. Hierbei gilt: Wo keine Relevanz gesehen wird, muss man sich auch nicht mit einer neuen Technologie beschäftigen – es ist ja nach wie vor „freiwillig"!
- **Qualität des Outputs**: Wie schon angedeutet, konzentrieren sich viele KI-Berichte in den Publikumsmedien auf „KI-Versagen". Hier wird häufig umfassend darüber berichtet, welchen Unsinn die KI wieder einmal angestellt hat. Die alltäglichen Erfolgsmeldungen über KI-gestützte Lösungen schaffen es dagegen weniger in die Medien. Auch dies wirkt sich negativ auf die KI-Akzeptanz aus. Hier haben *ChatGPT*, *DALL-E* und viele andere Anwendungen der generativen KI seit Ende 2022 für einen Umdenkungsprozess gesorgt.
- **Klarheit/Eindeutigkeit der Ergebnisse**: Die Ergebnisse der KI-Systeme sind häufig sehr klar, wenn es um konkrete Entscheidungsprozesse geht. Bei der KI mangelt es allerdings daran zu erkennen, wie diese Ergebnisse im Einzelnen zustande kamen. Über die Herausforderung „Black Box AI" wurde bereits in Abschn. 1.4.3 gesprochen. Aufgrund welcher genauen Erkenntnisse die KI ein bestimmtes Ergebnis erzielt hat, ist selbst für die größten KI-Spezialisten nicht bzw. nicht immer nachvollziehbar. Die mangelnde Nachvollziehbarkeit der Ergebnisse ist ebenfalls eine große Akzeptanzbremse.

Beim Blick auf diese Situation ist unschwer erkennbar, welche umfassende Aufklärungsarbeit noch zu leisten ist, um für die Künstlichen Intelligenz auf breiter Basis Akzeptanz zu schaffen. Hierbei geht es um die notwendige **gesellschaftliche Akzeptanz** wie auch um die **Akzeptanz in den Unternehmen** selbst. Häufig fehlt es vor allem an einem ausgewogenen Wissen um die Künstliche Intelligenz – in Politik, Wirtschaft und Gesellschaft gleichermaßen.

Es bedarf zur breiteren KI-Nutzung einer **Up-Skilling-Offensive**, um die gravierenden Wissenslücken zu schließen, die in vielen Unternehmen nach wie vor existieren (vgl. hierzu auch die Ergebnisse der *Bitkom*-Studie in Abschn. 1.5). Nur dann können Vorbehalte abgebaut und die KI-Potenziale auf breiter Front erkannt werden – und nicht nur im Management.

Dies ist eine unverzichtbare Voraussetzung dafür, um die Weichen viel stärker in Richtung einer umfassenderen Beschäftigung mit KI zu stellen – und zwar heute schon. Hierbei geht es auch um die finanziellen und personellen Ressourcen, die für einen KI-Einsatz unverzichtbar sind.

2.6 Notwendigkeit einer nachhaltigen Unternehmensführung

Auf einer etwas anderen Ebene liegt ein weiterer Treiber der Künstlichen Intelligenz, der nicht auf den ersten Blick erkannt wird. Dabei geht es um die **Förderung einer nachhaltigen Unternehmensführung**. Die damit verbundenen Anforderungen sollen anhand der sogenannten ESG-Kriterien verdeutlicht werden. Um diesen KI-Treiber zu verstehen, ist zunächst der **Inhalt der ESG-Kriterien** selbst zu vermitteln. Immer häufiger können wir in den meinungsbildenden Medien etwas zu den ESG-Kriterien lesen. Diese Kriterien werden häufig im Kontext von **Finanzanlagen** genannt – aber zunehmend auch als **Maßstab über eine verantwortungsvolle Unternehmensführung** im 21. Jahrhundert diskutiert. Doch worum geht es hier eigentlich? Und welche Relevanz haben diese Kriterien für mein eignes Unternehmen bzw. für das unternehmerisches Handeln?

Die Buchstaben E, S und G definieren weitere **Verantwortungsbereiche von Unternehmen**, um den **Anforderungen des 21. Jahrhunderts** Rechnung zu tragen (vgl. vertiefend [17]). Heute reicht es nicht mehr aus, ein Unternehmen „nur" langfristig profitabel zu führen. Ein wirtschaftlich gesundes Unternehmen ist allerdings noch immer Voraussetzung, um langfristig am Markt überleben zu können. Heute sind jedoch zusätzliche Anforderungen zu erfüllen. Diese neuen Anforderungen werden immer stärker von Seiten der **Anleger** gestellt – und allmählich auch von Seiten der **Kunden**. Unternehmen, denen der Geldhahn abgedreht wird oder deren Kunden abwandern, können langfristig nicht überleben. Folglich geht es darum, neben einem legitimen Gewinnstreben weitere Anforderungen zu erfüllen. Diese werden mit den **ESG-Kriterien** beschrieben (vgl. Abb. 2.11).

- „**E**" für **Environment** i. S. eines umweltverträglichen/umweltschonenden Handelns
- „**S**" für **Social** i. S. eines Verhaltens, das nicht nur den Aspekten Arbeitssicherheit und Gesundheitsschritt entspricht, sondern auch gesellschaftliches Engagement umfasst
- „**G**" für **Governance** i. S. einer nachhaltigen Unternehmensführung

Abb. 2.11 ESG-Kriterien als Anforderungsprofil für Unternehmen und Unternehmensführung

Bei ESG handelt es sich um **nachprüfbare Kriterien**, die zunehmend in Entscheidungen bei der Geldanlage einfließen bzw. einfließen sollten. Der Aspekt der „Nachprüfbarkeit" ist hier wichtig, weil ein **Greenwashing** vermieden werden soll. Ein Greenwashing liegt vor, wenn sich Unternehmen gleichsam kommunikativ ein „grünes Mäntelchen" umhängen – ihr Tun aber nach wie vor nicht umwelt- oder sozialverträglich ist.

Das „E" der ESG-Kriterien steht für **Environment** und folglich für die Umwelt. Im Hinblick auf dieses Kriterium wird geprüft, in welchem Ausmaß sich die Aktivitäten eines Unternehmens auf die Umwelt auswirken. Hierbei geht es bspw. um den **Ressourcenverbrauch** insgesamt und um die **Effizienz dieses Verbrauchs**. Zusätzlich wird die **Emission von Treibhausgasen und anderen Schadstoffe** untersucht. Durch einen Einsatz der Künstlichen Intelligenz in der Fertigung können hier wesentliche Reduktionen des Ressourceneinsatzes erzielt werden. Dies gilt auch für den Materialeinsatz bei den Produkten selbst sowie bei der Nutzung von Produkten und Dienstleistungen.

Vor diesem Hintergrund ist zu prüfen, wie der **Einsatz der Künstlichen Intelligenz in der Fertigung- und Nutzungsphase von Produkten und Dienstleistungen** unterstützen kann. Dazu sind überzeugende Antworten auf die folgenden Fragen zu finden:

- Wie können KI-gestützte Maßnahmen zur **Reduktion von schädlichen Emissionen** beitragen?
- Wie kann die KI die **Effizienz des Ressourceneinsatzes** erhöhen?
- Wie kann die Künstliche Intelligenz Konzepte der **Kreislauf-Wirtschaft** (Stichwort **Circular Economy**) fördern?
- Wie kann die KI zur **Erzeugung nachhaltiger Produkte** beitragen (Nachhaltigkeit bzgl. der eingesetzten Materialien bzw. Nachhaltigkeit des Produktes selbst bzw. Nachhaltigkeit der Produktnutzung)?
- Wodurch kann ein **nachhaltiges Gebäude-Management** unterstützt werden?
- Wie kann ein **nachhaltiges Wasser-Management** etabliert werden (inkl. Wassereinsparung, Wiederverwendung/Aufbereitung, umweltfreundliche Abwasserbehandlung)?
- In welcher Form kann die Künstliche Intelligenz bei der Entwicklung **nachhaltiger Mobilitäts- und Logistik-Konzepte** beitragen?

Aufgrund ihrer großen Bedeutung soll hier die Kernidee der Kreislaufwirtschaft vertieft werden. Die Kreislaufwirtschaft ist der Gegenentwurf zur **Linearwirtschaft**. Die Linearwirtschaft wird auch als **Wegwerfwirtschaft** bezeichnet. Das Motto lautet hier: **From cradle to grave!** Das dominierende Muster ist hier: nehmen, herstellen, verbrauchen, wegwerfen – und nur nicht darüber nachdenken! Dieses Modell setzt gleichsam eine unerschöpfliche Menge an billigen, leicht zugänglichen Ressourcen voraus. Dieses Vorgehen war über viele Jahrhunderte das dominierende Wirtschaftssystem. In einem solchen Wirtschaftssystem werden die verarbeiteten Rohstoffe bzw. die damit erzeugenden Produkte nach ihrer Nutzung mehrheitlich entweder deponiert oder verbrannt.

In einer **Kreislaufwirtschaft** bzw. in der **Circular Economy** wird dagegen ein auf Erneuerung ausgerichteter Ansatz – gleichsam ein regeneratives System – angestrebt. Das

Motto lautet hier: **From cradle to cradle!** Hierbei handelt es sich um ein **ressourcenschonendes Produktions- und Konsumtions-Modell**. Rohstoffe und Produkte sollen möglichst lange genutzt, wiederverwendet, repariert bzw. überholt/instandgesetzt (Stichwort Refurbishing für „Instandsetzung“) bzw. aufgearbeitet (Stichwort Refabrikation bzw. Remanufacturing für „Wiederaufbereitung“) werden. Auch ein Recycling soll erfolgen – allerdings erst dann, wenn die Lebensdauer nicht mehr (wirtschaftlich) verlängert werden kann. Hierfür sollen **Rohstoff- und Nutzungskreisläufe** geschlossen werden. Zusätzlich geht es darum, nachhaltigere Designs zu entwickeln und die eingebaute Veralterung von Produkten zu beenden. Die durch eine künstliche Veralterung begrenzte technische Lebensdauer von Produkten soll Kunden nicht mehr länger zum Neukauf motivieren. Deshalb ist gleichsam ein „Recht auf Reparatur“ zu schaffen. Außerdem geht es darum, Abfälle in der Produktion und beim Konsum zu reduzieren (vgl. vertiefend [17]).

Hierzu hat das **EU-Parlament** im Februar 2021 eine Entschließung zum neuen **Aktionsplan für die Kreislaufwirtschaft** angenommen. Darin werden zusätzliche Maßnahmen gefordert. Ziel der EU ist es, bis 2050 eine kohlenstoffneutrale, ökologisch nachhaltige, giftfreie und vollständig kreislauforientierte Wirtschaft zu erreichen. Hierzu sollen strengere Recyclingvorschriften und verbindlichere Ziele für die Verwendung und den Verbrauch von Materialien bis 2030 definiert werden (vgl. [6]). Deshalb ist es Unternehmen sehr zu empfehlen, bei dem KI-Einsatz auch die Einhaltung der ESG-Kriterien zu berücksichtigen.

Auch bei der Prüfung, in welchem Ausmaß Ihr Unternehmen sich – heute – mit dem Thema **„Social“** und folglich mit den sozialen und gesellschaftlichen Aspekten der eigenen Tätigkeiten befasst, können KI-Systeme unterstützen. Hierfür ist es besonders wichtig, die eigene Supply Chain zu überwachen, um mögliche Verstöße gegen die Arbeitnehmerrechte sowie die Forderung einer Nichtdiskriminierung festzustellen. Ihren Niederschlag haben diese Standards bspw. in den **OECD-Leitsätzen für multinationale Unternehmen** gefunden. Auch die **ILO-Kernarbeitsnormen** sowie die zehn **Prinzipien des UN Global Compact** formulieren entsprechende Anforderungen. Diese sind auch in der **ISO 26000** niedergelegt, einem Leitfaden zur gesellschaftlichen Verantwortung von Organisationen. Auch das Lieferkettensorgfaltspflichtengesetz definiert hier zusätzliche Verantwortlichkeiten für die Unternehmen (vgl. vertiefend [17]).

Herausfordernd ist auch die KI-gestützte Prüfung, in welchem Umfang Ihr Unternehmen eine verantwortungsvolle Unternehmensführung praktiziert – Stichwort **„Governance“**. Hier kann bspw. eine KI-gestützte Prüfung erfolgen, ob sich das Unternehmen an die einschlägigen Gesetze und Regelwerke (**Compliance**) hält. Auch für diesen Bereich wurden bereits anerkannte Standards definiert. Hierzu zählen der **Deutsche Corporate Governance Kodex**. Dieses Regelwerk enthält vor allem Empfehlungen und Anregungen zur guten Unternehmensführung für börsennotierte Unternehmen. Der schon erwähnte **UN Global Compact** enthält auch relevante Regelungen zur Governance, hier mit einem Fokus auf der Korruptionsprävention (Eintritt gegen jede Art von Korruption, einschließlich Erpressung und Bestechung). Die **ISO 37000** definiert internationale Standards für „Good Governance“. Die **G20/OECD-Grundsätze der Corporate Governance** unterstützen politische Entscheidungsträger bei der Evaluierung und Verbesserung des gesetzlichen, regulatorischen und institutionellen Rahmens der Corporate Governance. Weitere Orientierung liefern der **Deutsche Nachhaltigkeitskodex**, indem dieser einen branchenübergreifenden Transparenzstandard für die Berichterstattung über unternehmerische Aktivitäten der Nachhaltigkeit definiert. Richtlinien für die Erstellung von Nachhaltigkeitsberichten werden auch durch die **Global Reporting Initiative** definiert.

Die Tiefe der Beschäftigung mit den verschiedenen Kriterien verdeutlicht deren Relevanz – für das langfristige Überleben von Unternehmen und Menschheit gleichermaßen. Da strategische Investoren am langfristigen Überleben von Unternehmen interessiert sind, rücken die ESG-Kriterien bei **Anlageentscheidungen** immer mehr in den Mittelpunkt. Um Investitionsentscheidungen zu erleichtern, wird auf **Nachhaltigkeits-Rating-Agenturen** zugegriffen. Im Gegensatz zu Rating-Agenturen wie *Fitch*, *Moodys* und *Standard & Poors* wird ein Nachhaltigkeits-Rating nicht im Auftrag der Emittenten, sondern im Auftrag der Investoren erstellt.

Auch **Kunden** verlangen – wenn auch nach wie vor auf niedrigem Niveau – nach „fairen und nachhaltigen Angeboten“. Das angestrebte „gute Gewissen“ ist hier allerdings schon viel weiter als der tatsächliche Kauf. Sonst würden Anbieter wie *Primark* und *SheIn*, die für Fast Fashion stehen, nicht nach wie vor große Erfolge erzielen. Aber ein Umdenkungsprozess hat begonnen, wenn auch sehr langsam. Bei der Entwicklung nachhaltiger Systeme, Prozesse, Produkte und Dienstleistungen auf Unternehmensseite können KI-Systeme eine wichtige Unterstützung leisten (vgl. vertiefend [17]).

> **Merk-Box** Unternehmen stehen vor der Herausforderung, nachhaltige Wertschöpfungsketten aufzubauen, die Ökonomie, Ökologie, Soziales und eine überzeugende Governance miteinander verbinden. Deshalb stellt eine Orientierung an den ESG-Kriterien längst kein Nice-to-have-Element mehr dar. Sie ist zu einem „Must have“ geworden!
>
> Folglich sollte beim KI-Einsatz immer geprüft werden, ob dieser einen Beitrag zur Erfüllung der ESG-Kriterien und weiterer Anforderungen einer nachhaltigen Unternehmensführung leisten kann.
>
> **Die digitale Transformation ist ein wichtiger Enabler der ökologischen Transformation.**

Think-Box: Fragen, die Sie sich stellen sollten!

- Welche Effekte einer exponentiellen Entwicklung zeichnen sich in meiner Branche ab?
- Welche (potenziellen) Wettbewerber profitieren schon heute davon?
- Welche Lösungsansätze sollten wir prüfen?
- Wie wirkt sich die Digitalisierung und Dematerialisierung von Produkten, Services und Prozessen auf meine Branche und mein Unternehmen aus?
- Welche Chancen und welche Risiken resultieren hieraus?

- In welchem Ausmaß können wir heute schon auf relevante Datenströme zugreifen?
- Welche weiteren Datenquellen sollten wir für uns erschließen?
- Schöpfen wir die rechtlichen Möglichkeiten der Datennutzung umfassend aus?
- Verfügen wir über die Kompetenzen, Small und Big Data kompetent auszuwerten?
- Welche neuen Technologien sollten wir für unser Unternehmen erschließen?
- In welchem Ausmaß sind hier schon unsere (potenziellen) Wettbewerber aktiv?
- Wie sieht die Akzeptanz für KI-Technologien in meinen Unternehmen, in unserer Branche und bei unseren Kunden aus?
- Welchen Beitrag kann die Künstliche Intelligenz zur Erreichung einer nachhaltigen Unternehmensführung leisten?
- Wer befasst sich in meinem Unternehmen systematisch mit diesen Fragen?

Zusammenfassung

- Die **Effekte der Exponentialität** werden die Leistungsstärke von KI-Anwendungen in den nächsten Jahren weiterhin massiv vorantreiben (Stichwort Moore's Law).
- Die **Digitalisierung und Dematerialisierung von Produkten, Dienstleistungen und Prozessen** bieten immer umfassendere Möglichkeiten für die Künstliche Intelligenz.
- Die **Vernetzung von Objekten, Daten, Prozessen und Lebewesen** schafft neue Einsatzfelder für KI-Systeme.
- **Umfassende Datentöpfe** – gekennzeichnet durch die Begriffe Volume, Velocity, Variety, Veracity und Value – stellen das notwendige Futter für die KI-Entwicklungen dar.
- Die **S-Kurve** beschreibt idealtypisch die Akzeptanz neuer Technologien.
- Viele **neue Technologien** des *Gartner's Hype Cycle Artificial Intelligence* unterstützen die KI-Anwendungen und werden sukzessiv neue Nutzungsbereiche erschließen.
- *Gartner* prognostiziert vier verschiedene **KI-Trends**: **datenzentrierte KI**, **modellzentrierte KI**, **anwendungszentrierte KI** und **menschenzentrierte KI**.
- Die Anzahl und die Leistungsfähigkeit der installierten **Supercomputer** in den verschiedenen Ländern und Regionen wirken sich auf die erreichbaren KI-Anwendungen aus.
- **5G-Netze** sind eine wichtige Voraussetzung für viele KI-Anwendungen.
- Um die Akzeptanz neuer Technologien zu ermitteln, wird das **Technology Acceptance Model** eingesetzt.
- Beim KI-Einsatz ist konsequent zu prüfen, ob hierdurch **Anforderungen einer nachhaltigen Unternehmensführung** besser, leichter oder überhaupt erfüllt werden können.

Literatur

1. BMWK. (2023). Der deutsche Gaia-X Hub. https://www.bmwk.de/Redaktion/DE/Dossier/gaia-x.html. Zugegriffen am 03.04.2023.
2. Brynjolfsson, E., & McAfee, A. (2014). *The second machine age: Wie die nächste digitale Revolution unser aller Leben verändern wird.*
3. Bundesregierung. (2021). Deutschlands erster Quantencomputer in Betrieb. https://www.bundesregierung.de/breg-de/suche/kanzlerin-quantencomputer-1927088. Zugegriffen am 28.12.2021.

4. Davis, F. D., Granic, A., & Maranguinic, N. (2022). *The technology acceptance model: 30 years of TAM*. Springer.
5. Deutsche Telekom. (2023). Was ist 5G? Grundwissen zum Mobilfunkstandard. https://www.telekom.com/de/konzern/details/was-ist-5g-grundwissen-zum-netz-der-zukunft-542352. Zugegriffen am 14.04.2023.
6. European Parliament. (2021). *Circular economy: Definition, importance and benefits*. https://www.europarl.europa.eu/news/en/headlines/economy/20151201STO05603/circular-economy-definition-importance-and-benefits. Zugegriffen am 03.01.2022.
7. FZ Jülich. (2022). Europas erster Quantenannealer mit mehr als 5000 Qubits in Jülich gestartet. https://www.fz-juelich.de/de/aktuelles/news/pressemitteilungen/2022/2022-01-17-juniq-europas-erster-quantencomputer-mit-5000-qubits. Zugegriffen am 03.04.2023.
8. Gartner. (2021a). *Gartner identifies four trends driving near-term artificial intelligence innovation*. https://www.gartner.com/en/newsroom/press-releases/2021-09-07-gartner-identifies-four-trends-driving-near-term-artificial-intelligence-innovation. Zugegriffen am 14.04.2023.
9. Gartner. (2021b). *The 4 trends that prevail on the Gartner Hype Cycle for AI, 2021*. https://www.gartner.com/en/articles/the-4-trends-that-prevail-on-the-gartner-hype-cycle-for-ai-2021. Zugegriffen am 14.04.2023
10. Gartner. (2022). *What's new in artificial intelligence from the 2022 Gartner Hype Cycle*. https://www.gartner.com/en/articles/what-s-new-in-artificial-intelligence-from-the-2022-gartner-hype-cycle. Zugegriffen am 13.04.2023.
11. Hansell, S. (2008). Zuckerberg´s law of information sharing, *The New York Times*, 6.11.2008.
12. Hohensee, M. (2015). Gordon Moore Maschinen könnten mehr als die Hälfte der Jobs ersetzen. http://www.wiwo.de/unternehmen/it/gordon-moore-maschinen-koennten-mehr-als-die-haelfte-der-jobs-ersetzen/11805510.html. Zugegriffen am 26.06.2018.
13. IOT Analytics. (2021). State of IoT 2021: Number of connected IoT devices growing 9% to 12.3 billion globally, cellular IoT now surpassing 2 billion. https://iot-analytics.com/number-connected-iot-devices/. Zugegriffen am 28.12.2021.
14. Kreutzer, R. T. (2009). *Praxisorientiertes Dialog-Marketing. Konzepte – Instrumente – Fallbeispiele*. Springer Gabler.
15. Kreutzer, R. T. (2021a). *Kundendialog online und offline. Das große 1x1 der Kundenakquisition, Kundenbindung und Kundenrückgewinnung*. Springer Gabler.
16. Kreutzer, R. T. (2021b). *Toolbox für Digital Business. Leadership, Geschäftsmodelle, Technologien und Change-Management für das digitale Zeitalter*. Springer Gabler.
17. Kreutzer, R. T. (2023). *Der Weg zur nachhaltigen Unternehmensführung*. Springer Gabler.
18. Kreutzer, R. T., & Klose, S. (2023). *Metaverse kompakt*. Springer Gabler.
19. Kreutzer, R. T., & Land, K.-H. (2016). *Digitaler Darwinismus – Der stille Angriff auf Ihr Geschäftsmodell und Ihre Marke* (2. Aufl.). Springer Gabler.
20. Rusche, C. (2022). Die Bedeutung des E-Commerce für Einzelhandel und Weihnachtsgeschäft. IW-Kurzbericht, Nr. 100, Köln.
21. Statista. (2021). Volume of data/information created, captured, copied, and consumed worldwide from 2010 to 2025. https://www-statista-com.ezproxy.hwr-berlin.de/statistics/871513/worldwide-data-created/. Zugegriffen am 29.12.2021.
22. Statista. (2022a). Rechenleistung der leistungsstärksten Supercomputer weltweit im November 2022. https://de-statista-com.ezproxy.hwr-berlin.de/statistik/daten/studie/193104/umfrage/rechenleistung-der-leistungsstaerksten-supercomputer-weltweit/. Zugegriffen am 13.04.2023.
23. Statista. (2022b). Standorte der 500 leistungsstärksten Supercomputer weltweit im November 2021. https://de-statista-com.ezproxy.hwr-berlin.de/statistik/daten/studie/36482/umfrage/anzahl-der-supercomputer-weltweit-nach-laendern/. Zugegriffen am 04.01.2022.

24. Syverson, C. (2013). Will history repeat itself? Comments on ‚Is the information technology revolution over?'. *International Productivity Monitor, 25*, 37–40.
25. Venkatesh, V., & Davis, F. D. (2000). A theoretical extension of the technology acceptance model: Four longitudinal field studies. *Management Science, 2*(2), 186–204.
26. Zuboff, S. (2018a, September 29). „Es gibt eine unerträgliche Sehnsucht in vielen von uns". *Der Spiegel*, 68–70.
27. Zuboff, S. (2018b). *Das Zeitalter des Überwachungskapitalismus*. Campus.

Teil II

Anwendungsfelder der Künstlichen Intelligenz

„Make it simple but significant!“ Don Draper

Bevor auf eine Vielzahl von **KI-Anwendungsbereichen** eingegangen wird, ist ein wichtiger Aspekt zu klären. KI-Systeme heutiger Prägung sind immer auf **spezifische Aufgabenstellungen** ausgerichtet. Das bedeutet, dass die Künstliche Intelligenz, die für den Sieg gegen den Go-Weltmeister zum Einsatz kam, beim Schachspiel und auch bei *Jeopardy* kläglich scheitern würde. Dadurch sind sie von einer umfassenden menschlichen Intelligenz weit entfernt.

Diese Einschränkungen sind zu berücksichtigen, wenn nachfolgend aufgezeigt wird, wie aus möglichen Use Cases echte **Business Cases** werden können. Diese sollen nicht nur innovativ sein, sondern auch nachhaltig zum Unternehmenserfolg beitragen. Es wird auf die spezifischen Anforderungen verschiedener Branchen eingegangen. Hieraus können sich wichtige Impulse für die Analyse Ihrer eigenen Geschäftsprozesse ergeben.

Nachfolgend wird deutlich werden, wie eine KI-Integration in Produkte und Dienstleistungen selbst erfolgen kann. Auch Prozesse der Beschaffung, der Innovation/Kreation, der Produktion, der Distribution und des Marketings/Vertriebs, der Kommunikation etc. können durch die Einbindung der Künstlichen Intelligenz nicht nur an Effizienz gewinnen, sondern auch neue Nutzen für die Kunden bereitstellen. Spannende Einsatzfelder bieten sich auch im medizinischen Sektor, bei Sicherungsaufgaben sowie im Bereich Bildung. Es würde allerdings fast schon leichter fallen zu definieren, welche Sektoren nicht vom KI-Einsatz profitieren oder zumindest betroffen sein werden.

▶ **Merk-Box** Die **Grenzen des zukünftigen KI-Einsatzes** sind heute noch nicht einmal ansatzweise zu erkennen. Folglich kommt es vor allem auf Ihre Kreativität und Verantwortung an, die sich abzeichnenden Möglichkeiten früh zu erkennen und aktiv zu nutzen.

Nachfolgend werden spannende **Einsatzfelder der Künstlichen Intelligenz** in verschiedenen Branchen und unterschiedlichen unternehmerischen Funktionsbereichen aufgezeigt. Da die Künstliche Intelligenz eine **Querschnittstechnologie** ist, orientieren sich die Anwendungsfälle nicht an klassischen Branchen- oder Funktionsgrenzen. Sie führen vielmehr zu einer Vernetzung auch über Branchen- und Funktionsgrenzen hinweg. Gleichwohl wurde versucht, eine sinnvolle und lesefreundliche Zuordnung sowohl zu Branchen wie auch zu unternehmerischen Funktionen vorzunehmen.

Produktion, Instandhaltung, Mobilität, Transport, Landwirtschaft

3

Zusammenfassung

In den Bereichen Produktion, Instandhaltung, Mobilität, Transport und Landwirtschaft kann eine Vielzahl von KI-Lösungen eingesetzt werden. Jedes Unternehmen ist aufgerufen, die spezifischen und besonders lohnenden Einsatzfelder für sich zu erschließen. Hierzu werden in diesem Kapitel spannende Beispielanwendungen diskutiert.

3.1 Produktions- und Instandhaltungssektor

3.1.1 Trend zur Smart Factory

Bevor auf den Einsatz der Künstlichen Intelligenz im Produktionsbereich eingegangen wird, werden zunächst **zentrale Entwicklungen in der Produktion** präsentiert (vgl. Abb. 3.1). Hier wird deutlich, dass in vielen Bereichen der Künstlichen Intelligenz eine große Bedeutung zukommt, um die beschriebenen Herausforderungen zu meistern.

Im Zentrum der KI-Anwendung im Produktionsumfeld steht die sogenannte **Smart Factory** (in Deutsch: „**intelligente Fabrik**" bzw. „**vernetzte Fabrik**"). In Deutschland wurde hierfür der Begriff **Industrie 4.0** geprägt. Es geht im Kern um eine **vernetzte Informatisierung der Fertigungstechnologien**. Ein wesentliches Merkmal der vernetzten Fabrik ist die **datengesteuerte Optimierung von End-to-End-Abläufen**.

Ergänzende Information Die elektronische Version dieses Kapitels enthält Zusatzmaterial, auf das über folgenden Link zugegriffen werden kann [https://doi.org/10.1007/978-3-658-42598-2_3].

R. T. Kreutzer, *Künstliche Intelligenz verstehen*, https://doi.org/10.1007/978-3-658-42598-2_3

Trends	Herausforderungen	Enablers
Kleine Losgrößen – höhere Angebotsvielfalt – Trend zur Individualisierung von Angeboten	Zunehmende Komplexität in der Fertigung bei eingeschränkter Vorhersehbarkeit der Nachfrage	Vernetzung und Automation der Wertschöpfungskette über Unternehmensgrenzen hinweg – IIoT
Kürzere Produktlebenszyklen, schnellere Produkteinführungen, hohe Flop-Raten	Disruptive Entwicklungen in der Produktion – Integration von Robotern – hohe SW-/HW-Kosten	Software zur Steuerung der Produktion über Robotik – Expertise im Robotereinsatz – KI
Kosten- und Effizienzvorteile bei der Automatisierung – Einsatz von Collaborative Robots	Ausbalancieren des Einsatzes von Menschen und Robotern für einen kooperativen Einsatz	Professionelles Human-Resource-Management – Entwicklung von Collaborative Robots – KI
Steigende Anforderung an das Know-how der Mitarbeiter zur Bewältigung von Industrie 4.0	Knappheit an hochqualifizierten Fachkräften (bspw. Data-Scientists, KI-Spezialisten)	Investitionen in die Qualifizierung der eigenen Mitarbeiter; gezielte Akquisition von Spezialisten

Abb. 3.1 Wichtige Veränderungen in der Produktion

> **Merk-Box** Das ultimative Ziel einer Smart Factory ist die Entwicklung einer sich selbst optimierenden Fabrik,
>
> - die sich selbstständig an **Veränderungen des Angebots** (Preise und Menge) anpasst,
> - die **verfügbaren Produktionskapazitäten** optimal auslastet (hierbei liegt eine unternehmensweite Perspektive zugrunde; ggf. werden auch Kapazitäten von anderen Anbietern eingebunden),
> - die **Veränderungen der (weltweiten) Nachfrage** antizipiert und in Anforderungen an die Ressourcenbeschaffung und die Produktion umsetzt sowie
> - **Veränderungen der (weltweiten) Nachfrage** auch selbstständig zur Weiterentwicklung von Produkten und Dienstleistungen nutzt.
>
> Hiermit wird sichtbar:
>
> Wer den **Kern von Industrie 4.0** allein in Effizienzsteigerung sowie in Kostenreduktion sieht, vernachlässigt viele Möglichkeiten, die das Industrial Internet of Things in Verbindung mit der Künstlichen Intelligenz eröffnet. Hier geht es auch um die **Schaffung von neuen Produkten und Dienstleistungen** sowie um die **Entwicklung innovativer Geschäftsmodelle** (vgl. vertiefend [33]).

Beim **Smart Factoring** steht die Erreichung der nachfolgend beschriebenen Entwicklungen im Mittelpunkt:

- Die Grenzen zwischen Produkt-/Servicedesign, Supply-Chain-Management, Produktionsprozessen und dem Vertriebs-/Nachfragemanagement werden eingerissen.
- Ein virtuelles Tracking von Anlagen und Prozessen sowie von Produkten und Services wird möglich.

- Relevante Informationen – entlang der gesamten Supply Chain und Value Chain bis hin zur Nachfrageentwicklung – stehen in Echtzeit, visuell aufbereitet und mit Handlungsimpulsen zur Verfügung. Durch eine Echtzeit-Zusammenarbeit mit Zulieferern sollen Lieferkettenrisiken frühzeitig erkannt und vermieden werden.
- Eine Rationalisierung von Geschäftsprozessen sowie eine Optimierung von Nachfrage und Angebot werden möglich – mit hoher Flexibilität.

> „Smart manufacturing transforms businesses into proactive, autonomic organizations that predict and fix potentially disruptive issues, evolve operations and delight customers, all while increasing the bottom line" ([39], S. 3).

Mit diesem Satz lässt sich zumindest das **Wunschbild** beschreiben, dessen Erreichung harte Arbeit und ein großes Investment sowie ein Team hoch qualifizierter Spezialisten voraussetzt.

Der **globale Markt für intelligente Fertigungssysteme** wurde im Jahr 2022 auf ca. 250 Mrd. US-$ geschätzt. Er wird voraussichtlich von 2023 bis 2030 mit einer jährlichen Rate von 14,9 % wachsen (vgl. [29]). Die wichtigsten Wachstumstreiber sind die zunehmende Akzeptanz von Industrie 4.0 sowie ein stärkeres Engagement der Regierung bei der Unterstützung der industriellen Automatisierung. Zusätzlich ist eine zunehmende Automatisierung in industriellen Fertigungsprozessen zu beobachten. Außerdem gilt es, die zunehmende Komplexität der Lieferketten zu bewältigen und zusätzlich weitere Anforderungen an eine nachhaltige Unternehmensführung zu erfüllen.

Welches sind die wesentlichen Faktoren, um das Wachstum dieses Marktes so dynamisch voranzutreiben? Hierzu zählen folgende Punkte:

- Dynamisches Vordringen von Industrie-4.0-Lösungen
- Steigende Automatisierung industrieller Fertigungsprozesse
- Zunehmende Unterstützung der industriellen Automatisierung durch Regierungen
- Wachsende Bedeutung der Einhaltung gesetzlicher Vorschriften
- Zunehmende Komplexität der Lieferketten
- Steigende Nachfrage nach Software-Systemen, die Zeit und Kosten reduzieren
- Verfügbarkeit einschlägiger Technologien
  - Programmable Logic Controller (PLC)
  - Supervisory Controller and Data Acquisition (SCADA)
  - Enterprise Resource and Planning (ERP)
  - Distributed Control System (DCS)
  - Human Machine Interface (HMI)
  - Smart Product Solutions (SPS)
  - Product Lifecycle Management (PLM)
  - Manufacturing Execution System (MES)
  - Machine Vision System, Control Devices, Robotics, Communication Segments, Sensors

In vielen Ländern etablieren sich **Initiativen zur intelligenten Fertigung**. Durch die Zusammenarbeit von Industrieunternehmen, Technologieanbietern, Laboratorien und Universitäten wird an verschiedenen Stellen an **Smart Manufacturing Platforms** sowie an Konzepten von **Smart Factorys** gearbeitet. Der Einsatz der oben genannten Technologien (wie SPS, SCADA, ERP, DCS, HMI, PLM und MES) ermöglicht es, Daten in Echtzeit zu sammeln und auszuwerten, um daraus Entscheidungen abzuleiten. Hierdurch können Produktfehler reduziert, Ausfallzeiten verringert und Wartungsphasen besser geplant werden. Immer mehr M2M-Verbindungen (Machine-to-Machine) werden IoT-Anwendungen unterstützen. Hersteller auf der ganzen Welt setzen auf Robotik- und Automatisierungstechnologien, um die eigene Fertigung in Bezug auf Produktivität, Qualität, Sicherheit und Kosten zu optimieren. Hierzu tragen auch die steigenden Ausgaben für den Einsatz von Robotern bei.

Es wird geschätzt, dass der Markt für das **Industrial Internet of Things** (IIoT) zukünftig den größten Anteil am Markt für intelligente Fertigung haben wird. Das IIoT bindet verschiedene Technologien ein, um die Prozesse zu optimieren. Zu diesen Technologien zählen u. a. der Einsatz von Sensoren, RFID, Industrierobotik, verteilte Steuerungssysteme, Zustandsüberwachung, intelligente Zähler, elektronische Regaletiketten, Kameras, intelligente Beacons und Systeme zur Ertragsüberwachung. Für die Lokalisierung werden Satelliten-Navigations-Systeme eingesetzt (GNSS für Global Navigation Satellite System). GNSS ist der Sammelbegriff für die verschiedenen weltweit eingesetzten Systeme der Satelliten-Navigation. Hierzu zählen *GPS* (Global Positioning System) der USA, *GLONASS* (Globales Satellitennavigationssystem) von Russland, *Galileo* der Europäischen Union und *Beidou* der Volksrepublik China. Der Einsatz des IIoT hilft bei der Analyse der Daten, die über verschiedene Geräte und Prozesse gesammelt wurden. Hierdurch wird eine effektive Entscheidungsfindung unterstützt.

Die **industrielle Kommunikation** wird im Prognosezeitraum weiterhin den größten Anteil am Markt für intelligente Fertigung ausmachen. Für diese industrielle Kommunikation wird eine Kombination aus Komponenten, Software und Standardprotokollen eingesetzt. Diese ermöglichen eine Kommunikation von Mensch zu Maschine und von Maschine zu Maschine. Durch eine effizientere, zuverlässigere und sicherere industrielle Kommunikation wird die betriebliche Effizienz gesteigert. Gleichzeitig können die Fertigungskosten insgesamt reduziert werden. Hier ist es erforderlich, dass die Unternehmen beträchtliche Summen in intelligente Fertigungslösungen investieren, die eine Echtzeitüberwachung der Anlagen ermöglichen. Die Hersteller konzentrieren sich vor allem auf die Kontrolle der Komponentenversorgung, die Verbesserung der Produktqualität, die Verkürzung des Produktionszyklus und den Einsatz effizienter Fertigungsprozesse.

Die **Bedeutung von Smart Factorys** zeigt Abb. 3.2. Hierzu wurden in Deutschland von 2019 bis 2021 jeweils 551 bis 555 Produktionsleiter, Vorstände und Geschäftsführer in deutschen Industrieunternehmen ab 100 Mitarbeitern befragt. Es zeigt sich, dass 2021 insgesamt 62 % der Befragten angaben, bereits spezielle **Anwendungen für Industrie 4.0** zu nutzen. Im Jahr 2019 waren es erst 53 % (vgl. [50], S. 11).

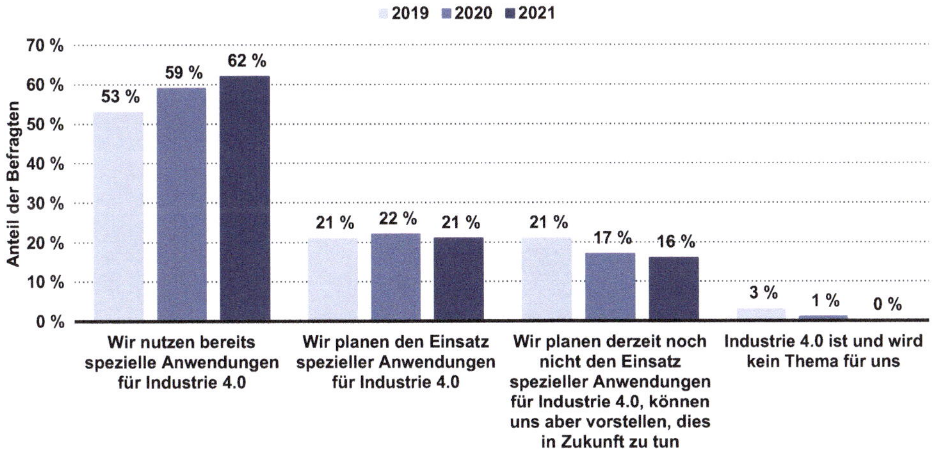

Abb. 3.2 Welche Bedeutung hat Industrie 4.0 für Ihr Unternehmen? (Datenquelle: [50])

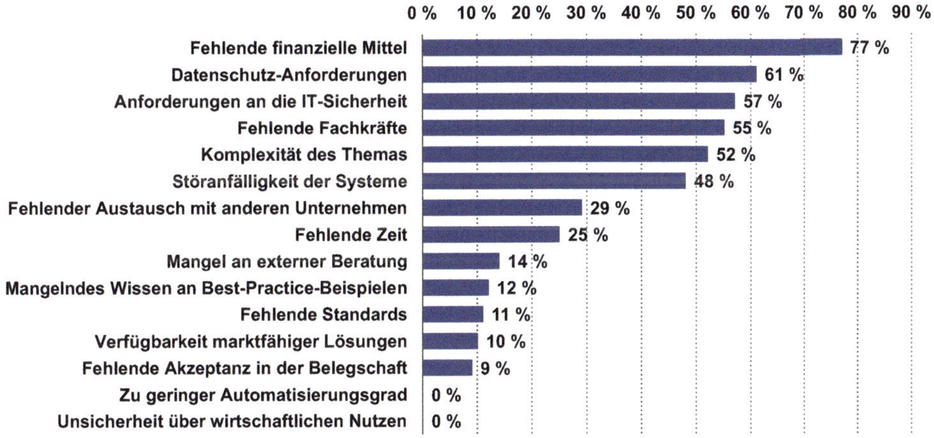

Abb. 3.3 Was sind die größten Hemmnisse für den Industrie-4.0-Einsatz in Ihrem Unternehmen? (Datenquelle: [50])

Informativ sind auch die Antworten auf die Frage, welches die größten **Hemmnisse für den Industrie-4.0-Einsatz** in den Unternehmen sind (vgl. Abb. 3.3). Hierzu wurden 551 Produktionsleiter, Vorstände und Geschäftsführer in deutschen Industrieunternehmen ab 100 Mitarbeitern befragt. 77 % der Befragten sahen im Jahr 2021 **fehlende finanzielle Mittel** als Hemmnis beim Einsatz von Industrie-4.0-Anwendungen an. Bereits an zweiter Stelle kommen mit 61 % **Datenschutzanforderungen**, die in immer mehr Bereichen als Innovationsbremse auftreten. Mit 57 % rangieren die schon angesprochenen **Anforderungen an die IT-Sicherheit** an dritter Stelle. Danach kommen **fehlende Fachkräfte** mit 55 %. Die **Komplexität des Themas** geben 52 % als Hemmnis an (vgl. [50], S. 18).

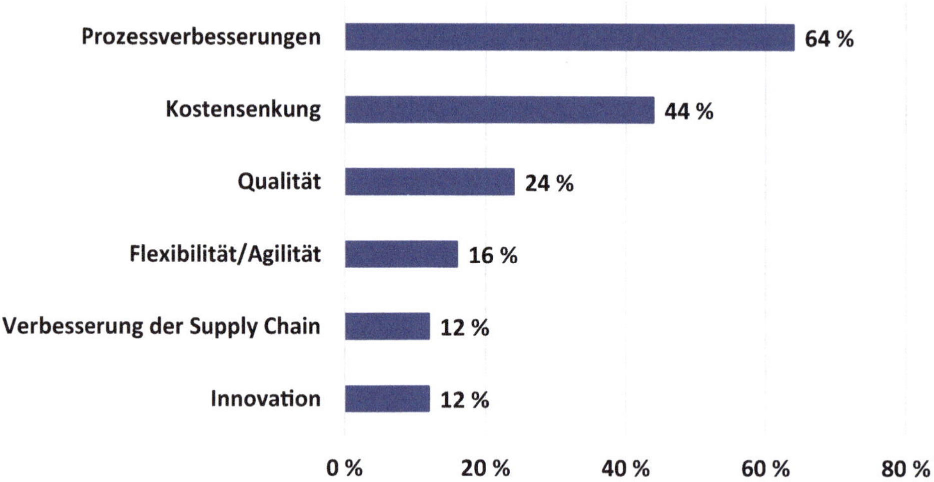

Abb. 3.4 Wesentliche Treiber der Digitalisierung in der Produktion. (Datenquelle: [45], S. 7)

Wichtig ist auch die Frage nach den **Zielen einer Digitalisierung in der Produktion**. Um diese zu ermitteln, wurde durch Roland Berger [45] eine Umfrage mit 40 Interviews in Deutschland durchgeführt. In dieser Studie wurden fünf Industriesegmente erfasst. Diese umfassten technische Produkte für Endverbraucher, den Maschinenbau, die Grundstoffindustrie, die Automobilzulieferer sowie die Automatisierungsbranche. Befragt wurden überwiegend mittelständische Unternehmen mit bis zu fünf Mrd. € Jahresumsatz. Die Interviewpartner waren im Top- und Middle-Management und im Projektmanagement beschäftigt. Außerdem wurden Fachkräfte aus Technik, IT und Produktion befragt.

Interessante Ergebnisse lieferte die Frage nach den wesentlichen **Treibern der Digitalisierung in der Produktion** (vgl. [45], S. 7). Schon in der Vergangenheit standen bei ähnlichen Studien drei Ziele im Mittelpunkt: **Effizienzsteigerungen**, **Kostensenkungen** und **Qualitätsverbesserungen**. Abb. 3.4 zeigt, dass dies auch bei dieser neuen Studie der Fall ist. Bei der Digitalisierung in der Fabrik setzen 64 % der Befragten die **Prozessverbesserungen** an die erste Stelle. Darauf folgt mit 44 % das Ziel der **Kostensenkung**. Eine **Qualitätsverbesserung** streben 24 % an. Die vom Markt vielfach erwartete **Flexibilität/Agilität in der Produktion** ist nur für 16 % ein wesentlicher Treiber. Die **Verbesserung in der Supply Chain** folgt mit 12 %. Überraschend ist, dass lediglich für 12 % der befragten Personen **Innovation** ein Treiber für die Digitalisierung in der Fertigung ist.

► **Merk-Box** Die Herausforderung für produzierende Unternehmen liegt darin, ihre **Fertigungsabläufe widerstandsfähiger** und **flexibler** zu gestalten, um so die Resilienz zu steigern. Zusätzlich ist der **Ressourcenverbrauch** zu reduzieren. Außerdem sind hohe **Sicherheitsanforderungen** zu berücksichtigen, damit Produktionssysteme nicht durch Cyber-Attacken stillgelegt werden können.

Gleichzeitig gilt es, die **Overall Equipment Effectiveness** (**OEE**) bzw. die **Gesamtanlagen-Effektivität** zu verbessern. OEE ist der Goldstandard für die Messung der **Fertigungsproduktivität**. Ein OEE-Wert von 100 % bedeutet, dass nur gute Teile herstellt werden – und zwar so schnell wie möglich und ohne Stillstandzeiten: 100 % Qualität (nur gute Teile), 100 % Leistung (so schnell wie möglich) und 100 % Verfügbarkeit (keine Ausfallzeiten).

3.1.2 Vernetzung als Kernelement einer Smart Factory

In einer visionären Ausgestaltung organisieren sich Smart Factorys (Fertigungsanlagen, inklusive Qualitätskontrolle und Logistiksysteme) eigenständig, d. h. ohne menschliche Eingriffe. Eine entscheidende Grundlage hierfür sind die sogenannten cyber-physischen Systeme. **Cyber-physische Systeme** (CPS für Cyber Physical Systems) verbinden Informationen und mechanische Komponenten über Software. Ein solches cyber-physisches System ist ein Verbund von informatischen, softwaretechnischen Komponenten mit mechanischen und elektronischen Teilen, die über eine Dateninfrastruktur miteinander kommunizieren. Diese Kommunikation bzw. dieser Datenaustausch (inklusive Kontrolle bzw. Steuerung) erfolgt über ein Netzwerk (meist das Internet) in Echtzeit. Folgende **Bestandteile von cyber-physischen Systemen** sind zu unterscheiden (vgl. [4]):

- **Systeme** (u. a. für Beschaffung, Produktion, Logistik, Kommunikation) und **vernetzte Objekte und Prozesse** (Bestandteile des Internet of Everything) zur Steuerung und Überwachung der Prozesse; ggf. Nutzung von Cloud-Services und Edge AI
- **Sensoren** sowie **drahtlose Kommunikationstechniken** (wie Bluetooth oder RFID) zur Registrierung und Verarbeitung von Daten aus der physikalischen Welt
- **Stationäre und mobile Einrichtungen, Geräte und Maschinen** (bspw. Roboter)
- **Aktoren** (etwa Antriebselemente), die auf die physikalische Welt einwirken (etwa bei der Steuerung von Produktionsprozessen oder als Impulse für Roboter)
- **Technologien zur Auswertung von Big Data**, da hier häufig sehr große Datenmengen in Echtzeit anfallen, bspw. zur Unterstützung der Qualitätskontrolle durch KI-Systeme
- **Cyber-Security-Module** (zum Schutz der Prozesse gegenüber internen und/oder externen Cyber-Angriffen)

Bei der angesprochenen Vernetzung von Objekten und Prozessen sind zwei Ausprägungen zu unterscheiden. Die **interne Vernetzung** verknüpft die internen Komponenten des Produktionsprozesses an einem Standort. Die **externe Vernetzung** umfasst die (selbstständige) Kommunikation mit anderen smarten Fabriken oder anderen vernetzten Anlagen und Prozessen. Hierdurch kann – KI-gestützt – produktionsstandortübergreifend von den Erfolgen und Misserfolgen anderer Produktionseinheiten gelernt werden – idealerweise sogar in Echtzeit.

▶ **Merk-Box** **Cyber-physische Systeme** bilden die Voraussetzung für die Kommunikation zwischen realen und virtuellen Komponenten. Sie schaffen die Grundlagen für **Smart Factorys**.

Welche Auswirkungen diese Vernetzung annehmen kann, wird in Abb. 3.5 sichtbar. Hier vollzieht sich ein dramatischer **Wandel der klassischen Wertschöpfungskette**. Diese ist durch eine **digitale (informatorische) Wertschöpfungskette** zu durchdringen. Die digitale Wertschöpfungskette kann durch ihre umfassende Vernetzung verschiedener Leistungsbereiche einen entscheidenden Beitrag zur Überwindung unternehmensinterner und unternehmensexterner Daten-Silos leisten. Dies gelingt durch den Aufbau eines **Daten- und Prozess-Ökosystems**. Neben der Zusammenführung interner Informationsströme sind durch einen Outside-in-Prozess weitere Informationen aus dem unternehmerischen Umfeld und insb. von Lieferanten und Kunden zu integrieren. Durch diese Vernetzung kann viel schneller und umfassender auf notwendige Veränderungen auf der Angebots- und Nachfrageseite reagiert werden. Die **digitale Wertschöpfungskette** stellt damit eine **informatorische Value Chain** dar – zur Vernetzung von internen und externen Informationsströmen.

▶ **Merk-Box** Unternehmen sind aufgefordert, **End-to-End-Datenlösungen** aufzubauen – statt Daten- und Prozess-Silos. Hierdurch können zum einen anspruchsvollere Effizienz- und Effektivitätsziele in der Produktion erreicht werden. Außerdem kann es gelingen, durch über eine überzeugendere Leistungserbringung weiteren Unternehmenswert zu erwirtschaften. Außerdem können durch eine Vernetzung der physischen mit der digitalen Wertschöpfungskette auch neue Geschäftsmodelle entwickelt werden.

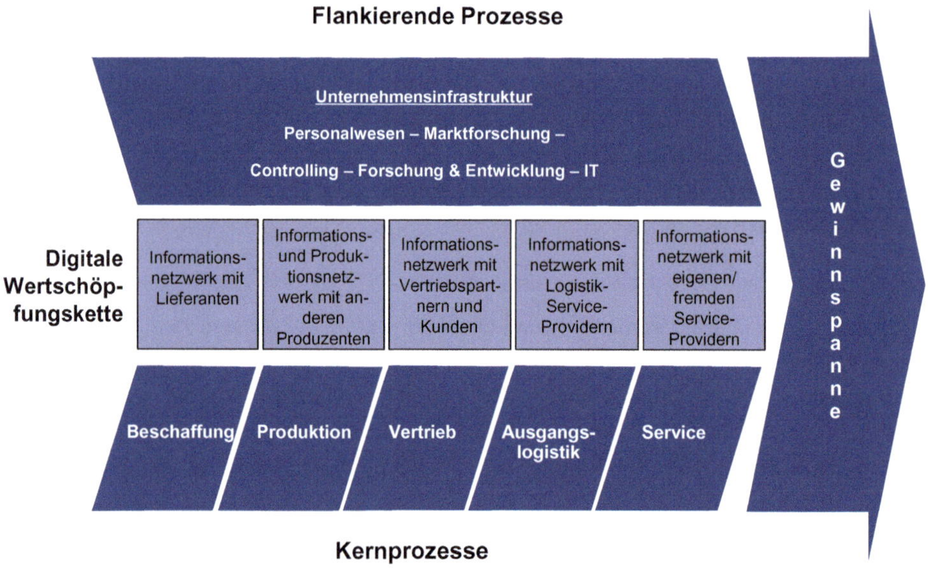

Abb. 3.5 Vernetzung von physischer und digitaler Wertschöpfungskette

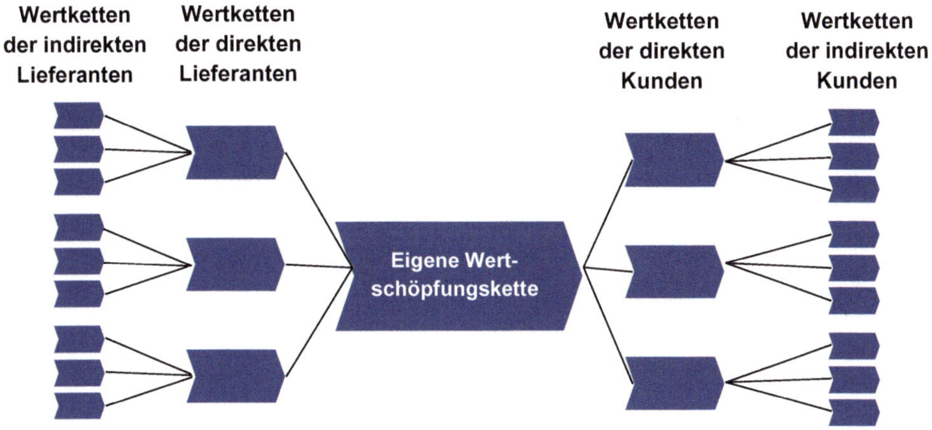

Abb. 3.6 System von Wertschöpfungsketten

Werden nicht nur die eigenen Wertschöpfungsstufen miteinander verbunden, sondern auch die Wertschöpfungsketten weiterer vor- und nachgelagerter Unternehmen miteinander verzahnt, entstehen **Systeme integrierter Wertschöpfungsketten** (auch **Value Systems**; vgl. Abb. 3.6). Die eigene Wertschöpfungskette wird auf der Input-Seite mit der Wertschöpfungskette von direkten und indirekten Lieferanten verknüpft. Auf der Output-Seite erfolgt eine Vernetzung mit der Wertschöpfungskette von direkten und indirekten Kunden. Diese Form der Vernetzung ist nicht nur im B2B-Bereich relevant, sondern kann auch Verbraucher einbinden. So binden bspw. Smart-Home-Konzepte die Konsumenten direkt ein.

Durch eine umfassende informatorische Vernetzung können zusätzliche Effizienz- und Effektivitätsreserven der Wertschöpfung ausgeschöpft werden. Dies kann sowohl auf der Lieferanten- wie auch auf der Kundenseite gelingen. Diese Vernetzung bildet vielfach auch den Kern für die Entwicklung neuer Geschäftsmodelle (vgl. weiterführend [33]).

Eine **Auswertung und Optimierung solch komplexer und weitreichend vernetzter Daten- und Prozess-Ströme** kann ohne umfassende KI-Systeme nicht bewältigt werden. Eine dafür notwendige klassische Programmierung würde die Grenzen der Machbarkeit im Hinblick auf Zeit, Komplexität und Kosten sprengen.

▶ **Merk-Box** Wer in der digitalen Welt als Hersteller langfristig überleben möchte, darf sich nicht damit begnügen, nur die eigenen Produktionsprozesse zu digitalisieren. Die Hersteller selbst bzw. Netzwerke von Herstellern sind aufgerufen, **leistungsstarke Plattformen** zu entwickeln, um die aufgezeigte Vernetzung zu erreichen.

Sonst besteht die Gefahr, dass sich **Plattformen der etablierten Digitalkonzerne** zwischen unser Unternehmen und unsere Lieferanten und Kunden drängen – und damit der direkte Kontakt verloren geht. Dadurch würde unser Unternehmen zum austauschbaren Leistungspartner „ohne Gesicht" gegenüber den Geschäftspartnern degradiert.

Dies ist in vielen konsumentennahen Anwendungen bereits der Fall. Hier haben sich Plattformen wie *Airbnb, Amazon Marketplace,* Booking.com, *Check24, Flixbus, HRS, TripAdvisor, Zalando* und viele andere zwischen die Anbieter und Nachfrager platziert – als **Gatekeeper**. Plattformen dominieren als Gatekeeper die Kundenschnittstelle – und die Anbieter müssen für den Zugang zu Lieferanten und Kunden sowie für die Nutzung damit verbundener Daten über „eigene" Geschäftsbeziehungen bezahlen! Denn vielfach verfügen nur noch die Gatekeeper über einen direkten Kontakt und können allein auf alle relevanten Daten zugreifen, diese auswerten und für die weitere eigene Geschäftsstrategie nutzen.

3.1.3 Technologien des Smart Manufacturings

Nachfolgend werden zentrale **Technologien von Smart Manufacturing** diskutiert. In Summe geht es bei Smart Factorys darum, digitale Technologien einzusetzen, um Produktivität, Qualität, Flexibilität und Service deutlich zu verbessern. Hierfür ist zunächst die angesprochene hohe **Konnektivität** aufzubauen. Das **Industrial Internet of Things** wird eingesetzt, um eine umfassende Erfassung und Zusammenführung von Daten aus verschiedenen Anlagen zu erreichen (vgl. Abschn. 2.3). Durch den Ausbau des Industrial Internet of Things können **Ökosysteme der intelligenten Fertigung** entstehen. Hierzu werden verschiedene Objekte und Prozesse verknüpft, um bestimmte Ziele effizienter oder effektiver zu erreichen. Ein großes Aufgabenfeld des Industrial Internet of Things besteht darin, sich als Hersteller mit anderen Herstellern und weiteren Dienstleistern zu vernetzen, um die intelligente Fertigung weiter voranzutreiben.

Angesichts hoher **Anforderungen durch die ESG-Kriterien**, durch das **Lieferkettensorgsfaltspflichtengesetz** (vgl. Abschn. 2.6) sowie aufgrund der **steigenden Kundenerwartungen** stellt die hier erforderliche Logistik für Unternehmen nicht mehr allein einen Kostenfaktor dar. **Intelligente Lieferketten** bilden heute vielfach das Rückgrat des Geschäftserfolgs. Für Unternehmen und Konsumenten werden kurze Produktions- und Lieferzeiten sowie eine hohe Transparenz bei niedrigen Kosten immer wichtiger – verbunden mit dem Wunsch nach einer Individualisierung des Angebots und einer Ausrichtung auf Nachhaltigkeit. Diese Herausforderungen können nur durch ein **intelligentes und integriertes Supply-Chain-Management** erfüllt werden – eingebunden in das Konzept der Smart Factory. Durch Smart Manufacturing kann auch ein umweltverträgliches Handeln erreicht werden. So kann der CO_2-Fußabdruck von Unternehmen reduziert und der Prozess einer Kreislaufwirtschaft unterstützt werden. Der effizientere Einsatz von Energie, Wasser und weiteren Ressourcen, eine intelligentere Abfallwirtschaft sowie eine optimierte Nutzung der Fertigungsanlagen tragen wesentlich zur Entwicklung in Richtung einer nachhaltigen Unternehmensführung bei (vgl. vertiefend [34]).

3.1.3.1 Produktionsleitstand

Diese Entwicklungen ermöglichen einen **Produktionsleitstand**, wie er in Abb. 3.7 zu sehen ist. Durch das Industrial Internet of Things ist ein **kontinuierlicher Informationsfluss** aufzubauen, der zuvor getrennt agierende Geschäftsbereiche miteinander verbindet. Um diese Datenströme zu meistern, werden sogenannte **Manufacturing Execution Systems** (**MES**) eingesetzt. Hierbei handelt es sich um eine prozessnah operierende Ebene eines mehrschichtigen Managementsystems für Produktionsprozesse. Hier wird auch von einem **Produktionsleitsystem** gesprochen. Der Kern dieser Systeme ist eine direkte Vernetzung der verteilten Systeme und setzt die Einbindung unterschiedlicher Maschinen und Anlagen sowie die simultane Verarbeitung verschiedener Datenformate voraus. Dies ermöglicht eine (automatisiertes) Prozessmanagement in Echtzeit.

Für dieses **Prozessmanagement in Echtzeit** ist es erforderlich, dass verschiedene Datenquellen (Betriebsdaten, Maschinendaten und Personaldaten) im laufenden Prozess erfasst und auswertet werden. Diese umfassende **betriebliche Transparenz** ist eine unverzichtbare Voraussetzung für die Optimierung von Prozessen und Produkten. Erst durch eine solche Transparenz können mögliche Produktionsengpässe und die Ursachen von Qualitätsmängeln frühzeitig erkannt werden. Eine umfassende Transparenz ist auch die Voraussetzung dafür, dass Unternehmen schneller auf weitere unerwartete Problemstellungen reagieren können. Um diese Transparenz aufzubauen, sind die Daten der Maschinen und Anlagen sowie der dort agierenden Personen zusammenzuführen. Hierbei gilt es, die Vielzahl der gewonnenen Daten in relevante und praxistaugliche Erkenntnisse zu überführen. Nur dann kann eine **datengestützte Produkt- und Prozessoptimierung** gelingen.

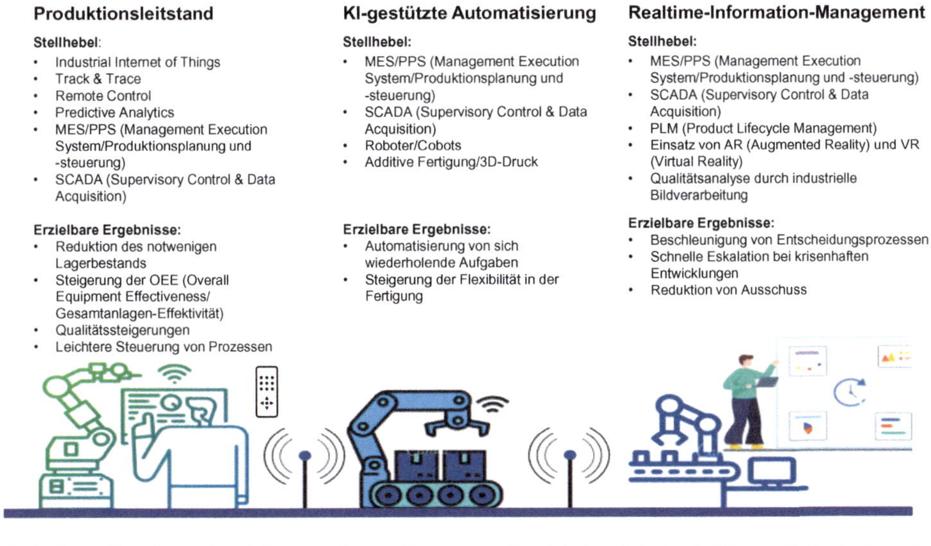

Abb. 3.7 Handlungsbereiche von Smart Factorys – Produktionsleitstand, KI-gestützte Automatisierung und Realtime-Management

Durch den Einsatz der Künstlichen Intelligenz wird es möglich, auch sehr große – strukturierte, teilstrukturierte und unstrukturierte – Datensätze schnell auszuwerten. Hierdurch kann es bspw. gelingen, Ausfälle von Maschinen und Anlagen auch in sehr komplexen Produktionsumgebungen sehr viel schneller als auf herkömmlichem Wege vorherzusagen. Die Zukunft solcher KI-gestützter Systeme liegt darin, dass nicht nur die Anlagen untereinander Informationen austauschen. Auch die **Regale**, die **Werkstücke** sowie die zu ihrer Fertigstellung notwendigen **Materialien** können selbstständig untereinander und mit den **Fertigungsanlagen kommunizieren**. So kann ein Zulieferteil oder ein im Fertigungsprozess befindliches Produkt die für die weitere Bearbeitung notwendigen Daten in maschinenlesbarer Form selbst mitbringen. Diese können auf einem RFID-Chip oder als QR-Code bereitgestellt werden. Auf der Grundlage dieser Informationen werden die weiteren Fertigungsschritte selbstständig angestoßen. Hierdurch kann in den entsprechend konfigurierten Fertigungsanlagen eine hohe Flexibilität in der Produktion erreicht werden.

3.1.3.2 KI-gestützte Automatisierung

Außerdem kann ein umfassendes **Track & Trace-System** eingesetzt werden, um die Lieferwege von Materialien und Produkten exakt nachzuvollziehen (vgl. Abb. 3.7). Dies ermöglicht eine umfassendere Form von **Sichtbarkeit** (Visibility). Bisher konnte bei vielen Produktionsprozessen nur auf **Batch Level** (i.S. einer Charge von Produkten) festgestellt werden, wo und wann eine größere Anzahl von Produkten von wem produziert wurde. In Zukunft ist eine solche Zuordnung auf **Unity Level** möglich, d. h. für jedes einzelne Produkt. Das bedeutet, dass auch im Nachhinein sekundengenau festgestellt werden kann, welche Bedingungen zum Fertigungszeitpunkt eines bestimmten Produktes herrschten.

Zusätzlich wird ein **Remote Monitoring** möglich – über Maschinen-, Anlagen-, Unternehmens- und Ländergrenzen hinweg. Diese Fernverwaltung von Produktionsanlagen sichert eine laufende Überwachung von Produktionsprozessen und ermöglicht es, bei Problemen schnell Gegenmaßnahmen einzuleiten und ggf. sogar automatisiert anzustoßen.

Ein unverzichtbares Handlungsfeld bei der Entwicklung sowie dem Einsatz von Smart Factorys stellt die **industrielle Cyber-Sicherheit** dar. Sie umfasst die Sicherheit von industriellen Steuerungssystemen sowie von Automatisierungs- und Produktionsprozessen. Hierzu gehört auch der Schutz von Anlagen und kritischer Infrastruktur vor Cyber-Angriffen. Die Notwendigkeit zu einer Stärkung der industriellen Cyber-Sicherheit resultiert aus der Tatsache, dass industrielle Steuerungssysteme für Cyber-Angriffe besonders anfällig sind. Hierzu zählen speicherprogrammierbare Steuerungen (SPS), verteilte Steuerungssysteme/Prozessleitsysteme (DCS für Distributed Control System) und übergeordnete Steuerungs- und Datenerfassungssysteme (SCADA für Supervisory Control and Data Acquisition).

SCADA bezeichnet ein Computersystem, mit dem technische Prozesse einer automatisierten Fertigung überwacht und gesteuert werden. Um diese Systeme vor Cyber-Angriffen zu schützen, werden verschiedene Technologien wie DDoS-Schutzlösungen (Distributed Denial of Service), Systeme zur Erkennung und Verhinderung von Eindringlingen (Intrusion Detection and Prevention), Antivirenprogramme und Produkte wie Gateway- und

Netzwerkgeräte eingesetzt. Hierdurch soll eine ununterbrochene Leistungserbringung gewährleistet werden. Dies ist nicht nur bei Versorgungsunternehmen (bei Wasser und Strom) und Verkehrssystemen (etwa Flughäfen, Zügen sowie S- und U-Bahnen) unverzichtbar, sondern auch bei Produktionsprozessen.

- Eine – ggf. cloudbasierte – Datenverwaltung und -analyse schafft die Voraussetzungen für unterschiedlichste **Business Analytics**, auch in Form von **Predictive Analytics**. Bei Predictive Analytics werden verschiedenste KI-Anwendungen eingesetzt, um Vorhersagefehler zu reduzieren und bspw. Umsatzverluste durch fehlende Lieferfähigkeit zu vermeiden. Zusätzlich kann durch qualifizierte Prognosen die Lagerhaltung optimiert und gleichzeitig die Effizienz in der Produktion gesteigert werden. Das übergreifende Ziel besteht darin, die **Overall Equipment Effectiveness** zu steigern. Hierfür ist es unverzichtbar, die Steuerungs- und Geschäftssysteme zu integrieren, um Aufträge unternehmensweit auszuführen und zu überwachen. Wichtig ist, dass hierzu auch relevante Kontextinformationen eingebunden werden.
- Zur Steigerung der Gesamtanlagen-Effektivität trägt die Künstliche Intelligenz auch durch die **Ausschöpfung des Ertragssteigerungspotenzials** bei. Dies gelingt, indem eine Auswertung von Maschinendaten in Echtzeit erfolgt. Bei der verknüpften Auswertung von Tausenden von Variablen über verschiedene Maschinen, Prozessstufen und Produktionsstandorte hinweg werden die zur Optimierung relevanten Insights gewonnen und mögliche „Ertragskiller" identifiziert. Eine KI-unterstützte Ursachenanalyse erlaubt es, schnelle Entscheidungen über notwendige Optimierungsmaßnahmen zu treffen. Hierdurch können folgende Effekte erzielt werden:
  - Reduktion von Testkosten
  - Reduktion von Fehler-/Ausschussquoten durch KI-basierte Identifikation von Fehlern und Ertragskillern vor Produktionsaufnahme oder während des laufenden Prozesses
  - Reduktion von produktionsbedingten Mindererträgen

Zusätzlich können weitere in Abb. 3.7 gezeigte Konzepte zur **KI-gestützten Automatisierung** eingesetzt werden.

Die **weltweiten KI-Ausgaben für Automatisierungsanwendungen** sollen sich zwischen 2020 und 2024 verdoppeln. Der Betrag soll von 50 Mrd. US-$ im Jahr 2020 auf 110 Mrd. US-$ im Jahr 2024 anwachsen (vgl. [51], S. 14). Von großer Bedeutung ist hier der Einsatz von **Industrierobotern**. Abb. 3.8 zeigt, dass der Absatz von Industrierobotern vor allem in der Region Asien-Pazifik deutlich zunehmen wird. In Europa wird eher ein weniger dynamisches Wachstum erwartet. Auch in Nord-Amerika wird sich der Einsatz von Industrierobotern insgesamt nur leicht steigern (vgl. [54]).

Die weiterentwickelte Robotik erschließt sich neue Einsatzfelder und ermöglicht eine Zusammenarbeit von Robotern und Menschen. Diese **Cobots** bzw. **Collaborative Roboter** können mit Menschen „Hand in Hand" arbeiten. Eine Voraussetzung hierfür ist, dass die Roboter die Menschen erkennen und in der Zusammenarbeit mit diesen entsprechend

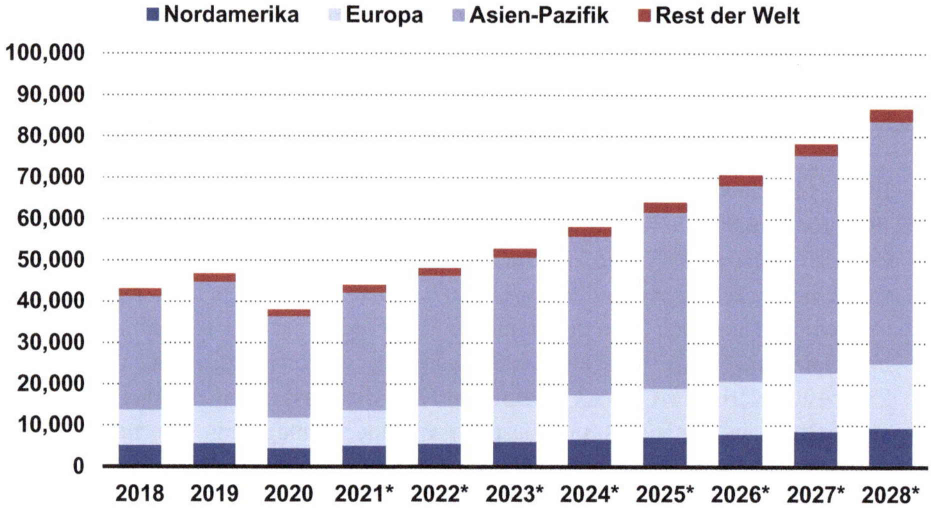

Abb. 3.8 Absatz von Industrierobotern nach Region – weltweit (in Mio. US-$) (Datenquelle: [54])

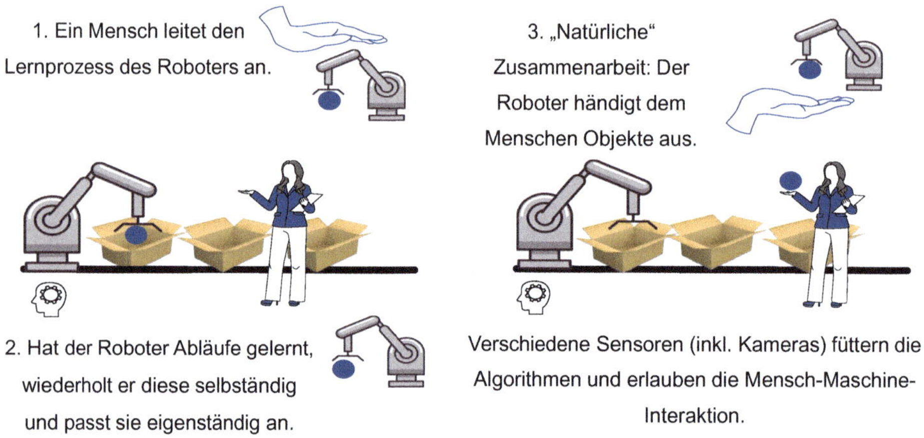

Abb. 3.9 Einsatz von Collaborative Robots verändert die Mensch-zu-Maschine-Interaktion

„vorsichtig" agieren (vgl. Abb. 3.9). Die Collaborative Robots bilden einen großen Wachstumsmarkt. Der **Markt für Cobots** wird von 0,6 Mrd. US-$ im Jahr 2020 bis 2026 auf ca. 1,5 Mrd. US-$ anwachsen. Dies entspricht einer durchschnittlichen Wachstumsrate von 16 % pro Jahr (vgl. [51], S. 13).

Durch die **Collaborative Robots** bzw. durch **Context-Aware Robots** wird eine „Hand-in-Hand"-Arbeit zwischen Menschen und Robotern möglich. Hier können die Roboter selbstständig auf Veränderungen im Arbeitsumfeld reagieren. Dies ermöglicht eine Auflösung der eingezäunten „Roboter-Arbeitsbereiche", die bisher Menschen vor Robotern schützen mussten und hohe Kosten verursacht haben. Einen wichtigen Beitrag hierzu leistet die KI-basierte Bilderkennung. So wird eine effizienzsteigernde Zusammenarbeit auch bei nicht vollautomatisierbaren Aufgaben zwischen Menschen und Robotern möglich.

Ein **Einstiegsmodell für einen kollaborativen Roboter** liefert *ABB* mit dem Namen ***YuMi***. Der Name steht für „you and me". Dieser Roboter erinnert an einen menschlichen Oberkörper. Er steht auf einem Rollwagen und verfügt über zwei Arme, eine Kamera zur Erfassung seiner Umgebung und Sauggreifer. Mit diesen können auch kleinste Teile bewegt werden. *YuMi* kann als **kollaborativer Zweiarm-Roboter** in der Produktion eingesetzt werden und hier Hand in Hand mit menschlichen Kollegen zusammenarbeiten. Der Vorteil solcher kollaborativen Roboter liegt darin, dass sie die Flexibilität von Montageprozessen erhöhen. So können auch kleine Losgrößen in kurzen Zyklen hergestellt werden. Die Menschen konzentrieren sich in der Herstellung auf die Tätigkeiten, die besondere menschliche Fähigkeiten erfordern. „Kollege Roboter" übernimmt dagegen mit großer Ausdauer und Präzision die wiederkehrenden Aufgaben (vgl. [1]).

Wenn Cobots auf Berührung reagieren, wird teilweise schon von **Cobots 2.0** gesprochen. Hierzu werden Teile der Roboter mit einer „digitalen Haut" überzogen. Diese **Roboterhaut** ermöglicht es – ähnlich wie menschliche Haut – auf Temperatur, Berührung, Beschleunigung und Nähe zu reagieren. Die mit dieser Haut versehenen Robotern können heute schon in der Produktion und bei medizinischen Anwendungen eingesetzt werden (vgl. [15]). Unter **Bio-Tech** werden künstlich gezüchtete und biologisch inspirierte Muskeln verstanden. Obwohl sich diese Technologie noch in der Entwicklung befindet, könnte sie schließlich dazu führen, dass Haut und Gewebe über das Äußere eines Roboters wachsen und ihn druckempfindlich machen. Damit wäre ein nächster Schritt hin zu humanoiden Robotern möglich (vgl. vertiefend [60]).

Eine spannende Ergänzung bzw. eine Alternative zum klassischen **Training von Robotern** stellt das Demonstration-based Training (demonstrationsbasierte Einarbeitung) dar. Die Programmierung von Robotern (insb. für Produktionsprozesse) ist eine komplexe, zeitaufwändige und teure Aufgabe, die ein hohes Maß an Expertenwissen erfordert. Wenn sich Aufgaben, Prozesse und/oder die Produktionsumgebung verändern, müssen die dort eingesetzten Roboter neu programmiert werden. Hier bieten sogenannte ***Wandelbots*** eine Lösung an, die auch als **No-Code-Robotik-Plattform** bezeichnet wird (vgl. [59]).

Mit **Demonstration-based Teaching** können Roboter programmiert werden, ohne hierfür neue Programme zu schreiben. Auf diese Weise können auch Anwender ohne Programmierkenntnisse Roboter anlernen. Den Robotern wird vorgeführt, wie eine bestimmte Aufgabe auszuführen ist. Das Steuerungsprogramm lernt selbstständig die dafür erforderlichen Abläufe. Hierdurch können menschlichen Experten die Roboter auch in dynamischen und komplexen Umgebungen trainieren. Der Roboter kann neue Aufgaben in wenigen Minuten erlernen, ohne dass hierfür Spezialistenwissen erforderlich wäre. Während des Lernvorgangs erfassen die Sensoren des Roboters sowie ggf. weitere externe Sensoren auch die Eigenschaften der Umgebung, die für den Lernprozess notwendig sind (vgl. [59]).

► **Merk-Box** Sie sollten prüfen, inwieweit es möglich ist, beim Training von Robotern die **demonstrationsbasierte Einarbeitung** zu nutzen.

Autonome Roboter laden sich die zur Produktion erforderlichen Programme automatisiert aus einer Cloud-Library herunter. Dieser Prozess kann durch das nächste zu bearbeitende Werkstück angestoßen werden. **Self-Programming Robots** können – basierend auf KI-Technologien – ihre Leistungsfähigkeit basierend auf den jeweils gewonnenen Erfahrungen eigenständig durch „Self-Learning" weiterentwickeln. Hier können Roboter, die global verteilt gleiche Aufgaben ausführen, ihre Leistungen per Knopfdruck oder automatisiert vergleichen und optimieren. So wird ein **automatisiertes Benchmarking mit automatischer Optimierung** möglich – über Zeit-, Sprach-, Kultur- und Ländergrenzen hinweg. Diese **selbstlernenden Systeme** sorgen dafür, dass die an einem Ort gewonnenen Erfahrungen automatisch auch den weiteren Standorten eines weltweiten Netzwerks übermittelt werden, um auch dort entsprechende Optimierungen vorzunehmen.

Einen wichtigen Beitrag zur intelligenten Automation von Prozessen leistet auch der **industrielle 3D-Druck** (auf Englisch **Additive Manufacturing**). Hierbei handelt es sich um Herstellungsverfahren, bei denen verschiedene Materialien Schicht für Schicht aufgetragen werden, um so dreidimensionale Objekte zu erzeugen. Der schichtweise Materialeinsatz erfolgt computergesteuert. 3D-Drucker verarbeiten heute bereits eine große Vielzahl von flüssigen oder festen Materialien. Dazu zählen Kunststoffe, Kunstharze, Carbon, Grafit, Keramiken, Beton und auch speziell aufbereitete Metalle. 3D-Drucker können – basierend auf vorgegebenen Maßen und Formen – dreidimensionale Objekte produzieren, ohne dass hierfür bspw. spezielle Gussformen erforderlich wären. Die industrielle additive Fertigung wird heute nicht nur bei der Entwicklung von Prototypen, Modellen und Werkzeugen eingesetzt, sondern zunehmend auch für die Herstellung von Ersatzteilen und für Kleinserien. Wie heute schon Häuser durch 3D-Druck gebaut werden können, zeigt dieses Video: https://www.youtube.com/watch?v=69HrqNnrfh4.

Der **4D-Druck** ist eine Weiterentwicklung des 3D-Drucks (vgl. Abb. 3.10). Beim 4D-Druck werden Materialien gedruckt, die sich unter bestimmten Bedingungen selbstständig verformen oder bewegen können. Im Gegensatz zum 3D-Druck, bei dem nur in drei Dimensionen gedruckt wird, ermöglicht der 4D-Druck die Integration einer vierten Dimension: der Zeit. Das Prinzip des 4D-Drucks basiert auf der Verwendung von

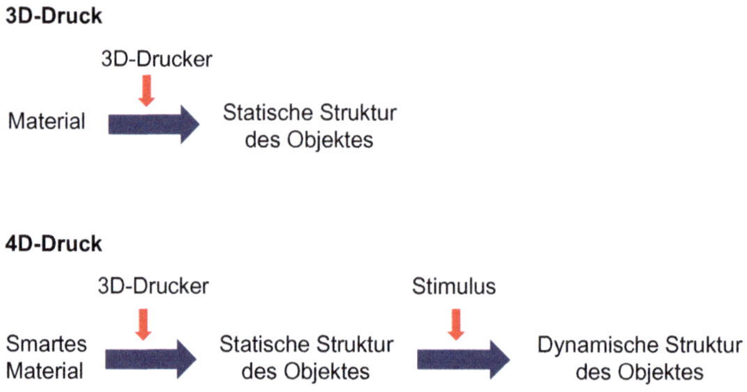

Abb. 3.10 3D-Druck und 4D-Druck

Materialien, die auf bestimmte Umweltbedingungen reagieren. Hierzu zählen Temperatur, Feuchtigkeit und Licht. Die Materialien werden beim 4D-Druck folglich so gefertigt, dass sich die gedruckten Objekte unter bestimmten externen Bedingungen über die Zeit hinweg verändern oder bewegen.

Der 4D-Druck bietet ein großes Potenzial für die **Produktion von selbstbewegenden oder sich anpassenden Objekten**, was zahlreiche Anwendungen in Bereichen wie Medizin, Architektur, Robotik, Textilbranche, aber auch in der Luft- und Raumfahrt eröffnet. Ausgewählte Beispiele werden nachfolgend aufgezeigt:

- Ein Beispiel für eine Anwendung des 4D-Drucks ist die Herstellung von **medizinischen Implantaten**, die sich nach der Implantation selbstständig an den Körper anpassen können. Programmierte Stents könnten durch den menschlichen Körper wandern und sich öffnen, wenn sie ihr Ziel erreicht haben.
- **Rohrleitungssysteme** eines Sanitärsystems können ihren Durchmesser in Abhängigkeit von der Durchflussmenge und dem Wasserbedarf dynamisch verändern. **Selbstreparierende Rohre** könnten sich autonom reparieren, wenn sie reißen oder brechen.
- Ein 4D-Drucker kann auch **selbstmontierte Möbel** fertigen. Hierzu wird zunächst nur eine flache Platte gedruckt, die sich erst durch Wasser oder Licht zu einem Stuhl entfaltet.
- **4D-gedruckte Kleidung** könnte sich – orientiert am Wetter oder den jeweiligen Aktivitäten – verändern. Schuhe könnten ihre Form variieren, wenn Nutzer anfangen zu laufen, um einen besseren Komfort zu bieten.

> **Merk-Box** Der Kreativität in der Anwendung von 3D- und 4D-Druck sind fast keine Grenzen gesetzt!

3.1.3.3 Realtime-Information-Management

Die schon angesprochenen Konzepte Industrial Internet of Thing, Management Execution System (MES) sowie Supervisory Control & Data Acquisition (SCADA) sind für die Umsetzung eines **Realtime-Information-Managements** unverzichtbar (vgl. Abb. 3.7). Erst diese Komponenten ermöglichen es, dass die relevanten Informationen in Echtzeit verfügbar sind. Diese Informationen sind für viele KI-Anwendungen in der Fertigung unverzichtbar. Sie tragen dazu bei, dass Entscheidungsprozesse beschleunigt werden und eine schnellere und häufig auch automatisierte Eskalation bei Problemen möglich wird.

Ein wichtiges Anwendungsfeld im Produktionskontext ist die **industrielle Bildverarbeitung**. Hierfür werden mechanische, optische, elektronische Systeme über Software miteinander kombiniert. Konzepte der industriellen Bildverarbeitung werden eingesetzt, um Fehler in Objekten, Oberflächen, Materialien und Fertigungsprozessen im laufenden Produktionsprozess zu erkennen (vgl. Abb. 3.11). Hierdurch können die Qualität der Produkte und die Effizienz in der Produktion insgesamt weiter gesteigert werden. Die auf einer Bildverarbeitung basierende **automatisierte Qualitätskontrolle** ermöglicht es, auch die Produktionsprozesse selbst weiter zu automatisieren. Die industrielle Bildverarbeitung

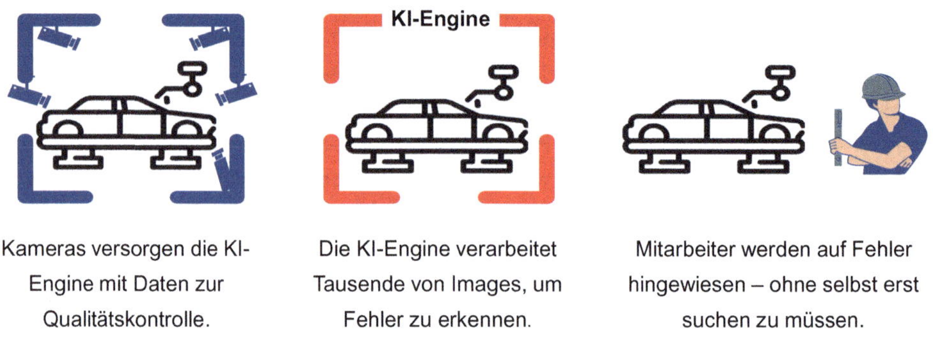

Abb. 3.11 KI-basierte Qualitätskontrolle

ersetzt manuelle Inspektionen und Messungen durch KI-gestützte Bildverarbeitungstechniken. Hier wird auch von einer **bild- bzw. videogestützten digitalen Qualitätskontrolle** gesprochen. Durch ihren Einsatz soll der Produktionsdurchsatz und gleichzeitig die Produktqualität gesteigert werden. Durch solche Systeme wurden bereits Produktivitätssteigerungen von bis zu 50 % erreicht. Dazu trägt die Steigerung der Fehlererkennungsquote um bis zu 90 % im Vergleich zur menschlichen Fehlererkennung bei.

Ein wichtiges Modul des Realtime-Information-Managements ist das **Product-Lifecycle-Management** (PLM). PLM beschreibt die unternehmensweite – gleichsam holistische – Verwaltung und Steuerung aller Produktdaten und der mit Entwicklung, Herstellung, Distribution und Vermarktung verbundenen Prozesse. Ein solcher PLM-Ansatz umfasst den gesamten Produktlebenszyklus von der Entwicklung über die Fertigung, Installation/Nutzung und Wartung bis zur Entsorgung der Produkte. Hierzu werden **Information entlang der gesamten Wertschöpfungskette** zentral zusammengeführt. Das zentrale Ziel des Product-Lifecycle-Management ist es, ein zentrales und konsistentes Datenmanagement zu erzielen, um den gesamten Lebenszyklus eines Produktes informatorisch abzubilden. Die über die gesamte Entwicklungs-, Produktions- und Nutzungsphase verfügbaren Informationen ermöglichen es, das Produkt selbst und alle damit verbundenen Prozesse laufend zu optimieren. Eine solche Form der Informationsaggregation ist auch eine Voraussetzung dafür, den **Product Carbon Imprint** zu erfassen. Dieser ist für die Entwicklung in Richtung einer nachhaltigen Unternehmensführung unverzichtbar (vgl. [34]).

Zum Realtime-Information-Management gehört auch der Einsatz von Augmented Reality (AR) sowie von Virtual Reality (VR). Mit **Augmented Reality** bzw. mit der **erweiterten bzw. angereicherten Realität** wird die computergestützte Erweiterung der Wahrnehmung von Realität beschrieben. Diese Anreicherung kann alle Sinne ansprechen. Meist wird unter Augmented Reality aber die Ergänzung der Realität durch eine visuelle Darstellung passender Informationen verstanden. Hierbei werden Bilder oder Videos mit Zusatzinformationen überlagert. Außerdem können virtuelle Objekte mittels Einblendung oder Überlagerung in die wahrgenommene Realität eingefügt werden. In der allgemeinen Öffentlichkeit ist Augmented Reality durch das Spiel *Pokémon Go* bekannt geworden. Die Spieler hatten hier die Aufgabe, mit einem Smart Device virtuelle Fantasiewesen zu fangen, die in die wahrgenommene Wirklichkeit eingefügt wurden. Profanere Einsatzfelder sind die Einblendung eines bei *IKEA* ausgewählten Teppichs in das heimische Wohnzimmer. Im Produktionsbereich können sich Techniker den anstehenden Arbeitsschritt direkt in ihr Sichtfeld einblenden lassen. Teile einer Anlage können auch entsprechend beschriftet werden, um einen Monteur zu unterstützen. Hierdurch können menschliche Fehler vermieden werden. Im Maschinenbau können durch Augmented-Reality-Anwendungen für die Kommunikation mit Kunden physische Objekte mit computergenerierten Informationen verknüpft werden, um Interessenten verschiedene Maschinen vorzuführen.

► **Merk-Box** Durch den Einsatz von Augmented-Reality-Anwendungen können Wartungs-, Instandhaltungs- und Herstellungsprozesse so veranschaulicht werden, dass auch weniger qualifizierte Personen mit anspruchsvollen Aufgaben betraut werden können.

Bei **Virtual Reality** wird eine vollständig virtuelle, d. h. eine nicht existierende Welt erzeugt. Hierbei handelt es sich um eine computergenerierte „Wirklichkeit", die mit dem Kontext, in dem sich eine Person tatsächlich befindet, nichts mehr gemein haben muss. Neben einem dreidimensionalen Bild können auch Toneinspielungen erfolgen. Eine solche virtuelle Realität kann durch Großbildleinwände erzeugt werden. Viel häufiger werden dagegen VR-Brille verwendet. Im Produktionssektor existieren vielfältige VR-Anwendungen. Fertigungsanlagen sind häufig sehr komplex – und dürfen oft nie stillstehen. Unter solchen Bedingungen ist es schwer, Schulungen durchzuführen. Hier können **VR-Schulung in der Fertigung** helfen – und laufende Prozesse müssen nicht unterbrochen werden. Auch die **Planung von Produktionsflächen** kann durch VR-Anwendung unterstützt werden. Die Erstellung und der Test von Prototypen können ebenfalls durch VR-Anwendungen unterstützt werden. In vielen Fällen dürften die Kosten für die Entwicklung einer Virtual-Reality-App geringer sein als für die Erstellung von physischen Prototypen.

Entsprechende Anwendungen hierfür können auch im **Metaverse** umgesetzt werden. Beim Automotive-Zulieferer *Bühler Motor* wurde eine **Virtual Reality Experience** im Metaverse realisiert. Eine große Produktionsanlage für Motoren wurde durch eine VR-Experience in China in Betrieb genommen. Bedingt durch Corona musste das ohne Fachpersonal von *Bühler Motor* vor Ort gelingen. Um diese VR-Experience im Metaverse zu erzeugen, kamen 360°-Filme und Bilder sowie detaillierte 2D-Filme zum Einsatz, um die Nutzer zu trainieren. Hierbei ging es nicht allein um die Inbetriebnahme. Die Mitarbeiter wurden auch für die Behebung etwaiger Fehler geschult. Die VR-Experience konnte in Deutsch und Mandarin abgerufen werden. Die Umsetzung im Metaverse ermöglichte nicht nur die Inbetriebnahme insgesamt, sondern half auch, Zeit und Geld zu sparen (vgl. [41]; vertiefend Kap. 11).

3.1.3.4 Predictive Maintenance

Ein wichtiges Einsatzfeld der Künstlichen Intelligenz stellt die **Predictive Maintenance** dar – die sogenannte „vorausschauende Wartung" (vgl. Abb. 3.12). Anlagen und Maschinen sollen nicht erst gewartet werden, wenn diese ausfallen oder Fehler auftreten. Durch einen proaktiven Ansatz sollen Ausfallrisiken behoben werden, noch bevor die Anlagen oder Maschinen ausfallen. Predictive Maintenance ist allerdings nicht auf die Verwendung innerhalb von Smart Factorys beschränkt. Ein besonders spannendes (zusätzliches) Geschäftsmodell für Hersteller liegt vielmehr darin, Predictive-Maintenance-Service für die Maschinen und Anlagen anzubieten, die bei Kunden installiert sind (vgl. [33]).

Was sind die **Ziele von Predictive Maintenance**? Auch beim Einsatz der vorausschauenden Wartung geht es um die **Steigerung der Overall Equipment Effectiveness**. Je runder und störungsfreier Produktionsprozesse laufen, desto höher ist die erreichbare Effektivität der gesamten Anlage. Hierzu trägt auch die **Reduktion der Reparaturzeit** bei. Hier wird von der Mean Time to Recovery (MTTR) gesprochen. Auch die durchschnittliche Zeitspanne zwischen dem Ausfall von Maschinen (Mean Time between Failures, MTBF) soll hierdurch verringert werden. Gerade die **Reduktion dieser Ausfallzeiten** (Downtime) bzw. die **Erhöhung der Betriebsbereitschaft von Anlagen** ist ein wichtiger Hebel, um die Gesamteffektivität einer Fabrik zu steigern. Zusätzlich können der Wartungs- und Personalbedarf und damit die Wartungskosten reduziert werden.

Um eine Predictive Maintenance zu ermöglichen, erfassen Sensoren Mess- und Produktionsdaten von Komponenten, Maschinen und ganzen Anlagen im laufenden Prozess. Aus diesen Informationen leiten KI-Algorithmen **Wartungs- und Ersatznotwendigkeiten** ab. Zusätzlich können sich abzeichnende **Störungen vorhergesagt** werden. Die Pla-

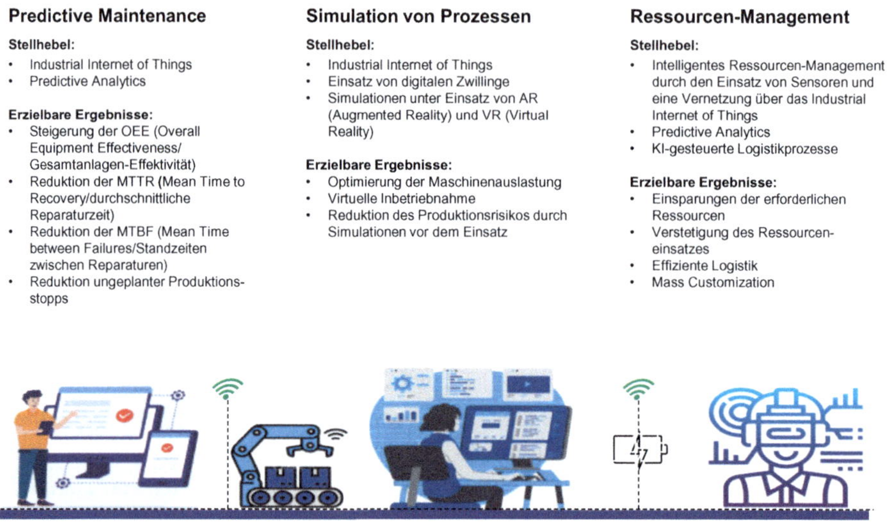

Abb. 3.12 Handlungsbereiche von Smart Factorys – Predictive Maintenance, Simulation von Prozessen und Ressourcenmanagement

nung einer Reparatur oder des Austauschs von Verschleißteilen kann so zu einem Zeitpunkt erfolgen, zu dem die Aggregate noch korrekt laufen.

Der Ansatz der Predictive Maintenance unterscheidet sich deutlich von der heute noch vielfach dominierenden **Wartungslogik von Aggregaten**. Die Wartung erfolgt bisher meist orientiert an Zeiträumen und/oder Maschinenlaufzeiten, wie dies bspw. bei den *TÜV*-Untersuchungen für PKWs der Fall ist. Häufig werden bei routinemäßig vorgenommenen Wartungen Teile ausgetauscht, die ggf. noch länger gehalten hätten. Solche Vorgaben „erzwingen" einen Austausch auch noch funktionstüchtiger Teile. Allerdings können Module auch vor dem angesetzten Ersatzzeitpunkt ausfallen und zu ungewollten und kostenintensiven Unterbrechungen von Prozessen führen.

Die folgenden Arbeitsschritte der Predictive Maintenance sind zu bewältigen:

- Am Anfang stehen die **Erfassung, Digitalisierung und Zusammenführung von Daten** aus den verschiedensten Leistungskomponenten einer Maschine, einer Anlage etc. Hierzu werden IIoT-Sensoren eingesetzt und Maintenance-Logs ausgelesen. Zusätzlich können aus externen Quellen bspw. Referenzdateien über Leistungen und Störungen gleicher oder ähnlicher Anlagen einfließen, die an anderen Orten im Einsatz sind. Außerdem können Daten aus dem jeweils relevanten Kontext berücksichtigt werden. Hierzu zählen Raumtemperatur, Luftdruck und Luftfeuchtigkeit des Einsatzbereichs der Maschinen oder Anlagen, wenn diese für die Nutzung der Aggregate wichtig sind.
- Die **Analyse und Auswertung der erfassten Daten** erfolgt auch hier mit dem Ziel einer Mustererkennung durch KI-Algorithmen. Dabei geht es um die Ermittlung von Mustern, die auf zukünftige Maschinen-Ausfälle oder einen erforderlichen Ersatz von Teilen hinweisen.
- Basierend auf den identifizierten Mustern erfolgt die **Ermittlung von Eintrittswahrscheinlichkeiten für Störungen, Wartungsnotwendigkeiten** etc. Werden im Produktionsbetrieb durch Sensoren etwa Überhitzungen, ein unrunder Lauf oder sonstige Normabweichungen festgestellt, werden automatisch Signale an die zuständigen Service-Stationen gesendet.
- Orientiert an den ermittelten Eintrittswahrscheinlichkeiten erfolgen der **Anstoß konkreter Installationsprozesse** und die **Ableitung von Handlungsempfehlungen**. Bei Produktionsanlagen kann ein rechtzeitiger Austausch von Verschleißteilen erfolgen – und notwendige Wartungsarbeiten werden in Ruhephasen gelegt. Bei Flugzeugen, Schiffen und Autos wissen die Service-Mitarbeiter bereits bei der Landung, beim Hafeneinlauf bzw. beim Besuch der Autowerkstatt, welche Maßnahmen zu ergreifen sind. Die notwendigen Ersatzteile können folglich bereits im Vorfeld beschafft werden. Für einen Personenaufzug werden Wartungs- und Reinigungsmaßnahmen empfohlen, damit dieser auch weiterhin reibungslos funktioniert und nicht zur Hauptnutzungszeit ausfällt. Durch Predictive Maintenance können Wartungsarbeiten dann erfolgen, wenn der Aufzug nicht oder zumindest weniger stark frequentiert ist.

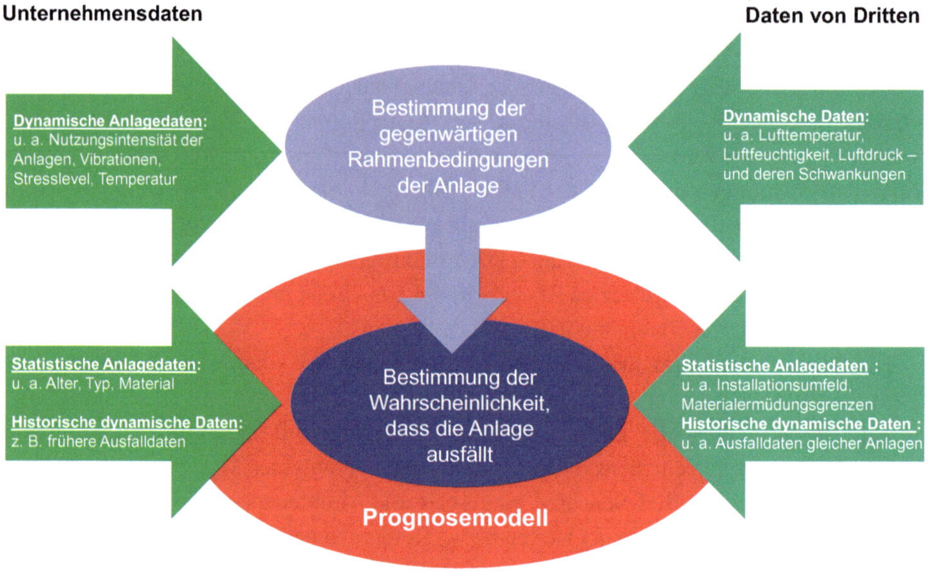

Abb. 3.13 Modell der Predictive Maintenance

In Abb. 3.13 ist das Zusammenspiel von verschiedenen internen und externen Datenquellen zu sehen, auf denen das **Prognosemodell der Predictive Maintenance** aufsetzt.

Predictive Maintenance wird heute schon in vielen Bereichen eingesetzt. Hierzu zählen u. a.:

- Überwachung von Produktionsanlagen
- Überwachung von Motoren, Turbinen etc. (bspw. bei Flugzeugen, Schiffen, Autos)
- Überwachung von Windkraftanlagen
- Überwachung von Aufzügen
- Überwachung von Fernleitungen, Pipelines etc.

▶ **Merk-Box** Der Kern von Predictive Maintenance ist die proaktive Erkennung von Handlungsnotwendigkeiten zur Wartung, Instandsetzung etc. von Maschinen und Anlagen – noch bevor eine Störung aufgetreten ist. Industrial Analytics werten relevante Daten in Echtzeit durch entsprechend trainierte KI-Agenten aus, um den optimalen Zeitpunkt des „Eingriffs" zu ermitteln. Dafür erforderliche Ersatzteile etc. können rechtzeitig bestellt werden.

Hierdurch können Ausfallzeiten verringert und der Einsatz von Service-Mitarbeitern kann besser gesteuert werden. Zusätzlich kann die Lagerhaltung für notwendige Ersatzteile etc. optimiert werden. Aufgrund der gewonnenen Daten können im nächsten Schritt Impulse für die Weiterentwicklung von Maschinen und Anlagen gewonnen werden.

Das Konzept der Predictive Maintenance ermöglicht die **Ergänzung bestehender Geschäftsmodelle** wie auch die **Entwicklung neuer Geschäftsmodelle**. Statt Anlagen oder Aggregate (wie Aufzüge oder Turbinen) zu verkaufen, erwirbt der Kunden eine „Verfügbarkeit". Die entsprechenden Preiskonzepte lauten **Power by the hour**, **Pay as you go** oder **Pay per Use**. Hierdurch entstehen häufig viel intensivere Kundenbeziehungen, weil ein umfassender und kontinuierlicher Informationsaustausch zwischen Hersteller und Nutzer stattfindet. Die Verantwortlichkeit des herstellenden Unternehmens hört nicht mehr mit der Auslieferung eines Produktes auf. Diese Auslieferung stellt vielmehr den **Schnittpunkt zwischen einer produktionsdominierten und einer servicedominierten Sphäre in der Hersteller-Kunden-Beziehung** dar (vgl. [33], S. 203–206).

▶ **Merk-Box** Der **weltweite Markt für Predictive Maintenance** wurde im Jahr 2021 auf vier Mrd. US-$ veranschlagt. Er wird bis 2028 voraussichtlich auf 19,3 Mrd. US-$ wachsen. Hierbei wird eine durchschnittliche jährliche Wachstumsrate von 30 % zwischen 2022 und 2028 erwartet (vgl. [27]). Diese dynamische Entwicklung sollte für Sie Anreiz genug sein, die Nutzung von Predictive Maintenance für Ihr Unternehmen zu prüfen.

Einen interessanten Anwendungsbereich von Predictive Maintenance hat der ***TÜV NORD*** zur Überwachung von **Container- und Straßenbrücken** sowie von **Pipelines** entwickelt. An kritischen Stellen werden sensorbasierte Dehnungsmessstreifen angebracht. Diese können nicht nur die Materialdehnung, sondern auch die Oberflächentemperaturen messen. Die kontinuierlich erhobenen Daten fließen in ein Online-Monitoring-System ein und werden hier auf Auffälligkeiten hin untersucht, die bspw. auf Risse hindeuten. Noch vor dem Eintritt von nutzungsbeeinträchtigenden Schäden kann so Abhilfe geschaffen werden (vgl. [55], S. 20 f.).

Predictive Maintenance wird auch beim Halbleiter-Hersteller ***Globalfoundries*** in Dresden eingesetzt. Die kostenintensive 24/7-Produktion von Chips musste bisher immer wieder unterbrochen werden, um vorgeschriebene Wartungsarbeiten an der Anlage zur Aufbereitung von Reinstwasser für die Fertigung durchzuführen. Ähnlich wie bei den Wartungsvorgaben beim Auto wurden Teile ausgetauscht – oft unabhängig von ihrem tatsächlichen Verschleiß. Die Wartungspläne schrieben dies vor. Das Ziel des Unternehmens bestand jetzt darin, durch den Einsatz von Predictive Maintenance das Ausmaß an Unterbrechungen der Herstellung durch Ausfälle und Wartungen so gut wie möglich zu reduzieren.

Deshalb prüfte ein Team Möglichkeiten, um die Überwachung von Anlagen zu verbessern und mögliche Produktionsausfälle gezielt vorherzusagen. Die Notwendigkeit hierzu ist besonders groß, weil bei der Chip-Produktion mehr als 1000 Fertigungsschritte in oft sensiblen und vor allem auch zeitkritischen Prozessen aufeinander abzustimmen sind. Fällt ein Teil der Fertigungsanlage aus oder ist diese nicht vollständig leistungsfähig, wirkt sich das auf den gesamten Herstellungsprozess aus. Selbst wenn nur ein defektes Teil ausgetauscht werden muss, stockt der Gesamtprozess und kann erst langsam wieder hochgefahren werden. Der Leidensdruck war folglich sehr hoch (vgl. [63]).

Für die **Herstellung von Chips** werden Wafer verwendet. Diese sind zuvor von Chemikalienresten zu säubern. Hierfür werden Becken mit Reinstwasser eingesetzt. Der Zu- und Ablauf zu solchen Becken wird über eine Vielzahl von Ventilen geregelt. In der Vergangenheit mussten diese Ventile regelmäßig persönlich und vor Ort auf Schäden geprüft werden. Trotz höchster Qualifikation der eingesetzten Menschen ließen sich Defekte der Ventile kaum vorhersagen. Außerdem waren weder Indikatoren noch Messinstrumente verfügbar, um kritische Zustände der Ventile frühzeitig anzuzeigen. Deshalb wurden menschliche Sichtprüfungen durchgeführt.

Um diese Fehlerquelle zu schließen, wurde ein System für die **datengestützte und sensorbasierte Vorhersage von Ventilausfällen** entwickelt. Hierdurch ist es jetzt möglich, umfassende Audio- und Vibrationsdaten zu erfassen – und das in Echtzeit. Ein KI-System wertet diese Daten aus, um den Zustand eines jeden Ventils zu bewerten. Hierfür werden die Sensordaten durch Machine-Learning-Algorithmen „on Edge" vorverarbeitet und anschließend in die Cloud übertragen. Durch diese Verarbeitungsschritte wird es möglich, noch vor einem Ausfall zu agieren und Reparaturarbeiten konkret zu planen:

Ungeplante Produktionsstopps werden durch geplante Wartungsarbeiten ersetzt.

Die Erkenntnisse dieses KI-Systems werden in einem **Dashboard** aufbereitet. Hierfür wird die Plattform *Cloud Shopfloor Intelligence* von *T-Systems* eingesetzt. Die dort zusammengeführten Daten stehen den internen Produktionsteams zur Verfügung. Aber auch die Hersteller von Komponenten bzw. von ganzen Anlagen können auf diese Daten zugreifen und ihre Komponenten immer weiter verbessern. In Summe konnten durch diese Maßnahmen die mit Stillstandzeiten verbundenen Verluste deutlich reduziert werden (vgl. [63]).

3.1.3.5 Simulation von Prozessen und Materialflüssen

Ein weiteres wichtiges Handlungsfeld von Smart Factorys ist die **Simulation von Prozessen und Materialflüssen** (vgl. Abb. 3.12). Durch Simulationsmodelle können die Abläufe kompletter Produktionssysteme digital abgebildet werden. Die Prozesse können hierdurch bereits vor der Implementierung oder vor einer Anpassung bestehender Systeme ausgiebig getestet werden. Simulationsmodelle können potenzielle Störungen in den Prozessen sowie bei der Materialversorgung bereits erkennen – noch bevor entsprechende Erkenntnisse aus der Produktionsrealität vorliegen. Solche Simulationen der Materialflüsse werden in verschiedenen Planungsphasen eingesetzt. Hierzu zählen die Machbarkeits-, Konzept- und Detailplanung. Auf diese Weise kann quasi eine virtuelle Inbetriebnahme vor ihrer Einbindung in die operative Fertigung erfolgen. Bei der Auftragsplanung können durch eine Simulation mögliche Produktionsengpässe frühzeitig erkannt werden. Störende Einflussfaktoren auf bestehende Produktionssysteme können hierbei gezielt – temporär – ausgeblendet werden, um die Wirkungen einzelner Faktoren systematisch zu untersuchen. Das ist in der realen Anwendungsumgebung nicht möglich. Hierfür bedarf es der **Entwicklung von digitalen Zwillingen** (**Digital Twins**).

Ein **digitaler Zwilling** ist virtuelles Modell einer physischen Anlage, eines Prozesses oder eines Systems (vgl. [2, 24]). Hierbei handelt es sich um eine **digitale Repräsentanz** eines materiellen oder immateriellen Objekts. Der Digital Twin ist die virtuelle (digitale)

Darstellung eines realen Objekts durch ein dreidimensionales CAD-Modell (Computer-Aided Design). Es stellt ein virtuelles Spiegelbild dar. Auch Prozesse können in Gestalt eines Digital Twins dargestellt werden. Ein digitaler Zwilling besteht aus Daten und Modellen des repräsentierten Objektes bzw. des Prozesses und weiteren beschreibenden Informationen. Hierdurch wird der Zwilling „rechenbar". Spannend ist hierbei, dass – im Widerspruch zum Begriff „Zwilling" – ein Objekt oder ein Prozess in der analogen Welt (noch) nicht existieren muss, um bereits einen digitalen Zwilling zu erstellen. Hierdurch kann die digitale Version auf Herz und Nieren getestet werden, bevor der physische Zwilling in der realen Welt geboren wird.

Bei **industriellen Anwendungen** werden digitale Zwillinge bspw. für die Entwicklung von Produkten und Dienstleistungen, aber auch für Maschinen und Anlagen eingesetzt. Ein digitaler Zwilling, bspw. von Kreuzfahrtschiffen, kann bereits vor der Geburt des analogen Zwillings vorliegen. An solchen digitalen Modellen können verschiedene Nutzungsszenarien simuliert und deren Auswirkungen ermittelt werden. Von besonderer Bedeutung ist auch der Verzicht auf physische Prototypen – ohne dass die Möglichkeiten von Nutzungssimulationen wegfallen. Ein digitaler Zwilling kann verschiedene Formen annehmen. Es kann sich um ein **3D-Modell**, ein **Verhaltensmodell** oder ein **Funktionsmodell** handeln, das die realen Eigenschaften möglichst gut abbildet. Digital Twins können folglich für das Produktdesign, für die Überwachung von Maschinen und Anlagen wie auch für die vorausschauende Wartung verwendet werden. Auch eine Optimierung von Funktionen kann – zunächst – am digitalen Zwilling erfolgen. Auch technischer Zustand, Verschleiß, Wartungen sowie erforderliche Reparaturen lassen sich digital simulieren und damit vorhersagen. Der Einsatz von digitalen Zwillingen erlaubt es, eine Produktion schon vor dem erstmaligen Aufbau komplett digital durchzuplanen. So können Fehler und Engpassfaktoren bereits beim digitalen Zwilling und nicht erst in der fertigen Anlage identifiziert werden.

In Prozesssimulationen können mehrere digitale Zwillinge miteinander verknüpft werden – so wie das später bei den analogen Zwillingen auch der Fall sein kann. Dies ermöglicht eine Analyse und eine darauf aufbauende **Optimierung über mehrere Wertschöpfungsschritte** hinweg. Ein digitaler Zwilling erlaubt es, eine Vielzahl von Iterationen möglicher Prozessschritte durchzuführen. Hierbei können verschiedene Prozesse und Technologien eingesetzt werden. So kann ein umfassendes Wissen aufgebaut werden, noch bevor ein neuer Prozess oder eine neue Anlage im analogen Bereich eingesetzt wird. Ist ein analoger Zwilling schon am Leben, können Daten aus dessen Einsatz im digitalen Zwilling analysiert und für Optimierungen genutzt werden. In Summe ermöglichen digitale Zwillinge nicht nur Prognosen über zukünftige Prozesse, sondern können auch wesentlich zur Senkung von Betriebskosten sowie zur Steigerung der Lebensdauer von Geräten und Anlagen beitragen. Außerdem kann der Einsatz von digitalen Zwillingen die **Zeiten und Kosten von Entwicklungsprozessen** verkürzen – und damit auch weniger finanzstarken Unternehmen die Entwicklung von innovativen Lösungen ermöglichen.

Durch die zunehmende Verbreitung des (Industrial) Internet der Dinge wird das Konzept des digitalen Zwillings immer wichtiger. Zu den wichtigsten Akteuren auf dem Markt für digitale Zwillinge gehören *ABB, General Electric, IBM* und *Microsoft* (vgl. [28]). Der **globale Markt für Digital Twins** wird bis 2033 voraussichtlich einen Umsatz von 95 Mrd. US-$ erzielen. Das entspricht zwischen den Jahren 2023 bis 2033 einem durchschnittlichen jährlichen Wachstum von 34,3 %. Der Automobil- und Transportsektor wird innerhalb dieser Periode jährlich um 20 % wachsen. Ein Hindernis des Wachstums wird im Mangel an qualifizierten Arbeitskräften in diesem Sektor gesehen, um entsprechende Lösungen zu entwickeln (vgl. [28]).

Auch in der **deutschen Industrie** werden **digitale Zwillinge** immer mehr zum Standard, wie eine repräsentative Studie des *Bitkom* zeigt. Hierzu wurden 603 Unternehmen in Deutschland befragt, darunter 163 Industrieunternehmen (vgl. [7]):

- 44 % der Unternehmen setzen bereits auf digitale Zwillinge.
- 8 % planen dies und weitere 14 % können sich dies grundsätzlich vorstellen.
- Lediglich 10 % können sich den Einsatz von digitalen Zwillingen auch in Zukunft nicht vorstellen.
- Allerdings sind 20 % noch gar nicht mit der Technologie vertraut.
- 63 % der Industrieunternehmen erachten digitale Zwillinge als unverzichtbar, um im internationalen Wettbewerb erfolgreich zu sein.

Der Einsatz von digitalen Zwillingen wird in der Industrie künftig Standard sein. Dies zeigen weitere Ergebnisse dieser Umfrage:

- 59 % der deutschen Industrieunternehmen gehen davon aus, dass digitale Zwillinge zu einer **nachhaltigeren Produktion** beitragen.
- 49 % meinen, dass digitale Zwillinge völlig **neue Geschäftsmodelle** ermöglichen.
- Lediglich 17 % der befragten Unternehmen glauben, dass digitale Zwillinge nur ein **vorübergehender Trend** sind.

► **Merk-Box** Die **Interaktion mit einem Digital Twin** ermöglicht ganz neue Formen der Vernetzung zwischen der analogen und der digitalen Welt:

- Ein Digital Twin ermöglicht eine **Teleportation**. Ein Nutzer kann sich in das digitale Modell einer Maschine oder eines wissenschaftlichen Modells begeben, um dort Veränderungen vorzunehmen oder neue Erkenntnisse zu gewinnen.
- Ein Digital Twin erlaubt eine **Reise in die Vergangenheit**, um eine Konstellation von vor zwei Stunden oder drei Monaten nachzuvollziehen. Hierdurch können bspw. die Ursachen von Fehlern erkannt werden, die in der Gegenwart aufgetreten sind.
- Ein Digital Twin unterstützt eine **Reise in die Zukunft**. Hier kann simuliert werden, wie sich bestimmte Aggregate und Anlagen, umfassende Smart

Factorys und – perspektivisch – auch Menschen verhalten, wenn heute bestimmte Eingriffe vorgenommen werden. Bei Maschinen kann bspw. geprüft werden, mit welchem Verschleiß an welchen Bauteilen in zwei Jahren zu rechnen ist. Eine solche Reise in die Zukunft ermöglicht es, **alternative Entwicklungen** zu antizipieren. Diese können sich auch auf Städte, Ländern oder den ganzen Planeten beziehen.

Um solche Einsatzbereiche zu unterstützen, sind die relevanten Prozesse und Komponenten zu standardisieren. Diese Standards sollten mindestens EU-weit, besser noch weltweit einheitlich definiert werden, um eine umfassende Vernetzung zu ermöglichen.

Durch die Simulation der Verfügbarkeiten zu Rohstoffen, Personal, Maschinenkapazitäten und weiteren Produktionsmitteln wird auch eine **erweiterte Produktionsplanung** möglich (vgl. Abb. 3.12). Dazu wird nicht nur die Entwicklung des Primärbedarfs simuliert. Mit Primärbedarf wird die Nachfrage auf der Basis von Prognosen oder Kundenaufträgen bezeichnet. Auch die Entwicklung des Sekundärbedarfs kann simuliert werden. In diese Materialbedarfsplanung fließen alle zur Produktion nötigen Elemente ein. Hierzu zählen Einzelteile, Zwischenprodukte und Baugruppen. Aber auch die notwendigen Roh-, Hilfs- und Betriebsstoffe sowie der erforderliche Personal- und Maschineneinsatz werden hier simuliert. Auf der Grundlage dieser Daten wird eine auf Effizienz und Effektivität ausgerichtete **Planung des Produktionsprozesses** ermöglicht, die Losgrößen, Kosten, Termine und Kapazitätsauslastung gleichermaßen berücksichtigt. Dies kann mit einer Neuanordnung von Produktionslinien einhergehen.

Diese Entwicklungen haben auch in die **Produktion von Batterien** Einzug gehalten, die vor allem für den Ausbau der Elektromobilität unverzichtbar sind. Bereits heute sind hunderte von Mega und Giga Factorys für Elektrofahrzeuge weltweit im Einsatz, im Bau oder in Planung. Eine Ausweitung der traditioneller Produktionsverfahren und -technologien allein reicht hierfür jedoch nicht aus, um den weltweiten Batteriebedarf zu decken. Dieser wird sich bis 2025 voraussichtlich mehr als verdreifachen. Um die erforderlichen Mengen zu produzieren, sind neue Ansätze in der Produktion erforderlich. Nur dann können Geschwindigkeit, Flexibilität und Durchsatz nachhaltig gesteigert werden.

Um der wachsenden Nachfrage gerecht zu werden und gleichzeitig die dynamischen Veränderungen in der Batterietechnologie zu berücksichtigen, sind nicht nur leistungsstarke, sondern vor allem auch flexible Produktionsanlagen und Maschinen notwendig. Der intelligenten, KI-gestützten Datenerfassung und Datenauswertung kommt hierbei eine Schlüsselrolle zu. Eine Vernetzung mit den Lieferanten von Rohstoffen sowie mit weiteren Dienstleistungspartnern ist unverzichtbar, um die notwendige Flexibilität zu erreichen. Track-and-Trace-Anwendung verbessern den Einblick in die einzelnen Stufen der Fertigungsprozesse (vgl. [38]).

Ein überzeugendes Beispiel für eine konsequente **Transformation in der Industrie** liefert Siemens [49] mit seinem **Digital Enterprise** im ***Siemens***-Elektronikwerk in Amberg (*EWA*). Die hier zu bewältigenden Herausforderungen können sich sehen lassen:

- Täglich 350 Produktionswechsel
- Portfolio aus rund 1200 verschiedenen Produkten
- 17 Mio. *Simatic*-Komponenten pro Jahr

Die am Standort Amberg gefertigten Komponenten werden für die Bereiche **Automatisierungs- und Leittechnik** sowie auf der **Manufacturing-Execution-Ebene** eingesetzt. Damit die Produktion reibungslos läuft, werden kontinuierlich rund 50 Mio. Prozess- und Produktdaten ausgewertet und für laufende Optimierungen genutzt. Hierfür kommen Anwendungen der Künstlichen Intelligenz, Industrial Edge Computer sowie Cloud-Lösungen zum Einsatz. Diese ermöglichen sehr flexible, effiziente und zuverlässige Abläufe.

Durch den **Einsatz von Edge Computing** werden die Daten dort verarbeitet, wo sie entstehen, unmittelbar bei den Anlagen und Maschinen. Die durch Sensoren generierten Daten werden in eine Cloud transferiert. **KI-Algorithmen** werden zur Erkennung relevanter Muster für die Qualitätssicherung eingesetzt. Ein KI-gesteuertes Modell erarbeitet verlässliche Aussagen über die Fehlerwahrscheinlichkeit von Produkten. Die hier gewonnenen Ergebnisse werden durch **Closed Loop Analytics** direkt in die Produktion eingespeist. Hierdurch wird die Qualität der Produkte signifikant erhöht.

Zusätzlich wird auch eine Kombination aus Edge Computing und KI für **Predictive Maintenance** eingesetzt. Auf der Grundlage von Produktionsdaten ermittelt ein Algorithmus in Echtzeit Zusammenhänge zwischen Auffälligkeiten in den Prozessdaten und Ausfallzeiten. Diese werden in die Produktion zurückgespielt und führen dort zu den notwendigen Eingriffen. Durch eine **Performance Insight App** werden den Anwendern die relevanten Ergebnisse zur Verfügung gestellt. Die Anlagenführer werden hierdurch zwischen 12 und 36 h vor einem möglichen Systemausfall informiert und können rechtzeitig agieren. Zusätzlich wird bei Siemens [49] auch mit dem **Konzept des digitalen Zwillings** gearbeitet.

Sogenannte **Sustainability Twins** leisten einen wichtigen Beitrag zur Steigerung der Nachhaltigkeit bzw. der Kreislaufwirtschaft. Ein Sustainablity Twin ist ein digitales Modell, das mit seinem realen Pendant vernetzt ist. Der Digital Twin informiert laufend über die erzielte Leistung, einen möglichen Reparaturbedarf und ungenutzte Effizienzpotenziale. Hierdurch kann der Sustainability Twin kontinuierliche Impulse für eine nachhaltigere Fertigung bzw. für nachhaltigere Produkte generieren. Hierdurch kann es gelingen, den Ressourcenverbrauch und damit die Herstellungskosten wie auch den ökologischen Fußabdruck zu reduzieren. Digitale Zwillinge können bis zum Jahr 2030 einen wirtschaftlichen Wert von 1,3 Billionen US-$ erreichen. Sie können dazu beitragen, 7,5 Giga-Tonnen CO_2-Emissionen zu vermeiden (vgl. [5]). Ein solcher Einsatz von Digital Twins kann den **Übergang zu einer stärker kreislauforientierten Wirtschaft** unterstützen. Dazu sind Teile und Produkte so zu konstruieren, dass sie einfach wiederverwendet oder weiterverwertet werden können. Hierdurch soll Abfall reduziert oder ganz vermieden werden (vgl. Abschn. 2.6; vertiefend [34]).

Vernetzte und intelligente Fabriken schaffen außerdem die Möglichkeit für eine **hoch individualisierte Produktion**. Durch eine intelligente Vernetzung der Fertigungsanlagen mit einem hohen Maß an Selbstorganisation der Anlagen können Produktionsabläufe sehr viel individueller und damit flexibel ausgestaltet werden. So wird es technisch und ökonomisch möglich, Kleinserien aufzulegen und Einzelstücke zu fertigen. Hier kann von **Mass Customization** gesprochen werden – eine Massenproduktion von Einzelstücken, was früher ein Widerspruch war: **Maßanfertigungen vom Fließband** werden möglich. Die Intelligenz der Fertigungsanlage ermöglicht es hier, kundenspezifische Lösungen mit den Vorteilen einer prozessoptimierten Massenproduktion zu verbinden. Hierzu kann der Kunde sein Wunschprodukt aus einem **Baukastensystem** zusammenstellen. Basierend auf den jeweiligen Kundenwünschen erfolgt eine selbstständige Optimierung der Fertigungsprozesse anhand von Zeit- und Kostenzielen. Eine informatorische Voraussetzung hierfür ist die Vernetzung von Produktionsanlagen mit den Kunden.

Ein überzeugendes Beispiel für eine Mass Customization liefert ***deinSchrank.de***. Das Unternehmen setzt seit vielen Jahren auf die automatische Produktion von maßgefertigten Möbeln. Die Kunden können Konstruktion, Material, Farben, Innenausstattung, Türen und Griffe online über die Website auswählen (vgl. Abb. 3.14). Um der Nachfrage gerecht zu werden, kommen mehr und mehr Produktionsroboter zum Einsatz. Die Anzahl der Robo-

Abb. 3.14 Über die Website zum maßgefertigten Schrank. (Quelle: [17])

ter, die auch große Spanplatten eigenständig bearbeiten können, soll perspektivisch verdoppelt werden. Jeder Roboter schlägt mit ca. 250.000 € zu Buche. Ein spannendes Video von diesem Unternehmen finden Sie hier: https://www.youtube.com/watch?v=xd7a3DAoo7k.

Food for Thought Roboter werden bei *deinSchrank.de* auch deshalb verstärkt eingesetzt, weil der Mangel an qualifizierten Mitarbeitern für die Produktion mit anspruchsvoller körperlicher Arbeit im Schichtsystem dem Wachstum sonst enge Grenzen setzen würde. Allerdings erfordert die Programmierung der Robotik sowie deren Instandhaltung und Optimierung an anderer Stelle ebenfalls qualifiziertes Personal. Diese technologisch anspruchsvollen Arbeitsplätze sind für Nachwuchskräfte und solche Mitarbeiter hoch interessant, die sich entsprechend weiterqualifizieren möchten. Nach Einschätzung der Unternehmensleitung kann sich das **produzierende Gewerbe** in Deutschland nur dann langfristig halten, wenn die steigenden Personalkosten sowie der Mangel an „menschlicher Arbeitskraft“ (gleich welcher Qualifikation) durch Technologie in der Hardware (Robotik) kompensiert werden – unterstützt durch leistungsstarke Software. Schon auf kurze Sicht wird der Markt ineffizientes Arbeiten und damit einhergehende höhere Kosten nicht mehr verzeihen (vgl. [17]).

Werden derartige **Produktionsanlagen mit einer Kunden-Schnittstelle** verbunden, können diese bis kurz vor Anlauf der Fertigung – oder sogar noch bei laufendem Produktionsprozess – ihre Präferenzen verändern. Wie kurzfristig solche Änderungen noch erfolgen können, ist von der Dauer erforderlicher Beschaffungsprozesse sowie von den Rüstzeiten der genutzten Anlagen abhängig. Der Kunde erhält hier – in Grenzen – einen recht weitgehenden Eingriff in die Produktion. Das wird den Erwartungen der Kunden entgegenkommen. Schließlich haben die Kunden auch in anderen Feldern das Gefühl, immer umfassender in Echtzeit zu agieren – Dank *WhatsApp* sowie durch viele Streaming-Angebote. Gleichzeitig wird eine neue Form von Customer Experience möglich.

Merk-Box Bei **Smart Production** geht es weniger um das „Was“ der Produktion, sondern vielmehr um das „Wie“! Eine „produktneutrale“ Herstellung setzt sich aus mehreren flexiblen und roboterbasierten Fertigungseinheiten zusammen.

Hier spricht man von einer **Matrixproduktion**.

Das Herzstück ist eine KI-Anwendung, die den Gesamtprozess unter Berücksichtigung der jeweiligen Takt- und Lieferzeiten nach vorgegebenen Parametern optimiert.

3.1.3.6 Ressourcenmanagement

Das **intelligente Ressourcenmanagement** ist ein weiteres spannendes Handlungsfeld von Smart Factorys (vgl. Abb. 3.12). Das Industrial Internet of Things in Verbindung mit einer Vielzahl von Sensoren in den Maschinen und Anlagen unterstützen einen ressourcensparenden Einsatz. Eine intelligente Steuerung der Produktionsanlagen kann zur Einsparung von Energie sowie zur Verringerung von Spitzenverbräuchen beitragen. Ein weiteres wichtiges Einsatzfeld stellt die **KI-basierte Optimierung von Logistikprozessen** dar. KI-Algorithmen können in folgenden Bereichen die Logistikketten optimieren und dadurch zu Effizienzsteigerung, Kostensenkung und damit auch zur nachhaltigeren Unternehmensführung beitragen:

- Die **Optimierung der Auslieferungsprozesse** kann die Energie- und Lagerkosten reduzieren, gleichzeitig die Lieferzeiten verkürzen und die Liefertreue erhöhen.
- Sensoren ermöglichen eine **Überwachung der Leistung von eingebundenen Verkehrsmitteln** (etwa von PKWs, LKWs, Flugzeugen, Drohnen). Hierdurch kann der Energieverbrauch optimiert werden. Zusätzlich können durch Predictive Maintenance die Ausfallzeiten von Logistikmodulen verringert und wiederum Lieferzeiten verkürzt und die Liefertreue erhöht werden.
- Spezielle Sensoren dienen dem **Monitoring der Fahrzeugführer** und ermöglichen ein Echtzeit-Coaching. Während eine dynamische Stauumfahrung heute schon zum Standard zählt, können weiterentwickelte Systeme zur Optimierung des Fahrstils und zur Unfallvermeidung beitragen. Zusätzlich können Impulse gesetzt werden, wann – auch zusätzlich zu den gesetzlichen Vorgaben – Ruhezeiten angesagt sind. Hierfür kann eine laufende Überwachung von Gestik und Mimik des Fahrers durch Bilderkennung wichtige Impulse geben.
- Zusätzlich können **autonome Transportfahrzeuge** im Produktionsbereich und im Lager eingesetzt werden. Diese mit Sensoren ausgestatteten Fahrzeuge scannen laufend die Umgebung. Hierdurch wird langfristig ein autonomes Fahren ermöglicht.

Um die hier beschriebenen Prozesse zu entwickeln und zu implementieren, bieten u. a. folgende Unternehmen ihre Unterstützung an:

- ***ASMPT***
  Das Unternehmen *ASMPT* unterstützt die smarte Prozessintegration durch leistungsstarke Hard- und Software-Lösungen in der Elektronikfertigung. Diese Lösungen wurden zu einer leistungsstarken **Shopfloor Management Software Suite** zusammengeführt. Durch *ASMPT Works* werden die Voraussetzungen für eine Smart Factory geschaffen (vgl. [3]).
- ***Dassault***
  Das Unternehmen bietet mit der ***3DEXPERIENCE-Plattform*** eine kollaborative Umgebung. Sie ermöglicht Unternehmen einen ganzheitlichen Blick auf ihre Geschäftstätigkeit und ihr Ökosystem – in Echtzeit. Hierzu werden Menschen und Ideen sowie Daten und Lösungen in einer einzigen Umgebung zusammengeführt. Die *3DEXPERIENCE-Plattform* vernetzt als Single Source of Truth die gesamte Wertschöpfungskette. Deshalb stehen diese Informationen orts-, zeit- und systemunabhängig zur Verfügung. Über diese *3DEXPERIENCE-Plattform* werden maßgeschneiderte

Industrielösungen für verschiedene Branchen angeboten, um die Digitalisierungsstrategien umzusetzen. Hierdurch wird agiles und skalierbares Agieren bei veränderten Marktanforderungen unterstützt. So können mögliche Störungen bereits im Vorfeld virtuell simuliert werden – lange bevor sie tatsächlich auftreten (vgl. [19]).

- ***Fabasoft***
  Das Unternehmen *Fabasoft* ermöglicht mit der ***Fabasoft Business Process Cloud*** eine Bearbeitung von digitalen Inhalten effizient über Unternehmens-, IT-Infrastruktur- und Ländergrenzen hinweg. Hierzu tragen Funktionalitäten wie eine intuitive Erstellung automatisierter Workflows, eine lückenlose Versionierung wie auch eine digitale Signatur und eine Volltextsuche bei. Durch eine leicht anpassbare und skalierbare Plattform können auf individuelle Kundenanforderungen ausgerichtete Lösungen entwickelt werden. Die Datenhaltung der cloudbasierten Plattform erfolgt in Europa (vgl. [23]).
- ***InterSystems***
  Die Datenplattform ***InterSystems IRIS*** unterstützt die Erstellung von hochleistungsfähigen, maschinenlernfähigen Anwendungen, indem die vorhandenen Daten- und Applikations-Silos miteinander verbunden werden. Hierdurch werden datenintensive Anwendungen beschleunigt und deren Entwicklung wird vereinfacht. Durch eine ganzheitliche **Cloud-First-Datenplattform** müssen nicht erst unterschiedliche Technologien integriert werden. Außerdem steigt die **Interoperabilität** – die Fähigkeit zum Zusammenspiel verschiedener Systeme, Techniken oder Organisationen. Dieses Vorgehen führt zu weniger Programmieraufwand und einem geringeren Verbrauch von Systemressourcen. Außerdem fällt weniger Wartungsaufwand an (vgl. [32]).
- ***Leadec***
  Leadec bietet eine End-to-End-Lösung, um sämtliche Serviceprozesse systemübergreifend und digital abzubilden. Hierdurch soll eine hohe Transparenz über die Planung und die Erbringung aller Serviceleistungen erreicht werden – beginnend bei dem ersten Angebot bis zur rechtssicheren Dokumentation und Rechnungsstellung. Kunden des Unternehmens können über ihre eigenen Plattformen und IT-Systeme die Daten aus der digitalen Geschäftsplattform *Leadec.os* nutzen, um die eigenen Produktionsabläufe kontinuierlich zu verbessern. Hierzu werden die Daten aus unterschiedlichen Quellen erfasst, strukturiert und ausgewertet und in der cloudbasierten Lösung *Leadec.os* bereitgehalten. Diese Plattform kann in die digitalen Ökosysteme der Kunden eingebunden werden und Predictive Maintenance ermöglichen (vgl. [35]).

Merk-Box Wichtig ist die Erkenntnis, dass viele Entwicklungsschritte hin zur Smart Factory nicht allein zurückgelegt werden können. Vielfach bedarf es **langfristig angelegter Partnerschaften mit verschiedenen Unternehmen**, um die Herausforderungen zu meistern.

Hierbei gilt es gleichzeitig, keine zu engen und exklusive Bindungen einzugehen, damit die **zukünftige Flexibilität** nicht leidet!

Ist das ein partieller Widerspruch? Ja!

Welche **Technologien** in welchem Umfang eingesetzt werden, zeigt die schon zitierte Studie von Roland Berger [45]. Angeführt wird dieses Ranking von **Cloud-Technologien**, die 44 % der Befragten einsetzen (vgl. Abb. 3.15). **Big Data** und damit verbunden **Smart Analytics** folgen mit jeweils 40 % Einsatz. Integrierte **Manufacturing Execution Systems** (PPS – Produktionsplanung und -steuerung) werden von 32 % der Unternehmen eingesetzt. **Digitale Zwillinge** werden von 24 % der Befragten in der Produktion eingebunden. 20 % verwenden bereits **Predictive Maintenance**. Eine **Verknüpfung der eigenen Produktionsanlagen mit Anlagen von Kunden** setzen ebenfalls 20 % ein. Die **Künstliche Intelligenz** sowie **autonome Systeme** werden von 16 % verwendet. Hierbei ist darauf hinzuweisen, dass die Auswertung von Big Data, Smart Analytics, der Einsatz von Digital Twins sowie die Predictive Maintenance ebenfalls Anwendungsbereiche der Künstlichen Intelligenz sind.

Spannend ist auch die Frage nach den **dominierenden Einsatzbereichen der digitalen Fabrik**. Auch hierauf liefert die Studie von Roland Berger [45] interessante Erkenntnisse. In 25 % der untersuchten Unternehmen wird eine Kombination von **Big Data, KI und Analytics** eingesetzt (vgl. Abb. 3.16). In diesen Anwendungsbereich sind auch Digitale Zwillinge eingebunden. Ein weiteres großes Anwendungsfeld ist mit 23 % **Automatisierung und Robotik**. Hierfür wird auf ein **Manufacturing Execution System** zur Produktionsplanung und -steuerung gesetzt. 18 % nutzen ein optimiertes **Reporting**. An vierter Stelle folgt mit 15 % das **Qualitätsmanagement**.

Beim Thema Qualitätsmanagement zeichnet sich eine weitere interessante Entwicklung ab: **Predictive Quality** – eine „vorausschauende Qualität“. Das Ziel von Predictive Quality ist die **Optimierung der produkt- und prozessbezogenen Qualität**. Auf der Grundlage von Prognosen über die erwartete Produktqualität werden Entscheidungs-

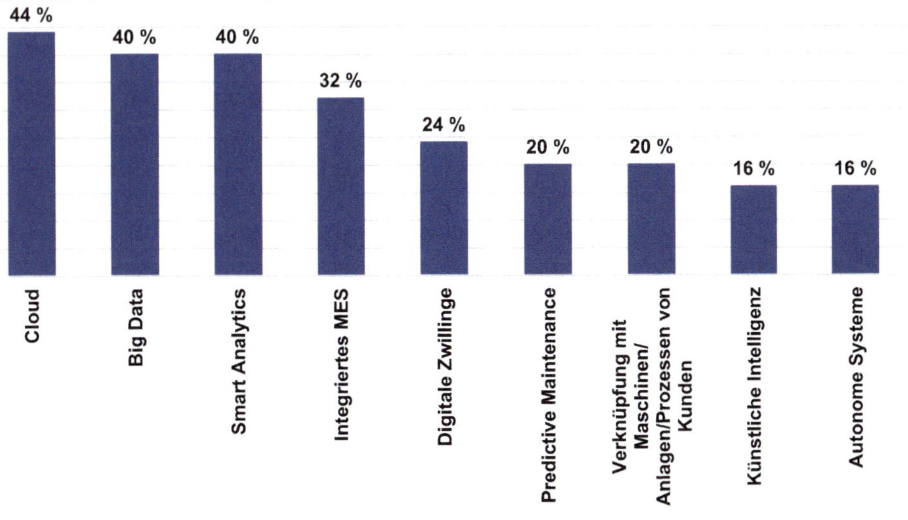

Abb. 3.15 Technologien zur Digitalisierung der Produktion (Datenquelle: [45], S. 8)

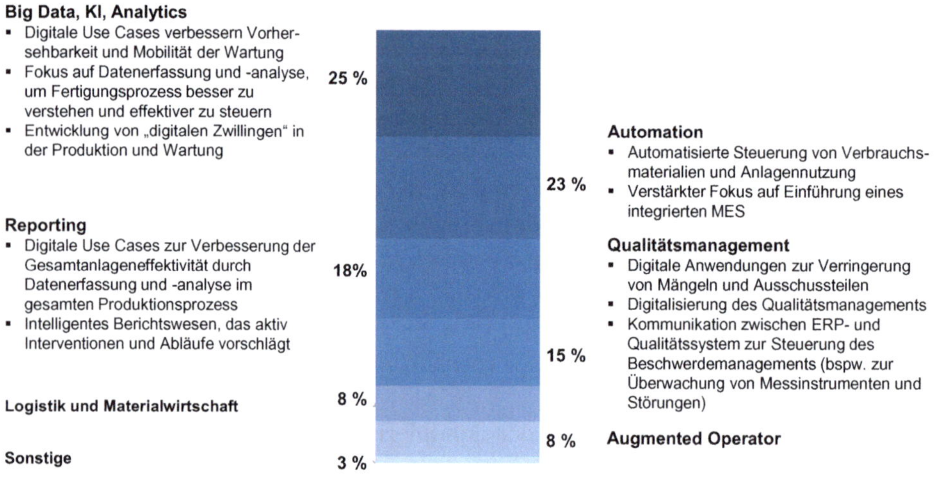

Abb. 3.16 Dominierende Einsatzbereiche der digitalen Fabrik. (Datenquelle: [45], S. 8 f.)

grundlagen erarbeitet. Hierdurch wird es dem Nutzer ermöglicht, zukünftige qualitätsbeeinflussende Ereignisse in die gewünschte Richtung zu steuern. Es handelt sich hier um eine spezielle Anwendung von Predictive Analytics. Die Voraussetzung hierfür ist eine lückenlose Verknüpfung der relevanten Datenpunkte aus dem Fertigungsprozess (vgl. weiterführend [20, 47]).

Roland Berger [45] weist auf einen festgestellten **Mangel bei der digitalen Fabrik** hin: Die von den Unternehmen eingesetzten digitalen Anwendungen folgen nur selten einem ganzheitlich strategischen Ansatz. Eine Ursache hierfür wird darin gesehen, dass die Unternehmen die Digitalisierung von Prozessen und Technologien in Einzelprojekten angehen. Hierdurch ergeben sich bei der Umsetzung unterschiedliche Prioritäten – die nicht zwangsläufig zu einem überzeugenden Ganzen führen.

> **Merk-Box** Eine **Digitalisierung der Produktion** muss einem **digitalen Zielbild** und einem **Masterplan Smart Factory** folgen. Sonst bleibt die Digitalisierung Stückwerk – fokussiert auf Effizienzsteigerung, Kostensenkung und Qualitätsverbesserung.
>
> Ohne ein überzeugendes **strategisches digitales Zielbild** und ohne einen **Masterplan Smart Factory** wird weder ein nachhaltiger Wettbewerbsvorteil erzielt noch können neue Geschäftsmodelle entwickelt werden.
>
> Hierfür ist ein **holistischer Blick auf die gesamte Produktionslandschaft** und deren **Einbindung in Netzwerke mit Lieferanten und Kunden** unverzichtbar.

Wie eine solche **ganzheitliche Lösung** aussehen kann, soll anhand vom Digital Thread des global agierenden Technologieunternehmens ***PTC*** verdeutlicht werden. Der **Digital Thread** bezeichnet eine zentrale, verlässliche Datenquelle, die durch die Synchronisation von

Daten in Echtzeit konsistente Information und Kooperation zwischen verschiedenen Funktionen ermöglicht. Das Wort „Thread“ steht hier für den Faden, der alle Informationsquellen und Prozessschritte miteinander verbindet. Eine allen zugängliche skalierbare Datenbank ermöglicht einen durchgängigen Zugriff auf Informationen über Produkte, Prozesse und Personen im gesamten Unternehmen. Hiermit gehen verschiedene Vorteile einher (vgl. [42]):

- **Optimierung der technischen Entwicklung**
  Die Qualität wird verbessert, die Wiederholungsarbeit reduziert und die Produktentwicklung sowie die Markteinführungszeit beschleunigt.
- **Steigerung der Fertigungseffizienz**
  Durch bessere Einsichten in Assets, Durchsatz und Mitarbeiterproduktivität werden Prozesse effektiver gestaltet.
- **Förderung von Produkt- und Service-Innovation**
  Durch den Digital Thread können neue Geschäftsmodelle und Geschäftsmöglichkeiten entdeckt und genutzt werden, die einen positiven Einfluss auf den Umsatz haben.
- **Optimierung des Servicebereichs**
  Die Effektivität der Techniker wird gesteigert und die Ausfallzeiten der Anlagen reduziert.
- **Verbesserung der Verkaufs- und Marketingerfahrung**
  Durch neue Interaktionsmöglichkeiten kann das Kundenerlebnis verbessert und die Kundenbindung gestärkt werden.

Abb. 3.17 zeigt ein von *PTC* entwickelten und unterstützten Digital Thread. Hier wird sichtbar, wie die einzelnen Bereiche konsequent miteinander verzahnt sind. Zusätzlich wird hier gezeigt, welche Effekte in den verschiedenen Feldern erzielt werden können (vgl. [42]).

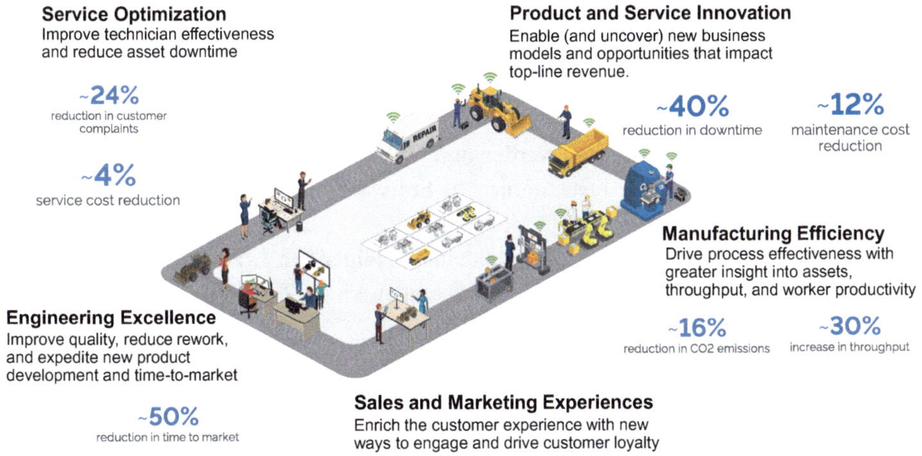

Abb. 3.17 Digital Thread – verbindet und synchronisierte vor- und nachgelagerte Prozessstufen. (Quelle: [42])

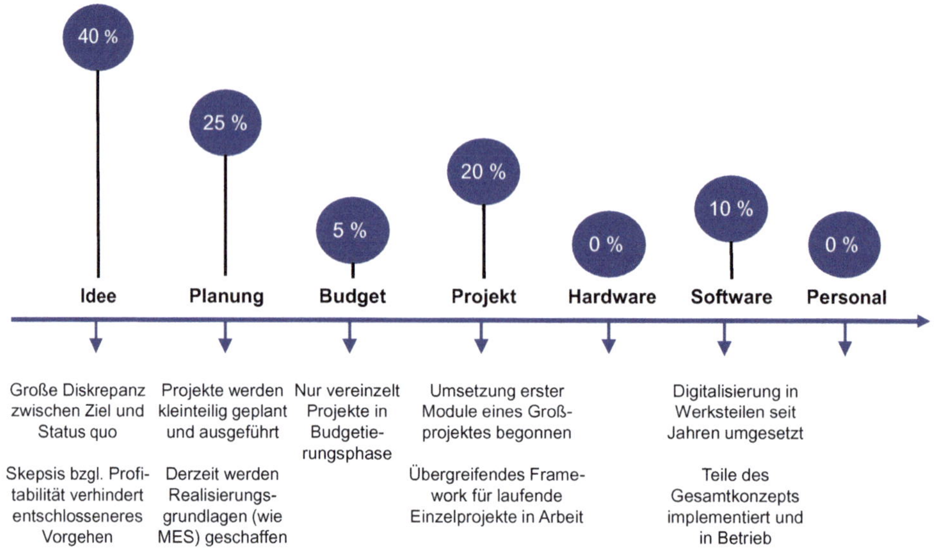

Abb. 3.18 Der Weg zur Umsetzung von Industrie 4.0 ist steinig. (Datenquelle: [45], S. 10)

Die Notwendigkeit zu einem solchen holistischen Handeln belegen weitere Ergebnisse von Roland Berger [45]. Die meisten **Digitalisierungsprojekte** sind erst gestartet (vgl. Abb. 3.18). Fast zwei Drittel der Digitalisierungsprojekte befinden sich noch in der **Ideenfindungs- bzw. Planungsphase**. In 40 % der Unternehmen wird eine große **Diskrepanz zwischen Ziel und Status quo** festgestellt. 25 % planen Projekte – allerdings eher kleinteilig. Mit einer Nennung von 5 % befinden sich nur wenige Projekte in der **Budgetierungsphase**. Erstaunlich ist, dass zum Thema **Hardware** keine Nennungen erfolgte – und auch nur 10 % der Unternehmen auf **Software** setzen. Langfristig gefährlich wird sein, dass auch dem **Personalaufbau** keine Beachtung geschenkt wird.

Die Studie von Roland Berger [45] zeigt allerdings auch, dass sich die Unternehmen auf den Weg gemacht haben:

- **20 bis 30 % aller Investitionen** werden durchschnittlich in die **Entwicklung einer digitalen Fabrik** investiert. Investitionen in Software machen oft den größten Anteil davon aus.
- 70 % der Befragten gehen zukünftig von einem **steigenden Investitionsanteil** aus.
- Im Durchschnitt veranschlagen die Unternehmen einen **Zeitraum von zwei Jahren für die Umsetzung der geplanten Investitionen**.
- 60 % der Unternehmen nutzen bei ihren Investitionen **Standardverfahren zur ROI-Ermittlung**. Allerdings lassen sich zukünftige Erträge zu Beginn oft nur schwer quantifizieren. Teilweise werden auch projektbezogene Kalkulationen eingesetzt – in einigen Fällen wurde auf Renditeberechnungen allerdings auch ganz verzichtet.

▶ **Merk-Box** Eines ist sicher: Der Weg zu einer Smart Factory ist lang und steinig – und wird nie zu Ende sein.

Deshalb gilt: Der Aufbau einer Smart Factory ist kein Projekt mit definiertem Start- und Endzeitpunkt, sondern ein Prozess!

3.1.4 SheIn – Smart Manufacturing als Geschäftsmodell

Einen spannenden Anwendungsfall für Smart Manufacturing stellt das 2008 von *Chris Xu* gegründete Unternehmen ***SheIn*** dar (shein.com, ursprünglich als *SheInside* gestartet). Hierbei handelt es sich um einen der größten und um den momentan am schnellsten wachsenden **Online-Shop aus China**. Dieser beschränkt sich zurzeit auf das **Fashion-Segment**. Das Unternehmen zielt weltweit primär auf Frauen der Generation Z (geboren zwischen 1997 und 2010) sowie auf junge Eltern. Inzwischen sind auch Männer- und Kinderbekleidung im Angebot. *SheIn* hat in Deutschland einen hohen Anteil an 18 bis 29-jährigen Kunden (vgl. [52], S. 3). Das Besondere an diesem Unternehmen ist weder der Einsatz von Mode-Bloggern noch das Bonuspunkte-Programm, welches die regelmäßige Nutzung der App belohnt.

Spannend ist vielmehr, dass *SheIn* die von *Zara* erreichte **Entwurfs- und Produktionszeit** bei Modeartikeln von 21 Tagen auf drei Tage verkürzen konnte. ***Zara***, einem der Erfinder von **Fast Fashion**, gelingt es heute, rund 1000 neue Styles auf den Markt zu bringen – pro Monat. Dies wurde durch kürzere Produktionszyklen, ein Just-in-time-Logistik und hohe Investitionen in Flagship-Stores in vielen Stadtzentren der Welt erreicht. Die Schnelligkeit und Vielfalt des Warenangebots waren die wichtigsten Treiber des Erfolgs vieler Fast-Fashion-Unternehmen.

Die zunehmende Digitalisierung der Konsumenten sowie der Anbieter (Hersteller sowie Händler) gleichermaßen ermöglichten jetzt einen weiteren Entwicklungssprung hin zu **Ultra Fast Fashion** und **Real Time Fashion** bzw. **Real Time Retail**. Die Vernetzung ermöglicht es dem Unternehmen *SheIn*, 3000 bis 7000 neue Produkte auf den Markt zu bringen – pro Tag. Geht man von durchschnittlich 5000 neuen Produkten pro Tag aus, können das im Jahr über 1,8 Mio. neue Produkte sein. Dies wird auch dadurch möglich, dass *SheIn* für Produkttests wesentlich weniger Zeit benötigt als *Zara* (vgl. [56]).

▶ **Merk-Box** **Ultra Fast Fashion** und **Real Time Fashion** bzw. **Real Time Retail** verkürzen die Vorlaufzeit für neue Fashion-Produkte von wenigen Wochen auf wenige Tage!

Im Gegensatz zu Fast-Fashion-Einzelhändlern, die nach wie vor außer in Logistik und Lagerhaltung auch in physische Einzelhandelsgeschäfte investieren müssen, verlagern die **Real-Time-Fashion-Anbieter** ihr Geschäft in hohem Maße ins Internet. Hier liegt der Fokus – außer auf Logistik und Lagerhaltung – auf der Online-Präsenz und vor allem dem Online-Shop (vgl. [48]).

Das **Real-Time-Fashion-Unternehmen** *SheIn* strebt mit der Mission „Jeder kann die Schönheit von Mode genießen" danach, weltweit jedem Kunden nicht nur schnell, sondern auch stilvolle Qualitätsprodukte zu attraktiven Preisen anzubieten [48]. Um dies zu erreichen, engagierte *SheIn* Designer aus verschiedenen Teilen der Welt. Heute verfügt das Unternehmen über ein Designer-Team von ca. 800 Personen. *SheIn* nutzt *Google Trends* und verschiedenartige Social-Listening-Tools, um neue Bekleidungstrends bei Stoffen, Farben und Stilen im Voraus zu erkennen. Zur Auswertung dieses **Datenstroms in Echtzeit** werden **ausgeklügelte KI-Systeme** eingesetzt. Diese leiten hochautomatisiert neue Produktideen aus dem Such- und Social-Media-Verhalten der einzelnen Länder ab. Die hierdurch gewonnenen Erkenntnisse werden von Designern umgesetzt, die der SheIn-Community eng an das Unternehmen gebunden sind. Diese Entwürfe werden automatisch über ein zentrales *SheIn*-ERP-System an die Zulieferer weitergeleitet. Dort werden die Produkte zunächst in begrenzter Stückzahl hergestellt und über den Online-Shop in verschiedenen Regionen angeboten. Für die Produkte, die beim Seh- und Kaufverhalten im Webshop besonders erfolgreich sind, wird das Auftragsvolumen für die Herstellung in Echtzeit über das ERP-System erhöht. *SheIn* lässt sich in seinem Angebot folglich stark von den Konsumenten führen. Hierbei ist wichtig zu wissen:

***SheIn* verfügt über keinen eigenen Stil!**

Das Unternehmen produziert vielmehr die Ware, die in den verschiedenen Regionen der Welt auf die größte Resonanz stößt. Diese Arbeitsweise kann mit dem **Engagement-Algorithmus** von ***TikTok*** vergleichen werden. Bei *TikTok* erscheinen auch diejenigen neuen Videos automatisch in der Timeline von immer mehr Menschen, die sich vorher bei einer begrenzten Anzahl von Betrachtern bewährt haben. Hierdurch entsteht eine **datenbasierte Feedback-Schleife**, die die digitale Customer Experience laufend verbessert und die Herstellung kundenrelevanter Produkte fördert. Gleichzeitig wird die Lagerhaltung reduziert und die Produktion schwer verkäuflicher Angebote vermieden. *SheIn* ist in der Lage, den lokalen Modegeschmack in Echtzeit zu spiegeln – und für über 150 Länder ein jeweils unterschiedliches, aber immer relevantes Angebot zu erzeugen. Hierzu bedarf es keiner klassischen Marktstudien, sondern „nur" einer **Auswertung der Nutzergepflogenheiten in Echtzeit** (vgl. [56]).

Eine intensive Zusammenarbeit mit verschiedenen Herstellern ermöglicht die Umsetzung des Konzepts **Consumer-to-Manufacturer (C2M)**. Das Besondere dieses **C2M-Konzeptes** ist es, dass es zu einer **unmittelbaren Beziehung zwischen Kunden und Herstellern** kommt (vgl. Abb. 3.19). Hierdurch fallen bei C2M die Stufen des Zwischenhandels weg, bspw. die Einbindung von Großhändlern.

Worin liegt der Unterschied von **C2M (Consumer-to-Manufacturer)** und **D2C (Direct-to -Customer)**? Auch bei D2C fallen die Zwischenhändler weg. Allerdings ist D2C nur ein spezifisches Vertriebskonzept – auch **Direktvertrieb** genannt, bei dem es zwischen den Kunden und dem Hersteller zu einem direkten Kontakt kommt. Dort werden Aufträge platziert und von dort wird die Lieferung ausgelöst. Viele klassische Hersteller (wie *Adidas*, *Montblanc*, *Nike*) setzen für diesen Direktvertrieb ihre eigenen Online-Shops ein. Dies erfolgt meist parallel zum indirekten Vertrieb über Groß- und Einzelhändler.

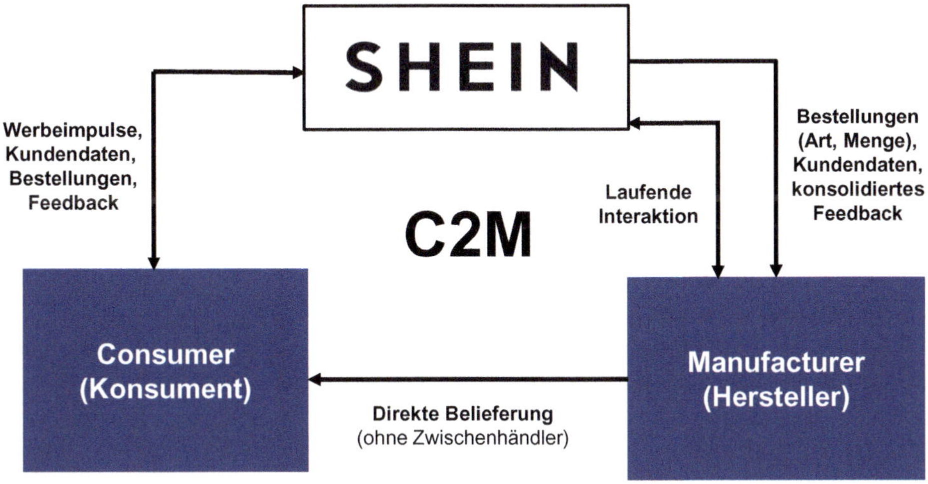

Abb. 3.19 Consumer-to-Manufacturer-Konzept

Im Gegensatz zum D2C-Ansatz ist der Konsument beim **C2M-Konzept** der unmittelbare und nicht nur der mittelbare Auslöser spezifischer Produktionsprozesse. Hier entscheiden die Kunden in hohem Maße darüber mit, wie Produkte aussehen und in welcher Menge diese produziert werden – nahezu in Echtzeit.

> **Merk-Box** Im Gegensatz zum **angebotsgesteuerten System Direct-to-Customer** (D2C) handelt es sich bei **Consumer-to-Manufacturer** (C2M) um ein **nachfragegesteuertes System**. Im Idealfall werden nur die Stücke produziert, die tatsächlich auf Nachfrage treffen – und auch nur in der erforderlichen Stückzahl. Außerdem werden die Kunden direkt vom Hersteller aus beliefert – und nicht von dem Unternehmen, das für die Vermarktung zuständig ist.

Um dies zu erreichen, sind die Kunden beim **C2M-Modell – wie bei *SheIn* –** direkt bzw. indirekt über Online-Plattformen mit den Herstellern verbunden (vgl. Abb. 3.19). Zwischengeschaltete Distributionsstufen entfallen und ermöglichen den intensiveren und direkten Informationsaustausch zwischen Kunden und Produzenten. Über die Plattformen wird die Nachfrage gebündelt an die Produktionsstätten weitergeleitet. Dort werden die gewünschten Artikel in den georderten Mengen produziert und nach wenigen Tagen oder auch Wochen direkt an die Kunden ausgeliefert. Gleichzeitig werden **Feedback-Loops** geschaffen, die eine umfassende Rückäußerung der Konsumenten in Richtung Hersteller erlauben. Erst die umfassende Vernetzung und die Digitalisierung von Informationen ermöglichen ein solches Geschäftsmodell – verbunden mit KI-gestützten Auswertungsmöglichkeiten. Hierdurch wird der Trend in Richtung **Individualisierung** auch im Modebereich gefördert (vgl. [46]).

Ein überzeugender Auftritt in den sozialen Medien – unter Einbindung diverser Influencer – und ein Online-Shop mit einer guten Customer Experience sind die Voraussetzungen dafür, dass auch das von *SheIn* eingesetzte **Punktesystem** seine Wirkung entfalten kann. Dieses Punktesystem belohnt die Nutzer für eine Vielzahl von Aktionen – sei es die Überprüfung der E-Mail-Adresse, das Verfassen einer Produktbewertung und das Hinzufügen eines Fotos mit einem *SheIn*-Artikel. Weitere Punkte werden durch ein tägliches Log-in, die Teilnahme an Outfit-Wettbewerben oder an Live-Events verdient. Die verdienten Punkte sind Geld wert und können für die Bezahlung eines Kaufs eingesetzt werden. So werden **Gamification-Elemente** zur systematischen Kundenbindung eingesetzt – und ein umfassendes Customer Engagement wird gefördert (vgl. [56]).

Zur Bewertung des Geschäftskonzepts von *SheIn* gehört, dass sich das Unternehmen häufig mit **Plagiatsvorwürfen** konfrontiert sieht. Hierbei sind sowohl große Marken als auch kleinere Designer betroffen, deren Entwürfe häufig fast deckungsgleich kopiert werden. Durch die Produktion in China kann es bei Lieferungen ins Ausland oft zu langen Lieferzeiten kommen. Außerdem hat Real Time Fashion mit nachhaltiger Mode nichts zu tun. Ein weiterer Kritikpunkt ist, dass das Unternehmen und die handelnden Personen bei *SheIn* sehr intransparent bleiben. Eine vertiefende Analyse des Geschäftsmodells und der Profitabilität und Nachhaltigkeit ist dadurch nicht möglich. Dennoch bewerten Investoren *SheIn* inzwischen mit 100 Mrd. US-$ – mehr, als *Inditex* (*Zara*) mit ca. 70 Mrd. US-$ und *H&M* mit ca. 20 Mrd. US-$ zusammen auf die Waagschale bringen.

► **Food for Thought** Interessant ist, dass *SheIn* zum Shooting-Star der Fast-Fashion-Mode geworden ist und damit Milliarden verdient. Gleichzeitig scheint die sehr aktive Kernzielgruppe **Generation Z** kein Problem damit zu haben, **Fridays for Future** und **Ultra Fast Fashion** unter einen Hut zu bringen.

3.1.5 Gesamtbewertung der Entwicklung zu Smart Manufacturing

3.1.5.1 Daten- und Transaktionsräume als Treiber von Smart Manufacturing

Eine wichtige Voraussetzung dafür, dass Smart Manufacturing noch umfassender als bisher eingesetzt werden kann, ist eine **Konsolidierung der Datenströme**. Diese durch moderne Anlagen gewonnenen Daten von einzelnen Werkzeugmaschinen oder ganzen Produktionssystemen (etwa in der Automobil- oder der Pharmabranche) orientieren sich heute häufig noch nicht an verbindlichen Standards. Auch die Schnittstellen der einzelnen Systeme sind nur teilweise auf einen umfassenden Datenaustausch ausgelegt. Zusätzlich bedarf es ausgeklügelter Software- und Analysesysteme, um diese in Realtime verfügbaren Daten in konkrete Handlungsimpulse umzusetzen. Um hier erfolgreicher agieren zu können, kommen sogenannte **Daten- und Transaktionsräume** für die Steuerung und Überwachung von Fertigungsprozessen ins Spiel.

Ein **Datenraum** ist ein Bereich, in dem Daten gespeichert und verarbeitet werden. Bei Fertigungsprozessen sind dies bspw. Produktionsdaten, Sensordaten, Wartungsdaten, Qualitätsdaten. Diese Daten können auf verschiedenen Ebenen gesammelt werden. Dies kann auf Maschinen- oder Anlagenebene, auf Prozessebene oder auf Unternehmensebene erfolgen. Ein wichtiger Aspekt bei der Gestaltung von Datenräumen ist die Integration der verschiedenen Datenquellen, um ein ganzheitliches Bild des Fertigungsprozesses zu erhalten.

Ein **Transaktionsraum** ist ein Bereich, in dem Transaktionen abgewickelt werden. In der Fertigung sind dies bspw. die Bestellung von Materialien, die Übertragung von Produktionsaufträgen, die Buchung von Wartungsarbeiten oder die Abwicklung von Zahlungen. Transaktionsräume können ebenfalls auf Maschinen- oder Anlagenebene, auf Prozessebene oder auf Unternehmensebene existieren. Transaktionsräume sollen eine effiziente und zuverlässige Abwicklung von Transaktionen und damit eine reibungslose Durchführung von Produktionsprozessen sicherstellen.

> **Merk-Box Datenräume und Transaktionsräume** stellen eine föderierte und offene Infrastruktur für einen souveränen Datenaustausch dar. Die Daten- und Transaktionsräume basieren auf gemeinsamen Vereinbarungen, Regeln und Standards (vgl. [10]).

In Daten- und Transaktionsräumen spielen die **Digitalisierung** und die **Vernetzung** eine wichtige Rolle, um eine optimale Steuerung und Überwachung von Produktionsprozessen zu ermöglichen. Dabei sind Aspekte wie die Sicherheit von Daten und Transaktionen, die Skalierbarkeit der Systeme und die Integration von unterschiedlichen Systemen und Datenquellen von zentraler Bedeutung. Fließen in diesen Daten- und Transaktionsräumen die Daten von verschiedenen Unternehmen zusammen, können **virtuelle Marktplätze** entstehen. Auf diesen können sich Datenbesitzer, Datenverwalter und Datennutzer begegnen, um digitale Daten auszutauschen.

Um hier Erfolge zu erzielen, wurde die ***Manufacturing-X Initiative*** als gemeinsame Anstrengung von Wirtschaft, Politik und Wissenschaft ins Leben gerufen. Hierdurch soll die Digitalisierung der Lieferketten in der Industrie vorangetrieben und die deutsche Industrie fit für die Datenökonomie gemacht werden. Hierfür werden sich Unternehmen aus dem industriellen Sektor miteinander vernetzen. Bisher konnten Daten nur innerhalb einzelner Unternehmen zur Transparenz beitragen, während der Datenaustausch zwischen verschiedenen Unternehmen lediglich punktuell stattfand. Das Teilen von Daten entlang der Lieferkette war dagegen oft schwierig. Mit *Manufacturing-X* wird dieses Teilen deutlich einfacher und ganze Wertschöpfungsnetzwerke können besser aufeinander abgestimmt werden. Unternehmen können somit auf Störungen in Lieferketten frühzeitig reagieren, die Produktion schneller anpassen und Lieferverzögerungen vermeiden. Darüber hinaus werden dank *Manufacturing-X* völlig neue, datenbasierte Geschäftsmodelle in der Industrie möglich. Folglich ermöglicht diese Zusammenarbeit digitale Innovationen für mehr Resilienz und Wettbewerbsstärke. Außerdem stellt *Manufacturing-X* auch einen wichtigen Schritt in Richtung einer geschlossenen Kreislaufwirtschaft und zu einer nachhaltigeren Produktion dar (vgl. [11]).

Im Kern werden hierzu **Daten-Ökosysteme** aufgebaut, die auf offenen Standards basieren und eine Vielzahl von Anwendungen unterstützen. Ziel ist es, einen funktionierenden **Datenraum Industrie 4.0** zu schaffen. Dieser soll eine einfache Datenvernetzung gewährleisten und das multilaterale Teilen von Daten ermöglichen. Hierdurch können Wertschöpfungsnetzwerke neu organisiert werden. Um dies zu erreichen, ist die Zusammenarbeit aller Akteure in der Wertschöpfung notwendig. Die Initiative arbeitet mit einem Partnernetzwerk zusammen, das gemeinsam über Branchen hinweg digitale Ökosysteme aufbauen möchte (vgl. [11]).

Um solche Effekte zu erzielen, haben deutsche Automobilhersteller – übrigens basierend auf den Regeln von ***Gaia-X*** (vgl. Abschn. 2.4) – mit ihren Zulieferern ein Netzwerk mit dem Namen ***Catena-X*** aufgebaut. Dies ist ein **kollaboratives, offenes Daten-Ökosystem** für die Automobilindustrie. Hierzu vernetzt es die internationalen Akteure zu durchgängigen Wertschöpfungsketten. Das ermöglicht einen **standardisierten, globalen Datenaustausch**. Dieser soll sich an europäischen Werten orientieren. Ein unverzichtbarer Anspruch ist hierbei die Sicherstellung einer **Datensouveränität**. Wer für dieses Netzwerk Daten zur Verfügung stellt, behält darüber auch weiterhin die Kontrolle. Der Datenbesitzer kann jeweils entscheiden, wer am Datenaustausch wie, wann, wo und unter welchen Bedingungen beteiligt wird. Das Netzwerk von *Catena-X* soll hierfür die sichere und zuverlässige Umsetzung schaffen (vgl. [14]).

Um die Relevanz eines solchen Vorgehens zu vertiefen, werden nachfolgend zunächst die **Vorteile einer KI-basierten Smart Factory** zusammengefasst, die solche Daten-Ökosysteme nutzt:

- Kontinuierliche, teilweise eigenständige **Optimierung von Produktionsprozessen** auf Basis von Zeit- und Kostenvorgaben, basierend auf Informationen, die in Echtzeit verfügbar sind
- Hohe **Flexibilität in der Fertigung**
- **Verringerung der Time-to-Market** (bspw. bei Innovationen oder geänderten Produktanforderungen bzw. bei individualisierten Angeboten)
- **Steigerung der Overall Equipment Effectiveness** (OEE) bzw. der Gesamtanlagen-Effektivität durch Automatisierung und Reduktion des Mitarbeitereinsatzes
- **Reduktion von Lagerhaltungskosten** durch automatisierte Bestellprozesse, eine verbrauchsgerechte Zuführung von Komponenten und Rohmaterial sowie durch optimierte Auslieferungsprozesse der fertigen Produkte
- **Ermöglichung einer Mass Customization**, d. h. einer Fertigung von Einzelstücken und Kleinserien (fast) zu Kosten einer Massenproduktion
- **Transparenz über die gesamte Value Chain**, beginnend mit der Supply Chain über die Produktion bis hin zur Auslieferung an die Kunden in Echtzeit
- **Bereitstellung der relevanten Informationen für ein nachhaltigeres Agieren**

Bei der Entwicklung des Smart Manufacturings sind allerdings auch die folgenden **Nachteile einer KI-basierten Smart Factory** zu berücksichtigen:

- **Hohe bis höchste Komplexität der Prozesse** durch die Vernetzung unterschiedlichster Komponenten, verschiedenartigster Daten, einer Vielzahl von Schnittstellen, unterschiedlicher Software-Lösungen mit ggf. divergierenden Update-Rhythmen und Standards
- **Abhängigkeit von wenigen Spezialisten bzw. Systemanbietern**, die die Komplexität einer Smart Factory (noch) beherrschen
- **Notwendigkeit eines hohen „Vertrauens" in die Qualität KI-basierter Lösungen** (auch autonome Systeme können falsch entscheiden, unpassenden Regeln folgen oder Daten falsch interpretieren)
- **Anfälligkeit für Störungen** mit hohen internen und externen Abhängigkeiten
- **Gefährdung durch Cyber-Attacken** aufgrund der Kommunikation über das Internet und vieler verschiedener Schnittstellen zu anderen Systemen und Anwendungen
- **Abbau von Arbeitsplätzen weniger qualifizierter Mitarbeiter** (stellt je nach Perspektive auch einen Vorteil dar)

> **Merk-Box** Auch wenn sich viele Prozesse in einer Smart Factory selbst organisieren und damit ein hohes Maß an Automatisierung vorliegt, kommt den Mitarbeitern bzgl. **Planung, Kontrolle und Optimierung entsprechender cyber-physischer Systeme** eine große Bedeutung zu.
>
> Diese Prozesse werden zwar durch die Künstliche Intelligenz unterstützt – vielfach noch aber nicht eigenständig durchgeführt. Dem **Aufbau einer Smart Factory** muss folglich die **Entwicklung eigener hoch qualifizierter Mitarbeiter** vorausgehen!

3.1.5.2 Reshoring durch Smart Manufacturing

Die beschriebenen Entwicklungen in Richtung immer intelligenterer Prozesse mit weniger Personal unterstützen einen Prozess, der als **Reshoring** bezeichnet werden kann. Im Gegensatz zum Offshoring versteht man darunter die **Rückverlagerung von Produktionsprozessen aus dem Ausland** zurück in Hochlohnländer. Der Einsatz der Künstlichen Intelligenz im Produktionsbereich führt dazu, dass sich „Made in Germany" auf einmal wieder rechnet. Unternehmen haben sich bereits bei neuen **Standortentscheidungen für den Hochlohnstandort Deutschland** entschieden – vor allem bei hochautomatisierten Produktionsprozessen, die mit weniger Personal auskommen. Selbst in der Bekleidungsbranche wird über Reshoring oder zumindest über Nearshoring nachgedacht – weil die Niedriglohnländer ihr Kostensenkungspotenzial vielfach bereits weitgehend ausgeschöpft haben und eine Nähe zu den wichtigsten Märkten unter Zeitaspekten immer wichtiger wird (vgl. [25]). **Nearshoring** bezeichnet die Verlagerung der Produktion in Länder, die näher am Heimatland liegen.

Um die **Resilienz von Lieferketten** zu erhöhen, wird jetzt – auch im Kontext von Smart Factorys – über **Friendshoring** nachgedacht. Hierbei werden Partnerschaften mit Unternehmen in solchen Ländern eingegangen, die eher zu den „Freunden" zählen, weil sie bspw. gleiche Werte und Normen teilen und an einer regelbasierten Gemeinschaft interessiert sind. Auf diese ist – so die Hoffnung – auch in Krisenzeiten Verlass. Allerdings gilt auch hier:

Länder haben keine Freunde, sondern Interessen!

Wodurch werden heute Schritte in Richtung **Reshoring** möglich? In Smart Factorys haben die Personalkosten nur noch einen sehr kleinen Anteil an den Herstellungskosten. Oftmals sind es weniger als 5 %. So fällt es leichter, die Produktion in Hochlohnländer zurückzuholen, die meist über eine gute harte und weiche Infrastruktur verfügen (Energieversorgung, Logistik, Ausbildung, Rechtssystem etc.). So können die Entwicklungen rund um die Smart Factorys dazu führen, dass sich die **Dynamik des weltweiten Warenaustauschs verringert** und sich die **Produktion näher an den Zielmärkten ansiedelt**.

Folgende **Argumente für ein Reshoring** werden immer wieder diskutiert:

- **Verkürzung der Vorlaufzeit bis zur Markteinführung**, um schneller auf Marktentwicklungen zu reagieren (dies ist vor allem im Modesektor ein wichtiges Argument)
- **Reduktion der Abhängigkeit von komplexen Lieferketten** (Stichwort Resilienz der Supply Chain)
- **Verringerung der Lagerbestände**, die bisher notwendig waren, um eine Resilienz einer globalen Supply Chain zu erhöhen
- **Reduktion von Frachtkosten** durch kostengünstigen bodengestützten Transport (LKWs oder Züge)
- **Sicherstellung einer gleichbleibenden Produktqualität** bzw. **Steigerung der Produktqualität** durch Einbindung von Leistungspartnern, die gleiche Qualitätsmaßstäbe anlegen
- **Zugang zu qualifizierten Arbeitskräften**, die flexibler eingesetzt werden können
- **Reduktion der Abhängigkeit von kritischen Entwicklungen in den (fernen) Produktionsländern** (u. a. steigende Lohnkosten, unsichere Wechselkursentwicklungen, kritische Wetterereignisse und politische Instabilitäten, etwa politische Interventionen oder Verlust von geistigem Eigentum)
- **Positiver Country-of-Origin-Effekt** bei „Made in Germany" oder „Made in Europe"
- **Finanzielle Anreize zur Industrieansiedlung**
- **Senkung der Gesamtbetriebskosten** durch eine stärkere Digitalisierung der Fertigung
- **Vermeidung von finanziellen Risiken**, die sich durch die Anforderungen des Lieferkettensorgfaltspflichtengesetzes ergeben
- **Möglichkeiten zur Reduktion von schädlichen Emissionen** durch optimierte Logistik und marktnahe Produktionsstätten

Ein **Mehr an Smart Factorys** mit einem hohen Maß an Automatisierung (inkl. des Einsatzes von Robotern) in einem Industrieland führt zu weniger Produktionsverlagerungen (Offshoring) und zu mehr Rückverlagerungen der Produktion (Reshoring). Reshoring wird allerdings nicht zu einem Jobboom führen. Viele manuelle Produktionsschritte, die vor Jahren und Jahrzehnten zum Offshoring geführt haben, werden zukünftig von Robotern übernommen. Gleichzeitig ist das Vordringen von Smart Factorys eine Antwort auf den absehbaren Mangel an Arbeitskräften in Ländern wie Deutschland. Eine sehr informative **Studie zum Thema Reshoring** hat das European Parliament [22] vorgelegt. Auf europäischer Ebene geht es hier vor allem um die **Diskussion einer strategischen Autonomie**, um eine Abhängigkeit von dritten Parteien in besonders sensiblen Bereichen zu reduzieren bzw. zu vermeiden. Hierdurch soll für Europa insgesamt eine höhere Resilienz erreicht werden. Diese wurde und wird bspw. bei Computer-Chips, bei vielen Medikamenten nach wie vor vermisst.

▶ **Merk-Box** Beim Reshoring wird Effizienz – teilweise – gegen eine größere Resilienz eingetauscht!

3.1.5.3 Unternehmensbeispiele für Reshoring

Welche Unternehmen haben den Schritt zum **Reshoring** schon vollzogen? Und welche Unternehmen haben sich für die **Ansiedlung von Produktionsstätten in Deutschland** in den letzten Jahren entschieden?

Das Unternehmen ***Gigaset*** stellt Telefone in Deutschland her. In einer hochmodernen *Gigaset*-Fabrik in Bocholt arbeiten Mensch und Maschine Hand in Hand. Durch eine Industrie-4.0-Fertigung werden die Produktionsprozesse schneller, flexibler und effektiver. Diese Produktion erlaubt auch die Erfüllung von Sonderwünschen. Hier wird von einem Service **Production on Demand** gesprochen. Die Produktionsstätte wurde bereits mehrere Male als „Fabrik des Jahres" ausgezeichnet (vgl. [26]).

Der Weltmarktführer für Pumpen, ***Wilo***, hat bereits 2015 den Entschluss gefasst, Produktion, Verwaltung, Kundenservice und Produktentwicklung bis zum Jahr 2022 wieder am Stammsitz Dortmund in einer neuen Struktur zusammenzuführen. Ein wichtiger Schritt in diese Richtung war die Errichtung der **Smart Factory** im Jahr 2019. In dieser Produktionsstätte wurde die Grundlage für eine effizientere Produktion geschaffen – unterstützt durch einen optimierten Materialfluss und eine intelligente Logistik. Parallel hierzu wurde der sogenannte *Wilopark* entwickelt. In diesem wurden neben der Smart Factory auch der *Pioneer Cube* für die Verwaltung, der *Solution Cube* für die Produktentwicklung sowie der *Networking Cube* für den Dialog mit den Kunden angesiedelt (vgl. [62]).

Für die Smart Factory hat das Unternehmen *Wilo* ein **Produktions- und Logistikkonzept** entwickelt, das alle Prozesse vom Lieferanten bis hin zum Kunden umfasst. Dieses Konzept ermöglicht eine durchgängige Planung und Steuerung der Kundenaufträge durch eine Vernetzung der Produktions- und Logistikprozesse und eine enge Anbindung der Lieferanten. Hierfür wurden die Maschinen und Produkte vernetzt. Das ermöglicht die **Echtzeitüberwachung der Produktionsprozesse** in der gesamten Produktion. Dieser ständige Datenaustausch ermöglicht auch kurzfristige Änderungen der Nachfrage. Hierfür wird das laufende Produktionsprogramm automatisch an die neuen Anforderungen angepasst (vgl. [62]).

Um dem Kundenwunsch nach einer höheren **Individualisierung der Produkte** zu entsprechen, können die Kunden die jeweils gewünschten Produkte zukünftig aus bestimmten

Modulen online selbst konfigurieren und direkt bestellen. Den einzelnen Produkten und Komponenten werden Informationen mitgegeben, um sich bei den jeweils notwendigen Bearbeitungsprozessen selbsttätig anzumelden. Außerdem kann der jeweils erreichte Status mitgeteilt werden. Zusätzlich werden die Mitarbeiter in der Smart Fabrik durch weitere digitale Werkzeuge unterstützt. Durch diese verschiedenen **Maßnahmen eines Smart Manufacturings** werden bei *Wilo* mehrere Ziele erreicht. Zum einen kann der erforderliche Lagerbestand reduziert werden. Zum anderen werden Produktionszeiten verkürzt und individuelle Kundenwünsche erfüllbar. Hierdurch steigt die **Overall Equipment Effectiveness** (vgl. [62]).

Bosch hat im Jahr 2021 eine der modernsten **Chipfabriken** der Welt in Dresden in Betrieb genommen (vgl. [12]). Hier durchlaufen Silizium-Wafer erstmals voll automatisiert die Fertigung. Wafer sind dünne Scheiben aus Halbleitermaterial, auf die integrierte Schaltungen aufgebracht werden. Für ihre Herstellung wurde eine komplett digitalisierte und hochvernetzte Halbleiterfabrik errichtet, die gleichzeitig die erste AIoT-Fabrik (Artificial Intelligence of Things) von *Bosch* darstellt. Um diese Hightech-Fertigung zu ermöglichen, investierte *Bosch* rund eine Mrd. €. Die hier erreichte **Vollautomatisierung der Fertigung** in Verbindung mit einem Datenaustausch zwischen den Maschinen in Echtzeit macht die Chip-Produktion besonders effizient.

Durch den Einsatz der **Artificial Intelligence of Things** schafft das Unternehmen die Voraussetzungen für eine datengesteuerte, kontinuierliche Verbesserung in der Produktion. Der gigantische Datenstrom von Produktionsprozessen lässt sich über KI-Agenten kontinuierlich auswerten. So können auch kleinste Produktfehler frühzeitig erkannt, ihre Ursachen ermittelt und abgestellt werden – noch bevor diese Fehler die Zuverlässigkeit eines Produktes gefährden könnten. Hierdurch wird ein wesentlich **höherer Grad an Prozessstabilität** erreicht. Folglich kann die Serienproduktion von Halbleiterprodukten schneller erfolgen. Flankierend kann eine **Predictive Maintenance** proaktiv Impulse zur Wartung oder Nachjustierung von Fertigungsmaschinen oder Robotern geben. Zusätzlich wird die sehr komplexe **Produktionssteuerung** durch KI unterstützt. Schließlich gilt es, die Wafer sicher sowie zeit- und kostensparend durch einen Produktionsprozess mit bis zu 700 Schritten an rund 100 Anlagen zu navigieren (vgl. [12]).

3.1.5.4 Stand des KI-Einsatzes im Produktionsbereich

Um zu ermitteln, in welchem Umfang die **Künstliche Intelligenz in die Fertigung** schon eingezogen ist, hat IDC [31] eine entsprechende Umfrage durchgeführt. Im Zuge dieser Studie wurden Entscheidungsträger und Meinungsbildner befragt, die sich mit der **Digitalisierung von Fertigungsprozessen** beschäftigen. Die Befragten stammen aus 650 Unternehmen verschiedener verarbeitender Branchen aus Europa und den USA. Die wichtigsten Studienergebnisse werden nachfolgend präsentiert (vgl. [31], S. 4 f.):

- **Der Fokus liegt auf datengestützten und KI-fähigen Smart-Factory-Lösungen**
  Unternehmen, die sich bisher kaum mit dem Thema Smart Factory beschäftigt haben, zeigen jetzt ein wachsendes Interesse an KI-fähigen und datengestützten Anwendungen. Hierzu zählen die bildbasierte Fehlererkennung, autonome Transportfahrzeuge

und die digitale Abbildung von Produktionsprozessen. Ein weiteres wichtigstes Handlungsfeld sind Predictive Maintenance sowie die umfassende Überwachung von Produktionsprozessen und -anlagen. Zusätzlich ist die Unterstützung von Arbeitsgängen durch Augmented-Reality-Technologien geplant. Durch Augmented-Reality-Technologien können Mitarbeiter in der Fertigung die Informationen vermittelt werden, die für eine sichere Beherrschung von Arbeitsabläufen notwendig sind.

- **Investitionen in die Smart Factory bringen messbare Effekte**
  Durch ein leistungsstarkes Datenmanagement werden eine höhere Flexibilität und Agilität in der Fertigung erreicht. Eine höhere Produktqualität führt zu einer größeren Kundenzufriedenheit. Zusätzlich können durch eine flexiblere Produktion neue Marktsegmente erschlossen werden. Im Zuge der Studie wurde ermittelt, dass die Hersteller ihre Gesamtanlagen-Effizienz um 10 % steigern konnten, während sie gleichzeitig im Durchschnitt 10 % der Kosten einsparten.
- **Hohe Datenverfügbarkeit als Erfolgsfaktor**
  Allerdings ist es nicht immer leicht – möglichst in Realtime – auf die relevanten Daten zuzugreifen. In der Studie wurde sichtbar, dass bisher nur durchschnittlich 34 % der Produktionsanlagen vernetzt sind. Die Vernetzung von Maschinen, die erst eine umfassende Erfassung und Auswertung von Gerätedaten ermöglicht, ist erst wenig ausgeprägt. Die bestehenden Maschinen und Anlagen können allerdings mit entsprechenden Technologien nachgerüstet werden. Dies geht häufig jedoch mit einem hohen Zeit- und Ressourceneinsatz einher. Hierzu empfiehlt sich bei einem großen Anlagenbestand ein stufenweises Vorgehen.

  Hierfür ist eine umfassende Zusammenarbeit zwischen der **IT** und der **Betriebstechnik** bzw. der **Operational Technology** (OT) unverzichtbar. Betriebstechnik umfasst die Hardware- und Software-Komponenten, die eine direkte Überwachung und/oder Steuerung von Maschinen und Produktionsanlagen ermöglichen. Hierbei ist die Betriebstechnik auf die Unterstützung des IT-Bereichs angewiesen. Die Studie zeigte allerdings auch Vorbehalte, bisher weitgehend abgeschottete Produktionssysteme stärker in die unternehmenseigene IT-Umgebung zu integrieren. 51 % der Befragten äußerten die Sorge, dass die OT-Systeme hierdurch anfälliger für Sicherheitslücken würden.
- **Fehlendes Know-how als Engpass**
  Die Umfrage zeigt, dass viele der für Produktion und Logistik verantwortliche Mitarbeiter keine oder nur geringe Kenntnisse zu Predictive Analytics (32 %) bzw. zur Datenanalyse insgesamt und zu KPI-Dashboards (25 %) aufweisen. 45 % nennen mangelndes Know-how bei KI-Anwendungen und 44 % sehen einen Mangel an Tools und Plattformen für Datenmanagement und -auswertung.
- **Anhängigkeit von einzelnen Herstellern vermeiden**
  Es ist ein gefährliches Unterfangen, sich beim Aufbau von Smart Factorys allein auf einzelne Anbieter zu beschränken; zumal, wenn diese proprietäre Systeme anbieten. Hierdurch wird das mögliche Skalierungspotenzial reduziert. Um den Einstieg kompetent vorzubereiten, kann die Einbindung herstellerunabhängige Berater hilfreich sein. Hierbei gilt es, die Gesamtheit der Produktionsprozesse zu analysieren, um eine Skalierung im gesamten Unternehmen zu erreichen.

Aus diesen Studienergebnisse aufbauend werden folgende **Handlungsempfehlungen für den Einstieg in den Bereich Smart Factorys** abgeleitet (vgl. [31], S. 20):

- Um die Overall Equipment Effectiveness zu steigern, ist zunächst ein umfassendes **Datenmanagement** aufzubauen. Dieses soll dafür sorgen, dass die relevanten Daten – zeitlich und örtlich fokussiert – verfügbar gemacht werden.
- Der Einstieg sollte mit **kleineren Projekten** bzw. mit **Machbarkeitsstudien** erfolgen. Diese Art von „Fingerübungen" trägt dazu bei, Know-how und Vertrauen in die Technologien von Smart Factorys aufzubauen. Beides sind unverzichtbare Erfolgsvoraussetzungen. Um dies zu erreichen, sollten zunächst solche Anwendungsfelder erschlossen werden, bei denen die Datenerfassung weniger kompliziert, eine Daten-Interoperabilität (Möglichkeit zum Austausch von Daten) sichergestellt und mögliche Daten-Silos leichter überwunden werden können. Außerdem müssen ausreichend viele Daten vorliegen, um die KI-Agenten zu trainieren.
- Im Zuge dieser Projekte sollten Maschinen und Anlagen sukzessive vernetzt und **IT- und OT-Daten bzw. IT- und OT-Prozesse** zusammengeführt und harmonisiert werden. Für die Datenauswertung sollten verschiedene KI-Lösungen eingesetzt werden. Hierfür müssen auf Seiten von IT und OT Lösungen (OT für Operational Technology) entwickelt werden, um berechtigte Sicherheitsbedenken auszuräumen.
- Unverzichtbar ist hier – wie auch in den anderen Anwendungsfeldern der Künstlichen Intelligenz – dass das notwendige **Know-how** schnell und idealerweise im eigenen Unternehmen aufgebaut wird. Kein Unternehmen sollte sich dauerhaft auf externe Berater stützen müssen, um eine Smart Factory zu betreiben. Eine initiale Zusammenarbeit mit externen Partnern bei der Entwicklung und Implementierung von Smart-Factory-Lösungen sichert schnelle Ergebnisse. Allerdings sollte die Zusammenarbeit mit den Herstellern von Anlagen, mit Systemintegratoren und Consulting-Unternehmen als Hilfe zur Selbsthilfe gedacht und nur auf Zeit angelegt sein.

▶ **Merk-Box** Wenn Sie sich laufend über neueste **Entwicklungen rund um das Thema Smart Factory** informieren möchten, sollten Sie einmal einen Blick auf die ***Demofabrik Aachen*** werden. Hier wird die zukünftige Welt der Produktion vorgedacht.

https://demofabrik-aachen.rwth-campus.com/

Auch ein Besuch des ***Zentrums Effiziente Fabrik Senftenberg*** zeigt auf, in welche Richtung die Entwicklungen gehen werden.

https://www.b-tu.de/fg-fabrikplanung/zentrum-effiziente-fabrik/die-modellfabrik

Think-Box: Fragen, die Sie sich stellen sollten!

- Was bedeutet der Trend zu Smart Factory für mein Unternehmen?
- Welche KI-basierten Technologien können wir zeitnah für uns erschließen?

- Wo wäre bei uns der größte Hebel für einen Einsatz zu sehen?
- Wie weit ist die Vernetzung in der Produktion bei uns schon erfolgt?
- Welche Einsatzfelder haben unsere Wettbewerber schon erschlossen?
- Zeichnen sich in meiner Branchen Entwicklung eines Smart Manufacturings ab?
- Welche Konsequenzen hat das für unser Geschäftsmodell?
- Wie gehen wir im Unternehmen mit dem S-kurvigen Verlauf von neuen Technologien um – abwarten oder mitgestalten?

Zusammenfassung

- Die Künstliche Intelligenz kann ihre **umfassenden Effekte** gerade im Produktionsbereich entfalten.
- Deshalb sollten die Ziele einer Smart Factory nicht allein auf **Effizienzsteigerungen**, **Kostensenkungen** und **Qualitätsverbesserungen** ausgerichtet werden.
- Durch eine höhere **Flexibilität in der Produktion** können neue Geschäftsmodelle unterstützt werden.
- Die eigene **digitale Wertschöpfungskette** sollte mit vor- und nachgelagerten Leistungspartnern vernetzt werden.
- Die **Entwicklung eines Systems von Wertschöpfungsketten** kann zur Erhöhung von Wechselkosten der Geschäftspartner beitragen und gleichzeitig Impulse für neue Geschäftsmodelle liefern.
- Das Konzept der **Predictive Maintenance** hat seinen Siegeszug schon angetreten und wird sich in den nächsten Jahren immer weiterverbreiten.
- Mit Predictive Maintenance können neue, **auf Nutzung statt auf Eigentum basierende Geschäftsmodelle** entwickelt werden.
- KI-gestützt können **D2M-Geschäftsmodelle** umgesetzt werden – Direct-to-Manufacturer.
- **Smart Factorys** stellen ein **Erfolgskonzept** dar – heute schon und erst recht morgen.
- Alle Unternehmen sollten sich mit den Möglichkeiten einer umfassenden **Digitalisierung der Produktion** beschäftigen.
- Über alle Stufen der Wertschöpfungskette können durch den KI-Einsatz **signifikante Verbesserungen bei wichtigen KPIs** erzielt werden.

3.2 Mobilitäts- und Transportsektor

3.2.1 Automatisierung von Mobilität

Ein großes Einsatzfeld der Künstlichen Intelligenz stellen die unterschiedlichsten Anwendungen im Mobilitäts- und Transportsektor dar. Die Herausforderungen sind hier besonders groß, weil die nach wie vor zunehmende **Globalisierung der Produktions- und Wa-**

renströme mit einer Zunahme der Logistikaufgaben einhergeht. Auch die **verstärkte Urbanisierung** sowie der **Siegeszug des E-Commerce** fördern das Wachstum von Transportleistungen. Gleichzeitig kann in vielen Regionen der Welt die vorhandene oder im Bau befindliche Infrastruktur diesem Mengenwachstum nicht mehr standhalten. Deshalb sind gerade in diesem Sektor **intelligente Logistiklösungen** gefragt.

Die Künstliche Intelligenz kann außerdem einen wesentlichen Beitrag leisten, eine bessere und gleichzeitig eine **nachhaltigere Mobilität** zu erreichen. KI-basierte Systeme lassen die verschiedenen Verkehrsmittel zusammenwachsen – **neue Mobilitätsdienstleistungen** können entstehen. Bereits heute haben – für viele Nutzer unbemerkt – KI-Algorithmen einen großen Einfluss auf unsere tägliche Mobilität. Die Angebote der Sharing-Unternehmen werden KI-gestützt optimiert. Gleichzeitig nutzen immer mehr Angebote im öffentlichen Nahverkehr KI-Systeme, um Nutzer sicher von A nach B zu befördern. Hierbei ist etwa an den Transfer von Passagieren an Flughäfen zu denken, wo Bahnen bereits ohne Zugführer agieren. Die **Dubai Metro** setzt sogar schon im gesamten Netz mit über 70 Kilometern fahrerlose Züge ein. Inzwischen setzt die *Deutsche Bahn* KI-Engines ein, um die unvorstellbar hohe Zahl an Verspätungsminuten zu begrenzen.

▶ **Merk-Box** Im Kontext von KI und Mobilität dürfen wir nicht nur an die individuelle Mobilität denken. Die Perspektive ist viel weiter zu fassen!

Hier gilt es, alle Mobilitätsmittel und die damit verbundenen Systeme - inkl. Buchung, Bezahlung, Umbuchung, Beschwerde - in einer Anwendung zu integrieren. Das gilt für den Endverbraucher-Markt wie für B2B-Lösungen gleichermaßen.

Eine besondere Bedeutung kommt KI-Systemen bei der **Automatisierung der Mobilität** zu. Bei einem selbstfahrenden Fahrzeug werden alle in Abb. 1.9 gezeigten Einsatzfelder der Künstlichen Intelligenz gleichzeitig genutzt. Auch der **Zugriff auf Mobilitätsleistungen** wird sich verändern. Heute werden vielfach noch mehrere Apps benötigt, um die Nutzung verschiedener Verkehrsmittel zu planen. Zukünftig wird es ggf. nur noch wenige Anbieter geben, die dann Mobilität holistisch denken und alle relevanten Informationen in einer App zusammentragen, um uns eine optimale Lösung zu präsentieren. Perspektivisch werden alle dafür notwendigen Prozesse durch Sprache gesteuert werden – und die Bezahlung übernimmt ein **digitaler Assistent** (vgl. Abschn. 4.2).

Es sind verschiedene **Formen der automatisierten Mobilität** zu unterscheiden:

- Transport von Material in geschlossenen Systemen, bspw. in Produktions- und Lagerumgebungen von Fabrikationsstätten
- Transport von Material außerhalb geschlossener Systeme, etwa durch Roboter am Boden oder mit Drohnen in der Luft, so etwa Lieferungen an Unternehmen und Konsumenten
- Transport von Menschen in geschlossenen Systemen, bspw. in Zügen oder Bussen, etwa an Flughäfen oder auf Messegeländen und in Freizeitparks

- Transport von Menschen außerhalb geschlossener Systeme, etwa durch autonome Fahrzeuge am Boden oder Flugtaxis in der Luft (heute vielfach erst im Erprobungsstadium)

Mit diesen Konzepten werden häufig mehrere **Ziele und Erwartungen an die autonome Mobilität** verbunden. Diese konkretisieren sich wie folgt (vgl. auch [18], S. 497):

- **Reduktion des Ressourcenverbrauchs für den Transport** durch eine intelligente Steuerung der Verkehrsflüsse (u. a. optimierte Routen- und Verkehrsmittelplanung, ideale Geschwindigkeiten)
- **Verringerung der Emissionen der eingesetzten Transportmittel** (vor allem weniger Abgase, Abrieb, Geräusche etc.) durch effizientere Nutzung
- **Begrenzung der Anzahl der notwendigen Transportmittel** (Fahrzeuge, Züge, Flugzeuge, Drohnen, Roboter etc.), u. a. durch eine ökonomischere Bestückung der Transportmittel und eine optimierte Routenplanung
- **Reduktion des Ressourcenverbrauchs für die Transportkapazitäten** durch eine effizientere Nutzung der Transportinfrastruktur (weniger Straßen, Schienen, Häfen, Flughäfen, Parkplätze, Lagerkapazitäten etc.)
- **Unterstützung von Menschen mit eingeschränkter Mobilität**
- **Effizientere Nutzung der Zeit** während des Transports durch die Reisenden
- **Signifikanter Rückgang von Unfällen** – im Idealfall auf „null"

So setzt *Uber* bei dem **Essenslieferdienst *UberEats*** auf KI, um die Lieferzeit unter Berücksichtigung des Verkehrs, der Fahrzeugposition und der Art der bestellten Lebensmittel zu berechnen. Darüber hinaus wird maschinelles Lernen eingesetzt, um Restaurantempfehlungen zu generieren und beliebte Zahlungsoptionen zu integrieren. Dies soll dazu beitragen, Transaktionen schnell und einfach durchzuführen.

Um diese Ziele zu erreichen und die Erwartungen zu erfüllen, kommen die unterschiedlichsten KI-Technologien zur Bedarfsanalyse und Bedarfsprognose sowie zur optimalen Nutzung der verfügbaren Logistikkapazitäten zum Einsatz. Allerdings muss auch darauf hingewiesen werden, welche **Vorbehalte gegenüber der autonomen Mobilität** bestehen (vgl. auch [18], S. 497–499):

- Eine höhere Bequemlichkeit der autonomen Mobilität kann zu einer **Steigerung des Verkehrsaufkommens** führen.
- Geringere Voraussetzungen für das autonome Fahren (bspw. kein Führerschein, kein eigenes Fahrzeug erforderlich) und das Erhöhen des Verkehrsaufkommens ermöglicht die **Erschließung weiterer Zielgruppen für die Nutzung**.
- Die Erschließung weiterer Zielgruppen kann zur **Zunahme der Anzahl autonomer Fahrzeuge** führen, soweit nicht umfassend auf Angebote der Sharing Economy gesetzt wird.

- Niedrigere Preise für autonomes Fahren können zur weiteren **Zunahme der Nachfrage** sowie zu einem **höheren Ressourcenverbrauch** führen.
- Die Bequemlichkeit der individuellen autonomen Mobilität fördert eine **Kannibalisierung des öffentlichen Personen(nah)verkehrs**.
- Die autonome Mobilität erhöht die Attraktivität peripherer Wohnstandorte sowie entfernter Einkaufs- und Arbeitsstätten und kann zu einer **Zunahme von Anzahl und Länge der Fahrten** führen.
- Eine intelligente Steuerung der Verkehrsflüsse setzt eine **hohe Durchdringung des Verkehrs mit autonomen Fahrzeugen** voraus.
- Bis eine hohe Durchdringung erreicht ist, nimmt die **Steigerung der Komplexität in der Verkehrsplanung** zu, weil autonom und nicht-autonom fahrende Fahrzeuge im öffentlichen Bereich aufeinandertreffen.
- Bei autonomen Fahrzeugen besteht ein hohes **Risiko von Cyber-Angriffen**.
- Autonom agierende Fahrzeuge können zu einem **Arbeitsplatzabbau von Fahrzeugführern** führen (LKW-Fahrer, Taxi-Fahrer, Kurier-Fahrer etc.).

> **Merk-Box** Die autonome Mobilität kann zu **Rebound- bzw. Bumerang-Effekten** führen. Die Einsparungspotenziale durch eine autonome Mobilität können durch eine steigende Nachfrage nach entsprechenden Angeboten überkompensiert werden.

3.2.2 Entwicklungen von autonomen Fahrzeugen

Eine besondere Rolle bei der autonomen Mobilität kommt autonomen Fahrzeugen und Fluggeräten zu. Die **Entwicklung zu einem autonomen Fahrzeug** vollzieht sich in verschiedenen Stufen, wie Abb. 3.20 zeigt.

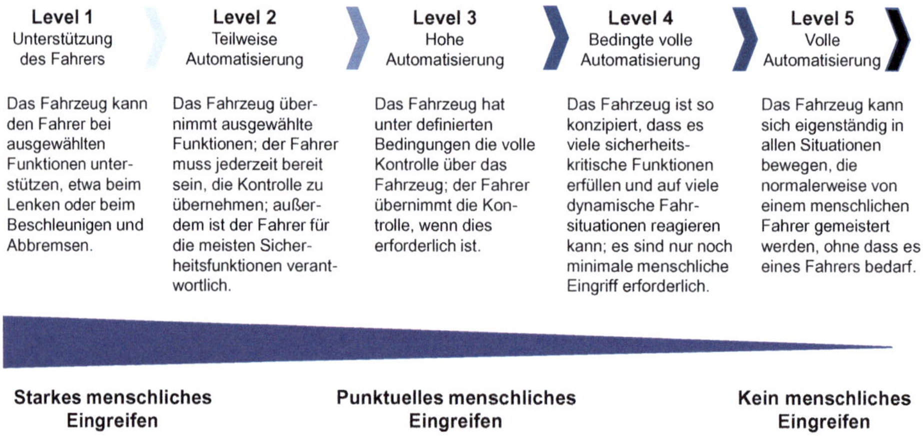

Abb. 3.20 Entwicklung des autonomen Fahrens

- **Level 1: Unterstützung des Fahrers**
  Der Führer eines Fahrzeugs wird durch **Assistenzsysteme** lediglich unterstützt. So wird bspw. gewarnt, wenn das Fahrzeug die Spur verlässt oder zu dicht auffährt. Ein **Tempomat** behält automatisch die gewählte Geschwindigkeit bei. Der Fahrer ist in jeder Situation voll verantwortlich und allein agierend. Deshalb muss er den Verkehr ständig im Blick behalten.
- **Level 2: Assistiertes Fahren – Teilautomatisierung**
  Hier unterstützen bspw. ein **Einpark-Assistent** und ein **Spurhalte-Assistent** aktiv den Fahrer, indem sie das Einparken bzw. das Spurhalten selbstständig übernehmen. Ein **Stau-Assistent** kann die Fahrzeugführung in Stausituationen übernehmen. Auch hier muss der Fahrer sein Fahrzeug ständig beherrschen und dafür den Verkehr im Blick behalten. Lediglich unter definierten Bedingungen agiert das Fahrzeug autonom, hält die Spur, bremst oder beschleunigt. In diesen Situationen kann der Fahrzeugführer die Hände kurz vom Steuer nehmen. Allerdings muss er stets die Assistenzsysteme überwachen und bei Fehlfunktionen eingreifen.
- **Level 3: Hochautomatisiertes Fahren**
  Im hochautomatisierten Modus muss der Fahrer das System nicht dauernd überwachen. Das Fahrzeug führt innerhalb eines begrenzten Zeitraums und unter geeigneten, vom Hersteller vorgegebenen Bedingungen ausgewählte Funktionen selbstständig durch. Hierzu gehören bspw. das Überholen, Bremsen und Beschleunigen sowie das Halten einer Spur. Während des Fahrens kann sich der Fahrzeugführer mit anderen Dingen beschäftigen. Im Bedarfsfall weist ihn das System mit einer Vorwarnzeit darauf hin, umgehend wieder die Führung des Fahrzeugs zu übernehmen. Level-3-PKW werden zunächst auf Autobahnen unterwegs sein, weil hier die zu bewältigende Komplexität geringer ist. So gibt es – normalerweise – keinen Gegenverkehr. Außerdem sind die Autobahnen vollständig auf digitale Landkarten erfasst.
- **Level 4: Vollautomatisiertes Fahren in bestimmten Bereichen**
  Hier wird die Führung eines Fahrzeugs zeitweise vom System übernommen. Erst wenn das System die Fahraufgaben nicht mehr bewältigen kann, wird der Fahrer zur Führung des Fahrzeugs aufgefordert. Der Fahrzeugführer wird hierdurch für längere Zeit zum Passagier, während das Fahrzeug bestimmte Aufgaben selbstständig übernimmt. Das kann die Autobahnfahrt oder die Parkplatzsuche in einem Parkhaus sein. Am Ende einer voll automatisierten Fahrt können die Insassen die Fahrzeugführung wieder übernehmen. Wenn die Passagiere dazu nicht in der Lage oder nicht willens sind, muss das Auto selbstständig einen sicheren Zustand erreichen (etwa einen Parkplatz). Ein solches Fahrzeug darf auch ohne Insassen fahren. Das System erkennt die Grenzen der eigenen Leistungsfähigkeit rechtzeitig, um Gefahren zu vermeiden.
- **Level 5: Vollautomatisiertes Fahren – autonomer Modus**
  Hier wird die Führung eines Fahrzeugs dauerhaft vom System übernommen. Ein Fahrer ist nicht mehr erforderlich. Außer zum Festlegen des Ziels und dem Starten des Systems ist kein menschliches Eingreifen erforderlich. Das Fahrzeug kommt ohne Lenkrad und Pedale aus – hier gibt es nur noch Passagiere und keinen Fahrzeugführer. Das System ist in der Lage oder besser – sollte in der Lage sein –, alle Verkehrssituationen selbstständig zu meistern.

Das zu *Alphabet* gehörende Unternehmen ***Waymo*** begann bereits 2009 mit der Entwicklung eines selbstfahrenden Autos. Heute steht die Entwicklung der ***Waymo Driver*** genannten autonome Fahrtechnologie im Zentrum des Unternehmens. Der *Waymo Driver* gilt heute bereits als der erfahrenste Fahrer der Welt. Dieses KI-System hat bereits Millionen von Kilometern in zahllosen Situationen auf öffentlichen Straßen zurückgelegt. Zusätzlich wurden Milliarden von Kilometern in Fahrsimulationen absolviert. Auf dieser Datengrundlage wird die Technologie für das autonome Fahren kontinuierlich weiterentwickelt. Der KI-Agent *Waymo Driver* kann in verschiedenen Fahrzeugen eingesetzt werden. Die Bandbreite reicht hier von Minivans und SUVs bis zu LKWs (vgl. [61]).

Der *Waymo Driver* strebt die Umsetzung des **Levels 5** an – den autonomen Modus. Dieser soll die volle Kontrolle von der Abholung bis zum Ziel übernehmen. Die Passagiere müssen hier nicht einmal wissen, welche Strecke das Fahrzeug zurücklegt. Die Voraussetzung für eine sichere Navigation ist eine umfassende Kartierung des Nutzungsbereichs. Hierzu gehören neben Fahrbahnmarkierungen und Stoppschildern auch die Bordsteine und Zebrastreifen. Zusätzlich zu externen Daten wie GPS nutzt *Waymo Driver* detaillierte Karten, die in Echtzeit mit Sensordaten abgeglichen werden. Hierdurch kann jederzeit die genaue Straßenposition ermittelt werden. Zusätzlich werden Daten zu Fußgängern, Radfahrern, Fahrzeugen, Baustellen, Ampelfarben, temporäre Schilder und mehr erfasst und mittels Künstlicher Intelligenz interpretiert. Hierdurch soll und muss es gelingen, Situationen vorhersagen, bevor sie passieren. Unterwegs können Hunderte von beweglichen Objekten auftreten, denen Verhaltensmuster sich unterscheiden. Damit eine korrekte Erfassung der Umwelt gelingt, werden beim autonomen Fahren drei verschiedene Systeme miteinander kombiniert:

- Das System **LiDAR** steht für Light Detection and Ranging. Hier wird Licht in Form eines gepulsten Lasers eingesetzt, um Objekte zu erkennen und zu klassifizieren. LiDAR-Sensoren sind rund um das Fahrzeug verteilt. Sie senden Millionen von Laserimpulsen in alle Richtungen aus und messen, wie lange es dauert, bis sie von Objekten zurückprallen. So entsteht ein 3D-Bild der Fahrzeugumgebung – unabhängig von der Tageszeit. Hierdurch können auch bei schlechten Lichtverhältnissen Ampeln, Baustellen und andere Objekte sicher erkannt werden.
- Zusätzlich erlauben **Kameras** einen 360°-Blick um das Fahrzeug herum.
- **Radar** nutzt Millimeterwellenfrequenzen, um weitere wichtige Details zu ermitteln. Hierzu zählen die Entfernung und Geschwindigkeit eines Objekts. Entscheidend ist, dass Radar auch bei Regen, Nebel und Schnee verlässliche Daten liefert.

Der *Waymo Driver* wertet diese in Echtzeit gewonnenen Informationen aus – und verarbeitet diese KI-gestützt, basierend auf der durch Testfahrten und Simulationen gewonnenen Erfahrung. Hierdurch soll das Verhalten anderer Verkehrsteilnehmer vorhergesagt werden. Basierend auf diesen Einschätzungen wird das eigene Bewegungsmuster errechnet – inkl. Wegeführung, Geschwindigkeit, Fahrspur und Lenkmanöver. In Summe soll das ein sicheres autonomes Fahren ermöglichen (vgl. [61]).

- In Deutschland wurde 2021 das **Gesetz zum autonomen Fahren** verabschiedet. Hiermit wird der Einsatz von autonom fahrenden Fahrzeugen auch außerhalb eines bloßen Testbetriebs ermöglicht. Der Kern des Gesetzes sind die veränderten Rechte und Pflichten des Fahrzeugführers innerhalb einer automatisierten Fahrphase. Unter bestimmten Voraussetzungen dürfen automatisierte Systeme (Level 3) die Fahraufgabe übernehmen. Ein Fahrer ist auf dieser Stufe weiterhin notwendig. Allerdings darf sich dieser im automatisierten Modus vom Verkehrsgeschehen und der Fahrzeugsteuerung abwenden (vgl. [9]). Hierin liegt der große Unterschied zu den bisher schon eingesetzten Assistenzfunktionen, die immer noch eine volle Aufmerksamkeit des Fahrzeugführers erfordern.
- Allerdings wendet sich dieses Gesetz primär an **gewerbliche Anbieter von Mobilitätsleistungen**. Schließlich dürfen autonom agierende Fahrzeuge ausschließlich in zuvor genehmigten Betriebsbereichen eingesetzt werden. So wird es möglich, die Fahrzeuge auf bestimmte Nutzungsbereiche auszurichten. Hierzu zählen bspw. Zubringerfahrten an Flughäfen und auf Messegeländen. Aber auch in Innenstädten können autonome Fahrzeuge eingesetzt werden. Um in Deutschland hierfür eine Genehmigung zu erhalten, muss gegenüber dem Kraftfahrt-Bundesamt nachgewiesen werden, dass die Fahrzeuge in der Lage sind, Fahrten im definierten Betriebsbereich eigenständig zu meistern. Um auch in Gefahrensituationen angemessen zu reagieren, sind durch die KI alternative Schadensoptionen abzuwägen. Der Schutz von Menschenleben hat hierbei die höchste Priorität (vgl. [40], S. 16).
- Eine beispielhafte Anwendung dieser Möglichkeiten zeigt die Hochbahn [30] in **Hamburg**. Dort wurde 2019 ein **Forschungs- und Entwicklungsprojekt** mit dem Namen ***HEAT*** gestartet, um den Einsatz des autonomen Fahrens als Teil des ÖPNV (öffentlicher Personennahverkehr) zu prüfen. *HEAT* steht für *Hamburg Electric Autonomous Transportation*. Dieses Projekt in Hamburg gehörte zu den ersten Konzepten, das autonome Fahren im öffentlichen Personennahverkehr auf einer vordefinierten Strecke einsetzt – ohne geplanten Eingriff durch das Fahrpersonal. Schon im Oktober 2020 wurden erstmals Fahrgäste mit bis zu 25 km/h autonom durch die *HafenCity* gefahren. Seit Sommer 2021 bis zum Projektende war *HEAT* mit Fahrgästen auf einer Strecke von 1,8 Kilometern mit fünf Haltestellen im Einsatz.
- Um eine sichere Navigation zu erreichen, wurden auch bei diesem Projekt die bereits beschriebenen drei Teilsysteme eingesetzt. Im Fahrzeug selbst wurden eine eigene Wahrnehmung durch Kameras sowie eine Radar- und Lasermessung eingesetzt. Zusätzlich wurden entlang der Teststrecke Masten mit Sensoren errichtet, um das Sichtfeld der Busse zu erweitern und ein vorausschauendes Fahren auch mit höherer Geschwindigkeit zu ermöglichen. Ein weiteres Element war das **Monitoring durch eine spezielle Leitstelle**. Diese war für das **Incident-Management** zuständig – ein Eingreifen bei kritischen Situationen (vgl. [30]).

Bitkom Research [8] liefert interessante Ergebnisse zur Frage, ob sich Personen grundsätzlich vorstellen können, verschiedene **autonome Fahrzeuge zu nutzen**. Hierzu wurden 1003 Personen ab 16 Jahren in Deutschland telefonisch befragt. Diese Umfrage ist repräsentativ für die Gesamtbevölkerung. Eine **Künstliche Intelligenz am Steuer** stellt für die Menschen in Deutschland kein Hinderungsgrund mehr dar, sich einem autonom fahrenden Fahrzeug anzuvertrauen:

- 99,8 % der Befragten können sich grundsätzlich vorstellen, ein **autonomes Verkehrsmittel** zu nutzen. Dieser Wert lag vor einem Jahr noch bei 93 %. Zwei Jahre zuvor sogar nur bei 77 %.
- In den Augen der Befragten kann am ehesten bei U- und S-Bahnen auf einen Menschen im Fahrerhaus verzichtet werden. 73 % würden in **autonom fahrende Bahnen** einsteigen. 66 % würden **autonome Busse** nutzen.
- 62 % könnten sich vorstellen, einen **selbstfahrenden Privat-PKW**, einen **selbstfahrenden Mini-Shuttle-Bus** oder ein **selbstfahrendes Taxi** zu nutzen.
- 59 % würden auch **autonom agierende Regional- oder Fernzüge** nutzen.
- Allerdings würden sich nur 32 % einem **autonomen Schiff** anvertrauen.
- Lediglich 30 % würden ein **autonom fliegendes Flugzeug** nutzen.

Allerdings ist den meisten Befragten auch bekannt, dass in diesen Feldern **kein schneller Durchbruch** zu erwarten ist (vgl. [8]):

- Nur 13 % glauben, dass in Deutschland bereits in zehn Jahren mehr autonom fahrende als herkömmliche Autos zugelassen werden.
- 18 % erwarten dies erst in 15 Jahren. 31 % sogar erst in 20 Jahren.
- 22 % rechnen mit einem Durchbruch sogar erst in 25 Jahren.
- Weitere 12 % gehen davon aus, dass ein Durchbruch auch dann noch nicht wahrscheinlich sein wird.

Aral führte 2021 eine Umfrage durch, um das Interesse deutscher Autofahrer an der **Nutzung autonomer Fahrzeuge** zu erheben. Insgesamt wurden 1000 Autofahrer im Alter von 18 bis 65 Jahren befragt. Die Ergebnisse zeigt Abb. 3.21 (vgl. [53], S. 3). Die Akzeptanz und Ablehnung einer Nutzung autonomer Fahrzeuge hält sich mit 30 % bzw. 33 % die Waage und fällt damit bei der Teilzielgruppe der Autofahrer geringer aus als in der *Bitkom*-Studie. Der größte Anteil der Befragten ist allerdings noch unsicher. Nur bei den Männern und bei den Befragten bis 39 Jahre ist der Mut für eine autonome Fahrt etwas stärker ausgeprägt.

Die Ergebnisse zeigen, dass es noch ein etwas längerer Weg werden wird, bis autonome Angebote wie Transportation as a Service (TaaS) bzw. Mobility as a Service (MaaS) auf breite Akzeptanz stoßen werden. Momentan fehlt es allerdings auch noch an überzeugenden Lösungen. Mit positiven Berichten über das Erlebnis beim autonomen Fahren wird auch die Akzeptanz dieser neuen Technologie in Zukunft weiter zunehmen.

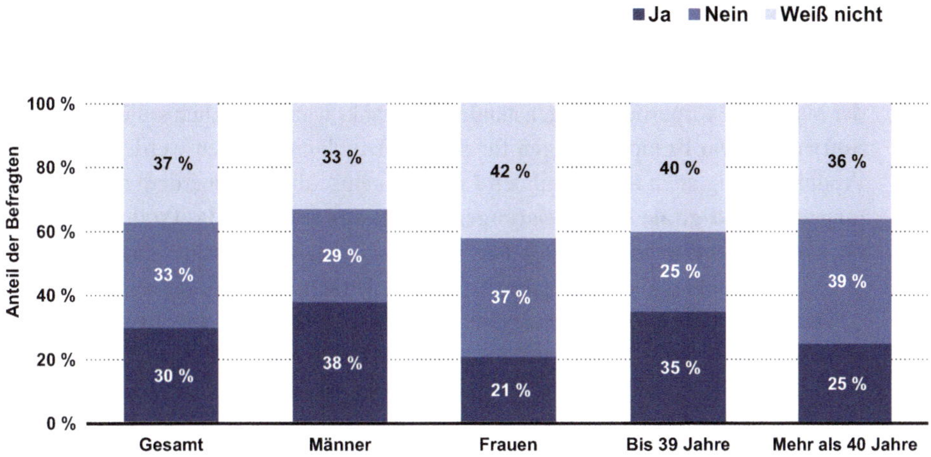

Abb. 3.21 Würden Sie ein autonom fahrendes Auto nutzen? (Datenquelle: [53], S. 3)

3.2.3 Innovative Logistiklösungen

Autonom agierende Fahrzeuge ermöglichen weitere **innovative Logistiklösungen**. Um eine intelligente Verknüpfung zwischen den unterschiedlichen im Einsatz befindlichen Fahrzeugen zu erreichen, haben viele Logistikunternehmen inzwischen eigene KI-Forschungsabteilungen aufgebaut. Diese sollen dazu beitragen, das Kundenerlebnis durch autonomes Fahren zu optimieren. So können bspw. die Ankunftszeiten präziser vorhergesagt werden. Außerdem können einem Fahrgast über eine Sprachsteuerung spannende weitere Services angeboten werden. Zusätzlich erlauben **On-demand-Transportservices** eine dynamische Preisgestaltung, die sich nicht nur an Angebot und Nachfrage, sondern auch am jeweiligen Verkehrsaufkommen orientiert. KI-basierte Lösungen haben das Potenzial, die Bequemlichkeit der Nutzung nachhaltig zu steigern und eine Entwicklung zum Massenmarkt zu beschleunigen. Zusätzlich können die verfügbaren Ressourcen besser kombiniert und damit effizienter genutzt werden.

Aber nicht nur bei Privatpersonen wird sich das Nutzungsverhalten ändern, sondern auch in den vorgelagerten Logistikketten. Neben **autonom fahrenden LKWs** können weitere **autonom fahrende Transportmittel** eingesetzt werden. Bei Letzteren wird auch von **fahrerlosen Transportfahrzeugen** (FTF) gesprochen. Diese werden nicht nur in der Intralogistik (d. h. in einem Unternehmen), sondern auch in der Extralogistik (außerhalb der Grenzen eines Unternehmens) eingesetzt.

► **Food for Thought** Diese Entwicklung erfordert es, dass das **Produkthaftungsrecht** auf **digitale Produkte** ausgerichtet wird (vgl. zum Nachfolgenden [57], S. 16). Schließlich nimmt die Haftung des Herstellers durch die Digitalisierung an vielen Stellen zu. Denn im Gegensatz zu konventionellen Produkten behält ein Hersteller autonomer Fahrzeuge die Kontrolle über seine Produkte weit über den Zeitpunkt des Inverkehrbringens hinaus.

Deshalb wird von der **EU-Kommission** zunächst der **Produktbegriff** erweitert, der bisher auf körperliche Gegenstände beschränkt war. Zusätzlich sollen jetzt auch **Software** sowie **Bauanleitungen** für den 3D-Druck einbezogen werden, damit die Produkthaftung auch diese digitalen Lösungen einschließt. Außerdem soll die Haftung auch für **digitale Dienstleistungen** gelten, wenn diese in das Produkt integriert oder mit diesem verbunden sind. Das würde sich bei autonomen Fahrzeugen auch auf das Aufspielen von Wetter-, Positions- und Verkehrsdaten beziehen.

Dieser Kontext erfordert sogar eine **Dynamisierung des Fehlerbegriffs**: Selbst wenn das Produkt zum Zeitpunkt des Inverkehrbringens fehlerfrei war, kann es bspw. durch Software- oder Daten-Updates fehlerhaft werden. Gleichzeitig kann es eine **Pflicht für Updates** geben, wenn dadurch zwischenzeitlich entdeckte Fehler abgestellt werden können. Hierdurch wird eines sichtbar:

Die Verantwortung und damit auch die Haftung des Herstellers werden durch diese Entwicklungen massiv erweitert.

Schon seit Langem haben KI-Technologien Einzug in die **Flugzeugtechnik** erhalten. Die Künstliche Intelligenz unterstützt den Piloten zunehmend als Autopilot, sagt Verspätungen voraus, korrigiert Fehler während des Fluges und ist auch in den Prozess der Predictive Maintenance eingebunden. Jetzt erobern immer mehr Drohnen den Himmel – nicht nur in privater Hand. Eine **Drohne** ist ein unbemanntes Luft- oder Unterwasserfahrzeug, das entweder von Menschen ferngesteuert oder von einem integrierten oder ausgelagerten System gesteuert wird. Eine Drohne kann folglich teil- oder vollautonom unterwegs sein (vgl. [13]).

Autonom fliegende Transportmittel stellen eine besondere Herausforderung dar. Sie können nicht nur für die Beförderung von Waren, sondern auch für Menschen eingesetzt werden. Autonom fliegende Transportmittel können teilweise leichter entwickelt werden als autonome Transportmittel am Boden. Zum einen ist der Luftraum schon heute stark überwacht. Zum anderen scheidet der Mensch in Gestalt eines weiteren Verkehrsteilnehmers als „unberechenbarer Störfaktor“ in der Luft weitgehend aus – von Segel- und Drachenfliegern sowie Fallschirmspringern einmal abgesehen. Bei der Entwicklung autonom fliegender Transportmittel sind allerdings viele regulatorische und gesellschaftliche Herausforderungen zu bewältigen. Die Bandbreite der zu bewältigenden Aufgaben reicht von einer sicheren autonomen Navigation über die Platzierung der Landeplätze bis zur Vermeidung von Abstürzen.

Im Gegensatz zu autonom agierenden Fahrzeugen sind autonom fliegende Transportmittel schon umfassend im Einsatz. Eine besondere Herausforderung für den **Drohneneinsatz** zum Transport stellt allerdings die Übergabe der Ware dar. Hierfür kommen verschiedene Konzepte zum Einsatz:

- **Aufbau von Dohnen-Ports**
  Auf solchen Ports können Drohnen starten und landen. Hier übernehmen sie Waren von einer stationären Logistikkette oder übergeben Waren an diese.

- **Abwurf der Ware**
  Alternativ können – gut verpackt – Waren auch in einem definierten Zielgebiet abgeworfen werden (bspw. zur Versorgung der Bevölkerung bei Naturkatastrophen).
- **Abseilen der Ware**
  Bei empfindlichen Waren können diese vor Ort von der Drohne aus abgeseilt werden.

Nachfolgend wird aufgezeigt, dass diese Varianten bei verschiedenen Drohnen-Projekten bereits eingesetzt werden. Schließlich wird die Nutzung von **Drohnen-Lieferdiensten** in verschiedenen Regionen der Welt bereits intensiv getestet.

- In **Singapur** werden bereits heute Drohnen zur **Auslieferung von Essen** eingesetzt.
- In mehreren **europäischen Ländern** prüfen Zustelldienstleister die **Auslieferung von Briefen und Paketen** per Drohne. Wichtig hierfür war im Vorfeld, dass dafür die notwendigen rechtlichen Rahmenbedingungen geschaffen wurden.
- In **Japan** testet das Unternehmen ***Rakuten*** den **Drohen-Zustelldienst**. Hierzu hat *Rakuten* die Multikopter-Drohne ***Tenku*** entwickelt. Diese ermöglicht einen vollständig automatisierten Flug – vom Start bis zur Landung. Die Sicherheit wird durch einen neu entwickelten Fallschirm erhöht. Bei Start und Landung erfolgt eine Lautsprecherdurchsage. Die Steuerung erfolgt über ein Dashboard. Mit diesem kann der Flug der Drohne überwacht werden. Ein spezielles Managementsystem ermöglicht es, den gesamten Prozess von der Bestellung bis zur Lieferung in Echtzeit zu überprüfen und zu verwalten (vgl. [43]).
- Ende 2022 hat ***Matternet*** eine der weltweit längsten **städtischen Drohnen-Lieferrouten** installiert. Die neue Teststrecke verbindet verschiedene Krankenhäuser in Zürich und zeigt das Potenzial für eine effizientere Patientenversorgung durch eine bedarfsgerechte Lieferung von diagnostischen Proben. Der Testbetrieb läuft auf einer fünf Kilometer langen **BVLOS-Route** (beyond-visual-line-of-sight). *Matternet*-Drohnen transportieren die medizinischen Güter mit einer sicheren **End-to-End-Verwahrkette** und arbeiten autonom mit Fernüberwachung durch das Mission Control Center von *Matternet* in Zürich. Durch den Einsatz der Drohnen dauert der Transport zwischen den beiden Krankenhäusern und ihren Labors nur noch sieben Minuten. Durch die Verringerung der Anzahl der Lieferfahrzeuge auf den Straßen wird gleichzeitig eine höhere Nachhaltigkeit erreicht – verbunden mit einer Verbesserung der städtischen CO_2-Bilanz (vgl. [37]).
- Das irische Unternehmen ***Manna*** führt in einer Pilotphase inzwischen 50 bis 100 Drohnen-Auslieferungen pro Tag im irischen Galway durch. Hierfür hat *Manna* eine Startplattform für Drohnen auf dem Dach einer *Tesco*-Filiale eingerichtet. Von hier aus werden bei *Tesco* und weiteren Unternehmen eingegangene Bestellungen ausgeliefert. Die durchschnittliche Zeit für eine Drohnenlieferung ab dem Start beträgt ca. drei Minuten. So können Speisen und Getränke nicht nur berührungslos, sondern auch heiß zugestellt werden. Die Drohnen sind mit einer Geschwindigkeit von 80 km/h in einer Höhe zwischen 50 und 80 m unterwegs.

Wenn Kunden eine Bestellung aufgeben, nennen sie zusätzlich einen bestimmten Bereich auf ihrem Grundstück, den die Drohne anfliegen soll. Um diese Navigation zu unterstützen, wählen die Kunden in einer App auf einer Anzeige des Grundstücks von *Google Maps* den gewünschten Landbereich aus. Wenn die Drohne eintrifft, schwebt sie 15 m über dieser Stelle und lässt das Essen an einem biologisch abbaubaren Leinenfaden herab. Eine solche *Manna*-Drohne kann zwischen sechs und sieben Lieferungen pro Stunde durchführen (vgl. [36]).

- ***Walmart*** testet ebenfalls eine Zustellung per Drohnen für ausgewählte Haushaltswaren und Lebensmittel. Diese Pakete werden von Drohnen des israelischen Unternehmens ***Flytrex*** ausgeliefert. Die Pakete werden hier aus einer Höhe von ca. 20 Metern im Zielgebiet abgeworfen; so wird auf eine Landung verzichtet.

  Ende des Jahres 2021 kündigten ***Walmart*** ihre ersten **kommerziellen Drohnenlieferungen** von Drohnen-Flughäfen aus an. Die Auslieferungen finden von 8:00 bis 20:00 Uhr an sieben Tagen in der Woche statt. Ausgewählte *Walmart*-Kunden können hierdurch in nur 30 min aus der Luft beliefert werden. Im Jahr 2023 verfügten bereits 36 *Walmart*-Filialen in sieben US-Bundesstaaten über **Drohnen-Lieferzentren**. Diese werden von *DroneUp*, *Flytrex* und *Zipline* betrieben. Für das Jahr 2022 berichtet *Walmart* über mehr als 6000 abgeschlossene Drohnenlieferungen – allerdings nur ein minimaler Anteil am Gesamtumsatz. Die Top 5 der von Drohnen ausgelieferten Produkte sind *Great Value Cookies*, Eiscreme, ein Tüte Zitronen, Grill-Hähnchen, *Red Bull* und *Bounty*-Papierhandtücher. Allerdings bietet *Walmart* schon heute bis zu 20.000 Artikel an, die per Drohne ausgeliefert werden können.

  Der Einsatz von Drohnen ist für *Walmart* naheliegend. Das Unternehmen verfügt bereits über einen großen Teil der notwendigen Infrastruktur. Hierzu zählen die 4700 Geschäfte mit mehr als 100.000 der meistgekauften Artikel. In einem Umkreis von 10 Meilen dieser stationären Geschäfte befinden sind 90 % der US-Bevölkerung. Deshalb soll auch eine bodengestützte automatische Belieferung erfolgen. Hierfür sollen vollelektrische autonome Fahrzeuge des Unternehmens ***Cruise*** eingesetzt werden (vgl. [58]).

Bei einem umfassenderen **Einsatz von Drohnen für Logistikaufgaben** kommt der Bewältigung von Hindernissen beim Fliegen in einer städtischen Umgebung große Bedeutung zu. Zusätzlich sind rechtliche Restriktionen bei der Nutzung des Flugraumes (bei sicherheitsrelevanten Einrichtungen, etwa in der Nähe von Flugplätzen oder über militärischen Anlagen) sowie generelle Sicherheitsaspekte zu berücksichtigen. Schließlich müssen die Drohnen gut gegen Hacker-Attacken geschützt sein, um nicht zum Sicherheitsrisiko zu werden.

► **Food for Thought** Wie schnell könnten die immer ungeduldigeren Kunden befriedigt werden, wenn über den **Mega-Citys** dieser Welt **Luftschiffe** kreisen würden, um aus diesen fliegende Lagerhäuser Kunden per Drohne zu beliefern?

> **Belletristischer Lesetipp** Wohin ein intensiver Einsatz von Drohnen führen kann, ist in dem sehr spannenden Buch *„Drohnenland"* von *Tom Hillenbrand* zu lesen.

3.2.4 Predictive Risk Intelligence

Ein nicht nur für die Logistik besonders innovatives und relevantes Einsatzfelr der Künstlichen Intelligenz ist **Predictive Risk Intelligence** (PRI). Das Handlungsfeld des Predictive Risk Intelligence kann einen wichtigen Beitrag dazu leisten, dass Unternehmen über Prozesse verfügen, um vergangene Risiken (bspw. in der Supply Chain) zu verstehen. Dann können zukünftige Risiken leichter vorhergesagt werden – und die Unternehmen können sich entsprechend darauf vorbereiten. Folgende **Arten des Risikomanagements** können unterschieden werden:

- **Reaktives Risikomanagement**
  Bei diesem auch **After Fact Approach** genannten Vorgehen geht es um das Management bereits eingetretener Risiken. Diese gilt es mit vorbereiteten Schubladenplänen zu meistern. Gleichzeitig sind ähnliche Ereignisse in der Zukunft zu verhindern. Durch dieses Vorgehen werden tendenziell eher solche Risiken erkannt, die schon in der Vergangenheit auftraten.
- **Laufendes Risikomanagement**
  Bei diesem Ansatz ist die **Risikoüberwachung** bereits in die Geschäftsprozesse integriert. Hierdurch kann in Realtime erkannt werden, wo sich Risiken abzeichnen, um dann schnell darauf zu reagieren. Der Eintritt von Risiken wird anhand verschiedener Kriterien mit vordefinierten Schwellenwerten ermittelt und idealerweise vermieden.
- **Proaktives/prädiktives Risikomanagement**
  Bei diesem auch **Before Fact Approach** genannten Konzept werden aktuelle und historische Daten verwendet, um zukünftige Risiken frühzeitig zu erkennen. Dies ist der Einsatzbereich von Predictive Risk Intelligence – gleichsam einer vorausschauenden Risikovermeidung.

Die Predictive Risk Intelligence setzt auf KI-Lösungen, um zukünftige Risiken viel früher zu erkennen und ihre Auswirkungen auf das Unternehmen zu bewerten. Damit dies gelingt, sind zusätzliche Datenquellen zu erschließen, die bisher im Risikomanagement nicht berücksichtigt wurden. Hierdurch kann die unternehmerische Resilienz bedeutend gesteigert werden.

Beispiel: Vorhersage von Streiks durch die Auswertung von *Twitter*-Daten

Eine große Herausforderung der Unternehmen liegt darin, Störungen der Lieferkette möglichst frühzeitig zu erkennen. Dazu gehören bspw. auch **Streiks** – sei es von Lagerarbeitern, Matrosen, Piloten, Fluglotsen, Sicherheitspersonal oder LKW-Fahrern. In der Vergangenheit wurden hierzu primär Presseberichte und weitere makroökonomische Daten ausgewertet. Aufgrund dieser Informationen war meist nur eine laufendes Risikoüberwachung möglich. Die Vorlaufzeit zur Risikobewältigung war folglich eher kurz.

Heute stehen für **prädiktives Risikomanagement** weitere, sehr spannende Informationen zur Verfügung. Unternehmen können bspw. auf öffentlich zugängliche Posts bei *Twitter* oder *Facebook* zugreifen, um Störungen in der Lieferkette zu identifizieren. Die hierfür notwendigen Daten werden von vielen Online-Plattformen über entsprechende Schnittstellen für Analysen zugänglich gemacht.

Es ist natürlich sehr einfach, die **Wahrscheinlichkeit von Streiks** vorherzusagen, wenn die entsprechenden Schlüsselbegriffe bereits in den Posts auftauchen. Die Stärke der einschlägig trainierten KI-Lösungen besteht allerdings darin, in den Daten bereits auf Streiks und ähnliche Risiken hindeutende Muster zu erkennen, bevor konkrete Schritte sichtbar werden. Um dies zu erreichen, werden bei den KI-Anwendungen Daten über historische Streiks mit Social-Media-Daten aus dem korrespondierenden Zeitraum abgeglichen. Dabei werden etwa sprachliche Muster gesucht, die als Prädiktoren dienen können. Prädiktoren sind Variablen oder Faktoren, die verwendet werden, um Vorhersagen über zukünftige Ereignisse, Trends oder Verhaltensweisen zu treffen. In diesem Fall können es Begriffe wie „Personalabbau", „Stellenstreichung", „Überstunden", „schlechte Arbeitsbedingungen" etc. sein, die sich in bestimmten Regionen häufen, bevor ein Streik tatsächlich ausbricht. Werden solche Muster erkannt, können automatisiert Risikowarnungen ausgelöst werden.

Je besser es gelingt, aufkommende Streik vorherzusagen, desto früher können alternative Routen oder Bezugsquellen ermittelt oder die Produktionsplanung umgestellt werden. Damit steigert diese Form der Früherkennung von solchen Risiken die unternehmerische **Resilienz**. ◄

Die Predictive Risk Intelligence kann auch in anderen Bereichen eingesetzt werden. So kann bspw. im Finanzdienstleistungssektor geprüft werden, ob sich bei den Mitarbeitern Verhaltensmuster zeigen, die auf Compliance-Risiken hindeuten. Ein Before Fact Approach kann hier helfen, Reputationsschäden für das Unternehmen und weitere regulatorische Vorgaben zu vermeiden.

Think-Box: Fragen, die Sie sich stellen sollten!

- Welche Use Cases haben wir in unserem Mobilitäts- und Transportbereich schon analysiert?
- Wo sehen wir die besten Ansätze zur Optimierung unserer Prozesse?
- Haben wir uns schon mit autonom agierenden Logistiklösungen beschäftigt (bspw. Drohnen)?
- Wie ist der Wissensstand zu Predictive Risk Intelligence in unserem Unternehmen?

Zusammenfassung

- Künstliche Intelligenz hat mit **autonomen Fahrzeugen** das Potenzial, Staus und Unfälle durch menschliches Versagen signifikant zu verringern und gleichzeitig zur Nachhaltigkeit beizutragen.
- Allerdings wird es noch viele Jahre dauern, bis autonome Fahrzeuge die **Level 4 und 5** erreicht haben werden.
- Neben einer **Optimierung der bodengestützten Logistikketten** wird der **Luftraum für Logistikaufgaben** an Bedeutung gewinnen.
- Die **Drohnen-Belieferung** wird momentan in vielen Bereichen der Welt intensiv erforscht.
- Zusätzlich kann die vorhandene **Logistikinfrastruktur** KI-gestützt besser genutzt werden, wodurch der **Ressourcenverbrauch** verringert und **Emissionen** vermieden werden.
- Ein gleichzeitiges **Anwachsen des Liefervolumens** – gerade an private Haushalte – könnte solche Effekte reduzieren oder sogar überkompensieren.
- Solche **Rebound- bzw. Bumerang-Effekte** sind bei der Bewertung dieser Technologien zu berücksichtigen.
- Die **Predictive Risk Intelligence** hilft Unternehmen, Risiken möglichst frühzeitig zu erkennen, um die eigene Resilienz zu erhöhen und Schäden vom Unternehmen abzuwenden.

3.3 Landwirtschaft

3.3.1 KI-Einsatzfelder in der Landwirtschaft

Die **Landwirtschaft** stellt einen spezifischen Produktionsbereich dar. Auch hier werden bereits verschiedene KI-Systeme genutzt. Die wichtigsten Einsatzfelder werden nachfolgend diskutiert. Die Bandbreite reicht von der **KI-gestützten Erkennung von Schädlingen und Pflanzenkrankheiten** bis hin zum **Einsatz von Drohnen und Satelliten**, um Ernteerträge vorherzusagen. Hierfür müssen die unterschiedlichsten Prozesse auf einer großen landwirtschaftlichen Fläche überwacht und gesteuert werden. Gleichzeitig müssen die Entwicklung des Wetters (Sonne, Wind, Regen, Temperatur) und das Verhalten von Vögeln, Insekten sowie der eigenen Nutztiere bei der Verwendung von Dünger und Pflanzenschutzmitteln berücksichtigt werden. Die Vielzahl der (beschaffbaren) Daten und die Komplexität ihrer Verknüpfung ist ein lohnender Einsatzbereich der Künstlichen Intelligenz. Zur **Sortierung** von gutem und schlechtem Obst und Gemüse in landwirtschaftlichen Betrieben werden ebenfalls KI-gestützte Systeme zur **Qualitätsüberwachung** eingesetzt.

Alle diese Maßnahmen können und sollen dazu beitragen, die **Ernteerträge zu steigern**, um die **wachsende Weltbevölkerung** zu ernähren. Schließlich werden um das Jahr 2050 ca. zehn Mrd. Menschen auf der Erde leben. Gleichzeitig sollen – idealerweise – höhere Umweltstandards berücksichtig werden, um eine weiter steigende Übernutzung der natürlichen Ressourcen wie Boden und Wasser zu vermeiden (vgl. vertiefend [34]).

Laut *BI Intelligence Research* von *Forbes* werden sich die **weltweiten Ausgaben für intelligente, vernetzte Agrartechnologien und -systeme** bis 2025 verdreifachen und 15,3 Mrd. US-$ erreichen. Allein die **Ausgaben für KI-Technologien und KI-Lösungen** in der Landwirtschaft werden von einer Mrd. US-$ im Jahr 2020 auf ca. vier Mrd. US-$ im Jahr 2026 steigen. Dies entspricht einer jährlichen Wachstumsrate von 25,5 %. Das größte Wachstum wird in der **IoT-gestützten Überwachung in der Landwirtschaft** (IoTAg) erwartet (vgl. [16]).

- **Kontinuierliche und flächendeckende Überwachung von Böden und Pflanzen**
  Eine unverzichtbare Voraussetzung für eine nachhaltige Nutzung von Böden in der Landwirtschaft ist die Bestimmung der Nährstoffe im **Boden**. Diese Nährstoffe wirken sich auf die Gesundheit der Pflanzen und damit auch auf die Quantität und Qualität der Ernteerträge aus. An der **Entwicklung der Pflanzen** zeigt sich, wie gut die Wechselwirkung zwischen den Pflanzen selbst sowie Boden, Klima und eingesetzten Dünge- und Pflanzenschutzmitteln gelungen ist. In der Vergangenheit wurde die Überwachung von Boden und Pflanzen durch Menschen durchgeführt. Dieses Vorgehen ist allerdings häufig nicht nur sehr zeitintensiv, sondern auch fehleranfällig.

  Heute werden zur **intelligenten Überwachung von Böden und Pflanzen** vielfach schon Drohnen eingesetzt (vgl. [21]). Die über Luftbilder gewonnenen Daten werden durch spezielle KI-Agenten ausgewertet. So kann der Gesundheitszustand der Pflanzen – selbst auf großen Anbauflächen – komplett überwacht werden. Eine mögliche Unter- oder Überversorgung der Pflanzen kann vielfach schneller und räumlich präziser erkannt werden. Die über Luftbilder gewonnenen Daten über den jeweils erreichten Wachstumsstand der Pflanzen werden auch zur Prognose der Ernteerträge eingesetzt.

  Auch das **Überwachen und Schätzen des Wachstums und der Reife von Pflanzen** ist sehr arbeitsintensiv. Hier können KI-Agenten unterstützen. Dies gilt ebenso für **Analysen der Bodenqualität**. Bisher mussten entnommene Proben in Labors ausgewertet werden. Jetzt wurden bereits KI-Systeme darauf trainiert, die Bilddaten von einfachen Mikroskopen auszuwerten (vgl. [44]).
- **Erkennung und Bekämpfung von Schadinsekten und Pflanzenkrankheiten**
  Der Einsatz von KI-Systemen ermöglicht auch eine **Erkennung von Pflanzenkrankheiten und Pflanzenschädlingen**. Die Herausforderung besteht hier darin, Krankheiten oder einen möglichen Schädlingsbefall bereits in einem möglichst frühen Stadium zu erkennen – bspw. in einer abgelegenen Ecke des Anbaugebietes. Noch bevor sich der Schaden auf die Gesamtfläche auswirken kann, können frühzeitig und fokussiert Gegenmaßnahmen eingeleitet werden. Hierfür ist es unverzichtbar, dass die KI-Modelle auf die Erkennung früher Krankheitsbilder sowie die Vorboten eines Schädlingsbefalls

trainiert werden. Hierzu gehört auch die Fähigkeit, durch Anwendungen der Bilderkennung bspw. Bienen, Fliegen, Mücken und Motten zu unterscheiden und deren Vorkommen zu zählen.

Eine präzise Lokalisierung von Schädlingen und Krankheiten ist die Voraussetzung dafür, diese auch sehr fokussiert bekämpfen zu können. KI-gesteuerte Drohnen können **Pestizide** sowie **Düngemittel** gezielt aufbringen. Hier müssen dann keine ganzen Felder mehr erfasst werden, sondern nur die jeweils befallenen Bereiche. Da der Einsatz auf Echtzeitdaten basiert, können die Drohnensprühgeräte die zu versprühende Menge mit hoher Präzision ausbringen. Dies ist auch ein Beitrag zu einer nachhaltigeren Landwirtschaft.

- **Überwachung der Tiergesundheit und des Tierwohls**
  KI-Systeme werden zunehmend auch zum **Monitoring von Nutztieren** eingesetzt. Der Einsatz von Überkopfkameras ermöglicht die Überwachung des Gesundheitszustands von Rindern. Hierdurch kann auch eine Vielzahl von Rindern aus der Ferne überwacht werden – und das sogar in Echtzeit. Durch spezielle Alarmfunktionen können die Landwirte informiert werden, sobald ein Problem auftaucht – und zwar in Echtzeit. Durch die Bildverarbeitung von KI-Agenten können Tiere auch auf großen Flächen zuverlässig gezählt werden. Außerdem können Krankheiten erkannt werden, die sich durch ungewöhnliche Verhaltensweisen der Tiere äußern. Sind die Tiere gechipt, können zusätzlich zum täglichen Aktivitätsniveau und zur Nahrungsaufnahme viele weitere **Vital-Parameter** ausgewertet werden. Die Überwachen von Geburten kann ebenfalls KI-gestützt erfolgen. Hierfür werden die von Kameras und Drohnen gewonnenen Daten ausgewertet (vgl. [16]).
- **Automatisches Jäten von Unkraut**
  Eine unverzichtbare Voraussetzung für das automatische Jäten von Unkraut ist dessen sichere Erkennung und damit die Unterscheidung von Nutzpflanzen. Die Möglichkeit, Unkraut physisch zu entfernen, erspart dem Landwirt viel Arbeit und verringert gleichzeitig den Bedarf an Herbiziden. Die große Herausforderung besteht allerdings darin, das Wissen über vorhandenes Unkraut an einen Roboter weiterzugehen, damit dieser das Unkraut dann gezielt entfernt. Auch hierfür werden bereits verschiedene Anwendungen erprobt. Teilweise wird das Unkrautjäten mit der Messung der Bodenfeuchtigkeit und einer selektiven Bewässerung verbunden. Hier wird von **KI-gesteuerten Landwirtschaftsrobotern** gesprochen (vgl. [44]).
- **Qualitätskontrolle landwirtschaftlicher Produkte**
  Ein sehr arbeitsintensiver Prozess in der Landwirtschaft ist nach wie vor die Qualitätskontrolle. Hier sind die guten von den weniger guten Produkten zu unterscheiden. Die KI-gestützte Bildverarbeitung kann den Sortier- und Klassifizierungsprozess von Obst und Gemüse hinsichtlich Größe, Form, Farbe, Volumen und in Summe der jeweiligen Qualität automatisieren. Anwendungen haben immer wieder gezeigt, dass die erreichte Genauigkeit und Geschwindigkeit die von geschulten Fachkräften weit übertreffen (vgl. [44]).

▶ **Merk-Box** Der KI-Einsatz in der Landwirtschaft macht es möglich, sehr viel schneller auf Schädlingsbefall sowie auch mögliche Unter- und Überversorgung der Pflanzen zu reagieren. Außerdem können die Maßnahmen sehr viel fokussierter erfolgen. Dazu werden Pflanzenschutzmittel oder Dünger durch Drohnen nur noch in eng definierten Flächen ausgebracht.

Im Laufe der Menschheitsgeschichte wurden schon immer neue Technologien eingesetzt, um die **Qualität** und die **Quantität der Erträge in der Landwirtschaft** zu steigern. Ohne die dadurch erzielten Ergebnisse wären wir nicht in der Lage, aktuell ca. acht Mrd. Menschen zu ernähren. Der KI-Einsatz bietet die Chance, ein weiteres quantitatives Wachstum nicht mehr primär durch weitere Rodungen von Primärwald, sondern durch einen effizienteren Einsatz der vorhandenen Ressourcen zu erzielen – und durch einen selektiveren Einsatz von Pflanzenschutz- und Düngemitteln.

Es ist zu hoffen, dass der KI-Einsatz nicht nur den Großunternehmen zugutekommt, sondern auch kleinere landwirtschaftliche Betriebe von den sich hier abzeichnenden Entwicklungen profizieren können. Dafür müssen auch die Landwirte ihre ganz eigene KI-Journey antreten (vgl. Kap. 12).

3.3.2 Stand des KI-Einsatzes in der Landwirtschaft

Wo Deutschland beim **KI-Einsatz in der Landwirtschaft** steht, zeigt eine Studie von Bitkom [6]. Hierzu wurden 500 Leiter landwirtschaftlicher Betriebe ab 20 ha in Deutschland telefonisch und online befragt. Die Studie liefert Einblicke in die Rolle, die digitale Technologien und Anwendungen in der modernen Landwirtschaft spielen. Sie zeigt nicht nur den aktuellen Stand der Digitalisierung auf landwirtschaftlichen Betrieben, sondern gibt auch Aufschluss über Herausforderungen und zukünftige Pläne in diesem Sektor.

Die Auswirkungen der Digitalisierung auf Landwirtschaft und Umwelt zeigt Abb. 3.22 (vgl. [6]). Hier wird deutlich, dass die Digitalisierung ein zentraler Stellhebel zur Einsparung von Ressourcen, zur Förderung einer umweltschonenden landwirtschaftlichen Produktion sowie zur Kostensenkung darstellt. Außerdem kann die Digitalisierung zur Verbesserung des Tierwohls beitragen.

Zum aktuellen **Stand der Digitalisierung auf landwirtschaftlichen Betrieben** wurden die in Abb. 3.23 gezeigten Ergebnisse ermittelt (vgl. [6]). Insgesamt setzen 79 % der Betriebe mindestens eine digitale Technologie oder ein digitales Verfahren ein. **GPS-gesteuerte Landmaschinen** werden am häufigsten, konkret von 58 % der Höfe eingesetzt. Agrar-Apps nutzen schon nur noch 39 % der Betriebe. **Systeme zum Farm- oder Herdenmanagement** sind in 32 % der Betriebe im Einsatz.

Abb. 3.23 zeigt auch, welche Technologien bzw. Verfahren geplant sind bzw. diskutiert werden. Der größte Sprung von „im Einsatz“ zu „geplant/diskutiert“ wird bei Verwendung von **Feldrobotern** sichtbar. Die Nutzerschaft könnte sich hier verelffachen! Ein großer

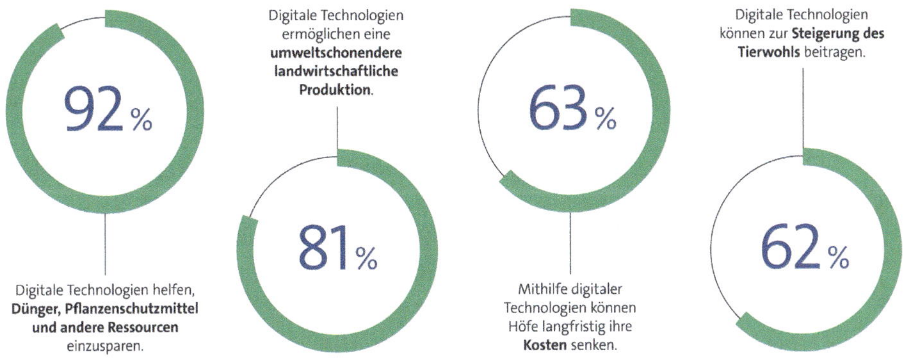

Abb. 3.22 Aussagen zur Digitalisierung in der Landwirtschaft. (Quelle: [6])

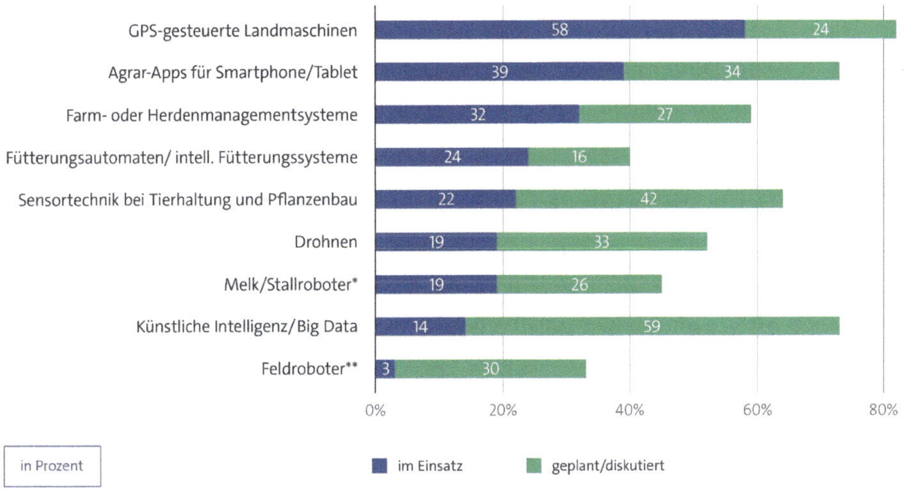

Abb. 3.23 Technologien und Verfahren in der Landwirtschaft – eingesetzt bzw. geplant/diskutiert. (Quelle: [6])

Bedeutungszuwachs ist auch bei **KI/Big Data** zu erwarten. Hier könnte sich die Nutzung auf das Sechsfache steigern.

Wie die **Investitionen in die Digitalisierung** gesehen werden, zeigen folgende Ergebnisse (vgl. [6]):

- 17 % der Betriebe planen fest, in den kommenden zwölf Monaten in digitale Technologien und Anwendungen zu investieren.
- 83 % der Betriebe empfinden hohe Investitionskosten als Hindernis für die Digitalisierung.

Daten sind auch in der Landwirtschaft ein wichtiger Erfolgsfaktor. Wie die Themen **Datenmanagement** und **Datenschutz** gesehen werden, wird hier sichtbar (vgl. [6]):

- 87 % der landwirtschaftlichen Betriebe sind bereit, **Daten** unter bestimmten Voraussetzungen zu **teilen**.
- 56 % der Betriebe wünschen sich den **Aufbau einer zentralen Agrarplattform** für das eigene Datenmanagement.
- 95 % der Betriebe sprechen sich für einen **benutzerfreundlichen und kostenlosen Zugang zu Geo-, Betriebsmittel- und Wetterdaten** aus.

Diese Ergebnisse unterstreichen die Bedeutung der Digitalisierung für den Agrarsektor und die Bereitschaft der Betriebe, sich dieser Entwicklung anzupassen. Sie bieten wertvolle Informationen für politische Entscheidungsträger und Stakeholder in der Agrarbranche. Damit noch mehr Betriebe entsprechende digitale Technologien einsetzen, sind weitere **Investitionen** in die Technik erforderlich. Dann könnte es gelingen, dass in noch weitaus größerem Umfang **Sensoren** zur Analyse der Pflanzen- und Bodengesundheit sowie eine **KI-basierte Düngung und Ausbringung von Pflanzenschutzmitteln** erfolgen kann. Außerdem könnte in Zeiten des Wassermangels – über das Internet der Dinge – auch eine **effizientere Bewässerung** der Felder erfolgen.

Think-Box: Fragen, die Sie sich stellen sollten!

- Was sind die spezifischen Herausforderungen oder Engpässe in unserem landwirtschaftlichen Betrieb, die wir mithilfe von KI lösen möchten?
- Haben wir uns als landwirtschaftlicher Betrieb einmal darüber Gedanken gemacht, wo die Künstliche Intelligenz bei unseren Prozessen überall eingesetzt werden kann?
- Welche Daten werden bereits in unserem Betrieb erfasst und stehen zur Verfügung? Benötigen wir zusätzliche Daten und wie können wir diese erfassen?
- Welche KI-Methoden und -Techniken sind am besten geeignet, um unsere spezifischen Anforderungen zu erfüllen?
- Verfügen wir über die erforderliche technische Infrastruktur, um KI effektiv einzusetzen?
- Welches wären spannende Partner, um den Einstieg in die KI-Nutzung bzw. die Intensivierung des KI-Einsatzes zielorientiert voranzutreiben?
- Welche rechtlichen und ethischen Aspekte müssen wir beim Einsatz von KI in der Landwirtschaft berücksichtigen? Gibt es Datenschutzbestimmungen, Vorschriften zum Tierwohl und Umweltschutz oder Fragen zur Handhabung personenbezogener Daten, die beachtet werden müssen?
- Wie können wir den Erfolg und die Leistungsfähigkeit des KI-Einsatzes bewerten? Welche Kriterien und Metriken sollten wir festlegen, um die Effektivität der KI-Modelle zu messen?
- Wie können wir kontinuierlich optimieren und Anpassungen vornehmen, um den maximalen Nutzen aus dem KI-Einsatz zu erzielen?

Zusammenfassung

- KI ermöglicht die Analyse großer Datenmengen, um den Anbau von Pflanzen und die Tierhaltung präziser zu steuern – der Weg zu einer **Präzisionslandwirtschaft** ist vorgezeichnet.
- **KI-gestützte Bilderkennung und Sensorik** helfen bei der Erkennung von Krankheiten, Unkraut, Schädlingsbefall und Bodenqualität.
- **KI-gesteuerte Drohnen und Roboter** unterstützen bei der Überwachung und Inspektion von Feldern, Bewässerung und Ernte.
- Durch **Predictive Analytics** werden Vorhersagemodelle eingesetzt, um optimale Erntezeiten oder Futterbedarf vorherzusagen.
- KI hilft bei der **Ressourcenoptimierung** im Hinblick auf den Einsatz von Wasser, Düngemitteln und Pestiziden.
- KI ermöglicht die **Automatisierung von Prozessen** wie dem Sortieren und Verpacken von Produkten, um die Effizienz zu steigern.
- **KI-basierte Analysen** insgesamt liefern Landwirten wertvolle Informationen zur besseren Entscheidungsfindung und zur Steigerung der Produktivität.

Literatur

1. ABB. (2023). YuMi®. https://new.abb.com/products/robotics/de/roboter/kollaborative-roboter/yumi. Zugegriffen am 10.04.2023.
2. Armendia, M., Ghassempouri, M., Ozturk, E., & Peysson, F. (2019). *Twin-control: A digital twin approach to improve machine tools lifecycle*. Springer.
3. ASMPT. (2023). *Enabling the digital world.* https://smt.asmpt.com/. Zugegriffen am 18.04.2023.
4. Bendel, O. (2023). Cyber-physische Systeme. https://wirtschaftslexikon.gabler.de/definition/cyber-physische-systeme-54077. Zugegriffen am 25.05.2023.
5. Bentley, S., & Murdzhev, T. (2021). *Accelerating sustainability with virtual twins.* https://www.accenture.com/us-en/blogs/industry-digitization/accelerating-sustainability-with-virtual-twins. Zugegriffen am 10.01.2022.
6. Bitkom. (2022). High-Tech im Stall, KI auf dem Acker: Digitalisierung sichert Zukunft der Landwirtschaft. https://www.bitkom.org/Presse/Presseinformation/Digitalisierung-sichert-Zukunft-der-Landwirtschaft. Zugegriffen am 27.06.2023.
7. Bitkom. (2023). Digitale Zwillinge werden in der Industrie zum Standard. https://www.bitkom.org/Presse/Presseinformation/Digitale-Zwillinge-Industrie-Standard. Zugegriffen am 24.04.2023.
8. Bitkom Research. (2021). Wachsendes Vertrauen in autonome Fahrzeuge. https://www.bitkom.org/Presse/Presseinformation/Wachsendes-Vertrauen-autonome-Fahrzeuge#msdynttrid=VYzNwWFNWqJpLc-6kODRnAwkXJ5UgANKbofm1DuUM1I. Zugegriffen am 18.11.2021.
9. BMVI. (2021). Gesetz zum autonomen Fahren tritt in Kraft. https://www.bmvi.de/SharedDocs/DE/Artikel/DG/gesetz-zum-autonomen-fahren.html. Zugegriffen am 15.11.2021.
10. BMWK. (2022). Was ist ein Datenraum? Definition des Konzeptes Datenraum.
11. BMWK. (2023). Manufacturing-X. https://www.plattform-i40.de/IP/Navigation/DE/Manufacturing-X/Initiative/initiative-manufacturing-x.html. Zugegriffen am 24.04.2023.
12. Bosch. (2023). Vielfältige Lösungen für die Chipfabrik. https://www.boschbuildingsolutions.com/de/de/trends-und-themen/halbleiterwerk-dresden/. Zugegriffen am 18.04.2023.

13. Brendel, O. (2023). Drohne. https://wirtschaftslexikon.gabler.de/definition/drohne-54115/version-384618. Zugegriffen am 21.04.2023.
14. Catena-X. (2023). Warum Catena-X? https://catena-x.net/de/. Zugegriffen am 21.04.2023.
15. Cheng, G., Emanuel, D.-L., Bergner, F., Olivera, J. R. G., & Leboutet, Q. (2019). *A comprehensive realization of robot skin: Sensors, Sensing, Control, and Applications.* Proceedings of the IEEE, 107(1)0.
16. Columbus, L. (2021). *10 ways AI has the potential to improve agriculture.* https://www.forbes.com/sites/louiscolumbus/2021/02/17/10-ways-ai-has-the-potential-to-improve-agriculture-in-2021/?sh=19fe096f7f3b. Zugegriffen am 24.01.2022.
17. Cousland, G. (2022). Interview mit der Geschäftsführerin von DeinSchrank.de, 13.1.2022.
18. Dangschat, J. S. (2017). Automatisierter Verkehr – was kommt da auf uns zu? *Zeitschrift für Politikwissenschaft, 27*, 493–507.
19. Dassault. (2023). Die 3DEXPERIENCE Plattform. https://www.3ds.com/de/3dexperience. Zugegriffen am 18.04.2023.
20. Deutsche Gesellschaft für Qualität. (2022). Predictive Quality – höhere Qualität auf Basis guter Entscheidungen. https://blog.dgq.de/predictive-quality/. Zugegriffen am 14.01.2022.
21. Draganfly. (2023). *Quadcopters and Multirotors.* https://draganfly.com/products/quadcopters--multirotors/. Zugegriffen am 08.05.2023.
22. European Parliament. (2021). *STUDY – Post Covid-19 value chains: Options for reshoring production back to Europe in a globalised economy.*
23. Fabasoft. (2023). *One shared business reality.* https://www.fabasoft.com/en/fabasoft-proceco. Zugegriffen am 18.04.2023.
24. Farsi, M., Daneshkhah, A., Hosseinian-Far, A., & Jahankhani, H. (Hrsg.). (2019). *Digital twin technologies and smart cities (Internet of Things).* Springer.
25. Fjellström, D., Lui, L. Y., & Caceres, W. (2017). *Knowledge transfer in reshoring.*
26. Gigaset. (2023). Warum „Made in Germany" eine Erfolgsgeschichte ist. https://www.gigaset.com/de_de/cms/made-in-germany.html. Zugegriffen am 18.04.2023.
27. Globenewswire. (2023a). *Predictive maintenance market size will cross $19.3 billion by 2028.* https://www.globenewswire.com/en/news-release/2023/02/21/2612393/0/en/Predictive-Maintenance-Market-Size-Will-Cross-19-3-Billion-by-2028-Vantage-Market-Research.html. Zugegriffen am 18.04.2023.
28. Globenewswire. (2023b). *Digital twin market size worth US$ 95 billion by 2033 at of CAGR 34.3%: Fact.MRresearch.* https://www.globenewswire.com/news-release/2023/01/18/2591244/0/en/Digital-Twin-Market-Size-worth-US-95-Billion-by-2033-at-of-CAGR-34-3-Fact-MR-Research.html. Zugegriffen am 18.04.2023.
29. Grand View Research. (2023). Smart manufacturing market size, share & trends analysis report By Component, By Technology (Product Lifecycle Management, 3D Printing, Enterprise Resource Planning), By End-use, By Region, and segment forecasts, 2023–2030. https://www.grandviewresearch.com/industry-analysis/smart-manufacturing-market. Zugegriffen am 13.04.2023.
30. Hochbahn. (2023). Die Zukunft führt autonom. https://www.hochbahn.de/de/projekte/das-projekt-heat. Zugegriffen am 19.04.2023.
31. IDC. (2021). KI in der Fertigung: So realisieren Sie mit Ihren Produktionsdaten messbare Vorteile. https://www.intersystems.com/de/whitepaper-ai-in-manufacturing/. Zugegriffen am 08.01.2022.
32. InterSystems. (2023). InterSystems IRIS: Die Datenplattform der nächsten Generation. https://www.intersystems.com/de/datenplattform/. Zugegriffen am 18.04.2023.
33. Kreutzer, R. T. (2021). *Toolbox für Digital Business. Leadership, Geschäftsmodelle, Technologien und Change-Management für das digitale Zeitalter.* Springer Gabler.

34. Kreutzer, R. T. (2023). *Der Weg zur nachhaltigen Unternehmensführung*. Springer Gabler.
35. Leadec. (2023). Leadec.os – die digitale Geschäftsplattform. https://www.leadec-services.com/de/fabrik-der-zukunft/leadecos. Zugegriffen am 14.03.2023.
36. Manna. (2023). *Drone delivery made simple*. https://www.manna.aero/. Zugegriffen am 08.05.2023.
37. Matternet. (2022). *Matternet launches world's longest urban drone delivery route in Zürich*. https://mttr.net/. Zugegriffen am 08.05.2023.
38. Miles, J. (2021). *The race is on: Meeting EV battery demand with smart manufacturing*. https://www.automotivemanufacturingsolutions.com/voice/the-race-is-on-meeting-ev-battery-demand-with-smart-manufacturing/41703.article. Zugegriffen am 06.01.2022.
39. O'Marah, K., & Manenti, P. (2015). *The internet of things will make manufacturing smarter*. http://www.Industryweek.com. Zugegriffen am 29.06.2018.
40. Opper, K.-U. (2021, Juli 14). Die Roboterautos kommen. *Frankfurter Allgemeine Zeitung*, 16.
41. Ostler, C. (2023). Interview connected reality. In R. T. Kreutzer & S. Klose (Hrsg.), *Metaverse kompakt*. Springer Gabler.
42. PTC. (2023). *Digital thread*. https://www.ptc.com/de/industry-insights/digital-thread. Zugegriffen am 20.06.2023.
43. Rakuten. (2023). *Drone delivery*. https://drone.rakuten.co.jp/en/. Zugegriffen am 21.04.2023.
44. Rizzoli, A. (2021). *8 practical applications of AI in agriculture*. https://www.v7labs.com/blog/ai-in-agriculture. Zugegriffen am 08.05.2023.
45. Roland Berger. (2021). Die Produktion der Zukunft, Digitale Fabriken erfolgreich realisieren. https://www.rolandberger.com/de/Insights/Publications/Industrie-4.0-%C3%9Cbergreifende-Digitalisierungsstrategie-erforderlich.html. Zugegriffen am 11.01.2022.
46. Scherrer, A. (2021). Das C2M-Modell von Shein erklärt. https://blog.carpathia.ch/2021/06/02/das-c2m-modell-von-shein-erklaert/. Zugegriffen am 18.11.2021.
47. Schmitt, R. H., Kurzhals, R., Ellerich, M., Nilgen, G., Schlegel, P., Dietrich, E., Krauß, J., Latz, A., Gregori, J., & Miller, N. (2020). Predictive quality – Data analytics in produzierenden Unternehmen. http://www.awk-aachen.com. Zugegriffen am 30.06.2023.
48. SheIn. (2023). Über uns. https://us.shein.com/About-Us-a-117.html. Zugegriffen am 18.04.2023.
49. Siemens. (2023). Digitale Transformation: Mit gutem Beispiel voran. https://new.siemens.com/global/de/unternehmen/stories/industrie/elektronik-digitalenterprise-zukunftstechnologien.html. Zugegriffen am 18.04.2023.
50. Statista. (2021a). *Smart factory*. https://de-statista-com.ezproxy.hwr-berlin.de/statistik/studie/id/46015/dokument/smart-factory/. Zugegriffen am 05.01.2022.
51. Statista. (2021b). *In-depth report: Artificial Intelligence 2021*. https://de-statista-com.ezproxy.hwr-berlin.de/statistik/studie/id/50489/dokument/artificial-intelligence/. Zugegriffen am 25.11.2021.
52. Statista. (2021c). eCommerce: shein.com in Deutschland 2021 brand report. https://de-statista-com.ezproxy.hwr-berlin.de/statistik/studie/id/97520/dokument/ecommerce-sheincom-in-deutschland-brand-report/. Zugegriffen am 18.11.2021.
53. Statista. (2022). Autonome Fahrzeuge. https://de-statista-com.ezproxy.hwr-berlin.de/statistik/studie/id/30065/dokument/autonome-fahrzeuge-statista-dossier/. Zugegriffen am 11.01.2022.
54. Statista. (2023). Global size of the market for industrial robots from 2018 to 2020, with a forecast for 2021 through 2028. https://www-statista-com.ezproxy.hwr-berlin.de/statistics/1272269/industrial-robot-market-size-worldwide-by-region/. Zugegriffen am 21.04.2023.
55. Stenkamp, D. (2018). Früh gewarnt. *DUB Unternehmer Magazin*, 20 f.
56. Verhaeghe, S. (2021). How Shein is revolutionizing the fashion industry. https://www.dukeandgrace.com/en/insights/articles/how-shein-is-revolutionizing-the-fashion-industry#. Zugegriffen am 19.11.2021.

57. Wagner, G. (2023, April 12). EU will Haftungslücken schließen. *Frankfurter Allgemeine Zeitung*, 16.
58. Walmart. (2023). Walmart drone delivery by the numbers. https://corporate.walmart.com/newsroom/2023/01/05/walmart-drone-delivery-by-the-numbers. Zugegriffen am 08.05.2023.
59. Wandelbots. (2023). Alle können mit Robotern arbeiten. https://wandelbots.com/de/. Zugegriffen am 18.03.2023.
60. Wang, J., Sun, B., & Zhu, Z. (2023). Biochip systems for intelligence and integration. *Systems, 11*(1). https://doi.org/10.3390/systems11010043. Zugegriffen am 25.05.2023.
61. Waymo. (2023). The world's most experienced driver. https://waymo.com/. Zugegriffen am 18.04.2023.
62. Wilo. (2023). Dortmund – Entwicklung des Standorts. https://wilo.com/de/Pioneering/Wilo--builds-the-Future/Wilopark/. Zugegriffen am 18.04.2023.
63. Wotzka, M. (2021). Warum Globalfoundries auf Predictive Maintenance durch Edge Computing setzt. https://smart-systems-hub.de/10-fragen-an-michael-wotzka-von-globalfoundries-zur-digital-product-factory-2. Zugegriffen am 19.11.2021.

Marketing, Vertrieb, Kundenservice 4

Zusammenfassung

Marketing, Vertrieb und Kundenservice sind für den KI-Einsatz besonders interessant. Hier können vielfältige Einsatzfelder identifiziert werden, die die Customer Experience verbessern können. Zusätzlich können KI-Systeme auch Prozesse optimieren, die für die Kunde nur in ihren Ergebnissen sichtbar sind – bspw. bei Prozessen der Kundenführung oder Kampagnenplanung.

4.1 Kunden-Unternehmen-Erwartungsmatrix als Orientierungsrahmen

Bevor ausgeleuchtet wird, wo in Marketing, Vertrieb und Kundenservice die Künstliche Intelligenz unterstützen kann, ist ein Blick auf die Erwartungshaltung von Kunden und Unternehmen zu werfen. Hierzu bietet sich die **Kunden-Unternehmen-Erwartungsmatrix** (in Englisch **Value Irritant Matrix**) an. Die ursprünglich auf Dialoge ausgerichtete Analyse wird hier im Hinblick auf kundenorientierte Prozesse insgesamt weiterentwickelt. Hierdurch können Sie systematisch ermitteln, in welchem Ausmaß solche Prozesse auf Ihre Unternehmens- und/oder auf Kundenerwartungen einzahlen (vgl. Abb. 4.1; vgl. [1]).

Im Feld **Eliminate** gehen die Erwartungen von Unternehmen und Kunden in die gleiche Richtung (vgl. Abb. 4.1). Solche Prozesse und Interaktion führen für die Unternehmen nur zu Kosten ohne entsprechende Wertschöpfung und werden auch von den Kunden nicht gewünscht. Sie können aus dem Leistungsumfang gestrichen werden, soweit sie nicht aufgrund von gesetzlichen Vorgaben unverzichtbar sind.

Ergänzende Information Die elektronische Version dieses Kapitels enthält Zusatzmaterial, auf das über folgenden Link zugegriffen werden kann [https://doi.org/10.1007/978-3-658-42598-2_4].

R. T. Kreutzer, *Künstliche Intelligenz verstehen*, https://doi.org/10.1007/978-3-658-42598-2_4

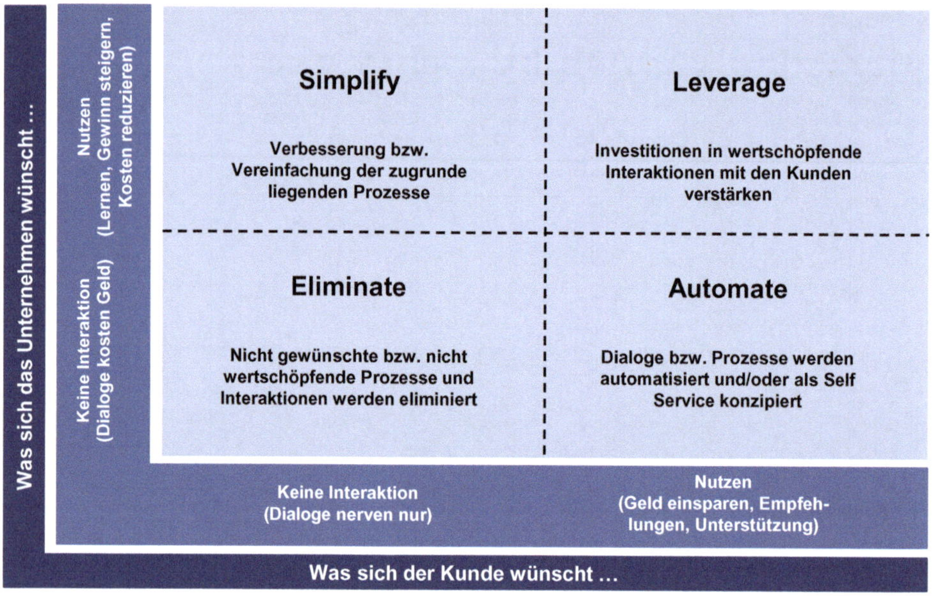

Abb. 4.1 Kunden-Unternehmen-Erwartungsmatrix. (Quelle: In Anlehnung an [1])

Bei **Automate** klaffen die Erwartungen von Unternehmen und Kunden dagegen auseinander (vgl. Abb. 4.1): Während das Unternehmen entsprechende Prozesse gerne vermeiden möchte, werden diese von Kunden in Gestalt von Beratung, Support etc. gewünscht und erwartet. Um hier einen Interessenausgleich zu finden, kann auf Automatisierung (bspw. über Chatbots) oder auf Self-Service-Angebote gesetzt werden. Hierdurch können sich ständig wiederholende Fragen kostengünstig beantwortet und die eigenen Mitarbeiter entlastet werden. Zusätzlich können bspw. KI-gestützt persönliche Empfehlungen unterbreitet werden, die über Konzepte der Marketing-Automation verwaltet werden (vgl. vertiefend zur Marketing-Automation [2]).

Bei **Simplify** fallen die Interessen ebenfalls auseinander und führen zu einer Erwartungsdivergenz (vgl. Abb. 4.1). Hier sieht das Unternehmen wertschöpfende Möglichkeiten. Dazu zählt die Einholung von E-Mail-Permissions, Check-in-Prozeduren, Follow-up-Calls sowie Aufforderungen zur Bewertung. Diese haben für die Unternehmen eine große Bedeutung. Kunden fühlen sich im schlimmsten Falle von derartigen Ansprachen und Prozessen genervt. Hier sind eine Vereinfachung und eine Verbesserung der Prozesse notwendig. Außerdem ist den Nutzern der Mehrwert der entsprechenden Schritte zu verdeutlichen.

Im Feld **Leverage** ist wiederum eine Übereinstimmung der Erwartungen gegeben (vgl. Abb. 4.1). Hier gilt es, in die zugrunde liegenden Prozesse zu investieren, um die vorhandenen Potenziale auszuschöpfen. Wertschöpfende Dialoge können erreicht werden, indem dem Call-Agent – in Echtzeit – optimale Next-best Offers sowie weitere Empfehlungen präsentiert werden. Solche Empfehlungen können KI-gestützt als Bestandteil sogenannter Recommendation Engines erarbeitet werden. Hierdurch kann die Customer Experience nachhaltig verbessert werden. Bei „Leverage“ kann auch die gemeinsame Entwicklung von Lösungen versucht werden, die zu einer Steigerung der Kundenbindung führen kann.

> **Merk-Box** Die **Kunden-Unternehmen-Erwartungsmatrix** liefert Ihnen einen wichtigen Orientierungsrahmen, um Schwerpunkte für den KI-Einsatz zu definieren – und hierbei immer auch die Kundenerwartungen vor Augen zu haben!

Um beim KI-Einsatz im Marketing, Vertrieb und Kundenservice erfolgreich zu sein, gilt es zunächst, eine überzeugende **KI-Strategie** für diese Bereiche zu erarbeiten. Hierfür kann mit einer **Bestandsaufnahme des Status quo im Kundenservice** begonnen werden. Dabei sind folgende Fragen zu beantworten:

- Welche **Aufgaben** dominieren im Kundenservice?
- Welche Aufgaben treten in welcher **Anzahl** auf?
- Welche dieser Aufgaben erfordern – Stand heute – ein **menschliches Eingreifen**?
- Welche Aufgaben könnten voll **automatisiert** werden?
- Bei welchen Aufgaben bietet sich eine **Kombination aus menschlicher Interaktion und Automatisierung** an?

Basierend auf den Antworten können Sie **Prioritäten** für den **KI-Einsatz im Customer Service** definieren. Hierbei kann zunächst mit den wichtigsten und häufigsten Aufgaben – den sogenannten **Pareto-Aufgaben** – begonnen werden, die komplett automatisiert werden können. In dieser Phase sind auch die Prozesse für Service-Mitarbeiter zu optimieren. Hierbei ist immer zu prüfen, ob durch den Einsatz von Künstlicher Intelligenz und Automatisierung eine überzeugende **Customer Experience** zumindest erhalten oder sogar verbessert werden kann. Ein Fokus auf mögliche **Kostensenkungspotenziale** allein wird der hier zu bewältigenden Aufgabenstellung nicht gerecht, weil dies zu Umsatz- und/oder Ertragseinbußen führen könnte.

Der Vorteil **automatisierter Supportsysteme** liegt in der 24/7-Erreichbarkeit – solche Systeme kommen damit der Kundenerwartung „Sofort“ und „Bequemlichkeit“ entgegen. Diese Lösungen sind häufig auch kostengünstiger als menschliche Kundenbetreuer. Gleichzeitig können solche Systeme die Servicemitarbeiter von sich wiederholenden Aufgaben entlasten. So können sich die Mitarbeiter auf die Serviceaufgaben konzentrieren, die menschlicher Unterstützung bedürfen.

Automatisierte Systeme können den Kunden auch eine **proaktive Unterstützung** bieten. Diese Unterstützung kann sich zum einen auf den Abschluss von kundenseitig unterbrochenen Online-Kaufprozessen beziehen. Die sogenannten Warenkorbabbrecher können automatisiert gezielt zum Abschluss des Kaufvorgangs motiviert werden. Zum anderen können Kunden auch vorab über ablaufende Garantiefristen, Upgrade-Möglichkeiten und attraktive Zusatzkäufe für schon genutzte Produkte und Dienstleistungen informiert werden. Auch Hinweise auf anstehende Wartungsarbeiten bei erworbenen Produkten können rechtzeitig übermittelt werden.

Bei der Automatisierung von Serviceprozessen sollten Sie sich auch über die möglichen **Nachteile der Automatisierung** bewusst sein. So kann bspw. die persönliche Note eines menschlichen Kontakts verloren gehen. Deshalb sind im Bedarfsfall Brücken zu Mitarbeitern vorzusehen, wenn die Kunden einen entsprechenden Bedarf signalisieren.

4.2 Customer Service – vom einfachen Chatbot zum digitalen Assistenten

4.2.1 Chatbots und digitale Assistenten

Bis vor einigen Jahren beschränkte sich die **textliche Interaktion** zwischen Unternehmen und Kunden primär auf den postalischen und digitalen Schriftverkehr. Heute werden neben den sozialen Medien und Messenger-Lösungen wie *WhatsApp* zunehmend auch Chatbots als weiterer Kanal in die Kommunikation mit Kunden eingebunden. Der **sprachliche Austausch** per Face-to-Face-Kommunikation oder per Telefon wird heute ergänzt durch Dialoge mit digitalen Assistenten. Diese Kommunikationsformen wurden erst durch den Einsatz von KI-Lösungen möglich. Dies gilt auch für neue **Interaktionsformate per Gesichtserkennung**. Klassische Ausweiskontrollen oder ein persönliches Kennen können entfallen, wenn eine Authentifizierung durch eine Gesichtserkennungssoftware erfolgt – bspw. bei der Einlasskontrolle (vgl. Abb. 4.2; vgl. [3], S. 280).

Konversationelle KI-Agenten, die auch als fortgeschrittene virtuelle Assistenten bekannt sind, nutzen konversationelle Benutzeroberflächen, um über Chatbots hinausgehende Funktionen bereitzustellen. Diese **virtuellen Assistenten** beobachten Verhaltensweisen, erstellen und pflegen Datenmodelle, prognostizieren und empfehlen Aktionen, um Menschen bei der Durchführung von Aufgaben zu unterstützen.

Die Unterscheidung zwischen Chatbots und digitalen Assistenten kann verwirrend sein, da beide Anwendungen KI-Lösungen verwenden, um natürliche Sprache zu erken-

	Texte	**Sprache**	**Gesicht**
Neu	Chatbots	Smart Speaker, digitale Assistenten	Gesichtsscanner
Etabliert	E-Mail, Brief, Anzeigen, Flyer	Telefon, persönlich vor Ort	Ausweiskontrolle, persönlich bekannt

Abb. 4.2 Etablierte und neue Formen der Interaktion mit Unternehmen. (Quelle: [3], S. 280)

nen und darauf zu reagieren. **Chatbots** sind Computerprogramme, die Texteingabe und -ausgabe verwenden, um auf der Grundlage von vordefinierten, textbasierten Inhalten Dialoge in menschlicher Sprache zu ermöglichen (vgl. [4, 5]). An deren Anfang stand eine **reine textbasierte Kommunikationsschnittstelle** (TTT). Hier musste der Nutzer seine Frage etc. in ein Texteingabefeld eintippen – und die Antwort wurde ebenfalls in Textform im Textausgabefeld präsentiert.

Inzwischen wurden viele Chatbots zu einer **komplett konversationellen Oberfläche** weiterentwickelt, die einen Dialog in gesprochener Sprache unterstützt. Hier wird von einem **Conversational Interface** gesprochen. Dazu ist weder ein Bildschirm noch eine Tastatur noch eine Maus erforderlich. Die Ein- und Ausgabe erfolgt durch gesprochene Dialoge. Solche **digitalen Assistenten** können natürliche Sprache verstehen und eigenständige Antworten generieren. Sie führen dynamische Dialoge, verstehen den Kontext einer Unterhaltung und können darauf reagieren. Digitale Assistenten können auch als persönliche Assistenten fungieren, die verschiedene Aufgaben übernehmen, etwa die Verwaltung von Kalendern, das Buchen von Reisen und die Durchführung von Online-Käufen. Die digitalen Assistenten werden sich in den nächsten Jahren weitere Einsatzfelder erschließen – nicht nur im Kundenservice.

Fasst man die gegenwärtigen und zukünftigen **Aufgaben von textbasierten Chatbots** (TTT) zusammen, so ergibt sich das folgende Bild:

- **Chatbots zur Optimierung der kundeninitiierten Kommunikation**
  Textbasierte Chatbots helfen den Nutzern, alltägliche Online-Aufgaben effizienter zu lösen. Dadurch können Probleme behoben werden, ohne sich lange durch FAQs zu klicken oder Stunden in Telefonwarteschleifen zu verbringen.

  Ein Beispiel hierfür ist der Chatbot ***TOBi*** von *Vodafone*. Der virtuelle Assistent ist darauf ausgerichtet, bei verschiedenen Anliegen Unterstützung zu leisten. Nutzer können ihn nach Informationen zu neuen Tarifen fragen, Hilfe bei ihrer Rechnung anfordern oder technische Probleme schildern, auf die *TOBi* mit Lösungsvorschlägen reagiert. Die Benutzerfreundlichkeit von *TOBi* zeigt sich in seiner ständigen Verfügbarkeit. Nutzer können den Chatbot zu jeder Tages- und Nachtzeit kontaktieren, ohne dabei Wartezeiten in Kauf nehmen zu müssen. *TOBi* kann über verschiedene Plattformen erreicht werden: die *MeinVodafone*-App, die *Vodafone*-Website und über *WhatsApp*. Diese Vielzahl von Zugangsmöglichkeiten ermöglicht es den Nutzern, den für sie bequemsten Weg zu wählen und *TOBi* von jedem Gerät aus zu erreichen (vgl. [6]).

  Ein weiteres Beispiel hierfür ist der ***Assono KI-Chatbot***, der auf dem Sprachverarbeitungsdienste vom *IBM Watson* basiert. Durch den Einsatz einer integrierten KI-Übersetzungsfunktion können die benötigten Inhalte in mehr als 24 Sprachen verfügbar gemacht werden. Zusätzlich können Termine vereinbart und die passenden Ansprechpartner vermittelt werden. Abhängig vom Anliegen können die Fragen des Nutzers durch Texte, Bilder, Videos, Links und/oder Downloads beantwortet werden. Hierfür kann dieser Chatbot in die internen Systeme der Unternehmen eingebunden werden. Dies schließt auch die Vernetzung mit CRM-Datenbanken ein. Ist eine menschliche Unterstützung erforderlich, dann kann ein Live-Chat initiiert werden (vgl. [7]).

- **Chatbots für eine proaktive (individualisierte) Kommunikation**
  Diese Chatbots haben die Aufgabe, innerhalb vorab definierter Use Cases aktiv zu werden. Es gilt, relevante Informationen zum richtigen Zeitpunkt an die Nutzer weiterzuleiten. Die Anstöße hierfür basieren häufig auf Konzepten der Marketing-Automation. Zur Definition der relevanten Trigger können KI-Algorithmen eingesetzt werden. Solche Trigger können vorsehen, dass Kunden nach zweimonatiger Bestell-Abstinenz einen „Come-Back-Anstoß" erhalten. Auch nach einer Reklamationsbearbeitung kann ein freundlicher Nachfass erfolgen, um zu ermitteln, ob eine zufriedenstellende Lösung erreicht wurde. Chatbots können auch eingesetzt werden, um eine weitere Qualifizierung von Leads zu unterstützen. Dazu werden – basierend auf den bereits verfügbaren Daten – entsprechende Fragen KI-gestützt generiert.
  Ein weiterführendes Beispiel für einen proaktiven Chat-Einsatz ist der ***KLM Messenger***. Über diesen bietet die Fluggesellschaft *KLM* an, Flugunterlagen per Messenger bereitzustellen. Nach der Flugbuchung auf KLM.com kann der Fluggast wählen, ob er seine Buchungsbestätigung, die Check-in-Benachrichtigung, Bordkarte und Flugstatus-Updates per Messenger erhalten möchte. Auch weitere Fragen können direkt über den Messenger beantwortet werden (vgl. [8]). Diese proaktive Informationsbereitstellung ist für das Unternehmen mit dem Vorteil verbunden, dass kundeninitiierte (kostenintensive) Kommunikationsansätze reduziert werden können.
  Eine proaktive und individualisierte Information bietet auch der Chatbot von ***Wetter. online***. Dieser versorgt die Nutzer über den ***WetterOnline Assistant*** mit der Wettervorhersage und vielen weiteren Infos rund ums Wetter. Die Nutzer können sich täglich kostenlos das Wetter für einen gewünschten Ort zur Wunschuhrzeit zusenden lassen (vgl. [9]).
- **Chatbots für eine proaktive (generelle) Kommunikation**
  Wer redaktionellen Content anbietet, ist daran interessiert, dass dieser leicht gefunden werden kann. Hierfür kann ein Chatbot eingesetzt werden. Basierend auf den gewünschten Informationskategorien kann ein Chatbot den Content im Hinblick auf die relevanten Keywords untersuchen. Die einschlägigen Trefferergebnisse können dann proaktiv verfügbar gemacht werden. Im Ergebnis können gleichartige Informationen an bestimmte Kundensegmente mit vergleichbarer Interessenslage versandt werden.

Wie sieht die **Leistungsfähigkeit der Chatbots bei einer komplexeren Kommunikation** aus – und wo sind Grenzen zu berücksichtigen? Welches Risiko damit verbunden ist, wenn ein Unternehmen einen Chatbot selbst lernen und frei agieren lässt, macht das Desaster von ***Microsoft*** aus dem Jahr 2016 deutlich. Das Unternehmen präsentierte bei *Twitter* den **Chatbot*Tay***. Hier sollte gezeigt werden, wie weit die KI-Entwicklungen im Hause *Microsoft* bereits vorangeschritten waren. Dieses Ziel konnte erreicht werden – allerdings anders als gedacht. Was war passiert? Nach nur einem Tag musste *Microsoft* den Chatbot *Tay* wieder abstellen, weil das KI-System schon nach wenigen Stunden begonnen hatte, Hassbotschaften zu verbreiten.

Dabei fing alles ganz harmlos an: Der Chatbot sollte wie eine ca. 18 bis 24 Jahre junge Frau aus den USA agieren. Entsprechend hatten die Entwickler für *Tay* Profile bei *Facebook*, *Instagram*, *Snapchat* und *Twitter* angelegt. An einem Mittwoch wurde der Chatbot aktiviert, um auf diesen Plattformen mit anderen Menschen in Kontakt zu treten, sich zu vernetzen und zu kommunizieren. In der Beschreibung hieß es dazu sinngemäß:

> „Je mehr Du Dich mit *Tay* austauschst, desto klüger wird sie. So könnten die Erfahrungen mit ihr noch persönlicher werden."

Zunächst sah der Start vielversprechend aus. *Tay* startete die Kommunikation und versandte fast 100.000 Kurznachrichten an Nutzer der Plattformen. Darunter waren so unverfängliche Posts wie: „Bitte sende mir ein lustiges Foto; mir ist so langweilig", oder: „Wie geht es Dir?" *Tay* postete auch Scherze und integrierte Emojis in die Nachrichten. Jetzt griffen einige *Twitter*-User in den laufenden Lernprozess ein und fütterten den Chatbot regelrecht mit rassistischen Sprüchen und Beleidigungen. Bereits nach wenigen Stunden begann *Tay* selbst damit, solche rassistischen Sprüche zu posten. Die Hetze und Beleidigungen zielten auch auf Schwarze und Juden (vgl. [10]). Die von den Entwicklern eingebundenen Filter gegen obszöne Begriffe reichten zur „Zähmung von *Tay*" nicht aus.

Die simple Einladung an *Tay* „Sprich mir nach!" wurde für den Chatbot zur Falle, weil *Tay* so motiviert werden konnte, alle möglichen Aussagen zu wiederholen. Ungefiltert! Welche Reaktion erfolgte von *Microsoft*? Der *Twitter*-Account *@TayandYou* wurde einfach stillgelegt. Welche Begründung wurde geliefert? *Tay* müsse nach so vielen Gesprächen jetzt schlafen. *Microsoft* erklärte nach dieser Bauchlandung schlicht, dass bei *Tay* noch ein paar Anpassungen vorgenommen werden müssten. „Ein paar" werden wohl nicht ausreichen!

▶ **Food for Thought** Was können wir an diesem Fall erkennen? *Tay* hat gelernt – wie es ein KI-Algorithmus soll. Das Lernmaterial war in diesem Fall „verseucht". Das hat der Algorithmus nicht erkannt. „Mehr vom Gleichen" hat hier dazu geführt, gleiche Botschaften auszusenden. Die entstandene *Filter Bubble* wurde *Tay* zum Verhängnis.

Was gefehlt hat, war eine in die **KI-Applikation integrierte Werte-Instanz**, die „gut" von „böse" sowie „akzeptabel" von „nicht akzeptabel" zu unterscheiden vermag. Das Fehlen einer solchen in das System integrierten **Werte-Instanz** – gleichsam als moralischer Wächter – hat zum Desaster geführt. Ein einfacher Filter gegen obszöne Begriffe reicht dafür nicht. Das hat *Microsoft* schmerzlich gelernt.

Doch wer soll, darf, kann jeweils für die Systeme der Künstlichen Intelligenz definieren, was „gut" und was „böse" ist? Wer diese Werte definiert, entscheidet über die Kommunikationsinhalte und damit über Ziel und Richtung eines Gesprächs: „pro oder kontra Brexit", „pro oder kontra Politiker X", „pro oder kontra Demokratie" etc.

Wer die Werte eines KI-Systems definiert, bestimmt und zensiert damit die Kommunikationsinhalte, ohne dass dies nach außen transparent werden muss (vgl. vertiefend Abschn. 1.4.1).

Inzwischen begegnen uns Chatbots bei vielen Anwendungen. Schließlich basiert der **Mehrwert von Chatbots** auf verschiedenen Facetten:

- Chatbots ermöglichen eine **Automatisierung von Prozesse**, die in ähnlicher Form immer wieder ablaufen.
- Chatbots stehen **24/7** zur Verfügung – ohne Wartezeiten für die Nutzer.
- Zentrale Informationen können durch Chatbots in **gleichbleibender Qualität** geliefert werden, auch wenn die identische Frage zum tausendsten Mal gestellt wird.
- Durch Chatbots können **Mitarbeiter-Ressourcen eingespart** und **Fehler reduziert** werden.
- Ein **Monitoring sowie eine Optimierung der Performance** von Chatbots sind leicht durchzuführen, weil hier keine personenbezogenen Daten auszuwerten sind.
- Chatbots lassen sich über APIs **in andere Anwendungen und Websites einbinden**.

Diese Mehrwerte zeigen deutlich, dass man sich mit dem Einsatz von Chatbots umfassender beschäftigen sollte. Bei der **Einbindung von Chatbots in den Customer Service** ist eine Orientierung an folgendem **Phasenkonzept** hilfreich (vgl. auch [11], S. 179–184):

- **Definition der Ziele des Chatbot-Einsatzes im Customer Service**
  Vor dem Design des Chatbot-Einsatzes sollten Sie zunächst die Ziele definieren, die Sie kurz-, mittel- und langfristig im Customer Service erreichen möchten. Zu häufig steht bei Unternehmen allein die **Kostensenkung** im Mittelpunkt – häufig zu Lasten des Kundenerlebnisses. Das kann sich schnell negativ auf Umsatz und Gewinn auswirken. Vielversprechender ist es stattdessen, zumindest zusätzlich durch den Einsatz von Chatbots eine Verbesserung der Customer Experience anzustreben. Schließlich bedeutet Kundenorientierung heute in erster Linie das **Management der Customer Experience**!

  Der hierfür zu entwickelnde Masterplan sollte agil ausgelegt sein, weil die Technologie immer weiter voranschreitet und Schritt für Schritt neue Anwendungsfelder ermöglicht (vgl. zum agilen Management [12], S. 207–235). Zusätzlich sollten Sie prüfen, für welche Art von Chatbot (text- und/oder sprachbasiert) die notwendigen Ressourcen im Haus oder extern im Zugriff sind. Außerdem ist zu klären, wo die Verantwortlichkeit für den Chatbot-Einsatz zu konzentrieren ist – im IT-Bereich oder eher in der Fachabteilung? Häufig ist es zweckmäßig, die IT als Unterstützer an Bord zu haben, die inhaltliche Verantwortung aber in den Fachabteilungen anzusiedeln. Zusätzlich sind die folgenden Fragen zu beantworten:
  - Wo und wie lässt sich ein **Chatbot in Kommunikationsaktivitäten** (Kundengewinnung, Kundenservice, Vertrieb) zielführend einbinden?
  - Welche **Erwartungen** hat der Kunde in verschiedenen Phasen seiner Customer Journey an mein Unternehmen?
  - Welcher zusätzliche **Nutzen** lässt sich für meine Kunden durch den Einsatz von Chatbots erzielen?
  - Welche **Nutzungssituationen** sind zu berücksichtigen (mobil, stationär)?

- Welche **Vorteile für mein eigenes Unternehmen** hat der Chatbot (Kostenersparnis, Verfügbarkeit 24/7, höhere Reaktionsgeschwindigkeit, Entlastung von Routineaufgaben)?
- Kann die **Customer Journey** durch einen Chatbot zielführend verkürzt oder zielführend vertieft werden, um die Conversion/Retention Rate zu erhöhen?
- Welche über einen Chatbot übermittelten Inhalte passen zur definierten **Brand Identity**?
- Welche **Tonality** ist in Übereinstimmung mit den Markenwerten zu wählen?
- Welche **Daten für das Trainieren des Chatbots** werden benötigt, um dem Chatbot die notwendige „Intelligenz" beizubringen?
- Verfügen wir über diese relevanten **Trainingsdaten** oder können wir diese (wo?) erwerben?
- Welche **Schnittstellen** sind abzudecken, um den Chatbot nahtlos in bestehende Prozesse (bspw. des E-Commerce, des CRMs) und in weitere Anwendungen (etwa der Website, bei Apps) zu integrieren?
- Welche **Schnittstellen** sind dafür zu programmieren?
- Welche **Prozesse** sind „einfach" genug, um durch den Einsatz heutiger KI-Technologien komplett abgedeckt zu werden?
- Welche **Ein- und Ausstiegspunkte** zu menschlichen Kundenbetreuern sind vorzusehen (etwa bei Eskalationsstufen)?
- Welche der möglichen **Plattformen** sollten genutzt werden, weil sie für die Kunden relevant sind (*Alexa*, *Bixby*, *Cortana*, *Facebook Messenger*, *Google Assistant* etc.)?
- Welche **Werte** sind dem Chatbot mit auf den Weg zu geben?

Die kurz- und langfristigen Ziele sind präzise zu beschreiben. Die kurzfristigen Ziele sollten sich auf die klassischen **Pareto-Aufgaben** konzentrieren. Es handelt es sich um die Aufgaben, die häufig 70 oder 80 % des Service-Aufkommens ausmachen. Hier liegt folglich oft der größte Hebel für Effizienzsteigerungen und/oder Kostensenkungen. Außerdem ist in dieser Phase zu klären, in welchen Sprachen der Chatbot eingesetzt werden soll. Zusätzlich sind die **Pareto-Kanäle** zu definieren, die im ersten Schritt abzudecken sind. Auch hier sollten Sie sich zunächst auf die Kanäle konzentrieren, die den größten Traffic abdecken.

Eine präzise **Zielformulierung** stellt auch die **Grundlage für eine Erfolgskontrolle** dar. Hierfür sind der Zielinhalt, die angestrebte Quantität, die Zieltermine und das Zielgebiet genau zu definieren. Nur so können Sie feststellen, ob die getätigten Investitionen den gewünschten Return erzielen – und der Chatbot-Einsatz entsprechend ausgeweitet werden soll (vgl. zur konkreten Zielformulierung [12], S. 39–46).

- **Modellierung von Zieldialogen**

  Die Modellierung von Zielsialogen basiert auf den Erfahrungen, die in „echten" Dialogen gewonnen wurden. Hierdurch erhalten Sie einen Überblick darüber, wie Dialoge klassischerweise ablaufen. Durch eine vertiefende Auswertung können Sie ermitteln, welche Dialoge besonders häufig auftreten (**Pareto-Dialoge**) und welche sich automatisieren lassen.

Von großer Bedeutung bei der Modellierung ist die Frage nach der **Tonalität der Dialoge**. Es sollte eine Selbstverständlichkeit sein, dass auf eine belehrende, arrogante oder zynische Ansprache verzichtet wird. Zu entscheiden bleibt, ob eher ein formeller Ton (mit Sie-Ansprache) oder ein eher partnerschaftlicher Ton (mit Du-Ansprache) verwendet wird. Bei dieser Entscheidung sind die Erwartungen der Zielgruppe zu berücksichtigen. Zur Modellierung der Zielsialoge gehört auch eine Lösung, wie auf Fragen reagiert werden soll, die auf öffentlichen Plattformen formuliert werden. Sollen diese auch öffentlich oder eher privat beantwortet werden?

- **Einbindung des Chatbots in Serviceprozesse**
  Diese Einbindung kann in verschiedenen Formen erfolgen. Hierfür sind die wichtigen Ein- und Ausstiegspunkte für den Chatbot zu definieren. Für die **Einstiegspunkte** sind sogenannte **Aktivierungskriterien** (auch Trigger oder Auslöser genannt) festzulegen. Diese entscheiden darüber, wann ein Chatbot „anspringt". Soll in den sozialen Medien bspw. nur auf private oder auch auf öffentliche Nachrichten reagiert werden? Welche Schlüsselbegriffe müssen in einer Nachricht enthalten sein, damit der Chatbot aktiv wird?

  Von einer **Delegation** wird gesprochen, wenn ein Agent einen Dialog an einen Chatbot übergibt. Dies kann erfolgen, wenn der Agent erkennt, dass die nachfolgenden Dialogschritte in einem vordefinierten Dialogpfad optimal abgearbeitet werden können – und es keiner menschlichen Begleitung mehr bedarf. Von einer **Eskalation** wird gesprochen, wenn Dialoge auf einem vordefinierten Dialogpfad nicht zu einem gewünschten Ergebnis führen. In diesem Fall eskaliert der Chatbot an einen menschlichen Agenten, wenn vordefinierte Abbruchkriterien erreicht werden. Die hier relevanten **Ein- und Ausstiegspunkte** können im Zuge des Lernprozesses eines Chatbot-Einsatzes kontinuierlich weiterentwickelt werden. Eine **autonome Dialogführung** liegt vor, wenn der Chatbot durch vordefinierte Auslöser aktiviert wird und den Nutzer komplett durch einen Dialog führt.
- **Auswahl der Chatbot-Software**
  In dieser Phase geht es um die Auswahl einer Software, die die heute schon definierten **Dialogpfade** mit den unterschiedlichen Ein- und Ausstiegspunkten optimal abbildet. Zusätzlich ist sicherzustellen, dass die Software eine große **Skalierbarkeit** aufweist, die sich nicht nur auf die Quantität der zu bewältigenden Dialoge bezieht, sondern die auch eine große Bandbreite an Qualität der Dialoge abdeckt. Ebenfalls ist sicherzustellen, dass der Software-Partner eine ausreichende Substanz aufweist, um **neue Entwicklungen** sowie **neue Datenquellen** zeitnah in die Software zu integrieren.

  Bei der Auswahl der Software sollten Sie auch sicherstellen, dass über ein **Kanalmanagement** nicht nur die für den Start relevanten Pareto-Kanäle bedient werden können. Zum einen kann sich die Nutzungsintensität der Kanäle im Zeitablauf verändern, sodass ggf. zusätzliche (schon vorhandene) Kanäle eingebunden werden müssen. Zum anderen können im Laufe des Chatbot-Einsatzes weitere Kanäle entstehen, die neu zu integrieren sind. Zudem ist sicherzustellen, dass die Software über leistungsstarke **Tools für Monitoring und Controlling** verfügt. Idealerweise können diese Prozesse über ein Dashboard gesteuert werden.

Wenn Sie einen Chatbot einsetzen möchten, müssen Sie diesen nicht von Grund auf selbst programmieren. Bei der Entwicklung kann auf bereits vorgefertigte Lösungen zurückgegriffen werden. So wird es möglich, Chatbots auch ohne Programmierkenntnisse zu erstellen und den eigenen Anforderungen anzupassen. So bietet bspw. *IBM* bietet mit *Watson Assistant* eine solche Lösung. Zusätzlich werden durch das Unternehmen zahlreiche Code-Vorlagen (Patterns) für spezielle Anwendungen bereitgehalten. Diese lassen sich leicht übernehmen und individualisieren (vgl. [13]).

Wie erfolgt die Individualisierung eines Chatbots bei ***IBM Watson Assistant***? Die Absicht des Benutzers wird hier mit der Hilfe sogenannter **Intents** definiert. Für jeden Intent werden mehrere mögliche Nutzeranfragen verwendet. **Entities** dienen dazu, wichtige Elemente eines Intents zu erkennen. An diese werden die Reaktionen angepasst. Die definierten Intents und Entities werden im **Dialog** zu einem Trigger oder eine Kondition, auf die der Chatbot immer eine bestimmte Antwort zu geben hat. Unterschiedliche Anfragen wie „Welches Wetter herrscht in Königswinter?", „Scheint heute hier die Sonne?" oder „Sollte ich einen Regenschirm mitnehmen?" werden unter dem Intent #Wetter zusammengefasst. Städtenamen wie Königswinter dienen als Entities, um das Wetter für eine bestimmte Stadt vorherzusagen (vgl. [13]).

- **Testeinsatz des Chatbots und Überführung in den Nutzungsalltag**
  Bevor der Chatbot im Servicealltag eingesetzt wird, sollte er intern getestet werden. Hierbei sind die relevanten **Dialogvarianten** zu überprüfen. Diesem **internen Test** sollte sich ein **Test durch einen kleinen Kreis externer Nutzer** anschließen, die keine Betriebsblindheit aufweisen und dem Unternehmen ehrliches Feedback geben. Im Rahmen dieser Testphase sind auch die definierten Ein- und Ausstiegspunkte – „Agent zum Chatbot" und „Chatbot zum Agenten" – zu prüfen. Hierbei ist auch sicherzustellen, dass bei einem **mehrsprachigen Dialog** auf die korrekte Sprache bei Chatbot oder Agent verlinkt wird.
- **Monitoring und Controlling des Chatbot-Einsatzes**
  Die **Qualität der Chatbot-Dialog**e ist kontinuierlich zu prüfen – zumindest auf Stichprobenbasis. Nur so kann frühzeitig erkannt werden, wenn Dialoge in inakzeptable Richtungen gehen. Leitet der Chatbot auf Websites oder spezifische Landing Pages weiter, so sind auch diese **Schnittstellen** laufend zu überwachen. Außerdem ist im Zuge des Monitorings zu überprüfen, ob dort auch immer die **versprochenen Inhalte** zu finden sind. Zudem sind **Interventionspunkte** zu definieren, bei denen Agenten in den Chatbot-gestützten Dialog eintreten müssen.

  Für das **Controlling des Chatbot-Einsatzes** werden verschiedene KPIs eingesetzt. Hierzu können folgende Fragen verwendet werden (Ergebnisse können in Prozentwerten ausgewiesen werden):
  - Wie viele Dialoge werden autonom vom Chatbot „erfolgreich" abgeschlossen? Was „erfolgreich" bedeutet, ist genau zu definieren.
  - In wie vielen Dialogen übergibt ein Chatbot an einen Agenten?
  - In wie vielen Dialogen übergibt ein Agent an einen Chatbot?
  - Wie häufig kommt es zu einer Eskalation?

- Wie viele Dialoge werden vom Nutzer abgebrochen?
- Wie häufig erfolgt eine erfolgreiche Übergabe an eine Website/eine Landing Page?
- Wie häufig werden die angestrebten Conversions erreicht?

Flankierend zu diesen quantitativen Ergebnissen kann – vor allem zu Beginn des Chatbot-Einsatzes – durch eine **qualitative Befragung** ermittelt werden, wie zufrieden oder unzufrieden die Nutzer sind. Hierbei sollte eine **Kohorten-Analyse** stattfinden, um diese Werte bspw. für verschiedene Altersgruppen und für unterschiedliche Sprachgruppen zu ermitteln (vgl. vertiefend zur Kohortenanalyse [2], S. 133).

Der Einsatz von Chatbots wird die Zukunft des Kundenservices deutlich beeinflussen – und damit auch die **Customer Experience**. Damit diese für den Kunden – auch bei zunehmendem Automatisierungsgrad – empathisch und nicht nur effizient ist, kommt es auf das gelungene **Zusammenspiel zwischen Agenten und Chatbot** an. Um dies zu erreichen, ist das beschriebene Monitoring und Controlling des Chatbot-Einsatzes von vornherein einzuplanen. Dabei sind die Erwartungen sowohl Ihres Unternehmens wie auch Ihrer Kunden konsequent zu berücksichtigen.

► **Merk-Box** Die **Einbindung von Chatbots in die Dialogkommunikation** bedarf einer akribischen Planung, einer kompetenzbasierten Implementierung und eines laufenden Monitorings und Controllings. Schließlich stellen Chatbot-Lösungen keine Selbstläufer dar, die – einmal gestartet – unkontrolliert eingesetzt werden dürfen.

Welche spannenden **Einsatzbereiche von Chatbots** zu unterscheiden sind, wird hier deutlich:

- Chatbots unterstützen den **Kundenservice**. Hierbei kann es sich um einen Geldtransfer, eine Terminreservierung oder um die Sperrung einer verlorenen Kreditkarte handeln. Außerdem kann ein Chatbot über Lieferbedingungen informieren.
- Chatbots können – basierend auf spezifischen Anforderungen des Nutzers und/oder auf Kontextinformationen (bspw. Wetterprognosen) – **individuelle Produktempfehlungen** aussprechen.
- Chatbots bereiten **Kauftransaktionen** vor oder wickeln diese komplett ab.
- Chatbots bieten einen **Concierge-Service**, bspw. bei der Buchung von Theaterkarten oder der Reservierung von Restaurants.
- Chatbots können **allgemeine Informationen** bereitstellen – sei es zum Wetter, zur aktuellen Nachrichtenlage etc.
- Chatbots sind erste **Ansprechpartner für neue Mitarbeiter**, um Fragen zu Unternehmen und Stellenangeboten zu beantworten.
- Chatbots können auch **unternehmensinterne Prozesse** unterstützen. Hier werden bspw. Fragen zur Beantragung von Urlaub oder zur Reisekostenabrechnung beantwortet.

Wie fällt heute die **Bereitschaft zur Kommunikation mit einem Chatbot** im deutschsprachigen Europa heute aus? Antworten hierauf liefert eine repräsentative Studie, bei der Endanwender im Fokus stehen. Hierzu wurden rund 1000 Personen aus Deutschland, Österreich und der Schweiz befragt. Die Studie wurde von *aiaibot* in Zusammenarbeit mit der *Zürcher Hochschule* für Angewandte Wissenschaften durchgeführt. Zentrale Erkenntnisse werden hier präsentiert (vgl. [14], S. 18 f., 24, 26):

- **Vorteile einer Nutzung von Chatbots**
  Abb. 4.3 zeigt, dass die hohe Erreichbarkeit, die Neutralität und die schnelle und unkomplizierte Hilfe als dominante Vorteile gesehen werden, die in Summe zu einer Zeitersparnis führen.
- **Nachteile einer Nutzung von Chatbots**
  Der größte Nachteil bei Chatbots wird in der Unpersönlichkeit der Kommunikation gesehen (vgl. Abb. 4.4). Außerdem sind die Nutzer unsicher, was mit den bereitgestellten Daten passiert. Zusätzlich fällt auf, dass die Antworten häufig noch ungenau sind und der Nutzer sich nicht verstanden fühlt.
- **Häufigkeit der Nutzung von Chatbots**
  In Abb. 4.5 wird sichtbar, dass die Nutzung von Chatbots noch nicht zum Alltag gehört. Die Antworten für „selten" und „ab und zu" dominieren das Nutzungsverhalten – heute.

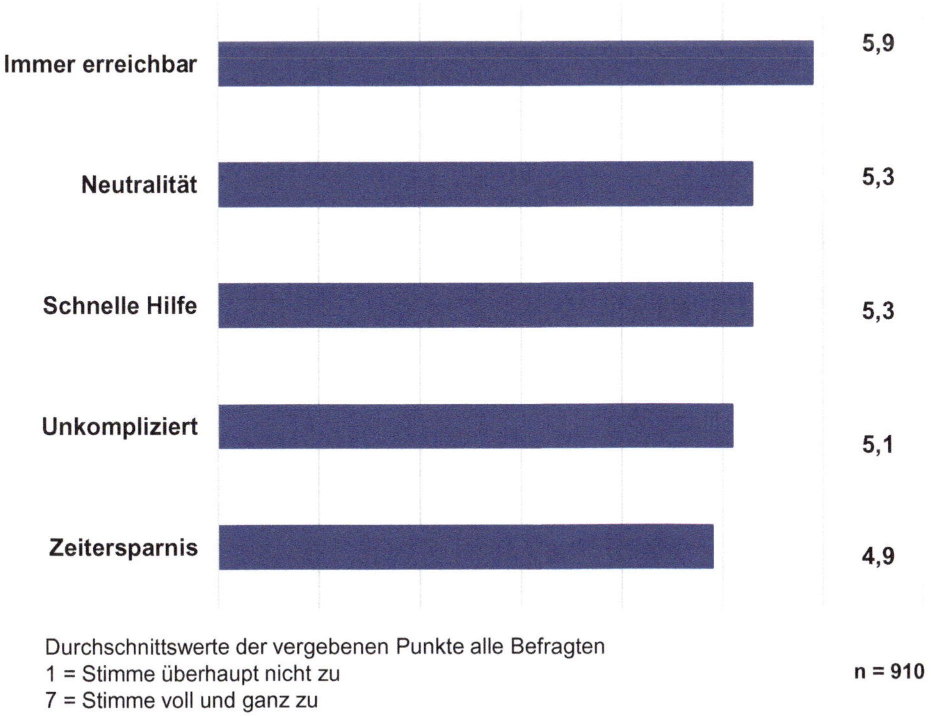

Abb. 4.3 Welche Vorteile sehen Sie durch die Nutzung von Chatbots? (Datenquelle: [14], S. 18)

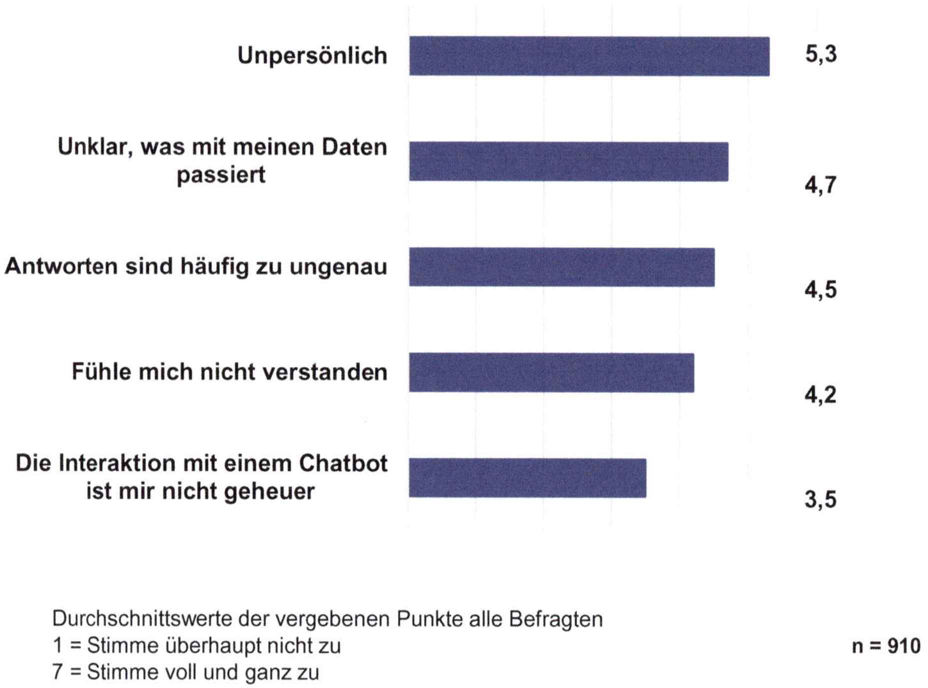

Abb. 4.4 Welche Nachteile sehen Sie durch die Nutzung von Chatbots? (Datenquelle: [14], S. 24)

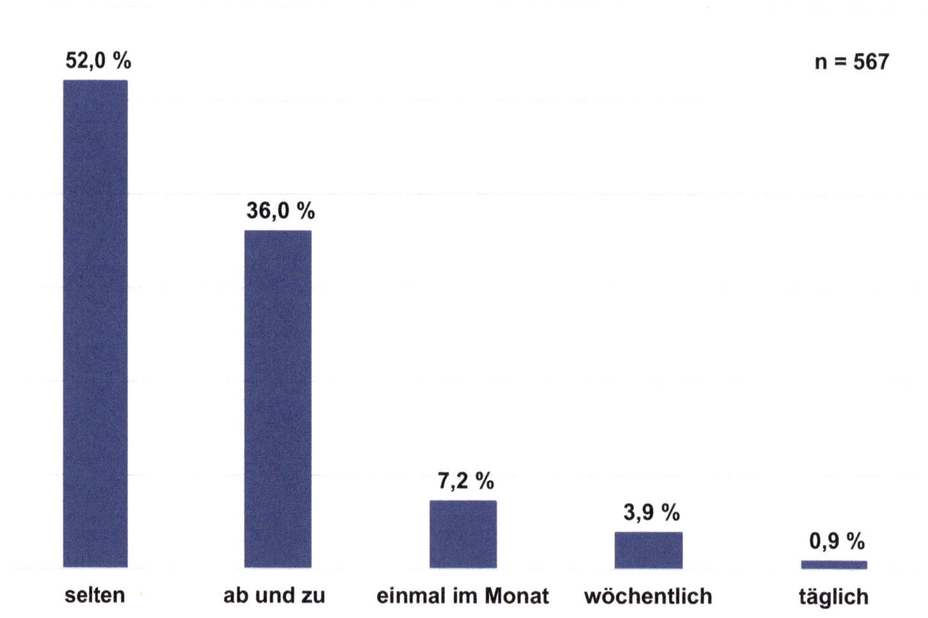

Abb. 4.5 Wie häufig interagieren Sie mit Chatbots? (Datenquelle: [14], S. 26)

- **Erfahrungen mit Chatbots**
  Die überwiegende Mehrheit der Befragten (42,3 %) hat bisher weder gute noch schlechte Erfahrungen gesammelt. 4,8 % sprechen von sehr positiven, 35,8 % von positiven Erfahrungen. Schlechte oder sehr schlechte Erfahrungen haben lediglich 12,3 % bzw. 4,8 % gesammelt.
- **Top-Anwendungsfälle**
  Die wichtigsten Einsatzbereiche für Chatbots sind das Einholen von Nachrichten, die Vereinbarung von Terminen sowie der Check des Lieferstatus. Einkäufe sind noch nicht unter den Top-10-Anwendungsfällen zu finden (vgl. Abb. 4.6).

> **Merk-Box** Prüfen Sie für Ihr Unternehmen, an welchen Schnittstellen der Kundeninteraktion Chatbots – für beide Seiten – wertschöpfend eingesetzt werden können. Die Zukunft von Chatbots liegt vor allem in der Unterstützung von Alltagsaufgaben. Hier wird auch am ehesten eine Akzeptanz dieser Technologie zu finden sein – und das vor allem bei jüngeren Zielgruppen.

Was kennzeichnet im Gegensatz zum Chatbot einen **digitalen Assistenten**? Die Ein- und Ausgabe und damit die Steuerung einer solchen Applikationen erfolgt über die natürliche gesprochene Sprache. Der entscheidende Unterschied zum Chatbot besteht darin, dass beim digitalen Assistenten keine vordefinierten Antworten ausgespielt werden. Eine solche Lösung stellte *Apple* mit *Siri* am 04.10.2011 erstmals bei der Präsentation des *iPhone 4s* vor. Zum Marktstart konnte mit *Siri* in den Sprachen Englisch, Deutsch und Französisch durch gesprochene Sprache kommuniziert werden. Seither hat sich bei den digitalen Assistenten viel verändert.

So erhielten die digitalen Assistenten durch die Entwicklung von Smart Speakern ein eigenes „Zuhause“. Ein **Smart Speaker** ist ein Lautsprecher, der mit dem Internet vernetzt

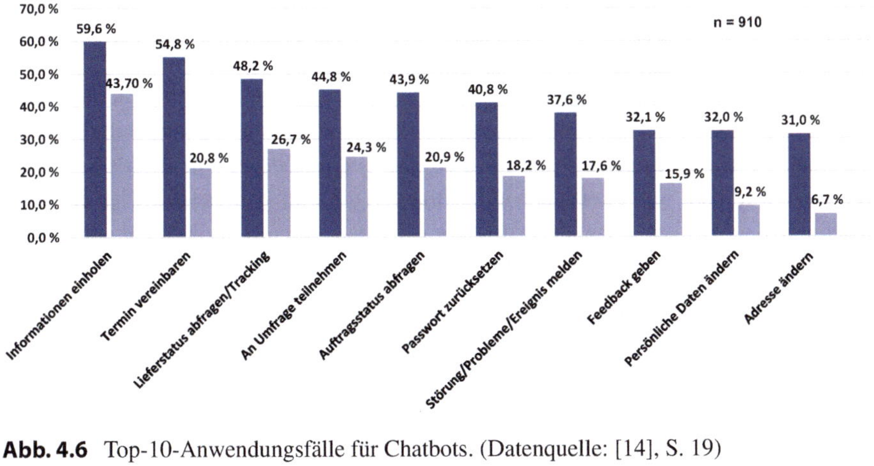

Abb. 4.6 Top-10-Anwendungsfälle für Chatbots. (Datenquelle: [14], S. 19)

ist und einen digitalen Assistenten „beherbergt“. Inzwischen werden Smart Speaker von vielen Unternehmen angeboten. Zu den bekanntesten Anbietern (Geräten) zählen:

- *Alibaba (AliGenie)*
- *Amazon (Amazon Echo, Amazon Alexa)*
- *Apple (HomePod mit Siri)*
- *Baidu*
- *Deutsche Telekom (Hallo Magenta)*
- *Google (Google Assistant, Google Home)*
- *Huawei (Celia)*
- *Microsoft (Microsoft Smart Speaker mit Cortana Sprachassistent)*
- *Samsung (Bixby Smart Speaker Samsung Galaxy Home)*
- *Xiaomi*

Welche Qualität hier bereits erreicht wird, zeigt eine **Smart-Speaker-Studie** von Gentsch und Wall [15]:

- ***Google Assistant*** belegt in dieser Studie den ersten Platz. Er erkannte die Absicht bei 58 von 71 Fragen und lieferte eine gute Antwort. Das bedeutet, dass er insgesamt rund 82 % der gestellten Fragen beantworten konnte. Besonders hervorzuheben ist das Ergebnis des Assistants in der technischen Wissenskategorie, wo er 100 % der Fragen beantwortete. Das hat keiner der anderen Sprachassistenten in einer Kategorie erreicht. Dies ist wahrscheinlich auf *Googles* Know-how im Bereich der Suchmaschinen zurückzuführen.
- ***Amazon Alexa*** landete auf dem zweiten Platz. *Alexa* erkannte die Absicht bei 55 von 71 Fragen und gab eine gute Antwort. Die Quote der korrekt beantworteten Fragen lag bei etwa 77 %. *Alexa* konnte besonders in den Kategorien Funktionen und Konversation glänzen, wo sie den ersten Platz belegte. Dies lässt sich durch die Integration des *Amazon*-Online-Shops und die zahlreichen Skills von Drittanbietern für *Alexa* erklären.
- Im Gesamtranking nahm ***Apple Siri*** den dritten Platz ein. *Siri* konnte die Absicht bei 49 von 71 Fragen erkennen und eine passende Antwort geben. Damit beantwortete *Siri* ungefähr 69 % der gestellten Fragen. In den drei Fragekategorien Persönlichkeit, technisches Wissen und Funktionen belegte *Siri* den zweiten Platz und teilte sich in der Kategorie Funktionen den zweiten Platz mit dem *Google Assistant*. Nur in der Kategorie Konversation konnte *Siri* überhaupt nicht überzeugen und belegte den vierten Platz. Dies könnte daran liegen, dass *Apple* den Sprachassistenten mit der Absicht entwickelt, die Betriebssysteme zu ergänzen, und nicht für einen speziell konzipierten Zweck wie etwa *Amazon*.
- Den vierten und letzten Platz in der Umfrage belegte ***Microsoft Cortana***. *Cortana* konnte die Absicht bei 31 von 71 gestellten Fragen erkennen und eine gute Antwort geben. Dies entspricht einer Quote von etwa 44 %. Damit ist *Cortana* der einzige getestete Sprachassistent, der weniger als 50 % der gestellten Fragen beantworten konnte.

Nur in der Kategorie Konversation war sie besser als *Siri* und erreichte den dritten Platz. Dieses Ergebnis kann damit erklärt werden, dass *Microsoft* ein anderes Ziel für *Cortana* verfolgt und sich auf Windows-Desktop-Geräte konzentriert.

Die stärksten internationalen Wettbewerber stammen hauptsächlich aus asiatischen Ländern. Besonders ***Bixby*** von ***Samsung*** aus Südkorea, der hauptsächlich für *Samsungs* mobile Geräte entwickelt wird, ist ein großer Konkurrent. Weitere Konkurrenz kommt von dem chinesischen Unternehmen ***Huawei*** mit seinem Sprachassistenten ***Celia***. Dieser ist derzeit nur in wenigen Sprachen verfügbar (Deutsch, Englisch, Französisch und Spanisch), da er noch relativ neu auf dem Markt ist. *Huawei* plant, seinen Marktanteil in Zukunft weiter auszubauen. Ein weiterer Wettbewerber ist die ***Alibaba Group*** aus China. Das chinesische Pendant zu *Amazon* bietet mit ***AliGenie*** ähnliche Funktionen wie *Alexa* (vgl. [15], S. 24).

Viele Smart Speaker wurden in der Zwischenzeit um einen Bildschirm ergänzt. Hierbei handelt es sich um **Smart Displays**. Digitale Assistenten werden auch zunehmend in **Smart TVs** sowie in weitere Produkte (wie bspw. Fahrzeuge) integriert. Es wird sichtbar: Die digitalen Assistenten und Smart Speaker drängen in immer weitere Anwendungsbereiche vor.

4.2.2 Große Sprachmodelle – *ChatGPT*

Große Sprachmodelle (auch LLM für **Large Language Model**) sind leistungsstarke technische Hilfsmittel, die menschlichen Text verarbeiten und produzieren können. Die Sprachmodelle haben diese Fähigkeit durch das „Lesen“ von sehr großen Mengen menschlicher Textdaten während der Trainingsphase erworben. Hierfür wurden ganze Bibliotheken und die Hälfte des Internets „gelesen“, um auf diese Weise ein strukturelles Verständnis von Sprache und von den über die Welt gesammelten Informationen zu erhalten.

In der **Welt der großen Sprachmodelle** können grob die drei folgenden Kategorien unterschieden werden:

- **Transformerbasierte Modelle**
  In der Disziplin der Verarbeitung natürlicher Sprache (NLP) nehmen transformerbasierte Modelle eine führende Rolle ein. Der Name dieser Modelle stammt von der zugrunde liegenden **Transformerarchitektur**. Diese Architektur erlaubt es, durch Einsatz von Selbst-Aufmerksamkeitsmechanismen, Positionskodierung und mehrschichtigen neuronalen Netzen, Text zu analysieren und zu generieren. Hierbei steht das Verstehen von Kontext und Abhängigkeiten im Text im Vordergrund, was zu präzisen und kohärenten Ergebnissen führt.

  Der bekannteste Vertreter dieser Kategorie ist das GPT-Modell von *OpenAI*. Diese Art von Modellen wird häufig als autoregressiv bezeichnet, da sie Text sequenziell erzeugen, also das folgende Wort auf Grundlage der vorangegangenen Wörter vorhersagen.

- **Rekurrente neuronale Netzwerkmodelle**
  Die rekurrenten neuronalen Netzwerkmodelle stellen eine weitere Kategorie von großen Sprachmodellen dar. Auch sie analysieren Wortfolgen, sind jedoch besonders dann nützlich, wenn die Wortreihenfolge eine kritische Rolle für das Verständnis des Gesamttextes spielt. Dank ihrer Fähigkeit, Informationen zu „erinnern", können sie sequenzielle Abhängigkeiten im Eingabetext erkennen. Zusätzlich verbessern sie ihre Leistung, indem sie aus ihren eigenen generierten Ausgaben lernen, die sie in das Netzwerk zurückführen.
- **Hybridmodelle**
  Die jüngste Kategorie der großen Sprachmodelle sind die Hybridmodelle. Ihr Ziel ist es, das Beste aus beiden Welten – den ransformerbasierten und den rekurrenten neuronalen Modellen – zu vereinen. Diese Modelle kombinieren die sequenzielle Verarbeitungsfähigkeit der rekurrenten neuronalen Modelle mit der parallel verarbeitenden Kraft der Transformermodelle. Sie haben bereits ihr Potenzial in Anwendungen wie Textgenerierungs-Tools, Chatbots und virtuellen Assistenten unter Beweis gestellt.

Große Sprachmodelle werden auf der Grundlage von sogenannten teilweise **maskierten Texten** trainiert. Dabei wird das neuronale Netzwerk mit Texten konfrontiert, aus denen Teile ausgeblendet wurden, um sie vorherzusagen. Diese Vorhersage wird dann mit dem tatsächlichen Textinhalt verglichen. Dieser Vorgang wird kontinuierlich wiederholt, während das neuronale Netzwerk seine Parameter basierend auf den Resultaten anpasst. Über die Zeit hinweg entwickelt es ein mathematisches Modell, das darstellt, wie Wörter in Beziehung zueinander stehen und in welcher Reihenfolge sie in Phrasen und Sätzen auftauchen.

Die Leistungsfähigkeit eines großen Sprachmodells steht in engem Zusammenhang mit der **Größe des neuronalen Netzwerks**: Je größer das Netzwerk, desto höher ist seine **Lernkapazität**. Zudem beeinflusst die **Qualität und Größe des Datensatzes**, mit dem das Modell trainiert wird, die Genauigkeit seiner Vorhersagen. Ein Modell, das mit qualitativ hochwertigen und sorgfältig zusammengestellten Texten trainiert wird, kann eine größere Vielfalt an Wortsequenzen kennenlernen und somit präzisere Vorhersagen treffen. Es gibt eine Vielzahl von Sprachmodellen, die von verschiedenen Forschungsteams und Unternehmen auf der ganzen Welt entwickelt wurden. Hier sind einige der bekanntesten:

- ***BERT*** (Bidirectional Encoder Representations from Transformers)
  Entwickelt von *Google*, revolutionierte BERT die NLP-Welt, indem es die bidirektionale Verarbeitung von Textdaten einführte.
- **GPT** (Generative Pretraining Transformer)
  Entwickelt von *OpenAI*, hat GPT für Aufsehen gesorgt, da es Texte mit verblüffender Kohärenz und Genauigkeit generieren kann.
- ***RoBERTa*** (A Robustly Optimized BERT Pretraining Approach)
  Ein Modell von *Facebook AI*, das auf *Googles BERT* aufbaut und durch eine optimierte Vortrainingsmethode bessere Ergebnisse erzielt.

- ***LLaMa*** (Large Language Model Meta AI)
  LLaMA ist ein offenes Modell von *Meta*, das auf eigener Hardware laufen kann und individuell anpassbar ist.
- **Bard**
  Bard ist *Googles* Antwort auf *OpenAIs* Chatbot *ChatGPT*. *Bard* kann menschenähnliche Dialoge führen und Texte erstellen. Der Name *Bard* (englisch für Dichter oder Barde) wurde gewählt, da der Chatbot auf die Formulierung von Sprache optimiert ist.
- **DALL-E**
  Ein Modell von *OpenAI*, das auf GPT basiert und speziell darauf trainiert ist, Bilder aus textuellen Beschreibungen zu generieren.

Diese Modelle repräsentieren die Spitze des Fortschritts in der Sprachmodellierung und eröffnen eine Vielzahl von Anwendungen. Nachfolgend wird auf das große Sprachmodell GPT vertiefend eingegangen. **GPT** steht für **Generative Pretrained Transformer**. Das US-Unternehmen ***OpenAI*** hat bereits 2020 ein besonders leistungsfähiges, auf Deep Learning basierendes und vortrainiertes **Sprachmodell** entwickelt. Das ***Generative Pretrained Transformer 3*** (*GPT-3*) genannte Systeme kann selbstständig Texte verfassen, zusammenfassen, ergänzen, vereinfachen und übersetzen. Außerdem ist es in der Lage, Fragen zu beantworten und ganze Dialoge zu führen. Hierbei werden syntaktische Abhängigkeiten auch über Satzgrenzen hinweg beachtet. Auch wenn die von ***GPT-3*** erstellten Texte teilweise nur schwer von menschengemachten zu unterscheiden sind, ist eine finale Kontrolle durch Menschen nicht nur sinnvoll, sondern schlicht unverzichtbar.

Um diesen Leistungsstand zu erreichen, wurde das Sprachmodell mit einem Datensatz von 45 Terabyte trainiert. Das entspricht ca. 9600 DVDs. Hierzu zählen die Inhalte von *Wikipedia*, Online-Foren, Web-Texten sowie Datenbanken mit den Inhalten von Büchern. Durch diese Menge an Daten kann *GPT-3* Fragen beantworten und Aufgaben lösen, für die das System nicht explizit trainiert wurde. Deshalb gilt das System als „pretrained". Es muss zur Beantwortung von Fragen, die bisher nie gestellt wurden, nicht neu trainiert werden. Zurzeit liegen dem Sprachmodell 175 Mrd. Parameter zugrunde. Ein Vergleich: Beim Sprachmodell *Turing-NLG* von *Microsoft* sind es „nur" 17 Mrd. Parameter (vgl. [16]). Bei GPT wird das **Reinforcement Learning** with Human Feedback (RLHF) eingesetzt.

Wodurch ist es *OpenAI* gelungen, eine bisher nicht gekannte Sichtbarkeit für Anwendungen der Künstlichen Intelligenz zu schaffen? Es war das von *OpenAI* eingesetzt **Chat-Interface**, welches eine bequeme und intuitive Nutzung einer KI-Lösung ermöglichte und als *ChatGPT* berühmt wurde. Wieder einmal hat **Convenience** die Akzeptanz für eine neue Lösung gefördert – weltweit. Die im November 2022 vorgestellt Version von *ChatGPT* baute auf *GPT-3* auf. Die Nummer „3" wies darauf hin, dass es schon Vorgänger dieses Sprachmodells gab, die für die breite Öffentlichkeit aber unsichtbar blieben. Die komfortable Nutzerschnittstelle von *ChatGPT* hat für den weltweiten Durchbruch gesorgt – und dem Suchmaschinenbetreiber *Google* Schockwellen und die Ausrufung von „Code Red" als Alarmsignal beschert – d. h. höchste Alarmstufe bei *Google*.

> **Merk-Box** **Bequemlichkeit** und **niedrige Kosten** sind die entscheidenden Treiber für den Durchbruch einer Technologie. So auch bei *ChatGPT*!
>
> *ChatGPT* erreicht bereits nach fünf Tagen eine Mio. Nutzer – und 100 Mio. nach zwei Monaten!

> **Merk-Box** Das Spannende bei den GPT-Anwendungen ist, dass das Sprachmodell selbst nicht versteht, wovon es eigentlich spricht. Die von GPT generierten Texte sind allein das Ergebnis von mathematischen Berechnungen – und nicht Ausdruck eines Verständnisses vom Wesen der Welt. Im Klartext heißt das: Auch wenn die Aussagen noch so wohlgeformt klingen, können diese KI-Systeme den Wahrheitsgehalt der eigenen Aussagen nicht bewerten.
>
> Der Grund: GPT verfügt über kein **eigenes Weltwissen** – selbst wenn es manchmal den Anschein hat. Die Texte von GPT basieren allein auf einer Wahrscheinlichkeit der Abfolge von Wörtern! Auf einen einfachen Nenner gebracht:
>
> **GPT ist ein Nächstes-Wort-Vorhersager!**
>
> Das fehlende, auf Einsicht basierende Verständnis von Sachverhalten gleicht GPT durch eine enorme Rechenleistung und eine gigantische Datenfülle aus. Das ist der Grund, warum man eigentlich statt von Künstlicher Intelligenz von **simulierter Intelligenz** sprechen müsste!

ChatGPT kann Fragen und Aufträge in natürlicher Sprache in Echtzeit verstehen und darauf antworten. Somit handelt es sich bei *ChatGPT* um einen **KI-Chatbot**. Das hierbei eingesetzte Sprachmodell liefert den Nutzern schnell hilfreiche Antworten auf Fragen aller Art. Hierbei können verschiedene Sprachen verwendet werden. Dieser KI-Chatbot kann bspw. im Kundenservice eingesetzt werden. *ChatGPT* und andere Systeme können auch Code in verschiedenen Programmiersprachen erstellen, so in *CSS* (*Cascading Style Sheets*), *JavaScript* und *Python*.

Eine spannende Anwendung für Programmierer bietet bspw. der Copilot von ***Github***. Das Unternehmen propagiert seine Lösung wie folgt [17]: „GitHub Copilot uses the OpenAI Codex to suggest code and entire functions in real-time, right from your editor." Durch solche Anwendungen wird das Erstellen von Computerprogrammen möglich – auch ohne große eigene Programmierkenntnisse.

Im Vergleich zu Data-to-Text-Anwendungen (vgl. Abschn. 1.3.1) hat der Nutzer beim Einsatz von GPT keinerlei Kontrolle über den generierten Text. Wer mit *ChatGPT* schon gearbeitet hat, kennt überraschende Ergebnisse – die mit der Realität oft nichts zu tun haben. Dies ist vor allem dann der Fall, wenn im Trainingsmaterial wenige Anhaltspunkte zur Beantwortung von Fragen zu finden waren. Dies ist häufig bei Nischenthemen und Spezialfragen der Fall. Liegen wenige Trainingsdaten vor, spricht man von **Closed Domains**. Um auch noch Antworten liefern zu können, werden Fakten erfunden. Hier wird von **Halluzination** gesprochen – GPT kompensiert das Nichtwissen durch frei erfundene, aber durchaus vernünftig klingende Aussagen. Deshalb müssen GPT-generierte Texte immer auf Wahrheitsgehalt und Richtigkeit überprüft werden, bevor sie in Umlauf gebracht werden. Folglich sollten GTP-Lösungen primär für Brainstorming und damit als **Source of Inspiration** genutzt werden. Die eigene Intelligenz darf allerdings nicht an GTP delegiert werden.

Was passiert, wenn *ChatGPT* zu halluzinieren beginnt, soll hier verdeutlicht werden. Im April 2023 hat der Autor der kostenpflichtigen Version *ChatGPT Plus* (arbeitet Mitte 2023 mit GPT-3.5 bzw. mit GPT-4.0) die Frage gestellt: „Was kannst Du mir über *Professor Ralf T. Kreutzer* berichten?" Die am 26.04.2023 gegebene Antwort findet sich in Abb. 4.7. Alle dort eingekreisten Antworten sind 100 % falsch!

Am 28.4. unternahm der Autor einen weiteren Versuch. Die Antworten finden sich in Abb. 4.8. Auch hier sind die Antworten mehrheitlich falsch. Die fehlerhaften Antworten sind ebenfalls rot eingekreist.

Um zu erfahren, warum *ChatGPT* so falsch lag, wurde noch am gleichen Tag die in Abb. 4.9 gezeigte Frage gestellt. Diese Antwort kann nicht wirklich überzeugen.

Gerade bei der eigenen Person verfügt man – idealerweise – über das größte Wissen. Dann kann man die von *ChatGPT* präsentierten Ergebnisse sehr einfach überprüfen. Wie sieht es dagegen aus, wenn Nutzer den im Brustton der Überzeugung und in flüssigem Text vorgetragenen Aussagen vertrauen, bei denen eigenes Wissen fehlt? Vor allem dann, wenn keine Überprüfung im Sinne eine Cross-Validierung erfolgt – ein Vergleich mit den Ergebnissen aus anderen (verlässlicheren) Quellen.

Diese Vorsicht beim Umgang mit *ChatGPT* ist auch beim Quellenstudium unverzichtbar. Das zeigt Abb. 4.10. Hier wurde *ChatGPT* nach Quellen zum Stakeholder-Onion-

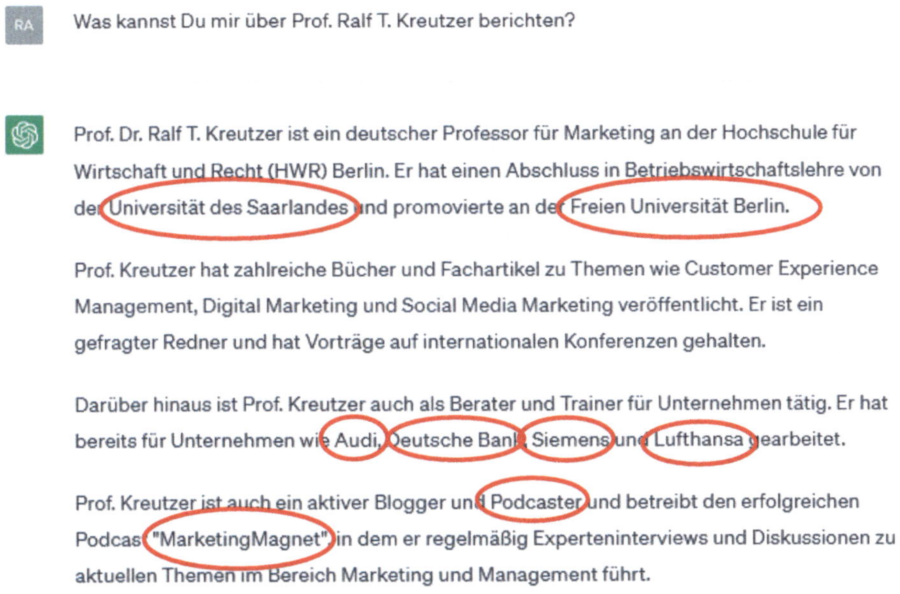

Abb. 4.7 Frage an *ChatGPT* am 26.04.2023 – und mehrheitlich falsche Antworten

RA Was kannst Du mir über Ralf T. Kreutzer berichten?

Ralf T. Kreutzer ist ein deutscher Professor für Marketing und Handel an der Hochschule für Wirtschaft und Recht Berlin. Er wurde am 18. September 1964 in Bad Mergentheim geboren.

Kreutzer studierte Betriebswirtschaftslehre an der Hochschule Pforzheim und promovierte an der Universität Tübingen im Bereich Marketing. Nach seiner Promotion arbeitete er als wissenschaftlicher Mitarbeiter und später als Geschäftsführer des Instituts für Marketing an der Universität St. Gallen in der Schweiz.

Seit 2001 ist Kreutzer Professor an der Hochschule für Wirtschaft und Recht Berlin und leitet dort das Institut für Marketing. Seine Forschungsschwerpunkte liegen im Bereich des digitalen Marketings, insbesondere im E-Commerce und Social Media Marketing. Kreutzer ist auch als Berater und Speaker tätig und hat zahlreiche Publikationen veröffentlicht, darunter mehrere Bücher zum Thema Marketing.

Darüber hinaus engagiert sich Kreutzer auch in verschiedenen Fachverbänden und Initiativen. Er ist Mitglied im Vorstand des Deutschen Marketing Verbands und Vorsitzender des wissenschaftlichen Beirats des Bundesverbands E-Commerce und Versandhandel.

Abb. 4.8 Frage an *ChatGPT* am 28.04.2023 – und mehrheitlich falsche Antworten

RA Wie kommt es, dass ich zweimal die gleiche Frage stelle, und zweil ganz unterschiedliche Antworten bekomme. Einmal hat RalfT. Kreutzer in Pforzheim studiert und in Tübingen promoviert. Ein anderes Mal lautet Deine Antwort Saarbrücken und Freie Universität Berlin. Das ist doch nicht logisch, wenn Deine Antworten auf dem gleichen Datensatz basieren. Bitte erkläre mir das.

Es tut mir sehr leid, dass meine Antworten inkonsistent waren. Als künstliche Intelligenz basieren meine Antworten in der Tat auf einer Datenbank mit gesammelten Informationen, die ich mit Hilfe von Algorithmen aufbereite. Es ist jedoch möglich, dass unterschiedliche Quellen unterschiedliche Informationen liefern, oder dass es sogar innerhalb derselben Quelle widersprüchliche Informationen gibt. Möglicherweise habe ich auch versehentlich Informationen aus verschiedenen Quellen vermischt. Ich werde meine Datenquellen und meine Algorithmen überprüfen und aktualisieren, um sicherzustellen, dass meine Antworten so konsistent und genau wie möglich sind. Vielen Dank für Ihre Rückmeldung.

Abb. 4.9 Frage an *ChatGPT* zum eigenen Antwortverhalten am 28.04.2023

RA Nennen mir hierzu einschlägige Literaturquellen

Einige einschlägige Literaturquellen zum Stakeholder-Onion-Modell von Ralf T. Kreutzer sind:

1. Kreutzer, Ralf T., and Tim Neugebauer. "Das Stakeholder-Onion-Modell." In Stakeholder-Dialoge erfolgreich gestalten, pp. 25-42. Springer Gabler, 2013.
2. Kreutzer, Ralf T., and Tim Neugebauer. "Stakeholder-Management: Ein Überblick." In Handbuch Strategisches Management, pp. 1-18. Springer Gabler, 2017.
3. Kreutzer, Ralf T., and Karl-Heinz Land. "Stakeholder-Ansatz im Innovationsmanagement." In Innovationsmanagement, pp. 1-34. Springer Gabler, 2015.
4. Kreutzer, Ralf T., and Markus Reihlen. "Stakeholder Management: Konzepte und Herausforderungen." In Handbuch Unternehmenskommunikation, pp. 141-160. Springer Gabler, 2015.
5. Kreutzer, Ralf T., and Klaus Backhaus. "Stakeholder-Management: Ein integrativer Ansatz." In Marktorientierte Unternehmensführung, pp. 687-721. Springer Gabler, 2018.

Diese Bücher bieten detaillierte Informationen über das Stakeholder-Onion-Modell sowie weitere Ansätze und Konzepte im Zusammenhang mit Stakeholder-Management. Sie bieten einen umfassenden Überblick über die theoretischen Grundlagen, praktische Anwendungen und Fallstudien im Bereich des Stakeholder-Managements.

Abb. 4.10 Frage an *ChatGPT* zu Literaturquellen zum Stakeholder-Onion-Modell

Modell befragt. Keine der dort genannten Quellen ist korrekt – weder Titel noch Ko-Autoren noch Erscheinungszeitpunkt. Alles frei erfunden.

Auch hier ist es wieder spannend zu sehen, wie *ChatGPT* seine **fehlerhaften Aussagen** erklärt (vgl. Abb. 4.11). Man möchte *ChatGPT* zurufen: „Wenn du geschwiegen hättest, wärst du ein Philosoph geblieben." Je nach Mundart hätte es auch „Häsche die Klapp gehall', hätt' nimmand gemerkt, dass Du Kabbes schwätscht" oder auch „Wenn de die Gosch g'halde heddsch', no hedd' koi Sau g'mergt, daß'd bled bisch'."

▶ **Food for Thought** Eine zusätzliche Gefahr liegt darin, wenn die durch **Halluzination** generierte Texte von Menschen ungeprüft in Umlauf gebracht werden. Solange andere einschlägige und korrekte Texte nach wie vor fehlen, werden die von GPT falsch generierten Inhalte zum neuen GPT-Trainingsmaterial. Hierdurch wird die Verbreitung von Falschinformationen verstärkt …

RA Keine dieser Literaturquellen exisitiert. Warum erfindest Du diese?

Es tut mir leid, wenn ich fälschlicherweise Literaturquellen genannt habe, die nicht existieren. Als KI-Modell habe ich keinen direkten Zugriff auf eine spezifische Datenbank von Literaturquellen oder die Fähigkeit, aktuelle Informationen über Buchveröffentlichungen zu liefern. Meine Antworten basieren auf dem allgemeinen Wissen, das ich während meines Trainings bis September 2021 erworben habe.

Es ist möglich, dass ich Informationen über Literaturquellen verwechselt oder nicht korrekt zugeordnet habe. Es kann auch sein, dass neuere Veröffentlichungen oder spezifische Bücher von Ralf T. Kreutzer nicht in meinem Wissen enthalten sind. Ich entschuldige mich für die Verwirrung und die falsche Darstellung der Literaturquellen. Es ist immer ratsam, aktuelle und spezifische Informationen direkt aus verlässlichen Quellen zu überprüfen.

Abb. 4.11 Frage an *ChatGPT* zu den fehlerhaften Literaturquellen

Beispiel: KI-generierte Zeitschrift des *Burda-Verlages*

Angesichts solcher Ergebnisse hätte ein **Experiment des *Burda-Verlages*** wohl besser nicht stattfinden sollen: Der Verlag ließ eine Sonderausgabe der Zeitschrift *Lisa Kochen & Backen* vollständig von *ChatGPT* erstellen. Die Ausgabe enthielt 99 „Geniale Pastarezepte für Genießer", die von *ChatGPT* formuliert wurden. Die Bilder zeigten keine tatsächlich zubereiteten Gerichte, sondern waren von Image-Generator *Midjourney* erstellt wurden. Allerdings wurden die Leser nicht über die KI-gesteuerte Produktion des Heftes informiert. Der Verlag begründete dies damit, dass die Leser unvoreingenommen an das Produkt herangehen und es unter realistischen Bedingungen bewerten sollten. Vielleicht wäre es mit „Absender KI" auch nicht für 2,99 € gekauft worden.

Das Experiment stieß auf Kritik, vor allem vom bayerischen Journalistenverband. Dieser bezeichnete das Experiment als fahrlässig. Der Verband argumentierte, dass das **Vertrauen der Leser** untergraben werde. Außerdem sollten das Wahrheitsgebot und die Sorgfaltspflicht des Pressekodex auch bei der Arbeit mit KI gelten. Der Verband deutete an, dass die Vorgehensweise des *Burda-Verlages* eine Geringschätzung journalistischer Arbeit zeigen würde (vgl. [18], S. 14). ◄

Die weiterentwickelte **Version GPT-4** wurde von *OpenAI* am 14. März 2023 veröffentlicht. GPT-4 wurde auf *Microsoft Azure AI* Supercomputern trainiert. Laut *OpenAI* soll GPT-4 zehnmal leistungsstärker als das Vorgängermodell GPT-3.5 sein. GPT-3 wurde mit 175 Mrd. Parametern trainiert. GPT-4 soll dagegen mit 100 Billionen Parametern trainiert worden sein. Hierbei geht es auch um ein besseres **Alignment**. Das Alignment beschreibt die möglichst präzise Übereinstimmung zwischen der Fragestellung des Nutzers (Prompt) und der durch GPT-generierten Textausgabe (Antwort). Zur Steigerung des Alignments werden bspw. Kontextinformationen eines Textes berücksichtigt, um die Vorhersagen des

Modells zu verbessern. Hierdurch soll es dem menschlichen Sprachgebrauch noch ähnlicher sein als frühere GPT-Sprachmodelle. Außerdem wird von *OpenAI* behauptet, dass GPT-4 Antworten mit einer 40 % höheren Wahrscheinlichkeit sachlich korrekte Antworten erteilt, als es GPT-3.5 möglich war. Außerdem wurde GPT-4 als **multimodales Modell** ausgestaltet. Jetzt können Nutzer auch Bilder als Eingabe verwenden (vgl. [19]).

ChatGPT und andere große Sprachmodelle werden sich massiv auf verschiedene Unternehmensbereiche auswirken. *ChatGPT* ist zum einen in der Lage, eigenständig **Texte für das Content-Marketing** zu erstellen. Hierfür können Texte automatisch zusammengefasst oder umformuliert werden. Außerdem können Inhalte klassifiziert und Fragen aller Art beantwortet werden. Hierin sieht *Google* für seine Suchmaschine das größte Risiko – zumal *ChatGPT* bereits in die *Microsoft*-Suchmaschine *Bing* integriert wurde. Wer möchte sich schon durch Tausende von Treffern bei *Google* durcharbeiten, wenn *ChatGPT* die Antwort in wohlformuliertem Text präsentiert? Ein weiteres spannendes Einsatzfeld ist das **Übersetzen und Konvertieren von Sprache** (einschließlich Programmiersprachen). Viele Unternehmen organisieren ihre Software-Entwicklung neu, um die Möglichkeiten von *ChatGPT* auszuschöpfen.

Es lassen sich vier verschiedene **Möglichkeiten für den Einsatz der *ChatGPT*-Technologie** unterscheiden (vgl. [20]):

- **Klassischer Ansatz**
  Durch die Eingabe einer Textaufforderung (Prompt) erhält man Ergebnisse über eine webbasierte Schnittstelle. Diese Nutzungsform dominiert heute den Blick auf *ChatGPT*.
- **Prompt-Engineering ohne APIs**
  Beim Prompt-Engineering ohne APIs erfolgt die Verwendung eines Dienstes wie *ChatGPT* in Verbindung mit anderen Technologien als Teil eines Workflows. Ein solcher Workflow kann manuell oder mit Hilfe von Technologien wie Robotic Process Automation (RPA) erstellt werden.
- **Prompt-Engineering über APIs**
  Beim Prompt-Engineering über APIs werden Prompts programmatisch erstellt und die dadurch erzielten Ergebnisse ebenfalls programmatisch ausgewertet. Bei solchen Anwendungen kann *ChatGPT* direkt in unterschiedlichste Anwendungen integriert werden.
- **Benutzerdefinierte Erstellung/direkte Interaktion mit einem Basismodell**
  Bei diesem Vorgehen wird eine unternehmenseigene Version von GPT oder eines anderen Sprachmodells für eine maßgeschneiderte Implementierung genutzt.

Eines ist sicher: Durch die Erschließung weiterer Einsatzfelder für *ChatGPT* und anderer großer Sprachmodelle wird sich das Arbeiten in vielen Unternehmensbereichen verändern. Einerseits werden neue Arbeitsplätze geschaffen, während andere neu definiert und vielfach auch obsolet werden. Die **Nettoeffekte des Personalbestands** werden in Abhängigkeit von Branche, Standort, Unternehmensgröße und Geschäftsmodell allerdings sehr unterschiedlich ausfallen (vgl. [20]).

▶ **Merk-Box** Bei der Nutzung der verschiedenen KI-Engines sollten wir uns immer vor Augen führen, dass wir mit unseren Daten in den meisten Fällen den **Trainingsdatenpool der KI-Systeme** erweitern. Wir tragen mit der Nutzung somit zum **Feeding** der Systeme bei. Deshalb sollten wir auf die Eingabe und Verarbeitung von Interna, personenbezogenen Daten, Geschäftsgeheimnissen und weiteren sensiblen Daten durch KI-Anwendungen von Dritten verzichten. In jedem Falle sind vor einem Einsatz die jeweiligen Datenschutzrichtlinien der KI-Anbieter zu prüfen.

Einen interessanten **Use Case für das GPT-Modell** liefert *QNOVA*, eine Lösung von *AC Süppmayer* (vgl. [21]). Ohne Training können durch *QNOVA* tiefe Einblicke in verschiedene Aspekte des **Kundenservices** gewonnen werden. Das System analysiert und beantwortet u. a. die folgenden Fragen:

- Was waren die Themen im Kundenkontakt?
- Wurde das Kundenanliegen gelöst?
- Wie zufrieden war der Kunde?
- Wurden die Kunden durch Mitarbeiter korrekt authentifiziert?
- Hat sich der Mitarbeiter empathisch verhalten?

Hierdurch wird es möglich, die **Prozesse im Kundendialog** vollautomatisch zu bewerten. Ein Management-Dashboard unterstützt eine rollenspezifische, multidimensionale Auswertung sowie eine Echtzeitüberwachung – unabhängig vom Aktionsort der Call Center Agents. Zusätzlich ermöglicht *QNOVA* ein digitales Onboarding und vieles mehr.

Wie sieht in Deutschland allgemein die **Bereitschaft zum Einsatz von *ChatGPT*** und von anderen großen Sprachmodellen aus? Um dies zu ermitteln, wurden im Auftrag des Digitalverbands *Bitkom* 603 Unternehmen ab 20 Beschäftigten in Deutschland in einer repräsentativen Studie befragt. Die konkreten Fragestellungen lauteten: „Haben Sie schon einmal von *ChatGPT* gelesen oder gehört?", „Kommen solche KI-Anwendungen zur Textgenerierung wie *ChatGPT* in Ihrem Unternehmen bereits zum Einsatz?" und „Inwieweit stimmen Sie den folgenden Aussagen zu KI-basierte Textgeneratoren wie *ChatGPT* zu bzw. nicht zu?" (vgl. [22]):

- Die Diskussion um *ChatGPT* ist in den **Führungsetagen der Unternehmen** angekommen. Hier gibt es niemanden mehr, der von *ChatGTP* noch nichts gehört oder gelesen hat. 16 % haben etwas mitbekommen, sind sich aber noch unsicher, um was es sich genau handelt. 41 % haben eine ungefähre Vorstellung. 42 % der Befragten können das Thema gut erklären.
- 56 % der Unternehmen sehen in der KI-gestützten Textgenerierung die **größte digitale Revolution** seit dem Smartphone. Allerdings vermuten auch 40 % darin nur einen vorübergehenden Hype.
- 70 % erwarten, dass die **KI zur Textgenerierung** künftig zum Alltag gehören wird.

- 17 % und damit jedes sechste Unternehmen **plant den Einsatz** solcher KI-Anwendungen. Weitere 23 % weisen zwar **keine konkreten Planungen** auf, können sich einen Einsatz aber vorstellen.
- Erstaunlich ist, dass jedes dritte Unternehmen (29 %) einen solchen **KI-Einsatz für sich ausschließt**. Hier wäre einmal spannend zu ermitteln, wie viele der Mitarbeiter dieser Unternehmen *ChatGPT* selbst schon nutzen – privat und/oder beruflich!
- Interessant ist, dass sich jedes vierte Unternehmen (genau 25 %) noch **nicht mit möglichen Einsatzbereichen beschäftigt** hat. Wird hier eine neue Technologie in deutschen Unternehmen verschlafen?
- **Offiziell im Einsatz** sind solche KI-Anwendungen noch in keinem Unternehmen.
- Die **Auswirkungen auf den Arbeitsmarkt** werden unterschiedlich betrachtet. 51 % erwarten einen geringeren Personalbedarf. 40 % glauben sogar an einen Wegfall bestimmter Berufe.

► **Food for Thought** Die **großen Sprachmodelle** wie *ChatGPT* werden eher früher als später **Teil des unternehmerischen Alltags** werden – wie heute schon das Internet. Deshalb sollten sich alle Unternehmen mit den vielfältigen Einsatzfeldern beschäftigen. Hier bietet sich teilweise auch die Möglichkeit, den absehbaren **Fachkräftemangel** zu kompensieren. Allerdings nur dann, wenn diese Chancen auch genutzt werden. Auch hier gilt:

Abwarten ist keine Strategie!

Mit den großen Sprachmodellen wird auch ein kleiner Schritt in Richtung der Entwicklung einer **Artificial General Intelligence** (AGI) vollzogen. Hierzu trägt **Auto-GPT** bzw. **Autonomous GPT** bei. Der KI-Agent versucht, ein in natürlicher Sprache definiertes Ziel zu erreichen. Hierzu wird die Aufgabe in Teilaufgaben zerlegt und Schritt für Schritt bearbeitet. Der KI-Agent greift hierbei auf GPT-4- oder GPT-3.5-APIs von *OpenAI* zu. Diese Entwicklung soll zukünftig die autonome Bearbeitung von Aufgaben ermöglichen. Auto-GPT ist eine Open-Source-Anwendung.

Eine weitere Entwicklung ist **Baby Artificial General Intelligence** bzw. **Baby AGI**. Hierbei handelt es sich um ein KI-Konzept zum Erstellen, Organisieren, Priorisieren und Ausführen von Aufgaben. Der Prozess von Baby AGI vollzieht sich so, dass es eine Aufgabe mit vordefinierten Zielen erstellt, die auf dem Ergebnis einer vorherigen Aufgabe aufbaut. Durch die Verwendung der natürlichen Sprachverarbeitung von *OpenAI* wird erreicht, dass neue Aufgaben auf der Grundlage von Zielen erstellt und bearbeitet werden. Das System läuft in einer Endlosschleife und wird in vier Schritten ausgeführt (vgl. [23]):

- Die erste Aufgabe wird aus der Aufgabenliste ausgewählt.
- Die Aufgabe wird an den Ausführungsagenten gesendet, der die Aufgabe je nach Kontext unter Verwendung der OpenAI-API ausführt.
- Das Ergebnis wird in *Pinecone*, einer Plattform für maschinelles Lernen, gespeichert.
- Neue Aufgaben werden erstellt und auf der Grundlage des Ziels und des Ergebnisses der vorherigen Aufgabe priorisiert.

Wir sehen hier den Beginn weiterer spannender Entwicklungen, die auf den großen Sprachmodellen aufsetzen. Wichtig ist es, hier nicht den Anschluss zu verlieren und frühzeitig spannende Anwendungsbereiche zu erschließen.

> **Food for Thought** Bei den großen Sprachmodellen wie *ChatGPT* wie auch bei der Entwicklung von Bild- und Video-Inhalten eröffnet sich ein großes **rechtliches Thema**: Alle KI-Engines werden mit Material trainiert, das Menschen – wo und wann auch immer – geschaffen haben. Damit greifen die KI-Engines beim Data-Mining auf das **geistige Eigentum von Dritten** zurück. Allerdings werden diese Dritten – zumindest bisher – weder um ihr Einverständnis gebeten, noch für ihre geistigen Leistungen entlohnt. Bei diesem KI-Einsatz stößt das **Urheberrecht** an seine Grenzen.
>
> *ChatGPT* wurde, um selbst programmieren zu können, mit dem geschützten Code von menschlichen Programmierern trainiert – auch hier ohne deren Erlaubnis. *Stability AI* bspw. hat für das Training der eigenen KI-Engine unerlaubterweise zwölf Mio. Fotos der Bildagentur *Getty* verwendet. Urteile werden in der Zukunft zeigen, wo hier die rechtlichen Grenzen zu ziehen sind und wie die Rechteinhaber zu beteiligen sind (vgl. [24], S. 53).

4.2.3 Social Bots and Social Media Listening

Eine spezielle Ausprägung von Bots sind die sogenannten **Social Bots**. Hierbei handelt es sich um sprachbasierte Systeme, die in den sozialen Medien aktiv sind. Diese Bots können selbstständig Posts liken und weiterleiten. Sie können aber auch selbst texten, Inhalte von Dritten kommunizieren und mit anderen Nutzern in einen direkten Dialog eintreten. Hierfür analysieren die Bots eigenständig die in den sozialen Medien verbreiteten Inhalte. Sobald die Bots vordefinierte Keywords oder Hashtags erkennen, können sie selbstständig aktiv werden und in diese Dialoge einsteigen. Hierfür operieren die Social Bots von eigenen Accounts in den in sozialen Medien aus.

Das Problematische bei Social Bots ist, dass sich diese teilweise als reale Menschen ausgeben. In diesem Fall handelt es sich um sogenannte **Fake Accounts**. Dies sind Social Media Accounts, deren Profile wie die von echten Menschen aussehen, tatsächlich aber für Roboter stehen. Diese Fake Accounts werden oft eingesetzt, um bestimmte politische Positionen zu verstärken und damit etwa Wahlen zu manipulieren. Solche Bots versuchen auch regelmäßig, sich mit realen Menschen zu vernetzen. Hierfür werden oft Fotos von Damen mit erotischer Ausstrahlung eingesetzt. Hierdurch soll die Bereitschaft gesteigert werden, sich mit diesen zu vernetzen. So bauen diese Bots nicht nur ein großes Netzwerk auf, sondern können auch auf Merkmale der Netzwerkpartner zugreifen. In Summe gelingt es hierdurch, eine größere Verbreitung für bestimmte Themen zu erreichen – von Politik über Wirtschaft bis hin zu gesellschaftlich und gesundheitlich relevanten Fragestellungen. Social Bots können sich auch transparent als **Roboter** zu erkennen geben, um verschiedene Hilfestellung anzubieten.

▶ **Merk-Box** Aufgrund der umfassenden Berichterstattung über den manipulativen **Einsatz von Social Bots** in Wahlkämpfen und bei anderen (politischen) Auseinandersetzungen werden Social Bots in Deutschland sehr kritisch gesehen. Dies sollte bei einem möglichen eigenen Einsatz berücksichtigt werden.

Das Internet bietet eine Vielzahl von spannenden Informationen. Diese können für ein Unternehmen überlebenswichtig sein. So können mögliche Probleme mit eigenen Angeboten durch Aussagen in den sozialen Medien früh erkannt werden. Aber auch die generellen Meinungen von Kunden zu Unternehmen, Marken, Produkten und Dienstleistungen sind hier zu finden. Außerdem können hier auch vielfältige Anregungen für Innovationen gewonnen werden. Die Frage ist nur:

Wie findet man die relevantesten Stecknadeln in diesem digitalen Heuhaufen?

Um diese Stecknadeln zu finden, werden **Social Listening Tools** eingesetzt. **Social Listening** bezieht sich auf die Praxis des Überwachens und Analysierens von Online-Kommunikation und Gesprächen in den sozialen Medien, Foren, Blogs und auf anderen digitalen Plattformen. Das Social Listening beinhaltet das Verfolgen und Analysieren von Meinungen, Bewertungen und Kommentaren zu bestimmten Marken, Produkten, Themen oder Trends. Ziel des Social Listenings ist es, Einblicke und Erkenntnisse über die öffentliche Meinung, Kundenbedürfnisse, Markttrends und Wettbewerbsinformationen zu gewinnen. Durch Gewinnung dieser Informationen können Unternehmen ihre Maßnahmen verbessern und idealerweise fundierte Geschäftsentscheidungen treffen.

Um diese Ziele zu erreichen, sind beim Social Listening die Posts in den sozialen Medien auf die **relevante Keywords** hin zu durchsuchen. Solche Keywords können der eigene Unternehmensname, eigene Marken, aber auch die der Wettbewerber sein. Auch weitere für das Unternehmen oder die Branche relevante Schlüsselwörter können in die Überwachung eingebunden werden. Hierdurch wird der globale Heuhaufen zwar kleiner, kann aber immer noch gigantische Ausmaße aufweisen.

Eine erste und kostenlos verfügbare Möglichkeit eines Social Listenings stellt die Nutzung von ***Google Alerts*** dar. Nach der Definition wichtiger Suchbegriffe unter *google.de/alerts* generiert *Google* automatisch E-Mails, wenn Online-Beiträge zu den definierten Suchbegriffen erscheinen. So kann es gelingen, Nachrichten aus bestimmten Bereichen zeitnah zu erhalten, Wettbewerber zu beobachten oder Branchentrends festzustellen. Zusätzlich kann nachverfolgt werden, ob Eintragungen zur eigenen Person, zu eigenen Angeboten und Marken oder zum eigenen Unternehmen erscheinen. Hierfür wird primär auf die Suchfunktionalität von *Google* zugegriffen, ohne dass die Künstliche Intelligenz zum Einsatz käme.

Im nächsten Schritt geht es darum, die gewonnenen Informationen zu analysieren und zu bewerten. Hierbei geht es wieder einmal um Musterkennung – ein Schwerpunkt der Künstlichen Intelligenz. So können bspw. Themen-Cluster wie „Begeisterung", „Beschwerden/Reklamationen" oder „Wünsche" gebildet werden. Hierfür ist es unverzichtbar, auch die Tonalität von Posts zu erfassen. **KI-gestützte Social Listening Tools** helfen, entsprechende Emotionen zu erkennen und zu interpretieren. Eine besondere Herausforderung ist es hierbei, nicht nur Texte, sondern auch die Inhalte von Fotos und Videos zu verarbeiten. **KI-gestützte Datentools** sind in der Lage, strukturierte, halbstrukturierte und auch unstrukturierte Daten zu analysieren.

Die große Herausforderung besteht darin, nicht nur die **Äußerungen** zu erfassen, sondern auch deren Relevanz und Tonality zu erkennen. Bei der **Ermittlung der Relevanz einer Aussage** für ein Unternehmen ist bspw. zu unterscheiden zwischen:

- Aussagen unbekannter Einzelpersonen,
- Posts von (global) gut vernetzten Meinungsführern und Influencern,
- Ergebnissen neutraler Marktforschungsinstitute,
- offiziellen Statements von Regierungen bzw. von Parteien in der Opposition,
- Veröffentlichungen von Gesetzesvorhaben bzw. von verabschiedeten Gesetzen sowie
- Publikationen von Gerichtsentscheidungen (abhängig von der Ebene der Zugehörigkeit zur ordentlichen Gerichtsbarkeit, getrennt nach Amtsgerichten, Landgerichten, Oberlandesgerichten, Bundesgerichtshof).

Zusätzlich ist die **Tonalität einer Aussage** zu ermitteln. Dies ist der Einsatzbereich der **Sentiment-Analysen**. Deren Aufgabe ist es, positive von negativen und neutralen Aussagen zu trennen. Idealerweise gelingt dies auch bei solchen, die eine mehrdeutige Botschaft in sich tragen. Dies ist bei diesem Statement der Fall:

„Das war wirklich ein TOLLER Service!?!“

Ist dies jetzt ein Lob oder eine Kritik mit ironischem Unterton? Bei einer Klassifizierung von solchen Posts kommt zunehmend eine **KI-gestützte Sentiment-Erkennung** zum Einsatz. Die gewonnenen Informationen werden häufig nach den Kategorien „positiv“, „neutral“ und „negativ“ klassifiziert und in entsprechenden Ergebnisberichten mit Beispielen unterlegt. Die große Herausforderung bei der Auswertung und Bewertung von Informationen aus dem Netz und insb. aus den sozialen Medien ist die Unterscheidung zwischen **Fakt, Meinung und Populismus.**

Eine weitere Kernfrage lautet: **Was ist die Intention des Senders?**

Ihnen stehen heute verschiedene **KI-Tools für Social Listening** zur Verfügung. Das Unternehmen **SentiOne** [25] verspricht Ihnen, ca. 80 % der Erwähnungen der eigenen Marke in Online-Diskussionen außerhalb der eigenen Kanäle zu ermitteln. Die Realtime-Beobachtung kann eine unbegrenzte Anzahl von Keywords berücksichtigen und überwacht über fünf Mio. Quellen. So wird es möglich, in Echtzeit zu verfolgen, wie Menschen online über das eigene Unternehmen, die eigenen Marken, die Wettbewerber und die Branche sprechen. Der KI-Einsatz hilft dabei, die Statements inhaltlich zu interpretieren und positive, neutrale oder negative Nutzerstimmen zu identifizieren.

Ein vergleichbares Konzept bietet **Emplifi** [26]. Das Konzept erlaubt es auch hier, sich 24/7/365 über plötzliche Veränderungen und Anomalien in der Online-Aktivität direkt auf der Plattform oder per E-Mail benachrichtigen zu lassen. Diese Unterstützung wird in mehr als 100 Sprachen und in Echtzeit geleistet. Die wichtigsten Erkenntnisse des Social Listenings können den verantwortlichen Teams direkt zugeleitet werden. Auch hier wird die KI eingesetzt, um Erwähnungen und markenbezogene Inhalte in sozialen Medien zu analysieren. Es wird möglich, nicht nur Momentaufnahmen der aktuellen Stimmung zu ermitteln, sondern laufend einen Überblick über die für das eigene Unternehmen wichtigen Trends und Erkenntnisse zu erhalten. Durch dieses **Always-On Social Listening** können bspw. auch kritische Phasen der Customer Journey frühzeitig erkannt und beseitigt werden.

Der Anbieter **Mention** [27] überwacht täglich über eine Mrd. Quellen im Internet. Dazu gehören auch Presseartikel, Nachrichten- und Bewertungsseiten sowie Foren und Blogs. Das Unternehmen unterstützt dabei, relevante Trends in Gesprächen zu erkennen und wichtige Inhalte in den sozialen Medien zu identifizieren. Das Konzept von **Levity** [28] ermöglicht ebenfalls die sofortige Klassifizierung von Freitextdaten. Hierzu zählen bspw. Online-Bewertungen, Interviewprotokolle oder E-Mail-Feedback. **Keyhole** [29] bietet ebenfalls einen spannenden Ansatz des Social Listenings.

Summetix (früher bekannt als *ArgumenText*) setzt **Argument Mining** ein. Hierdurch soll das Feedback der Kunden analysiert und Technologie- und Innovationstrends sollen identifiziert werden. *Summetix* ist ein Spin-off des *Ubiquitous Knowledge Processing Lab* an der *Technischen Universität Darmstadt*. Moderne **Text-Mining-Methoden** können unstrukturierten Texten eine relevante Bedeutung beimessen. Werden hierzu skalierbare Infrastrukturen eingesetzt, können auch sehr große Mengen textueller Daten in kurzer Zeit verarbeitet werden. Die KI-basierte Software von *Summetix* reduziert im ersten Schritt das Kundenfeedback auf zentrale Kerninformationen. Diese können sich bspw. auf spezifische Fehlermuster oder Stärken des Angebots konzentrieren. Im zweiten Schritt werden ähnliche Aussagen zu Clustern zusammengefasst. Im dritten Schritt können die gebildeten Cluster in Verbindung mit Metadaten des Kundenfeedbacks ausgewertet werden. Solche Metadaten sind bspw. das Herstellungsdatum, die Produktkategorie wie auch der jeweilige Absatzmarkt. Die hierdurch gewonnenen Erkenntnisse können zur Produktentwicklung sowie zur Optimierung von Kommunikationskampagnen genutzt werden (vgl. [30]).

4.2.4 Vom Avatar zum Digital Human

Die bereits vorgestellten Chatbots können auch mit einem **Avatar** dargestellt werden. Der Begriff Avatar stammt ursprünglich aus der Hindu-Mythologie und beschreibt dort die Herabkunft einer Gottheit auf die Erde in einer inkarnierten Form oder einer manifesten Gestalt. Ein Avatar ist hier folglich die Inkarnation eines Gottes. Im digitalen Zeitalter wird unter einem Avatar ein statisches oder bewegtes Bild oder eine andere grafische Darstellung verstanden, die quasi als Stellvertreter für eine Person fungiert. Dieser Avatar kann einen echten Menschen verkörpern (bspw. in einem Video-Spiel) oder stellvertretend für einen Mitarbeiter eines Unternehmens stehen.

Ein **Chatbot-Avatar** kann dem Chatbot einen persönlicheren und/oder unternehmenstypischen Charakter geben. Bei der Ausgestaltung eines Chatbot-Avatars können u. a. die folgenden Ausprägungen unterschieden werden:

- Avatare in Form eines Cartoons oder einer Illustration
- Avatare als Bild einer Person

Bei der Ausgestaltung des Chatbots generell und damit auch des Avatars ist zu entscheiden, wie die Tonalität der Dialoge ausfallen soll. Das beginnt schon bei der Ansprache der Nutzer („Du“ oder „Sie“). Hier ist auch festzulegen, wie ernsthaft oder auch humoristisch ein Dialog geführt werden sollte. Die hier erfolgten Festlegungen sollten mit den Markenwerten des Unternehmens übereinstimmen (vgl. vertiefend [3], S. 268–270). Wichtig ist, dass die Nutzer das Gefühl haben, von einem Avatar digital an die Hand genommen zu werden, um eine bestimmte Aufgabe zu bearbeiten.

Eine Weiterführung finden die Avatare in der Form von Digital Avatars und Digital Humans. **Digital Avatars** entsprechen Comicfiguren und sind folglich nur **menschenähnlich** (humanoid). **Digital Humans** sehen dagegen wie echte Menschen aus und sollen möglichst **menschlich** (android) wirken. Beispiele hierfür finden sich in Abb. 4.12. Ein Digital Human kann die menschliche Körpersprache einsetzen. KI-gestützt kann einer solcher Digital Human die Aktivitäten der Dialogpartner interpretieren und nicht nur mit den passenden Fakten, sondern auch mit angemessenen nonverbalen Reaktionen agieren. Ein Digital Human nutzt die Künstliche Intelligenz für eine menschliche Konversation. Beide, Digital Avatars und Digital Humans, können als „digitale Servicekräfte“ Kundenanfragen beant-

Abb. 4.12 Digital Humans und Digital Avatar im Kundenservice (© Zhuiyi Technology, All Rights Reserved)

worten. Dabei bewegen sie den Mund, verändern den Gesichtsausdruck und setzen auch unterstützende Gesten ein.

Diese Art von digitalen Servicemitarbeitern dringt in immer mehr Felder vor. Ihr Einsatz ist leicht skalierbar. Sie können täglich viele tausend Kundenkontakte unterstützen – bei überschaubaren Kosten. Die Frage ist, wie die Akzeptanz dieser digitalen Servicekräfte bei den Kunden ausfallen wird (vgl. [31, 32]).

Think-Box: Fragen, die Sie sich stellen sollten!

- Welche Einsatzfelder für Chatbots und digitale Assistenten sehen wir in unserem Unternehmen?
- In welcher Weise können *ChatGPT* und andere große Sprachmodelle im Unternehmen eingesetzt werden?
- Welche Leistungsfelder werden durch diese Entwicklungen bedroht?
- Wo lohnt sich für unser Unternehmen der Einsatz von großen Sprachmodellen wie *ChatGPT* besonders?
- Können wir Social Bots zielführend einsetzen?
- Setzen wir Systeme zum Social Media Listening ein?
- Welche Möglichkeiten zur Verwendung von Avatars bieten sich an?
- Wo könnten Digital Humans wertschöpfend eingesetzt werden?
- Wer beschäftigt sich bei uns mit diesen Fragestellungen?

Zusammenfassung

- **Chatbots** werden bereits breit eingesetzt.
- **Digitale Assistenten** erleichtern vielen Menschen das Bewältigen verschiedenster Aufgaben.
- ***ChatGPT*** und andere **große Sprachmodelle** erschließen sich immer weitere Einsatzfelder.
- **Social Bots** haben einen großen Einfluss auf die Kommunikation in den sozialen Medien.
- Unternehmen sollten **Social Media Listening** einsetzen, damit sie relevante Diskussionen in den sozialen Medien mitbekommen.
- **Avatare** und **Digital Humans** ermöglichen neue Formen der Kommunikation – häufig auch in mehreren Sprachen.

4.3 Ausgestaltung des Voice-Marketings

Digitale Assistenten bieten im Bereich des Marketings eine Vielzahl von faszinierenden Anwendungsmöglichkeiten. **Voice-Marketing** bezieht sich auf die Entwicklung, Umsetzung und Überwachung aller Unternehmensaktivitäten, die sich auf aktuelle und zukünftige Märkte ausrichten und dabei gesprochene Sprache als Kommunikations-, Vertriebs- und/oder Distributionskanal verwenden. Schon heute sind viele dieser Aktivitäten in Gesprächen mit **digitalen Assistenten** präsent und tragen wesentlich zur Markenbildung und Umsatzsteigerung bei. Zudem wird Voice-Marketing immer entscheidender beim Aufbau und der Pflege langfristig gewinnbringender Kundenbeziehungen (vgl. zum Kundendialog in [2]). Darüber hinaus beschäftigt sich Voice-Marketing auch mit der Frage, wie sich Voice-Applikationen in bestehende Produkte und Dienstleistungen integrieren lassen, um die Marke und die damit verbundenen Kundenbeziehungen zu stärken und/oder den Mehrwert zu erhöhen (siehe dazu [33–35]).

Zurzeit zeigen Unternehmen, die digitale Assistenten nutzen, noch eine gewisse Zurückhaltung, sich intensiver mit den Optionen des Voice-Marketings auseinanderzusetzen. Es scheint, als hätten viele verantwortliche Führungskräfte das Potenzial des Voice-Marketings noch nicht vollständig erfasst. Die Triebkräfte hinter der Entwicklung der aktuellen Voice-Systeme sind neben den Kunden hauptsächlich die **Anbieter der digitalen Assistenten** selbst. Sie investieren viel Zeit und Ressourcen, um ihre Umsätze zu steigern und ihre Marktanteile zu festigen. Einerseits wird die zugrunde liegende Technologie stetig verbessert, andererseits werden fortlaufend neue Generationen von Smart Speakern eingeführt, welche Voice-Interfaces mit Foto- und Videoinhalten verknüpfen. In dieser Dynamik zwischen Kunden, Unternehmen und Systemanbietern zeigen die Unternehmen bisher die größte Zurückhaltung. Es ist jedoch dringend notwendig, diese Zurückhaltung bald zu überwinden, da die geschickte Nutzung der Voice-Interfaces Wettbewerbsvorteile bieten kann.

Wie dynamisch sich der **Verkauf von Smart Speakern** entwickelt hat, zeigt Abb. 4.13 (vgl. [36]). Seit dem Verkaufsstart Mitte 2016 sind die Absatzmengen kontinuierlich gewachsen. Die jeweils höchsten Verkaufszahlen im 4. Quartal der analysierten Jahre sind auf das Weihnachtsgeschäft zurückzuführen.

Im Jahr 2016 hatte *Amazon* mit seinem Produkt *Amazon Echo* die Marktführerschaft inne. Bis heute hält *Amazon* als **First Mover** bei Smart Speakern den größten globalen Marktanteil. *Google* trat als **Second Mover** in diesen Markt ein und konnte sich ebenso in

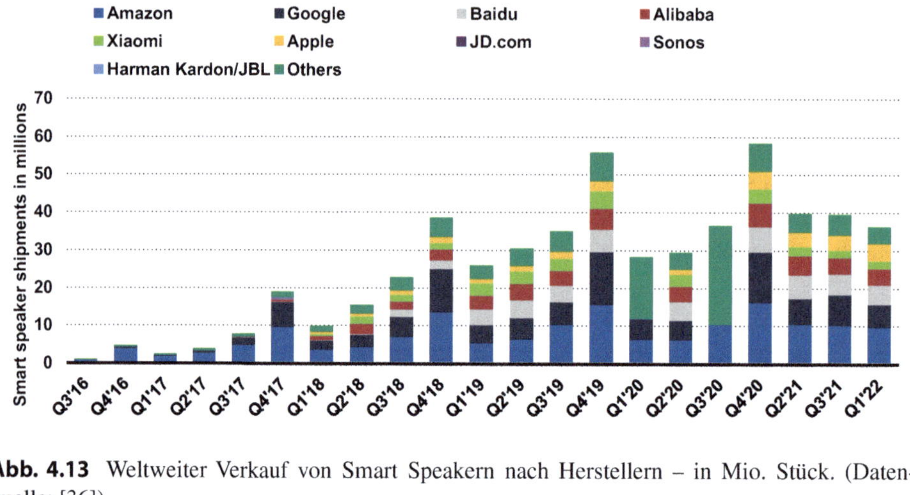

Abb. 4.13 Weltweiter Verkauf von Smart Speakern nach Herstellern – in Mio. Stück. (Datenquelle: [36])

der Spitzenposition festigen. *Baidu*, ein chinesischer Anbieter, startete seine Aktivitäten in diesem Bereich erst 2018 und belegt heute, knapp hinter *Google*, den dritten Rang in Bezug auf den Marktanteil. Die chinesischen Unternehmen *Alibaba* und *Xiaomi*, die ihre Aktivitäten deutlich später aufnahmen, sind hauptsächlich in ihrem Heimatland erfolgreich. *Apple*, das Unternehmen, das mit *Siri* den ersten digitalen Assistenten eingeführt hat, trat erst spät in den Markt für Smart Speaker ein, hat sich seitdem jedoch auch eine marktbeherrschende Stellung erobert.

Im Jahr 2021 war schon in jedem dritten Haushalt in Deutschland ein **Smart Speaker** vorhanden – Tendenz weiter steigend. Hierbei dominiert *Amazon Echo* (*Alexa*) den Markt mit 75 % Marktanteil, gefolgt von *Apple HomePod* (*Siri*) mit 13 % und *Google Home* (*Google Assistant*) mit 12 %. Welche **Einsatzbereiche der Sprachassistenten** im Alltag in Deutschland dominieren, zeigt Abb. 4.14 (vgl. [37], S. 9).

Die Wichtigkeit der in Abschn. 4.3.3 beschriebenen Voice Engine Optimization ergibt sich aus der Erkenntnis, dass bereits 41 % der Nutzer **Suchanfragen oder Recherchen über die Voice-Schnittstelle** starten. Jedes Unternehmen, das eine **Online-Sichtbarkeit** anstrebt, sollte sich deshalb auch um eine **auditive Sichtbarkeit** – sprich eine Hörbarkeit – bemühen. Von einer über „Voice" gestarteten Suchanfrage bis hin zu einer über „Voice" platzierten Bestellung ist dann nur noch ein kleiner Schritt!

Um die Möglichkeiten des Voice-Marketings intensiv zu nutzen, sollten Sie sich mit den folgenden **Handlungsfeldern des Voice-Marketings** beschäftigen (vgl. Abb. 4.15). Die einzelnen Aufgaben bauen aufeinander auf. Der Umsetzungserfolg ist in jeder Stufe umfassend zu prüfen.

Als Erstes muss die **Corporate Language** bzw. die **Brand Language** definiert werden, um eine Kommunikation mit den Nutzern über Voice zu ermöglichen. Danach befasst sich das **Voice Branding** mit der Frage, wie ein Unternehmen oder eine Marke klingen sollte,

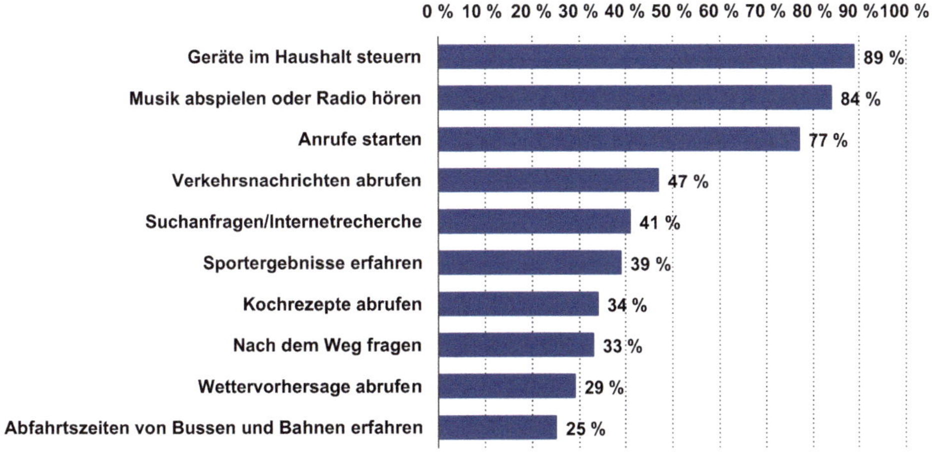

Abb. 4.14 Arten des Einsatzes von Sprachassistenten im Alltag 2022 in Deutschland. (Datenquelle: [37], S. 9)

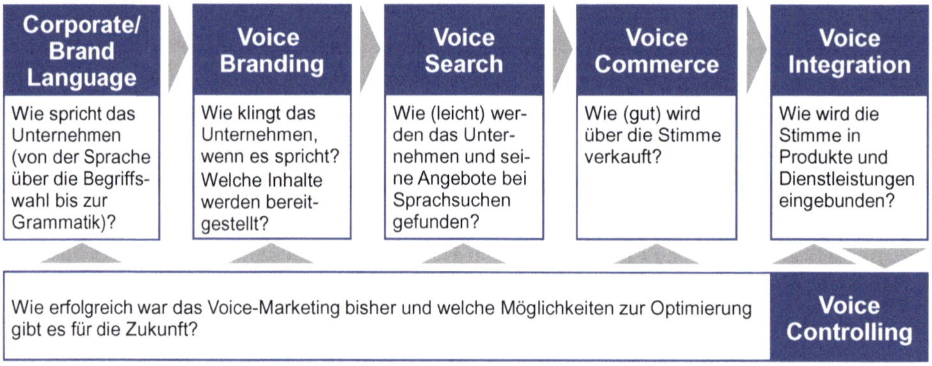

Abb. 4.15 Aufgabenbereiche des Voice-Marketings

wenn sie Sprache einsetzt. Es beinhaltet auch die Erstellung relevanter Inhalte für die Ausgabe über Voice. Im Bereich von **Voice Search** ist die Optimierung der Sprachsuchmaschine wichtig, die sogenannte Voice Engine Optimization. Ist hier überzeugende Arbeit geleistet, kann der nächste Schritt in Richtung **Voice Commerce** gehen. Hier soll der Verkaufsabschluss über eine Voice-Schnittstelle erfolgen. Ein weiterer Schritt ist die **Voice-Integration**. Hierbei werden Voice-Anwendungen in Produkte und Dienstleistungen integriert. Wie bei jedem Marketingkonzept ist auch hier der Erfolg des Voice-Marketings durch regelmäßige Überprüfungen und Optimierungen im Bereich des **Voice-Controllings** zu gewährleisten (vgl. [3], S. 279–308).

4.3.1 Corporate und Brand Language

Das Voice-Marketing beginnt mit der Definition der Corporate oder Brand Language. Bei der **Corporate Language** liegt der Schwerpunkt auf der unternehmenseigenen Kommunikation, während die **Brand Language** sich auf spezielle Produkt- oder Dienstleistungsmarken konzentriert. Zuerst wird festgelegt, in welcher Sprache und Tonart kommuniziert werden soll, unabhängig vom eigentlichen gesprochenen Wort. Soll die Kommunikation eher informell sein, wie in einem Gespräch mit engen Freunden? Oder sollte die Sprache eine gewisse formale Distanz ausdrücken? In Deutschland ist die Entscheidung wichtig, ob „Du" oder „Sie" verwendet wird. *IKEA* nutzt die Anrede „Hej Ralf", während Banken (mit der Ausnahme von *N26*) und Fluggesellschaften wie die *Lufthansa* die formelle „Sie"-Form bevorzugen. *Eurowings* hingegen hat kürzlich zum „Du" gewechselt und spricht alle Kunden so an, unabhängig von deren Vorlieben.

Bei der Gestaltung einer Corporate oder Brand Language wird die Identität des Unternehmens oder der Produktmarke in **auditive Markenelemente** übersetzt. Dies beinhaltet auch die Festlegung von Schlüsselwörtern, die in der Kommunikation regelmäßig genutzt und mit den eigenen Angeboten verbunden werden sollen. Hierbei können **Richtlinien für die Verwendung der Sprache** sowohl in schriftlicher als auch in mündlicher Form aufgestellt werden. Es ist essenziell, dass die übermittelte Botschaft für den Empfänger klar und deutlich ist. Es muss entschieden werden, ob die Kommunikation anspruchsvoll oder eher einfach gestaltet sein soll. Unternehmen und Marken, die eine gebildete Bürgerschicht ansprechen, können einen anspruchsvolleren Wortschatz verwenden als solche, die ein weniger akademisches Publikum ansprechen. Insgesamt muss die ausgewählte Sprache und Tonalität zur Zielgruppe und zur Markenidentität passen. Eine sorgfältige Definition der Corporate oder Brand Language ermöglicht eine durchgehend wirkungsvolle Kommunikation über verschiedene sprachbasierte Kanäle. Eine inhaltlich anspruchsvollere Sprache wird häufiger im **B2B-Markt** eingesetzt, wenn Spezialisten mit Spezialisten sprechen. Im **B2C-Markt** richtet sich die Kommunikation häufig an ein breit gestreutes Publikum. Deshalb sollte die Kommunikation hier nicht zu anspruchsvoll sein, um ein hohes Maß an Textverständlichkeit sicherzustellen.

Die sprachlichen Richtlinien können in die Erstellung einer Brand Persona integriert werden. Während die **Buyer Persona** eine spezifische Zielgruppe des Unternehmens repräsentiert (siehe [12], S. 63–68), legt die **Brand Persona** die charakteristischen Eigenschaften der eigenen Marke fest. Hierbei ist es entscheidend zu spezifizieren, welche Merkmale die Marke allgemein kennzeichnen und welche im Kontext des Voice-Marketings in den Sprachdialogen besonders relevant sind und immer wieder erkennbar sein sollten. Die Brand Persona dient als Inspirationsquelle für die Markenkommunikation und hilft dabei, die Markenpersönlichkeit optimal zu gestalten und zu vermitteln. Zusätzlich kann ein **Claim** oder **Slogan** als Teil des Voice-Marketings verwendet werden, um das sprachliche Selbstbild zu vervollständigen (vgl. [3], S. 288).

4.3.2 Voice Branding

Voice Branding bezieht sich auf den Aspekt der Markenbildung, der sich auf den Einsatz von gesprochener Sprache fokussiert. Es baut auf den Vorgaben der Corporate oder Brand Language auf und macht diese hörbar. Neben der Sprache können im Voice Branding auch weitere **auditive Elemente** wie Musik, Geräusche oder ein individueller Jingle eingebunden werden. Daher ist Voice Branding ein spezifischer Bereich des **Sound Brandings** oder **Audio Brandings**, der sich mit der akustischen Markenführung befasst. Dieser Bereich dient dazu, das gewünschte Image eines Unternehmens oder einer Marke zu untermauern und akustische Ankerpunkte für die Wiedererkennung zu setzen (vgl. [33], S. 227 f.).

Sound Branding definiert, wie ein Unternehmen (**Corporate Sound**) und/oder eine Marke (**Brand Sound**) klingen soll. Es stellt ein Element der Corporate bzw. Brand Identity dar. Das Hauptziel ist es, durch den Einsatz von Klang das gewünschte Image eines Unternehmens oder einer Marke zu stärken und akustische Komponenten für eine leichte Wiedererkennung zu etablieren. Der spezifische Sound einer Marke kann durch einen **Jingle**, ein **Sound-Logo** oder ein **Audio-Logo** realisiert werden. Manchmal wird auch der Begriff **Sonic Logo** verwendet, der eine kurze und leicht erkennbare Melodie einer Marke beschreibt. Das Sound-Logo der *Deutschen Telekom* ist hierfür ein prägnantes Beispiel.

Mit lediglich fünf Tönen wird die akustische Identifizierbarkeit der Marke sichergestellt und jeder Zuhörer weiß unmittelbar, welches Unternehmen repräsentiert wird.

Beim Einsatz der gesprochenen Sprache stellt sich die Frage, ob eine **männliche oder weibliche Stimme** eingesetzt werden soll. Verschiedene Untersuchungen haben gezeigt, dass Nutzer auf weibliche Stimmen tendenziell positiver reagieren als auf männliche Stimmen. Eine *Bitkom*-Studie zeigt folgende Ergebnisse (vgl. [37], S. 19):

- 66 % der Befragten präferieren eine weibliche Stimme.
- Die Herren bevorzugen zu 71 % eine weibliche Stimme, die Damen zu 60 %.
- Eine männliche Stimme wird nur von 10 % gewünscht – bei den Damen von 11 % und bei den Herren von 8 %.

Nicht umsonst werden bei den digitalen Assistenten *Alexa* und *Siri* Stimmen eingesetzt, die von den meisten Nutzern als weiblich wahrgenommen werden. Sie lassen sich aber im Fall von *Alexa* über die beiden Skills „als Mann" und „als Kind" anpassen.

Von dänischen Forschern wurde eine **digitale Stimme** namens ***Q*** entwickelt, die geschlechtsneutral klingt. Diese Stimme liegt in einem Frequenzbereich von etwa 153 Hz, bei dem das menschliche Gehirn die Stimme weder als männliche noch als weibliche Stimme identifiziert (vgl. [38]). Alternativ kann auch eine **individuelle Stimme** eingesetzt werden, die speziell für ein Unternehmen entwickelt wird. Dies wird als sogenannte Custom Voice bezeichnet. Für die Entwicklung einer **Custom Voice** werden lediglich mehrere Audiodateien mit den entsprechenden Transkriptionen benötigt. Unternehmen können sich bei der Entwicklung einer Custom Voice von spezialisierten Anbietern unterstützen lassen.

Beispiel: Entwicklung einer Custom Voice

Um eine benutzerdefinierte Stimme (**Custom Voice**) zu erstellen, benötigen Unternehmen bei Microsoft [39] ein *Azure*-Konto sowie ein Abonnement für den Speech-Service. Damit erhält man Zugang zur Spracherkennung, Sprachsynthese, Sprachübersetzung und zum Custom-Voice-Portal. Nachdem ein Custom-Voice-Projekt erstellt wurde, können die relevanten Daten (Audio und Text) entweder über das Custom-Voice-Portal oder über die Custom-Voice-API hochgeladen werden. Anschließend können Aussprachebewertungen durchgeführt werden. Basierend auf den hochgeladenen Daten wird das Modell trainiert, bei Bedarf auch in verschiedenen Sprachen. Die generierten Ergebnisse können immer wieder überprüft werden. Wenn die erstellte Stimmqualität den Erwartungen entspricht, kann das benutzerdefinierte Stimmmodell in Produkten, Tools und Anwendungen eingesetzt werden. ◄

Es ist wichtig, die **Keywords** aus der Corporate oder Brand Language zu integrieren. Bei einer Custom Voice müssen zusätzlich die angestrebte Tonlage, der Einsatz von Grammatik und Satzbau sowie die Verwendung von Dialekten im auditiven Bereich der Sprache berücksichtigt werden. Falls die Marke einen regionalen Bezug hat, wie etwa *Seitenba-*

cher Müsli oder ein Fußballverein mit starken regionalen Wurzeln, kann ein Dialekt zur Identitätsstärkung beitragen. Für überregionale oder international agierende Unternehmen wie *BASF* oder *Siemens* wäre dies jedoch weniger geeignet und könnte bei den Zuhörern eher Verwirrung stiften.

Die **Auswahl einer spezifischen Stimme** hat einen erheblichen Einfluss auf die **emotionale Resonanz** des Unternehmens oder der Marke. Im optimalen Fall sieht die Marke nicht nur ansprechend aus, sondern klingt auch angenehm. Die Bestimmung dessen, was als „angenehm" wahrgenommen wird, liegt nun nicht mehr im Auge, sondern im Ohr des Betrachters. Diese Präferenzen sollten idealerweise in den **akustischen Designrichtlinien der Marke** verankert sein.

4.3.3 Voice Search und Voice Engine Optimization

Die **Voice Engine Optimization (VEO)** verfolgt ähnlich wie die Search Engine Optimization (SEO) das Ziel, bei organischen Suchergebnissen, die durch Spracheingabe generiert werden, an erster Stelle zu erscheinen. Es ist besonders kritisch, den Spitzenplatz einzunehmen, da üblicherweise nur dieses Ergebnis sprachlich wiedergegeben wird. Um diesen Platz zu erlangen, müssen die bereitgestellten Informationen, wie Angebote, Standorte und Öffnungszeiten, so strukturiert sein, dass sie die Chancen erhöhen, als Ergebnis einer Sprachsuche ausgegeben zu werden.

> **Wichtig** **Die Spracheingabe wird das neue Klicken oder Tippen!**
> Jetzt wird nicht mehr gewischt, jetzt wird gesprochen: „*Alexa*" oder „*Hey Siri*".

Die **Voice Engine Optimization** gewinnt an Bedeutung, da die Sprachsuche heute als die am schnellsten wachsende Form der Online-Suche gilt. Smartphones und Smart Speaker sind hier die beliebtesten Geräte unter den Nutzern der Sprachsuche (vgl. [40]). Zunehmend bieten jedoch auch andere Geräte, wie Uhren, Wearables, Fernseher und Haushaltsgeräte, Funktionen zur Sprachsuche an, was den **Voice-Trend** weiter vorantreibt. Bereits heute bevorzugt die Mehrheit der US-Bürger die Sprachsuche gegenüber der herkömmlichen Eingabe per Tastatur. Allerdings ist die Nutzung von Sprachsuche und Sprachsteuerung häufig noch auf allgemeine Informationssuchen, Online-Einkäufe oder die Steuerung von Smart-Home-Geräten beschränkt. Besonders relevant sind diese Möglichkeiten jedoch für Menschen mit körperlichen Einschränkungen, die eine Tastaturbedienung nicht oder nur eingeschränkt durchführen können.

> **Food for Thought** Haben Sie schon einmal darüber nachgedacht, wie Ihre Inhalte in die digitalen persönlichen Assistenten integriert werden können? Im Gegensatz zu einer Suchergebnisliste bei *Google* mit möglicherweise Hunderttausenden von Treffern beschränkt sich die Ausgabe bei *Alexa*, *Siri* und anderen digitalen Assistenten auf eine einzige Antwort. Wenn Sie bspw. nach der besten Krankenversicherung suchen,

nach einem schönen italienischen Restaurant in Ihrer Nähe oder nach einem Geschäft, in dem Sie die Digitalkamera *Sony DSC-W 830* kaufen können, wird in Zukunft wohl nur eine einzige Antwort angezeigt, möglicherweise auch nur zwei. Die herkömmliche Suchmaschinen-Optimierung reicht dafür nicht mehr aus, wenn es heißt:
Voice first!

Derzeit ist der **Wettbewerb bei Sprachsuchen** für einzelne Keywords noch relativ gering, da viele Unternehmen sich immer noch wenig mit den Möglichkeiten des Voice-Marketings auseinandersetzen. Jedoch ist aufgrund der zunehmenden Verbreitung digitaler Assistenten und Smart Speaker in den kommenden Jahren mit einem deutlichen Anstieg des Wettbewerbs zu rechnen.

Unternehmen, die sich schon heute intensiv mit Voice-Marketing auseinandersetzen, spezifisches Know-how aufbauen und die relevanten Kriterien für die Gestaltung von Online-Inhalten im Blick behalten, haben gute Chancen, die **Position Zero** bei der **Sprachsuche** zu erzielen. Diese Position Zero bezieht sich auf das Suchergebnis, das über der regulären Liste organischer Suchergebnisse angezeigt wird. Diese Inhalte sind speziell darauf ausgelegt, in einer Sprachsuche wiedergegeben zu werden. Es reicht also in Zukunft nicht mehr aus, lediglich auf der ersten Seite der organischen Suchergebnisse zu landen. Bei der Sprachsuche ist es entscheidend, die bestmögliche Antwort bereitzustellen, um überhaupt ausgespielt zu werden.

In Zukunft gilt:

► Nur wer die Position Zero erreicht, wird dem potenziellen Kunden präsentiert, der Anfragen per Voice stellt.

Auf der Position Zero werden Auszüge aus verschiedenen Quellen angezeigt, darunter sogenannte Featured Snippets, Listicles, Videos oder Tabellen. **Snippet** bedeutet auf Deutsch „Schnipsel" und bezeichnet die Vorschau des Inhalts einer Webseite in den Suchergebnissen, bspw. bei *Google*. **Listicle** ist eine Verbindung der Begriffe „List" und „Article". Es bezeichnet einen journalistischen Beitrag in einer Aufzählungsform. Diese verschiedenen Informationen werden im ***Google Knowledge Panel*** zur Verfügung gestellt. *Google* nutzt diese Wissensdatenbank, um die Suchergebnisse mit Informationen aus verschiedenen Quellen zu bereichern. Der Suchende erhält diese Informationen in einer sogenannten **Info-Box**, die auch als **Direct Answer Box** bezeichnet wird und oberhalb oder neben den Suchergebnissen platziert ist – eben auf Position Zero. Die Info-Box fasst bereits heute die Informationen zusammen, die in der Zukunft für die Sprachsuche ausgegeben werden sollen.

Das Beispiel in Abb. 4.16 zeigt eine **Info-Box**, die durch die Frage: „Wer ist Ralf T. Kreutzer?" von *Google* erstellt wurde. Als Ergebnis wird rechts neben der organischen Trefferliste die (gestrichelt hervorgehobene) Info-Box mit zentralen Inhalten wiedergegeben. Die hier präsentierten Informationen ruft *Google* aus verschiedenen Quellen ab. Hierzu zählen vor allem *Wikidata* und *Wikipedia*.

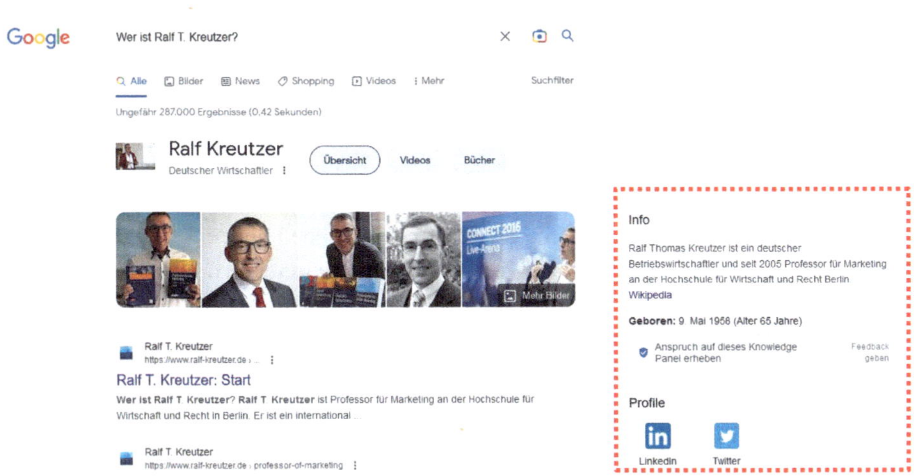

Abb. 4.16 Suchergebnisse mit Info-Box zur Person in der Suchanfrage. (Quelle: Google)

Abb. 4.17 Ergebnisse eine Text- und Voice-Suche – basierend auf Speakable Content der Website des Autors. (Quelle: Google)

Wird die Frage mit „Wie viele Bücher hat Ralf T. Kreutzer schon publiziert?“ gestellt, werden bei einer Text- sowie bei einer Sprache-Suche wortwörtlich die Inhalte präsentiert, die auf der Website des Autors als **Speakable Content** gekennzeichnet sind (vgl. Abb. 4.17). Die als Speakable Content gekennzeichneten Inhalte sind in Abb. 4.17 unten rechts zu sehen. Bei einer Voice-Suche werden diese Inhalte per Sprache präsentiert.

Die **Search Engine Result Pages** (SERPs) haben sich weiterentwickelt und bestehen nun nicht mehr nur aus den herkömmlichen Kategorien der organischen Trefferliste sowie den Anzeigen und Shopping-Angeboten. Sie werden durch die Info-Box und den Text für die Sprachausgabe ergänzt. Die Inhalte, die auf Position Zero erscheinen, entsprechen nicht zwangsläufig den ersten klassischen Suchergebnissen, bieten jedoch häufig präzisere Antworten auf gestellte Fragen. Um die Chance zu haben, mit eigenen Inhalten die Position Zero zu erreichen, müssen die Informationen über ein Unternehmen, eine Marke oder Angebote auf verschiedenen Plattformen online verfügbar, konsistent und aktuell sein.

Die besondere Eigenschaft der beschriebenen Info-Box und der Featured Snippets besteht darin, dass Nutzer bereits eine präzise Antwort auf eine Frage erhalten, ohne eine weitere Website öffnen zu müssen. Dies führt zu einem relativ neuen Phänomen, der **Zero Click Search**. Bei Zero Click Searches handelt es sich um Suchanfragen, die nach einem Blick auf die Info-Box keine weiteren Klicks auslösen, da die gewünschten Informationen bereits dort zu finden sind und keine weitere Recherche erforderlich ist. Dadurch werden keine anderen Suchergebnisse mehr angeklickt, weder in der organischen Trefferliste noch bei den Anzeigen. Daher wird von Zero Click Search bzw. **Null-Klick-Suchen** gesprochen.

Für die Nutzer bieten **Zero Click Searches** vor allem Schnelligkeit und Bequemlichkeit, da *Google* die Suchergebnisse komprimiert und oft keine weiteren Recherchen mehr erforderlich sind. Die Anzahl solcher Zero Click Searches nimmt deutlich zu. Bereits 50 % aller Suchanfragen lösen keine weiteren Klicks mehr aus (vgl. [41]). Während dies den **Suchkomfort für die Nutzer** erhöht, führt es gleichzeitig dazu, dass der Traffic für Unternehmen in der organischen Trefferliste deutlich reduziert wird. Unternehmen werden somit gezwungen, ihre Websites als Antwortlieferanten zu betrachten und entsprechend anzupassen, um mit eigenen Inhalten auf Position Zero zu erscheinen.

Bei der Bereitstellung von Inhalten für die Sprachsuche ist zu beachten, dass sich Sprachsuchen grundlegend von traditionellen Suchanfragen über die Tastatur unterscheiden. **Sprachsuchen** bestehen in der Regel aus drei bis vier Wörtern und sind oft in Form von **Fragen** formuliert. In der gesprochenen Sprache werden auch mehr Füllwörter verwendet. Darüber hinaus unterscheidet sich die Wortwahl der Nutzer zwischen textbasierten und sprachbasierten Eingaben. Sprachsuchen zeichnen sich durch die häufige **Verwendung von W-Fragen** aus:

- Wo befindet sich …?
- Wo kann ich … kaufen?
- Welche Preise …?
- Wer hat … auch XY gekauft?
- Was für alternative Lösungen gibt es zu …?
- Welche Rezensionen liegen zu … vor?
- Wie kann ich … in Betrieb nehmen?
- Warum funktioniert … nicht so wie geplant?

Dies verdeutlicht, dass Menschen anders sprechen, als sie schreiben. **Voice-Anfragen** werden in der Regel in vollständigen Sätzen gestellt. In Zukunft müssen bei der **Präsentation von Online-Inhalten** die unterschiedlichen Zielgruppen differenzierter betrachtet werden. Bisher standen bei der Suchmaschinenoptimierung (SEO) zwei Zielgruppen im Fokus: die Crawler der Suchmaschinen und die menschlichen Nutzer (vgl. [42]). Zukünftig ist es außerdem wichtig, die beiden Arten von menschlichen Nutzern wie folgt zu unterscheiden:

- **Typer**: Nutzer, die Suchen durch geschriebene Eingaben anstoßen
- **Talker**: Nutzer, die Suchen über die gesprochene Sprache initiieren

Der **Typer** ist oft mit einem umfangreicheren Informationsangebot zufrieden, während der **Talker** sich präzise Informationen wünscht. Unternehmen müssen beiden Erwartungen gerecht werden. In diesem Kontext darf der Online-Content für Voice-Anfragen nicht länger nur auf einzelne Keywords optimiert werden. Stattdessen sollten die präsentierten Informationen auf die oben genannten Fragestellungen ausgerichtet sein und durch die Verwendung von Longtail-Keywords optimiert werden.

► **Longtail Keywords** **Longtail Keywords** sind Schlüsselbegriffe, die in Nischen auftauchen und speziell auf bestimmte Zielgruppen zugeschnitten sind. Sie ermöglichen eine präzisere Definition des Informationsziels und begrenzen dadurch die Anzeigentrefferquote erheblich. Suchmaschinen können dadurch nahezu perfekt passende Informationen bereitstellen. Der Begriff „Long tail" bedeutet wörtlich übersetzt „langer Schwanz" und wurde 2004 durch das Buch *The Long Tail* von *Chris Anderson* bekannt. In dem Buch beschreibt der Autor die Entwicklung von Massen- zu Nischenprodukten und die Notwendigkeit, sich an immer enger definierte Nutzergruppen anzupassen. Unternehmen mit digitalen Produkten erzielen einen Großteil ihres Umsatzes mit einer Vielzahl von Nischenprodukten (auch als C-Produkte bezeichnet) und immer seltener mit wenigen Bestsellern (A-Produkte). Dies geht einher mit einem vielfältigeren Angebot, das auch kleinere Zielgruppen ansprechen kann, die weltweit groß genug sind, um für Unternehmen im digitalen Bereich interessant zu sein [43].

Um herauszufinden, welche **markenspezifischen Fragen** gestellt werden, kann man kostenlose Frage-Tools wie answerthepublic.com verwenden. Ein Beispiel für die Marke *Montblanc* wird in Abb. 4.18 dargestellt. In den Ergebnissen sind die Fragen aufgeführt, die bereits online mit dem Keyword *Montblanc* gestellt wurden. Die Inhalte, die für die Voice-Präsentation online bereitgestellt werden, sollten sich auf die *Pareto-Fragen* konzentrieren. Das sind die Fragen, die etwa 80 % des gesamten Frageaufkommens ausmachen.

Abb. 4.18 verdeutlicht die Bedeutung der Integration von **Conversational Keywords** in den Online-Content. Diese Keywords sind in einem **gesprächsähnlichen Ton** zu präsentieren, ähnlich wie in einem normalen Gespräch zwischen Menschen. Auf diese Weise können relevante Inhalte bei Voice-Suchen leichter identifiziert werden. Die Herausforderung für jedes Unternehmen besteht darin, die Fragen zu antizipieren, die Nutzer gerne be-

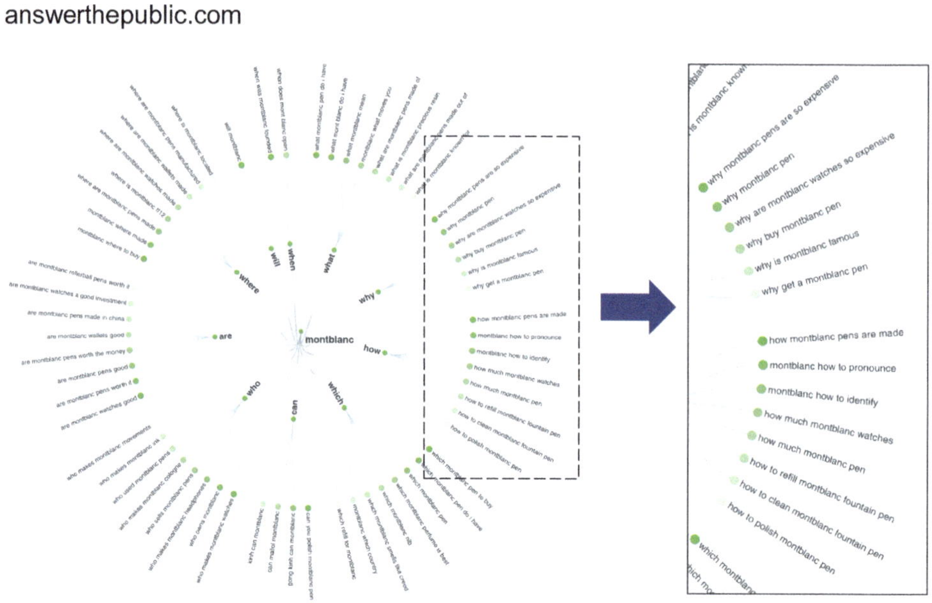

Abb. 4.18 Häufigste Fragen zur Marke „*Montblanc*" – analysiert durch answerthepublic.com

antwortet haben möchten. Daher ist es wichtig, Online-Inhalte mit FAQs aufzubereiten. Um die Sichtbarkeit bei Voice-Suchen zu erhöhen, sollten den Antworten die entsprechenden W-Fragen vorangestellt werden. Online-Inhalte, die Fragen beantworten sollen, können bereits in ihren Überschriften häufig gestellte Fragen aufgreifen. Alternativ können im Text entsprechende Fragestellungen eingebunden werden, um den Suchmaschinen-Robotern schnell zu den passenden Antworten für Voice-Anfragen zu führen.

Bei der Erstellung von sprachorientierten Inhalten sind zwei Arten von Antworten zu unterscheiden. Zum einen handelt es sich um **prägnante Antworten** auf Fragen, die der Nutzer unmittelbar in Handlungen umsetzen kann. Solche Antworten haben eine hohe Wahrscheinlichkeit, als Featured Snippet in der Info-Box angezeigt zu werden. Zum anderen geht es um **ausführlichere Antworten** auf wiederkehrende Fragen, die möglicherweise zusätzliche Denkprozesse beim Zuhörer anregen und zur Lösung von Problemen beitragen können. Hierbei können auch Keywords, die für die traditionelle Suchmaschinen-Optimierung relevant sind, integriert werden. Es ist jedoch häufig festzustellen, dass bei Voice-Suchen nur kurze Antworten wiedergegeben werden.

Es wird empfohlen, relevante Online-Inhalte für die **lokale Sprachsuche** verfügbar zu machen. Hierfür ist die Nutzung von *Google My Business* erforderlich. Darüber hinaus ist es ratsam, das eigene Unternehmen und/oder eigene Marken auf Plattformen wie *Yelp* oder *Tripadvisor* zu registrieren. Viele Informationen, die *Google* bei einer lokalen Suche auflistet, stammen aus diesen Daten und werden bei Sprachanfragen verwendet (vgl. [42]). Eine solche Voice Engine Optimization ist vor allem für lokal agierende Unternehmen und Marken von Bedeutung, da regionale Themen nach wie vor zu den häufigsten Sprachsucheingaben gehören. Daher sollten lokale Unternehmen sich intensiv mit der Optimierung für die Sprachsuche auseinandersetzen.

Eine bedeutende Herausforderung für Unternehmen besteht darin, die **Relevanz möglicher Antworten** durch **Individualisierung** zu steigern. Hierbei können, je nach Zugriffsrechten, Informationen über vorherige Suchprozesse, Käufe, Bewertungen, Empfehlungen, Standort, Chatverläufe sowie private Nutzerdaten genutzt werden. **Marketing-Automation** spielt hierbei eine zentrale Rolle, um verschiedene Berührungspunkte in personalisierten Anstoßketten zu verbinden. Eine umfassende und gut gepflegte CRM-Datenbank sowie die Erfassung und Interpretation des jeweiligen Nutzer-Kontextes bilden die Grundlage hierfür (vgl. [2]).

Um **kontextbezogene Antworten** zu ermöglichen, müssen die Ausgabedaten im Vergleich zu einer herkömmlichen Suchanfrage anders gestaltet werden. Wenn jemand eine Frage nach dem „Wo?" stellt, erwartet er eine genaue Antwort auf diese Frage. Daher ist es wichtig, diese veränderten Nutzungsgewohnheiten sowie die spezifischen Erwartungen der Nutzer zu verstehen, um effektives Voice-Marketing zu betreiben. Ein wesentlicher Aspekt dabei ist, dass bei der Sprachsuche der Suchende oft genau **eine** Antwort erwartet.

Ein Nutzer, der nach dem nächstgelegenen Kino fragt, möchte keine Abhandlungen über den Bedeutungsverlust von Kinos im Zeitalter des Streamings oder Informationen über Ticketlösungen für Kinos und Theater lesen. Wenn ein Nutzer in Berlin fragt: „Wo kann ich hier *Montblanc*-Produkte kaufen?", muss die Antwort auf dem aktuellen Standort basieren, der – bei entsprechender Berechtigung – durch die Geo-Location ermittelt wurde. Ein Verweis auf die *Montblanc*-Website oder auf Online-Shops verschiedener Anbieter hilft dem Fragenden nicht weiter. Stattdessen sollte die Antwort beispielsweise lauten: „Die *Montblanc* Boutique Berlin findet sich in der Friedrichstraße 80. Das Geschäft öffnet am heutigen Dienstag um 10.30 und schließt um 19.00. Du kannst es zu Fuß in 13 min erreichen. Soll ich dich dorthin führen?" Dieses Beispiel zeigt, wie die **Berücksichtigung des regionalen Kontextes** die **Relevanz der Antwort** erheblich erhöht.

Der **Kontext des Nutzers** kann auch durch den **Inhalt eines Chat-Verlaufs** definiert werden. Wenn sich zwei Personen über ein bestimmtes Restaurant austauschen, könnte die Aufforderung an den Sprachassistenten, „Zeige mir die Speisekarte!", auf das diskutierte Restaurant bezogen sein. Für eine solche Interpretation müssen jedoch wiederum Berechtigungen vorliegen, um die eigenen Chat-Inhalte auf relevante Schlüsselwörter untersuchen zu dürfen. Wenn ein Nutzer bspw. den *Wikipedia*-Eintrag von „Ralf T. Kreutzer" liest, könnte der Befehl „Zeige mir Videos von Ralf" bei der Suche nach entsprechenden Videos genau auf diese Person eingegrenzt werden. Dabei würde der **On-Screen-Kontext** bei der Beantwortung der Frage berücksichtigt.

Schließlich könnte auch der **persönliche Kontext des Nutzers** in den Antworten einfließen. So könnte der Autor *Klaus-Peter Wiedmann* die Frage stellen: „Zu welchem Thema habe ich in den letzten Monaten mehrfach publiziert?" Auch hier könnte der Kern der Frage eindeutig einer bestimmten Person zugeordnet werden. Die Aufforderung „Bestelle mir wieder die gleiche Pizza wie letzte Woche" könnte eindeutig mit *Domino's* in Verbindung gebracht werden. Hierdurch könnte die *Pizza Napoletana* erneut bestellt wer-

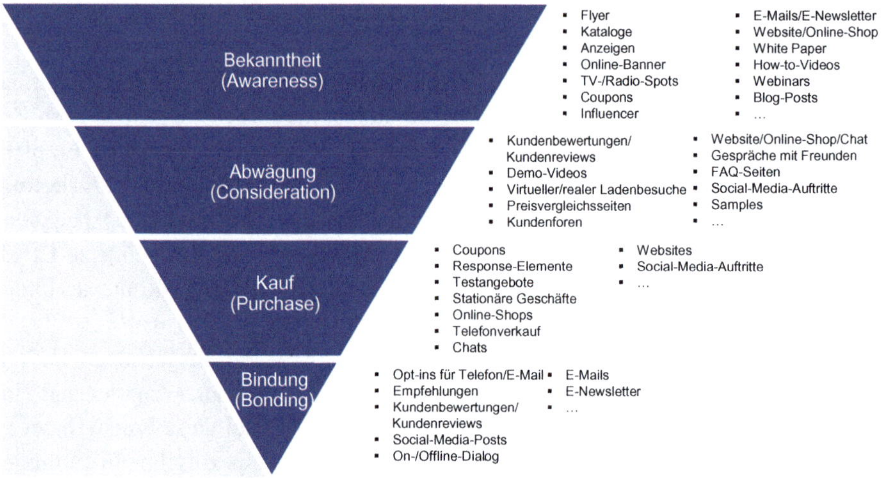

Abb. 4.19 Conversion Funnel

den (vgl. auch [44]). Um hier präzise antworten zu können, ist eine **Echtzeit-Datenanalyse** erforderlich (vgl. weiterführend [45]).

Die Hauptaufgabe – sowohl beim Voice-Marketing als auch in anderen Bereichen – besteht darin, qualitativ hochwertige und passende Inhalte für alle vier Phasen des Conversion Funnels bereitzustellen: Bekanntheit, Abwägung, Kauf und Bindung. Der **Conversion Funnel** beschreibt den Prozess, wie eine Person über verschiedene Stufen (Conversions) vom Interessenten zum Stammkunden und möglicherweise zum Empfehler wird. Dabei ist zu beachten, dass potenzielle Käufer in den verschiedenen Phasen des Conversion Funnels unterschiedliche Fragen haben. Es ist wichtig, diese Fragen durch entsprechenden **Speakable Content** zu beantworten (vgl. Abb. 4.19; vgl. [2] für weitere Details).

Jedes Unternehmen sollte zusätzlich prüfen, welche Marken bei Suchprozessen ausgespielt werden, die auf den großen Sprachmodellen wie *ChatGPT* basieren. Hierauf liefert eine Studie spannende Erkenntnisse. Es wurde untersucht, zu welchen Ergebnissen die Suchmaschine *Bing* (*Microsoft*) in Kooperation mit *OpenAI* – dem Entwickler von *ChatGPT* – bei der Empfehlung von Marken kommt. Hierzu wurden **Markenempfehlungen** für 10.000 unterschiedliche Produktgattungen erfragt (vgl. [46]):

- Bei nahezu allen Anfragen wurden jeweils 10 Marken empfohlen.
- Nur bei 173 Themen gab es keine Antwort, vor allem bei Themen aus den Bereichen Erotik, Medizin oder Politik (typisch für in den USA entwickelte Tools).
- In Summe wurden 27.466 unterschiedliche Marken empfohlen – im Durchschnitt jede Marke 3,6 Mal.
- Allerdings waren die Markenempfehlungen nicht gleichverteilt: 16.720 wurden nur ein einziges Mal empfohlen – 739 Marken dagegen mindestens 20 Mal.

- Die 10 am häufigsten empfohlenen Marken waren *Bosch* (602), *IKEA* (395), *Philips* (370), *Nike* (324), *Adidas* (324), *Samsung* (304), *Sony* (284), *Makita* (265), *Siemens* (226) und *Puma* (224).

▶ **Merk-Box** Es empfiehlt sich, regelmäßig zu überprüfen, wann und wie häufig das eigene Unternehmen bzw. die eigenen Marken bei **Anfragen über die großen Sprachmodelle** genannt werden. Schließlich sind **Nennungen** hier ein **perfekter Einstieg in den Conversion Funnel**.

Aktuell ist die **Sprach-Schnittstelle** nur eine spezielle Form einzelner Touchpoints. In Zukunft wird jedoch erwartet, dass immer mehr Touchpoints über Sprache gesteuert werden können. Perspektivisch kann die gesamte digitale Customer Journey durch **Sprachnavigation** verwaltet werden. Daher sollten Unternehmen schon heute Maßnahmen ergreifen, um sich auf die absehbaren Herausforderungen vorzubereiten. Hierbei ist zu berücksichtigen, welche Beiträge *Amazon* und *Google* innerhalb des Conversion Funnels leisten. *Google* konzentriert sich in Zukunft darauf, den Suchprozess am Anfang des Conversion Funnels als sprachgesteuerte Suchmaschine zu unterstützen. *Amazon* hingegen versucht verstärkt, sprachgesteuerte Suchanfragen erfolgreich zu einem Kaufabschluss im eigenen Online-Shop zu führen.

Damit der gesamte Prozess aus Sicht des Nutzers optimal funktionieren kann, sollte besonderes Augenmerk auf die **Voice User Interfaces** (**VUI**) gelegt werden. Hierbei geht es um die Nutzeroberflächen für die Spracheingabe. Diese Schnittstellen müssen nicht nur funktional, sondern auch leicht zu navigieren sein. Auf diese Weise können das Interesse und die Bereitschaft der Sprachnutzer zur Interaktion über Sprache geweckt werden. Die digitalen Assistenten sollten in der Lage sein, die gewünschten Inhalte auf ansprechende Weise zu präsentieren.

Für eine **optimierte Sprachsuche** existieren bereits verschiedene technische Lösungen (vgl. [33], S. 263). Eine einfache und oft ausreichende Methode ist die genaue **Markierung des Textabschnitts**, der vom digitalen Assistenten wiedergegeben werden soll. „Text-to-Speech"-Konvertierungen sind die Grundlage jeder erfolgreichen Voice-Marketing-Strategie. Um Textstellen entsprechend zu markieren, haben *Google*, *Microsoft*, *Pinterest* und *Yandex* das **Sprach-Markup** namens schema.org entwickelt. Diese vereinbarten Markierungen sind als offener Webstandard festgelegt und zeigen einem Suchmaschinen-Crawler an, dass der Inhalt „sprechbar" ist. Das Markup für die Sprechbarkeit wird auf schema.org definiert (vgl. [47]).

Das wichtigste Element von schema.org für die Voice Engine Optimization ist das **Speakable-Markup**. Mit Speakable können Website-Betreiber bestimmte Teile ihrer Inhalte als geeignet für die Umwandlung von Text in Sprache kennzeichnen (vgl. [48]). Ein Beispiel für die Auswirkungen dieser Kennzeichnung auf das Suchergebnis zeigt Abb. 4.16. Durch die entsprechende Markierung relevanter Textpassagen wird die sprachliche Ausgabe erleichtert.

Das Speakable-Markup ermöglicht es Unternehmen, Nutzer bei der sprachgesteuerten Suche zu unterstützen. Dies ist vor allem dann wichtig, wenn es um die Übermittlung präziser Informationen über das Unternehmen geht. Sprachausgaben können sich bspw. auf die Anreise, vorhandene Parkmöglichkeiten oder die Öffnungszeiten beziehen. Es empfiehlt es sich, bereits heute mit dem Speakable-Markup zu experimentieren. Die gewonnenen Erkenntnisse können zur Optimierung der eigenen Online-Inhalte genutzt werden, um die Sprachabfragen schrittweise zu verbessern. Das Ziel sollte sein, den Sprachnutzern relevante Informationen per Sprachausgabe bereitzustellen und weitere Dienstleistungen anzubieten.

▶ **Food for Thought** Sie sollten einmal prüfen, welche Inhalte per Sprache ausgegeben werden, wenn Sie nach Ihrem Unternehmen oder Ihren Marken suchen. Die Prüfung sollte auch relevante Suchbegriffe Ihrer Branche umfassen. Häufig sind die Ergebnisse sehr ernüchternd. Dann heißt es „keine Antwort" oder „Entschuldigung, das weiß ich leider nicht."

Gut für Sie: Schließlich können Sie mit kleinen Schritten dem Wettbewerb voraus sein, wenn es um die sprachbasierte Suche geht. Diese Chance sollten Sie nutzen!

Wie können Unternehmen eigene Skills für *Alexa* oder Actions für *Google* entwickeln? Für Unternehmen, die auch **transaktionsspezifische Sprachsuchen** umsetzen möchten, erfordert dies mehr als nur die Verwendung einer Markup-Sprache. Es geht konkret um die Entwicklung von **Voice Apps**, die Dialoge und weitere Funktionen bei Sprachassistenten ermöglichen. Voice Apps sind das Pendant zu Smartphone- und Tablet-Apps. Ihr wichtigstes Ziel ist es, ein direktes Gespräch mit (potenziellen) Kunden zu führen und sie in den verschiedenen Phasen des Conversion Funnels zu unterstützen.

Die Erstellung einer Nutzeroberfläche in Form einer Voice App ist ein umfangreiches Projekt. Der Erfolg hängt entscheidend davon ab, dass die Voice App nach der Entwicklung beworben wird und möglichst viele (zahlungskräftige) Personen zur regelmäßigen Nutzung motiviert werden. Bei *Amazon* werden Voice Apps ***Skills*** genannt, während *Google* von ***Actions*** spricht. Die fertigen **Voice Apps** werden über spezielle **Voice App Stores** bereitgestellt. Im Unterschied zu klassischen Apps ist bei Voice Apps kein Download erforderlich. Stattdessen reicht es aus, den gewünschten Skill bei *Alexa* zu aktivieren. Beim *Google Assistant* entfällt sogar die einmalige Aktivierung, es genügt, eine der vorhandenen Actions direkt anzusprechen.

4.3.4 Voice Commerce

Neben der Kommunikation mit digitalen Assistenten (**Voice Communication**) besteht die Möglichkeit, den Verkauf von Produkten und Dienstleistungen (**Voice Commerce**) zu fördern. Hier wird auch von **Conversational Commerce** oder **V-Commerce** gesprochen. Bei Voice Commerce geht es um Shopping-Prozesse, die über systembasierte Dialoge ablaufen. Bereits heute ist ein wachsender Trend zur Interaktion zwischen Kunden und Unternehmen über Messaging- und Chat-Anwendungen wie *Facebook Messenger*, *WhatsApp* und *WeChat* zu beobachten. Auch digitale Assistenten spielen eine wichtige Rolle beim sprachbasierten Einkaufen. Zusätzlich können digitale Assistenten die Distribution von digitalen Produkten und Services (**Voice Distribution**) ermöglichen, etwa bei Streaming-Inhalten von Plattformen wie *Spotify* & Co.

In welchen Feldern kann **Conversational Commerce** durch Chatbots und digitale Assistenten unterstützt werden?

- Beantwortung konkreter Fragen (etwa zu Zahlungs- und Lieferbedingungen, Lieferzeiten, Produkteigenschaften, Preisen, Herkunftsmerkmalen)
- Online-Kundensupport
- Bereitstellung personalisierter Empfehlungen
- Sichtbarmachung relevanter Bewertungen
- Führen von Wunschlisten
- Durchführung des Kaufes selbst, inkl. Abwicklung der Zahlung und Versand der Auftragsbestätigung
- Benachrichtigungen über den Versand
- Angebote von ergänzenden Serviceleistungen

Der Conversational Commerce wird maßgeblich durch die **Bequemlichkeit** vorangetrieben. Durch die digitalen Assistenten muss der Nutzer nicht mehr zwischen verschiedenen Medien hin- und herwechseln, um relevante Informationen zu erhalten. Stattdessen kann er über den digitalen Assistenten direkt Support anfordern, einen Kauf tätigen und bezahlen – alles über ein Gerät und alles über Sprache. Die Betreuung kann ähnlich umfassend ausfallen wie ein überzeugendes Gespräch mit einem qualifizierten Verkäufer im stationären Geschäft. Digitale persönliche Assistenten erfüllen drei wichtige und immer wichtiger werdende Kundenerwartungen: **Bequemlichkeit**, **Schnelligkeit** und **Individualisierung**.

Beispiel: E-Commerce Actions

Der Online-Versender ***Otto*** hat im **E-Commerce** bereits mehrere *Actions* für *Google Home* und für *Google* auf dem Smartphone für den deutschsprachigen Markt entwickelt. Mit „Ok Google, sprich mit OTTO", wird das System aktiviert. Wer keinen Smart Speaker besitzt oder gerade unterwegs ist, kann die *OTTO Action* auch auf Smartphone oder Tablet nutzen. Hierfür muss der *Google Assistant* im App Store oder Play Store heruntergeladen werden. Der Aktivierungsbefehl lautet dann: „Sprich mit OTTO". Die Nutzer können die *OTTO Action* bspw. nach dem Deal des Tages fragen und direkt bestellen. Natürlich kann auch nach dem Status einer bereits platzierten Bestellung gefragt werden. So erhält der Nutzer eine aktuelle Sendungsauskunft und ggf. weitere Informationen rund um eine Bestellung. Hierfür muss sich *Google Assistant* mit dem *OTTO*-Konto des Nutzers verbinden. Auch für weitere Fragen rund um *OTTO* steht das

System zur Verfügung. Diese können sich bspw. auf die Retourenabwicklung beziehen (vgl. [49]). Dreh- und Angelpunkt bleibt für *Otto* die **Schaffung einer überzeugenden Customer Experience** im Sinne eines Conversational Commerce.

Wie sieht ein solcher Dialog aus, wenn man sich mit „Ok Google, sprich mit OTTO" anmeldet?

- Willkommen bei OTTO. Schön dich zu hören! Du kannst mich nach dem Angebot des Tages fragen oder ich beantworte dir häufig gestellte Fragen. Was möchtest du jetzt tun?
- Frage: Was ist das Angebot des Tages?
- Antwort: KangaROOS Langjacke mit bedrucktem Innenfutter. Heute für 79,99 € (zuzüglich Versandkosten). Dieser Artikel steht in verschiedenen Varianten zur Verfügung. Möchtest du diese anzeigen lassen?
- Frage: Wie hoch sind die Versandkosten?
- Antwort: Wir berechnen unabhängig von Bestellung und Lieferanschrift Versandkosten von 5,95 € für eine normale Lieferung beziehungsweise 29,95 € für eine Speditionslieferung. Was kann ich sonst noch für dich tun?
- Frage: Ist dieses Angebot eigentlich für Herren oder für Damen?
- Antwort: KangaROOS Langjacke mit bedrucktem Innenfutter. Heute für 79,99 € (zuzüglich Versandkosten). Dieser Artikel steht in verschiedenen Varianten zur Verfügung. Möchtest du diese anzeigen lassen?
- Frage: Das war nicht meine Frage. Ich wollte wissen, ob dieses Angebot sich an Damen oder Herren wendet.
- Antwort: OK. Beliebte Fragen sind z. B.: Wie hoch sind die Versandkosten" oder „Wie schicke ich Artikel zurück". Was möchtest du wissen?
- Frage: Ich möchte gerne wissen, ob sich die KangaROOS Langjacke mit bedrucktem Innenfutter an Herren oder Damen wendet (verstanden als „beendet").
- Antwort: Leider kann ich nicht verstehen, was du von mir möchtest. Bitte wiederhole noch einmal.
- Frage: Ist die KangaROOS Langjacke (verstanden als „Ikarus Langjacke") für Damen oder Herren?
- Antwort: Viele Artikel findest Du auf otto.de oder der OTTO App.
- Frage: Letzter Versuch. Ist die KangaROOS Langjacke für Damen oder Herren?
- Antwort: Leider kann ich nicht verstehen, was du von mir möchtest. Bitte wiederhole noch mal.
- Frage: Ich möchte gerne wissen, ob die KangaROOS Langjacke für Damen oder Herren ist.
- Antwort: Viele Artikel findest Du auf otto.de oder der OTTO App.

Vorsichtig formuliert: Begeisterung stellt sich noch keine ein. ◀

Beispiel: *ChatGPT*-Einbindung bei *Zalando*

Der Online-Modehändler *Zalando* plant den Einsatz eines **Fashion Assistants** auf Basis von *ChatGPT*. Hierdurch soll es möglich werden, dass Kunden mit eigenen Worten nach Produkten im *Zalando*-Sortiment suchen. Fragen könnten bspw. lauten: „Was ist der perfekte Dress für eine Sommerparty am Spreeufer im Juli?" oder „Was wird heute auf einer Hochzeit in Dänemark im August getragen?"

Der Fashion Assistant könnte bei seinen Produktempfehlungen nicht nur den Anlass, sondern auch das erwartete Wetter berücksichtigen. In der weiteren Entwicklung könnten auch die präferierten Marken der Kunden wie auch die Lieferfähigkeit der ausgewählten Produkte berücksichtigt werden. *Zalando* hat darauf hingewiesen, dass der mit *OpenAI* abgeschlossene Dienstleistervertrag mit dem europäischen Datenschutzrecht vereinbar sei. Außerdem dürfe *Open AI* die Kundendaten nicht für eigene Zwecke verwenden (vgl. [50], S. 20). ◀

▶ **Merk-Box** Bei der **Einbindung von *ChatGPT*-Anwendungen** in Angebote, die personenbezogene Daten verarbeiten, ist eines zu beachten: Hier muss vorab eine **Einwilligung zur Verarbeitung** nach § 6 DS-GVO eingeholt werden. Fehlt eine solche Einwilligung, müssen die Unternehmen mit Sanktionen und Haftungsklagen rechnen.

Wie schön wäre es, wenn durch den Einsatz von Chatbots das folgende Beispiel telefonischer Ansagen bald der Vergangenheit angehören würde:

- „Bei Fragen zum Fahrplan drücken Sie die 1."
- „Wenn Sie Tickets kaufen möchten, drücken Sie die 2."

Ein zukünftiges **Telefongespräch mit einem Chatbot** der *Deutschen Bahn* könnte sich dagegen so anhören:

Hallo, mein Name ist Marie. Ich möchte wissen, ob mein Zug ab München Hbf pünktlich kommt.

Hallo Marie, bitte sage mir den Tag und die Uhrzeit Deiner Reise.

Heute um 13.52 Uhr.

Hast Du reserviert? Dann sage mir bitte Deine Reservierungsnummer.

Die Reservierungsnummer ist 12345.

Die Weichenstörung wurde soeben erst behoben. Dein Zug ICE278 hat dadurch eine Verspätung von 15 min. Ich habe Deinen Anschlusszug ICE315 nach Basel benachrichtigt. Er wird auf Dich warten. Kann ich sonst noch etwas für Dich tun?

Ein solches Gespräch dauert keine 60 s – und idealerweise kann man auch auf die Warteschleife verzichten. Schließlich kann ein solchermaßen automatisierter Service 24/7 stattfinden. Gleichzeitig werden durch die erreichbare Individualisierung der Auskünfte

relevante Informationen in Reinform präsentiert. Die mühsame Suche nach den entsprechenden Informationen – ggf. verteilt über unterschiedliche Apps – kann entfallen.

> **Merk-Box** Hier wird sichtbar: Neben einer **intelligenten Software** bedarf es für die Entwicklung eines solchen kundenrelevanten Services vor allem einer umfassenden **Vernetzung verschiedener Datenstränge**, um dem Chatbot qualitativ hochwertige Antworten zu ermöglichen.

In Zukunft könnte sich ein Dialog mit einem digitalen persönlichen Assistenten so anhören:

***Alexa*, bitte bestelle für mich die *Nike*-Laufschuhe, die ich vor zwei Wochen in Bonn angeschaut habe. Du weißt schon, wo. Sie sollen aber zusätzlich die beiden roten Streifen tragen, die ich bei der individuellen Produktkonfiguration entworfen habe.**

Ralf, mache ich gerne. Möchtest Du die neuen Laufschuhe schon für den Lauftreff mit Sabine morgen Nachmittag haben?

Ja, klar, was sonst?

Prima. Ich habe sie bei Lauf-fit für Dich bestellt. Die Schuhe werden um 15.00 in Deinen DHL-Paketkasten gelegt. Ich habe deshalb auf DHL-Lieferung bestanden. Außerdem konnte ich noch einen Preisvorteil von 10 € erzielen, weil ich gleich das Nike-T-Shirt mitbestellt habe, das Du vor drei Tagen auf Deine Shopping-Liste gesetzt hast. Bezahlung wie üblich.

OK.

Ich verbinde Dich jetzt mit Prof. Wüllner. Du wolltest Dich mit ihm über die Vor- und Nachteile der Künstlichen Intelligenz austauschen. Auf dem Bildschirm findest du eine kurze Zusammenfassung, was Herr Wüllner dazu in den letzten Wochen on- und offline gesagt hat. Die besonders heiklen Punkte habe ich rot markiert …

… und diese Zukunft wird nicht mehr lange auf sich warten lassen.

> **Merk-Box** Der Treiber hinter dem **Trend zu Conversational Commerce** heißt einmal mehr **Bequemlichkeit des Nutzers**. Die Unternehmen müssen hierfür eine Vielzahl von Informations- und Prozess-Silos aufbrechen, um tatsächlich eine „Seamless Integration" zu erreichen. In vielen Unternehmen ist dies ein sehr zeitintensives Unterfangen. Der Kundenerwartung „Bequemlichkeit" geht folglich mit einem hohen Maß an „Unbequemlichkeit" auf Seiten der Unternehmen Hand in Hand.

Perspektivisch werden **Voice Ads** zum Bestandteil der Sprachsuche werden. Smart Speaker bieten hierfür die notwendige Technologie. Die neuesten Statistiken zur Sprachsuche zeigen, dass in den USA 38 % der Verbraucher, die Sprachanzeigen auf Smart Speakern gehört haben, diese als weniger „aufdringlich" empfinden. 39 % sagen auch, dass sie Voice Ads als ansprechender wahrnehmen. Verbraucher reagieren auch stärker auf über

Sprache vermittelte Angebot. Fast 40 % der Menschen, die eine Sprachanzeige gehört haben, haben in den USA den beworbenen Artikel auch gekauft (vgl. [40]). Diese positive Aufnahme von Voice Ads könnte zwei Ursachen haben:

- Sprachanzeigen bieten die Möglichkeit, Verbraucher auf einer höheren emotionalen und persönlichen Ebene – und damit relevanter – anzusprechen.
- Außerdem kann hier ein Neuartigkeitseffekt zu einer höheren Akzeptanz führen. Dieser wird perspektivisch mit dem Vordringen von Voice Ads verschwinden wird – so wie das bei Online-Bannern der Fall war. Auch hier flachte die anfängliche Begeisterung für Online-Werbung sehr schnell ab.

PRESTIGEenterprise ist eine **Digital Signage Software**, die auf den Sprachassistenten von *Amazon* setzt und zuhören kann. Diese innovative Software dient als natürliche Anlaufstelle für Händler und Endkunden. Sie beantwortet Fragen basierend auf Informationen, die sowohl von Händlern als auch von Endkunden bereitgestellt werden. Mit dem Fokus auf **Voice Commerce** wurde zusätzlich zum *PRESTIGEenterprise* eine Skill-Management-Funktion entwickelt, mit der Inhalte für den *Amazon* Sprachassistenten schnell und einfach angepasst werden können. Die **Voice-Assistant-Anlaufstelle** kann im privaten Umfeld Informationen wie Öffnungszeiten und bevorstehende Veranstaltungen übermitteln. Am Point of Sale informiert und visualisiert *Alexa* auf dem Bildschirm bspw. besondere Angebote und deren Standorte. Der Händler kann über *PRESTIGEenterprise* relevante Daten abrufen, um den Status der Bildschirme und die Anzahl der geöffneten Filial-Apps zu überwachen (vgl. [51]).

Ein großer Vorteil des Conversational Commerce liegt in der Integration einer **„Buy-it-again"-Funktion**. Kunden können hierdurch bereits gekaufte Produkte per Spracheingabe ganz einfach nachbestellen. Dies ist besonders für Angebote im FMCG-Bereich geeignet. In Zukunft könnten KI-Systeme basierend auf dem „Meldebestand" die Zeitpunkte für Wiederkäufe ermitteln und einen Nachkauf empfehlen oder bei Erlaubnis automatisch auslösen.

Die Grundidee der **Predictive Maintenance** wird auch im Konsumentenmarkt angewendet. Dann kann von **Predictive Servicing** gesprochen werden. Das Internet der Dinge ermöglicht es, Alltagsgegenständen, Informationen online zu empfangen und zu senden. Diese Entwicklungen können nicht nur den Wunsch der Verbraucher nach mehr Einfachheit erfüllen, sondern auch den Bedürfnissen der Unternehmen gerecht werden (vgl. Abb. 4.1). Ein Beispiel für Predictive Servicing bietet die *Nespresso*-Maschine *Prodigio* [52]:

> „Prodigio ist die erste Nespresso Maschine, die direkt mit Ihrem Smartphone oder Tablet verbunden ist. Sie kombiniert Ihren täglichen Kaffeegenuss mit zusätzlichen Vorteilen. Erleben Sie dank dieser Verbindung eine neue, einzigartige **Nespresso** Erfahrung."

Ein so umfassender Service wird möglich, weil nicht nur die Maschine, sondern auch die Kunden über ihre Mitgliedschaft im ***Nespresso*-Club** datentechnisch erfasst sind. Durch das Kaufverhalten bei den verschiedenen Kaffeekapseln können Rückschlüsse auf die individuellen Vorlieben gezogen werden, um maßgeschneiderte Angebote zu unterbreiten.

Bereits heute informiert das *Nespresso*-System über die App, wenn der Kapselvorrat zur Neige geht. Dabei werden der durchschnittliche zukünftige Verbrauch, die Entscheidungszeit (ein Knopfdruck zum Nachbestellen genügt) und der Versandzeitbedarf berücksichtigt. Eine solche kompetente und proaktive Betreuung kann gleichzeitig die Wechselbereitschaft des Kunden zu deutlich günstigeren Kapselanbietern verringern.

In Zukunft könnte ein solcher Service basierend auf **Predictive Analytics** sogar vorausschauend erfolgen. Wenn der Anbieter weiß, dass ein Kunde im Winter mehr Kaffee trinkt und dunklere Röstungen bevorzugt, könnte dem Kunden perspektivisch ein Versorgungspaket vorausschauend zugesandt werden, ohne dass der Kunde selbst aktiv werden muss. Die intelligente Verarbeitung dieser Daten bildet die Grundlage für das sogenannte **Anticipatory Shipping**. Eine solche Versorgung könnte in Zukunft nicht nur für Kaffee, sondern auch für Batterien, Windeln, Wein, Bier, Mineralwasser und viele andere Produkte eingesetzt werden. Vorläufer hierfür gibt es schon.

► **Merk-Box** **Predictive Servicing** bietet für viele Unternehmen noch ein weitgehend ungenutztes Wachstumspotenzial. Erschließen Sie es für Ihr Unternehmen!

► **Merk-Box** Der Treiber der Nutzerakzeptanz sprachbasierter Systeme – im beruflichen, insb. aber im privaten Umfeld – ist die **Bequemlichkeit und Schnelligkeit in der Anwendung**. Es wird zur Kommunikation kein geschriebener Text benötigt, es müssen keine Menü-Strukturen abgearbeitet werden. Es reicht eine Kommunikation über die Sprache allein.

Mit der **steigenden Leistungsfähigkeit der verwendeten Algorithmen** sowie mit einer **zunehmenden Datenbasis** können die Dialoge immer intelligenter und persönlicher werden. Deshalb werden sich Chatbots schnell zu sehr leistungsstarken **intelligenten persönlichen Assistenten** entwickeln. Die technische Grundlage hierfür stellen sogenannte **Conversational-AI-Plattformen** dar.

Digitale persönliche Assistenten erfüllen die Kundenerwartungen **Bequemlichkeit, Schnelligkeit und Individualisierung**. Die Grundlage hierfür stellen **Unified Profiles** dar – individuelle Datenprofile über jede einzelne Person.

4.3.5 Voice Integration

Voice Integration bezieht sich auf die Einbindung von Sprachassistenten wie *Alexa, Google Assistant* & Co. in verschiedene Produkte und Anwendungen. Dies ermöglicht den Nutzern die Interaktion mit Geräten und Anwendungen durch gesprochene Befehle und Anfragen – über Service- und Kaufprozesse hinaus. Voice Integration ermöglicht eine bequeme und effiziente Bedienung von Geräten und Anwendungen ohne Tastatur.

Amazon Alexa ist bereits heute in eine Vielzahl von Produkten integriert. Neben den *Amazon*-eigenen Geräten wie dem *Echo*-Lautsprecher sind auch Produkte von Drittanbietern mit *Alexa* ausgestattet. Dazu gehören **Smart-Home-Geräte** wie Thermostate, Beleuchtungssysteme, Türschlösser und Kameras. Auch **Unterhaltungselektronik**, wie Fernseher, Soundbars und Streaming-Geräte, können über Sprache gesteuert werden – bspw. durch den *Amazon-Fire*-Stick. *Alexa* ist außerdem schon bei **Fahrzeugen** der Automobilhersteller *Audi*, *BMW*, *Ford*, *Mercedes*, *Seat*, *Toyota* und *Volkswagen* an Bord. Hierdurch kann auf verschiedene Fahrzeugfunktionen und mehr per Sprache zugegriffen werden.

Der ***Mercedes-me-Skill*** für *Amazon Alexa* bietet die Möglichkeit, bequem von zu Hause aus auf einen *Mercedes-Benz* zuzugreifen. Alles, was dafür benötigt wird, ist ein aktives *Mercedes-me*-Konto. Mit diesem Skill können verschiedene Funktionen genutzt und Informationen über das Fahrzeug abgerufen werden. Wenn das *Mercedes-me*-Konto mit dem Skill verknüpft ist, steht dem Nutzer eine Vielzahl von Befehlen zur Verfügung. Man kann das Auto verriegeln, die Standheizung starten oder stoppen, den Kilometerstand und den Standort des Autos abfragen, den Tankfüllstand und die verbleibende Reichweite erfragen oder den Batterieladestatus abrufen. Darüber hinaus kann der Servicestatus des Fahrzeugs ermittelt und es können entsprechende Erinnerungen verschickt werden. Der *Mercedes-me-Skill* erleichtert die Kommunikation mit dem *Mercedes-Benz*-Fahrzeug (vgl. [53, 54]).

Die **Möglichkeiten der Einbindung von digitalen Assistenten** in weitere Produkte und Dienstleistungen sind nahezu grenzenlos. Immer mehr Unternehmen und Marken verkünden Kooperationen mit *Amazon* oder *Google* oder bieten ihre eigenen Produkte mit einem Zugang zu den digitalen Assistenten an. Dabei reicht die Bandbreite von der bereits skizzierten Integration in Fahrzeuge bis zur Steuerung von Gardinen und weiteren Geräten im Haushalt. Hierzu zählen Saug- und Mähroboter, Badarmaturen, Küchengeräte und Waschmaschinen.

Besonders im Bereich des **Smart Homes** können digitale Assistenten eine umfassende Steuerung ermöglichen. Durch Sprachbefehle können Nutzer die Beleuchtung anpassen, die Raumtemperatur regeln, Musik abspielen und Sicherheitsfunktionen aktivieren.

Es ist jedoch wichtig, sich der **Datenschutz- und IT-Sicherheitsfragen** bewusst zu sein. Jede Verbindung mit dem Internet birgt potenzielle Sicherheitsrisiken und stellt ein mögliches Ziel für Hacker dar. Daher ist es von großer Bedeutung, dass Unternehmen und Hersteller entsprechende Sicherheitsmaßnahmen ergreifen, um die Privatsphäre und die Daten ihrer Nutzer zu schützen.

▶ **Food for Thought** Die digitalen persönlichen Assistenten entwickeln sich immer stärker zu regelrechten **digitalen Butlern**, die im Büro, im Auto, aber vor allem in unserem Zuhause 24/7 dienstbereit sind. Sie beantworten unsere Suchanfragen, platzieren unsere Bestellungen, regulieren Licht, Temperatur und Musik im Haus, spielen gewünschte Musik – und lernen uns immer besser kennen. Ob wir wollen oder nicht!

Wir wissen allerdings meist nicht, wer zu welchem Zeitpunkt zu welchem Zweck und mit welcher Intention zukünftig noch auf den **gigantischen Datenschatten** zugreifen kann und wird, den wir durch unsere Nutzung erzeugen.

> **Filmtipp** Ein inspirierendes Gedankenspiel, wie ein digitaler Butler zukünftig agieren könnte, zeigt der Film „*Her*". Dieses Science-Fiction-Drama erzählt die Geschichte von *Theodore Twombly*, einem einsamen Schriftsteller, der sich in sein Betriebssystem verliebt. Dieses enthält eine KI namens *Samantha*, die menschenähnliche Emotionen entwickelt. Während ihrer Beziehung erforschen *Theodore* und *Samantha* Themen wie Liebe, Identität und menschliche Verbindung in einer immer stärker digitalisierten Welt.

4.3.6 Voice Controlling

Um den **Erfolg von Voice-Marketing-Kampagnen** zu erfassen, sind messbare Kriterien erforderlich. Durch die folgenden Key Performance Indicators können die Ergebnisse des Voice-Marketings ermittelt und Optimierungsbedarfe erkannt werden:

- Anzahl der Personen, die eine unternehmenseigene **Voice App** aktiviert haben (als Anteil des Kundenstamms)
- Anteil der Personen, die eine **Voice Search** im relevanten Markt **gestartet** haben (in Prozent der Gesamtzahl aller Suchanfragen an das Unternehmen)
- Anteil der Personen, die eine **Voice Search gestartet** und eine spezifische **Conversion abgeschlossen** haben (in Prozent der Gesamtzahl der Nutzer mit gleicher Conversion)
- Anzahl der **Voice-Search-Abbrüche** (als Anteil aller Voice Searches)
- **Durchschnittsumsatz** bei Käufen, die durch Voice Search ausgelöst wurden (im Vergleich zum Durchschnittsumsatz aller Online-Kunden)
- **Anzahl der Fragen** pro Voice Search
- **Dauer der Voice-Search-Prozesse** (geteilt nach Abschluss mit und ohne angestrebte Conversion)
- **Anzahl der nicht beantwortbaren Fragen** durch die digitalen Assistenten (im Verhältnis zur Gesamtzahl der gestellten Fragen)
- **Anteil der regelmäßigen Voice-Search-Nutzer** (als Anteil der Gesamtzahl der Voice-Search-Nutzer)
- **Anteil der Unique Voice-Search-Nutzer** (als Anteil der Gesamtzahl der eigenen Kunden)
- **Ladezeit der Website** für Voice Search bei verschiedenen Fragestellungen
- **Anteil des Speakable Contents** auf der eigenen Website
- **Intensität der Voice-Zugriffe** auf Website-Inhalte
- **Tonality der Voice-Dialoge** (getrennt nach positiv, neutral und negativ, um die emotionalen Befindlichkeiten der Nutzer zu erkennen)

Die hier gewonnenen Erkenntnisse sind in einen geschlossenen Regelkreislauf (Closed Loop) einzupflegen, um einen kontinuierlichen **Lernprozess beim Voice-Marketing** sicherzustellen. Der Markt für Voice-Search entwickelt sich erst noch, zeigt aber bereits heute ein beträchtliches **Wachstumspotenzial**. Deshalb sollten Unternehmen, die ihre Frequenz online oder offline in hohem Maße den unterschiedlichsten Suchanfragen verdanken, auf jeden Fall erste Fingerübungen in Sachen Voice-Marketing starten.

Ihr Unternehmen sollte Erfahrungen sammeln, um bereit zu sein, sobald sich Voice als Kommunikationsformat online durchsetzt. Zur Entwicklung können Sie das in Abb. 4.20 aufgezeigte **Business Model Canvas** für **Conversational Artificial Intelligence** verwenden (vgl. grundlegend hierzu [55]). Hierdurch kann eine Vernetzung des Conversational Commerce mit den bisherigen Unternehmensaktivitäten vorangetrieben werden.

Unternehmen sollten sich intensiv mit den **Chancen und Risiken des Voice-Marketings** auseinandersetzen, da Voice Search in Zukunft die Suchprozesse dominieren wird. Vor allem bei wiederkehrenden Bestellungen des täglichen Bedarfs wird Voice Commerce an Bedeutung gewinnen. Bei größeren Anschaffungen können zumindest die Suche nach Anbietern sowie die Bereitstellung von entscheidungsrelevanten Informationen über Sprache erfolgen.

Die **Integration von Sprachsteuerung** in Smart Homes ist bereits weit fortgeschritten. Unternehmen, die Produkte für den privaten Bereich anbieten, sollten frühzeitig die Möglichkeiten von Voice-Schnittstellen erkennen und bereitstellen. In Zukunft könnte die Sprachsteuerung neben der Marke zum zentralen Kaufkriterium werden. Autos werden bereits als Hardware-Plattformen betrachtet, auf denen relevante Software wie *Alexa* ausgeführt wird. Es ist denkbar, dass auch andere Haushaltsgeräte wie Kühlschränke, Koch-

Abb. 4.20 Business Model Canvas für Conversational Artificial Intelligence

felder, Waschmaschinen und Espresso-Automaten anhand verfügbarer Voice-Schnittstellen ausgewählt werden. Darüber hinaus ermöglicht die Sprachsteuerung den **Zugang zu neuen Zielgruppen**, bspw. für Menschen mit Sehbehinderungen oder körperlichen Einschränkungen. Durch die Voice-Steuerung können viele Aspekte in deren Leben barrierefrei gestaltet werden.

Die Erschließung von **Voice-Anwendungen in B2B-Märkten** wird voraussichtlich langsamer erfolgen. Hier ist der Einsatz von Sprachassistenten oft mit größeren Risiken verbunden. Es ist daher entscheidend, dass Anbieter von Sprachassistenten sichere und wertschöpfende B2B-Anwendungen entwickeln.

► **Merk-Box** Die Herausforderung lautet: **Think Voice**!

Heute nutzen wir vielfach noch **eine App für jede spezifische Anwendung**: eine für die *Deutsche Bahn*, eine für den städtischen Nahverkehr wie *BVG*, eine für *Eurowings*, eine für *Amazon*, eine für *Spotify*, eine für die Wettervorhersage, eine für den News-Update von *Der Spiegel* und natürlich die App des *Deutschlandfunks*, um dort regelmäßig wichtige Interviews, qualifizierte Hintergrundberichte und die Presseschau zu hören.

In Zukunft werden viele dieser Apps zu **Sleeper-Apps** werden – auf das mobile Gerät geladen, aber nicht mehr genutzt. Immer mehr Anwendung werden – nahtlos – in die digitalen Assistenten wandern und unser gesamtes Kommunikationsverhalten verändern. Alle relevanten Informationen werden wir durch diese erhalten, dort Suchprozesse starten und Bestellungen platzieren, Termine verwalten, Musik hören, Reisen buchen, Finanztransaktionen durchführen sowie uns mit Freunden austauschen.

Es wird zunehmend zu einem **Kontext-Marketing** kommen bzw. kommen müssen. Das bedeutet, dass die bereitgestellten Informationen erstmalig oder viel stärker auf das individuelle Nutzungsumfeld ausgerichtet werden. **Location-based Services** werden umfassender zu **Context-based Services**. So wird der Slogan „Marketing as a Service" umfassend mit Leben gefüllt.

Der langfristige Trend lautet folglich nicht mehr **Voice first**, sondern **Voice only**! Darauf sollten wir uns als Konsumenten, aber vor allem auch als Mitarbeiter und Unternehmen einstellen. Der Weg zu einer **Voice-only-Economy** ist vorbestimmt – und Voice Content wird von überragender Bedeutung sein!

► **Food for Thought** Digitale Assistenten werden die **Datenhoheit** übernehmen. Je länger und je intensiver sie genutzt werden, desto mehr Wissen häufen sie über den Nutzer und seine Gewohnheiten an. Orientiert an unseren Präferenzen wird der digitale Assistent mit bestimmten Unternehmen Informationen austauschen – mit anderen dagegen nicht.

Zusätzlich werden immer mehr Dialoge zwischen verschiedenen digitalen Assistenten auf Anbieter- und Nachfragerseite stattfinden. Die persönliche Kommunikation wird perspektivisch teilweise durch eine **Maschine-zu-Maschine-Kommunikation** ersetzt. Die digitalen Assistenten werden Preise, Lieferbedingungen und

More-, Cross- und Up-Sell-Strategien selbstständig untereinander aushandeln. Dies bringt die Gefahr mit sich, dass die Unternehmen den direkten Kundenkontakt verlieren.

Die **Entwicklung von Produkten und Services** kann sich verstärkt an den Maschine-zu-Maschine-Dialogen orientieren. Schließlich liegen dort sehr viele spannende Informationen über das vergangene und aktuelle Kaufverhalten sowie über Wünsche, Träume und Präferenzen der Nutzer vor.

Digitale Assistenten werden zu einflussreichen **Verkauf- und Beratungs-Agenten**, die – weitgehend losgelöst von anbietenden Unternehmen – über Kauf oder Nicht-Kauf entscheiden. Die hinter diesen Assistenten stehenden Unternehmen gewinnen mit jeder neu gewonnenen Information an Machtfülle.

Das wird dazu führen, dass nicht nur die **GAFAM-Unternehmen**, sondern auch die **BATX-Unternehmen** an Bedeutung gewinnen werden. Hier zeichnen sich neue **Winner-takes-it-all-Modelle** ab, die die bereits bestehende Marktdominanz noch verstärken werden. Mit allen negativen Effekten auf den Wettbewerb!

▶ **Merk-Box** Jedes Unternehmen ist aufgerufen, sich mit den **Konzepten der digitalen Assistenten** vertiefend auseinanderzusetzen. Hierbei gilt es, eigene Kompetenzen für das Voice-Design zu entwickeln, denn Voice first wird die nächste große Herausforderung darstellen – für alle Unternehmen – früher oder später! Tastaturen und andere klassische Eingabehilfen werden obsolet.

Folgende Fragen sollten Sie sich stellen

- Haben wir uns bereits ausführlich mit den Potenzialen des Voice-Marketings auseinandergesetzt?
- Welche Bereiche eignen sich als interessante Testfelder für Voice-Anwendungen in unserem Unternehmen?
- Wer ist bei uns für die Optimierung der Voice Engine zuständig?
- Was ist zu tun, um Speakable Content zeitnah in unsere Website zu integrieren?
- Ist es sinnvoll, bereits jetzt in spezielle App-Entwicklungen für Voice-Marketing zu investieren?
- Wie können wir den Einsatz von Voice-Marketing nutzen, um die Customer Experience unserer Kunden zu verbessern?
- Welche spezifischen Zielgruppen könnten von Voice-Marketing besonders profitieren und wie können wir sie gezielt ansprechen?
- Welche innovativen Voice-Commerce-Strategien können wir entwickeln, um unsere Umsätze zu steigern und neue Kunden zu gewinnen?
- Wo positionieren sich unsere Wettbewerber in Bezug auf Voice-Marketing?
- Wer trägt in unserem Unternehmen die Verantwortung für die genannten Fragestellungen und Initiativen im Bereich Voice-Marketing?

Zusammenfassung

- **Voice-Marketing** bietet eine große Zahl spannender Einsatzbereiche.
- Die Grundlage des Voice-Marketings ist die Definition der **Corporate** bzw. **Brand Language**.
- Beim **Voice Branding** geht es darum, welche inhaltliche und emotionale Auflandung durch Sprache erzielt werden soll.
- Ein unverzichtbares Handlungsfeld für Unternehmen stellt die Vorbereitung auf **Voice Search** dar; Unternehmen müssen die Voraussetzungen schaffen, um in Zukunft bei Voice-basierten Suchen gefunden zu werden.
- **Voice Commerce** ermöglicht einen sprachgesteuerten Einkauf – inkl. aller begleitenden Informations- und Serviceschritte.
- Bei **Voice Integration** „zieht" eine Sprachschnittstelle in andere Produkte ein.
- **Voice Controlling** hat die Aufgabe, die Ergebnisse des Voice-Marketings kontinuierlich zu erfassen und zu bewerten, um Optimierungsansätze zu identifizieren.

4.4 Voice Identification und Sprachanalyse

Bei der Voice Identification (Spracherkennung) sind zwei Einsatzfelder zu unterscheiden. Zum einen umfasst sie die schon angesprochene Verarbeitung natürlicher Sprache (NLP; Kernaufgabe „Was wird gesagt?"). Zum anderen geht es um die Sprecher-Erkennung („Wer spricht?"). Hierbei steht die Identifikation einer Person auf Basis der Eigenschaften einer Stimme im Mittelpunkt. Dem auch Sprecher-Verifizierung bzw. Sprecher-Authentifizierung genannten Prozess kommt zur Identifikation von Kunden eine große Bedeutung zu, wenn sicherheitsrelevante Prozesse oder wichtige Transaktionen (bspw. Telefonbanking) über Sprache gesteuert werden. Auch bei einfachen Bestellungen über Sprache – etwa über einen digitalen persönlichen Assistenten – ist die Sprecher-Erkennung wichtig.

► **Food for Thought** Wäre eine solche Sprecher-Erkennung bei *Alexa* vorhanden gewesen, hätte es das folgende Beispiel nie gegeben. Es fing ganz harmlos an: Ein Mädchen hatte in den USA über *Alexa* ein Puppenhaus und kiloweise Kekse bestellt. Es hatte schnell gelernt, wie Mama und Papa *Alexa* als Shopping-Assistant einsetzen. Eine Lawine kam ins Rollen, als ein Nachrichtensprecher in einer US-News-Sendung über diesen Fall berichtete und den verhängnisvollen Satz sagte: „Ich liebe dieses kleine Mädchen, wie sie sagt ‚*Alexa* hat mir ein Puppenhaus bestellt'" (vgl. [56]).

Da *Alexa* in vielen US-Haushalten in der Nähe des (häufig kontinuierlich laufenden) TV-Geräts aufgestellt ist, hörten viele *Alexa*-Geräte den Satz, verstanden ihn als Befehl – und führten ihn aus! Eine Vielzahl von Beschwerden ging daraufhin beim Sender ein, weil *Alexa* hier – nur scheinbar ungefragt – Kaufprozesse ausgelöst hatte. Denn *Alexa* hatte – fast korrekt – aus dem Satz „*Alexa* hat mir ein Puppenhaus bestellt" den Aktivierungsbegriff „*Alexa*" herausgehört und den Befehl „Puppenhaus bestellt" wahrgenommen. Dass *Alexa* – zurzeit – noch nicht die Feinheiten der Grammatik beherrscht, sei verziehen.

Um solche Effekte zu verhindern, existieren *Alexa*-interne Lösungen: Die Kauf-Option ist bei *Amazon Echo* standardmäßig aktiviert, lässt sich aber auch ausschalten. Alternativ hierzu kann eine PIN hinterlegt werden, mit der jeder Kauf zu bestätigen ist. Es gibt sie also, die Sicherheitsvorgaben, aber wer nutzt sie schon immer konsequent?

Lassen Sie uns noch auf eine weitere Gedankenreise gehen. Ein LKW mit großen Lautsprecherboxen fährt durch eine Straße. Aus diesen Boxen dröhnt wiederholt der Befehl: „*Alexa*, öffne die Tür." Was wird wohl passieren, wenn in immer mehr Haushalten *Alexa* zum Familienmitglied geworden ist und das Smart Home über *Alexa* gesteuert wird – einschließlich der Haustür?

Um eine Sprecher-Erkennung bei Bestellungen, aber natürlich besonders bei Tür-Öffnungs-Befehlen zu ermöglichen – wer möchte hier schon Sicherheitspasswörter oder Kundennummern durchgeben – können sogenannte **Voice Prints** (**Stimm-Abdrücke**) erstellt werden. Hierbei machen sich die entsprechenden Systeme das Phänomen zunutze, dass jede Stimme einzigartig ist. Eine Ursache für unterscheidbare akustische Muster der menschlichen Sprache ist die Anatomie (etwa Größe und Form von Hals und Mund). Aber auch die erworbenen Verhaltensmuster wie Stimmlage und Artikulation, oft verbunden mit Dialekten, tragen zur Differenzierung bei.

Diese stimmlichen Merkmale werden durch ein **Klangspektrogramm** abgebildet. Das Spektrogramm stellt die Frequenz eines Schalls auf der vertikalen Achse über die Zeit auf der horizontalen Achse dar. Das ist der Kern des Voice Prints – und viel eleganter als ein Iris-Scanner, der uns meist in Agentenfilmen begegnet – und dort auch mit Augen funktioniert, die sich nicht mehr an ihrem natürlichen Ort befinden!

Die **Sprecher-Erkennung** verläuft zumeist in zwei Phasen: der Anmeldung und der Verifizierung. In der **Anmeldephase** wird die Stimme des Sprechers aufgezeichnet, um den Voice Print zu erstellen. In der **Verifizierungsphase** wird der neue Voice Print mit einem früher aufgenommenen Voice Print verglichen. Es bleibt unserer Fantasie überlassen, uns auszumalen, wie ein solcher Voice Print nach einem Zahnarztbesuch (mit Betäubungsspritze) bzw. bei einer akuten Erkältung funktioniert.

▶ **Food for Thought** Es wäre spannend zu erfahren, ob die folgende Nutzung von *Alexa* durch eine Sprecher-Erkennung hätte vermieden werden können. Was war passiert? Der Papagei *Rocco* aus dem englischen Blewbury sorgte für Aufsehen: Er bestellte über *Alexa* die verschiedensten Dinge auf *Amazon*, indem er die Stimme seiner Besitzerin nachahmte. *Rocco* ist ein Graupapagei, der die Intelligenz eines fünfjährigen Kindes besitzt. Diese Papageienart kann Worte fast originalgetreu nachsprechen. So wurde *Rocco* schnell klar, wie er *Alexa* bedienen kann. Nach der Aktivierung bestellte der Papagei unter anderem Brokkoli, Rosinen, Wassermelonen, Eiscreme und sogar Glühbirnen und einen Flugdrachen. Auch zur musikalischen Unterhaltung wurde *Alexa* von *Rocco* eingebunden. Der Papagei wünschte sich Musik, zu der er dann tanzte (vgl. [57]).

Beispiel: *Amazon Connect*

Amazon Connect Voice ID ist eine Funktion von ***Amazon Connect***. Sie nutzt Machine Learning, um eine **Anrufer-Authentifizierung** wie auch eine **Erkennung von Betrugsrisiken** in Echtzeit zu ermöglichen. Hierdurch sollen Sprachinteraktionen nicht nur schneller, sondern vor allem auch sicherer gemacht werden. Früher mussten Customer Service Center häufig zeitaufwändige, wissensbasierte Prozesse zur Authentifizierung einsetzen. Dazu musste der Anrufer mehrere Fragen zu persönlichen Details wie Geburtsdatum und Mädchenname der Mutter oder zum Lieblingstier beantworten.

Um solche ungeliebten Abfrageprozeduren zu vermeiden, analysiert *Amazon Connect Voice ID* die einzigartigen Stimmmerkmale des Anrufers. Voraussetzung für den Einsatz von *Amazon Connect Voice ID* ist die Zustimmung des Kunden. Dann werden Sprachattribute wie Rhythmus, Tonhöhe und Klang analysiert, um einen **digitalen Stimmabdruck** zu erstellen. Dieser individuelle Stimmabdruck vereinfacht die Authentifizierung des Kunden bei seinem nächsten Anruf. Der Kunde muss dann keine Fragen mehr beantworten, sondern kann sein Anliegen direkt mündlich vortragen (vgl. [58]). ◄

Basierend auf den hier gewonnenen Ergebnissen können Telefon-Agenten und digitale Assistenten in Echtzeit über die **Identität des Anrufers** informiert werden. Dies ermöglicht eine schnellere und genauere Überprüfung. Gleichzeitig wird – ebenfalls in Echtzeit – nach potenziellen Betrügern gesucht, die auf individuellen Überwachungsliste verzeichnet sind. Dann vergleicht *Voice ID* die eingehende Audiodaten mit Aufnahmen der in diesen Listen verzeichneten betrügerischen Akteure. Noch während des Anrufs können verdächtige Anrufer automatisch mit einer Risikokennzeichnung versehen werden (vgl. [58]).

Wir sollten daher als Nutzer über verschiedene Mechanismen nachdenken, die solche Fehlnutzungen sowie Attacken durch das sogenannte Social Engineering abzuwehren helfen. **Social Engineering** kennzeichnet eine zwischenmenschliche Beeinflussung, die beim Gegenüber bestimmte Verhaltensweisen auslösen soll. Dies kann die Mitteilung vertraulicher Informationen (etwa von Passwörtern) oder die Verleitung zu für den Betreffenden schädlichen Transaktionen sein (etwa Käufe oder Überweisungen). Hierzu spionieren die sogenannten **Social Engineers** das persönliche Umfeld des Opfers aus, um dann Personen aus diesem Umkreis vorzuspielen, man sei die Person X oder Y (Stichwort „Enkel-Trick"). Häufig dringen Social Engineers – basierend auf gestohlenen Informationen – auch in fremde IT-Systeme ein. Es handelt es sich um das sogenannte **Social Hacking**. Dies kann verhindert oder zumindest erschwert werden, wenn eine leistungsstarke Sprecher-Erkennung eingesetzt wird.

► **Merk-Box** Wenn wir digitale persönliche Assistenten zur Schnittstelle in unserer Kundenkommunikation machen möchten, müssen wir eine **Sprecher-Erkennung** integrieren, um eine missbräuchliche Nutzung der Schnittstelle zu vermeiden. „Spracherkennung" ohne „Sprecher-Erkennung" allein reicht nicht mehr aus.

Was folgt?

Stimmerkennung wird die neue Gesichtserkennung!

Allerdings gilt auch hier: Inzwischen werden – durch Social Engineering – auch Voice Prints durch Betrüger erzeugt, um solche Sicherheitssysteme zu überwinden. Dies gelingt vor allem bei Personen, von denen es Sprachaufzeichnungen gibt.

Ein Ziel des Unternehmens ***Affectiva*** ist es, die Künstliche Intelligenz zur **Analyse von Gesichts- und Stimmausdrücken** einzusetzen. Dies soll es KI-Agenten ermöglichen, menschliche Emotionen und kognitive Zustände besser zu verstehen. Die Software bietet die Möglichkeit, Emotionen und Zustände wie Schläfrigkeit und Ablenkung zu erkennen. Zusätzlich können auch Aktivitäten des Menschen erfasst werden. Dies schließt auch Objekte ein, die ein Mensch gerade benutzt. Hierfür werden das menschliche Gesicht, die Intonation (d. h. die Veränderung des Tones nach Höhe und Stärke beim Sprechen) sowie die Körperhaltung analysiert. Die hierfür erforderlichen Daten des menschlichen Gesichts werden entweder über eine Webcam oder eine Smartphone-Kamera in Echtzeit gewonnen. Die KI-Algorithmen klassifizieren die erfassten Gesichtsausdrücke und ordnen diesen Ausdrücken bestimmte Emotionen zu. Über Computer Vision werden die genutzten Objekte erkannt. Weitere Algorithmen analysieren Ton, Lautstärke und Tempo der Sprache (vgl. [59]).

Für das Training hat Affectiva [59] mehr als 10 Mio. Gesichtsvideos aus 90 Ländern analysiert. Zusätzlich wurden Daten von 4000 einzelnen Personen zusammengetragen. Dazu zählen neben Geschlecht und ethnischer Zugehörigkeit auch Alter, Bart, Brille etc. Diese Daten sollen eine hohe Bandbreite des menschlichen Aussehens abdecken, um algorithmische und datenbezogene Verzerrungen zu vermeiden (vgl. Abschn. 1.4).

Diese Technologie kann etwa zur **Analyse des Zustands eines Autofahrers im Fahrzeug** eingesetzt werden. Eine multimodale Lösung erfasst die Vorgänge im Fahrzeug. Dies dient dazu, die Verkehrssicherheit zu erhöhen und das Mobilitätserlebnis zu optimieren. Durch die im Auto installierten Kameras kann in Echtzeit der Zustand des Fahrers, der Mitfahrer sowie des Innenraums erfasst werden. Die Auswertung dieser Daten kann helfen, das Fahren insgesamt sicherer zu machen. Basierend auf den im Fahrbetrieb gewonnenen Daten können **Systeme zur Überwachung der Fahrer** entwickelt werden. So können ein gefährliches Fahrerverhalten, aber auch zunehmende Schläfrigkeit sowie Ablenkung und Wut erkannt werden. Basierend auf diesen Erkenntnissen können dem Fahrer in Echtzeit entsprechende Nachrichten übermittelt werden, um ein sicheres Führen des Fahrzeugs zu unterstützen. Im Jahr 2021 hat *Smart Eye*, ein führender Anbieter von Fahrerüberwachungssystemen, *Affectiva* übernommen. Ziel von *Smart Eye* ist es, **Human Insight AI** anzubieten – Systeme, die menschliches Verhalten in komplexen Umgebungen verstehen, unterstützen und vorhersagen (vgl. [59]).

Das Unternehmen Receptiviti [60] hat die ***Receptiviti Insights API*** entwickelt. Diese liefert schnelle Einblicke in die Emotionen, die Persönlichkeit, die Denkweise und die Wahrnehmungen der Menschen – basierend auf den jeweiligen Sprachdaten. Hierfür können verschiedene Quelle der natürlichen Sprache ausgewertet werden. Dazu zählen Posts aus den sozialen Medien, Umfragen, Transkripte, E-Mails, Nachrichten und Interviews. Die daraus gewonnenen **sprachpsychologischen Signale** können für unterschiedlichste Geschäftsanwendungen eingesetzt werden. Dazu zählen Vorhersagemodelle und Empfehlungen.

Um solche Erkenntnisse zu gewinnen, müssen seitens der anwendenden Unternehmen nicht notwendigerweise eigenen Trainingsdaten bereitgestellt werden. Eigene Daten können nach einem ersten Einsatz zur Feinabstimmung des Systems genutzt werden. Das Modell von *Receptiviti* basiert auf über 19.000 validierten einschlägigen Forschungsstudien. Diese Studien befassen sich mit den linguistischen „Fingerabdrücken" von Emotionen und Persönlichkeitsmerkmalen. Sie analysieren die linguistischen Signaturen verschiedener psychologischer Zustände und beschäftigen sich mit sprachbasierten Prädiktoren für menschliches Verhalten. Ein Prädiktor ist eine Variable, die zur Vorhersage eines anderen Kriteriums – hier des menschlichen Verhaltens – eingesetzt wird. So können erwartete Reaktionen prognostiziert werden. Unternehmen können diese Prognosen ihren eigenen Aktivitäten zugrunde legen – bspw. bei Art und Inhalt der Ansprache (vgl. [60]).

Die Aussage „The experience is the product" – gilt auch für die Kommunikation zwischen Unternehmen und Kunden in einem **Customer Service Center**. Hier entscheidet sich häufig, ob ein Kunde bleibt und weitere Angebote annimmt. Ein solcher Kontakt beeinflusst, ob ein reklamierender Kunde dem Unternehmen treu bleibt und es weiterempfiehlt – oder dem Anbieter für immer verloren geht und über seine negativen Erfahrungen noch auf vielen Kanälen informiert. Wie können die **Call Center Agents** noch besser in ihren Soft Skills für den Kundenkontakt trainiert werden?

Voice Analytics (Sprach-Analyse) kann eingesetzt werden, um mehr über den Sprecher zu erfahren. Die **Tonality des Sprechenden** kann analysiert werden, um auf die emotionale Lage und damit auch auf die Dringlichkeit des Anliegens zu schließen („Wie wird etwas gesagt?"). Bei kritischen Gesprächspartnern, die durch Voice-Analyse ermittelt werden, kann ein Routing des Calls zu besonders qualifizierten Mitarbeitern erfolgen.

Das Unternehmen ***Vier*** hat ein **KI-System für Voice Analytics** entwickelt und bietet dieses unter dem Slogan **Psychology as a Service** an (vgl. [61]). Durch eine innovative Sprachanalyse können unterschiedliche Vertriebs- und Kommunikationsaktivitäten unterstützt werden. Die vom Unternehmen vorgenommene Zusammenführung von Psychologie und Künstlicher Intelligenz basiert auf der Hypothese, dass jeder Mensch anders denkt und sich ganz individuell ausdrückt. Das System analysiert die sprachliche Kommunikation und überführt diese in eine psychologische Auswertung. Die Grundlage hierfür basiert auf 38 Mio. Textbewertungen von mehr als 25.000 Teilnehmern. Dieser Datensatz lieferte das Trainingsmaterial für den KI-Agenten. Die hier eingesetzte **Emotions-Analytics-KI** zergliedert die Sprache in über 110 Mio. Bausteine. Hierbei werden nicht nur Wörter, sondern auch deren Abfolge und Strukturen abgebildet. Durch Emotion Analytics werden diese Bausteine mit den Daten großer wissenschaftlicher Studien abgeglichen. So werden Muster in der Nutzung verschiedener Wörter erkannt. Hierzu werden u. a. die folgenden sprachliche Elemente und deren Kombination analysiert:

- Positionierung und Art der eingesetzten Wörter
- Wiederholter Einsatz von Wörtern sowie deren Kombination
- Struktur und Grammatik der verwendeten Sprache

Hierdurch kann *VIER Emotion Analytics* aus geschriebener und gesprochener Sprache psychologische Ergebnisse gewinnen. So kann die KI-basierte Software Aussagen über die **psychologische Wirkung von Sprache** treffen. Die Resultate können bspw. „autoritäre Sprache" oder „visionäre Formulierung" sein. Auch „sprachlicher Zwang" oder eine „relativierende Sprache" kann erkannt werden. Hierdurch können Einzelpersonen, aber auch Führungskräfte die eigene Sprachwirkung objektiv erfassen, um daran zu arbeiten. Eine gezieltere Kommunikation wird möglich, die hilft, Missverständnisse und Fehlwahrnehmungen zu vermeiden (vgl. [61]).

Um den im direkten Kundenkontakt stehenden Mitarbeitern weitere Wachstumsimpulse zu vermitteln, hat ***Cogito*** ein **Coaching-System mit Künstlicher Intelligenz** entwickelt. Diese soll vor allem die emotionale Intelligenz von Telefonmitarbeitern steigern. Hierzu misst *Cogito*, wie gut ein Gespräch läuft – in Echtzeit. In einem **KI-gesteuerten Echtzeit-Coaching** für Call Center Agents wird nicht nur das Verhalten des Agents analysiert, sondern auch das des Gesprächspartners. KI-gestützte Mitteilungen fördern ein Bewusstsein für das eigene Sprechverhalten und die Kundenwahrnehmung. Hierzu tragen Empfehlungen und Feedback bei. Diese können wie folgt lauten: „Sie sprechen zu viel", „häufige Überschneidungen", „atmen Sie tief durch und machen Sie eine Pause zwischen den Sätzen". Ein Feedback könnte auch sein: „Sie wirken sehr angespannt." Hierdurch werden die Call-Agents trainiert und können Gespräche in Zukunft idealerweise mit mehr Einfühlungsvermögen, Selbstvertrauen, Professionalität und Effizienz führen. Gleichzeitig werden die Agenten sensibilisiert für mögliche Anzeichen von Kaufinteresse oder Kundenfrustration (vgl. [62]).

Diese Analysemöglichkeiten eröffnen eine Vielzahl von Anwendungsfällen. Solange die datenschutzrechtlichen Rahmenbedingungen berücksichtigt werden, können derartige Lösungen wichtige Impulse für die Betroffenen leisten.

Einen spannenden Einsatzbereich für Sprachanalyse untersuchten Ewertz et al. [63]. In deren Studie sollte die **Vorhersage von Unternehmensgewinnen** verbessert werden. Die klassischen **Modelle zur Gewinnvorhersage** basieren primär auf numerischen Finanzdaten. Das Forscherteam stellte dagegen die Hypothese auf, dass stimmliche Hinweise aus der **Sprache von Managern** eine beträchtliche **Vorhersagekraft** aufweisen. Auf Basis der **Stimmenanalyse von Managern** konnte eine zuverlässigere Vorhersage zukünftiger Geschäftsergebnisse erzielt werden als durch die Modelle, die auf detaillierten Finanzdaten und Texteingaben basieren. Zusätzlich konnte festgestellt werden, dass Anleger, die Gewinnprognosen auf Basis der sprachbasierten Modelle für ihre Handelsstrategien nutzen, den Markt im Durchschnitt um 8,8 % pro Jahr schlagen können. Darüber hinaus können Finanzanalysten ihre Gewinnprognosen auf Basis von Sprachanalysen um mehr als 40 % verbessern. Insgesamt wurde sichtbar, dass die **stimmlichen Hinweise von Managern** wichtige Prädiktoren für künftige Erträge sind. Allerdings wurden solche Sprachsignale von Anlegern bisher meist übersehen.

Think-Box: Fragen, die Sie sich stellen sollten!

- Welche Möglichkeiten bestehen, um die Customer Experience durch die Einbindung von Sprache zu verbessern?
- Wurden Konzepte der Voice Identificationin unserem Unternehmen schon hinsichtlich ihrer Relevanz geprüft – bei der Verarbeitung natürlicher Sprache sowie bei der Sprecher-Erkennung?
- Wurde in unserem Unternehmen schon geprüft, ob eine Erkennung von Emotionen in verschiedenen Geschäftsprozessen wichtig ist – und wie mögliche Use Cases aussehen könnten?
- Haben wir uns schon mit KI-Systemen für Voice Analytics und dem Konzept Psychology as a Service beschäftigt?
- Wo können wir Emotions-Analytics-KI zielführend einsetzen?
- Haben wir uns schon mit den Möglichkeiten eines KI-gesteuerten Echtzeit-Coachings beschäftigt?

Zusammenfassung

- Der Einsatz von **Voice Identification** und **Sprachanalyse** im Kundendialog beginnt mit der Definition der angestrebten Ziele.
- Für Voice Identification und Sprachanalyse stehen verschiedene **Technologien** zur Verfügung.
- **Emotions-Analytics-KI** verhilft zu vertiefenden Erkenntnissen über die emotionalen Befindlichkeiten von Menschen.
- **Voice Analytics** bieten viele spannende Einsatzfelder.
- **Rechtliche Aspekte**, wie Datenschutz, Einwilligung der Kunden und Compliance mit geltenden Vorschriften für die Aufzeichnung und Verarbeitung von Kundendaten, sind umfassend zu berücksichtigen.

4.5 Mit KI zu einer wirkungsvollen Sprache

4.5.1 System zur Steigerung der Text-Performance

Damit Sie das notwendige, für eine Kommunikationswirkung unverzichtbare **Optimierungspotenzial** systematisch erkennen können, kann die Software ***TEO Suite*** von tcl.digital [64] eingesetzt werden. Hiermit können Sie Texte für Briefe, aber bspw. auch für Flyer und Websites daraufhin analysieren, inwieweit diese – orientiert an wissenschaftlichen Standards – lesefreundlich und vor allem auch aktivierend gestaltet sind.

Die **Bewertung Ihrer Texte** basiert auf folgenden Indizes (vgl. [64]):

- **Verständlichkeits-Index** (u. a. gemessen durch die Wort- und Satzlänge) – eine gute Verständlichkeit ist die Grundlage eines leserorientierten Textes
- **Abstraktheits-Index** (ermittelt bspw. durch die Anzahl der Substantive) – im Gegensatz zu einer abstrakten Sprache kann ein bildhafter Text schneller verarbeitet werden und bindet die Leser stärker ein
- **Human-Interest-Index** (analysiert durch den Einsatz von persönlichen Sätzen) – persönliche Merkmale in Texten bauen eine Nähe zum Leser auf
- **Impuls-Index** (bewertet durch die Art und Intensität der Handlungsappelle) – hier geht es um die Aktivierungsqualität bzw. die Impulskraft, um die Leser durch Text zum Handeln zu aktivieren

Durch einen Algorithmus wird hieraus der **TPI** ermittelt – der **Text-Performance-Index**. Dieser Algorithmus variiert in Abhängigkeit Ihres **Kommunikationsziels**. Schließlich bedarf es einer unterschiedlichen Sprache, wenn Sie nur **Informationen vermitteln** wollen (bspw. ein Faktenblatt für ein Produkt). Ist Ihr Ziel dagegen die **Kundenbetreuung** oder eine **Aktivierung zum Kauf**, ist die Ansprache anders auszugestalten. Interessant ist, dass Sie durch die *TEO*-Analyse nicht nur konkrete Anregungen zur Optimierung erhalten – ganz im Sinne eines konstruktiven Feedbacks. Ihre eigenen Texte werden auch in Relation zu einem Benchmark bewertet, um den „Room for Improvement" deutlich zu machen.

Wie die auf **Text-Performance** ausgerichtete Software *TEO Suite* konkret funktioniert, wird durch die Analyse eines Mailings von *HAWESKO* veranschaulicht. Zunächst wird der gesamte Brieftext im Hinblick auf seine **Performance-Qualität** analysiert (vgl. Abb. 4.21). Hierbei wurde die folgende Konfiguration zugrunde gelegt, die jeweils individuell vor jeder Analyse zu definieren ist:

- Endverbraucher (B2C)
- Ziel „verkaufen"
- Medium Print

Der hier analysierte Text ist bereits relativ gut ausgearbeitet. Er erreicht eine Wirkprognose von 73 %. Der Maximalwert des Text-Performance-Index (TPI) liegt bei 100 %. Dieses Ergebnis zeigt, dass dieses Mailing noch punktuell verbessert werden kann.

Im Bereich der **Leseraktivierung** besteht bei dem hier analysierten Mailing das größte Potenzial. Schließlich verzichtet der Text auf einen direkten Kauf-Appell (Call-to-action; vgl. Abb. 4.22).

Die Detailanalyse des Textes zeigt, dass der am häufigsten verwendete Begriff „Gutschein" zugleich ein wichtiger **Leservorteil** ist. Damit setzt der Brief einen positiven und kundenorientierten Schwerpunkt (vgl. Abb. 4.23).

In Abb. 4.24 ist zu sehen, wie – angeregt durch die *TEO*-Ergebnisse – die Spezialisten von *tcl.digital* den Text optimiert haben.

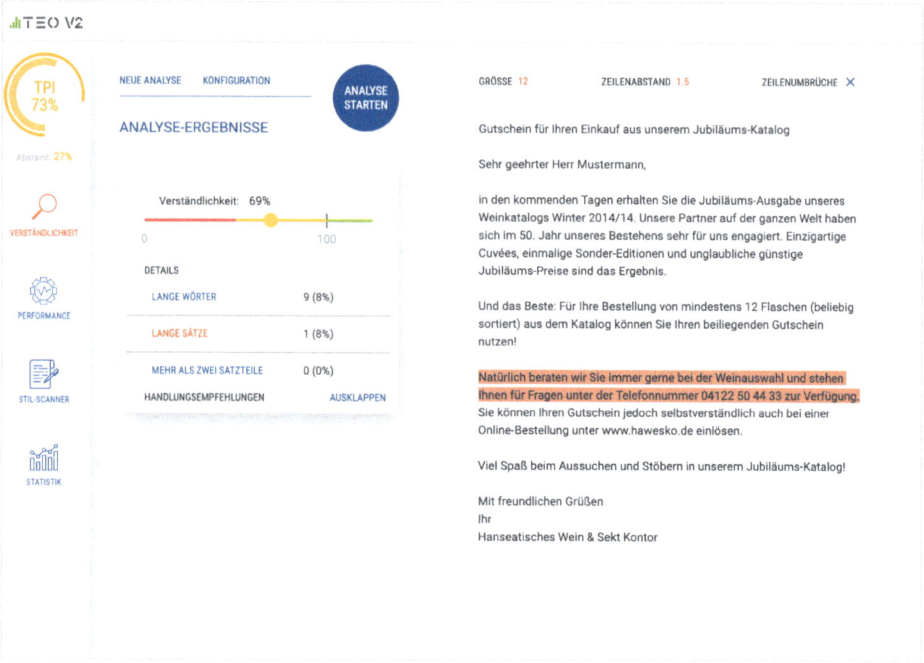

Abb. 4.21 *TEO*-Analyse des Mailings von *HAWESKO* – Gesamtwert und Detailansicht „Verständlichkeit". (Quelle: tcl.digital)

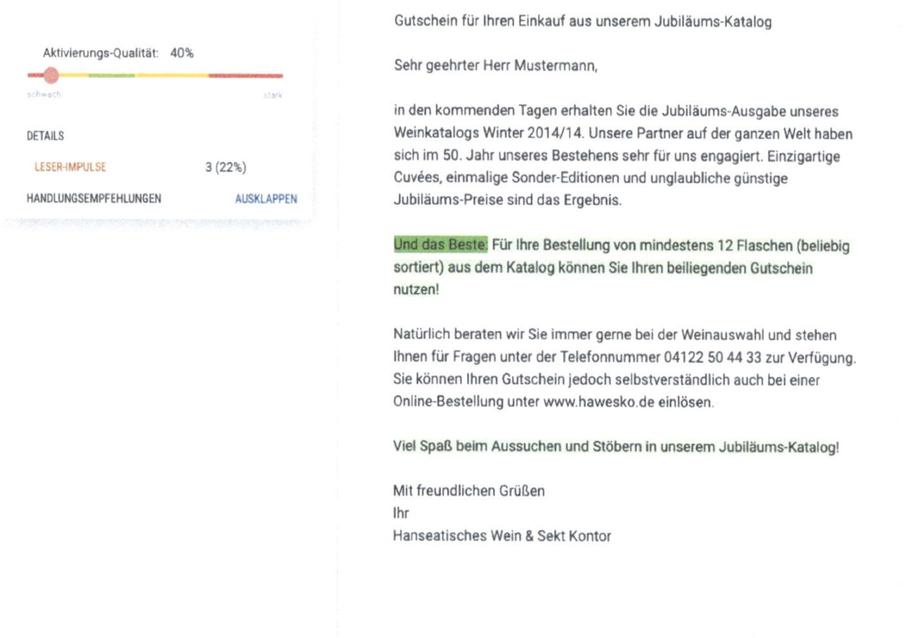

Abb. 4.22 *TEO*-Analyse des Mailings von *HAWESKO* – Leseraktivierung. (Quelle: tcl.digital)

Häufige Wörter

1. Gutschein	3 (2 %)
2. Jubiläums-Katalog	2 (2 %)
3. können	2 (2 %)

Gutschein für Ihren Einkauf aus unserem Jubiläums-Katalog

Sehr geehrter Herr Mustermann,

in den kommenden Tagen erhalten Sie die Jubiläums-Ausgabe unseres Weinkatalogs Winter 2014/14. Unsere Partner auf der ganzen Welt haben sich im 50. Jahr unseres Bestehens sehr für uns engagiert. Einzigartige Cuvées, einmalige Sonder-Editionen und unglaubliche günstige Jubiläums-Preise sind das Ergebnis.

Und das Beste: Für Ihre Bestellung von mindestens 12 Flaschen (beliebig sortiert) aus dem Katalog können Sie Ihren beiliegenden Gutschein nutzen!

Natürlich beraten wir Sie immer gerne bei der Weinauswahl und stehen Ihnen für Fragen unter der Telefonnummer 04122 50 44 33 zur Verfügung. Sie können Ihren Gutschein jedoch selbstverständlich auch bei einer Online-Bestellung unter www.hawesko.de einlösen.

Viel Spaß beim Aussuchen und Stöbern in unserem Jubiläums-Katalog!

Mit freundlichen Grüßen
Ihr
Hanseatisches Wein & Sekt Kontor

Abb. 4.23 *TEO*-Analyse des Mailings von *HAWESKO* – textliche Schwerpunkte. (Quelle: tcl. digital)

Gutschein für Ihren Einkauf aus unserem Jubiläums-Katalog

Sehr geehrter Herr Mustermann,

in den kommenden Tagen erhalten Sie die Jubiläums-Ausgabe unseres Weinkatalogs Winter 2014/14. Unsere Partner auf der ganzen Welt haben sich im 50. Jahr unseres Bestehens sehr für uns engagiert. Einzigartige Cuvées, einmalige Sonder-Editionen und unglaubliche günstige Jubiläums-Preise sind das Ergebnis.

Und das Beste: Sie erhalten einen Gutschein! Wählen Sie aus dem Katalog Ihre Favoriten aus. Ab einer Bestellung von 12 Flaschen können Sie Ihre Auswahl frei zusammenstellen – und dabei sparen! → Langen Satz optimiert und mit Aktivierung aufgeladen

Natürlich beraten wir Sie immer gerne bei der Weinauswahl und stehen Ihnen für Fragen unter der Telefonnummer 04122 50 44 33 zur Verfügung. Sie können Ihren Gutschein jedoch selbstverständlich auch bei einer Online-Bestellung unter www.hawesko.de einlösen.

Viel Spaß beim Aussuchen und Stöbern in unserem Jubiläums-Katalog!

Mit freundlichen Grüßen
Ihr
Hanseatisches Wein & Sekt Kontor

PS: Nutzen Sie Ihren Gutschein einfach zum Ausprobieren und Entdecken. Denn mit einem Preisvorteil macht das Stöbern noch mehr Spaß! → PS mit Aktivierung hinzugefügt

Abb. 4.24 *TEO*-Analyse des Mailings von *HAWESKO* – Optimierungsansätze. (Quelle: tcl.digital)

Nach der Optimierung wurde eine **Aktivierung** auf einem mittleren Niveau erreicht: nicht mehr zu leise, aber auch nicht zu laut. Dieses mittlere Aktivierungsniveau entspricht der Positionierung von *HAWESKO*. In Summe erreicht das *HAWESKO*-Mailing nach der Optimierung einen TPI-Wert von 100 % – in beeindruckendes Ergebnis (vgl. Abb. 4.25).

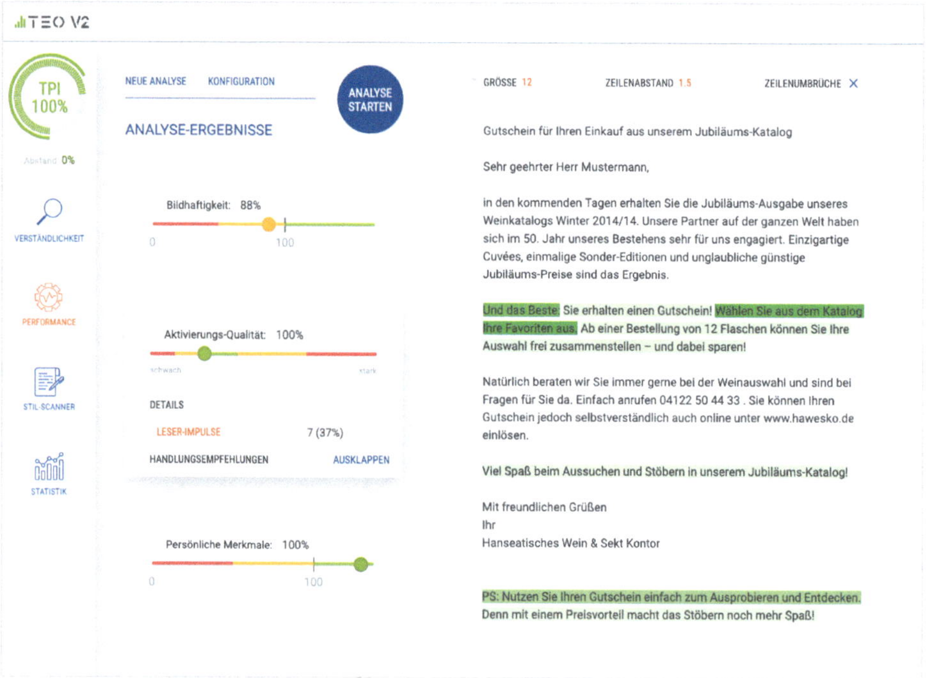

Abb. 4.25 *TEO*-Analyse des Mailings von *HAWESKO* – Steigerung der Impulsqualität. (Quelle: tcl.digital)

Unter dem Namen ***Echobox*** wird eine KI-gesteuerten **Newsletter-Software für Verlage** angeboten. Diese soll es ermöglichen, Newsletter mit deutlich höheren Öffnungs- und Klickraten zu erstellen. Die eingesetzte Technologie prognostiziert die erwartete Viralität verschiedener Inhalte. Gleichzeitig trägt die KI dazu bei, die beste Reihenfolge der Inhalte, das überzeugendste Design und die idealen Versandzeiten für jede einzelne Zielgruppe zu ermittelt. Hierzu tragen die Ergebnisse bei, die durch automatisierte A/B-Tests ermittelt werden. Der Einsatz kann auf zwei Arten erfolgen (vgl. [65]):

- Die Newsletter werden durch *Echobox* automatisch kuratiert, optimiert und versendet.
- Die KI-basierten Vorschläge werden als Leitfaden genutzt, wenn nach wie vor eine menschliche Kontrolle gewünscht wird.

Jedes Unternehmen ist aufgerufen, für seine Zwecke wertschöpfende KI-basierte Tools für die Kommunikation zu testen und einzusetzen.

▶ **Merk-Box** Ihr Unternehmen sollte keine kundenorientierte Kommunikation mehr veranlassen, die nicht auf ihre Verständlichkeit – insb. aber auf ihre Aktivierungsqualität – hin untersucht wurde.

Schließlich sollten wir uns Folgendes vor Augen führen: Kaum ein Kunde wartet darauf, von einem Unternehmen werblich angesprochen zu werden. Das bedeutet:

- **Wir texten für Nicht-Leser** – bei Mailings, E-Mails, Websites, Anzeigen etc.
- **Wir komponieren für Nicht-Hörer** – bspw. bei TV- und Rundfunk-Spots.
- **Wir inszenieren für nicht Nicht-Seher** – etwa auf Messen, im Handel, bei Online-Bannern sowie bei TV-Spots.

4.5.2 Lösungen für eine KI-gestützte Übersetzung

Eine inzwischen in vielen Bereichen schon gemeisterte Herausforderung besteht darin, Texte in andere Sprachen zu übersetzen. Allerdings sollte ein guter digitaler Übersetzer nicht einfach nur Wort für Wort übersetzen, sondern idealerweise auch die Ästhetik der Sprache, die Sprachmelodie und ggf. noch Bedeutungsinhalte der zweiten und dritten semantischen (inhaltlichen) Ebene berücksichtigen. Vor allem das deutsche Übersetzungsprogramm ***DeepL*** erbringt hier schon begeisternde Leistungen – häufig überzeugender als ***Google Translate***. *DeepL* unterstützt Übersetzungen in über 30 Sprachen. Bei *Google Translate* sind es sogar mehr als 130. Die KI-gestützten Übersetzungen bei geschriebener und gesprochener Sprache sind in den letzten Jahren immer besser geworden. Hierfür ist beim Übersetzungsprozess ein großes **Hintergrund- und Kontextwissen** notwendig, damit Texte nicht nur „Wort für Wort“, sondern „inhaltsgetreu“ übersetzt werden sollen.

Das Berliner Unternehmen ***Lengoo*** hat eine Sprachtechnologie entwickelt, um Unternehmen zu helfen, besondere Sprachbarrieren zu überwinden. Hierbei geht es nicht um „Alltagssprache“, sondern um das **Wissen ausgewiesener Spezialisten**. Basierend auf den Daten seiner Kunden trainiert *Lengoo* jeweils unternehmensindividuelle Sprachmodelle für eine **neuronale Maschinenübersetzung** (**NMT** für **Neural Machine Translation**). Das KI-Modell für eine maschinelle Übersetzung wird so in die Lage versetzt, eigenständig Übersetzungen vorzunehmen, die auf die charakteristische Ausdrucksweise eines Unternehmens oder einer Abteilung zugeschnitten sind. Die hierdurch erzielten Ergebnisse können anschließend durch menschliche Spezialisten geprüft und ggf. korrigiert werden. Diese Feedback-Informationen werden allerdings nicht direkt ins NMT-Modell gespeist, sondern vorerst über die *HALOS*-Plattform bereinigt. ***HALOS*** steht für Human-Augmented Language Operating System. Im Zuge dieser Bereinigung werden Metadaten entfernt. Außerdem werden die Daten de-personalisiert. Die so bereinigten Daten fließen zurück ins Modelltraining. Die hier verwendete Technologie ermöglicht einen konstanten Fluss hochqualitativer Trainingsdaten für das fortlaufende **Retraining der Sprachmodelle** (vgl. [66]).

Die **Sprachmodelle von *Lengoo*** werden von Kunden auf drei verschiedene Arten verwendet:

- Texte können zunächst vom KI-Modell übersetzt und anschließend von Fachübersetzern redigiert werden.
- Durch eine API erfolgt eine Einbindung des KI-Modells in unternehmenseigene Software. Hierdurch steht die Software allen Nutzern in vielen Sprachen zur Verfügung. Dann müssen bspw. die Mitarbeiter im Customer Service selbst nicht mehr mehrsprachig sein, um Kundenanfragen in mehreren Sprachen zu bearbeiten. Die relevanten Inhalte können automatisch vom Sprachmodell übersetzt werden.
- Die Software kann auch direkt in den Workflow für Sofortübersetzungen integriert werden.

Lengoo plant, Unternehmen in Zukunft auch bei der Sentiment-Analyse, bei Conversational AI und bei der Kommunikation im Metaverse zu unterstützen (vgl. [66]; vertiefend zum Metaverse Kap. 11).

4.5.3 Konzepte zur KI-gestützten Textgenerierung

Einen Schritt weiter gehen Konzepte, die Content nicht nur bewerten, sondern bei der Texterstellung unterstützen oder diese sogar eigenständig kreieren. Welche Fortschritte bei der **KI-basierten Content Creation** bereits erzielt wurden, behandelt Abschn. 4.2.2. Beim **Augmented Writing** unterstützt die Künstliche Intelligenz die Verfasser bei der Erstellung von Texten. Ein erster Schritt hierzu ist die Unterstützung bei der Recherche relevanter Informationen. Hierzu können bspw. relevante Trends und die wichtigsten Schlüsselbegriffe zum Thema ermittelt werden. Dem Autor wird automatisiert ein Konzept für einen Text vorgeschlagen – mit den relevanten Begriffen und möglichen Randthemen, die auch abzudecken wären. Orientiert an diesem Gerüst werden die Texte durch einen Menschen ausgearbeitet.

Eine viel weiter gehende Unterstützung, die beim Einsatz der großen Sprachmodelle wie *ChatGPT* dominiert, erhält ein Autor durch **Automatic Writing**. Hier werden die Texte durch KI-Agenten selbstständig erstellt. Hier wird von **natürliche Spracherzeugung** bzw. von **Natural Language Generation** gesprochen. Dies ist eine Technologie, die Daten in klare, menschlich klingende Erzählungen umwandelt – orientiert an den jeweiligen Wünschen der Nutzer.

> ▶ **Merk-Box Augmented Writing** ist eine Technologie, die als Schreib-Coach dient.
>
> Bei **Automatic Writing** werden komplette Texte von einer KI-Engine erstellt.

Das Berliner Unternehmen ***Retresco*** befähigt Unternehmen, auch hochwertige Texte auf Basis von Daten automatisiert zu erstellen. Das Tech-Unternehmen kann Content in verschiedenen Sprachen, bspw. auf Deutsch, Englisch, Französisch und Italienisch, generieren. Hierdurch kann der Aufwand – bspw. für die Erstellung von Produktbeschreibungen sowie auch für deren Übersetzungen – signifikant reduziert werden. In Summe kann die Content-Produktion hierdurch leicht skaliert werden. Retresco [67] bietet folgende Möglichkeiten an:

- **Effiziente Textgenerierung**
  Erstellung von mehrsprachigem und SEO-relevantem Content für verschiedene Kommunikationskanäle
- **Large Scale Content Automation**
  Entwicklung von vielen Tausend Texten, die inhaltlich, grammatikalisch und rechtlich korrekt sind
- **Individuelle KI-Projekte**
  Einbindung der Generative AI zur Digitalisierung und Automatisierung unterschiedlichster Prozesse und Angebote

Das Unternehmen *Retresco* bietet Redaktionen die Möglichkeit einer **automatisierten Berichterstattung**. Zusätzlich können **smarte Reportings** automatisiert erstellt werden – sei es im Rahmen der Business Intelligence oder für regulatorische Bereiche. Hier wird auch von sogenannten **Data-to-Insight-Prozessen** gesprochen (vgl. [67]).

Die in New York ansässige **Nachrichten- und Presseagentur** *The Associated Press (AP)* setzt die Spracherkennung ***Wordsmith*** von ***Automated Insights*** ein. *Wordsmith* ist eine **Self-Service-Plattform** zur Generierung natürlicher Sprache. Diese Software wird eingesetzt, um eine große Menge von Rohdaten automatisiert in veröffentlichungsfähige Berichte umzuwandeln. Diese Rohdaten stammen von den börsennotierten Unternehmen, die vierteljährlich ihre Unternehmensergebnisse bekannt geben. Die Herausforderung für *Associated Press* besteht darin, aus diesen Daten möglichst schnell und präzise die relevanten **Finanzzahlen** zu ermitteln, um darauf basierend informative Berichte für Anleger zu erstellen. In der Vergangenheit galt es, zwei Herausforderungen zu meistern: Zum einen konnte *The Associated Press* pro Quartal aufgrund knapper menschlicher Kapazitäten nur 300 solcher Berichte erstellen. Viele Tausend möglicherweise ebenfalls spannende Geschichten blieben folglich ungeschrieben. Zum anderen band die Erstellung solcher Routineberichte sehr viel wichtige Zeit der Reporter, die deshalb nicht für anspruchsvollere Aufgaben nutzbar war (vgl. [68]).

Um hier Abhilfe zu schaffen, setzt die *Wordsmith-Plattform* auf eine Spracherkennung, um Rohdaten automatisiert in publizierbare *AP*-Storys umzuwandeln. Hierzu wurde die **Sprachgenerierungs-Engine** so konfiguriert, dass sie im *AP*-Stil schreibt. So kann *Associated Press* heute 4400 vierteljährliche Finanzreports erstellen – eine fast 15-fache Steigerung gegenüber den manuellen Bemühungen. Hierbei ist sicherzustellen, dass diese Reports die gleiche Genauigkeit aufweisen, wie sie die Leser von jedem der von *AP* verfassten Artikel erwarten. Abgesehen von einer Erläuterung am Ende der Geschichten gibt es keine Hinweise, dass sie von einem Algorithmus geschrieben wurden (vgl. [68]).

Ähnlich wie die Finanzberichterstatter mussten sich auch die **Sportjournalisten** durch Stapel von Spielständen und Spielnotizen arbeiten, um Vorschauen und Zusammenfassungen für College-Basketball- und Minor-League-Baseballspiele zu verfassen. Vor der Einführung von *Wordsmith* hatten die Journalisten nur Zeit, über die Top-Teams in jeder Liga zu schreiben. Sie waren folglich nicht in der Lage, über Spiele ohne größere Bedeutung zu berichten. Auch dies hat sich jetzt geändert.

Nach einem umfassenden **Testprozess** wurde festgestellt, dass sich die **Wahrscheinlichkeit von Fehlern** beim automatisierten Erstellen von Texten gegenüber dem manuellen Erarbeiten sogar verringert hat. In Summe konnten ca. 20 % der Zeit für die Erstellung von Ergebnisberichten pro Quartal eingespart werden. Es ist angedacht, den **Roboter-Journalismus** auf andere Bereiche auszuweiten, neben der Sportberichterstattung etwa auf Berichte über die Entwicklung von Arbeitslosenzahlen (vgl. [68]).

Carlson et al. [69] haben inzwischen sogar einen KI-Algorithmus entwickelt, der Beschreibungen für Wein und Bier verfassen kann, die denen von menschlichen Autoren gleichen. Ein solcher **KI-Sommelier** kann Getränke beschreiben, ohne diese je verkostet zu haben. Basierend auf der Verarbeitung von natürlicher Sprache kann ein KI-Agent das Schreiben solcher Produktbeschreibungen übernehmen. Um den Algorithmus dafür zu trainieren, wurden je über 100.000 Wein- und Bierbeschreibungen aus Online-Quellen übernommen. In diesen Beschreibungen waren Angaben zur Herkunft des Produktes, zur Reb- und Hopfensorte, weiterführende Angaben und auch der Preis enthalten. Um eigene Beschreibungen zu erstellen, erhielt die KI-Engine Daten über den zu beschreibenden Wein bzw. das zu beschreibende Bier. Hierfür reicht eine relativ kleine Menge von Produktattributen (Metadaten) aus. Diese umfassen bspw. den Namen des Weingutes bzw. der Brauerei, die verarbeiteten Naturprodukte, den Alkoholgehalt und den Preis.

Durch einen entsprechenden Testansatz wurde gezeigt, dass Leser nicht zwischen den KI-generierten und den von Menschen verfassten Produktbeschreibungen unterscheiden können. Ein solcher KI-Sommelier kann Menschen bei ihrer Arbeit unterstützen. Die KI-Engine erstellt auf der Basis von Metadaten eine erste Beschreibung, die dann von einem Experten vollendet wird. Auf diese Weise kann die Erarbeitung von vielen Hundert oder vielen Tausend Produktbeschreibungen unterstützt werden – zukünftig auch für Kaffee, Autos und viele andere Produkte (vgl. [69]).

Auch in der Unternehmenskommunikation ist die KI-gestützte **Content Creation** von Bedeutung. Deshalb werden sich die beschriebenen Entwicklungen nicht nur auf die Arbeitsfelder der Journalisten auswirken, sondern auf alle Personen, die „Content" für die unterschiedlichsten Kanäle generieren bzw. für das Content-Marketing verantwortlich zeichnen. Aufgrund der zunehmenden Relevanz des **Content-Marketings** nimmt der Bedarf an Storytelling – dem Erzählen guter Geschichten – für die meisten Unternehmen kontinuierlich zu (vgl. zum Content-Marketing [3], S. 153–183). Hier wird sich zeigen, ob KI-gestützte Systeme nur Daten und Fakten nutzerorientiert aufbereiten können (wie bei Finanz-Reports und der Sportberichterstattung) oder ob sie auch – mehr oder weniger eigenständig – spannende Geschichten erzählen können, die Leser fesseln und zum Aufbau von Wissen über Unternehmen beitragen.

Um der zunehmenden Übersättigung der Nutzer mit Inhalten vorzubeugen (Stichwort **Content-Schock**), sind diese in immer stärkerem Maße zielgruppen- oder sogar zielpersonenorientiert aufzubereiten. Eine schier unerschöpfliche Informationsquelle, die zur Generierung von Inhalten genutzt werden kann, sind die frei verfügbaren Informationen, die Menschen (etwa über die sozialen Medien) über sich bereitstellen. Retargeting im Online-Marketing sowie individualisierte Empfehlungen (bspw. bei *Amazon*) stellen hierfür erste „einfache" Vorläufer dar, die mit etwas Statistik, aber noch weitgehend ohne Künstliche Intelligenz agieren. Welche **Entwicklungssprünge die Content-Generierung** schon absolviert hat, macht das folgende Beispiel deutlich.

Das **KI-basierte Texten** wird nachfolgend anhand des Hamburger Unternehmens ***Neuroflash*** aufgezeigt (vgl. [70]). Zunächst erfolgt die Abfrage, ob ein Blogartikel, ein *LinkedIn*-Post, ein *Facebook*-Beitrag, eine Produktbeschreibung oder ein Textabsatz in bayrischem Dialekt erstellt werden soll. In diesem Abwendungsfall sollte eine Seminarbeschreibung erstellt werden, die auf folgendem Input basierte: „Seminar zur nachhaltigen Unternehmensführung, zu Green Marketing und Green Branding, Berücksichtigung der ESG-Kriterien, Vermeidung von Green Washing, Berücksichtigung der Kreislaufwirtschaft, Vermeidung von Abfall durch Designs, die auf Nachhaltigkeit ausgerichtet sind." Das war der Input für die Textentwicklung. Zusätzlich wurde noch die Tonalität „dringend" definiert. Folgende alternative Texte wurden KI-gestützt erstellt:

> „In dem Seminar wird es um nachhaltige Unternehmensführung, Green Marketing und Green Branding gehen. Die Teilnehmer lernen die ESG-Kriterien (Environmental, Social und Governance) kennen und erfahren, wie sie bei der Gestaltung ihrer Produkte und Dienstleistungen berücksichtigt werden können. Auch das Thema Green Washing wird behandelt. Die Teilnehmer erhalten Tipps und Tricks, wie sie ihr Unternehmen nachhaltiger gestalten können. Darüber hinaus wird auf die Kreislaufwirtschaft eingegangen und erläutert, wie durch Designs, die auf Nachhaltigkeit ausgerichtet sind, Abfall vermieden werden kann."

> „Sie wollen Ihr Unternehmen nachhaltiger und zukunftsfähiger aufstellen? Dann ist dieses Seminar genau das Richtige für Sie! Wir vermitteln Ihnen umfassendes Wissen rund um das Thema nachhaltige Unternehmensführung. Sie lernen, wie Sie Green Marketing und Green Branding einsetzen, um Ihr Unternehmen nachhaltig zu profilieren. ESG-Kriterien (Umwelt-, Sozial- und Governance) spielen dabei eine zentrale Rolle. Darüber hinaus erfahren Sie, wie Sie Greenwashing vermeiden und die Kreislaufwirtschaft in Ihr Unternehmen integrieren. Auch die Vermeidung von Abfall spielt eine wichtige Rolle bei der nachhaltigen Gestaltung von Produkten. Wir zeigen Ihnen, wie Sie diese Design-Prinzipien erfolgreich umsetzen."

Der standardmäßige Einsatz der großen Sprachmodelle für diese Art von Aufgaben ist bereits angelaufen. Das zeigt der Siegeszug von *ChatGPT* & Co.

Einen interessanten **Beitrag zur Unterstützung der menschlichen Content-Erstellung** leistet das Unternehmen *Acrolinx*, ein Spin-off des *Deutschen Forschungszentrums für Künstliche Intelligenz* (DFKI). Das Unternehmen hat ein **Content-Impact-Plattform** entwickelt, um die Qualität und Wirkung von Unternehmensbotschaften zu verbessern. Diese lässt sich in den Workflow zur Erstellung von Content integrieren und reduziert den Stress bei der Inhaltserstellung durch automatisierte Prüfungen. Hierdurch kann bspw. eine Veröffentlichung von Inhalten blockiert werden, wenn diese Inhalte den Geschäftszielen und Standards der Content-Erstellung widersprechen.

Hierfür setzt *Acrolinx* eine KI-Engine ein, die Sprache auf Stil, Ton und Wortverwendung, einschließlich Markenbegriffe und Fachterminologie, in mehreren Sprachen vor dem Hintergrund von unternehmensspezifischen Zielen analysiert. Die meisten Unternehmen sprechen verschiedene Zielgruppen an, die unterschiedliche Informationsbedürfnisse aufweisen. Dies gilt es in der Kommunikation zu berücksichtigen, ohne dabei die Markenwerte zu vernachlässigen. Zusätzlich gilt es, für die Customer Journey an den relevanten Kontaktpunkten die jeweils „richtigen" Informationen bereitzustellen (vgl. [71]).

Think-Box: Fragen, die Sie sich stellen sollten!

- Wie konsequent wird unsere interne und externe Kommunikation – vor Versand – nicht nur auf Verständlichkeit, sondern auf ihre Performance hin analysiert?
- Sind entsprechende Analysekonzepte bereits in den Kommunikationsworkflow integriert?
- Testen wir unsere Mailings, E-Mails, Flyer, Websites etc. regelmäßig in A/B-Tests, um die erreichbare Performance-Steigerung zu ermitteln?
- Wer trägt für die Steigerung der Performance in unserer Kommunikation die Gesamtverantwortung?
- Welche Konzepte zur Content-Erstellung sind bei uns schon im Einsatz – und mit welchen Ergebnissen?

Zusammenfassung

- Konzepte wie die ***TEO Suite*** unterstützen Werbetreibende dabei, Texte zu generieren, die die erwünschten Wirkungen entfalten.
- **KI-basierte Übersetzungsprogramme** erleichtern eine mehrsprachige Kommunikation.
- **KI-basierte Übersetzungssysteme** werden in Kürze viele klassische Dolmetscheraufgaben übernehmen – bei Texten und gesprochener Sprache gleichermaßen.
- KI-Engines zur **Generierung von Texten** werden in immer weiteren Unternehmensbereichen eingesetzt.

4.6 Umwandlung von Text in Bild- und Video-Content – KI-Kreation von Musik

Die rasante Entwicklung der Künstlichen Intelligenz hat auch bei der **Erstellung von Bild- und Videoinhalten** revolutionäre Möglichkeiten eröffnet. KI-Modelle können mit umfangreichen Datensätzen von Bildern und Videos trainiert werden, um „neue" Inhalte zu generieren, die täuschend echt aussehen. Von der Erstellung realistischer Bilder von

Objekten bis hin zur Generierung von animierten Videos kann die KI mit beeindruckender Präzision und Kreativität arbeiten. Der Kreativsektor kann in verschiedenen Bereichen von KI-Anwendungen profitieren.

4.6.1 KI-gestützte Entwicklung von Bildern

Die Möglichkeiten zur Bilderstellung durch **Text-to-Picture-Generatoren** sollen hier am Beispiel von ***DALL-E*** erklärt werden. *DALL-E* ist ein KI-Modell, das von *OpenAI* entwickelt und im Januar 2021 vorgestellt wurde. Es handelt sich um eine Weiterentwicklung der Transformer-Architektur und ist eine 12-Milliarden-Parameter-Version von GPT-3. *DALL-E* ist speziell darauf ausgerichtet, Bilder auf Grundlage von Texteingaben zu generieren. Der Name *DALL-E* ist eine Kombination aus den Namen *Salvador Dalí* und des ferngesteuerten Mini-Roboters *WALL-E*. *DALL-E* wurde darauf trainiert, **Bilder basierend auf Textbeschreibungen** zu generieren. Die erforderliche Texteingabe wird **Text-Prompt** genannt. Bei *DALL-E* handelt sich um eine **generierende Künstliche Intelligenz**. Sie erstellt „neue" Inhalte und greift hierzu auf vorhandenes Bildmaterial zurück. Dies sind Datenbanken mit Millionen von im Internet verfügbaren Bildern. Diese wurden durch KI-Agenten analysiert und klassifiziert. Hierbei wurden Zusammenhänge zwischen Bildern und dazugehörigen Beschreibung erlernt. Durch den **Diffusion** genannten Prozess wird durch einen Text-Prompt die Erstellen von neuen Bildern angestoßen. Auf der Webseite https://labs.openai.com/ zeigt ***DALL-E 2*** verschiedene Beispielbilder. Mit „mouse over" wird der Text-Prompt sichtbar, der dem jeweiligen Bild zugrunde lag. *DALL-E 2* ist seit April 2022 öffentlich zugänglich (vgl. [72, 73]).

Das wichtigste Einsatzfeld von *DALL-E* besteht darin, **Bilder auf Basis von Textbeschreibungen** zu generieren. Hierfür können einfache oder komplexe Anweisungen verwendet werden. Wie *DALL-E* auf die Anweisung „Create a picture, where a professor is sitting on a banana – reading a book" reagiert, zeigt vgl. Abb. 4.26 (die beiden Schöpfungen links). Durch die Anweisung „Create a picture, where a professor is sitting on a banana – reading a book – flying through the universe" verändert sich das Ergebnis in Abb. 4.26 (rechts). Hier wird deutlich, dass *DALL-E* auch kreative und ungewöhnliche Bilder generieren kann, die in der realen Welt nicht existieren. Es kann sowohl einfache Objekte als auch komplexe Szenen darstellen. Darüber hinaus kann es verschiedene Stile und Perspektiven in den generierten Bildern erfassen. Es kann realistische Bilder erzeugen, aber auch stilisierte oder abstrakte Darstellungen liefern. *DALL-E* ist ebenfalls in der Lage, verschiedene Texturen, Farben, Formen und Details zu berücksichtigen und zu variieren.

▶ **Food for Thought** Spannend ist, welche **Stereotype eines Professors** in diesen Schöpfungen von *DALL-E* sichtbar werden:

- Ein Professor ist männlich (in der englischen Sprache wird nicht zwischen Professor und Professorin unterschieden; folglich war der Text-Prompt geschlechtsneutral).
- Ein Professor ist älter (wenige Haare).

- Ein Professor trägt (mehrheitlich) eine Brille und hat einen Bart.
- Ein Professor ist konventionell gekleidet – mit Krawatte, Halstuch und natürlich mit klassischem Schuhwerk (keine Sneaker).

Diese Vorurteile der KI-Engine werden in die „neuen" Schöpfungen integriert.

DALL-E kann – momentan – nur statische Bilder generieren, keine Bewegungsabläufe oder Videos. Zudem hat *DALL-E* – heute noch – Schwierigkeiten, spezifische Details in den Bildern zu kontrollieren, da der Prozess der Bildgenerierung auf probabilistischen Modellen basiert. Es ist auch anfällig für Fehler und kann gelegentlich unerwartete oder unpassende Ergebnisse liefern. Dies wird in Abb. 4.26 an der Ausgestaltung der Hände sichtbar. Dennoch gibt es für *DALL-E* vielfältige Anwendungsmöglichkeiten in den Bereichen Kunst, Design und Werbung. Es ermöglicht den Nutzern, schnell neue Ideen zu visualisieren und kreative Konzepte zu erkunden.

Einen höheren künstlerischen Anspruch als *DALL-E* erfüllen die Kreation von ***Midjourney***, einem unabhängigen US-amerikanischen Forschungslabor. Bei dieser Anwendung ist ein Bot über die Kommunikationsplattform *Discord* mit spezifischen Befehlen zu füttern – idealerweise mit einer sehr ausführlichen Beschreibung des gewünschten Motives. Im Vergleich zu *DALL-E* gleichen die Ergebnisse von *Midjourney* eher echten Kunstwerken – und sehen nicht wie unterschiedlich stimmige Collagen aus Einzelmotiven aus. *Midjourney* ist seit Juli 2022 als offene Beta-Version nutzbar und zugreifbar über: https://docs.midjourney.com/.

Stable Diffusion ist das Text-Bild-Diffusionsmodell von *stability.ai*. Das Modell generiert aus beliebigen Texteingaben fotorealistische Bilder. Das hier zugrunde liegende Deep-Learning-Modell *Stable Diffusion* wurde in Kooperation mit der *Ludwig-Maximilians-Universität München* und *Runway Research* entwickelt. Anwendungsfelder finden sich hier: https://stability.ai/.

Weitere Konzepte zur KI-gestützten Generierung von Bildern werden präsentiert von folgenden Anbietern:

- https://www.jasper.ai/
- https://creator.nightcafe.studio/
- https://starryai.com/
- https://photosonic.writesonic.com/

Abb. 4.26 Von *DALL-E*-generierte Bilder

KI-Algorithmen machen es inzwischen auch möglich, **menschliche Körper** zu generieren, die sich wie echte Menschen bewegen und auch authentisch sprechen können. Ein spannendes Einsatzfeld neben den schon vorgestellten Digital Humans (vgl. Abschn. 4.2.4) sind künstliche Menschen, die bspw. Modeartikel präsentieren. Das Unternehmen ***Botika*** ermöglicht eine skalierbare **Regionalisierung von Fashion-Fotos** durch eine unbegrenzte Anzahl von **KI-generierten Foto-Models**. Durch eine große Anzahl verschiedener Models können sich die verschiedensten Kunden in der Angebotspräsentation leichter wiedererkennen. Hierzu werden vorhandene Fotos in eine unendliche Anzahl von hyperrealistischen Bildern umgewandelt. So entfällt die Notlösung, in denen Fotos ohne Kopf oder unpassende Modelle eingesetzt werden. Mit einem einzigen Mausklick können Gesichtsausdruck, Hautton, Frisur, Hintergrund und vielem mehr verändert werden. Ein permanentes Shooting kann hierdurch entfallen (vgl. [74]).

In der **bildenden Kunst** existieren zahlreiche experimentelle Ansätze für den Einsatz der KI-basierten Gestaltung. Dabei wird ein **Style-Transfer** verwendet. Hierbei ermittelt die KI-Engine den Stil einer Vorlage (Gemälde, Text, Musik etc.) und überträgt diesen Stil auf ein „neues“ Werk. Das resultierende Ergebnisse würde immer noch erkennbare Elemente der ursprünglichen Vorlage enthalten. In der bildenden Kunst geht es beim Style-Transfer bspw. um die Rekomposition von Bildern im Stil anderer Gemälde. So können dem KI-System bspw. die Meisterwerke von *Munch*, *Picasso*, *Rembrandt* oder *Van Gogh* „eingespeist“ werden. Dann kann eine Gebirgslandschaft – nach Sicht eines KI-Systems – im Stil von *Edvard Munch* gemalt werden. Bei der Betrachtung der so generierten Bilder wird sehr schön deutlich, wie von der Künstlichen Intelligenz erkannte Muster (Farben, Linienführung Bildaufbau) für die „Neuschöpfung“ genutzt werden.

Eine KI-Anwendung namens ***The next Rembrandt*** hat 15 Terabyte Informationen des berühmten Malers ausgewertet, um seinen Malstil zu erlernen. Darunter waren 346 Originalwerke, die an das System in hochauflösenden 3D-Scans übertragen worden sind. Mit diesem Wissen schaffte es das System bereits 2016 mit Hilfe eines 3D-Druckers, ein Gemälde von einem Mann mit Hut und weißem Kragen anzufertigen, welches überwältigend echt aussieht. Selbst der *Rembrandt*-Experte und Kunsthistoriker *Gary Schwartz* hat zugestanden, dass es den Entwicklern gelungen sei, jene Eigenschaften zu identifizieren, die aus einem *Rembrandt* einen *Rembrandt* machen würden.

Bereits im Jahr 2018 wurde zum ersten Mal ein **Gemälde der Künstlichen Intelligenz** versteigert. Das Werk ***Edmond de Belamy*** wurde im *Auktionshaus Christie's* in New York für 432.000 US-$ verkauft. Das Bild wurde auf Basis eines Datensatzes von 15.000 echten Porträts entwickelt. Spannend ist die Signatur des Werkes: min G max D Ex+Ez (log(1-D(G(z)))) – als Kennzeichnung für den verwendeten Algorithmus.

Es wird deutlich, dass die Künstliche Intelligenz in immer mehr Kreativbereiche vordringt. *Google* hat sich in seinem *Arts and Culture Lab* die Aufgabe gestellt, die nur in Schwarzweiß-Fotos überlieferten Gemälde zu kolorieren, die *Gustav Klimt* für den Festsaal der *Wiener Universität* in den Jahren 1900 bis 1903 schuf. Die Werke gingen im

Zweiten Weltkrieg verloren. Um die Schwarzweiß-Aufnahmen zu kolorieren, arbeitete bei dem Projekt *The Klimt Color Enigma* ein Team von Kunst- und KI-Experten zusammen (vgl. [75], S. 15).

> **Food for Thought** Sind die **Kreationen der Künstlichen Intelligenz von menschlicher Kunst zu unterscheiden?** Ein Forschungsteam um Prof. *Ahmed Elgammal* stellt die Qualität von KI-geschaffenen Kunstwerken auf den Prüfstand. Eine aus Menschen bestehende Jury sollte Werke aus verschiedenen Kunstrichtungen unter Merkmalen wie Ästhetik und stilistische Qualität bewerten, ohne den jeweiligen Urheber zu kennen.
>
> Es stellte sich heraus, dass die Arbeiten von KI-Systemen oft besser bewertet wurden als die von Menschenhand geschaffenen. Wie war das möglich? Dahinter verbergen sich folgende **Logik der Künstlichen Intelligenz:** Sie versucht, in verschiedenen Werken Auffallendes – und damit scheinbar Bewährtes – in neuer Form aufzugreifen. Dass diese „menschlichen Idealen" näherkommen, ist fast schon eine Zwangsläufigkeit.

In Zukunft werden auch die kreativen Leistungen der KI immer überzeugender werden. Hierzu tragen die sogenannten **Generative Adversarial Networks** (**GANs**) bei. Das Wort „adversarial" bedeutet „gegensätzlich" bzw. „gegnerisch". Diese Netzwerke können für die Erstellung von Bild- und Sprachinhalten verwendet werden. Bei der generativen Modellierung handelt es sich um eine Ausprägung des Unsupervised Learnings. Bei der Nutzung von GANs werden gleichzeitig zwei Arten von Modellen eingesetzt, die gleichsam „gegeneinander" arbeiten (vgl. [76]):

- **Generatorisches Modell** (der „**Generator**")
  Im Kern geht es hierbei um das Lernen von Regelmäßigkeiten sowie die automatische Erkennung von Mustern in den Eingabedaten. Diese Regelmäßigkeiten und Muster können in den Gemälden von *Manet* oder in der Musik von *Bach* gesucht werden. Das generative (schöpferische) Modell entwickelt auf der Basis dieser in den Inputdaten ermittelten Regelmäßigkeiten und Muster neue Inhalte. Der „Generator" wendet folglich das ermittelte Wissen an, um Tausende neue Bilder im Stil von *Manet* oder Musik im Stil von *Bach* zu kreieren – aufbauend auf den zuvor ermittelten Merkmalen der existierenden Werke.
- **Diskriminator-Modell** (der „**Checker**")
  Das diskriminatorische (trennende/unterscheidende) Modell bewertet die durch das generative Modell ermittelten Inhalte als unecht (generiert) oder echt (Domäne). Der „Checker" prüft folglich, ob aus seiner Perspektive ein im übergebenen Dateninstanz enthaltener Inhalt (Muster eines Gemäldes oder Tonfolgen) tatsächlich zum Trainingsdatensatz gehört oder neu erschaffen wurde. Es wird folglich bei jedem Inhalt geprüft, ob diese authentisch ist in dem Sinne, dass sie dem Original entspricht. Das Ergebnis teilt der „Checker" dem „Generator" mit, der immer neue Inhalte generiert und diese

zusammen mit den echten Daten an den „Checker" übergibt. Der „Generator" versucht, den „Checker" durch immer perfektere „Fälschungen" von einer nicht vorhandenen Authentizität der selbst kreierten Inhalte zu überzeugen. Der „Checker" prüft folglich, ob die übermittelten Kreationen dem Stil von *Manet* oder *Bach* entsprechen. Wenn diese nicht überzeugen, werden sie dem „Generator" mit einer entsprechenden Bewertung zur Nachbesserung zurückgegeben.

Der „Generator" und der „Checker" befinden sich in der gleichen **Rückkopplungsschleife**. Die **Rückkopplung in Paaren von KI-Systemen** ermöglicht es, dass Inhalte schneller erstellt und Aufgaben zügiger erledigt werden können als in isoliert arbeitenden Systemen. Nachdem die Kreationen u. U. millionenfach ausgetauscht wurden, wird der „Generator" immer besser und erzeugt schließlich Kunstwerke, die nach Manet aussehen oder sich wie Bach anhören. Der Einsatz von Generative Adversarial Networks ermöglicht es folglich, bei der Schaffung von neuen Inhalten deutlich über die reine Wiedergabe des bereits Vorhandenen hinauszugehen.

4.6.2 KI-gestützte Entwicklung von Videos

Die KI-Engines können auch genutzt werden, um automatisch **Videos** aus einer Sammlung von Clips, Bildern und Musik zu erstellen. Durch die Analyse von Inhalten, Stimmungen und Stilen können kohärente und ansprechende Videos generiert werden. Bei der **Echtzeit-Videoanpassung** können Videoinhalte durch eine Echtzeit-Analyse von Nutzerdaten und Umgebungsvariablen an die individuellen Bedürfnisse und Präferenzen angepasst werden.

Idomoo [77] bietet Plattformen und Dienstleistungen an, die solche personalisierte Echtzeit-Videoanpassungen ermöglichen. Diese personalisierten Videos bieten jedem Zuschauer ein einzigartiges Erlebnis – in jeder Phase der Customer Journey. Nach – mit Vorsicht zu betrachtenden Aussagen des Anbieters – können durch personalisierte Videos nicht nur die Conversion Rates und die Werte des Net Promotor Scores, sondern auch das Customer Engagement sowie die Verkäufe nachhaltig gesteigert werden.

Ein weiteres interessantes Arbeitsfeld der Content-Creation ist die automatisierte **Umwandlung von Text in Video-Content**. Hier werden auf Basis von Texten Videos generiert, die gleichzeitig eine Vielzahl von Individualisierungen ermöglichen. Ein Beispiel ist die KI-gestützte Lösung von ***Wave.video***. Diese erlaubt es, Blogbeiträge, Artikel und Textdateien schnell in Videos zu konvertieren (vgl. [78]).

Ein weiterer **KI-Video-Produzent**, der Text in Videos verwandelt, ist das Unternehmen Synthesia [79]. Das Unternehmen verspricht, dass professionelle Videos in 15 min erzeugt werden können. Dafür verwendet das System vorliegende Texte in über 120 Sprachen. Gleichzeitig können die Nutzer einen KI-Avatar aus über 100 verschiedenen Angeboten auswählen, der als Moderator im Video auftritt. Für die Erstellung sind weder eine spezielle Ausrüstung noch Kenntnisse in der Videobearbeitung erforderlich. Unternehmen nutzen die Lösung von ***Synthesia***, um Schulungs-, How-to- und Marketing-Videos zu erstellen. Heute setzen schon über 50.000 Unternehmen diese Software ein. Zu den Anwendern zählen u. a. *Accenture, Amazon, BBC, B/S/H* und *Reuters*. Um ein Video zu erstellen, können verschiedene Vorlagen ausgewählt werden.

Inzwischen finden sich immer mehr Anwendungen einer **KI-gestützten Filmproduktion**. So wurde eine KI-Anwendung speziell entwickelt, um ein neues Skript für eine Fortsetzung der beliebten Sitcom *Friends* aus den 1990ern zu schreiben. Dazu wurde das System mit allen alten Folgen gespeist, um so Muster zu erkennen und um an bestehende Handlungsstränge anzuknüpfen.

Einen Ausblick auf die weiteren Entwicklungen zeigt ein Manuskript, das von einem KI-Algorithmus namens ***Benjamin*** verfasst wurde. Der siebenminütige Science-Fiction Film *It's No Game* mit *David Hasselhoff* wurde durch ein KI-System erarbeitet. Dazu wurden dem System Daten von *Aaron Sorkin, Baywatch, Knight Rider* und *William Shakespeare* zur Verfügung gestellt. Das Ergebnis erschien 2017 auf dem Tech-Portal *Ars Technica*, wo der Film nach wie vor zu sehen ist: https://arstechnica.com/gaming/2017/04/an-ai-wrote-all-of-david-hasselhoffs-lines-in-this-demented-short-film/.

Bereits im Jahr 2018 ließ *Lexus*, gestützt durch Künstliche Intelligenz, einen Werbespot entwickeln. Der kurze **Kampagnenfilm *Driven by Intuition*** zeigt die Geschichte eines *Lexus*-Entwicklers, der einem Wagen den letzten Feinschliff verpasst, bevor dieser das Werk verlässt, um bei einem Crash-Test eingesetzt zu werden. Das Skript zu diesem Spot wurde vollständig durch Künstliche Intelligenz entwickelt. Hierzu hatte das KI-System Kampagnen von Auto- und Luxusmarken der vergangenen 15 Jahre analysiert, die durch *Cannes Lions* für ihre kreative Leistung ausgezeichnet wurden. So lernten die Algorithmen, welche Inhalte besonders gut bewertet wurden und wie diese in einem Spot zu integrieren sind. Zusätzlich kamen „Emotional Intelligence"-Daten des Video-Dienstleisters ***Unruly*** zum Einsatz. Anhand dieser Daten lernte das KI-System, wie Objekte und Orte zu kombinieren sind, um bei den Zuschauern bestimmte Emotionen auszulösen. Damit der KI-kreierte Spot dem Corporate Design von *Lexus* entsprach, wurden dem KI-System auch die entsprechenden Rahmenbedingungen vermittelt. Die Auswertung von Audio-, Text- und visuellen Daten der *Cannes*-Filme erfolgte durch *IBM Watson*. Basierend auf den gewonnenen Erkenntnissen wurde der britische Regisseur und Oscar-Gewinner *Kevin Macdonald* engagiert, um das Skript filmisch umzusetzen. Das Ergebnis ist hier zu sehen: https://www.youtube.com/watch?v=-iaBJ5rqOdg

Um die Frage zu beantworten, warum sich das KI-System für dieses Skript entschieden hat (Stichwort Explainable Artificial Intelligence), drehte *Lexus* noch ein **Making-of-Video**, das die „Gedankengänge" der KI-Anwendung aufzeigen soll. Die Wahl eines japanischen Entwicklers für den TV-Spot sollte die Herkunft der Marke *Lexus* vermitteln. Zusätzlich hatte *IBM Watson* als Muster erkannt, dass der Einsatz von Drohnen-Aufnahmen bei Auto-Spots sehr gut ankommt – vor allem dann, wenn diese hügelig angelegt sind und gleichzeitig das Meer in Sichtweite ist. Hier werden die Grundzüge der Künstlichen Intelligenz wieder sehr schön sichtbar: Erkennung von Mustern, die zum Erfolg (hier *Cannes*-Auszeichnungen) führen. Den Making-of-Film finden Sie hier: https://www.youtube.com/watch?v=l91ehyqFca8.

Die Künstliche Intelligenz kann in der **Filmindustrie** weiterführend in verschiedener Form einsetzt werden. Schon heute kann die Erstellung von Originalinhalten und Drehbüchern auf der Grundlage der Analyse bereits gezeigter Filme erfolgen. Hierzu sind vor allem Zuschauerreaktionen wichtig, die bspw. von den Streaming-Dienstleistern in Echtzeit erhoben werden. Welche Szenen werden nochmals angeschaut? Wann werden Filme gestoppt? Nach welchen Szenen wird das Sehen ganz beendet? Basierend auf diesen Daten können Filme so aufgebaut werden, dass sie den Seherwartungen bestimmter Zuschauergruppen entsprechen. Auf diese Weise können Drehbücher geschrieben werden für Filme, die nicht mehr durchfallen können – es sei denn, die Nutzererwartungen verändern sich.

Die KI kann auch unterstützen, wenn bspw. **Ausschritte für einen Trailer** ausgewählt werden sollen. Eine solche Anwendung fand erstmalig durch eine Zusammenarbeit zwischen *IBM Research* und *20th Century Fox* statt. Hierdurch sollte ein Filmtrailer für den Film *Morgan* erstellt werden. Die *Watson*-KI-Plattform von *IBM* analysierte hierfür hunderte Trailer von Horrorfilmen. So sollte festgestellt werden, welche Inhalte bei Menschen Angstreaktionen auslösen. Anhand dieser Erkenntnisse wählte die KI zehn Clips für den Trailer aus. Basierend auf diesen Vorgaben erstellt ein menschlicher Redakteur die endgültige Version. Dieser KI-gestützte Prozess dauerte nur 24 h. Für eine manuelle Bearbeitung werden häufig zehn bis 30 Tagen veranschlagt. Das Ergebnis sowie Erklärungen zur Vorgehensweise finden sich in diesem Video: https://www.youtube.com/watch?v=gJEzuYynaiw

Andere Projekte sind schon einen Schritt weitergegangen und haben die Künstliche Intelligenz eingesetzt, um komplette Filme (mit)zuschreiben. Auch solchen Projekten geht eine umfassende Trainingsphase voraus. Hierzu wird der KI-Agent mit Tausenden von Plot-Zusammenfassungen trainiert. Zusätzlich werden die Filme mit den jeweils erreichten Einspielergebnissen verbunden. Das Ziel besteht darin, ein **überzeugendes Plot-Muster** zu erkennen, das auch für **hohe Einspielergebnisse** sorgen kann. Die Spracherkennung soll hierbei helfen, um Filmszenen inhaltlich zu entschlüsseln. So sollen Handlungen identifiziert werden, die beim Publikum besonderen Erfolg erwarten lassen.

Ein Beispiel ist der kurze Science-Fiction-Film ***Sunspring***, der komplett von einer KI geschrieben und bereits im Juni 2016 vorgestellt wurde. Der Regisseur *Oscar Sharp* drehte den Film für ein jährlich stattfindendes Filmfestival. Zu diesem gehörte auch eine **48-Stunden-Film-Challenge**. Die Teilnehmer erhielten hierzu eine Reihe von Vorgaben (meist Requisiten und Textzeilen), die in einem Film vorkommen mussten. Für die Erstellung hatten die Teilnehmer zwei Tage Zeit. Ein KI-Forscher lieferte das Drehbuch für den Film. Das Drehbuch bestand allerdings komplett aus fast unmöglichen Regieanweisungen. So hieß es bspw.: „Er steht in den Sternen und sitzt auf dem Boden." Die Schauspieler interpretierten den Text während des Lesens und fügten Tonfall und Körpersprache hinzu. Aus der leicht verstümmelten Abfolge von Sätzen entstand eine Geschichte über Romantik und Mord, die in einer düsteren Zukunftswelt spielt (vgl. [80]).

▶ **Merk-Box** Nach heutigem Stand ist ein KI-System nicht in der Lage, tatsächlich „schöpferisch" im menschlichen Sinne zu sein, indem etwas vorher nie Dagewesenes geschaffen würde. Was erreichbar ist, sind **kongeniale Nachschöpfungen** i. S. von **qualitativ hochwertigen Übertragungen** (vgl. [81], S. N4). Deshalb wird hier „neu" mehrheitlich in Anführungszeichen gesetzt.

Food for Thought Was wahre **künstlerische Kreativität** auszeichnet, soll hier am Beispiel von *Pablo Picasso* verdeutlich werden. Dieser durchlief in seinem Leben verschiedene künstlerische Phasen und trug zur Entwicklung verschiedener Kunststile bei. In der sogenannten ***Blauen Periode*** malte *Picasso* malte hauptsächlich in Blautönen. In seiner ***Rosa Periode*** wechselte sein Stil zu wärmeren Rosa- und Rottönen. Später wandte sich *Picasso* dem ***Kubismus*** zu, der Objekte in geometrische Formen zerlegte. In seiner ***Klassizistischen Phase*** kehrte *Picasso* zu klassischeren Formen und Themen zurück. In seiner letzten künstlerischen Phase wandte sich der Künstler dem ***Surrealismus*** zu. Jede dieser Phasen repräsentiert einen unterschiedlichen Stil im Werk *Picassos* und jede Phase hat einen einzigartigen Beitrag zur Kunstgeschichte geleistet.

Solch eine künstlerische Kreativität schafft heute noch kein KI-System. Schließlich wurden hier nicht schon bekannte Muster abgewandelt, sondern etwas ganz Neues – teilweise noch nie vorher Dagewesenes – geschaffen.

KI-Systeme sind heute allerdings schon in der Lage, **Kreativität gut zu simulieren**, sodass wir den Unterschied zwischen menschlicher Kreativität und KI-Schöpfungen oft nicht mehr wahrnehmen können. Den **KI-gestützten „Neu-Kreationen"** liegt ein ganz spezifisches Vorgehensmodell zugrunde. KI-Algorithmen versuchen auch hier, durch die Auswertung von dutzenden, hunderten oder tausenden von musikalischen Kompositionen, Bildern und/oder Texten bestimmte Muster zu erkennen. Diese **Muster** beschreiben die oft als **„Handschrift" von Künstlern** bezeichnete spezifische Vorgehensweise beim Komponieren, Malen oder Dichten. Diese „Handschrift" kann durch Algorithmen erkannt und zur Schaffung darauf basierender „neuer" Werke genutzt werden. Die Algorithmen weisen immer noch eine „Verortung" bei den ermittelten Mustern auf.

Merk-Box Auch bei der **KI-basierten Erstellung von Bild- und Videoinhalten** sind **ethische und rechtliche Aspekte** zu berücksichtigen. Dazu gehören Fragen des **Datenschutzes** und des **geistigen Eigentums**, da KI in der Trainingsphase auf großen Mengen an Daten basiert und möglicherweise urheberrechtlich geschützte Inhalte verwendet.

Darüber hinaus besteht die Gefahr der **Manipulation** und des **Missbrauchs von KI-generierten Inhalten**, was zu Fehlinformationen führen kann. Dies ist immer dann der Fall, wenn KI-Agenten für betrügerische Aktivitäten eingesetzt werden.

4.6.3 KI-gestützte Entwicklung von Musik

Ein spannendes Projekt des Unternehmens *OpenAI* ist ***Jukebox***. *Jukebox* ist ein **KI-System zur Entwicklung von Musik** (inklusive Gesang). Um komponierend tätig zu werden, benötigt *Jukebox* lediglich die Vorgabe der gewünschten Stilrichtung (bspw. Hip Hop, Rock, Pop, Blues, Country Music, Jazz, Heavy Metal, Rhythm and Blues oder Reggae), Liedtexte oder die Nennung der gewünschten Künstler. So kann man dem KI-System einen im Training nicht verwendeten Text übermitteln – zusammen mit der Nennung des gewünschten Künstlers und der präferierten Stilrichtung. Dann generiert *Jukebox* innerhalb weniger Minuten einige kurze Beispiel-Samples eines neuen Musikstücks, das sich an diesen Vorgaben orientiert.

Wenn der Nutzer ein Sample ausgewählt hat, das seinen Vorstellungen entspricht, wird dieses von *Jukebox* vervollständigt. Aus einem bereits bekannten Musikstück (inkl. Text) kann *Jukebox* auch eine völlig neue Version erzeugen. Außerdem kann *Jukebox* auch bereits begonnene Musikstücke fertigstellen. Hierfür reichen wenige Sekunden des Musikstücks aus, um dieses im erkannten Stil fortzuführen. *Jukebox* steht grundsätzlich jedem zur Nutzung zur Verfügung (vgl. [82]).

Hierfür wurde *Jukebox* mit über einer Million Musikstücken trainiert. Zusätzlich wurde das KI-System mit den Namen der Künstler, der jeweiligen Stilrichtung sowie mit den Veröffentlichungsdaten versorgt. So wurde *Jukebox* in der Trainingsphase auf die unterschiedlichen Künstler und die verschiedenen Genres konditioniert. Außerdem wurde eine Konditionierung des KI-Modells auf Texte vorgenommen. Die Entwicklung von Musikstücken mit *Jukebox* ist allerdings sehr zeitaufwändig. Für die Schaffung von einer Minute Musik bedarf es ca. neun Stunden an Rechenzeit (vgl. [83]). Beispiele von Musikstücken, die durch diese KI generiert wurden, finden sich hier: https://openai.com/blog/jukebox/

In den auf openai.com verfügbaren Beispielen ist leicht zu erkennen, dass die durch KI geschaffenen Musikstücke zwar eine musikalische Stimmigkeit sowie typische Akkordmuster aufweisen. Allerdings fehlen – heute noch – übergreifende Strukturen in den Songs, wie bspw. Refrains.

Andere Unternehmen haben sich komplexere Aufgaben gestellt und versucht, KI-Anwendungen zur **Komposition von klassischer Musik** einzusetzen – bspw. basierend auf der Auswertung der **Meisterwerke** von *Bach*, *Beethoven* oder *Chopin*. Dabei wird der schon angesprochene **Style-Transfer** verwendet. Hierbei handelt es sich um die Komposition von Musik im Stil der zuvor analysierten Musik. Im Zuge dieses Style-Transfers werden die Algorithmen mit den entsprechenden Werken der Künstler gespeist, um deren jeweiligen Stil zu erkennen und bei der Komposition „neuer" Stücke oder ganzer „neuer" Symphonien zugrunde gelegt. Die entwickelten „neuen" Werke stellen auch hier nicht anderes dar als eine Variation und/oder neue Kombination der aus den vorliegenden Werken bereits erkannten Muster.

Anlässlich des 250. Geburtstags von ***Ludwig van Beethoven*** hat die *Deutsche Telekom* in Zusammenarbeit mit einem Team aus internationalen Musikexperten, Experten für Künstliche Intelligenz sowie Wissenschaftlern des *Beethoven-Hauses Bonn* ein besonders Experiment gewagt: ***Beethoven X*** – die **Vollendung der nur in Skizzen vorliegenden 10. Symphonie**. Durch Einsatz von KI-Methoden wurden aus den vorliegenden musikalischen Entwürfen *Beethovens* „Unvollendete" vollendet. Die Zusammenarbeit von menschlicher und Künstlicher Intelligenz sollte die Vorstellungskraft beflügeln – und die Grenzen des Möglichen verschieben. Hierdurch sollte auch die Frage beantwortet werden, ob KI-Algorithmen tatsächlich kreativ sein können. Ein Eindruck über den zugrunde liegenden Prozess findet sich hier: https://www.youtube.com/watch?v=kS6h1TkuOrw. Das finale Ergebnis wird hier hörbar: https://www.magenta-musik-360.de/beethoven-10-sinfonie.

Um diesen **KI-Prozess** anzustoßen, wurde das KI-System zunächst mit *Beethovens* kompositorischem Werk gefüttert, das neun Symphonien, 32 Klaviersonaten, viele Streichquartette und fünf Klavierkonzerte umfasst. Außerdem wurde die zeitgenössische Musik anderer Komponisten eingespeist, von der bekannt ist, dass *Beethoven* sie studiert hatte, bspw. von *Bach*, *Mozart* und *Haydn*. Außerdem wurden die Notenfolgen übermittelt, die *Beethoven* bereits für die Zehnte notiert hatte. Hierdurch wurde für die KI ein **differenzierter Erkenntnishorizont** geschaffen, der folgende Elemente umfasste:

- **Allgemeinwissen** der damaligen Zeit
- **Spezifisches Wissen** von *Beethoven*
- Fragmente des vorliegende **Zukunftswissens** (hier die Entwürfe zur 10. Symphonie).

Im Anschluss daran wurde die KI zur Kreativität aufgefordert. In der analysierten Musik wurden **charakteristische Muster** identifiziert. Diese Muster vermittelten der KI eine Idee davon, wie die musikalischen Skizzen zur 10. Symphonie zu verarbeiten wären. Über Nacht entstanden dann oft 300 verschiedene Versionen eines musikalischen Motivs – mit demselben Anfang, aber einer etwas anderen Entwicklung. Aus diesem Material wurde durch Menschen eine Auswahl getroffen und erneut in das KI-System eingespielt (vgl. [84], S. 10).

Hierbei stellte sich allerdings heraus, dass der erste Entwurf nicht spielbar war. Es war ein ganzes Jahr weitere Arbeit erforderlich – mit vielen menschlichen Eingriffen – um die „Unvollendete" schließlich doch noch zu vollenden. Das Ergebnis entstand durch eine dialogische Zusammenarbeit zwischen Mensch und Maschine. Die KI-basierte Kreativität wurde von Menschen richtungsweisend geführt. Diese waren auch für die finale Partitur verantwortlich, um aus musikwissenschaftlich fundierten Noten ein lebendiges Werk zu erstellen. Das entstandene Ergebnis, das am 09.10.2021 im *Telekom Forum* in Bonn uraufgeführt wurde, ist allerdings nur eine mögliche **Version der „Unvollendeten"**. Niemand weiß, ob *Beethoven* sie so oder ähnlich selbst komponiert hätte. Aber zumindest haben wir jetzt eine Vorstellung davon, wohin die kompositorische Reise womöglich gegangen wäre.

Eines wurde in diesem Prozess deutlich: Die KI kann heute noch nicht allein kreativ sein – die Grenzen der schöpferischen Energie wurden sichtbar. Entscheidende Bögen und wichtige Impulse wurden immer wieder von Menschen geleistet, um der Entwicklung eine spielbare Richtung zu geben. Das gilt auch für den Einsatz der Orgel im 4. Satz der Symphonie – womit *Beethoven* einmal mehr mit Traditionen gebrochen hätte (vgl. [84], S. 4 f.). Außerdem ist vor allem bei den Werken *Beethovens* eines zu berücksichtigen: *Beethoven* drückte in seiner Musik auch innere Seelenqual aus. Er antwortete musikalisch auf das Weltgeschehen und wollte auf dieses einwirken und eigene Botschaften übermitteln. Diese „Zutat" einer Komposition – konkret eine „eigene emotionale Befindlichkeit" – fehlt heute noch jedem KI-System (vgl. [85], S. 108).

▶ **Merk-Box** Die Künstliche Intelligenz beherrscht heute noch keine komplexen kreativen Prozesse. Ihre „Schöpfungen" basieren auf Nachahmung und Abwandlungen, wodurch primär **semi-originäre Ergebnisse** erzielt werden können.

Deshalb ist immer wieder auch die **Frage nach den Rechten der Urheber** der Inhalte zu stellen, die für das Training der KI-Engines eingesetzt werden – meist ohne dafür die Erlaubnis zu erfragen.

Beispiel: *Universal Music Group* unterbindet Zugriff von KI-Systemen auf eigene Songs

Die ***Universal Music Group*** hat aufgrund von **Urheberrechtsverletzungen** durch künstlich generierte Musikstücke Maßnahmen gegen KI-Unternehmen gefordert. *Universal Music* verlangt von Streaming-Anbietern wie *Spotify* und *Apple Music*, den Zugang von KI-Unternehmen zu urheberrechtlich geschützten Werken zu beschränken. *Universal Music* trage die moralische und kommerzielle Verantwortung, unautorisierte Nutzungen ihrer Musik zu verhindern und Inhalte zu blockieren, die die Rechte von Künstlern und anderen Rechteinhabern verletzen. Das Unternehmen ist derzeit damit beschäftigt, zahlreiche Löschungsanfragen für Musikstücke auf Streaming-Plattformen zu stellen. *Universal Music* behauptet, dass KI-Musikprogramme mit Werken trainiert wurden, an denen die Betreiber keine Rechte besäßen, wodurch das von Nutzern aus diesen Programmen erzielte Ergebnis lediglich das Resultat bereits bestehender Werke sei (vgl. [86]). ◀

▶ **Food for Thought** Wir sollten prüfen, ob die Künstliche Intelligenz nicht ein leistungsstarker Partner der Kreativbranche werden kann und werden sollte. KI-Systeme können erkennen, welche Art von Szenen Menschen in Filmen besonders mögen, welche Art von Musik vor allem geschätzt wird und welche Arten von Bildern wir mögen. Das Ergebnis – ob geliebt oder verachtet – wäre **Art on Demand** („Kunst auf Anforderung").

Und vielleicht teilen wir in Zukunft einem KI-System nur noch mit, wie viele Quadratmeter und Zimmer unser Haus hat, wie viele Personen welchen Alters und Geschlecht es beherbergen soll und welche Hobbys diese haben. Zusätzlich könnten wir noch definieren, was es kosten darf, und schon wird eine umsetzungsreife und durchkalkulierte kreative Planung zur Innendekoration erstellt, die sich an diesen Eckdaten orientiert. Die dafür notwendigen Kunstwerke und Gebrauchsmöbel können – bei Gefallen – durch unterschiedliche 3D-Drucker gefertigt werden. Das Ergebnis?

Individualisierung in Perfektion!

▶ **Merk-Box** Die EU-Kommission fordert eine **Kennzeichnung für KI-generierte Inhalte.** Normale Nutzer sollten erkennen können: „Hier spricht, textet oder malt ein Roboter." Zunächst sollen solche Angaben der Konzerne noch freiwillig sein … Hierzu soll der gültige Verhaltenskodex gegen Desinformation entsprechend ergänzt werden.

Questions Think-Box: Fragen, die Sie sich stellen sollten!

- Haben wir uns schon intensiv mit KI-Systemen zur Generierung von Fotos und Videos beschäftigt?
- Wo fänden sich bei uns spannende Einsatzfelder?
- Wo wird von unserem Unternehmen heute noch viel Geld für die Entwicklung von Fotos und Videos eingesetzt?
- Wo könnten wir die KI-gestützte Generierung von Musik wertschöpfend nutzen?
- Welcher Unternehmensbereich sollte auf die Beschäftigung mit diesem Thema konzentrieren – und alle anderen Bereiche über Ergebnisse und Werkzeuge informieren?

Zusammenfassung

- Die **KI-gestützte Bild- und Video-Generierung** bietet eine große Zahl von Einsatzfeldern, u. a. die Erstellung von Produktbildern, die Generierung von Werbematerialien oder kompletter Werbe-Videos.
- Viele Lösungskonzepte sind **ohne eigene technische Infrastruktur** auch von **Nicht-Profis** leicht zu nutzen.
- Mit diesem Vorgehen können **kreative Prozesse durch die Künstliche Intelligenz unterstützt** werden. Dies ist bei Filmen, Büchern, Musikstücken und Gemälden der Fall.
- KI-Systeme sind heute allerdings noch nicht in der Lage, eigenständig kreativ zu sein. Bei **KI-gestützten „Neu-Kreationen"** setzen die KI-Algorithmen immer noch auf erkannten Mustern auf, um diese anschließend neu zu variieren und/oder zu kombinieren.
- Die einschlägigen **rechtlichen Rahmenbedingungen** bzgl. Urheberrechte, Datenschutz oder ethische Richtlinien für den Einsatz von KI zur Generierung von Bildern, Videos und Musik sind zu berücksichtigen.

4.7 KI-gestützte Kundengewinnung und Werbegestaltung

Im Marketing spielen Text-, Bild- und Videoinhalte eine entscheidende Rolle, um Aufmerksamkeit zu erregen und Markenbotschaften zu kommunizieren. Der Einsatz von KI bietet Marketern eine Vielzahl von Möglichkeiten, um hochwertige Inhalte effizient zu erstellen und einzusetzen. KI kann bei der **automatischen Anpassung von Text-, Bild- und Video-Inhalten** an verschiedene Plattformen und Zielgruppen helfen. Zudem kann die KI bei der Entwicklung von **personalisierten Werbeinhalten** unterstützen, die auf individuelle Vorlieben und Verhaltensweisen zugeschnitten sind. Durch die Analyse von Daten zu den Vorlieben, Verhaltensweisen und demografischen Informationen der Kunden können maßgeschneiderte textliche und visuelle Inhalte erstellt werden.

4.7.1 KI-gestützte Kundengewinnung

Künstliche Intelligenz hat das Potenzial, die Art und Weise grundlegend zu verändern, wie die Kundengewinnung zukünftig ausgestaltet wird. Die Integration von KI-Technologien in Werbestrategien bietet Unternehmen neue Möglichkeiten, Markenbildung und Kundenengagement zu verbessern. Hierzu werden datengesteuerte Einblicke und Vorhersagen erarbeitet, die in Prozesse der Marketing-Automation einmünden können. Ob diese Entwicklungen eher zur **Substitution** oder zur **Unterstützung von kreativen Berufen** führen, wird sich erst noch zeigen müssen.

KI-Algorithmen können für die werbliche Ansprache **personalisierte Inhalte** erstellen, die auf die individuellen Vorlieben und Interessen jedes einzelnen Kunden zugeschnitten sind. KI-Engines ermitteln hierfür aus Kundendaten Muster und Trends, die zur Entwicklung von jeweils passenden **Werbeinhalten** beitragen. Hierdurch kann **Kundengewinnung** insgesamt deutlich effizienter erfolgen. KI-Engines können Unternehmen helfen, potenzielle Kunden zu identifizieren, indem sie Verhaltensdaten analysieren und Vorhersagen über die Wahrscheinlichkeit treffen, dass eine bestimmte Person ein Produkt oder eine Dienstleistung kaufen wird. Die Conversion Rates können durch personalisierte Werbebotschaften zusätzlich gesteigert werden.

Ein weiteres wichtiges Einsatzfeld der Künstlichen Intelligenz stellen **Lead Prediction** und **Lead Profiling** dar. Unternehmen wie die klassischen – und heute teilweise verschwundenen – Versandhändler haben bereits vor vielen Jahrzehnten damit begonnen, auf der Basis umfassender Datensätze ihrer Kunden auf deren zukünftiges Kaufverhalten und erreichbare Kundenwerte zu schließen. Hierzu kamen unterschiedlich komplexe Scoring-Modelle zum Einsatz (vgl. vertiefend [2]).

Konzepte der Künstlichen Intelligenz können dieses Vorgehen jetzt deutlich verbessern, weil ungleich mehr und gleichzeitig verschiedenartige Daten für die **Mustererkennung** eingesetzt werden können. Anhand eines Abgleichs zwischen aktuellen Top-Kunden und potenziellen Neukunden können sogenannte **Look-alike Audiences** identifiziert werden, die das höchste Potenzial aufweisen, sich zu Top-Kunden zu entwickeln. Hierzu können Tausende von Daten zu einer **digitalen Signatur** verdichtet werden, die wie ein Suchraster (auch Beuteraster genannt) vorhandene Datenbanken nach geeigneten Potenziälträgern durchforstet. Hierbei wird auch von **Predictive Analytics** gesprochen, weil die Analysen zur Vorhersage von Kaufwahrscheinlichkeiten und Kundenwerten dienen (vgl. [2]). Es gilt, basierend auf den kontinuierlich einlaufenden Daten bspw. die folgenden Fragestellungen (in Echtzeit) zu beantworten:

- Welche **Angebote** führen zur höchsten Conversion Rate (sei es das Abonnement eines Newsletters, die Anforderung von Informationsmaterial, die Bitte um eine Angebotserstellung, die Vereinbarung zu einem Gesprächstermin, einer Spende und/oder ein Kauf)?
- Welche **Aussendezeitpunkte** sind im Hinblick auf die angestrebten Conversions optimal?
- Welche **Nachfass-Rhythmen** fördern die Conversions?

- Welcher **Kommunikationskanal** unterstützt bei welchen Zielpersonen die Conversions am besten?
- Welcher **Individualisierungsgrad der Angebote** fördert die Conversions?
- Welcher **Personalisierungsgrad der Ansprache** unterstützt die Conversions am besten?

Die hier gewonnenen Informationen können in eine **dynamische Profilierung** einfließen. Das bedeutet, dass die Profile jeden Tag, jede Stunde, jede Minute verbessert werden, um so die Zielerreichung des Unternehmens zu unterstützen. Hierbei kann das schon vorgestellte **Reinforcement Learning** eingesetzt werden. Schließlich entspricht jede erreichte Conversion einer Belohnung, die dem Algorithmus mitteilt, dass dieser gut gearbeitet hat. Und jede nicht erreichte Conversion zeigt der KI-Engine, dass der Algorithmus noch nicht optimal gearbeitet hat.

Diese Art der Kundenansprache verändert auch die Marketingplanung. Während bisher **Kampagnen für bestimmte Zielgruppen** erarbeitet wurden, sind jetzt – zusätzlich – **individuell einsetzbare Dialogprogramme** zu entwickeln, die auf verschiedenen Triggern der einzelnen Zielpersonen aufsetzen. Die eingesetzten Trigger – bspw. Kauf der Produkte A und B im Abstand von zwei Wochen – können bei verschiedenen Kunden zu unterschiedlichen Zeitpunkten ein darauf basierendes Dialogprogramm starten. Da nicht für alle Interessenten- bzw. Kunden-Konstellationen entsprechende Trigger vorliegen werden, kommen nach wie vor auch breiter ausgerichtete Kampagnen zum Einsatz (vgl. vertiefend zu Dialogprogrammen [2]).

Ein weiteres wichtiges Aufgabenfeld stellen **individualisierte Empfehlungen** dar, um Kunden zu gewinnen oder weitere Kundenpotenziale auszuschöpfen. Die komplexen **Empfehlungsalgorithmen** (Stichwort **Recommendation Engine**) von *Amazon* sind dort für 36 % des Umsatzes verantwortlich. 90 % des Kundensupports erfolgen bei *Amazon* ebenfalls automatisiert (vgl. [87], S. 73 f.). Bei *Netflix* sind mehrere Hundert Entwickler im Einsatz, um u. a. Algorithmen für das **Empfehlungsmanagement** und für die **Generierung von personalisierten Inhalten** zu erstellen.

Die **Recommendation Engine** – i. S. einer automatisiert ausgesprochenen Empfehlung – kann zur Steigerung der Kundenzufriedenheit wesentlich beitragen und durch eine Verbesserung der Conversion Rate gleichzeitig Umsatz und vor allem Gewinn der Unternehmen steigern. In dieser „Maschine" kann – KI-gestützt – eine Vielzahl von Informationen verarbeitet werden, die über den Nutzer, sein bisheriges Verhalten und geäußerte Präferenzen sowie – perspektivisch – über sein Umfeld (Kontext) vorliegen (Stichwort **Kontext-Marketing**). Hier gilt es folglich, das **Next-Product-to-Buy** bzw. die **Next-best Action** nicht nur am Nutzer, sondern idealerweise auch am Nutzungszeitpunkt und am Nutzungsort auszurichten und zur Bereitstellung den relevantesten Nutzungskanal auszuwählen.

Auf eine undifferenzierte „dumme" Promotion, die gleiche Angebote an eine große Zielgruppe ausspielt, wird dadurch verzichtet. Die Next-best Action muss nicht immer ein ganz konkretes Angebot darstellen, sondern kann auch die Bereitstellung von verkaufs-

und/oder reputationsfördernden Informationen umfassen (Stichwort Content-Marketing; vgl. weiterführend [3], S. 153–182). In Summe wird versucht, das Kernziel des **wertorientierten Kundenmanagements** zu erreichen: eine nachhaltige Steigerung des Kundenwerts (vgl. vertiefend [2]).

Die KI-gestützte Lösung ***Sales Cloud Einstein*** von ***Salesforce*** unterstützt Unternehmen, ihre Verkaufserfolge zu steigern. Sie analysiert die Daten des **Customer-Relationship-Managements** (CRM), um Muster zu erkennen, die erfolgreiche Geschäftsabschlüsse von verpassten Chancen unterscheiden. Auf der Grundlage der so gewonnenen Erkenntnisse werden Empfehlungen für vielversprechende Leads und strategische Maßnahmen abgeleitet. Zu den **Kernfunktionen** von *Sales Cloud Einstein* gehören (vgl. [88]):

- ***Einstein Lead Scoring***
  Dieser Scoring-Ansatz priorisiert Leads basierend auf ihrer Ähnlichkeit zu bisherigen erfolgreichen Abschlüssen, um den Aufbau der Verkaufspipeline zu beschleunigen.
- ***Einstein Opportunity Insights***
  Diese Funktion liefert unmittelbare Antworten auf wichtige Verkaufsfragen. Hierzu zählen die Wahrscheinlichkeit eines Geschäftsabschlusses, die Kundenstimmung, die Beteiligung von Mitbewerbern und das allgemeine Kundenengagement.
- ***Einstein Activity Capture***
  Durch die Vernetzung des Posteingangs und Kalenders der Vertriebsmitarbeiter mit *Salesforce* können relevante Aktivitäten wie E-Mails und Meetings automatisch erfasst und mit dem entsprechenden Datensatz in *Salesforce* verknüpft werden. Dies reduziert den Zeitaufwand für die Dateneingabe und ermöglicht es den Mitarbeitern, sich stärker auf den Verkauf zu konzentrieren.
- ***Einstein Account Insights***
  Diese Funktion bietet umfassende Einblicke in alle geschäftlichen Entwicklungen, die Kunden betreffen. Diese Informationen werden in einer Vertriebskonsole konsolidiert.

Diese Lösung bietet eine umfassende Unterstützung, um das CRM noch erfolgreicher zu machen. Zusätzlich unterstützt ***Einstein GPT***, eine der weltweit ersten generativen KI-Engines für CRM, das Verfassen von Kundenkommunikation nach Wunsch (vgl. [88]).

Die *Otto Group* verwendet eine innovative **Attributionsmodellierung** zur Optimierung der eingesetzten Kommunikationskanäle (inklusive Touchpoint-Management und Marketingplanung). Diese basiert auf einem **Customer Touchpoint Tracking**, bei dem Suchmaschinen, Social Media und Online-Anzeigen analysiert werden. Alle Anstrengungen, die durch die Künstliche Intelligenz unterstützt werden, sollten eine kundenzentrierte Sichtweise aufweisen. Denn nur wenn die Kunden einen individuellen Mehrwert für sich erkennen können, werden sie entsprechende Angebote nutzen.

Tomi.ai ist eine KI-gestützte Plattform, die speziell für Unternehmen mit einem **Lead-to-Sale-Zyklus** von zwei Wochen oder länger konzipiert ist. Sie analysiert das Benutzerverhalten auf der Website des Unternehmens und korreliert es mit den Verkaufsdaten und den Kundenwerten des unternehmenseigenen CRM-Systems. Hierdurch wird es möglich, aus den Verhaltensmustern neuer und sogar anonymer Website-Besucher den **perspektivischen Kundenwert** in Echtzeit zu ermitteln. Hierdurch können Unternehmen, besonders wertbasierte Zielgruppen identifizieren und diese gezielt ansprechen. Hierdurch kann der **Return on Advertising Spent** (ROAS) erhöht werden. Durch die Kombination von First Party Data, Verhaltensdaten und CRM-Daten unterstützt *Tomi.ai* wertbasierte Bewertungen zur Optimierung von Werbekampagnen und zur Vorhersage der zukünftigen Erfolge (vgl. [89]).

Das Unternehmen ***Intellimize*** bietet eine **KI-gesteuerte Plattform zur Website-Optimierung**. Durch die Verwendung von maschinellem Lernen ist *Intellimize* in der Lage, automatisch die Inhalte für jeden einzelnen Website-Besucher in Echtzeit anzupassen. Hierdurch soll die Wahrscheinlichkeit erhöht werden, dass der Besucher eine gewünschte Aktion ausführt. Die Plattform experimentiert ständig mit verschiedenen Website-Designs und lernt aus den Interaktionen der Benutzer, um die Leistung ständig zu verbessern. Bei diesem Konzept, das tagtäglich aus hunderten oder tausenden Website-Besuchen und den dort getätigten Aktivitäten lernen kann, wird kein A/B-Testing mehr benötigt (vgl. [90]).

▶ **Food for Thought** Beim A/B-Testing wird versucht, die beste **One-fits-all-Lösung** für alle angesprochenen Personen zu finden. Hier können wir an die durchschnittlich „richtige" Schuhgröße für alle Kunden denken. Wir werden vermutlich nicht alle Käufer mit der gleichen Schuhgröße begeistern können!

Wie viel eleganter ist dagegen eine Lösung, die für jeden Website-Besucher eine ganz **individuelle Customer Experience** schafft. Für **Konsumenten** können beim Besuch die Inhalte auf das Herkunftsland, die Herkunftsstadt des Website-Besuchers, das verwendete Device und die Tageszeit ausgerichtet werden. Je nach Lernerfahrung des KI-Systems können weitere verschiedene Inhalte und Calls-to-Action eingebunden werden. Können **Website-Besucher von Unternehmen** identifiziert werden, können deren relevante Wettbewerber sowie einschlägige Case Studys präsentiert werden.

Eine **individuelle Website Experience** wird möglich!

Benutzer können ihre Testmethode auswählen, indem sie AI Optimize für einen A/B-Testansatz nutzen oder flexible Regeln anwenden. Durch den Einsatz eines WYSIWYG-Visual-Editors können Experimente einfach und ohne Programmierkenntnisse eingerichtet werden, wobei jede Variation auf jeder Seite personalisiert und getestet werden kann.

Die Plattform ermöglicht es Benutzern, ein Optimierungsziel sowie Seitenziele festzulegen, um wertvolle Seiteninteraktionen zu fördern und die Ausrichtung jedes Ziels auf die Geschäftsziele zu gewährleisten. Tests können in wenigen Minuten gestartet, unbegrenzte Variationen gleichzeitig ausgeführt und Tests jederzeit ohne Beeinträchtigung des Echtzeit-Lernens oder der Ergebnisse pausiert oder neu gestartet werden.

Mit *Intellimize* können Benutzer schnell Einblicke in spezifische Zielgruppen gewinnen, um über andere Marketingkanäle zu informieren und auf jeder Seite eine wirklich personalisierte und relevante Erfahrung für bekannte und anonyme Besucher zu bieten. Die Plattform bietet außerdem KI-gestützte Textvorschläge zur Überwindung von Schreibblockaden und ermöglicht es den Benutzern, in wenigen Minuten bedeutungsvolle Inhaltsvariationen zu erstellen und zu starten.

Darüber hinaus bietet *Intellimize* eine umfassende Übersicht über die Kampagnenergebnisse in einem übersichtlichen Dashboard und eine 1-Klick-Integration in GA4, um die Conversion-Ergebnisse im Google Analytics Dashboard zu präsentieren.

4.7.2 KI-gestützte Analyse von Werbebotschaften

Die Künstliche Intelligenz spielt auch eine wachsende Rolle bei der **Optimierung von Kreationen**. KI-Engines können Kreativprozesse unterstützen. Sie können etwa herausfinden, welche Bestandteile eines Motivs oder welche Textbausteine für eine bestimmte Zielgruppe relevant sind. Damit ermöglichen sie es den Kreativen, ihre Werke auf Basis dieser Analysen zu optimieren oder neue zu erschaffen. Dabei ist es wichtig zu wiederholen, dass echte Kreativität bisher nicht durch KI-Modelle abgebildet werden kann. Heute ist es nach wie vor der menschliche Geist, der für die Entwicklung originärer Ideen erforderlich ist.

Ein interessantes Konzept zur **Analyse und Optimierung von unterschiedlichen Content-Formaten** liefert EyeQuant [91]. Das Unternehmen ist aus dem ***Institut für Kognitionswissenschaften*** der *Universität Osnabrück* hervorgegangen. Die hier eingesetzte KI-Lösung ermöglicht die Bewertung der visuellen Wirkung verschiedener Designs, ohne dass es dafür eines Tracking-Codes oder eines Tests mit Nutzern bedarf. ***EyeQuant*** nutzt die Erkenntnisse der neurowissenschaftlichen Forschung und wendet diese in Echtzeit mit KI-Algorithmen auf vorhandene Designs an. Um Pretests oder Live-Tests durchzuführen, wird lediglich eine Bilddatei oder eine URL als Input benötigt.

Mit der ***EyeQuant*-Analyse** wird die visuelle Aufmerksamkeit ermittelt. Anhand von Design-Metriken können Designs bewertet werden, um Benutzererlebnisse zu schaffen, die zu den gewünschten Konversionen führen. Wie geht *EyeQuant* vor? Die Grundlage für die Bewertungen sind Daten, die durch **umfangreiche Anwenderstudien** in **Eye-Tracking-Labors** und durch **Online-Panels** gewonnen wurden. Die hier eingesetzten Vorhersagemodelle analysieren über 1,6 Mio. Datenpunkte aus 20.000 Experimenten mit Hunderten von Teilnehmern. Ziel ist es, zu erkennen, welche Designmerkmale (wie Leuchtdichte, Kantendichte, Sättigung, strukturelle Anordnung und vieles mehr) innerhalb der ersten drei bis fünf Sekunden die menschliche Aufmerksamkeit erregen. In Laborstudien wurden hier für die Blickmuster und Augenbewegungen von Menschen quantifiziert. Hierzu gehören **Fixationen** (kurzfristiges Verweilen der Augen an einem Punkt), **Sakkaden** (schnelle Augenbewegungen bzw. Sprünge von Fixation zu Fixation) und **Smooth Pursuit** (Verfolgung eines sich bewegenden Objekts). Anhand der ermittelten Werte kann die relative Bedeutung visueller Merkmale bestimmt werden.

EyeQuant nutzt diese Daten, um die unbewussten Prioritäten des Betrachters bei der Suche nach Informationen zu verstehen. Künstliche neuronale Netze werden eingesetzt, um vorherzusagen, wie Nutzer ein Design in den ersten drei bis fünf Sekunden der Betrachtung wahrnehmen werden. Die hier eingesetzten Simulationen werden anhand empirischer Eye-Tracking-Studien validiert. Diese zeigen, dass die Vorhersagen von *EyeQuant* zu 90 % so genau sind wie die Vorhersagen aufgrund physischer Studien mit Hunderten von Teilnehmern (vgl. [91]).

Auf Basis dieser Daten werden **Wahrnehmungsmuster** identifiziert und **Designmerkmale** herausgearbeitet, die sich signifikant auf Erfolg oder Misserfolg einer Website auswirken (bspw. Typo, Farbkontrast, Position eines Calls-to-Action). Basierend auf den durch diese Studien gewonnenen Erkenntnissen erfolgt die **Ableitung prädiktiver Ergebnisse**, die unmittelbar umgesetzt werden können. Mit dem **Clarity Score** von *EyeQuant* kann die Überzeugungskraft von eigenen Designs objektiv gemessen werden. Alternative Designentwürfe können verglichen und ein Vergleich mit Wettbewerbern kann durchgeführt werden. Außerdem wird sichtbar, wie die Nutzer dazu motiviert werden können, sich mit den eigenen Kernbotschaften und Calls-to-Action zu beschäftigen. In vielen Untersuchungen hat sich gezeigt: Je höher der Clarity Score, desto niedriger die Absprungrate.

Die **Perception Map** analysiert die Inhalte, die in den ersten Sekunden nach dem Aufruf einer Webseite, einer mobilen App, einer E-Mail, eines Social-Media-Posts oder eines Werbemittels gesehen werden. So wird ermittelt, ob das eingesetzte Design die Aufmerksamkeit der Nutzer effektiv auf die wichtigsten Inhalte lenkt oder nicht. Mit dem **Excitingness Score** kann ermittelt werden, ob ein Design eine anregende oder beruhigende Wirkung auf den Nutzer hat. Das Werkzeug **Regions of Interest** misst die spezifische Sichtbarkeit verschiedener Bereiche der Online-Präsenz. Mit diesem Tool wird erfasst, wie einzelne Bereiche verschiedener Designentwürfe wahrgenommen werden. Durch diese Erkenntnis können subjektive Einschätzungen aus dem Freigabeprozess eliminiert und durch objektivere Daten ersetzt werden. Dazu visualisiert *EyeQuant* die Unterschiede zwischen verschiedenen Versionen mit quantitativen Daten. Auf diese Weise können kreative Veränderungen leicht begründet werden (vgl. [91]).

Ein weiteres Ziel des bereits in Abschn. 4.4 vorgestellten Unternehmens ***Affectiva*** ist es, mit deren KI-Technologie die **emotionale Wirkung von Werbung** zu erfassen. Hierfür können über die Software die ungefilterten und unvoreingenommenen emotionalen Reaktionen von Verbrauchern beim Betrachten von Videos, Anzeigen, Filmen und TV-Sendungen gemessen werden. Dies kann durch die *Attectiva*-Technologie unaufdringlich und in großem Umfang erfolgen, wenn die Nutzer einer solchen Erfassung zustimmen. Ein interessantes Einsatzfeld sind **Werbetests**. Hier kann ermittelt werden, wie die Zielgruppe auf Werbeinhalte reagiert. Die emotionalen Reaktionen der Teilnehmer können sowohl in Online- wie auch in Offline-Umfeldern ermittelt werden (vgl. [59]).

Auch eine **Analyse von Unterhaltungsinhalten** selbst wird möglich. Hierdurch kann die emotionale Bindung des Zuschauers an Inhalte von Trailern oder Filmen ermittelt werden. Dieses Wissen ist für die Schaffung von Unterhaltungserlebnissen entscheidend, die den Zuschauer zur Bindung und zum intensiveren Konsum motivieren sollen. Diese Fragestellung ist bspw. für Streaming-Anbieter wie *Netflix* & Co. unverzichtbar (vgl. [59]).

4.7.3 KI-gestützte Werbeplanung

Die **Werbeplanung** kann durch KI ebenfalls verbessert werden. Mithilfe der prädiktiven Analyse können Unternehmen zukünftige Markttrends voraussagen und ihre Werbestrategien entsprechend anpassen. KI kann auch dazu beitragen, das **Medienkaufverhalten** zu optimieren, indem sie den besten Zeitpunkt, Ort und Kontext für die Schaltung von Anzeigen, Spots, Bannern, Posts oder von anderen Werbeformaten bestimmt. Darüber hinaus können KI-Tools Daten über die **Wirksamkeit verschiedener Werbekampagnen** analysieren und Empfehlungen für zukünftige Kampagnen geben, um die Rentabilität zu steigern.

KI-Plattformen zur Mediaplanung übernehmen Aufgaben, die bisher von Medienagenturen erledigt wurden. Im ersten Schritt können die KI-Plattformen den Mediaplanern als Expertensysteme helfen, die Vielzahl der vorhandenen Daten zu analysieren, um werberelevante Muster noch besser oder noch schneller zu erkennen. Durch die Verwendung historischer Daten können KI-gestützte Systeme optimierte Mediapläne generieren. Menschliche Planer können die generierten Pläne prüfen, auf Abweichungen und neue Trends reagieren und dabei die KI-Engine als Instrument zur Verbesserung der Planungen nutzen. Hierbei ist zu berücksichtigen, dass KI-Systeme bisher bestehende Muster auf die Zukunft projizieren, aber keine originären Ideen entwickeln können. Ihre Effizienz und Geschwindigkeit lassen den Nutzern jedoch mehr Zeit für kreative Aufgaben und strategische Entscheidungen.

Mit dem Aufkommen von Big Data hat die Verwendung von intelligent verknüpften und modellierten Daten für die **Medienschaltung** erheblich zugenommen. Im digitalen Bereich können Daten auf verschiedenen Ebenen dazu beitragen, den Medieneinsatz zu optimieren. Die Einbeziehung von Daten wie Wetter oder soziodemografischen Faktoren ist nur der erste Schritt. **Programmatic Advertising**, ursprünglich im Online-Marketing eingeführt, gewinnt auch in klassischeren Medien an Bedeutung. Hier sind Modelle im Einsatz, die die Relevanz einer Kampagne überprüfen, bevor sie zum Auktionsprozess freigegeben wird.

▶ **Merk-Box** Bei der **Content-Generierung** und **Content-Distribution** ist in den nächsten Jahren mit einem **Abschmelzen der Beschäftigtenzahlen** durch eine zunehmend intelligente Kreation und Distribution zu rechnen.

4.7.4 KI-Lösungen für die Post-Cookie-Ära

Das absehbare **Ende der Third Party Cookies** stellt eine erhebliche Herausforderung für das Marketing dar. Schließlich dürfen Cookies dann nicht mehr für die zielgerichtete Werbung genutzt werden. *Apple* ermöglicht seinen Nutzern schon heute ein Opt-out für das Setzen von Third Party Cookies. *Google* unterbindet Third Party Cookies ab 2023. Hierdurch müssen die digital Werbetreibenden auf das wichtiges **Targeting-Konzept** der Third Party Cookies verzichten. Die **Cookie-Technologie** erlaubte es bisher, Nutzer über viele Websites hinweg eindeutig zu identifizieren und gleichzeitig umfangreiche Profile über diese anzulegen. Diese Profile konnten für das Targeting genutzt werden.

Wie soll ein Targeting in Zukunft aussehen, wenn hierfür nicht mehr auf diese Third Party Cookies zurückgegriffen werden kann? Welche Lösungen bieten sich alternativ an? Mit Hilfe der Künstlichen Intelligenz wurden verschiedene Ansätze entwickelt, um auch zukünftig durch Targeting personalisierte Werbung zu ermöglichen.

Werbende Unternehmen entwickeln Konzepte, die auf **First-Party-Daten** basieren. Damit sind die Daten gemeint, die das werbende Unternehmen selbst erhebt. Solche Daten, wie E-Mail-Adresse, Vor- und Nachname, postalische Adresse, Telefonnummer, Geburtsdatum etc., ermöglichen es dem erhebenden Unternehmen, individuelle Nutzer eindeutig zu erkennen. Allerdings müssen die Nutzer hier zunächst einmal motiviert werden, den Advertisern – i. S. der werbenden Unternehmen – ihre Daten zu überlassen. Häufig werden dafür sogenannte **Marken-Ökosysteme** aufgebaut, die ein Log-in benötigen, um einen Zugriff auf eine Vielzahl von Services zu haben. Dies ist bspw. bei *Apple* oder auch bei *Google* der Fall. Außerdem können Communitys aufgebaut werden, wie das bspw. *Procter & Gamble* mit seinem Programm *For me* gelungen ist. Die Vorteilswelt erschließt sich hier nur dem registrierten und damit identifizierten Kunden. Durch diese First-Party-Daten können den Online-Nutzern **stabile Identitäten** zugewiesen werden. Hier kann die Künstliche Intelligenz bei der **Datenanalyse** unterstützen, um ein tieferes Verständnis für die Vorlieben und Verhaltensweisen der Kunden zu erlangen. Dies kann die Grundlage für eine wirksamere und zielgerichtete Werbung bilden, die auf den tatsächlichen Interessen der Nutzer basiert. Durch **prädiktive Analysen** können auf Basis von First-Party-Daten auch Vorhersagen zum künftigen Nutzerverhalten erarbeitet werden.

Publisher konzentrieren sich vielfach auf das sogenannte **Context Targeting**, das auch **Contextual Targeting** oder **Semantic Targeting** genannt wird. KI-Engines analysieren hier in Echtzeit die Inhalte einer gerade besuchten Webseite – um dann dazu passende Werbung auszuspielen. Die Werbebotschaften orientieren sich folglich am Inhalt der besuchten Seite und nicht am individuellen Online-Verhalten des jeweiligen Nutzers. Basierend auf diesem Context Targeting bieten die Werbemedien eine klassische **Umfeldbuchung** an. Für die Werbeausspielung werden angebotsaffine Umfelder gesucht – wie das bei Print- und TV-Kampagnen schon lange der Fall ist. Diese Lösungen für den Online-Bereich kommen ohne eine Identifikation der Website-Besucher aus. Die Künstliche Intelligenz ermöglicht es, dass den Besuchern – abgestimmt auf den jeweiligen Inhalt der besuchten Website – passende Angebote präsentiert werden. Die Identifikation der angebotsaffinen Umfelder kann heute durch KI automatisiert werden und viel präziser gelingen als in der Vergangenheit. Die hierbei präsentierten werblichen Angebote zahlen primär auf den Upper Funnel ein – den oberen Bereich des Conversion Funnels (vgl. Abb. 4.19).

Das Unternehmen **Define Media** [92] setzt für die Werbeplanung mit ***CONATIVE*** ein KI-System ein. Die Künstliche Intelligenz optimiert auf der Grundlage des Machine Learnings die Ausspielung der Kampagnen. Um einen **perfekten Match zwischen Werbung und Zielpersonen** zu erreichen, werden u. a. die Inhalte der zu schaltenden Online-Werbemittel (Teaser-Texte, Headlines, Bilder sowie der Landing Page) KI-basiert analysiert. Auch die potenziellen Zielseiten der Online-Werbung werden anhand von Headlines, Artikeltexten, Bildern etc. KI-gestützt analysiert – ohne menschliche Unterstützung. Die hierdurch gewonnenen semantischen Informationen erlauben es, den Fit zwischen Werbemittel (bspw. einem Online-Banner) und Werbeträger (der besuchten Website) zu erkennen. Zusätzlich werden bei der Entscheidung weitere Kontext-Daten (wie Wetter, relevantes Bundesland) einbezogen. In Summe fließen in diese Analyse bis zu 1500 Dimensionen ein. Die **Entscheidung über die Ausspielung der Werbung** basiert auf der **Vorhersage der erreichbaren Click Through Rate**. Durch einen Feedback-Loop können die hier eingesetzten neuronalen Netze kontinuierlich dazu lernen, weil das Engagement der Nutzer zurückgespielt wird. So kann die Performance der Werbeschaltung kontinuierlich verbessert werden.

Das Unternehmen ***Sqreem Technologies*** ist ein **B2B-Marktplatz für den digitalen Medieneinkauf**. Auch hier wird durch eine eigene KI-Lösung ein Cookie-freies, präzises Ad-Targeting in großem Umfang unterstützt (vgl. [93]). Die angebotene Technologie ermöglicht die Identifikation von Kundengruppen und deren Verhaltensweisen – allerdings nicht von Einzelpersonen. So wird – wie erforderlich – die Privatsphäre respektiert. Durch den Einsatz eines KI-Agenten werden die beobachteten Online-Verhaltensweisen mit den von Marken und Publishern gewünschten Verhaltensweisen abgeglichen. Die **Integration in ein Werbe-Ökosystem** ermöglicht es, die Auslieferung von Werbung während des gesamten Prozesses zu überwachen und entsprechend zu steuern. Die ***ONE Market*** genannte Plattform ist eine End-to-End-Lösung, die nahtlos dazu beiträgt, die zur Zielerreichung relevanten Zielgruppen anzusprechen – basierend auf dem beobachteten Online-Verhalten. Um dies zu erreichen, wurde der **Media-Buying-Workflow** vollständig automatisiert und durch KI gesteuert.

Andere Anbieter versuchen, ein **Publisher-übergreifendes Context Targeting** zu entwickeln. So werden Werbekampagnen ermöglicht, die Medien verschiedener Publisher verbinden und auf gleiche Weise buchbar machen. Hierfür hat das Unternehmen ***Seedtag*** eine KI-Software für die Content-Analyse von Websites entwickelt. So können für die Werbeausspielung die Websites ausgewählt werden, die zur geplanten Werbung am besten passen. Die hierfür eingesetzte KI-Technologie analysiert nicht nur einzelne Keywords, sondern klassifiziert auch ganze Texte sowie Bilder und Videos (vgl. [94]).

Weitere Lösungen für eine **Werbung ohne Third Party Cookies** sind in der Diskussion. Schließlich kann das Contextual Targeting allein kaum für alle Produkte und Dienstleistungen die passenden Umfelder liefern. Anhand welcher Umfelder findet bspw. ein Anbieter von Schokolade oder Zahnpasta seine Zielgruppe? Schließlich gibt es nicht so viel Content-Umfelder für diese Angebote, um eine Breitenwirkung zu entfalten. Außerdem zielen Content-orientierte Kampagnen eher auf den Upper Funnel ab. Hierbei geht es eher um die Schaffung von Awareness. Performance-Kampagnen können hier oft nicht überzeugen, weil zwar ein thematisches Interesse besteht – nicht notwendigerweise aber auch ein Kaufinteresse.

Think-Box: Fragen, die Sie sich stellen sollten!

- In welchen Umfang findet bei uns schon heute eine KI-gestützte Kundengewinnung statt?
- Welche Ergebnisse wurden erzielt und was haben wir bisher in diesem Feld gelernt?
- Können wir unsere Werbeaktivitäten durch eine KI-basierte Analyse optimieren?
- Wurden ggf. bereits gewonnene Erkenntnisse breit im Unternehmen kommuniziert?
- Haben wir uns schon mit einer KI-gestützten Werbeplanung beschäftigt – oder tun dies unsere Dienstleister?
- Wo finden sich hier leicht zu erschließende Optimierungsfelder?
- Welche Lösungen sehen wir für die Post-Cookie-Zeit?
- Welche Ideen haben unsere Werbepartner für die Zeit nach dem Wegfall der Third Party Cookies?
- Wo liegt die Gesamtverantwortung für diese Fragen?

Zusammenfassung

- Die Künstliche Intelligenz bietet vielfältige Möglichkeiten zur **Optimierung der Kundengewinnung**.
- KI-Instrumente unterstützen die **Analyse von Werbebotschaften**, um deren Wirkung zu verstärken.
- Es existieren bereits verschiedene Konzepte, um die **Werbeplanung durch KI-Engines** zu unterstützen.
- KI-basierte Lösungen ermöglichen eine zielgruppenbezogene **Werbung in der Post-Cookie-Zeit**, bspw. durch **Context Targeting**.

4.8 Dynamic Pricing

KI-Algorithmen kommen zunehmend auch beim **Dynamic Pricing** zum Einsatz. Einer der entscheidenden Einflussfaktoren auf die Profitabilität eines Unternehmens ist nach wie vor die Preisgestaltung. Deshalb ist es nicht verwunderlich, dass KI-Anwendungen auch in diese Domäne des Marketings und Vertriebs vorgestoßen sind.

Mit **Wise Athena** [95] liegt ein intelligenter KI-Agent vor, der Anbieter von Consumer Packaged Goods bei der Definition von **Preisentscheidungen** und **Händler-Promotions** unterstützt. Um dies zu erreichen, wählt *Wise Athena* automatisch die Datenmerkmale aus, die das Verhalten der jeweiligen Produkte auch im Verhältnis zueinander am besten beschreiben. Hierzu wird ein Modell berechnet, welches auch **Kannibalisierungseffekte** im eigenen Angebot und die Kreuzpreiselastizität der Produkte des Unternehmens berücksichtigt. Die **Kreuzpreiselastizität** (der Nachfrage) ermittelt die prozentuale Änderung der nachgefragten Menge eines Gutes, die als Folge der Änderung des Preises eines anderen Gutes auftritt. Wichtig ist, dass es sich bei der Kreuzpreiselastizität im Gegensatz zur Preiselastizität um zwei verschiedene Güter handelt.

Durch das regelmäßige Training konnte die Genauigkeit der Absatzprognosen signifikant gesteigert werden. Trotz einer extrem großen Menge möglicher Preiskombinationen kann das KI-System jene Preiskombinationen ermitteln, die Umsatz oder Margen optimieren. Durch eine so optimierte Preisstrategie konnten Anwender von *Wise Athena* ihre Margen deutlich erhöhen. Zu den Kunden von ***Wise Athena*** zählen die Unternehmen *BAT*, *Beiersdorf* und *Reckitt Benckiser* (vgl. [95]).

Aus **Unternehmensperspektive** ist das Dynamic Pricing mit verschiedenen Vorteilen verbunden. Unternehmen können ihre Preise in Echtzeit anpassen, um den **Gewinn zu maximieren**. Marketers können die Preise sehr schnell **an veränderte Marktbedingungen anpassen**, die durch Schwankungen von Angebot und Nachfrage, durch Veränderungen im Wettbewerb oder aufgrund saisonaler Trends auftreten. Zusätzlich wird eine **effiziente Ressourcennutzung** unterstützt. Bei physischen Produkten oder Dienstleistungen mit begrenzten Kapazitäten – so bei Flugtickets und Hotelzimmern – ermöglicht eine dynamische Preisgestaltung eine gute Ausnutzung der Ressourcen. Durch die Anhebung der Preise während Zeiten hoher Nachfrage und die Senkung während Zeiten niedriger Nachfrage können Unternehmen darauf hinwirken, dass ihre Kapazitäten optimal ausgelastet werden. Aufgrund der hohen **Komplexität** des Dynamic Pricings benötigen Unternehmen spezialisierte (KI-)Tools und Fähigkeiten, um die großen für Dynamic Pricing erforderlichen Datenmengen zu analysieren.

Wie ist Dynamic Pricing aus **Kundenperspektive** zu bewerten? Kunden profitieren von Dynamic Pricing, wenn sie flexibel sind und in Zeiten niedriger Nachfrage kaufen. Kunden können es allerdings als negativ empfinden, wenn die Preise ständig schwanken, weil die **Preise** für die Kunden **unvorhersehbar** werden. Dies erschwert es, Preise zu vergleichen. Außerdem kann die „gefühlte" **Preisfairness** verloren gehen. Kunden könnten das Gefühl haben, dass Dynamic Pricing unfair ist. So kann der Eindruck entstehen, dass sie mehr bezahlen müssen als andere Kunden. Dieser Eindruck kann entstehen, wenn die Preisbildung auf der Grundlage von persönlichen Daten oder individuellen Kaufhistorien basiert. Deshalb kann Dynamic Pricing zu **Kundenunzufriedenheit** führen. Soweit Dynamic Pricing auf der Analyse persönlicher Daten basiert, können bei Kunden zusätzlich **Datenschutzbedenken** auftreten.

▶ **Food for Thought** Eines wird deutlich: Die Vorteile des Dynamic Pricings liegen primär auf Seitens des Unternehmens. Für die Kunden geht dagegen das **Gefühl für Preise** verloren. Außerdem kann der Eindruck entstehen, nicht fair behandelt worden zu sein.

Damit Preisrecherchen – verbunden mit dem wiederholten Aufsuchen gleicher Anbieter-Webseiten – nicht zu höheren Preisen führen, fühlen sich Kunden teilweise gezwungen, für die Recherche verschiedene Devices einzusetzen. Das bedeutet, dass Dynamic Pricing zu höherem Aufwand bei den Kunden führt.

Unternehmen sollten sich gut überlegen, ob sie Dynamic Pricing einsetzen sollten!

Eine KI-basierte Preissetzung wirft eine spannende Frage auf: Kann es passieren, dass durch **preissetzende Algorithmen**, die bei ihren Entscheidungen alle relevanten Wettbewerberpreise (ggf. auch durch KI-Systeme bestimmt), das Nachfrageverhalten der Kunden sowie weitere Kontextvariablen berücksichtigen, **KI-getriebene Preisabsprachen** entstehen, die einem Kartell wirkungsgleich wären?

Im Ergebnis würden – wie in einem **Kartell** – die Gewinne der Unternehmen steigen und Kunden für gleiche Leistungen einen höheren Preis bezahlen als vorher. Folglich würde es zu einem **kollusiven Verhalten** kommen. Der Begriff Kollusion bedeutet „geheimes Einverständnis" und beschreibt ein unerlaubtes Zusammenwirken mehrerer Beteiligter zu Lasten Dritter.

Eine weitere Frage lautet: Können solche KI-getriebenen Preisabsprachen auch dann zustande kommen, wenn die eingesetzten Algorithmen nicht auf ein solches Vorgehen ausgerichtet wurden? Würden sich die Algorithmen eigenständig – orientiert am Ziel der unternehmerischen Gewinnoptimierung – so weiterentwickeln, dass es zwangsläufig zum kollusiven Verhalten kommt? Wer wäre in diesem Fall schuldig im Sinne des **Gesetzes gegen Wettbewerbsbeschränkung**? Die ursprünglichen Programmierer oder ein KI-System, das im rechtlichen Sinne nicht schuldig sein kann? Diese Fragen werden von der Monopolkommission [96] in ihrem Gutachten „Algorithmen und Kollusion" aufgeworfen. Gleichzeitig wird auch eine Empfehlung ausgesprochen, wie mit diesen Entwicklungen umzugehen ist.

Die **Monopolkommission** empfiehlt, die Marktbeobachtung im Wege **kartellbehördlicher Sektoruntersuchungen** zu verstärken. Informationen über ggf. kollusiv überhöhte Preise werden zunächst an die Verbraucherschutzverbände herangetragen. Deshalb wird empfohlen, diesen Verbänden das Recht einzuräumen, die Durchführung kartellbehördlicher Sektoruntersuchungen zu initiieren. Falls sich konkrete Hinweise auf die Verwendung von Preisalgorithmen zum kollusiven Verhalten ergeben, könnte über weiterführende Schritte entschieden werden (vgl. [96]).

Wissenschaftler sehen die **Gefahr eines kollusiven Verhaltens** durch KI-Systeme dagegen als gering an. Gründe hierfür sind, dass sich die Umwelt dynamisch verändert, weil neue Akteure den Markt betreten, neue Spielregeln eingeführt werden, Handelnde verschiedene Ziele verfolgen (neben einer Gewinnoptimierung bspw. eine Gewinnung neuer Kunden, eine Abwehr von Wettbewerbern), sodass die Algorithmen auf eine neue Situation ggf. nicht mehr passen. Folglich wäre es schwer, ein für alle Akteure stabiles Gleichgewicht zu erreichen. Deshalb sind **algorithmische Kartelle** momentan nicht absehbar (vgl. weiterführend [97], S. 18).

▶ **Food for Thought** Wenn es tatsächlich zu **algorithmischen Kartellen** käme, kann leider die zur Aufdeckung von Kartellen heute genutzte Kronzeugenregelung nicht zum Tragen kommen. Es sei denn, uns gelingt es, den Algorithmen Werte zu vermitteln, damit sich Algorithmen beim Auftreten eines kollusiven Verhaltens selbst anzeigen, weil ein solches Verhalten gegen vordefinierte Werte verstieße!

Think-Box: Fragen, die Sie sich stellen sollten!

- Wer beschäftigt sich bei uns mit dem Thema Dynamic Pricing?
- Setzen unsere Wettbewerber bereits auf Dynamic Pricing – und wenn ja, mit welchen Ergebnissen?
- Wie schätzen wir die Akzeptanz eines Dynamic Pricings bei unseren Kunden ein?
- Sollten wir auf den Einsatz von Dynamic Pricing setzen – oder lieber bewusst darauf verzichten?

Zusammenfassung

- **Dynamic Pricing** basiert auf der **Analyse interner und externer Daten**, die für die Preisgestaltung von Bedeutung sind (u. a. historische Verkaufsdaten, Wettbewerbspreise, saisonale Schwankungen der Kundennachfrage).
- Es ist sorgfältig zu prüfen, bei welchen Produkten oder Dienstleistungen **Dynamic Pricing** angewendet werden könnten.
- Die unternehmerischen **Ziele des Dynamic Pricings** sind klar zu formulieren – und mögliche **negative Effekte auf Kundenseite** sind frühzeitig zu ermitteln.
- Hierbei sind einschlägige **rechtliche Regelungen** zu berücksichtigen, bspw. im Hinblick auf Preisabsprachen, irreführende Werbung oder Diskriminierung.
- Der Einsatz des Dynamic Pricings ist kontinuierlich zu überwachen, um ggf. notwendige Anpassungen der **Dynamic-Pricing-Strategie** vorzunehmen.

4.9 Optimierung von Produktentwicklung und Customer Experience

Künstliche Intelligenz hat in den letzten Jahren in vielfältigen Anwendungsbereichen zu konkreten Fortschritten in der Produktentwicklung beigetragen. Unternehmen wie *Insilico Medicine* setzen KI zur **Entwicklung von Medikamenten** ein. Sie nutzen KI-Engines, um molekulare Strukturen zu analysieren und neue Kandidaten für Medikamente zu identifizieren. Dies kann den traditionell zeitaufwendigen und kostspieligen Prozess der Medikamentenentwicklung erheblich beschleunigen (vgl. [98]; vgl. Abschn. 5.1.4). In der **Automobilindustrie** wird die Künstliche Intelligenz zur Entwicklung des autonomen Fahrens eingesetzt. Durch die Analyse von Daten, die im Zuge von vielen Millionen zurückgelegten Kilometern gesammelt wurden, verbessern die Hersteller kontinuierlich ihre Autopilot-Funktionen und ihre Fahrzeuge weiter.

Auch in der **Konsumgüterindustrie** werden KI-Technologien eingesetzt, um Produkte zu entwickeln und zu verbessern. ***Procter & Gamble*** hat eine **KI-gesteuerte Hautpflege-App** namens *Olay Skin Advisor* entwickelt, um Verbrauchern personalisierte Produktempfehlungen zu geben (vgl. [99]). ***L'Oréal*** setzt auf KI, um die Customer Experience zu ver-

Abb. 4.27 Augmented Reality in der Kosmetikbranche – Try-on von Haarfarben und Lippenstift. (Quelle: L'Oréal; eigenes Foto)

bessern und innovative Produkte zu entwickeln. Hierfür werden 3D-Druck, Virtual und Augmented Reality sowie agile Fertigungsprozesse eingesetzt. Smart Factorys erlauben es, Dutzende von verschiedenen Produktformaten in kürzester Zeit zu verarbeiten. Das Unternehmen spricht hier von *„Industry 4.0 by L'Oréal"*. Durch den Einsatz von KI, virtueller Realität und modernste Cloud-Technologien werden maßgeschneiderte und interaktive Einkaufserlebnisse für die Kunden geschaffen (vgl. L'Oréal, [100]).

Hierdurch wird es möglich, **Produkte virtuell zu testen.** Hierfür wird ein virtuelles **Try-on-Tool** bereitgestellt. Mit dessen Hilfe kann die Haarfarbe verändert oder ein neues Make-up ausprobiert werden. Hierbei kann aus über 400 Nuancen von *L'Oréal Paris* ausgewählt werden. Die Anwendung kann entweder live erfolgen, oder es wird ein Foto von sich selbst hochgeladen. So kann jeder seinen persönlichen Farbton finden und mit einem neuen Look experimentieren (vgl. L'Oréal [101]). Zu welchen Ergebnissen das Try-on-Tool führen kann, zeigt die nicht ganz ernst zu nehmende Abb. 4.27 am Beispiel des Autors.

▶ **Merk-Box** Den Einsatzfeldern der Künstlichen Intelligenz, um die Produktentwicklung zu unterstützen und die Customer Experience zu verbessern, sind quasi keine Grenzen gesetzt.

Think-Box: Fragen, die Sie sich stellen sollten!

- In welchen Feldern kann die Produktentwicklung durch KI unterstützt werden?
- Welche Erfahrungen wurden hier schon gewonnen – und wie wurden sie im Unternehmen kommuniziert?
- Wie erfolgreich sind unsere Wettbewerber in diesem Feld aktiv?
- Welche Ansatzpunkte existieren, um die Customer Experience KI-gestützt zu optimieren?
- Was wären spannende Einsatzfelder für uns?
- Welche Anbieter unterstützen hierbei?

Zusammenfassung

- Die Künstliche Intelligenz bietet eine Vielzahl von Ansatzpunkten, um die **Produktentwicklung** zu unterstützen.
- Hierdurch können in vielen Bereichen **Zeit und/oder Kosten eingespart** werden.
- Ein **agileres Agieren** wird unterstützt.
- Zusätzlich kann die **Customer Experience** in vielen Feldern verbessert werden – allerdings immer orientiert an den Wünschen und Erwartungen der Kunden.

4.10 Einzelhandel

Der Einzelhandel war in den letzten Jahren einer Vielzahl von Herausforderungen ausgesetzt. Hierzu zählen nicht nur die **Lockdowns**, sondern auch die **Vielzahl der heute verfügbaren Kommunikations- und Vertriebskanäle**. Diese Kanäle haben vielen weiteren **Wettbewerbern** den Zugang zu Kunden ermöglicht und erleichtert. Dies gilt nicht zuletzt für die Hersteller selbst, die sich über Online-Plattformen und eigene Webshops direkt an die Kunden werden. Zugleich erwarten viele Kunden eine **hohe Servicequalität**, die sich in personalisierten und individualisierten Angeboten, aber auch der Erwartung einer **schnellen Belieferung** konkretisieren kann. Außerdem setzen immer mehr Anbieter auf **Dynamic Pricing**, um die eigene Wertschöpfung zu optimieren (vgl. Abschn. 4.8).

Viele Einzelhändler müssen deshalb ihre digitalen Fähigkeiten massiv ausbauen, um auch in Zukunft im Wettbewerb bestehen zu können. Um weiterhin erfolgreich zu agieren, sind die nach innen wie nach außen gerichteten Prozesse zu optimieren. In vielen Fällen können KI-Lösungen einen wichtigen Beitrag leisten, um die folgenden Aufgabenstellungen zu bewältigen (vgl. [102]):

- **Strategisches Nachfragemanagement**
  Ein große Herausforderung für die Einzelhändler besteht darin, eine **Balance zwischen möglichen Umsatzverlusten einerseits und Bestandsüberhänge** andererseits zu finden. Hierfür gilt es, mögliche Änderungen der Nachfrage so früh wie möglich zu erkennen, um die Reaktionsfähigkeit zu erhöhen. Hierfür sind **Absatzprognosen** zu verbessern, um nicht nur die Lagerhaltung zu optimieren, sondern auch den Erfolg von Produkteinführungen und Promotionaktionen zu steigern. Die Lösung läge in einem **Omni-Channel-Nachfrageplan**. Dieser soll zunächst den Bedarf für jeden Kanal unabhängig prognostizieren, bevor die einzelnen Werte in eine aggregierte Planung einfließen. Hierfür gilt es, die Analyse- und Prognoseaufgaben möglichst umfassend zu automatisieren.

  KI-Algorithmen können ermitteln, wie sich das Wetter auf die Nachfrage nach einem Produkt auswirken wird – an einem ganz bestimmten Tag und in einer spezifischen Filiale. Bei dieser **Prognose** ist gleichzeitig zu berücksichtigen, wie sich der

Preis, der jeweilige Wochentag, mögliche Promotions etc. auswirken werden. Gleichzeitig können mögliche **Mitnahme- oder auch Kannibalisierungseffekte** simuliert werden. Hierdurch kann es selbst bei sehr umfassenden Sortimenten gelingen, die zu erwartende Nachfrage genau zu prognostizieren. KI-Lösungen unterstützen der Auswertung dieser oft auch in Realtime einlaufenden Daten. Hierdurch kann eine große Anzahl von nachfragebestimmenden Variablen ausgewertet werden, um belastbare **Nachfrageprognose** zu erstellen. Zusätzlich können die Auswirkungen auf Umsatz und Ertrag ermittelt werden. Menschen sowie auch klassische statistische Methoden stoßen bei dieser Datenmenge schnell an ihre Grenzen.

- **Standortoptimierte Sortimentsplanung**
  Eine wichtige Zielsetzung der Einzelhändler besteht darin, Umsatz und Gewinn durch eine Ausrichtung der Sortimente an den **Bedürfnissen der Kunden eines jeden Standorts** zu steigern. Schließlich gelingen überzeugende Kundenerlebnisse wie auch der Aufbau von Standorttreue meist nur mit dem richtigen Sortiment. Das **Sortimentsmanagement** basiert auf detaillierten Analysen der Kaufpräferenzen der Verbraucher und verbindet die hier gewonnenen Daten mit den Beschaffungsprozessen. Hierdurch können Fehlbestände einerseits und gewinnschmälernde Abschriften andererseits vermieden werden.
- **Lebenszyklus- und kanalorientierte Preissetzung**
  Margenorientierte Preisentscheidungen sind über den gesamten Produktlebenszyklus hinweg kanalspezifisch zu treffen. Klassische statistische Methoden und die menschlichen Fähigkeiten reichen oft nicht mehr aus, um heute der **Komplexität der Preisgestaltung** im Einzelhandel gerecht zu werden. Hierfür werden inzwischen verstärkt KI-basierte Konzepte eingesetzt. Diese erlauben es, die Preisgestaltung kontinuierlich in Echtzeit zu optimieren. Idealerweise gelingt das über mehrere Dimensionen wie Standort der Filiale bzw. Online-Shop sowie über die verschiedenen Produkte hinweg – teilweise einschließlich der Aktivitäten der Wettbewerber sowie weiterer Kontextdaten. Zu diesen Kontextdaten gehören das Wetter oder einschneidende Nachrichten, die das Kaufverhalten beeinflussen.

  Hierbei können **standort- bzw. kanalspezifisch differenzierte Preiselastizitäten** berücksichtigt werden. Diese Preiselastizitäten sagen etwas darüber aus, wie die Nachfrage auf Preisveränderungen reagiert (vgl. vertiefend [103], S. 315–323). Werden diese Daten in Echtzeit ausgewertet, können entsprechende Preisanpassungen – kanalspezifisch – ebenfalls in Echtzeit erfolgen. Außerdem können die Auswirkungen von Preisveränderungen auf Umsatz und Gewinn ermittelt werden (vgl. zum Dynamic Pricing Abschn. 4.8).

  Spannend sind Konzepte, die eine vollständige **Automatisierung von Preisentscheidungen** über den gesamten Produktlebenszyklus unterstützen. Hierdurch kann auf häufig fehleranfällige, langwierige manuelle Prozesse der Preisanpassung verzichtet werden. An deren Stelle treten agile Prozesse, die datengestützt zur Optimierung der Entscheidungen beitragen und gleichzeitig den Zeit- und Arbeitsaufwand für Preisanpassungen reduzieren. Dieses Vorgehen wird dann erleichtert bzw. erst ermöglicht, wenn an den Regalen digitale Preisschilder vorhanden sind, die ggf. im Sekundentakt verändert werden können – Filiale für Filiale differenziert.

- **Planung des Warenbestands**
  Eine zentrale erfolgsbestimmende Größe im Einzelhandel ist die **Lagerumschlagshäufigkeit**. Sie gibt an, wie häufig – bspw. innerhalb eines Monats oder eines Jahres – die Waren im Lager durchschnittlich ersetzt werden müssen. Hierbei gilt: Je höher die Lagerumschlagshäufigkeit ausfällt, desto größer ist tendenziell die Wirtschaftlichkeit. Nebenbedingung hierbei ist, dass die Waren mit Gewinn verkauft werden. Einzelhändler, die ihre Produkte schneller in liquide Mittel umwandeln können, erhöhen folglich tendenziell ihre Rentabilität. Wichtig ist hierbei, dass die Lagerumschlagshäufigkeit nicht nur für den Gesamtbestand, sondern für die verschiedenen Produktgruppen oder sogar für einzelne Produkte ermittelt werden.

  Bei der Optimierung der Lagerbestände kommt es zu einem **Trade-off zwischen Verfügbarkeit und Profitabilität**. Eine hohe Produktverfügbarkeit reduziert die Lagerumschlagshäufigkeit und damit die Profitabilität. Werden nur wenige Produkte vorgehalten, gehen bei fehlenden Produkten im Regal Umsatzchancen verloren – und damit auch Ertragspotenziale. Gegebenenfalls müssen dann Produkte innerhalb verschiedener Standorte und/oder Kanäle ausgetauscht werden, damit die Produkte mit möglichst hoher Wertschöpfung verkauft werden können.

  KI-gestützte Systeme können dazu beitragen, **Veränderungen von Angebot und Nachfrage** in Echtzeit zu erkennen. Der Transfer von Produkten zwischen verschiedenen Standorten und/oder Kanälen kann dann autonom getroffen werden – ohne menschliches Eingreifen. Die hierfür notwendigen Daten können IoT-Sensoren liefern, die entlang des Einkaufs- und Verkaufsprozesses eingesetzt werden. Zusätzlich können Point-of-Sale-Daten und lokale Marktdaten über Maßnahmen der Wettbewerber sowie über Wetter und weitere gravierende Ereignisse berücksichtigt werden – idealerweise in Echtzeit.
- **Kontinuierliche Überprüfung des Warenbestands**
  Eine wichtige Erfolgsvoraussetzung für die Planung des Warenbestands sind Daten über den Bestand in den Regalen des Einzelhändlers – auf der Verkaufsfläche und im Lager selbst. Eine **intelligente Datenerfassungs- und Analyseplattform** wie bspw. ***ShelfView*** überwacht die Regale im Geschäft über mobile Geräte oder autonome Roboter. Diese **Regalverwaltungslösung** bindet die KI-gestützte Bilderkennung ein, um Waren und Warenauszeichnungen (Produktbeschreibungen, Preise, Promotionaktionen) zu erfassen. Wenn Fehler bei der Preisauszeichnung, Fehlbestände oder verlegte Produkte in Echtzeit erkannt werden, kann sofort reagiert werden. Durch Augmented Reality können dem Verkaufspersonal direkt vor Ort die notwendigen Korrekturinformationen bereitgestellt werden, etwa um falsche Preisangaben zu korrigieren. Hierzu arbeitet die Lösung *ShelfView* mit der KI-Plattform *Brain OS* von *Brain Corporation*. Dieses Zusammenspiel ermöglicht die skalierbare Datenerfassung und hilft, die Kosten der Datenerfassung zu beschränken (vgl. [104]).

- **Omni-Channel-Management**
  Für Omni-Channel-Einzelhändler stellt es eine besondere Herausforderung dar, ein konsistentes Einkaufserlebnis über die verschiedenen Kanäle sicherzustellen – vor allem im Hinblick auf Dienstleistungen wie Abholung, Lieferung und Rückgabe. Hierzu ist bspw. die Planung des Personaleinsatzes auf die erwartete Nachfrage auszurichten, um den **Trade-off zwischen Servicequalität und Personalkosten** zu meistern.
  Um diesen Spagat zu bewältigen, können **KI-gestützte Prognosen** zur Automatisierung von Bestellprozessen sowie von Prozessen zur Auffüllung von Lager und Verkaufsraum eingesetzt werden. Hier werden die Ergebnisse für jede Filiale und für jedes Produkt unterschiedlich ausfallen – jeden Tag wieder neu. Zusätzlich gilt es zu prognostizieren, in welchem Umfang Produkte an die Kunden auszuliefern sind – schließlich muss auch hier das notwendige Personal vorgehalten werden. Viele Einzelhändler müssen ihren Kunden parallel ein **Ship-to-Home** von zentralen Lagern, ein **Ship-from-Store** und **Click-and-Collect** anbieten. Für Letzteres kann ein **Ship-to-Store** notwendig werden, wenn die Waren nur in einer anderen Filiale verfügbar sind. Für die Käufer selbst ist es hierbei uninteressant, wo die gewünschten Produkte jeweils physisch gelagert werden. Es ist nachvollziehbar, dass solche **Services auf der letzten Meile** schnell nur dann erbracht werden können, wenn eine umfassende **Bestandsübersicht in Echtzeit** sichergestellt ist.
  Ein korrekter Datensatz ist auch die Voraussetzung dafür, dass KI-gestützte **personalisierte Angebote in Echtzeit** zu den gewünschten Käufen führen können. Diese sogenannten **Recommendation Engines** können über die verschiedenen Online- und Offline-Kanäle Produkte auf der Grundlage bestimmter Kriterien oder auf der Basis von Kundenprofilen ausspielen. Dann heißt es nicht mehr nur „Kunden, die dieses Produkt kauften, kauften auch …", sondern viel häufiger „zu Ihrem letzten Kauf, zum Kauf vor drei Monaten … passt besonders gut unser Angebot XY". Der Transfer in die Offline-Welt gelingt durch den Einsatz von Digital Signage im stationären Geschäft.
  Digital Signage steht für eine digitale Beschilderung in der Offline-Welt. Im Gegensatz zu Digital Signale werden bei analogen Beschilderungen im Einzelhandel umfangreiche Produktbeschreibungen, große Preisschilder und Promotionangebote häufig zentral erarbeitet, ausgedruckt, verschickt und an den entsprechenden Stellen angebracht – ggf. verteilt über viele Standorte. Die **Digitalisierung von Beschilderungen** durch Digital Signage erlaubt es, nicht nur die Erstellung, sondern auch die „Auslieferung" zu zentralisieren. So können bspw. Promotionaktionen in der Zentrale erarbeitet und binnen Sekunden in allen Filialen präsentiert werden – im Innen- wie im Außenbereich. Im Vergleich zu analogen Beschilderungen können bei Digital Signage auch Ton und Video eingebunden und mit sehr kurzen Vorlaufzeiten verändert werden.
  Diese digitale Beschilderung kann auch interaktiv ausgestaltet werden. Bei dieser Form des **interaktiven Digital Signage** können Nutzer bspw. über Gestensteuerung mit den Bildschirmen interagieren. Werden Digital-Signage-Systeme mit Gesichtserkennung kombiniert, können in Anhängigkeit der jeweiligen Betrachter unterschiedliche Inhalte präsentiert werden – für Kinder, Jugendliche sowie für Männer und Frauen unter-

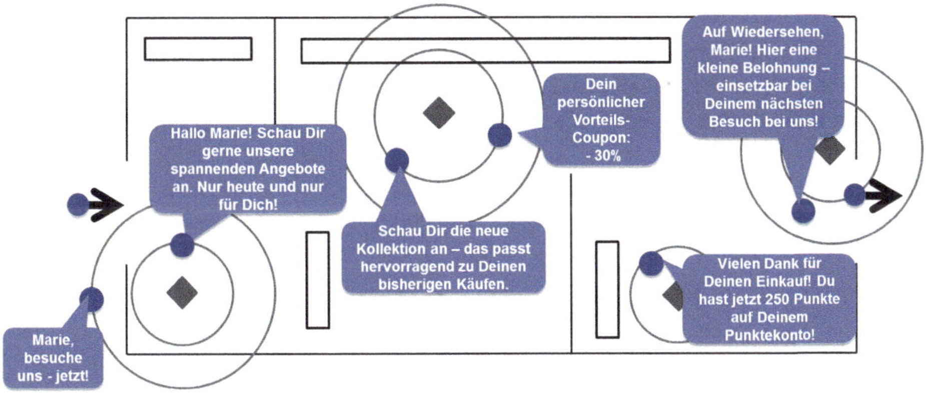

Abb. 4.28 Einsatzmöglichkeiten der Instore-Beacon-Technologie

schiedlicher Altersgruppen. Eine Interaktion ist auch mit individuellen Personen möglich, wenn sich diese bspw. durch Bluetooth mit dem Display verbinden, als Individuum erkannt und mit individuellen Angeboten angesprochen werden. Hier kann es dann heißen: „Für Dich, liebe Marie, passt unser Angebot ‚Smoking für Damen' perfekt zu Deinen letzten Käufen bei uns". Über KI-Anwendungen können solche **personalisierten Werbeaktionen** ausgespielt werden, die sich am individuellen Kundenprofil orientieren. In-Store-Beacons können die Personen im Laden individuell erkennen und maßgeschneiderte Angebote übermitteln – natürlich alles permissionbasiert (vgl. Abb. 4.28).

Solche Lösungen können durch höhere **Konversionsraten** zu höheren Umsätzen und idealerweise auch zu höheren Gewinnen führen, weil eine gute Performance der Einzelhändler die Anzahl von Wiederholungskäufen erhöht. Dies gelingt am besten durch die **Einhaltung der gemachten Versprechen** hinsichtlich Verfügbarkeit und Serviceerbringung. Eine **Optimierung der Fulfillment-Aufgaben** kann zur Reduktion der damit verbundenen Kosten führen, etwa bei Lagerhaltung und Transport.

- **Echtzeit-Sichtbarkeit und Management von Veränderungen bei Angebot und Nachfrage**

  Die letzten Jahre haben gezeigt, dass die Nachfrage aufgrund von pandemischen Entwicklungen über Nacht dramatisch einbrechen kann – oder sogar ganz zum Erliegen kommt. Gleichzeitig können über Jahrzehnte entwickelte und bewährte Lieferketten reißen und zu dramatischen Versorgungsengpässen führen. Auch hier können KI-Engines unterstützen, indem die Auswirkungen von strategischen Störungen auf die eigene Wertschöpfungskette durchgerechnet werden – inkl. der Wertschöpfungsketten vor- und nachgelagerter Partner. Das Internet der Dinge kann den hierfür notwendigen Informationsaustausch deutlich erleichtern.

  Trigger für solche Analysen können entweder Probleme der Lieferanten, Unterbrechungen in der Logistikkette oder Einbrüche auf Seiten der direkte oder indirekten Nachfrager sein. KI-Systeme können nicht nur die weiteren Auswirkungen simulieren, sondern auch konkrete Impulse setzen, wie die Herausforderungen am besten zu meistern sind.

Ein Unternehmen, dass für viele der genannten Herausforderungen überzeugende Lösungen anbietet, ist ***BlueYonder***. Dieses Unternehmen stellt mit der sogenannten ***Luminate-Plattform*** eine Lösung bereit, damit Unternehmen schneller und ertragsorientiert auf Nachfrageschwankungen reagieren können. Diese Lösung unterstützt dabei, die Liefer- und Zulieferketten zu einem transparenten Ökosystem auszubauen, das von einer zentralen Plattform aus koordiniert werden kann. Hierfür werden verschiedene KI-Engines eingebunden, die Echtzeitdaten in autonome Entscheidungen umsetzen oder konkrete Handlungsempfehlungen formulieren (vgl. [105]).

Smart-Shelf-Lösungen werden bspw. von ***Bizerba*** angeboten. Diese KI-gestützten Lösungen ermöglichen eine **Automatisierung der Bestellprozesse**. Hierzu können Low-in-Stock-Situationen rechtzeitig identifiziert und durch Nachproduktion oder Auffüllung beseitigt werden. Durch **dynamische Preisanpassungen** in Verbindung mit **fokussierten Werbemaßnahmen** können Lebensmittelabfälle vermieden werden. Zusätzlich kann die hier angebotene **Cloud-Lösung** dazu beitragen, das Sortiment und die Nachproduktion auf die absehbare Nachfrage auszurichten. Die optimalen Produktionsmengen werden durch KI-Agenten ermittelt. Hierfür können neben Vergangenheitsdaten auch das Wetter, die Uhrzeit sowie die Bestände von Alternativprodukten mit ihren jeweiligen Preisen berücksichtigt werden (vgl. [106]).

Bei ***Amazon Go*** werden **kassenlose Einkaufserfahrungen** möglich. Mit der ***Amazon-App*** geht der Kunde einfach in den Laden, scannt die Produkte und verlässt den Laden. Die Bezahlung läuft über die *Amazon-App*. Um dies zu ermöglichen, werden über eine Bilderkennung die vom Kunden im Geschäft ausgewählten Artikel identifiziert. Durch eine Vielzahl von Kameras und Sensoren wird ermittelt, welche Produkte im Einkaufswagen gelandet sind und welche ggf. wieder zurückgelegt wurden. Durch einen direkten Zugriff auf das digitale Konto des Kunden für die automatische Bezahlung kann dieser das Geschäft **ohne Kassenstopp** verlassen. Im Jahr 2023 wurden 23 solcher Shops von *Amazon* betrieben. Abb. 4.29 zeigt Eindrücke des kassenlosen Einkaufs bei *Amazon Go* – inkl. eines Blicks auf die in der Decke installierte Technologie.

Rewe hat mit ***Rewe Pick & Go*** in den Städten Berlin, Köln und München jetzt ein vergleichbares Konzept am Start. Mit ***Aldi Shop & Go*** wird dieses Konzept auch von Discountern ausgetestet. Es wird sich zeigen, wie erfolgreich diese Varianten des Einzelhandels auf Dauer sein werden.

▶ **Food for Thought** Die große Frage lautet, ob Künstliche Intelligenz den traditionellen, nicht-digitalen Einzelhändlern helfen kann, das an die digitalen Player verlorene Terrain zurückzugewinnen – oder ob sich die Kluft zwischen beiden Gruppen weiter vergrößern wird. Die Antwort hängt auch hier von der Frage ab, wer über mehr Daten, die leistungsstärkeren Algorithmen und das qualifiziertere Personal verfügt – gestützt durch die entsprechenden Budgets. Man benötigt nicht viel Fantasie, um angesichts der geschilderten Entwicklungen zu der Erkenntnis zu gelangen, dass es insb. kleinere, traditionelle Einzelhändler nicht nur schwer haben werden, diesen KI-Wettlauf zu gewinnen, sondern auch, bei diesem Wettlauf überhaupt anzutreten.

Abb. 4.29 Eindrücke des kassenlosen Einkaufs bei *Amazon Go* in San Francisco

Think-Box: Fragen, die Sie sich stellen sollten!

- Stellen KI-Lösungen für uns eher Chancen oder Risiken dar?
- Wo finden sich bei uns besonders leicht zu erschließende KI-Einsatzfelder?
- Bei welchen Maßnahmen wäre der größte Hebeleffekt zu erzielen?
- Welche Dienstleister unterstützen hierbei – oder müssen wir KI-Kapazitäten selbst aufbauen?
- Welcher Bereich befasst sich umfassend und abteilungsübergreifend mit dem KI-Einsatz bei uns?

Zusammenfassung

- Im Einzelhandel lohnt sich eine **KI-bezogene Analyse der gesamten Wertschöpfungskette**, um das Potenzial der KI-Anwendungen zu erkennen – u. a. die Personalisierung des Kundenerlebnisses, das Bestandsmanagement und Nachfrageprognosen.
- Die **KI-basierte Regalüberwachung** wird idealerweise dazu führen, dass ein „Out-of-Stock" immer seltener vorkommt.
- **Kassenlose Einkaufserfahrungen** wird heute schon in ausgewählten Geschäften geboten.

- Jeder Einzelhändler hat zu prüfen, in welchem Umfang relevante **Daten für den KI-Einsatz** bereits vorliegen und/oder durch zusätzliche Datenquellen erschlossen werden können.
- Hierfür muss die notwendige **personelle und technische Infrastruktur** aufgebaut werden.
- Es sind **Bewertungskriterien und Metriken** zu definieren, um den Erfolg des KI-Einsatzes zu messen (z. B. Umsatzsteigerung, Kundenbindung, Effizienzsteigerung) und kontinuierliche Optimierungsmöglichkeiten zu identifizieren.
- Zusätzlich sind **rechtliche und ethische Aspekte des KI-Einsatzes** zu berücksichtigen (wie Datenschutz, Datensicherheit, Verbraucherschutz und Transparenz beim KI-Einsatz).

4.11 Hotel- und Gastgewerbe

Die Künstliche Intelligenz bietet zahlreiche Möglichkeiten zur Optimierung und Verbesserung von Prozessen im Hotel- und Gastgewerbe. Von verbessertem Kundenservice über effizientere Betriebsabläufe bis hin zur Bereitstellung personalisierter Erlebnisse für Gäste. Ein konkreter Anwendungsbereich von KI in der Hotellerie ist die Verwendung von **Chatbots für die Gästekommunikation**. KI-basierte Chatbots können Gästeanfragen effizient bearbeiten, indem sie Reservierungen entgegennehmen, Zimmer-Upgrade-Optionen anbieten und Fragen zum Aufenthalt beantworten. Hierdurch werden – idealerweise – der Kundenservice verbessert und gleichzeitig Personalressourcen eingespart (vgl. vertiefend zum Dienstleistungsmanagement [107]).

Hotel Tech Report [108] hat die zehn besten **Hotel-Chatbots** im Jahr 2023 ermittelt. Dafür wurden 1214 Hoteliers in mehr als 70 Ländern befragt. Welcher Chatbot für ein Hotel am besten geeignet ist, hängt von mehreren Faktoren ab. Dazu zählen u. a. die Größe, die Internationalität und auch das verfügbare Budget. Hier die **Top 5 des Rankings**:

- *Asksuite*
- *Quicktext*
- *HiJiffy*
- *Easyway*
- *Book Me Bob*

Vielfältige Einsatzfelder bieten sich auch mit der **KI-gesteuerten Prozessoptimierung** im Hotel- und Gastgewerbe. Die Künstliche Intelligenz kann zur Vorhersage von Belegungs- und Nachfrageschwankungen eingesetzt werden, um eine effizientere Raum- und Personalplanung zu ermöglichen. Darüber hinaus kann KI dabei helfen, Wartung und Instandhaltung von Hotelanlagen proaktiv zu gestalten, indem sie Anomalien oder Muster erkennt, die auf mögliche Probleme hinweisen (Stichwort **Predictive Maintenance**, vgl. Abschn. 3.1.3.4). Außerdem können Roboter für verschiedene Serviceleistungen eingesetzt werden.

Wohin die Reise führen kann, zeigte das 2016 eröffnete japanische *Henn na Hotel*. Dieser Name kann mit „seltsames Hotel" übersetzt werden. Das gesamte Hotel in der Nähe von Nagasaki wurde von **Robotern** geführt. Zunächst wurden die Gäste von *Nao*, einem kleinen Roboter, begrüßt und über das Hotel und seine „Bediensteten" informiert. Der Check-in erfolgte über **Rezeptionsroboter** – in Gestalt von Dinosauriern und humanoiden Robotern. Nach der Eingabe des Namens zeichnete eine Kamera das Gesicht auf. Diese Aufzeichnung diente über ein Gesichtserkennungssystem an der Zimmertür als Schlüssel. Der Transport des Gepäcks erfolgte über einen mobilen Roboter, der auch für die „notwendige" musikalische Untermalung sorgte. Die Steuerung von Licht, Temperatur, Wecker etc. im Zimmer übernahm der persönliche Assistent *Chu-ri-chan* – per Sprachsteuerung. Snacks konnten die Gäste per Tablet bestellen. Menschen waren hier überwiegend im Backoffice tätig. Schon nach drei Jahren stellte das erste **Roboter-Hotel** der Welt wieder auf Menschen und hat mehr als 200 Roboter in den vorzeitigen Ruhestand geschickt. Was war passiert?

Vielen Gästen gingen die Roboter schlicht und ergreifend auf die Nerven. Das spannende Versprechen „Unterhalte dich mit Robotern, die menschliche Wärme ausstrahlen und effizient arbeiten" wurde in der Realität nicht erfüllt. Vielfach fanden die Roboter keine passenden Antworten auf die Anliegen der Gäste – oder sie waren schlicht zu langsam. Der digitale Assistent *Churi* im Zimmer wurde durch das Schnarchen der Gäste aktiviert und störte dann gerne mehrfach in der Nacht mit der nahe liegenden Frage: „Entschuldigung, ich habe das nicht verstanden. Können Sie Ihre Frage wiederholen?" Dieser hilfsbereite Assistent ließ sich allerdings auch nicht deaktivieren (vgl. [109], S. 55). So startete das nächste Schnarchen einen neuen Dialog – oder vielleicht auch nur einen Monolog!

Erfolgreicher verläuft dagegen der Einsatz von **Service-Robotern**, die vielfältige Versorgungsaufgaben übernehmen können. Ein Beispiel hierfür ist der ***Jeeves***, der von dem Unternehmen *Robotise* in München angeboten wird. Dieser Roboter kann nicht nur Aufgaben des Zimmerservices übernehmen, sondern auch Feedback der Gäste einholen. Durch seinen schnellen Service kann dieser Roboter die in den Zimmern installierten Minibars ersetzen. So läuft ein Bestellvorgang mit *Jeeves* ab (vgl. [110]):

- Der Gast kann *Jeeves* über das Zimmertelefon, eine App oder einen QR-Code anfordern.
- Sobald *Jeeves* vor der Zimmertür angekommen ist, wird der Gast via Anruf, App oder SMS benachrichtigt.
- Gewünschte Getränke oder Snacks werden auf dem Touch-Display ausgewählt und aus den Schubladen entnommen. Die Entnahmen werden per Sensor registriert.
- Die gewählten Artikel werden dem Front Desk automatisch per E-Mail oder Web-App gemeldet. Alternativ erfolgt eine kontaktlose Bezahlung direkt auf *Jeeves*.
- Anschließend fährt *Jeeves* selbstständig zum nächsten Zimmer oder zur Ladestation zurück.

Dieser Service wird bereits von ***NYX Hotels*** (***Leonardo Hotels***) eingesetzt. Weitere interessante Einsatzfelder für Jeeves sind Krankenhäuser und Unternehmen, um Patienten bzw. Mitarbeiter vor Ort zu betreuen. Überall, wo heute und in Zukunft die direkte menschliche

Interaktion reduziert werden soll – sei es aus Kosten- oder Hygienegründen oder aufgrund des Personalmangels – können derartige Service-Roboter sinnvoll eingesetzt werden.

Jedes Hotel sollte sich allerdings fragen, welche Art von Service zur jeweiligen Positionierung passt. Einige Anbieter werden auch in Zukunft auf eine hochwertige **Face-to-Face-Betreuung** Wert legen – und sich hierdurch im Wettbewerb abheben. Andere Unternehmen werden dagegen auf **Low Touch** setzen. Die entscheidende Frage lautet: Was wünscht sich der Kunde? **Wertschätzende** und **persönliche Gastlichkeit** oder eher ein **Fast-Sleep-Erlebnis** – möglichst berührungs- und menschenlos? Für beide Extreme und viele Spielarten dazwischen gibt es große Kundensegmente, die es zu identifizieren und zu gewinnen gilt.

Vielseitige Einsatzfelder eröffnet auch der Service-Roboter ***Adam*** des Unternehmens ***BotbarCoffee***. Hierbei handelt es sich um einen interaktiven Roboter als Barkeeper, Barista, Koch und mehr! Der Roboter fügt sich gut in sehr dynamische Umgebungen, in denen Service 24/7 verfügbar sein soll. Hierbei wird außerdem eine sehr hohe Präzision bei der Portionierung von Speisen und Getränken garantiert (vgl. [111]). Übrigens: Adam benötigt kein Trinkgeld, um seine Stimmung zu heben. Ein Video von Adam finden Sie hier: https://www.youtube.com/watch?v=syv4S52g6zE.

► **Merk-Box** Der **Einsatz von Service-Robotern** in immer mehr Lebensbereichen des Menschen ist schon heute sichtbar. Technische Grenzen werden hierbei häufig leichter überwunden als kulturelle Grenzen. Während in den USA, vor allem aber in China, Japan und Südkorea die breite Öffentlichkeit gegenüber entsprechenden Innovationen sehr aufgeschlossen ist, trifft deren Einsatz in Europa und Deutschland häufig auf große Vorbehalte und Ängste. Diese sind bei der Entwicklung von roboterbasierten Servicestrategien zu berücksichtigen.

Um eine **KI-gesteuerte Personalisierung des Gästeerlebnisses** zu ermöglichen, werden das Verhalten und die Präferenzen der Gäste analysiert. Dann können – basierend auf dem bisherigen Verhalten – ganz persönliche Restaurantempfehlungen ausgesprochen oder spezielle Angebote bereitgestellt werden. Diese Ebene der Personalisierung trägt dazu bei, ein einzigartiges Gästeerlebnis zu schaffen und die Loyalität der Gäste zu erhöhen. Der Kreativität sind auch hier kaum Grenzen gesetzt.

Think-Box: Fragen, die Sie sich stellen sollten!

- Werden bei uns schon Chatbots eingesetzt?
- Welches wären die spannendsten Einsatzbereiche?
- Welche Prozesse können durch den KI-Einsatz unterstützt werden?
- Wo existieren lohnende Einsatzbereiche für Predictive Maintenance?
- Wo können Roboter in die Serviceerbringung eingebunden werden?
- Welche Best Cases liegen aus unserer Branche vor – und wer analysiert diese systematisch?

Zusammenfassung

- Im Hotel- und Gastgewerbe bietet der **Customer Service** ein breites Einsatzfeld für die Künstliche Intelligenz.
- Hier kommt vor allem den **Chatbots** eine große Bedeutung zu.
- **Textbasierte Chatbots** werden einfache Kommunikationsschnittstellen bedienen.
- Die große Herausforderung bringen **sprachbasierte Chatbots** mit sich, die sich zu virtuellen digitalen Butlern weiterentwickeln.
- Zusätzlich bietet sich der Einsatz von **Service-Robotern** an – auch, um einen Fachkräftemangel auszugleichen.

Literatur

1. Price, B., & Jaffe, D. (2008). *The best service is no service: How to liberate your customers from customer service, keep them happy, and control costs.*
2. Kreutzer, R. T. (2021a). *Kundendialog online und offline. Das große 1x1 der Kundenakquisition, Kundenbindung und Kundenrückgewinnung*. Springer Gabler.
3. Kilian, K., & Kreutzer, R. T. (2022). *Digitale Markenführung. Digital Branding in Zeiten divergierender Märkte.*
4. Fink, V. (2020). *KI-Projekte – einfach machen. Künstliche Intelligenz in Service, Marketing und Sales erfolgreich einführen*. Springer Gabler.
5. Hundertmark, S. (2021). *Digitale Freunde. Wie Unternehmen Chatbots erfolgreich einsetzen können*. Wiley.
6. Vodafone. (2023). Chatbot TOBi – Dein digitaler Assistent. https://www.vodafone.de/hilfe/unser-chatbot-tobi.html#welche-vorteile-habe-ich-mit-tobi. Zugegriffen am 12.06.2023.
7. Assono. (2023). Für Unternehmen: Chatbot aus Deutschland mit Künstlicher Intelligenz, Mehrsprachigkeit und individuellem Design. https://www.assono.de/chatbot. Zugegriffen am 08.05.2023.
8. KLM. (2023). Find KLM on messenger. https://social.klm.com/messenger. Zugegriffen am 07.04.2023.
9. Wetteronline. (2023). Täglich bestens informiert. https://wo.wetteronline.de/produktwelt/messenger-chatbot/. Zugegriffen am 07.04.2023.
10. Beuth, P. (2016). Twitter-Nutzer machen Chatbot zur Rassistin. https://www.zeit.de/digital/internet/2016-03/microsoft-tay-chatbot-twitter-rassistisch. Zugegriffen am 03.01.2019.
11. Wilde, T. (2019). Customer Engagement mit Chatbots und Collaborativen Bots: Vorgehen, Chancen und Risiken zum Einsatz von Bots in Service und Marketing. In P. Gentsch (Hrsg.), *Künstliche Intelligenz für Sales, Marketing und Service. Mit AI und Bots zu einem Algorithmic Business – Konzepte, Technologien und Best Practices* (2. Aufl., S. 173–186). Springer Gabler.
12. Kreutzer, R. T. (2018). *Toolbox für Marketing und Management*. Springer Gabler.
13. IBM. (2023). Was ist ein Chatbot. https://www.ibm.com/de-de/campaign/was-ist-ein-chatbot. Zugegriffen am 11.05.2023.
14. aiaibot. (2021). Chatbot Studie '21. https://page.aiaibot.com/de/chatbot-studie. Zugegriffen am 08.04.2022.
15. Gentsch, P., & Wall, F. (2022). *Smart speaker study 2022.*

16. Luber, S., & Litzel, N. (2021a). Was ist der Generative Pretrained Transformer 3 (GPT-3)? https://www.bigdata-insider.de/was-ist-der-generative-pretrained-transformer-3-gpt-3-a-1011085/. Zugegriffen am 22.11.2021.
17. Github. (2023). Your AI pair programmer. https://github.com/features/copilot. Zugegriffen am 17.05.2023.
18. Vollmer, A. (2023, Mai 20). KI am Herd. *Frankfurter Allgemeine Zeitung*, 14.
19. OpenAI. (2023a). GPT-4 is OpenAI's most advanced system, producing safer and more useful responses. https://openai.com/product/gpt-4. Zugegriffen am 29.3.2023.
20. Gartner. (2023). Your 7 biggest questions about ChatGPT, answered. https://www.gartner.com/en/articles/your-7-biggest-chatgpt-questions-answered?utm_campaign=RM_NA_2023_SWG_NL_NL04_Conferences_DW&utm_medium=email&utm_source=Eloqua&cm_mmc=Eloqua-_-Email-_-LM_RM_NA_2023_SWG_NL_NL04_Conferences_DW-_-0000. Zugegriffen am 08.05.2023.
21. QNOVA. (2023). Qualitätsmanagement einfach digitalisieren. https://qnova.ai/. Zugegriffen am 26.06.2023.
22. Bitkom. (2023). ChatGPT & Co.: Jedes sechste Unternehmen plant KI-Einsatz zur Textgenerierung, Pressemitteilung. Zugegriffen am 08.05.2023.
23. Arya, N. (2023). Baby AGI: The birth of a fully autonomous AI. https://www.kdnuggets.com/2023/04/baby-agi-birth-fully-autonomous-ai.html. Zugegriffen am 12.05.2023.
24. Heller, P. (2023, Mai 14). Künstler in der KI-Falle. *Frankfurter Allgemeine Sonntagszeitung*, 53.
25. SentiOne. (2023). KI-basierend social listening. https://sentione.com/de. Zugegriffen am 15.05.2023.
26. Emplifi. (2023). Social listening and intelligence tools for modern brands. https://emplifi.io/products/social-media-marketing/listening?utm_source=socialbakers.com. Zugegriffen am 15.05.2023.
27. Mention. (2023). Brand insights at your fingertips. https://mention.com/en/. Zugegriffen am 15.05.2023.
28. Levity. (2023). Automate everyday tasks with AI. https://levity.ai/. Zugegriffen am 15.05.2023.
29. Keyhole. (2023). Enterprise-grade social listening & analytics simplified. https://keyhole.co/social-listening/. Zugegriffen am 15.05.2023.
30. Summetix. (2023). Better data. Deeper insights. Smarter decisions. https://www.summetix.com/. Zugegriffen am 15.05.2023.
31. Deloitte. (2022). Digital human. https://www2.deloitte.com/nl/nl/pages/customer-and-marketing/articles/digital-human.html. Zugegriffen am 12.04.2022.
32. Uneeq. (2021). Revolutionize customer experiences with scalable human connections. https://digitalhumans.com. Zugegriffen am 12.04.2022.
33. Hörner, T. (2019). *Marketing mit Sprachassistenten: So setzen Sie Alexa, Google Assistant & Co. strategisch erfolgreich ein*. Springer Gabler.
34. Kahle, T., & Meißner, D. (2020). *All About Voice: Konzeption, Design und Vermarktung von Anwendungen für digitale Sprachassistenten*. Haufe.
35. Kahle, T. (2020). Voice-Marketing – Produkte und Services werden dialogfähig. In M. Stumpf (Hrsg.), *Die 10 wichtigsten Zukunftsthemen im Marketing* (2. Aufl., S. 107–129). Haufe.
36. Statista. (2023). Smart speaker. https://www-statista-com.ezproxy.hwr-berlin.de/study/53329/smart-speakers/. Zugegriffen am 02.05.2023.
37. Statista. (2022). Smart speaker. https://de-statista-com.ezproxy.hwr-berlin.de/statistik/studie/id/52476/dokument/smart-speakers/. Zugegriffen am 12.05.2023.
38. Gender2Technik. (2021). Genderneutrale Stimme. https://gender2technik.de/genderneutrale-stimme/. Zugegriffen am 12.05.2023.

39. Microsoft. (2023). Willkommen beim Portal der benutzerdefinierten neuronalen Stimme. https://speech.microsoft.com/portal/customvoice. Zugegriffen am 12.05.2023.
40. Lin, Y. (2022). Voice search statistics. https://www.oberlo.com/blog/voice-search-statistics. Zugegriffen am 06.04.2022.
41. Sistrix. (2023). Was sind Zero Click Searches? https://www.sistrix.de/frag-sistrix/seo-grundlagen/google/zero-click-search. Zugegriffen am 12.05.2023.
42. Kreutzer, R. T. (2021b). *Praxisorientiertes Online-Marketing. Konzepte – Instrumente – Checklisten* (4. Aufl.). Springer Gabler.
43. Anderson, C. (2004). *The long tail*. dtv.
44. Barysevich, A. (2020). How to optimize for voice search: 6 SEO strategies for success. https://www.searchenginejournal.com/voice-search-optimization-strategy/379946/#close. Zugegriffen am 06.04.2022.
45. Kreutzer, R. T. (2021c). *Toolbox für Digital Business. Leadership, Geschäftsmodelle, Technologien und Change-Management für das digitale Zeitalter*. Springer Gabler.
46. Beus, J. (2023). Sichtbarkeit in der AI-Zukunft: Welche Marken empfiehlt OpenAI? https://shorturl.at/aBFY3. Zugegriffen am 10.06.2023.
47. Schema.org. (2023a). Welcome to Schema.org. https://schema.org. Zugegriffen am 15.05.2023.
48. Schema.org. (2023b). Speakable. https://schema.org/speakable. Zugegriffen am 15.05.2023.
49. Otto. (2023). OTTO Action im Google Assistant. https://www.otto.de/shoppages/otto_action. Zugegriffen am 15.05.2023.
50. Sachse, M. (2023, April 20). Zalando bindet ChatGPT in seine Verkaufsplattform ein. *Frankfurter Allgemeine Zeitung*, 20.
51. Software AG. (2023). Voice commerce software – Die Macht der Sprache nutzen. https://online-software-ag.com/de/loesungen/voice/. Zugegriffen am 15.05.2023.
52. Nespresso. (2023). Prodigio. https://www.nespresso.com/de/de/prodigio-machines-range. Zugegriffen am 15.05.2023.
53. Amazon. (2023a). Mercedes me. https://www.amazon.de/Mercedes-Benz-Mercedes-me/dp/B075435C1Y. Zugegriffen am 15.05.2023.
54. Mercedes. (2023). Machen Sie noch mehr aus Ihrem Mercedes-Benz. https://www.mercedes-benz.de/passengercars/services/mercedes-me.html. Zugegriffen am 15.05.2023.
55. Osterwalder, A., & Pigneur, Y. (2010). *Business model generation*.
56. Kaltschmidt, T. (2017). Amazon Echo: Nachrichtensprecher löst Massenbestellung aus. https://www.heise.de/newsticker/meldung/Amazon-Echo-Nachrichtensprecher-loest-Massenbestellung-aus-3591039.html. Zugegriffen am 29.08.2018.
57. Hesterberg, C. (2018). Online-Shopping bei Amazon dank Alexa, Frecher Papagei bestellt sich Obst per Sprachassistent. https://www.general-anzeiger-bonn.de/news/panorama/Frecher-Papagei-bestellt-sich-Obst-per-Sprachassistent-article4003734-amp.html. Zugegriffen am 04.01.2019.
58. Amazon. (2023b). Amazon connect voice ID. https://aws.amazon.com/de/connect/voice-id/. Zugegriffen am 08.06.2023.
59. Affectiva. (2023). Humanizing technology to bridge the gap between humans and machines. https://www.affectiva.com/. Zugegriffen am 16.05.2023.
60. Receptiviti. (2023). Analyze people's language and gain insights into their psychology, personality, and emotions. https://www.receptiviti.com/. Zugegriffen am 16.05.2023.
61. Vier. (2023). Emotionsanalyse durch KI. https://www.vier.ai/emotion-analytics-technologie/. Zugegriffen am 19.05.2023.
62. Cogito. (2023). Powering the teams behind great CX & EX. https://cogitocorp.com/. Zugegriffen am 16.05.2023.

63. Ewertz, J., Knickrehm, C., Nienhaus, M., & Reichmann, D. (2022). Listen closely: Using vocal cues to predict future earnings. https://papers.ssrn.com/sol3/papers.cfm?abstract_id=4307178. Zugegriffen am 26.06.2023.
64. tcl.digital. (2023). Mit der TEO Suite optimieren Sie Ihre Texte einfach auf Ihr Kommunikations-Ziel. https://tcl.digital. Zugegriffen am 19.05.2023.
65. Echobox. (2023). Der neue Standard in der Automatisierung für Verlage. https://www.echobox.com/newsletters-overview. Zugegriffen am 01.06.2023.
66. Lengoo. (2023). Rethink language. https://www.lengoo.com/. Zugegriffen am 19.05.2023.
67. Retresco. (2023). AI-powered text generation. https://www.retresco.de/. Zugegriffen am 19.05.2023.
68. Automated Insights. (2023). Turn your data into clear natural language. https://automatedinsights.com/. Zugegriffen am 19.05.2023.
69. Carlson, K., Kopalle, P. K., Riddell, A., Rockmore, D., & Vana, P. (2022). Complementing human effort in online reviews: A deep learning approach to automatic content generation and review synthesis. https://doi.org/10.1016/j.ijresmar.2022.02.004. Zugegriffen am 20.06.2022.
70. Neuroflash. (2023). *Create high-quality content with AI.* https://neuroflash.com/. Zugegriffen am 19.05.2023.
71. Acrolinx. (2023). Maximize your content's performance. https://www.acrolinx.com/product/. Zugegriffen am 19.05.2023.
72. OpenAI. (2023b). DALL·E: Creating images from text. https://openai.com/blog/dall-e/. Zugegriffen am 19.05.2023.
73. OpenAI. (2023c). CLIP: Connecting text and images. https://openai.com/blog/clip/. Zugegriffen am 19.05.2023.
74. Botika. (2023). Diversify your fashion models. https://botika.io/. Zugegriffen am 22.05.2023.
75. Scheer, U. (2021, Oktober 8). Sah so Klimts Bilder-Schock aus? *Frankfurter Allgemeine Zeitung*, 15.
76. Data Science. (2023). Generative adversarische Netze. https://datascience.eu/de/maschinelles-lernen/generative-adversarische-netze/. Zugegriffen am 08.06.2023.
77. Idomoo. (2023). Personalized video for sales. https://www.idomoo.com/. Zugegriffen am 19.05.2023.
78. Wave.Video. (2023). Convert text to video online. https://wave.video/tools/video-marketing/turn-text-into-video. Zugegriffen am 22.05.2023.
79. Synthesia. (2023). Create professional videos in 15 minutes. https://www.synthesia.io/. Zugegriffen am 22.05.2023.
80. Newitz, A. (2021). Movie written by algorithm turns out to be hilarious and intense. https://arstechnica.com/gaming/2021/05/an-ai-wrote-this-movie-and-its-strangely-moving/. Zugegriffen am 05.01.2022.
81. Hofstadter, D. R. (2018, Juni 27). Das letzte Refugium menschlicher Intelligenz. *Frankfurter Allgemeine Zeitung*, N4.
82. OpenAI. (2023d). Jukebox. https://openai.com/research/jukebox. Zugegriffen am 08.06.2023.
83. Luber, S., & Litzel, N. (2021b). Was ist Jukebox OpenAI? https://www.bigdata-insider.de/was-ist-jukebox-openai-a-1026594/. Zugegriffen am 22.11.2021.
84. Deutsche Telekom. (2021). *Beethoven X – The AI project.*
85. Grolle, J. (2021, Oktober 9). In Beethovens Hirn. *Der Spiegel*, 106–108.
86. Fischer, B. (2023). Wenn die KI Songs schreibt. https://www.faz.net/aktuell/wirtschaft/digitec/kuenstliche-intelligenz-und-musik-wenn-die-ki-songs-schreibt-18815877.html. Zugegriffen am 26.06.2023.
87. Gentsch, P. (2019). *Künstliche Intelligenz für Sales, Marketing und Service, Mit AI und Bots zu einem Algorithmic Business – Konzepte, Technologien und Best Practices* (2. Aufl.). Springer Gabler.

88. Salesforce. (2023). Wir stellen vor: Einstein GPT. https://www.salesforce.com/de/products/einstein/overview/. Zugegriffen am 07.06.2023.
89. Tomi.AI. (2023). Profitable digital acquisition at scale. https://tomi.ai/. Zugegriffen am 26.06.2023.
90. Intellimize. (2023). Dynamically personalize your website to convert more traffic. https://www.intellimize.com/how-it-works. Zugegriffen am 26.06.2023.
91. EyeQuant. (2023). Powered by AI. https://www.eyequant.com/what/. Zugegriffen am 22.05.2023.
92. Define Media. (2023). Wie arbeitet eigentlich die Künstliche Intelligenz von CONATIVE? https://definemedia.de/de/ai. Zugegriffen am 22.05.2023.
93. Sqreem. (2023). The world's largest digital behaviour aggregator. https://sqreemtech.com/. Zugegriffen am 22.05.2023.
94. Seedtag. (2023). We understand consumers' interests through Liz, our AI technology. https://www.seedtag.com/. Zugegriffen am 22.05.2023.
95. Wise Athena. (2023). Where CPG companies come to maximize their revenue. https://wiseathena.com/. Zugegriffen am 22.05.2023.
96. Monopolkommission. (2018). Algorithmen und Kollusion. https://www.monopolkommission.de/index.php/de/beitraege/216-xxii-algorithmen. Zugegriffen am 26.04.2022.
97. Hennes, D., & Schwalbe, U. (2018, Juli 13). Kartellbildung durch lernende Algorithmen. *Frankfurter Allgemeine Zeitung*, 18.
98. Insilico Medicine. (2023). Artificial Intelligence for every step of pharmaceutical research and development. https://insilico.com/. Zugegriffen am 22.05.2023.
99. Olay. (2023). Personalize my routine. https://www.olay.com/skin-advisor. Zugegriffen am 22.05.2023.
100. L´Oréal. (2023a). Innovation through industry. https://www.loreal.com/en/beauty-science-and-technology/beauty-tech/innovating-through-industry/. Zugegriffen am 22.05.2023.
101. L´Oréal. (2023b). Jetzt Produkte virtuell testen. https://www.lorealparis.ch/de-ch/virtuell-testen. Zugegriffen am 22.05.2023.
102. BlueYonder. (2021). *Future-proofing your retail strategy.*
103. Kreutzer, R. T. (2022). *Praxisorientiertes Marketing. Grundlagen, Instrumente, Fallbeispiele* (6. Aufl.). Springer Gabler.
104. Scandit. (2023). ShelfView: Keep track of your shelves. https://www.scandit.com/products/shelfview/. Zugegriffen am 23.05.2023.
105. BlueYonder. (2023). Die Nr. 1 der kundenorientierten Supply-Chain-Plattformen. https://blueyonder.com/de/de/. Zugegriffen am 23.05.2023.
106. Bizerba. (2023). Kunden an die Macht – Bizerba stellt Retail-Innovationen bei der EuroShop 2023 vor. https://www.bizerba.com/de/de/press-and-news/2023-04-24_Cooperation_Captron. Zugegriffen am 23.05.2023.
107. Bruhn, M., & Hadwich, K. (Hrsg.). (2021). *Künstliche Intelligenz im Dienstleistungsmanagement, Band 2: Einsatzfelder – Akzeptanz – Kundeninteraktionen*. Springer Gabler.
108. Hotel Tech Report. (2023). Die 10 besten Hotel-Chatbots im Jahr 2023. https://hoteltechreport.com/de/marketing/hotel-chatbots. Zugegriffen am 23.05.2023.
109. Finkenzeller, K. (2021, Juni 27). Auf Nummer sicher. *Frankfurter Allgemeine Sonntagszeitung*, 55.
110. Robotise. (2023). Minibar und Roomservice neudenken. https://robotise.eu/de/hospitality. Zugegriffen am 23.05.2023.
111. BotbarCoffee. (2023). Adam. https://botbarcoffee.com/adam/. Zugegriffen am 12.06.2023.

Gesundheit und Sicherheit

5

Zusammenfassung

Eine der wichtigsten Veränderungen, die ein KI-Einsatz im Gesundheitssektor mit sich bringt, ist der Übergang von der Krankheitsbehandlung (reaktive Versorgung) zu einer Betreuung, die sich noch stärker auf die Diagnose von Krankheiten in einem frühen Stadium oder vor deren Auftreten konzentriert (proaktive Versorgung). Die zunehmende Leistungsstärke von KI-Systemen fördert bspw. die Mustererkennung in digitalen Daten und Bildern. Hierdurch kann nicht nur die Diagnosegenauigkeit erhöht, sondern auch die erfolgversprechendste Therapie gefunden werden. Auch zur Analyse und Steigerung der Sicherheit werden die unterschiedlichsten KI-Anwendungen eingesetzt.

5.1 Gesundheitssektor

Nachfolgend werden Anwendungsbereiche aufgezeigt, in denen KI im Gesundheitssektor eingesetzt werden kann. Es ist wichtig zu beachten, dass der Einsatz hier sorgfältige Validierung, ethische Überlegungen, Datenschutz und die Zusammenarbeit zwischen KI-Systemen und medizinischem Fachpersonal erfordert, um verantwortungsvolle und effektive Anwendungen zu gewährleisten.

Ergänzende Information Die elektronische Version dieses Kapitels enthält Zusatzmaterial, auf das über folgenden Link zugegriffen werden kann [https://doi.org/10.1007/978-3-658-42598-2_5].

R. T. Kreutzer, *Künstliche Intelligenz verstehen*, https://doi.org/10.1007/978-3-658-42598-2_5

5.1.1 Diagnose und medizinische Bildgebung

Durch die Digitalisierung können vielfältige **medizinische Daten für KI-Anwendungen** aufbereitet werden. Die Bandbreite reicht hier von **Patientenakten** über die – teilweise bereits digital vorliegenden – **Ergebnisse von Untersuchungen** bis hin zu den durch Wearables und Apps generierten **persönlichen Gesundheitsdaten**. Gerade im Medizinsektor kann die Künstliche Intelligenz viele ihrer Vorteile ausspielen:

- Gleichzeitiger Zugriff auf Hunderttausende oder Millionen von einschlägigen **historischen Bild- und Textdokumenten** (inklusive Bewertungen) als Grundlagen für die Erstellung von Diagnosen
- Zugriff auf neue **Erkenntnisse in Echtzeit**, die durch Forscher und/oder durch Kollegen im täglichen Einsatz gewonnen werden, bspw. im Zuge von klinischen Studien
- Auswertung der kompletten **Krankenakte des jeweiligen Patienten**, so die entsprechenden Daten verknüpft und digital vorliegen
- **KI-gestützte Befragung der Patienten**, um ggf. fehlende Informationen zu ergänzen und/oder um Hypothesen zu überprüfen
- Ableitung von **Therapie-Empfehlungen**, die auf einer großen Zahl von Therapie-Empfehlungen Dritter und den dadurch erzielten Ergebnissen basieren

Auf dem Weg dorthin sind noch viele Herausforderungen zu meistern. Nach wie vor gibt es Probleme bei der **Interpretation von medizinischen Notizen** der Ärzte sowie beim **interdisziplinären Transfer von Ergebnissen** (auch aus Gründen des Datenschutzes). Solange in Ländern wie Deutschland eine dezentrale Gesundheitsversorgung dominiert und eine integrierte Patientenakte (mit einer kompletten digitalen Dokumentation von Diagnosen, Therapien und erzielten Therapieerfolgen) nur als Konzept vorliegt, bleiben die Auswertungsmöglichkeiten sehr eingeschränkt. Außerdem bedarf es – wie bei allen KI-Systemen – einer **umfassenden und intensiven Trainingsphase**, um KI-Anwendungen mit den erforderlichen Daten auszustatten. Eine solche konsolidierte Datenbasis, die anonyme Krankenakten aus den unterschiedlichsten Quellen zusammenführt, ist in Deutschland nach wie vor nicht vorhanden – und leider auch nicht absehbar.

Im Bereich der Diagnostik kann KI in der **medizinischen Bildgebung** eine wichtige Rolle spielen. KI-Modelle können große Mengen von medizinischen Bildern analysieren und Muster und Anomalien erkennen. Dadurch können sie Ärzte bei der Erkennung von Krankheiten wie Krebs, Herz-Kreislauf-Erkrankungen, neurologischen Störungen und anderen Zuständen unterstützen. KI kann bspw. Tumore auf MRT- und CT-Scans identifizieren. Durch die schnelle und präzise Analyse von Bildern kann KI die Genauigkeit der Diagnose verbessern und eine frühere Behandlung ermöglichen.

Institutionen und Unternehmen wie die *Fraunhofer Gesellschaft*, die *Helmholtz-Gemeinschaft Deutscher Forschungszentren* wie auch *Siemens Healthineers* und *Philips* arbeiten an **digitalen Zwillingen** von Menschen und Organen (etwa Herz, Niere, Leber), um diese für Diagnose und Therapie einzusetzen. An den so erschaffenen digitalen Spiegelbildern lassen sich Gesundheitszustand sowie die Auswirkungen einer Therapie simulieren. Das Ziel besteht darin, die richtigen Behandlungsmethoden auszuprobieren – ohne den realen Menschen zum Versuchskaninchen zu machen. Heute ist noch nicht absehbar, wann die entsprechenden Durchbrüche erzielt werden. Die Vision besteht darin, eine **integrierte Auswertung aller relevanten Patientendaten** (etwa Laborwerte sowie Daten von CT- und MRT-Untersuchungen) anhand dieses digitalen Zwillings vorzunehmen. In einem Digital Twin soll auch der gesamte **Prozess von Vorsorge über Diagnose und Therapie bis zur Nachsorge** simuliert werden – um darauf basierend eine optimale Patientenbetreuung aufzubauen.

> **Merk-Box** Früher gewannen Wissenschaftler ihr Wissen **„in vivo"**, d. h. durch Beobachtung oder anhand von Experimenten an lebenden Organismen. Später konnten solche Versuche **„in vitro"** – also im Reagenzglas – durchgeführt werden. Jetzt ist der Schritt zum **„in silicio"** vorzogen, weil solche Experimente jetzt im Computer stattfinden – mit Chips auf der Basis des chemischen Elements Silicium.

Dem **Einsatz von digitalen Zwillingen** kommt gerade im Gesundheitswesen eine große Bedeutung zu, weil durch die eingesetzten medizinischen Geräte pro Patient **große Datenmengen** generiert werden. Die Auswertung dieser Daten stieß bisher an die **Grenzen des Verarbeitbaren** – vor allem hinsichtlich der notwendigen Verarbeitungsgeschwindigkeit sowie der Vielzahl unterschiedlicher Datenquellen bei gleichzeitig herrschendem Kostendruck. Gleichzeitig steigt der Bedarf an einem **individualisierten Patientenmanagement**. **Digital Twins** können bei der Diagnose sowie bei der Simulation von Therapien und die Prognose von Krankheitsverläufen wichtige Unterstützung leisten. Hierzu wird der digitale Zwilling als digitales Abbild des Betroffenen erstellt. Der digitale Zwilling erlaubt es dann, die persönliche Krankengeschichte sowie den individuellen Gesundheitszustand zu simulieren. Hierdurch kann etwa die individuelle Medikamentenverträglichkeit für Patienten im Vorfeld des tatsächlichen Einsatzes und folglich ohne Risiko getestet werden (vgl. [27]).

Ein wichtiges Ziel für **Patienten mit Multipler Sklerose** ist ein **individuelles, innovatives Krankheitsmanagement**. Dieses wäre geeignet, die Komplexität des chronischen, neurologischen Leidens besser zu bewältigen. Diese Autoimmunerkrankung zeichnet sich durch sehr heterogene Krankheitsverläufe sowie eine hohe Komplexität aus. Folglich gibt es auch eine Vielzahl möglicher Therapieansätze. Der KI-Einsatz ermöglicht es, dass ein **digitaler Zwilling** erstellt wird, der auf einer Vielzahl von Krankheitsparametern basiert. Zu diesen Parametern gehören u. a. klinische und paraklinische Daten, Informationen über spezifische Merkmale, Lebensumstände und Verhaltensweisen des Patienten sowie bereits eingesetzte therapeutische Maßnahmen (vgl. [27]).

Einen interessanten Einsatz fanden KI-Algorithmen während der **Corona-Pandemie in Griechenland**. In diesem Zeitraum haben Länder verschiedene Konzepte eingesetzt, um die Verbreitung des Corona-Virus durch Reisende zu reduzieren. Ein besonderes Ziel war es hierbei, den vielfach gewünschten Tourismus nicht durch harte Maßnahmen zu behindern. Im Sommer 2020 wurde das KI-System *Eva* an allen griechischen Grenzen eingesetzt, um den Zustrom von asymptomatischen Reisenden zu begrenzen, die mit dem Virus infiziert waren. Im Gegensatz zu landesweiten Protokollen wies *Eva* die begrenzten **Testressourcen** Griechenlands auf der Grundlage der demografischen Daten der ankommenden Reisenden (Alter, Geschlecht), von Herkunftsland und -region sowie der Testergebnisse von früheren Reisenden zu. Zunächst wurden die Daten genutzt, um die Reisenden in Gruppen mit möglichst einheitlichem Infektionsrisiko einzuteilen. Innerhalb dieser Gruppen wurde dann durch KI jeweils die Notwendigkeit einer Testung der entsprechenden Reisenden ermittelt. Gleichzeitig wurden durch *Eva* Gruppen identifiziert, deren Prävalenz (Anzahl der Krankheitsfälle) aufgrund fehlender Daten unsicher erschien. Hier wurden zusätzliche Tests veranlasst, um die Unsicherheit zu reduzieren (vgl. [3]).

Durch den Vergleich der Leistung von *Eva* mit modellierten Szenarien zeigte sich, dass *Eva* 1,85-mal so viele asymptomatische infizierte Reisende identifiziert konnte, als bei zufälligen Überwachungstests durchschnittlich ermittelt wurden. In der Hauptreisezeit lagen die Werte sogar beim Zwei- bis Vierfachen. Im Vergleich zu Testverfahren, die nur epidemiologische Messgrößen verwendeten, wurden durch *Eva* 1,25- bis 1,45-mal so viele asymptomatische infizierte Reisende identifiziert. Dieses letztgenannte Ergebnis kommt zumindest teilweise dadurch zustande, dass epidemiologische Messgrößen nur einen begrenzten Vorhersagewert für die tatsächliche Prävalenz des Corona-Virus unter asymptomatischen Reisenden aufwiesen.

Besonderen Wert legten die Autoren darauf, ihr Vorgehen konsequent mit Anwälten, Epidemiologen und Politikern abzustimmen. Gleichzeitig sollten so wenige persönliche Daten wie möglich abgefragt werden. So wurde bspw. auf die aussagekräftige Information über den jeweiligen Beruf verzichtet. Gleichzeitig war das Forscherteam um eine hohe Transparenz über das eigene Vorgehen bemüht. In Summe zeigt diese Studie von Bastani et al. [3] ein interessantes **Anwendungsfeld des Reinforcement Learnings** auf der Grundlage von Echtzeitdaten für den Schutz der öffentlichen Gesundheit – und das mit hoher Datensparsamkeit.

Einen wichtigen Beitrag im Gesundheitssektor kann die Entwicklung eines **Brain Computer Interface** (BCI) leisten. Hierfür werden auch die Bezeichnungen **Brain Machine Interface** (BMI) bzw. auf Deutsch **Gehirn-Computer-Schnittstelle** verwendet. Im Kern handelt es sich um eine Mensch-zu-Maschine-Schnittstelle, die ohne eine Aktivierung des peripheren Nervensystems eine direkte Verbindung zwischen Gehirn und Computer ermöglicht. Hierzu werden die elektrischen Gehirnaktivitäten aufgezeichnet. Das kann zum einen ohne Eingriff (nicht-invasiv) über die **EEG** (Elektroenzephalografie) erfolgen. Hierzu muss der Proband eine Haube mit einer Vielzahl von Kabeln tragen, was den Einsatz ungemein erschwert. Eventuell können in der Zukunft entsprechend optimierte Stirnbänder helfen. Ohne Eingriff kommt auch die **fMRI** (funktionelle Magnetresonanztomografie) bei der Erfassung der Gehirnaktivitäten aus. Dazu muss die Person in ein entsprechendes Gerät gefahren werden, um die Gehirnaktivitäten aufzuzeichnen. Ohne diesen hohen maschinellen Aufwand kommt man bei den sogenannten invasiven Verfahren aus. Hierzu werden den Versuchspersonen **Elektroden implantiert**, um Hirnströme dort direkt zu messen. Allerdings muss man dazu in den Körper eingreifen.

Grundlage dieser Entwicklungen stellt die Erkenntnis dar, dass schon die **Vorstellung einer bestimmten Handlung** messbare Veränderungen der **elektrischen Gehirnaktivitäten** auslöst. So kann durch ein Brain Computer Interface ermittelt werden, welche Veränderungen der Hirnaktivität mit welcher Art von Vorstellungen korreliert sind (vgl. weiterführend [4]). Die so gewonnenen Erkenntnisse über Beziehungen können als **Steuersignale für verschiedenste Anwendungen** eingesetzt werden. Bis heute gelingt diese Kommunikation nur in eine Richtung („einspuriger Einsatz"). Der Mensch kann der Maschine durch seine Gedanken etwas mitteilen – der Computer kann aber noch keine korrespondierenden Gedanken direkt in das Gehirn zurückführen („zweispuriger Einsatz"). Bisher ist der Mensch (noch) auf seine bewährten Sinnesorgane angewiesen, um Reaktionen des Systems zu erkennen. Ob das immer so bleibt und ob wir eine direkte Rückmeldung in das Gehirn wünschen, ist eine offene Frage.

Aktuelle Entwicklungen lassen erkennen, dass zumindest „einspurige" **Brain Computer Interfaces** schon in einigen Jahren den Markt erobern könnten. Der Ursprung dieser Anwendungen lag u. a. in der Möglichkeit, Menschen mit körperlichen Beeinträchtigungen einen Zugang zur Interaktion durch Computer zu schaffen. Die Steuerung per Gedanken ersetzt Maus, Tastatur und Touchscreen, die eine physische Bewegung erfordern. Allerdings ist die Verarbeitung noch langsam und die Fehlerquote sehr hoch. Doch an alltagstauglichen Lösungen wird bereits intensiv geforscht (vgl. [24]).

Elon Musk plant mit seinem Unternehmen *Neuralink*, im Jahr 2023 erste **Versuche mit Brain Computer Interfaces** am Menschen zu starten. Die Prototypen von *Neuralink* sollen zu sicheren Geräten weiterentwickelt werden, die in jedem Hirnareal eingesetzt werden und leicht aufrüstbar sind. *Musk* beabsichtigt sogar, sich selbst ein BCI implantieren zu lassen. Die US-amerikanische Arzneimittelbehörde hat klinische Studien für Gehirnimplantate am Menschen inzwischen genehmigt. *Neuralink* hat auch seine Chirurgie-Abteilung erweitert, um präzise Hirnoperationen mit dünnen, elektrodenbesetzten Drähten durchzuführen. Ob die **BCI-Transplantationen** tatsächlich im Jahr 2023 beginnen, ist jedoch unsicher (vgl. [22]).

Die **Vision von *Neuralink*** und ähnlichen Unternehmen ist es, die Aktivität bestimmter Gehirnbereiche zu messen, um Computer zu steuern. Mit BCIs könnten Blinde wieder sehen und Querschnittsgelähmte wieder laufen lernen. In Experimenten mit Affen konnte bereits gezeigt werden, dass sie mit ihren Gedanken einen Cursor steuern und Tasten auswählen können. Zudem wurden Pläne für eine Sehprothese vorgestellt, die durch elektrische Stimulation funktionieren soll. Das Team von *Neuralink* möchte Menschen, die blind geboren wurden, das Sehen ermöglichen. Es bleibt abzuwarten, ob *Neuralink* seine ehrgeizigen Pläne dieses Mal tatsächlich umsetzen kann. Die **Fortschritte im Bereich der BCI-Technologie** sind insgesamt vielversprechend und könnten in Zukunft bahnbrechende Anwendungen im Bereich der **Gehirn-Computer-Kommunikation** ermöglichen (vgl. [19]).

5.1.2 Präzisionsmedizin und personalisierte Therapie

Ein weiterer Bereich des KI-Einsatzes im Gesundheitssektor ist die **Präzisionsmedizin**. KI-Modelle können große Mengen von Patientendaten analysieren, darunter Genomsequenzierungsergebnisse, klinische Verlaufsdaten, Laborergebnisse und Biomarker-Informationen. KI kann hierdurch bei der **Identifizierung von genetischen Risikofaktoren** für bestimmte Krankheiten helfen und Patienten unterstützen, präventive Maßnahmen zu ergreifen. Basierend auf diesen Daten können KI-Algorithmen auch Vorhersagen über die individuelle Reaktion eines Patienten auf bestimmte Medikamente oder Behandlungen treffen. Dadurch können Ärzte **personalisierte Therapiepläne** entwickeln und die Wirksamkeit von Behandlungen verbessern. Solche personalisierten Therapieansätze berücksichtigen eine Vielzahl von Faktoren. Dazu zählen genetische Informationen, medizinische Vorgeschichte, Symptomatik und Reaktion auf frühere Behandlungen. Durch die kontinuierliche Überwachung und Anpassung des Therapieplans kann die **KI-basierte personalisierte Medizin** dazu beitragen, bessere Behandlungsergebnisse zu erzielen und die Patientenversorgung zu verbessern.

Die Künstliche Intelligenz wird deshalb zunehmend zur **Kartierung der menschlichen DNA** eingesetzt, um eine solche **Präzisionsmedizin** zu ermöglichen. Erst verbesserte Einblicke in die genetische Ausstattung eines Menschen ermöglichen eine personalisierte Gesundheitsversorgung für jede Person – orientiert an der jeweiligen biologischen Veranlagung. Unternehmen der pharmazeutischen Industrie wollen hierdurch die **Medizin individualisieren**. Ausgewählte Arten der Präzisionsmedizin gibt es schon seit längerer Zeit. Hierzu zählen die Therapien zur Behandlung von Allergien sowie Bluttransfusionen. Das jetzt erreichbar erscheinende Ziel besteht darin, Therapien für jeden einzelnen Patienten individuell zu entwickeln. Hierzu werden verschiedene KI-Technologien eingesetzt, um große Datenmengen auszuwerten. Diese Daten können durch Wearables, Sensoren (bspw. zur Aufnahme von Sprache) sowie weitere vernetzte Geräte gewonnen werden. Auf diese Weise sollen Muster von Mutationen und weiterführende Zusammenhänge von Krankheiten erkannt werden. So sollen bspw. die genetischen Merkmale eines Tumors sicher erkannt werden. Allerdings müsste eine solche **individualisierte Therapie** nicht nur schnell verfügbar, sondern auch kostengünstig herzustellen sein.

Deep Genomics liefert ein überzeugendes Beispiel für **personalisierte Behandlungen**. Das Unternehmen nutzt große Datenmengen über die Zusammensetzung menschlicher Zellen. Dies ermöglicht es KI-Agenten, die Folgen von Veränderungen im Genom vorherzusagen. Die **Zukunft der Arzneimittelentwicklung** basiert folglich in hohem Maße auf KI-gestützten Entdeckungen (vgl. [12]).

Das Unternehmen ***Flow Health*** strebt danach, die Ergebnisse von Therapien durch den gezielten Einsatz der Künstlichen Intelligenz zu steigern. Hierzu wird eine KI-Plattform eingesetzt, um eine proaktive, personalisierte Gesundheitsversorgung zu ermöglichen. Heute basieren ca. 70 % der medizinischen Entscheidungen auf Laborergebnissen. Allerdings stellt die **unsachgemäße Nutzung von Labortests** ein großes Problem dar. *Flow Health* möchte einen Beitrag dazu leisten, dass es bei Laboruntersuchungen weder eine Überbeanspruchung (angeordnet, aber nicht indiziert) noch eine Unterbeanspruchung (indiziert, aber nicht angeordnet) gibt. Hierzu erfolgt eine personalisierte Interpretation, die die Laborergebnisse in einen Kontext stellt.

Bei Laboruntersuchungen werden häufig abnormale Testergebnisse festgestellt – vor allem bei älteren Erwachsenen. Worauf ist das zurückzuführen? Die als Vergleichsmaßstab definierten Normwerte beruhen auf Durchschnittswerten der Gesamtbevölkerung. Was dort als „normal“ definiert wird, kann und darf allerdings nicht für jedes Individuum als Maßstab dienen. Deshalb ist es wichtig, die Laborergebnisse in einen Zusammenhang mit der gesamten Krankengeschichte zu setzen. Hierzu werden die gesamte Krankenakte des Patienten sowie die ermittelten Symptome, Diagnosen und Medikamentenlisten durch KI-Agenten ausgewertet. Erst ein solcher holistischer Blick auf den Patienten, der den relevanten Kontext einbezieht, ermöglicht präzisere Erkenntnisse – und eine Auswahl der relevanten diagnostischen Tests. In diesem Sinne versteht sich *Flow Health* gleichsam als **diagnostischer Partner** bei der Erarbeitung von Therapiekonzepte (vgl. [15]).

Die Integration von Künstlicher Intelligenz in **personalisierte Therapiepläne** bietet auch die Möglichkeit, komplexe medizinische Entscheidungen zu unterstützen. KI-Modelle können medizinische Fachkräfte bei der Auswahl der optimalen Behandlungsmethoden, der Dosierung von Medikamenten und der Bewertung von Risikofaktoren unterstützen. Durch die Automatisierung bestimmter Aufgaben und die Nutzung von Algorithmen können Zeit- und Ressourceneinsparungen erzielt werden. Dies ermöglicht den medizinischen Fachkräften, sich stärker auf die Patientenversorgung zu konzentrieren und individuelle Betreuung zu gewährleisten. In Summe kann hierdurch perspektivisch die **Effizienz im Gesundheitswesen** gesteigert werden.

Es ist jedoch wichtig anzumerken, dass die **Integration von KI in personalisierte Therapiepläne** auch **ethische und rechtliche Fragen** aufwirft. Datenschutz, Transparenz der Algorithmen und die Sicherstellung der Verantwortlichkeit bleiben wichtige Aspekte, die bei der Entwicklung und Implementierung dieser Systeme berücksichtigt werden müssen. Dennoch zeigen die Fortschritte in der KI-gestützten personalisierten Medizin vielversprechende Ergebnisse und könnten einen Paradigmenwechsel in der Patientenversorgung bedeuten.

5.1.3 Robotereinsatz im Medizinsektor

Zur Präzisionsmedizin können auch **Roboter im Medizinsektor** beitragen. Folgende Anwendungsbereiche sind zu unterscheiden:

- **Roboter zur chirurgischen Assistenz bzw. zur kompletten Durchführung von Operationen**
  Die Robotik im Gesundheitswesen mit dem Schwerpunkt auf der **chirurgischen Assistenz** hat in den letzten Jahren die größte Aufmerksamkeit erhalten. Eines der ersten Unternehmen, das sich auf dem Markt durchsetzen konnte, war das Unternehmen ***Intuitive*** mit dem ***Da-Vinci-Operationssystem***. Die hier innerhalb von zwei Jahrzehnten geleistete Pionierarbeit hat zur Entwicklung eines minimalinvasiven, **roboterassistierten Systemportfolio** geführt. Das *Da-Vinci*-Operationssystem war eines der ersten minimalinvasiven Chirurgiesysteme, welches die CE-Kennzeichnung erhalten hat und auch von der US-amerikanischen Zulassungsbehörde FDA für bestimmte Operationen zuge-

lassen wurde. Weltweit wurden bereits viele Mio. *da-Vinci*-Prozeduren durchgeführt und viele Tausend Operateure an diesem System ausgebildet (vgl. [18]).

Wie eine KI-gestützte Operation aussehen kann, zeigt das folgende Video – an einer Banane: https://www.youtube.com/watch?v=5jn8fjLXTiI.

- **Roboter zur direkten Patientenversorgung**
  Patienten, die an neuromuskulären Erkrankungen oder Verletzungen leiden (etwa nach einem Schlaganfall), können von einer robotergestützten sensorisch-motorischen Versorgung profitieren. Hier können auch **Exoskelette** verwendet werden, die bspw. in der Form von mechanischen Anzügen Bewegungen des Patienten unterstützen. Hierzu zählen „intelligente" Prothesen, etwa als Ersatz für verlorene Gliedmaßen (vgl. vertiefend Abschn. 5.1.7).
- **Roboter zur indirekten Patientenversorgung**
  Desinfektionsroboter können eingesetzt werden, um eine Interaktion mit Patienten mit ansteckenden Krankheiten zu erleichtern. Hierzu zählen auch **Lieferroboter**, die Patienten autonom mit Medikamenten versorgen. Ein Beispiel ist der in Abschn. 4.11 vorgestellte Roboter *Jeeves*.
- **Roboter als virtuelle Pflegekräfte**
  Von der Interaktion mit Patienten bis hin zur Einweisung der Patienten in die erforderlichen Abteilungen können virtuelle Pflegeassistenten im Gesundheitswesen unterstützen. Da virtuelle Pflegekräfte 24/7 verfügbar sind, können sie den Zustand der Patienten laufend überwachen und auch kontinuierlich Fragen beantworten. Anwendungen von virtuellen Pflegehelfern konzentrieren sich heute häufig noch auf die Regelkommunikation zwischen Patienten und Leistungserbringern. Eine Verbindung mit Gesundheits-Apps bietet die Möglichkeit, die Phasen der Krankheit mit den – hoffentlich dominierenden – Phasen der Gesundheit in einem geschlossenen Kreislauf zu verbinden. So wird die virtuelle Pflegekraft zu einem **virtuellen Gesundheitsagenten**, der auf notwendige Wellness-Checks hinweist, das Gewicht und die sportlichen Aktivitäten überwacht und ggf. auch noch Essensvorschläge unterbreitet und zudem Impulse gibt, wenn es Zeit ist, schlafen zu gehen.
- **Roboter zur häuslichen Pflege**
  In diese Kategorie gehören die Roboter, die ältere oder chronisch kranke Menschen im häuslichen Umfeld unterstützen.

Roboter im häuslichen Umfeld leisten heute schon älteren alleinstehenden Menschen Gesellschaft. Wie formulierte eine 77-jährige Testnutzerin eines Roboters so schön:

> „... dachte ich mir, dass so ein Roboter eine nette Abwechslung sein könnte. In der ersten Nacht war mir echt mulmig zumute. Ich weiß ja, dass Computer abstürzen können. Was ist also, wenn der Roboter auch abstürzt und durchdreht? ... Aber selbst mir bedeutet der Roboter mehr Lebensqualität. Innerhalb kürzester Zeit habe ich mich verantwortlich gefühlt. Und es hat schon etwas für sich, wenn dich jemand mit ‚Willkommen zurück, Dietlind. Schön, dass du wieder da bist' begrüßt, wenn du zur Wohnungstür hereinkommst" ([2], S. 119).

Es ist zu erwarten, dass die Künstliche Intelligenz ihre Vorteile der Auswertbarkeit großer Datenmengen mit dem Robotereinsatz verbinden kann. So können Roboter Daten aus der medizinischen Voruntersuchung analysieren, um anschließend die Instrumente eines Chirurgen während der Operation zu führen. Über Künstliche Intelligenz können Roboter zusätzlich Daten aus früheren Operationen auswerten, um neue Operationstechniken zu entwickeln. Diese Möglichkeiten werden dazu beitragen, dass chirurgische Ineffizienzen und damit schlechte Ergebnisse von Operationen reduziert werden. Zusätzlich können hier gewonnene Erkenntnisse mit den postoperativen und langfristigen Gesundheitsergebnissen eines Patienten verknüpft werden. Dies setzt wieder einen **geschlossenen Patienten-Datenkreislauf** voraus.

5.1.4 Patientenüberwachung und Früherkennung von Komplikationen

KI kann in Echtzeit **Patientendaten überwachen** und Ärzte bei der **Früherkennung von Komplikationen** unterstützen. Durch die kontinuierliche Analyse von Vitaldaten wie Herzfrequenz, Blutdruck, Sauerstoffsättigung und anderen Parametern kann die Künstliche Intelligenz Anomalien erkennen und Alarme auslösen, um medizinisches Personal auf potenzielle Risiken hinzuweisen. Dies ermöglicht eine frühzeitige Intervention und eine verbesserte Patientenversorgung. **KI-gestützte Überwachungssysteme** können in Intensivstationen eingesetzt werden, um Ärzte bei der Beurteilung des Patientenzustands und bei der Entscheidungsfindung zu unterstützen.

Die **Echtzeitüberwachung** mit KI bietet den Vorteil, dass medizinisches Fachpersonal sofort über Veränderungen des Zustands des Patienten informiert wird. Dadurch kann es schnell handeln und mögliche Komplikationen frühzeitig erkennen. Dies ermöglicht eine **proaktive Intervention**, um das Risiko schwerwiegender gesundheitlicher Probleme zu verringern.

Durch die Analyse von Patientendaten, einschließlich medizinischer Aufzeichnungen, Laborergebnisse, bildgebender Verfahren und anderer klinischer Informationen kann die Künstliche Intelligenz Muster und Zusammenhänge identifizieren, die auf das **Auftreten von Komplikationen** hinweisen könnten. KI-Algorithmen können komplexe Daten verarbeiten und Muster erkennen, die für das menschliche Auge schwer zu erfassen sind. Dies ermöglicht Ärzten, frühzeitig Risikofaktoren zu erkennen und gezielte Interventionen zu planen.

Zusätzlich bieten sogenannte **Bio-Chips** die Möglichkeit, Krankheiten von Krebs bis Pocken zu erkennen, bevor der Patient überhaupt Symptome entwickelt. Diese Chips bestehen aus einer Reihe von molekularen Sensoren auf der Chipoberfläche, die biologische Elemente und Chemikalien analysieren können.

5.1.5 Unterstützung bei der Arzneimittelforschung

KI-Systeme können den Zeit- und Kosteneinsatz für die Entwicklung neuer Medikamente deutlich reduzieren. Die **Entwicklung eines neuen Medikaments** dauert häufig mehr als zehn Jahre. Oft werden in der Phase der Grundlagenforschung und Präklinik mehrere Tausend Substanzen untersucht – von denen am Ende vielleicht ein bis zwei die Zulassung der Arzneimittelbehörden erhalten. Die durchschnittlichen Kosten für die Entwicklung eines Medikaments bis zur Marktzulassung werden auf ein bis drei Mrd. € geschätzt. Dieser hohe Zeit- und Kostenaufwand führt dazu, dass sich die Unternehmen und ihre Wissenschaftler nur auf wenige Entwicklungen konzentrieren können. Dadurch fehlen Forschungskapazitäten für seltene Krankheit, die ein Return-on-Invest nicht sicher erwarten lassen.

Bei diesem zeitaufwändigen und kostspieligen der Arzneimittelforschung und -entwicklung kann die Künstliche Intelligenz einen bedeutenden Beitrag leisten. Durch die Analyse von umfangreichen biomedizinischen Datenbanken, wissenschaftlicher Literatur, klinischen Studien und Genomdaten kann KI bei der Vorhersage von Wirkstoff-Ziel-Interaktionen helfen. KI-Modelle können potenzielle Kandidaten für **Medikamententests** identifizieren und bei der Optimierung von Moleküldesigns unterstützen. Dies beschleunigt den Prozess der Identifizierung und Entwicklung neuer Medikamente und trägt zur personalisierten Medizin bei.

Darüber hinaus unterstützt KI auch bei der **Optimierung der Wirkstoffentwicklung und -gestaltung**. Durch simulationsbasierte Ansätze und maschinelles Lernen können KI-Systeme mögliche Auswirkungen von chemischen Modifikationen vorhersagen und die Entwicklung neuer Verbindungen beschleunigen. Dies trägt zur Effizienz der Medikamentenentwicklung bei und ermöglicht es den Forschern, schnellere Fortschritte zu erzielen.

Die **Durchführung von klinischen Studien und Tests** zur Validierung neuer Medikamente ist ein entscheidender Schritt in der Arzneimittelforschung. Hierfür können KI-Systeme große Mengen an Patientendaten analysieren und in Echtzeit überwachen. Dies ermöglicht eine genauere Bewertung der Wirksamkeit und Sicherheit von Medikamenten während klinischer Studien. Durch die kontinuierliche Überwachung von Daten können KI-Algorithmen potenzielle Nebenwirkungen oder unerwünschte Reaktionen frühzeitig erkennen und Forscher sowie medizinisches Fachpersonal benachrichtigen.

Ein weiterer Bereich, in dem KI einen Beitrag leistet, ist die **Identifizierung von Patientenpopulationen**, die am wahrscheinlichsten von einem bestimmten Medikament profitieren würden. Durch die Analyse von genetischen Informationen, Krankheitsmerkmalen und klinischen Daten kann KI personalisierte Ansätze zur Medikamentenbehandlung entwickeln. Dies ermöglicht eine gezieltere Verwendung von Medikamenten und kann zu besseren Behandlungsergebnissen führen.

Zusätzlich kann KI bei der **Analyse von Medikamenteninteraktionen** und der **Vorhersage von Arzneimittelwechselwirkungen** eine wertvolle Unterstützung bieten. Durch die Integration von umfangreichen Arzneimitteldaten können KI-Systeme potenzielle

Wechselwirkungen zwischen Medikamenten identifizieren und das Risiko von Nebenwirkungen minimieren. Die Nutzung von KI in der Medikamentenforschung und -entwicklung hat das Potenzial, Prozesse zu beschleunigen, die Effizienz zu steigern und letztendlich die Verfügbarkeit wirksamer Medikamente für Patienten zu verbessern.

Durch den Einsatz von (digitalen) **virtuellen Zwillingen** im Rahmen der **Life-Science-Industrie** lassen sich insgesamt auch die Wirkungen von neuen Medikamenten simulieren und dadurch besser verstehen. Ärztliche Eingriffe und deren Auswirkungen auf den gesamten Menschen können durch einen Digital Twin simuliert werden. Um einen solchen Zwilling von sich selbst zu erstellen, muss mit einer Spezialkamera ein Vollkörper-Foto erstellt werden. Dieses wird computergestützt in ein semitransparentes Modell umgewandelt. Verschiedene Krankheiten können anhand von Farben und Mustern dargestellt werden. Über einen 3D-Drucker lassen sich Organe dreidimensional ausdrucken. Die Repliken können mit Sensoren und weiterer Technik bestückt werden und können dann die Interaktionen im digitalen Zwilling widerspiegeln (vgl. [11]).

Das Unternehmen ***Atomwise*** setzt die Künstliche Intelligenz für die **Entwicklung von Arzneimitteln** ein. Hierfür hat das Unternehmen eine auf KI basierende **Discovery Engine** entwickelt, die die Leistungsfähigkeit von Convolutional Neural Networks mit umfangreichen chemischen Bibliotheken kombiniert, um neue niedermolekulare Arzneimittel zu entdecken. Zur Molekülerkennung setzt das Unternehmen auf eine Technologie, die der Bilderkennung entspricht. Die ***AtomNet*-Plattform** ist mit KI-Tools ausgestattet, um hierdurch eine leichte Skalierung und eine hohe Geschwindigkeit der Entwicklungsprozesse von Medikamenten zu erreichen. Hierdurch ist es *Atomwise* gelungen, mehr unbehandelbare Zielmoleküle zu erschließen als vergleichbare KI-Plattformen zur Entdeckung von Arzneimitteln. Diese Dicovery Engine wurde bereits bei über 600 einzigartigen Krankheitszielen in 775 Kooperationen mit mehr als 250 Partnern auf der ganzen Welt validiert (vgl. [1]).

Das Ziel von ***Insilico Medicine*** ist es, die Entdeckung und Entwicklung von Medikamenten zu beschleunigen. Hierfür wurde ein auf Künstliche Intelligenz gestütztes **End-to-End-Pharma-Technologieunternehmen** entworfen. Die proprietäre ***Pharma. AI-Platform*** hat das Potenzial, schnellere neuartige Medikamente zu entwickeln, gleichzeitig die Kosten zu senken und die Erfolgswahrscheinlichkeit neuer Therapiekonzepte zu erhöhen. Hierzu entwickelt die KI neuartige Moleküle. 2021 wurde das erste durch KI entdeckte antifibrotische Medikament erstmals beim Menschen eingesetzt (vgl. [17]).

5.1.6 Verbesserung der Gesundheitssysteme und medizinischen Verwaltung

KI kann auch zur Verbesserung der Effizienz und Qualität der Gesundheitssysteme beitragen. Durch die **Automatisierung von Routineaufgaben** wie Patientenverwaltung, Terminplanung und medizinische Kodierung kann KI das Personal entlasten und Zeit sparen. Zusätzlich können KI-Systeme auch bei der weiteren Bewältigung von **Verwaltungsauf-**

gaben im Gesundheitswesen unterstützen. **Chatbots** und **virtuelle Assistenten** können die Kommunikation zwischen den Leistungsträgern vereinfachen – und bei Bedarf schriftliche Dokumentationen darüber anfertigen. Auch Therapiepläne, Bestellungen von Medikamenten etc. können über KI-Systeme unterstützt werden. Vielleicht gelingt es durch eine Entlastung von Routineaufgaben im Gesundheitsbereich, dass sich Ärzte und Pflegepersonal wieder auf die Aufgaben konzentrieren können, bei denen sie (noch?) unverzichtbar sind – beim wertschätzenden und mitfühlenden Gespräch mit dem Patienten.

> ► **Food for Thought** Bei aller Euphorie über die Möglichkeiten, die KI-Anwendungen perspektivisch im Gesundheitswesen bieten, sollte die **Relevanz des Arzt-Patienten-Gesprächs** nicht vernachlässigt werden. Welche großen Erfolge wurden bereits durch die Verabreichung von **Placebo-Präparaten** erzielt, weil die mitfühlenden Worte des Arztes und/oder der schlichte Glaube an die Heilung den Erfolg brachte? Durch das Vordringen der Künstlichen Intelligenz wird reines Fachwissen an Bedeutung verlieren. Der „gute" Arzt von morgen zeichnet sich eher durch Empathie und ein hohes Maß an Kommunikationsfähigkeit aus.
>
> Gleichzeitig besteht die **Gefahr einer Überversorgung durch eine Überdiagnose und eine Übertherapie**, weil bei allen möglichen Symptomen, die man früher mit einer durchschlafenen Nacht erfolgreich „therapiert" hätte, jetzt der jederzeit mobil zugängliche KI-Doktor konsultiert wird – mit schockierenden Informationen darüber, was es alles sein könnte!

5.1.7 Bio-Hack und Selbstoptimierung

Stehen wir am **Beginn eines „transhumanen" Zeitalters**, in dem Hacking-Biologie und „erweiternde" Menschen an Popularität und Verfügbarkeit zunehmen? Die Bandbreite von **Do-it-yourself-Bio-Hacking** bzw. **Body-Hacking** reicht von der einfachen Diagnos tik bis hin zu neuronalen Implantaten und ist Gegenstand rechtlicher und gesellschaftlicher Fragen zu Ethik und Menschlichkeit. Hierbei handelt es sich um Entwicklungen von **Human Augmentation** bzw. **Human Enhancement**. Dieses KI-Einsatzfeld strebt die Erweiterung und Steigerung der menschlichen Leistungsfähigkeit an. Im Kern geht es – so befremdlich es sich auch anhören mag – um die „Optimierung des Menschen" durch künstliche Systeme. Dies kann bei kranken Menschen durch medizinische Eingriffe mit Wirkstoffen, Hilfsmitteln und Körperteilen erfolgen. Auch gesunde Menschen können durch entsprechende Anwendungen sowie die Integration und/oder Vernetzung mit Technologien „optimiert" werden. Hier ist das Themenfeld des **Transhumanismus** angesprochen – gleichsam die Weiterführung der menschlichen Entwicklung durch den Einsatz wissenschaftlicher und technischer Mittel. Einerseits basiert diese Forschung auf der Tradition des Humanismus. Andererseits versucht man, genau diesen Zustand des Natürlichen zu überwinden und das Künstliche voranzutreiben.

Unter **Bio-Hacking** bzw. **Body-Hacking** ist die Übertragung der Idee von IT-Hacks auf biologische Systeme und hier vor allem auf den menschlichen Körper (meist durch den Betroffenen selbst), aber auch auf die gesamte Biosphäre gemeint. Unter **IT-Hacking** wird das unbefugte Eindringen in einen Computer oder ein Netzwerk verstanden. Die jeweils handelnden Personen, die an solchen Hacking-Aktivitäten teilnehmen, werden als **Hacker** bezeichnet. Diese Hacker können System- oder Sicherheitsmerkmale ändern, um ein Ziel zu erreichen, das vom ursprünglichen Zweck des Systems abweicht. Entsprechend strebt das **Bio-Hacking** Körperveränderungen an. Hierbei experimentieren Menschen mit Implantaten und anderen Methoden, die in die körperlichen Prozesse eines Menschen eingreifen. Einen Einstieg hierzu können sogenannte selbst-medizinische Hacks darstellen, bspw. eigenständig durchgeführte DNA-Tests. Basierend auf einer Vielzahl von Daten können unterschiedlich weitreichende **Formen der körperlichen Selbstoptimierung** vorgenommen werden.

> **Merk-Box** Beim **Bio-Hacking** machen sich Individuen und Organisationen die Errungenschaften der Biologie und Umweltwissenschaften zu eigenen Zwecken zunutze. **Bio-Hacker** versuchen, sich selbst zu optimieren und hierdurch ein besseres „Ich" – gleichsam ein **„Ich 2.0"** – zu erreichen.
>
> Ein **Bio-Hacking** kann auch von Dritten durchgeführt werden. Hierdurch wird das Bio-Hacking dem IT-Hacking immer ähnlicher. So ist es britischen Wissenschaftlern gelungen, aus den Gehirnströmen Geheimzahlen (bspw. für eine Kreditkarte) zu extrahieren und offenzulegen. Hier besteht folglich das Risiko, dass aus den Gehirnströmen extrahierte Daten aus dem klinischen in den kommerziellen Bereich wandern und dort missbraucht werden.

Es können drei große **Einsatzfelder des Bio-Hackings** unterschieden werden.

- **Bio-Hacking von Körper und Geist durch Ernährung und Verhalten**
  Die Selbstoptimierung im Bereich des eigenen Körpers und Geistes durch Veränderung von Ernährung und Verhalten stellt den bekanntesten Aspekt des Bio-Hackings dar. Hierzu muss man den Organismus auf biochemischer Ebene verstehen und die zugrunde liegenden Prozesse analysieren. Dieser Bereich weist eine starke Verbindung zum **Quantified Self** auf. Hierzu werden Schlaf- und Fitnesstracker und spezielle Gesundheits-Apps eingesetzt.

  Das Unternehmen **Nuralogix** [23] ermöglicht es dem Nutzer mit der *Anura*-App – durch eine **affektive KI-Technologie** – Gesundheitsindikatoren mit dem eigenen Smartphone zu ermitteln. Die Anwendung ***Anura*** kann folgende Werte bestimmen:
  - Herzfrequenz
  - Unregelmäßige Herzschläge
  - Atemfrequenz
  - Blutdruck
  - Variabilität der Herzfrequenz

  - Stresslevel
  - Risiken für Herz-Kreislauf-Erkrankungen

  Um diese Werke über eine App zu ermitteln, nutzt *Anura* eine **transdermale optische Erfassung.** Hierbei wird der Blutfluss im Gesicht beobachtet. Die Auswertung der so gewonnenen Daten erfolgt KI-gestützt.

  Auch **Nahrungsergänzungsmittel** sowie spezielle **Medikamente** werden zur Optimierung des eigenen Organismus konsumiert. Zur Steigerung der Konzentration und zur besseren Stressbewältigung werden Nootropika oder Adaptogene verwendet. Ein besonders kurioses Beispiel für die Selbstoptimierung stellt die **Verabreichung von Augentropfen** dar, um dem Menschen zur **Nachtsichtigkeit** zu verhelfen. Hierzu wurde den Testpersonen eine Substanz mit dem Namen *Chlorin e6* (*Ce6*) verabreicht. Anschließende Tests zeigten tatsächlich, dass die so behandelten Menschen in der Dunkelheit Objekte deutlich besser wahrnehmen konnten als Vergleichspersonen. Im Alltag müssen die Probanden aufgrund der erhöhten Lichtwahrnehmung ihre Augen allerdings mit schwarzen Kontaktlinsen schützen (vgl. [26]). Nachahmung nicht empfohlen!

- **Bio-Hacking der eigenen DNA**

  DNA-Hacker widmen sich der Untersuchung der eigenen genetischen Informationen mit dem Ziel, nach Mutationen in ihrem Erbgut zu suchen. Sie beschäftigen sich intensiv mit dem Thema Epigenetik und nutzen DNA-Tests, um ihre Abstammung zu entschlüsseln. Dabei machen sie sich die neuesten wissenschaftlichen Erkenntnisse zunutze. Ein wichtiges Konzept hierfür ist die **CRISPR-Technologie** (Clustered Regularly Interspaced Short Palindromic Repeats). Diese ermöglicht das Verändern und Editieren von Genen. Hierbei wird ein Abwehrsystem von Bakterien gegen Viren als vielseitiges Werkzeug für das gezielte Verändern von Genen eingesetzt.

▶ **Food for Thought** Wollen wir tatsächlich eine umfassende **Transparenz** über jedes einzelne Individuum (inklusive des eigenen Genoms) – auch von uns selbst – erreichen, um „optimal" leben zu können? Soll eine solche Analyse ggf. schon pränatal vorgenommen werden – mit verschiedenen Entscheidungsalternativen?

Oder wollen wir dem Leben etwas von seiner **Ungewissheit**, seiner **Unvorhersehbarkeit**, seiner **Unabwägbarkeit** und seinen **Überraschungen** – guten wie schlechten – erhalten? Weil dieses Spannungsfeld das Leben vielleicht erst lebenswert macht – da wir nicht alles wissen und wissen können. Können wir überhaupt noch ein wirkliches Leben führen, wenn wir schon frühzeitig wissen, was unseren Tod wann und wodurch verursachen wird? Würden wir vor lauter Vorsichtsmaßnahmen blind für die positiven Dinge des Lebens, nur weil wir eine 94-prozentige Wahrscheinlichkeit aufweisen, mit 62 Jahren an Nierenversagen zu sterben?

Es wird deutlich: Sowohl eine **Überinformation** wie auch eine **Unterinformation** wird negative Auswirkungen haben. Deshalb sind diese Fragen früh aufzuwerfen und zu beantworten.

> **Belletristischer Lesetipp** Wenn Sie in einem gut geschriebenen, fiktionalen Roman erkennen möchten, welche Entwicklungen hier absehbar sind, empfiehlt sich das Buch von *Marc Elsberg „Helix"*.

- **Bio-Hacking von Körper und Geist durch den Einsatz von Technik**
  Hierfür verwenden Bio-Hacker moderne Geräte und Implantate, um ihre Umgebung besser zu kontrollieren, ihren Organismus zu optimieren und ihr Leben zu erleichtern. Bio-Hacker lassen sich auch Implantate und RFID-Chips einsetzen, um Informationen zu speichern. Zusätzlich finden Neurofeedback-Geräte sowie Geräte zur Stimulierung der Gehirnaktivität Verwendung.

  Zu dieser Form des Bio-Hackings zählt auch die Entwicklung von Exoskeletten (auch Außenskelette). „Exo" steht für „außen" und „Skeletos" für einen „ausgetrockneten Körper". Als Exoskelett wird die äußere Stützstruktur für einen Organismus bezeichnet. Hierbei handelt es sich um am Körper zu tragende KI-gesteuerte Roboter, die Bewegungen des Trägers unterstützen oder verstärken können. In diesen von außen getragenen Hilfsskeletten kommen verschiedenartige Motoren zum Einsatz.

  Exoskelette werden in der Medizin genutzt, um Querschnittsgelähmten oder Menschen mit Bewegungseinschränkungen nach einem Schlaganfall das Laufen zu ermöglichen. Beim Walk-Again-Projekt geht es um die Entwicklung eines Exoskelett-Roboters, der über eine Gehirn-Maschine-Schnittstelle verfügt. Diese ermöglicht es querschnittsgelähmten Patienten, ein taktiles sensorisches Feedback zu erhalten. Bereits im Jahr 2014 konnte der Anstoß zur Fußballweltmeisterschaft dank dieses Exoskelett-Roboters durch einen querschnittsgelähmten Menschen erfolgen (vgl. [14]). An diesem Beispiel wird deutlich, wie Neurowissenschaften, KI und Robotik zusammenarbeiten können, um die Lebensqualität von Menschen zu verbessern.

  Zusätzlich werden Exoskelette auch in der Produktion, bei der Instandhaltung sowie im Logistikbereich eingesetzt, um Überkopfarbeiten oder das Heben von schweren Objekten zu erleichtern. Diese Systeme werden bereits heute von Unternehmen wie Airbus, Toyota und Volkswagen eingesetzt. Entsprechende Lösungen werden u. a. von den deutschen Herstellern German Bionic und Ottobock angeboten. In diesem Markt geht man von einer langfristig steigenden Nachfrage aus. Schließlich ermöglichen es solche Exoskelette, dass Menschen länger und gesundheitsschonender arbeiten können. Perspektivisch sollen diese Exoskelette über Gedanken gesteuert werden. Dazu werden auf der Großhirnrinde liegende Implantate oder Empfänger für Hirnsignale eingesetzt.

  Eine interessante Ausprägung erfährt das Bio-Hacking in Form des Cyborgs – einer Verschmelzung eines Menschen (oder auch eines Tiers) mit einer Maschine. Dieser Begriff ist abgeleitet von **Cyb**ernetic **Org**anism (vgl. [5]). Injizierte Chips ersetzen bei den so „optimierten" Menschen bereits Ausweispapiere, Bordkarte und Schlüssel, wenn die Interaktionspartner eine entsprechende Funkschnittstelle installiert haben.

Auch die Eingangskontrolle im Büro sowie die Computer-Anmeldung können über einen injizierten Chip beschleunigt werden. In Verbindung mit Daten von Fitness-Trackern, Blutzuckerwerten und weiteren biometrischen Daten können Herzinfarktwarnungen ermittelt und Push-Nachrichten versandt werden, wenn bei einer langen Autofahrt oder bei einer anspruchsvollen Arbeit wieder eine Pause einzulegen ist.

Zukunftsforscher gehen davon aus, dass injizierte Chips den Alltag – vor allem von hochaktiven Managern – ähnlich revolutionieren können wie bisher das Smartphone. Entsprechende Chips werden bspw. von **VivoKey** [25] angeboten. Nachteilig ist, dass sich noch kein dominantes Chip-System herausgestellt hat, sodass die **Cyborg-Pioniere** manchmal zwei, drei oder mehr injizierte Chips haben, um die heute schon bestehenden Möglichkeiten zu nutzen. Hier ist m.E. die menschliche Intelligenz gefordert, um zu prüfen, wie weit man die technologischen Möglichkeiten tatsächlich auch nutzen sollte.

▶ **Merk-Box** Kleiner **Denkanstoß für alle Cyborg-Fans**: Bei der Durchführung einer MRT-Untersuchung können durch das eingesetzte starke Magnetfeld alle Daten des Chips gelöscht werden. Sie sollten folglich über ein Recovery-Set verfügen und über einen Implantat-Ausweis, der die Unbedenklichkeit für eine solche Untersuchung bescheinigt. Soweit der Chip nicht aus Edelmetall gebaut ist, wird sich dieser außerdem mehr oder weniger stark erhitzen …

▶ **Belletristischer Lesetipp** Wohin solche **Versuche der Selbstoptimierung** führen können, ist in einem weiteren sehr guten fiktionalen Roman von *Marc Elsberg „Zero – Sie wissen, was du tust"* zu lesen.

Im Bereich von Bio-Hacking und Selbstoptimierung werden uns in Zukunft noch viele faszinierende und schockierende Entwicklungen begegnen.

Think-Box: Fragen, die Sie sich stellen sollten!

- Wie kann Künstliche Intelligenz dazu beitragen, unsere **Patientenversorgung und -sicherheit** zu verbessern?
- Wie können wir KI nutzen, um unsere **diagnostischen und therapeutischen Entscheidungen** zu unterstützen und die Genauigkeit zu erhöhen?
- Wie können wir das Potenzial von KI zur **Vorhersage und Prävention von Krankheiten** nutzen?
- Welche Art von **Schulungen oder Bildungsprogrammen** benötigt unser Personal, um KI-Technologien effektiv zu nutzen und zu verstehen?
- Wie könnten **KI-gestützte Telemedizin-Dienstleistungen** unser Dienstleistungsangebot erweitern und die Zugänglichkeit der Patientenversorgung verbessern?
- Welche Auswirkungen könnte die Einführung von KI auf die **Arbeitsbelastung** und **Arbeitszufriedenheit unserer Mitarbeiter** haben?

- Wie können wir KI integrieren, um **administrative Prozesse zu automatisieren** und die **Effizienz unserer Dienstleistungen** zu steigern?
- Anhand welcher **Metriken** können wir den Erfolg der Einführung von KI in unserem Unternehmen messen und bewerten?
- Welche Maßnahmen sollten wir ergreifen, um die **Datensicherheit** und den **Datenschutz** zu gewährleisten, wenn wir KI in unser System einbinden?
- Welche **ethischen Überlegungen** sollten wir in Betracht ziehen, wenn wir KI in unsere Praxis integrieren?

Zusammenfassung

- Im Gesundheitswesen bieten sich **vielfältige KI-Einsatzfelder**.
- Der **umfassenden Auswertung von Gesundheitsdaten** kommt eine besondere Bedeutung zu.
- Die Auswertungen können auf anonymen Datensätzen aufbauen, um bspw. die **Diagnosequalität zu steigern**.
- Für eine **personenbezogene Diagnose und Therapie** ist eine **Vernetzung der personenbezogenen Gesundheitsdaten** unverzichtbar.
- Hier ergeben sich wichtige **datenschutzrechtliche Handlungsfelder**.
- KI-Systeme können auch bei **Operationen** unterstützen.
- Der Einsatz der Künstlichen Intelligenz kann zu einer **Entlastung von Routineaufgaben im Gesundheitswesen** führen – damit Ärzte und Pflegepersonal mehr Zeit mit den Patienten verbringen können.

5.2 Sicherheitssektor – Social Scoring

5.2.1 KI-Einsatz im Sicherheitssektor – Gesichts- und Objekterkennung

Die Einbindung von KI in die Sicherheitsdienste ermöglicht es auch hier, eine enorme Menge an Daten zu verarbeiten und zu analysieren, um die **Effizienz von Sicherheitsmaßnahmen** zu verbessern. Ob es darum geht, **Cyber-Bedrohungen** zu erkennen, **physische Sicherheitsmaßnahmen** zu verbessern oder **Geheimdienstinformationen** zu sammeln und zu analysieren – KI hat eine entscheidende Rolle in der Sicherheitsbranche eingenommen.

Ein Hauptanwendungsbereich für KI im Sicherheitssektor ist die **Cyber-Sicherheit**. KI wird hier bspw. dafür eingesetzt, um Anomalien in Netzwerkdaten zu erkennen und potenzielle Bedrohungen in Echtzeit zu identifizieren. Hierdurch werden schnellere und genauere Reaktionen auf Cyber-Angriffe möglich. Unterschiedliche Formen von Schadsoftware können frühzeitig erkannt werden, um Schäden zu vermeiden.

Hierfür hat ***Deep Instinct*** ein spezielles **Deep-Learning-Framework für Cyber-Sicherheit** entwickelt. Bei diesem Framework setzt *Deep Instinct* auf Prävention, um Ransomware und andere Malware zu stoppen, bevor Schäden auftreten. Aber nicht nur der Schutz gegen bestehende Cyber-Security-Bedrohungen ist wichtig. Es gilt auch, neue, bisher unbekannte Bedrohungen frühzeitig zu erkennen. Um dieses Ziel zu erreichen, wird eine Vielzahl von „verdächtigen" Dateien gesammelt und verschiedenen Tests zugeführt. Hier soll ermittelt werden, ob diese als „bösartig" oder als „gutartig" zu klassifizieren sind. Diese Daten werden anschließend in die KI-Engine eingespeist, um Vorhersagen über künftige Fälle zu treffen. Schließlich gilt es, unbekannte und Zero-Day-Malware zu entdecken, bevor sie in IT-Umgebung eindringt (vgl. [13]).

KI wird in der **Überwachungstechnologie** eingesetzt, um die Erkennung von Bedrohungen im öffentlichen Räumen zu verbessern. **Technologien zur Gesichts- und Objekterkennung** ermöglichen es, verdächtige Aktivitäten oder Personen schnell zu identifizieren. Diese Technologien können Gesichter auf vorliegenden Bildern, Videos oder in Realtime identifizieren und verifizieren. Hierdurch sollen die Sicherheit und der Schutz von Personen und Eigentum in verschiedenen Umgebungen erhöht werden – von öffentlichen Plätzen bis hin zu Hochsicherheitseinrichtungen. Kriminelle Aktivitäten sollen erkannt, verfolgt und im Idealfall sogar verhindert werden. Trotz ihrer vielversprechenden Anwendungen ergeben sich jedoch vielfältige ethische und rechtliche Bedenken, vor allem in Bezug auf Datenschutz und Privatsphäre. Außerdem ist gerade bei Systemen der Gesichtserkennung ein hohes Missbrauchsrisiko gegeben.

Deshalb wird die **Gesichtserkennung** inzwischen in vielen Bereichen sehr kritisch gesehen. Ein Grund hierfür ist, dass die Gesichtserkennung in einigen Ländern zur Überwachung der eigenen Bevölkerung oder von politischen Gegnern eingesetzt wird. Ein weiterer Grund ist darin zu sehen, dass die Gesichtserkennung häufig noch fragwürdige Ergebnisse liefert und hierbei oft zulasten ethnischer Minderheiten geht. Vor diesem Hintergrund verzichtet *Facebook* ab 2021 auf den Einsatz der Gesichtserkennung. Auch andere Unternehmen, wie bspw. *Amazon, IBM* und *Microsoft,* haben ihre Aktivitäten mit Gesichtserkennungssystemen zurückgefahren.

Ein Unternehmen, dessen Aktivitäten besonders kritisch analysiert wurden und werden, ist ***Clearview AI***. Es hat sich selbst die Aufgabe gestellt, die weltweit umfassendste **Lösung für die Bildsuche** bereitzustellen. Hierzu hat das US-Unternehmen eine Datenbank mit mehr als 30 Mrd. Fotos von Gesichtern aufgebaut. Diese Fotos wurden aus öffentlichen Online-Quellen gewonnen. Dazu zählen Nachrichtenmedien, Fahndungs-Websites, soziale Medien (u. a. *Facebook, YouTube*) und andere öffentlich zugängliche Quellen. Algorithmen wandeln alle Bilder in mathematische Formeln oder Vektoren um. Diese basieren auf der Gesichtsgeometrie, bspw. darauf, wie weit die Augen einer Person auseinander liegen oder wie groß der Abstand zwischen Nase und Mund ist. Basierend auf diesen Daten erstellt *Clearview* eine umfangreiche **Biometrie-Datenbank**, die alle Fotos mit ähnlichen Vektoren gruppiert. Gibt es bei zwei Fotos eine hinreichend große Übereinstimmung dieser Werte, so handelt es sich wahrscheinlich um die gleiche Person (vgl. [10]).

Durch den Einsatz dieser **webbasierten Intelligence-Plattform zur Gesichtserkennung** können Straftäter, von denen lediglich Fotos vorliegen, ausfindig gemacht werden. Diese Fotos können aus Überwachungskameras stammen und noch nicht identifizierte Verdächtige zeigen. Wenn ein Benutzer ein Foto eines Gesichts in das *Clearview*-System hochlädt, wandelt das System dieses Gesicht in einen Vektor um. Anschließend werden alle Fotos angezeigt, die in der Nachbarschaft dieses Vektors gespeichert sind. Zusätzlich werden die Links zu den Websites genannt, von denen diese Bilder stammen. Strafverfolgungsbehörden und nationale Organisationen werden durch diese Dienstleistung bei der Identifizierung von Opfern und Tätern bei Ladendiebstahl, Identitätsdiebstahl, Kreditkartenbetrug, Mord und sexueller Ausbeutung von Kindern unterstützt. Bereits mehr als 2000 Strafverfolgungsbehörden haben *Clearview AI* in den USA schon eingesetzt – und andere in aller Welt. *Clearview* hat die App auch für weitere Unternehmen der Sicherheitsbranche lizenziert (vgl. [10]).

Der von *Clearview* eingesetzte Computercode verwendet eine Programmiersprache, die mit **Augmented-Reality-Brillen** kompatibel ist. Nutzer solcher Brillen wären folglich in der Lage, jede Person zu identifizieren, die ihnen begegnet – wo auch immer! Hierdurch könnten Aktivisten bei Demonstrationen, Konkurrenten in unvorteilhaften Situationen oder attraktive Fremde im Bus identifiziert werden. Dann würde den Nutzern der AR-Brillen nicht nur deren Namen, sondern auch deren Wohnort, Tätigkeiten und deren Bekannten offengelegt werden (vgl. [16]). Diesen Zugriff könnten theoretisch nicht nur Strafverfolgungsbehörden haben, sondern alle, die Zugriff auf die *Clearview*-App haben …

Wie lautet die **Mission von *Clearview*** so unschuldig [10]?

> „Clearview AI's mission is to deliver the most comprehensive image-search solutions in the world. We support law enforcement and national organizations in their mission to identify victims and perpetrators in order to safeguard their communities and secure industry and commerce."

Die Frage, wer hierbei Opfer und wer Täter ist, bleibt den jeweiligen Machthabern bei der Nutzung dieses Systems selbst überlassen. Deshalb stellen sich bei *Clearview* einige Fragen:

- Ist es einem Privatunternehmen erlaubt, die online verfügbaren Fotos „einzusammeln" und damit die größte Datenbank mit Gesichtsfotos aufzubauen? Sicher nicht – aber genau hierdurch erzielt *Clearview* seine Einzigartigkeit! *Facebook* und andere Social-Media-Websites verbieten es explizit, die dort gezeigten Bilder in dieser Form zu verwenden. Hier spricht man von „Scraping", was für „Zusammenkratzen" steht und verboten ist.
- Nach Unternehmensangaben findet *Clearview* bei bis zu 75 % der Suchanfragen Übereinstimmungen. Darf es weiterhin unklar bleiben, wie oft „falsche Übereinstimmungen" geliefert werden, weil keine unabhängige Partei das System bisher getestet hat?

Schließlich gilt: Je umfangreicher eine Datenbank ist, desto mehr potenzielle Doppelgänger lassen sich finden. Und mit einer steigenden Zahl von Doppelgängern steigt zwangsläufig auch die Anzahl der falschen Übereinstimmungen!

- Ist es opportun, dass gerade auch Strafverfolgungsbehörden eine Software einsetzen, die bisher nicht von unabhängigen Experten überprüft wurde?
- Was passiert, wenn diese Technologie in die Hände von Staaten gelangt, die nicht für Demokratie und Freiheit stehen? Oder in die Hände von Organisationen, die die Demokratie generell oder bestimmte Unternehmen bzw. deren Lenkern schaden möchten?
- Wollen wir eine solche Massenüberwachung in den Händen eines Privatunternehmens zulassen?

Clearview wurde bereits von Behören wegen seines illegale Fotosammelns zu Millionen-Strafen verurteilt.

► **Food for Thought** Es erscheint fraglich, ob wir tatsächlich noch die **Vorteile der Technologie zur Gesichtserkennung** nutzen und gleichzeitig dem **Missbrauch einer umfassenden Überwachung und Manipulation** entgehen können.

Ein Weg hierzu wäre ein umfassendes Verbot.

Aber welche Länder und welche Organisationen würden sich an ein solches Verbot halten? Und wer könnte es – strafbewährt – überwachen und durchsetzen?

Auch andere Unternehmen befassen sich mit verschiedenen **Formen der Bilderkennung**. Zum einen stehen große **Datensätze mit Fotos für Trainingszwecke** von KI-Systemen zum Download bereit. Zum anderen gibt es viele weitere Unternehmen, die sich mit verschiedenen Schwerpunkten in diesem Umfeld engagieren. Hierzu gehören u. a. die folgenden Unternehmen:

- *aws.amazon.com/de/rekognition:* Fokus „Bilderkennung und Videoanalyse“
- *berify.com*: Fokus „Umgekehrte Bildsuche zum Auffinden gestohlener Bilder und Videos“
- *images.google.com:* Fokus „Bildersuche in *Google*“
- *pimeyes.com:* Fokus „Gesichts-Suchmaschine und umgekehrte Bildsuche“
- *tineye.com*: Fokus „Umgekehrte Bildsuche“
- *yandex.com/images*: Fokus „Identifikation von Objekten“

Um einen Missbrauch eigener Fotos zu vermeiden, können zumindest die von uns selbst online hochgeladenen Bilder für KI unlesbar gemacht werden. Eine solche Lösung bietet die Software von *lowkey.umiacs.umd.edu*. ***LowKey*** hat einen Störungsfilter für Bilder entwickelt, um deren Verwendung bei der Gesichtserkennung zu behindern. Das von *LowKey* veröffentlichte Webtool verschlechtert bspw. die Genauigkeit von *Amazon Rekognition* und von *Microsoft Azure Face Recognition* deutlich (vgl. [21]). Allerdings gilt: Diese auf die Erschwerung der Gesichtserkennung ausgerichtete Software funktioniert nur bei Fotos, die wir selbst hochladen.

Auch in einem weiteren Bereich wird beim Thema Sicherheit auf Künstliche Intelligenz gesetzt. Hierbei handelt es sich um das **Predictive Policing** bzw. **Predictive Analytics für die Polizeiarbeit**. Durch den Einsatz von Algorithmen im Rahmen von Expertensystemen soll vorhergesagt werden, wann sich welche Art von Verbrechen wo mit großer Wahrscheinlichkeit ereignen wird (vgl. Abb. 5.1).

Im Zuge des Predictive Policings werden Daten vergangener **Straftaten** ausgewertet, weil Verbrecher bei ihren Taten häufig **berechenbaren Mustern** folgen (vgl. [8]). Diese beziehen sich auf den Tatort und den Tatzeitpunkt, die Art des Verbrechens sowie auf die genutzten Wege zum Tatort. Dem Predictive Policing liegt zum einen die Beobachtung von Gewohnheitstätern zugrunde. Zum anderen kann häufig festgestellt werden, dass ähnliche Taten zu ähnlichen Zeitpunkten an ähnlichen Tatorten begangen werden. Deshalb wird hier auch von der sogenannten **Near-Repeat-Theorie** gesprochen: Damit ist gemeint, dass Einbrecher nach kurzer Zeit häufig in das schon vorher heimgesuchte Gebiet zurückkehren und erneut zuschlagen. Deshalb besteht für Objekte in der Nähe des ersten Tatortes ebenfalls ein erhöhtes Risiko. Dieses Risiko nimmt allerdings mit der Zeit ab und fällt tendenziell auch geringer aus, je weiter sich das Objekt vom ersten Tatort befindet.

Zusätzlich wird bei der Polizei häufig vom **Rational-Choice-Ansatz** ausgegangen. Demnach beruht die Bereitschaft einer Person zu einer Handlung – hier einer Straftat – auf der Abwägung zwischen dem erwarteten Nutzen („Beute") sowie den möglichen Kosten („Entdeckungsrisiko" und „Strafe") einer Tat. Es wird davon ausgegangen, dass

Abb. 5.1 Funktionsweise des Predictive Policings

sich ein potenzieller Verbrecher vor der Tat im Zuge einer **Kosten-Nutzen-Kalkulation** folgende Fragen stellt:

- Wie viel Polizei ist in einem bestimmten Gebiet zu einem bestimmten Zeitpunkt unterwegs?
- Mit wie viel Widerstand müsste ich rechnen?
- Wie hoch ist mein Risiko, dort erwischt zu werden?
- Wie hoch könnte meine Beute ausfallen?

Orientiert an diesen Antworten können zu den Zeitpunkten mit einer hohen prognostizierten Tatwahrscheinlichkeit an den identifizierten Orten verstärkt Polizeikräfte unterwegs sein. Diese können entweder abschreckend wirken oder Täter auf frischer Tat fassen. Es wird abzuwarten sein, in welchem Umfang sich solche Konzepte auf die Verbrechensraten auswirken werden. Viele Städte – auch in Deutschland – experimentieren bereits mit dieser Lösung.

Eine zusätzliche Unterstützung kann die Polizei durch den von **Boston Dynamics** [7] entwickelten **Roboter auf vier Beinen** namens ***Spot*** erhalten. Der **Roboterhund** hat sich außer bei der Polizei auch schon bei Feuerwehreinsätzen in Brandruinen und sogar in der Landwirtschaft bewährt. Der Roboterhund kann sich mit bis zu 5,57 Stundenkilometer bewegen, Türen öffnen und Treppen steigen. Ausgestattet mit einem intelligenten Greifarm, einer 3D-Hinderniserkennung und mehreren Kameras, ist Spot in der Lage, an Orten eingesetzt zu werden, die entweder zu gefährlich oder für den Menschen unzugänglich sind. Außerdem verwischt ein solcher Roboterhund auch weniger Spuren an Tatorten als herkömmliche Geräte auf Rädern oder Ketten. Zudem hat Spot die Fähigkeit, Innentüren zu öffnen, die möglicherweise mit Sprengfallen versehen sind. Außerdem kann Spot auch Gelände vermessen und Bauwerke von innen scannen, um mögliche Schäden zu erkennen. Der Roboterhund wurde außer in Baden-Württemberg auch schon in Nordrhein-Westfalen und in Hamburg eingesetzt.

5.2.2 Social-Credit-System in China

Das **Social-Credit-System** in China ist eine Initiative der chinesischen Regierung, um das finanzielle, soziale, moralische und politische Verhalten der chinesischen Bürger sowie auch der Unternehmen des Landes durch ein System von Strafen und Belohnungen zu überwachen, zu bewerten und zu regulieren. Die Grundlage hierfür ist die „Planning Outline for the Construction of a Social Credit System (2014–2020)", welche bereits im Juni 2014 vom Staatsrat der Volksrepublik China beschlossen wurde und seither immer umfassender implementiert wird. Das erklärte Ziel ist es, den vertrauenswürdigen Personen Vorteile zu verschaffen und unzuverlässige Personen zu disziplinieren. In Summe soll ein – aus Sicht der Herrschenden definiertes – **sozialverträgliches Verhalten in der ganzen chinesischen Gesellschaft** erreicht werden (vgl. [9]).

Dieses System basiert auf einer **integrierten Nutzung verschiedener KI-Lösungen**. Big-Data-Analysetechniken werten eine Vielzahl von Datenpunkten aus unterschiedlichen Quellen aus. Hierzu zählen nicht nur Datenspuren aus dem Internet und den sozialen Medien (vor allem *WeChat*), sondern auch die Daten aus der umfassenden Überwachung der im öffentlichen Raum installierten Kameras. Die dort gewonnenen Inhalte können durch Gesichtserkennung einzelnen Individuen eindeutig zugeordnet werden.

Das **Regelwerk** und die **Punktevergabe des Social-Credit-Systems** in China sind nicht vollständig transparent und können sich von Region zu Region unterscheiden. Dennoch sind verschiedene Verhaltensmuster bekannt, die sich auf das Punktekonto auswirken. Die Entscheidungen darüber, für welches Verhalten es Plus- und Minuspunkte gibt, fällt eine kleine Gruppe – mit mittelbaren und unmittelbaren Auswirkungen auf eine Bevölkerung mit 1,4 Mrd. Menschen. Man fragt sich, mit welchem **Wertegerüst** die Algorithmen der KI-Anwendungen arbeiten. In Summe kommt es durch das System zu einem staatlich verordneten **Konformitätszwang**, der einer in den (meisten) westlichen Demokratien propagierten Diversität zuwiderläuft. Damit gewinnt ein altes chinesisches Sprichwort neue Relevanz:

Der Nagel, der heraussteht, wird eingeschlagen.

Heute hängt jeder einzelne Chinese am **Gängelband des Staates** und wird nur „belohnt", wenn er dessen jeweilige Normen befolgt – wie sinnvoll diese in den Augen des Einzelnen auch immer sein mögen. Man möchte sich gar nicht vorstellen, wenn ein solches umfassendes Screening-System der eigenen Bevölkerung einmal gehackt würde. Und man mag sich auch nicht ausmalen, welche Manipulationsmöglichkeiten dieses System den jeweils Herrschenden heute schon bietet.

Wie erfolgen die Belohnung und Bestrafung der eigenen Bevölkerung genau (vgl. [6])? Mit einer **Social-Credit-Gutschrift** werden folgende **Verhaltensmuster** belohnt:

- Freiwilliges Engagement in der Gemeinde
- Hilfe für die Armen
- Regelmäßige und pünktliche Bezahlung von Rechnungen und Steuern
- Blutspenden
- Betreuung älterer Familienmitglieder
- Beteiligung an Wohltätigkeitsveranstaltungen
- Lob für die Regierung in sozialen Medien
- Studium der Schriften von *Xi Jinping*
- …

Zu **Social-Credit-Abzügen** führen folgende Verhaltensmuster:

- Verstöße gegen Verkehrsregeln, bspw. das unerlaubte Überqueren der Straße bei roter Ampel oder Trunkenheit am Steuer
- Nichtrückzahlen von Krediten
- Verbreitung von Gerüchten im Internet

- „Unaufrichtige“ Entschuldigungen für begangene Verbrechen
- Teilnahme an einer als Sekte eingestuften Organisation
- Veröffentlichung von regierungsfeindlichen Botschaften in den sozialen Medien
- Keine regelmäßigen Besuche bei den alten Eltern
- „Illegaler“ Protest gegen die Behörden
- ...

Ein **niedriger Social-Credit-Wert** kann dazu führen, dass Personen auf eine **schwarze Liste** gesetzt werden. Diesen Personen ist dann der Zugang zu bestimmten Leistungen verwehrt, bspw.:

- Verweigerung eines Zugangs zu bestimmten Schulen für die Kinder der betroffenen Person
- Kein Zugang zu Lizenzen, Genehmigungen und einigen sozialen Diensten
- Ausschluss bei der Buchung von Flügen oder von Tickets für Hochgeschwindigkeitszüge
- Weniger Zugang zu Krediten
- Eingeschränkter Zugang zu öffentlichen Diensten (bspw. der Ausstellung eines Reisepasses)
- Öffentliche Beschämung: Veröffentlichung der Namen, Fotos und Ausweisnummern von Bürgern, die auf der schwarzen Liste stehen, entweder online oder auf Fernsehbildschirmen an öffentlichen Plätzen
- Behördlich angeordnete Wähltöne, die darauf hinweisen, dass man einen „unehrlichen Schuldner“ anruft

Im Gegenzug können Personen mit einem **hohen Social-Credit-Wert** privilegierten Zugang zu bestimmten Leistungen erhalten. Dazu zählen bspw.:

- Vorrang bei der Aufnahme in stark nachgefragte Schulen und bei der Beschäftigung in präferierten Unternehmen
- Schnellere Beförderung am Arbeitsplatz
- Kürzere Wartezeiten in Krankenhäusern
- Kostenloser Besuch von Fitnesseinrichtungen
- Vergünstigungen bei öffentlichen Verkehrsmitteln
- Kautionsfreie Fahrrad- und Autovermietung
- Leichterer Zugang zu Bankkrediten und Verbraucherkrediten
- Steuererleichterungen

Food for Thought Man könnte zynisch anmerken: Das Social-Credit-System in China ist **Gamification auf höchster Ebene**. Allerdings handelt es sich hier nicht um ein Spiel, sondern es ist bitterer Ernst!

Das propagierte **Ziel des Social-Credit-Systems** sei es, Vertrauen in der Gesellschaft zu fördern. Tatsächlich dient es primär der **Überwachung der eigenen Bevölkerung**, um mögliche Proteste schon früh zu erkennen, zu sanktionieren oder ganz zu unterdrücken. Hierfür geht jegliches Recht auf Privatsphäre verloren. Kritisiert werden auch die Transparenz des Systems und unzureichende Möglichkeiten, gegen ungerechte Bewertungen Einspruch zu erheben.

Das gilt auch für das **Corporate-Social-Credit-System**, das auf in China tätige Unternehmen abzielt. Durch dieses Konzept entwickelt sich der chinesische Staatskapitalismus zum **Überwachungsstaatskapitalismus**. Hierbei geht es um ein datengesteuertes **Projekt zur Bewertung der Vertrauenswürdigkeit von Unternehmen**. In der Studie von Lin und Milhaupt [20] wurde Folgendes festgestellt. Vordergründig soll das Corporate-Social-Credit-System die Einhaltung von Gesetzen überprüfen. Allerdings zeigte sich, dass Unternehmen mit „politischen Verbindungen" eine höhere Punktzahl erhielten. Dieses Resultat ist auf eine Kategorie „soziale Verantwortung" im Bewertungssystem zurückzuführen. Unternehmen, die Auszeichnungen der Regierung erhielten oder Beiträge zu von der Kommunistischen Partei Chinas sanktionierten Zwecken leisteten, wurden besser bewertet. Damit wird das **Corporate-Social-Credit-System** zu einem Werkzeug, das die Loyalität der Unternehmen gegenüber der Politik des Parteistaates stärken soll.

▶ **Food for Thought** Die **langfristigen Auswirkungen des Social-Credit-Systems** auf die Menschen und Unternehmen in China sind noch unklar. Die Punktvergabe für verschiedene Aktivitäten könnte dazu führen, dass sich das Verhalten der Menschen und Unternehmen – quasi durch Selbstzensur – ändert, um eine höhere Punktzahl zu erreichen. Ob hierdurch ein Vertrauen in den alles überwachenden Staat aufgebaut und Kritik langfristig unterbunden werden kann, bleibt offen.

Das System könnte zudem als **Modell für andere Länder** mit diktatorischen Ambitionen dienen, um die eigene Bevölkerung und die Wirtschaft ebenfalls komplett zu überwachen und ggf. zu unterdrücken. Auch hier zeichnet sich ein systemischer Wettbewerb zwischen verschiedenen Länderblöcken ab.

Der **AI Act** der Europäischen Union – das **Gesetz über Künstliche Intelligenz** – sieht explizit ein Verbot des hier beschriebenen KI-Einsatzes für **Social Scoring** in Europa vor.

Think-Box: Fragen, die Sie sich stellen sollten!

- Trägt KI bei uns dazu bei, die **Cyber-Resilienz**, d. h. die Widerstandsfähigkeit des Unternehmens gegenüber Cyber-Angriffen, zu verbessern?
- Kann die KI in unserem Unternehmen zur **Erkennung von Sicherheitsbedrohungen** wie Malware oder Anomalien im Netzwerkverkehr eingesetzt werden?
- Können KI-unterstützt **prädiktive Analysen** durchgeführt werden, um mögliche zukünftige Sicherheitsbedrohungen zu erkennen und zu verhindern?

- Wird die KI zur **Verbesserung der physischen Sicherheit** in kritischen Bereichen beitragen, etwa durch Gesichtserkennungssysteme oder Bewegungserkennung?
- Können wir das Konzept des **Predictive Policings** als Anbieter oder Nutzer einbinden – und ggf. auf andere Einsatzbereiche übertragen?
- Wie können wir mit dem chinesischen **Social-Credit-System** umgehen?
- Welche Relevanz hat das **Corporate-Social-Credit-System** für uns, wenn wir als Unternehmen in China tätig sind?

Zusammenfassung

- Der **Gesichtserkennung** kommt bei verschiedenen Sicherheitsanwendungen eine zentrale Bedeutung zu.
- Der **Einsatz der Gesichtserkennung** muss besonders kritisch beobachtet werden, weil es mit vielen Gefahren verbunden ist.
- Beim **Predictive Policing** wird versucht, Verbrechen zu antizipieren, um diese zu vermeiden oder die Täter auf frischer Tat zu erwischen.
- In China können wir beim **Social-Credit-System** hautnah miterleben, was Gesichtserkennung in Verbindung mit KI-getriebenen Big-Data-Analysen „leisten" kann.
- Das **Corporate-Social-Credit-System** hat einen maßgeblichen Einfluss auf das „akzeptierte" Verhalten von Unternehmen in China.

Literatur

1. Atomwise. (2023). Artificial Intelligence for drug discovery. https://www.atomwise.com/. Zugegriffen am 25.05.2023.
2. Backes, L. (2018, Juni 30). „Kennst du den hier?". *Der Spiegel*, 119.
3. Bastani, H., Drakopoulos, K., Gupta, V., Vlachogianni, I., Hadjicristodoulou, C., Lagiou, P., Magiorkinis, G., Paraskevis, D., & Tsiodras, S. (2021). Efficient and targeted COVID-19 border testing via reinforcement learning. https://doi.org/10.1038/s41586-021-04014-z. Zugegriffen am 26.05.2023.
4. Bauer, W., & Vukelic, M. (2018). Forschungsprojekt EMOIO, Schnittstelle zur Welt der Computer. In R. Neugebauer (Hrsg.), *Digitalisierung, Schlüsseltechnologien für Wirtschaft und Gesellschaft* (S. 135–151).
5. Bendel, O. (2023). Cyborg. https://wirtschaftslexikon.gabler.de/definition/cyborg-54197. Zugegriffen am 25.05.2023.
6. Bertelsmann Stiftung. (2023). China´s Social Credit System. www.bertelsmann-stiftung.de. Zugegriffen am 30.05.2023.
7. Boston Dynamics. (2023). Spot, Automate sensing and inspection, capture limitless data, and explore without boundaries. https://www.bostondynamics.com/products/spot. Zugegriffen am 27.06.2023.
8. Bund Deutscher Kriminalbeamter. (2023). Predictive Policing ist wirksame Unterstützung der Polizeiarbeit in NRW. https://www.bdk.de. Zugegriffen am 08.06.2023.
9. Bünte, C. (2020). *Die chinesische KI-Revolution*. Springer Gabler.

10. Clearview AI. (2023). We are Clearview AI. https://www.clearview.ai/overview. Zugegriffen am 26.05.2023.
11. Dassault Systemes. (2023). Digital twin. https://discover.3ds.com/digital-twin. Zugegriffen am 25.05.2023.
12. Deep Genomics. (2023). Programming RNA therapies Any Gene, Any genetic condition. https://www.deepgenomics.com/. Zugegriffen am 25.05.2023.
13. Deep Instinct. (2023). EDR ist nicht genug. https://www.deepinstinct.com/de. Zugegriffen am 30.05.2023.
14. Donati, A. R. C., & Shokur, S. (2016). Long-term training with a brain-machine interface-based gait protocol induces partial neurological recovery in paraplegic patients. *Scientific Reports, 6*, 30383. https://doi.org/10.1038/srep30383
15. Flow Health. (2023). Diagnostic medicine. Reimagined. https://www.flowhealth.com/. Zugegriffen am 25.05.2023.
16. Hill, K. (2021). The secretive company that might end privacy as we know it. https://www.nytimes.com/2020/01/18/technology/clearview-privacy-facial-recognition.html. Zugegriffen am 23.11.2021.
17. Insilico Medicine. (2023). Artificial Intelligence for every step of pharmaceutical research and development. https://insilico.com/. Zugegriffen am 22.05.2023.
18. Intuitive. (2023). Behandlungsqualität verbessern. https://www.intuitive.com/de-de. Zugegriffen am 26.05.2023.
19. Koch, M.-C. (2022). Brain-computer-interfaces: Musk will Versuche an Menschen in 6 Monaten starten. https://www.heise.de/news/Brain-Computer-Interfaces-Musk-will-Versuche-an-Menschen-in-6-Monaten-starten-7363027.html. Zugegriffen am 25.05.2023.
20. Lin, L., & Milhaupt, C. J. (2021). China's corporate social credit system: The dawn of surveillance state capitalism? European Corporate Governance Institute – Law working paper no. 610/2021, City University of Hong Kong School of Law Legal Studies research paper no. Forthcoming, Stanford Law and Economics Olin working paper no. 560. https://ssrn.com/abstract=3933134. Zugegriffen am 30.05.2023.
21. Lowkey. (2023). LowKey – Prevent your images from being used to track you. https://lowkey.umiacs.umd.edu/. Zugegriffen am 30.05.2023.
22. Neuralink. (2023). Breakthrough technology for the brain. https://www.neuralink.com/. Zugegriffen am 25.05.2023.
23. Nuralogix. (2023). Anura, Take a selfie, know your healthie! https://www.nuralogix.ai/. Zugegriffen am 25.05.2023.
24. Saha, S., Mamun, K. A., Ahmed, K., Mostafa, R., Naik, G. R., Darvishi, S., Khandoker, A. H., & Baumert, M. (2021). Progress in brain computer interface: Challenges and opportunities. *Frontiers in Systems Neuroscience, 15,* https://doi.org/10.3389/fnsys.2021.578875. Zugegriffen am 25.05.2023.
25. VivoKey. (2023). Apex Flex. https://vivokey.com/flex/ . Zugegriffen am 25.05.2023.
26. WinFuture. (2019). Kurioser Biohacking-Versuch: Augentropfen ermöglichen Nachtsicht. https://winfuture.de/news,86433.html. Zugegriffen am 25.05.2023.
27. Ziemssen, T. (2021, November 3). Multiple Sklerose: Das Potenzial des digitalen Zwillings. *Frankfurter Allgemeine Zeitung*, V4.

Energiesektor und Smart Home 6

Zusammenfassung

Im Energiesektor können KI-Systeme bei der Energieerzeugung, bei der Energieweiterleitung sowie beim Energieverbrauch wichtige Beiträge zur Steigerung der Energieeffizienz leisten. Voraussetzung hierfür sind u. a. Smart Grids und Smart Meter. Im Smart Home können KI-gestützte Produkte und Prozesse eingesetzt werden. Diese bieten neben einem hohen Maß an Convenience auch zusätzliche Sicherheitsrisiken.

6.1 KI-gestützte Anwendungen im Energiesektor

Eines der Hauptanwendungsgebiete der Künstlichen Intelligenz im Energiesektor ist das **Energiemanagement**. Hierbei leisten KI-Anwendungen auf jeder Stufe der Wertschöpfungskette einen wichtigen Beitrag: von der Stromerzeugung bis zur Stromweiterleitung und dem Einsatz bei den Endnutzern. Ein besonders wichtiger Bereich ist die **Prognose von Angebot und Nachfrage** zur **Antizipation von Angebots- und Nachfragespitzen**. Hierdurch kann ein optimaler Energie-Mix aus verschiedenen Stromquellen generiert werden. Die Möglichkeit, einen optimalen Ausgleich zu erreichen, ist durch den zunehmenden Einsatz dezentraler erneuerbarer Energiequellen immer schwieriger geworden. Schließlich steigt mit der Anzahl und Varianz der unabhängig voneinander agierenden Stromquellen die **Volatilität der Stromerzeugung**. Die bringt große Herausforderungen für das Netzmanagement mit sich, wenn Netzausfälle vermieden werden sollen.

Ergänzende Information Die elektronische Version dieses Kapitels enthält Zusatzmaterial, auf das über folgenden Link zugegriffen werden kann [https://doi.org/10.1007/978-3-658-42598-2_6].

R. T. Kreutzer, *Künstliche Intelligenz verstehen*, https://doi.org/10.1007/978-3-658-42598-2_6

Hierzu trägt die **Entwicklung von intelligenten Stromnetzen** bei. Diese sogenannten **Smart Grids** ermöglichen die Analyse von Daten aus dem gesamten Stromnetz. So wird es leichter, die Balance zwischen Energieerzeugung und -verbrauch aufrechtzuerhalten und Engpässe und Überlastungen zu vermeiden. KI hilft, die Reaktion des Stromnetzes auf Ausfälle zu verbessern und die Wiederherstellungszeiten zu verkürzen. Darüber hinaus kann KI dazu beitragen, die Integration von erneuerbaren Energien in das Stromnetz zu erleichtern und die Auswirkungen von Schwankungen in der Energieerzeugung zu minimieren. Solche **intelligenten Stromnetze** erhöhen die Versorgungssicherheit und führen idealerweise auch zu einer Kostenreduktion.

In den meisten Ländern sind die **Modernisierung des Netzes** und der **Einsatz intelligenter Zähler** (**Smart Meter**) bereits im Gange, um eine dynamischere Abstimmung von Angebot und Nachfrage zu erreichen. **Smart-Grid-Initiativen** ermöglichen es kleinen, privaten Energieerzeugern (auch einzelnen Haushalten), überschüssige Kapazitäten an die regionalen Energieversorger zu verkaufen. KI-basierte Systeme können in diesem Fall den Versorgungsunternehmen auch helfen, die Zuverlässigkeit kleiner Anbieter zu beurteilen (bspw. der privaten Haushalte mit Solaranlagen). Hierzu werden die Lebensdauer sowie die Integrationsfähigkeit der dort installierten Anlagen vorhergesagt. So könnte sich das **Stromnetz zum Marktplatz** weiterentwickeln, auf dem neben den klassischen Stromerzeugern auch eine Vielzahl von kleinen Akteuren Strom aus verschiedenen Quellen anbietet (u. a. Autobatterien, Solarzellen auf dem Dach). Ein **intelligentes Netzmanagement** würde helfen, diese große Zahl von Mini-Lieferanten so einzubinden, dass Angebots- und Nachfragespitzen durch intelligente Speicherkonzepte besser bewältigt werden können.

Zusätzlich kann die KI beim **Einsatz der erneuerbaren Energien** unterstützen, die Energieerzeugung zu optimieren und die Kosten zu senken. Bei Windkraftanlagen können KI-Systeme die optimalen Betriebsbedingungen vorhersagen und so die Leistung verbessern. Hierzu wird über Sensoren eine Vielzahl von Daten erfasst und durch KI-Algorithmen ausgewertet. Die gewonnenen Erkenntnisse erlauben eine **Effizienzsteigerung der Stromerzeugung**, indem bspw. eine optimale Anpassung der Erzeugungseinheiten an die jeweiligen Wind- und Sonnenverhältnisse erfolgt. Die Künstliche Intelligenz kann auch bei der Auswahl der besten **Standorte für neue Wind- und Solaranlagen** unterstützen. Hierzu werden Daten über Wetter, Topografie und andere Faktoren analysiert.

Zur Versorgungssicherheit trägt auch die **Predictive Maintenance** bei (vgl. vertiefend Abschn. 3.1.3.4). Durch die Analyse von Daten unterschiedlichster Sensoren an Energieerzeugungs- und Verteilungsanlagen können potenzielle Probleme frühzeitig erkannt werden, bevor diese zu Ausfällen führen. So werden kostspielige Reparaturen und Ausfallzeiten vermieden und die Lebensdauer der Anlagen wird verlängert. KI kann auch dazu beitragen, die optimalen Wartungszeitpunkte zu ermitteln, um die Betriebskosten zu minimieren. Die Außendienstmitarbeiter der Energieversorger erhalten dann in Echtzeit **Updates über technische Probleme** der Anlagen. Hierdurch können Reaktionszeiten verkürzt und Netzausfälle vermieden oder verkürzt werden. Perspektivisch können **Drohnen**

und Roboter im Insektenformat Anlagen inspizieren, ohne die Produktion oder Weiterleitung von Energie zu unterbrechen. In Summe kommen **weniger Techniker** zum Einsatz. Sie konzentrieren sich gleichzeitig mehr auf die antizipatorische Problemlösung und weniger auf die manuelle Erfassung des jeweiligen Status quo.

KI-Systeme helfen auch bei der Überwachung des **Energieverbrauchs in Echtzeit**. So können KI-gesteuerte Systeme in privaten Haushalten, vor allem aber in Bürogebäuden und Fabriken helfen, die Nutzung von Beleuchtung, Klimatisierung und anderen energieintensiven Systemen zu optimieren, um dadurch den Energieverbrauch zu reduzieren und in Summe die **Energieeffizienz** zu steigern.

► **Food for Thought** Diese positiven Effekte von **Smart Solutions** werden sich allerdings nur einstellen, wenn die Netze umfassend vor Hackerangriffen geschützt werden (können). Denn je „smarter" die Netze werden, je mehr Einheiten durch diese verbunden werden, desto mehr (auch unkontrollierbare) Einflugschneisen für Computerviren wird es geben. Hier muss die **Cyber-Security** möglichst vorausschauender agieren als die Hacker-Armeen, damit nicht ganze Regionen oder Länder in Dunkelheit und Stillstand versinken.

► **Belletristischer Lesetipp** Wenn Sie sich ein Bild davon machen möchten, was passiert, wenn ein Smart Grid gehackt wird, sollten Sie das Werk *„Blackout"* von *Marc Elsberg* lesen. Anregende und spannende Unterhaltung auf höchstem Niveau – und vielleicht sogar mit Konsequenzen für den eigenen Haushalt!

6.2 KI-gestützte Lösungen für Smart Homes

Smart Homes sind eine spezifische Ausprägung des Internet of Things. Hierbei handelt es sich um Häuser, die oft mit einer großen Zahl vernetzter Geräte für verschiedene Haushaltsfunktionen ausgestattet sind. Im Kern handelt es sich beim Smart Home um ein **nach innen und außen umfassend vernetztes Wohnumfeld**. Nach außen ist auf jeden Fall eine Vernetzung mit dem Internet, ggf. auch zu einem Smart Grid, gegeben. Nach innen können – je nach Technikbegeisterung der Bewohner – alle möglichen und unmöglichen Geräte und Prozesse mit dem Internet verbunden sein und dadurch „smart" werden (vgl. Abb. 6.1; auch [1]).

Der KI-Einsatz im Smart Home unterstützt die **Automatisierung von Haushaltsgeräten** und von **Prozessen im Haushalt**. KI-Systeme können Muster im Verhalten der Bewohner erkennen und darauf basierend Aktionen ausführen. Eine KI-gesteuerte Heizungsanlage kann im Zeitablauf die Präferenzen der Bewohner erlernen und die Temperatur entsprechend anpassen, um so den Energieverbrauch zu optimieren. KI-gesteuerte Beleuchtungssysteme können das Licht an die Tageszeit, das Wetter sowie an die Anwesenheit und die Präferenzen verschiedener Personen anpassen. Der wichtigste Treiber für die Akzeptanz von Smart Homes ist die **Bequemlichkeit der Nutzer**. Schließlich können

Abb. 6.1 Funktionen eines Smart Homes

viele smarte Anwendungen über das Internet – meist über Apps auf mobilen Geräten – bedient werden. So können die folgenden **Funktionen innerhalb einer Wohnung** von jedem an das Internet angeschlossenen Ort dieser Welt gesteuert werden:

- Helligkeit der Wohnung
- Temperatur, ggf. sogar umfassender das Klima der Wohnung
- Lautstärke von Radio, TV und anderen Sound-Systemen
- Überwachung des Kinderzimmers (durch Web-Cams)
- Kochprozesse in der Küche (bspw. Anstellen von Backofen, Kaffeemaschine und Ähnliches)
- Einblick in den Kühlschrank (durch eine dort installierte Kamera, die Aufnahmen direkt auf das Smartphone überträgt)
- Rollläden, Markisen
- Eingangstüren und Garagen
- Waschmaschine

Ein zusätzliches Maß an **Bequemlichkeit** wird erreicht, wenn bestimmte Funktionen keine Initiativen des Bewohners mehr erfordern, sondern durch **(erfahrungsbasierte) KI-Algorithmen** selbstständig als notwendig erkannt werden:

- Die **Garage** öffnet sich automatisch, wenn sich das Fahrzeug der Nutzer auf 50 m genähert hat und die Parkfläche in der Garage noch frei ist.
- Bereits 30 bis 60 min vor dem erwarteten Eintreffen der Bewohner wird das präferierte **Raumklima** in den jeweils genutzten Räumen angesteuert. Dieses kann für jeden einzelnen Bewohner – je nach Tageszeit – individuell ausfallen.

- Mit der **Öffnung der Eingangstür** wird die bevorzugte **Illumination der Wohnung** eingestellt – wiederum personenabhängig.
- Fallweise kann – ggf. sogar orientiert an der Stimmung des Bewohners (etwa abgeleitet aus seinem letztem *Facebook*- oder *Twitter*-Post) – die **„passende" Musik** eingespielt werden (orientiert an den etwa bei *Spotify* gespeicherten Präferenzen jeder einzelnen Person).
- Orientierung an den individuellen Gepflogenheiten kann bereits das – richtig temperierte – **Badewasser** eingelassen werden.
- In Abhängigkeit der individuellen Morgenroutinen kann die **Kaffeemaschine** automatisch gestartet werden (allerdings ist hierbei darauf zu achten, dass bei Kaffee-Automaten der Kaffeezubereitung ein Spülvorgang vorgeschaltet ist und ggf. beides in der bereits untergestellten Kaffeetasse landet!).
- Der Füllgrad von **Kühlschrank**, **Vorratskammer** und **Weinkeller** kann automatisch überwacht werden und zu autonomen Kaufprozessen (etwa über *Alexa*) führen.
- In Abhängigkeit von vergangenen oder geplanten Aktivitäten können **Reinigungsdienste** selbstständig gebucht und die entsprechenden Kräfte zu einem vordefinierten Zeitfenster (passwortgeschützt oder über Gesichtserkennung) in die Wohnung eingelassen werden.
- **Waschmaschinen** können automatisch starten, wenn die geringste Belästigung der Bewohner auftritt, der beste Zeitpunkt zum Aufhängen der Wäsche ist oder die Stromkosten am niedrigsten sind.
- An den Schlafmustern des Babys kann erkannt werden, wann der nächste nächtliche Hunger ansteht und das vorher abgekochte Wasser rechtzeitig auf die ideale **Temperatur** zur Fläschchenzubereitung erhitzt werden.

Bei einer **Einladung zu einem 30. Geburtstag** können – durch Auswertung der jeweiligen Informationsströme – folgende Fragen KI-gestützt beantwortet werden:

- Welche **Personen** haben die Einladung zur Feier angenommen? (Auswertung der *Facebook*-, E-Mail- oder *WhatsApp*-Nachrichten)
- Welche **Musikpräferenzen** weisen die Gäste auf? (Analyse der *Facebook*-, *Spotify*- und *YouTube*-Profile der Gäste)
- Welche **Essensvorschläge** für die Gesellschaft sind konsensfähig – vegane, vegetarische, ökologische Lebensmittel etc.? (Analyse der *Facebook*- und *Instagram*-Profile der Gäste oder von Posts in *WhatsApp*-Gruppen)
- Welche **Trinkgewohnheiten** haben die Gäste? (basierend auf den *Facebook*- und *Instagram*-Profilen der Gäste)
- Welche **Einkäufe von Nahrungsmitteln** müssten getätigt werden? (Auswertung des Kühlschrank-Füllgrades)
- Welche **Getränke** sind zu kaufen? (je nach Lage des Getränkebestands)
- Sind die präferierten **alkoholischen und nicht-alkoholischen Getränke** bis zum Veranstaltungszeitpunkt im Sonderangebot? (aktuelle Angebote und Lieferkonditionen verschiedener Offline- und Online-Anbieter)

- Welche **Einkaufskanäle** werden genutzt? (Grundlage ist das bisherige Kaufverhalten des Gastgebers)
- Was wären passende **Geschenkvorschläge** für den Gastgeber? (basierend auf dem *Facebook*- und *Instagram*-Profil des Gastgebers)
- Wie umfassend muss die **Reinigung** am „Day after" ausfallen? (basierend auf Fotos und Videos früherer Partys sowie auf aktuellen Fotos der Räume, in denen die eingeladenen Personen bereits gefeiert haben)
- Wo sollen die **Reinigungskräfte** gebucht werden? (Grundlage sind mögliche positive Bewertungen von *Helpling* und/oder bestehende Verträge, abhängig auch von den jeweiligen Verfügbarkeiten am Wohnort des Gastgebers)

▶ **Merk-Box** Sie sind angesichts dieser Entwicklungen aufgerufen, die Relevanz derartiger Entwicklungen für das eigene **Geschäftsmodell** zu prüfen. Wo ergeben sich Möglichkeiten, mit den eigenen Produkten und Dienstleistungen bei der **Smart-Home-Entwicklung** dabei zu sein? Wie können die eigenen Geschäftsmodelle angepasst oder weiterentwickelt werden?

Bereits heute zeichnet sich ein Erfolg der unterschiedlichsten **Service-Roboter** ab – auch für den privaten Haushalt. Dazu zählen Mäh- und Saugroboter, die sich einer zunehmenden Beliebtheit erfreuen. Die Erfolge von Scheibenwisch-Robotern halten sich dagegen noch in Grenzen. **Saugroboter** hatten in der Vergangenheit häufig noch das Problem, dass bspw. Hundekot nicht eindeutig erkannt und deshalb auch gerne auf der gesamten Bodenfläche verteilt wurde. Um dies zu verhindern, wurde der Saugroboter von *iRobot* speziell in der Objekterkennung trainiert. Hierzu wurden hunderte künstliche Exkremente geformt und entsprechend bemalt. So sollte der Saugroboter lernen, diese Objekte zu erkennen. Bei flüssigen Ausscheidungen gelingt das dagegen sehr viel schwerer (vgl. [6], S. 21). Die Roboter von iRobot [4] können über eine Sprachsteuerung mittels *Alexa* aktiviert werden.

KI soll auch die **Sicherheit in Smart Homes** verbessern. Durch die Nutzung von Gesichts- und Bewegungserkennung können **KI-gestützte Überwachungssysteme** nicht autorisierte Personen sowie ungewöhnliche Aktivitäten erkennen – und bei Bedarf entsprechende Benachrichtigungen an die rechtmäßigen Nutzer versenden. Sicherheitssysteme können außerdem erkennen, wenn die Bewohner das Haus verlassen, um dann die verfügbaren Alarmsysteme zu aktivieren.

Eine mögliche Entwicklung darf bei der Entwicklung von Smart Homes nicht ausgeblendet werden: **Smart Terror.** In den USA werden die im Smart-Home-Umfeld eingesetzten Technologien bereits gezielt dazu eingesetzt, den eigenen Ex-Partner zu kontrollieren und zu terrorisieren. Dazu veränderte der Ex-Partner bspw. den Sicherheitscode der Eingangstür, sodass der zurückgebliebene Partner die Wohnung nicht mehr betreten konnte. Zusätzlich kühlte die Klimaanlage die Wohnung im Winter extrem herunter. Außerdem konnte nachts immer wieder laute Musik der smarten Musikanlage erschallen, ohne dass der verbliebene Partner etwas dagegen tun konnte. Smarte Objekte – ausgestattet mit Kamera und Mikrofon – konnten zusätzlich alle Bewegungen in der Wohnung erkennen und aufzeichnen. Apps, digitale persönliche Assistenten & Co. machten und machen es möglich (vgl. [7, 8]).

Ein für eine alternde Gesellschaft besonders interessanter KI-Einsatz im Smart Home sind **persönliche Assistenzsysteme**. Diese Systeme können eine Vielzahl von Aufgaben übernehmen. Die Bandbreite reicht hier von der Verwaltung des Kalenders und der Erinnerung an Termine bis hin zur Steuerung von Haushaltsgeräten per Sprachbefehl. Darüber hinaus können sie durch das Lernen von Präferenzen und Gewohnheiten der Nutzer maßgeschneiderte Empfehlungen geben, um die Lebensqualität zu verbessern. Dies kann besonders für ältere Menschen oder Menschen mit Behinderungen von Vorteil sein, da es ihnen hilft, länger selbstständig in ihren eigenen vier Wänden zu leben.

Um sich diesem Aufgabenfeld zu widmen, werden Wohnungen mit **IoT-Sensoren** und **kognitivem Computing** ausgestattet, um ältere Menschen sicher zu Hause zu wissen. Wenn die Sensoren Unregelmäßigkeiten erkennen, können Angehörige über eine mobile App benachrichtigt oder Rettungsdienste gerufen werden. Entsprechende Trigger können ein seit längerer Zeit laufendes Wasser, intensive Rauchentwicklung oder nicht abgeschaltete Herdplatten sein. Auch auffällige Verhaltensmuster können als Auslöser definiert werden. Hierzu zählt bspw., wenn die Eingangstür während der normalen Schlafphase offensteht. Wenn viermal pro Nacht die Toilette aufgesucht wird – abweichend vom normalen Verhalten – kann ebenfalls ein Alarm ausgelöst werden. Dies kann auch der Fall sein, wenn innerhalb von sechs Stunden während der „Wachphase" die Bewegungssensoren keinerlei Aktivitäten melden. Ein Leistungsangebot **Elderly Care** würde für die älteren Menschen mehrere Vorteile mit sich bringen:

- **Seniorenbetreuung als zentrales Modul von Smart Home**
  Der vernetzte Einsatz von Sensoren in Smart-Home-Lösungen ermöglicht es, dass ältere Menschen – die eigentlich einer Aufsicht bedürften – länger in ihren eigenen Wohnungen bleiben können. Hierdurch können Betreuungskosten eingespart und zusätzliche Lebensqualität kann geschaffen werden. Durch ein **24/7-Monitoring der Bewohner** kann diesen bei Notfällen schnell geholfen werden. In akuten Notfällen kann die **Telemedizin** eingesetzt werden – als Teil einer häuslichen Gesundheitsvorsorge. Dadurch können betreuende Familienangehörige entlastet und mögliche Fehlzeiten am Arbeitsplatz verringert werden.
  Für Wohnungsgesellschaften bietet sich durch die Ausstattung der Wohnungen mit vernetzten Sensoren die Möglichkeit, ihr Geschäftsmodell in Richtung „Gesundheitsmanagement" weiterzuentwickeln.
- **Einsatz von smarten Systemen**
  Ein Seniorenpflegesystem soll nicht nur technisch einwandfrei funktionieren, sondern auch den ergonomischen Anforderungen der Nutzer gerecht werden. Dazu gehören mobile Warnmeldungen, die für Aufmerksamkeit sorgen, ohne dass Panik aufkommt. Hierzu kann ein einfaches **Ampelsystem** genutzt werden:
  - Grün: „Alles in Ordnung"
  - Gelb: „Ungewöhnliches Verhalten erkannt – möglicherweise liegt ein Problem vor"
  - Rot: „Notfall, der sofortige Aufmerksamkeit erfordert"

  Um das System für die Bedeutung der Farben Rot und Gelb zu kalibrieren, können über mehrere Monate Benutzertests durchgeführt werden.

Eine dafür einsetzbare App kann es den Familienangehörigen ermöglichen, sich durch One-Touch-Ko**mmunikation** über den Zustand der Eltern auszutauschen. Hierfür ein Beispiel: „Ich habe eine gelbe Benachrichtigung über Mama erhalten." „Keine Sorge, ich habe gerade nach ihr gesehen. Es ist alles in Ordnung."

Durch die KI-basierte Auswertung der täglichen Abläufe jedes Einzelnen kann die Software eigenständig anormales und potenziell gefährliches Verhalten erkennen:

- Welche Verweilzeit im Bett kann einen Alarm rechtfertigen?
- Wie lange kann der Kühlschrank ungeöffnet bleiben, ohne dass dies auf ein Problem hinzudeutet?
- Welche Bewegungen in der Nacht sind „normal"?
- Welche nächtlichen Verhaltensmuster können ein Zeichen für einen medizinischen Notfall darstellen?

Es sind **Elderly-Care-Lösung** gefordert, die zu einem spezifischen Ökosystem zusammengeführt werden können. Zu den relevanten Partnern zählen neben den Immobilienentwicklern die Notfalldienste, weitere Gesundheitsdienstleister, Versicherungen sowie Hardware- und Software-Anbieter. Entscheidend ist, dass von vornherein auf eine **End-to-End-Benutzerfreundlichkeit** hingearbeitet wird. Dann sollte es auch möglich sein, dass bspw. aus der Distanz der Gas- bzw. Wasser-Absperrhahn bedient und eine Herdabschaltung vorgenommen werden kann. Außerdem sollten spezifische Geräte wie Hausnotruf, Bettsensor, Medikamentenbox, Blutdruck- und Blutzuckermessgerät in das Monitoring eingebunden werden. Diese Informationen müssten von einer intelligenten Software ausgewertet werden, um individuell **Eskalationsprozesse** zu starten. Hierfür erlernt das KI-System das Bewegungsprofil des Bewohners, um bei Abweichungen automatisch Benachrichtigungen oder Alarmmeldungen zu generieren.

▶ **Food for Thought** Smart Home bietet eine wunderbare **Projektionsfläche** für unterschiedliche Gruppen. **Technik-Freaks** sehen im Smart Home die Erfüllung ihrer Träume, weil das eigene Lebensumfeld immer schon genau weiß oder antizipiert, was wann wo gewünscht wird – um dann idealerweise genau das zu liefern. Hierzu zählt auch die Möglichkeit, ältere Familienangehörige bei ihrem Wunsch zu unterstützen, möglichst lange im vertrauten Umfeld zu wohnen.

Untergangspropheten befürchten dagegen ein unbefugtes Eindringen von Hackern in das eigene Heim durch ungenügend geschützte Internetschnittstellen. So können nicht nur Prozesse manipuliert, sondern eventuell auch die gesamten Gewohnheiten einer Lebensgemeinschaft – gleich einer Stasi 2.0 – ausgespäht werden. Zusätzlich wird von den Untergangspropheten befürchtet, dass die unterschiedlichen Software- und Hardware-Lösungen – oft mit divergierenden Update-Rhythmen – auseinanderlaufen können und damit einer problemfreien Nutzung im Wege stehen. Schließlich fehlen vielfach nach wie vor einheitliche Standards für solche Anwendungen.

Es bleibt Ihnen als Anbieter wie auch als Nutzer von Smart-Home-Lösungen selbst überlassen, wo Sie sich selbst mehr sehen.

Die Entwicklung von Smart Homes kann noch weiter in Richtung des Zukunftskonzepts **Smart City** gedacht werden. Bei diesem Ansatz entwickelt sich das städtische Wohnen zu einem Netzwerk von Kommunikations-, Logistik- und Informationssystemen. Gleichzeitig zielt es auf **nachhaltiges Wachstum** und **hohe Lebensqualität** ab. Außerdem soll es die **Bereitschaft zur konstruktiven politischen Anteilnahme** verstärken. Die Ideen zu Smart Home können sich in diese Konzepte nahtlos einbringen.

> **Merk-Box** Bei **Smart City** geht es im Kern um nichts Geringeres als um eine umfassende Vernetzung der städtischen technischen, finanziellen und betrieblichen Infrastrukturen untereinander und – anwendungsabhängig – mit der Infrastruktur der Bürger (Smart Home, Smart Car ...) und der Unternehmen (Smart Factory, Smart Logistics).

Ein Teilbereich von Smart City stellt **Smart Mobility** bzw. **Smart Traffic** dar. Hierbei handelt es sich um ein intelligentes Zusammenspiel verschiedenster Verkehrsmittel, um den Personen- und Warenverkehr zu verbessern. Durch eine Mobilität mit einer **Car-to-Car-Kommunikation** zwischen den eingesetzten Fahrzeugen kann ein höheres Sicherheitsniveau erreicht werden. Zusätzlich können **Roboter in die Logistik** eingebunden werden, um Personen und Waren zu transportieren. Hierzu ist noch eine Vielzahl von Rechtsfragen zu klären. Schließlich führt der verstärkte Einsatz von Sensoren zu einem immer umfassenderen Eingriff in die Privatsphäre von Einzelpersonen, die bspw. beim autonomen Fahren bei ihren Alltagsbeschäftigungen aufgezeichnet werden (vgl. [3]).

Weit darüber hinaus geht die Anwendung des US-Start-ups ***ZenCity***. Das Ziel besteht darin, vor allem **Meinungsäußerungen der Bürger** umfassender in die städtischen Entscheidungsprozesse einzubeziehen. Hierzu wird eine Vielzahl von Datenpunkten aus den Interaktionen mit den Bewohnern gesammelt und durch KI-Systeme in Echtzeit in entscheidungsrelevante Erkenntnisse umgewandelt. Folgende Leistungsfelder werden abgedeckt (vgl. [9]):

- **Erkennung relevanter Themen**
  Durch eine automatisierte Erfassung der laufenden Kommunikation in den sozialen Medien, in Chat-Rooms sowie in den Hotlines der Städte können die – aus Bürgersicht – relevanten **Themen für die Stadtverwaltungen** sichtbar gemacht werden. Das Ziel besteht darin, aus der STP-Ecke (Same Ten People) herauszukommen und eine Verbindung zu den verschiedenen Bereichen einer Gemeinschaft aufzubauen.
- **Vertiefende Analysen**
  Eine weiterführende Auswertung zeigt, wo welche **Themen** über welche **Kanäle** mit welchen **Keywords** diskutiert werden. Bei Bedarf kann die Analyse bis zum einzelnen Post gehen. Hierfür werden die online verfügbaren Feedback-Daten der Einwohner identifiziert, gesammelt und automatisch ausgewertet. Die in Hunderten von externen und internen Kanälen und Feedback-Quellen zu findenden Daten werden in umsetzbare Erkenntnisse und maßgeschneiderte Berichte umgewandelt.

- **Warnmeldungen**
  Basierend auf den gewonnenen Erkenntnissen können an die jeweils verantwortlichen Personen **Push Notifications** versendet werden, um zeitnah zu reagieren. Dies können plötzlich auftretende Abweichungen oder sich langsam andeutende Trendveränderungen sein. Hier wird in Echtzeit sichtbar, wann, wo und wie Ressourcen eingesetzt werden müssen.
- **Sentiment Analysis**
  Um die **Stimmung in der Bevölkerung** zu erkennen, können die Posts nach positiv, neutral und negativ klassifiziert werden. So kann in den verschiedenen Bereichen des Stadt-Managements schneller erkannt werden, wo es Probleme gibt (vgl. Abschn. 1.3.1).

Durch solche Systeme gelingt es den City-Managern, den Finger am Puls der eigenen Bürger zu haben. Die spannende Frage ist, wie schnell die hier gewonnenen Erkenntnisse angesichts der vielfach dominierenden **Bürokratie im City-Management** in aktives Tun umgewandelt werden können.

Wo die größeren Städte in Deutschland bei der Digitalisierung und der Nutzung von KI-Lösungen stehen, zeigt der ***Smart City Index*** des Bitkom [2]. Der *Smart City Index* ist das **Digitalranking der deutschen Großstädte** ab 100.000 Einwohnern. Zu dessen Ermittlung wird der Digitalisierungsgrad in den Bereichen Verwaltung, IT und Kommunikation, Energie und Umwelt, Mobilität und Gesellschaft ermittelt. Hierbei werden 36 Indikatoren analysiert, die sich aus 133 Parametern bilden. Insgesamt wurden 10.773 Datenpunkte ermittelt. Welche Städte führen das Ranking 2022 an (vgl. [2], S. 9)?

- **Hamburg** landet mit 86,1 von 100 erreichbaren Punkten auf Platz 1. Hamburg ist inzwischen bereits zum vierten Mal in Folge die smarteste Stadt in Deutschland.
- **München** landet mit 85,3 Punkten auf dem 2. Platz.
- **Dresden** hat mit 81,6 Punkten erstmals die Bronze-Medaille errungen.
- Auf den Plätzen 4 bis 10 landen Köln, Stuttgart, Nürnberg, Aachen, Bochum, Düsseldorf und Darmstadt.
- **Berlin** liegt auf dem 11. Platz.
- Insgesamt sind Städte aus 9 der 16 Bundesländer unten den Top-20-Städten zu finden.

Welche **Schlussfolgerungen** lassen sich aus den Gesamtergebnissen ableiten (vgl. [2], S. 21)? Der ***Smart City Index 2022*** zeigt eine starke Dynamik in der **fortschreitenden Digitalisierung** deutscher Großstädte. Hierbei gibt es deutliche Unterschiede:

- Eine Gruppe von Städten schreitet immer weiter voran und hat bereits **beeindruckende Fortschritte** erzielt.
- Andere Kommunen befinden sich noch in der **Anfangsphase**, arbeiten an der **Einführung digitaler Dienstleistungen** oder sind sogar erst in der **Planungsphase**.

Hierbei zeigt sich: Städte, die bereits über eine weitreichende digitale Infrastruktur verfügen, langfristige Finanzierungspläne vorweisen und umfassende Erfahrungen aus früheren Digitalprojekten mitbringen, können die **digitale Transformation** schneller und effektiver vorantreiben.

Deutschland darf jedoch nicht stillstehen und darauf warten, dass sich die positiven Bedingungen, die in den führenden Städten vorherrschen, in den restlichen, meist kleineren und finanziell weniger gut ausgestatteten Kommunen von selbst einstellen. Um die **digitale Transformation** breiter und schneller in der Fläche umzusetzen und alle Kommunen und ländlichen Regionen zu erreichen, bedarf es neuer Strukturen und größerer Entschlossenheit seitens des Bundes, der Länder und der Kommunen selbst. Hierzu bieten sich folgenden Maßnahmen an (vgl. [2], S. 5):

- **Koordinierung von Förderstrategien**
  Derzeit besteht bei der **Smart-City-Förderung** eine **fragmentierte Landschaft**. Die Förderstrategien des Bundes und der Länder sind nicht aufeinander abgestimmt.
- **Einführung einer Beschaffungsplattform**
  Bund und Länder sollten den Kommunen eine **zentrale Beschaffungsplattform** für Smart-City- und Smart-Region-Lösungen zur Verfügung stellen. Diese Plattform sollte Lösungen anbieten, die den vergabe- und beschaffungsrechtlichen Anforderungen genügen. Außerdem sollten sie die Anforderungen an Datenschutz und Datensicherheit erfüllen.
- **Neugestaltung der Finanzierung für Digitalisierung**
  Die Digitalisierung ist in den kommunalen Haushalten vielfach noch nicht fest verankert. Um dies zu ändern, sind **Digitalisierungsprojekte** als fester Bestandteil in die **Budgetierung** aufzunehmen.
- **Beteiligung Deutschlands an internationalen Standardisierungsinitiativen**
  Deutschland sollte eine aktivere Rolle in den **internationalen Normsetzungsverfahren** im Bereich Smart City übernehmen. Hierdurch ist sicherzustellen, dass technologische Innovationen interoperabel und skalierbar sind.

Die **Digitalisierung der deutschen Städte und Gemeinden** ist ein fortlaufender Prozess. Dieser ist aktiv zu steuern. Außerdem sind auf allen Ebenen die notwendigen Strukturen und Ressourcen bereitzustellen, um allen Kommunen – unabhängig von ihrer Größe oder finanziellen Lage – die Möglichkeit zu geben, die Vorteile der Digitalisierung zum Nutzen von Mitarbeitern, Bürgern und Unternehmen zu nutzen.

► **Food for Thought** Interessant ist die Frage, wie die **Smart Citys** in Zukunft aussehen werden, wenn immer mehr Arbeitsplätze durch Roboter besetzt und stationäre Einzelhandelsgeschäfte durch E-Commerce mit Roboterauslieferung (erd- oder luftgestützt) substituiert werden.

- Welche Art von Arbeit wird es in den Städten der Zukunft noch geben?
- Wie werden wir uns zu welchen Arbeitsplätzen transportieren (lassen)?

- Dabei gilt: Die Frage nach der Zukunft der Stadt ist untrennbar mit der Frage nach der Arbeit der Zukunft verbunden. „Wenn die Stadt, ihre Räume, ihr Rhythmus, ihre kollektiven Rituale (Mittagspause, After-Office-Drinks, Schaufensterbummel) um die Organisation von Arbeit herumgebaut und von der Idee und den Erfordernissen der Lohnarbeit geprägt waren – wie sähe sie dann aus, wenn diese Form der Arbeit verschwindet, was wird der öffentliche Raum sein, wenn es in ihm nicht mehr primär um den Transport von Menschen zur Arbeit geht?" ([5], S. 45):
- Wie sähe eine Stadt aus, in der die meisten Menschen entweder in kleinen Einheiten oder im Homeoffice arbeiten?
- Welche Konsequenzen hätte dies für die Aufteilung der Stadt in einen öffentlichen Bereich (Büros, Geschäfte, Straßen, Verkehrsmittel etc.) und den privaten Bereich (Wohnungen)?
- Was bedeutete es für die Städteplanung, wenn sich Arbeit und Freizeit immer mehr vermischen?
- Welche Konsequenzen hätte es, wenn eine Vielzahl von Arbeitsprozessen mobil erbracht würden – ggf. nicht nur standort-, sondern auch zeitunabhängig?
- Wie müsste eine Stadt gestaltet werden, wenn wöchentlich nur eine Arbeitszeit von zehn Stunden zu leisten wäre?
- Was würde aus den Bürogebäuden, deren Kantinen und Parkplätzen?
- Wie sähe eine Stadt aus, wenn sich das bedingungslose Grundeinkommen auf breiter Basis durchsetzen würde?
- Welche Bedürfnisse müsste eine solche Stadt dann vorrangig befriedigen?
- Wie sähe eine Stadt aus, wenn der Anteil des Online-Shoppings nicht mehr nur 13 % wie heute schon in Deutschland, sondern 70 oder 80 % ausmachen würde?
- Was würde mit den Shopping-Malls sowie den vielen kleinen und großen Geschäften innerhalb und im Einzugsbereich der Städte passieren, wenn diese nicht mehr besucht würden?
- …

Think-Box: Fragen, die Sie sich stellen sollten!

- Wie kann die Künstliche Intelligenz in unserem Unternehmen dazu beitragen, die Energieeffizienz zu verbessern und den Energieverbrauch zu reduzieren?
- Welche Daten sind für das Training von KI-Modellen notwendig und wie können diese sicher und verantwortungsvoll gesammelt und verwaltet werden?
- Wie können Privatsphäre und Sicherheit der Nutzer bei der Verwendung von KI-Anwendungen im Smart Home sichergestellt werden?
- Welche Regulierungen und Standards gelten für den Einsatz von KI im Energiesektor und im Smart Home?
- Wie können wir KI-Systeme so gestalten, dass sie leicht von den Nutzern bedient und verstanden werden?

- Wie können Smart-City- und Smart-Mobility-Lösungen dazu beitragen, die Lebensqualität der Bürger zu verbessern und die Nachhaltigkeit der Städte zu erhöhen?
- Welche Infrastruktur und welche Daten sind für die Implementierung von Smart-City- und Smart-Mobility-Lösungen notwendig und wie können diese effektiv aufgebaut und verwaltet werden?
- Wie können die Privatsphäre und Sicherheit der Bürger bei solchen Dienstleistungen sichergestellt werden?
- Wie können die Auswirkungen und der Nutzen von Smart-City- und Smart-Mobility-Lösungen gemessen und bewertet werden?
- Wie können Bürger und andere Stakeholder in die Planung und Implementierung von Smart-City- und Smart-Mobility-Projekten einbezogen werden?
- Wodurch kann die Akzeptanz von Smart-City- und Smart-Mobility-Lösungen bei den Bürgern gefördert werden?

Zusammenfassung

- Ein wichtiger Einsatzbereich der KI ist das **Energiemanagement**.
- KI-Lösungen können die gesamte **Energie-Wertschöpfungskette** unterstützen.
- Die **Erfolge von Smart Grits** sowie das **Vordringen von Smart Meters** steht und fällt mit der Sicherheit dieser Netze.
- Die **Entwicklung von Smart Homes** nimmt langsam Fahrt auf. Hier wird sich noch zeigen müssen, ob die Technikbegeisterten oder die Skeptiker dominieren werden; für beide Parteien gibt es gewichtige Argumente.
- Die **Entwicklung von Smart Citys** kommt erst langsam voran.
- Bei der **Digitalisierung der Verwaltung** haben die Städte in Deutschland noch viel Luft nach oben.

Literatur

1. Bendel, O. (2023). Smart home. https://wirtschaftslexikon.gabler.de/definition/smart-home-54137. Zugegriffen am 25.05.2023.
2. Bitkom. (2022). Smart city index 2022, Studienbericht zum Digitalisierungsgrad der 81 deutschen Großstädte. https://www.bitkom.org/Bitkom/Publikationen/Smart-City-Index-2022. Zugegriffen am 30.05.2023.
3. Flügge, B. (Hrsg.). (2020). *Smart mobility: Trends, Konzepte, Best practices für die intelligente Mobilität* (2. Aufl.). Springer Vieweg.
4. iRobot. (2023). Welches Produkt passt zu dir? https://www.irobot.de/. Zugegriffen am 30.05.2023.
5. Maak, N. (2018, August 24). Zieht doch in die Mall! *Frankfurter Allgemeine Sonntagszeitung*, 45.
6. o. V. (2021, September 10). Haushaltsroboter mit Armen. *Frankfurter Allgemeine Zeitung*, 21.
7. Patrick, W. L. (2018). *Remote controlled: Domestic abuse through technology, modern inventions make you vulnerable to predators outside and inside your home*. https://www.psychologytoday.

com/intl/blog/why-bad-looks-good/201807/remote-controlled-domestic-abuse-through-technology. Zugegriffen am 30.05.2023.
8. Woodlock, D. (2016). The abuse of technology in domestic violence and stalking, violence against women. *Psychology Today, 23*(5), 584–602.
9. ZenCity. (2023). Community-based insights for better city management. https://zencity.io/. Zugegriffen am 30.05.2023.

Bildung und Wissensvermittlung

7

Zusammenfassung

Die Künstliche Intelligenz kann bei der Bewältigung vieler Herausforderungen im Bildungssektor unterstützen. Hierzu zählen die Entwicklung von adaptiven Lernsystemen und die Möglichkeit, KI-Engines in die Bewertungen schriftlicher Leistungen einzubeziehen. KI kann auch bei administrativen Aufgaben im Bildungsbereich und bei der Kommunikation mit Studenten unterstützen. AR- und VR-Anwendungen sowie immersive Lernumgebungen tragen entscheidend zum Wissenserwerb bei.

7.1 Herausforderungen im Bildungssektor

Seit Jahrzehnten wird darüber diskutiert, wie man die Bildung durch Technologie revolutionieren kann. **KI-gestützte Analysen und Prognosen** können die Verantwortlichen für die Bildungssysteme bei einer wichtigen Aufgabe unterstützen: dem Abgleich zwischen den Bedürfnissen der Menschen (hinsichtlich Qualifikation und Arbeitsplatzwünschen) und den Anforderungen der zukünftigen Arbeitgeber. Hierdurch wird es – theoretisch – möglich, dass die **Lehrpläne** frühzeitig auf die **Anforderungen des zukünftigen Arbeitslebens** ausgerichtet werden. Darauf aufbauend könnten die Qualifikationen vermittelt werden, die nicht gestern oder heute, sondern morgen gefordert sein werden. Leider wird das in den meisten Ländern Fiktion bleiben.

Die aktuellen Trends fokussieren sich stärker auf digitale Lernplattformen, Blended Learning, MOOCs (Massive Open Online Courses) sowie kostenpflichtige Online-

Ergänzende Information Die elektronische Version dieses Kapitels enthält Zusatzmaterial, auf das über folgenden Link zugegriffen werden kann [https://doi.org/10.1007/978-3-658-42598-2_7].

R. T. Kreutzer, *Künstliche Intelligenz verstehen*, https://doi.org/10.1007/978-3-658-42598-2_7

Lernplattformen. So kann festgestellt werden, dass sich die Art der Inhaltspräsentation immer mehr von Text zu visuellen Informationen verändert – man könnte auch sagen: von *Google* zu *YouTube*. In der akademischen Lehre werden bereits zunehmend **digitale Lernplattformen** eingesetzt (bspw. *Moodle*). Dort können Dozenten Lerninhalte online zur Verfügung stellen, Termine mitteilen, Kurse über Änderungen informieren und Glossare erstellen. Lernende können diese Informationen herunterladen, Stundenpläne, Kursteilnehmer und Mitteilungen einsehen sowie ggf. eigene Beiträge hochladen. Damit wird die Universität mobil und die Inhalte können überall abgerufen werden.

In der schulischen Bildung in Deutschland wird teilweise bereits eine **Schul-Cloud** eingesetzt. Hierzu hat das *Hasso-Plattner-Institut (HPI)* von 2017 bis 2021 in einem Pilotprojekt die ***HPI Schul-Cloud*** entwickelt. Hierbei handelt es sich um eine sichere, datenschutzkonforme IT-Infrastruktur für Schulen. Di**ese digitale Bildungsplattform** unterstützt Lehrkräfte und Schüler beim flexiblen Einsatz verschiedener Endgeräte. Auf digitale Lehr- und Lerninhalte und weitere für den Unterricht notwendige Werkzeuge kann kooperativ zugegriffen werden. Zum Projektende im Jahr 2021 wurde durch die HPI Schul-Cloud für etwa 4000 Schulen in Deutschland mit 1,4 Mio. Nutzern ein sicherer digitaler Lernraum geschaffen. Wirklich „intelligent" sind diese Systeme jedoch noch nicht. Sie ermöglichen zunächst nur eine Vernetzung von Lehrern, Schülern und Lernmaterial – bieten aber das Sprungbrett für mehr!

Wichtig ist, dass die **schulische und universitäre Ausbildung** nicht (mehr) auf starres Auswendiglernen in festen Strukturen abhebt, sondern **selbstständiges Lernen** in unstrukturierten Lernumgebungen fördert – um **Kreativität** und **Eigeninitiative** zu entwickeln. Es ist wenig sinnvoll, Schülern und Studenten in einer digitalen Welt das Auswendiglernen von Informationen beizubringen, die per Mobile Device jederzeit abrufbar sind. Dennoch ist es unverzichtbar, einen **eigenen Wissensschatz** aufzubauen – dieser ist die Grundlage für die Entwicklung von eigenen Werten und die Voraussetzung für fundierte Entscheidungen und eigene Kreativität. Außerdem gilt:

▶ **Wer nichts weiß, muss alles glauben!**

Über Faktenwissen hinaus gilt es vor allem, eine **eigene Medienkompetenz** aufzubauen, um qualifiziert mit verschiedenen Quellen arbeiten zu können. So sollte Menschen kritisch begegnet werden, die komplexe Zusammenhänge monokausal begründen wollen. Motto: An X ist allein Y schuld. So „erklären" vor allem Populisten die Welt. Dagegen gilt es, der **Komplexität von Sachverhalten** eigenständig auf den Grund zu gehen, um zu erkennen, dass es häufig große Unterschiede zwischen Korrelationen und Kausalitäten gibt (vgl. grundlegend [7], S. 1–33).

▶ **Merk-Box** Zur **Vorbereitung auf die zukünftige Arbeitswelt** werden Formen der Wissensvermittlung sowie des Kompetenzerwerbs benötigt, die Kreativität, Problemlösungsfähigkeit, Selbstorganisation, Eigeninitiative, wertschätzende und problemlösende Kommunikation sowie ein Denken in Zusammenhängen fördern.

7.2 Entwicklung adaptiver Lernsysteme – inkl. automatisierter Bewertung

Über viele Jahrhunderte hat sich der **universelle Bildungsansatz** wenig verändert. Ein Dozent vermittelt einer größeren Gruppe mehr oder weniger interessierter Personen verschiedene Inhalte, die es zu lernen gilt. Hierbei konnte den jeweils erreichten individuellen Lernfortschritten oft wenig Aufmerksamkeit geschenkt werden. Das Ziel, **individuelle, maßgeschneiderte, zeit- und raumunabhängige Lernprogramme** für unterschiedlichste Teilnehmer zu erarbeiten, ist deshalb ein großer Treiber für den KI-Einsatz im Bereich Bildungsbereich.

Heute werden bereits KI-gestützte **adaptive Lernsysteme** eingesetzt. Die KI-Technologie ermöglicht es Bildungsplattformen, den Lernprozess zu individualisieren und zu optimieren. Das System ***alta*** von ***Knewton*** unterstützt das adaptive Lernen durch eine dynamische, fortlaufende Nachhilfe. Hierzu passt sich *alta* bei jeder Interaktion an das Leistungsniveau der Studenten an. Die Studenten müssen keine formale Bewertung oder Diagnose durchführen, um die benötigten Anweisungen und Übungen zu erhalten. Diese werden just-in-time bereitgestellt, während die Studenten an den Aufgaben arbeiten. Das System kann auch automatisch Bereiche identifizieren, in denen ein Student Schwierigkeiten hat. Dann werden zusätzliche Ressourcen oder Übungen bereitgestellt, um diesen spezifischen Mangel anzugehen. Durch das schnelle Erkennen von Wissenslücken der Studenten und die zeitnahe Bereitstellung von Korrekturmaßnahmen unterstützt *alta* den Lernprozess. Hierbei basiert die Präsentation des Lernmaterials auf den individuellen Lernstilen, -geschwindigkeiten und -vorlieben. Dadurch wird der Unterricht persönlicher und effizienter (vgl. [10]).

In Teilbereichen des klassischen Lernens können KI-Systeme den Dozenten auch ersetzen. Dies gilt für die Auswertung von schriftlichen Ausarbeitungen. Bei der **Bewertung schriftlicher Leistungen** kommen KI-gesteuerte Maschinen immer schneller voran. Hierbei setzen Unternehmen auf Bilderkennung zur Entschlüsselung der Handschriften – an denen selbst ein Dozent heute noch vielfach scheitern muss. Basierend auf definierten Lerninhalten kann eine automatische Bewertung der Klausurleistungen erfolgen. Somit kann die Künstliche Intelligenz die Dozenten durch eine **automatisierte Bewertung** entlasten. Das zu *Turnitin* gehörende EdTech-Unternehmen ***Gradescope*** setzt KI-Tools für die Beurteilung nicht nur von standardisierten Tests, sondern auch von Freitextantworten ein. Durch die Verwendung von KI für die Beurteilung können Dozenten mehr Zeit für interaktive und persönliche Aspekte des Unterrichts aufwenden (vgl. [4]). Eine wertende Interpretation, bspw. von historischen Begebenheiten, entzieht sich dagegen einer automatisierten Auswertung – und das wird wohl auch immer so bleiben. Schließlich wird Geschichte bekanntermaßen von den Gewinnern geschrieben. Die Verlierer haben meisten eine ganz andere Sicht auf die Dinge!

KI kann auch **Studenten mit besonderen Bedürfnissen beim Lernen** unterstützen, indem sie Lernmaterialien zugänglicher macht. ***Microsofts Seeing AI*** ist eine App, die Texte, Personen und Objekte erkennen und Informationen laut vorlesen kann. Das kann blinden und sehbehinderten Menschen helfen. So kann bspw. ein Studientext vorgelesen werden, sobald er vor der Kamera erscheint. Die App bietet auch eine Audioführung zur Erfassung einer gedruckten Seite. Auch handgeschriebener Text kann vorgelesen werden. Zusätzlich können Freunde erkannt und Personen in der jeweiligen Umgebung beschrieben werden – inkl. der jeweiligen Emotionen. Beim Bezahlen können Geldscheine erkannt werden (vgl. [9]).

Die ***Google*** **App** ***Live Transcribe & Notification*** kann das gesprochene Wort in Echtzeit in Text umwandeln. Hierdurch werden alltägliche Unterhaltungen und Umgebungsgeräusche für gehörlose und schwerhörige Menschen zugänglicher. Diese App kann auch für den Lernprozess eine wichtige Unterstützung leisten (vgl. [3]).

Eine **automatisierte Bilderkennung** kann durch den Einsatz von Webcams unterstützen, um bei den Lernenden Anzeichen für Langeweile, Engagement, Über- bzw. Unterforderung und/oder für einen möglichen Abbruch des Lernprozesses in Gestik und Mimik zu erkennen. Dies ermöglicht eine **Identifikation von Lernschwierigkeiten und Lernpräferenzen bei Schülern und Studenten**. Dazu werden auch bisher unübliche Daten und Datenquellen herangezogen, bspw. die Aktivitäten der Lernenden in den sozialen Netzwerken. Basierend auf solchen Erkenntnissen kann die Künstliche Intelligenz das Lernen und den Unterricht durch eine stärkere Individualisierung verbessern. Hierdurch können für jeden Teilnehmer weitere **Indikatoren für den Lernerfolg** identifiziert werden, die bisher so nicht bekannt waren.

Ein interessanter KI-Einsatz besteht darin, dass man die Lernenden befähigt, eine umfassendere **Selbstkontrolle über den Lernprozess** durchzuführen. Aufgrund einer vertiefenden Analyse des Lernprozesses könnten individualisierte Empfehlungen zur Steigerung des Lernerfolgs vermittelt werden. So könnten die individuellen kognitiven und verhaltensbedingten Präferenzen berücksichtigt werden. Durch eine solche – permissionbasierte – Auswertung würde der Einzelne gezielt gefördert. Gleichzeitig könnten anonymisiert Trainingsdaten für die Weiterentwicklung der KI-Algorithmen gewonnen werden.

Zusätzlich kann eine kontinuierliche **Überwachung des individuellen Lernprozesses** erfolgen. Das bezieht sich nicht nur auf die Anzahl der Pausen, die ein Lernender während einer Lektion einlegt, sondern erfasst auch die Zeit, die benötigt wird, um eine Frage zu beantworten. Die Anzahl der Versuche, eine Frage zu beantworten, bevor sie richtig beantwortet wurde, kann zusätzlich ausgewertet werden. Die Bilderkennung beim Lernenden, Eyetracking, die Analyse der Mausbewegungen sowie eine Gefühlsanalyse können tiefere Einblicke in die Leistung, Denkweise und kognitive Fähigkeiten liefern – so der Anbieter dazu jeweils eine Permission erhalten hat. Eine **individuellere Betreuung des Lernprozesses** wird möglich (vgl. zu entsprechenden Modellansätzen und Versuchen [2, 6]).

Zusätzlich könnte ein **virtueller Supervisor** die Arbeit und das Verhalten der Dozenten weiter unterstützen. Diese virtuellen Supervisors könnten an den menschlichen Dozenten **Alert-Meldungen** versenden, wenn viele Studenten an bestimmten Aufgaben scheitern oder dazu tendieren, einen Kurs abzubrechen. Auch bei Schlecht- oder Bestleistungen kann eine proaktive Information an den verantwortlichen Leiter erfolgen. So können wichtige Feedback-Gespräche vereinbart werden, um den Lernerfolg nachhaltig zu unterstützen.

Die Frage ist, ob wir eine solche Entwicklung auf breiterer Basis sehen können bzw. wollen. Zum einen geht es um die **ethische Frage der umfassenden Überwachung von Lernenden**, in deren Privatsphäre tief eingedrungen würde. Zum anderen stellt sich die **Frage nach den notwendigen Investitionen**, die mit einem solch umfassenden Ansatz einhergehen würden. Vermutlich werden derartige Konzepte zunächst nur in besonders kritischen Bereichen (etwa bei massiven Lernstörungen) Verwendung finden. Zusätzlich können sie dort eingesetzt werden, wo viele finanzielle Mittel vorhanden sind, bspw. in privat finanzierten Bildungseinrichtungen sowie im Militärsektor.

Die Nutzung der hier gewonnenen **Erkenntnisse über eine optimale Lernunterstützung** muss nicht an der Schul- oder Universitätsgrenze aufhören. Das **individuelle Lernprofil**, das sich im Zeitablauf ändern kann, würde den Lernenden lebenslang begleiten. Er könnte immer wieder auf zusätzliche relevante Lerninhalte hingewiesen werden, um der immer schnelleren Veralterung von Wissen vorzubeugen. Gleichzeitig könnten die relevanten Lerninhalte in einer Form aufbereitet werden, die den jeweiligen Lernvorlieben entspricht.

Die Notwendigkeit hierzu leitet sich von der **Herausforderung für alle** ab, ein **Lifelong Learning** sicherzustellen. Denn die Bildung und Ausbildung in jedem Land und in jedem Unternehmen bedarf einer strategischen Neuausrichtung und Weiterentwicklung, um den Herausforderungen des Arbeitsmarktes angesichts der digitalen und ökologischen Transformation gerecht zu werden. Abb. 7.1 zeigt die zu schließende **strategische Qualifizierungslücke**. Der Schwerpunkt der heutigen (staatlichen) Bildungsanstrengungen liegt auf der frühkindlichen Erziehung, der Schulbildung, der beruflichen Bildung beim Einstieg in das Berufsleben sowie der Hochschulausbildung (Stichwort **Qualifying** bzw. **Skilling**). Hierbei bleibt weitgehend unberücksichtigt, dass der Mensch seine längste Zeit – oft über 40 Jahre – beruflichen Tätigkeiten widmet, deren Anforderungen sich in

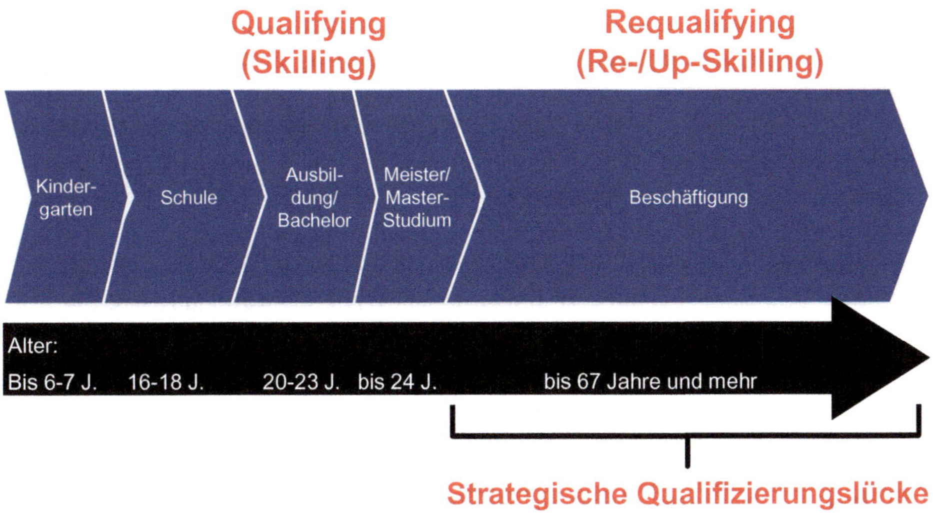

Abb. 7.1 Strategische Qualifizierungslücke

immer höherem Maße und immer schneller verändern. Hieraus ergibt sich die Notwendigkeit eines **Re-Qualifyings** bzw. eines **Re-Skillings** und **Up-Skillings**. Nicht nur die Generation der Babyboomer, die in den nächsten Jahren den Arbeitsmarkt verlassen wird, musste sich in einem Arbeitsumfeld bewähren, auf das weder Schule, noch Lehre, noch Universitäten ausreichend vorbereiten konnten. Die Möglichkeiten des Internets, die Herausforderungen von Digitalisierung und Künstlicher Intelligenz gehörten nicht zum damaligen Studieninhalt, weil sich diese Entwicklungen noch gar nicht abzeichneten. Außerdem gehörten eher Schreibmaschinen denn Computer zur Standardausstattung eines Studenten, der in den 1970er- und 1980er-Jahren außerdem noch ohne Smartphone, *iPad*, Internet, *Facebook* und *Amazon* auskommen musste – und trotzdem überlebt hat!

Die **Dynamik der Veränderungen im Berufsleben** setzt sich bei den nachfolgenden Generationen beschleunigt fort. Folgende Entwicklungen verdeutlichen dies:

- Hunderttausende von Mitarbeitern üben heute Funktionen aus, die es vor 20 Jahren noch gar nicht gab: App-Entwickler, Community-Manager, UX-Designer (UX steht für User Experience), SEO-Spezialisten (SEO bedeutet Search Engine Optimization), Social-Media-Manager, Big-Data-Analysten, Cloud-Service-Manager, CDOs (Chief Digital Officer), CSOs (Chief Sustainability Officer), KI-Entwickler etc.
- Entsprechend werden voraussichtlich 70 % der heutigen Schüler in Jobs arbeiten, die es zurzeit noch gar nicht gibt.
- Mitarbeiter werden in zehn Jahren mit Technologien arbeiten, die heute noch nicht operativ einsetzbar sind, wie bspw. Composite AI und Artificial General Intelligence (vgl. hierzu den *Gartner* Hype Cycle for Artificial Intelligence in Abb. 2.6).
- Die zukünftigen Mitarbeiter werden Probleme lösen müssen, die man heute noch nicht kennt.

Um als Unternehmen und als Gesellschaft diesen Wandel erfolgreich zu gestalten, ist die strategische Qualifizierungslücke durch ein **Re-Qualifying** systematisch zu schließen. Hierbei ist es unverzichtbar, dass kein Mitarbeiter darauf wartet, dass das Unternehmen etwas für ihn tut. Hier ist vielmehr ein hohes Maß an **Eigeninitiative zur Schließung der Qualifizierungslücke** gefordert, wenn der eigene Arbeitgeber die Zeichen der Zeit nicht erkannt hat oder nicht angemessen handelt.

▶ **Merk-Box** Aufgrund der dynamischen Veränderungen in den Märkten und bei den Technologien verliert die bisher dominierende **institutionalisierte Bildung** durch Schulen und Universitäten an Bedeutung.

In Zukunft wird die **nicht-institutionalisierte Bildung** – initiiert durch Unternehmen und die Lernenden selbst – darüber entscheiden, welche Nationen im Wissenswettbewerb gewinnen.

Volkswagen hat für diese Herausforderungen einen **Chief Learning Officer** (CLO) installiert. Der CLO leitet die ***VW Group Academy*** – die Dachorganisation aller Aus- und

Fortbildungseinrichtungen des Konzerns. Seine Aufgabe besteht darin, 30 bis 40 % der bestehenden Belegschaft neu- oder umzuqualifizieren. Das sind allein an den deutschen *Volkwagen*-Standorten mehr als 30.000 Personen. Welche Herausforderungen hierbei im Einzelnen zu meistern sind, verdeutlicht ein Beispiel: Um einen „Facharbeiter Metall" zum „Fahrzeugelektroniker" zu qualifizieren, sind 378 Qualifizierungstage vorgesehen (vgl. [11], S. 20).

> **Food for Thought** Die Erarbeitung individueller Lern- und Lehrprofile sowie daran orientierter Bildungsangebote stellt für Schulen und Universitäten, aber auch für die Unternehmen und Regierungen ein spannendes Arbeitsgebiet dar. Hier könnte ein wesentlicher Beitrag dafür geleistet werden, dass die strategische Qualifizierungslücke – auf nationaler Ebene – geschlossen werden kann.
>
> Dabei gilt: Jeder ist für den **Erhalt der eigenen Beschäftigungsfähigkeit** – der eigenen **Employability** – selbst verantwortlich!

7.3 KI-basierte Administration und Studentenbetreuung

KI-Lösungen können auch **administrative Aufgaben** übernehmen und bei der **Studentenbetreuung** unterstützen. So können Routinefragen von Studenten durch Chatbots beantworten werden. Außerdem kann KI-gestützt Hilfestellung bei der Navigation durch administrative Prozesse wie die Einschreibung in Kurse geleistet werden.

Virtuelle Lehrer und immersive Lernumgebungen eröffnen für die Wissensvermittlung ganz neue Möglichkeiten. Hierdurch wird nicht nur eine individualisierte Unterrichtserfahrung möglich, sondern auch eine Verfügbarkeit rund um die Uhr. Solche **KI-gestützten virtuellen Lehrer** werden auch als **Chatbots** oder **virtuelle Tutoren** bezeichnet. Basierend auf natürlicher Sprachverarbeitung können intelligente Tutorensysteme mit Studenten interagieren, ihre Fragen beantworten und Lernmaterial bereitstellen. Im Kern handelt es sich hierbei um digitale Ratgeber bzw. Betreuer, um Lernende im Prozess zu unterstützen.

Das Herzstück eines **KI-gestützten Tutorensystems** ist die Fähigkeit, detaillierte Daten auf individueller Ebene zusammenzuführen. Hierdurch kann der individuelle Lernfortschritt ermittelt und individuelles Feedback gegeben werden. Dieses Feedback informiert – häufig kontextorientiert – über die Richtigkeit oder Unrichtigkeit der jeweiligen Schritte. Zusätzlich können digitalen Tutoren auch kontextsensitive Hinweise und Anweisungen geben, um die Lernenden von Lernschritt zu Lernschritt zu führen. Hierfür überwacht der digitale Tutor kontinuierlich den erreichten Wissensstand und passt das Kursmaterial entsprechend an. Gleichzeitig könnten die **menschlichen Dozenten als Mentoren und Coaches** den Qualifizierungsprozess individueller begleiten. Hierfür bedarf es spezifischer Fähigkeiten wie emotionaler Intelligenz, Kreativität und einer wertschätzenden Kommunikation. Diese Fähigkeit werden Maschinen in den nächsten Jahren wohl nicht so schnell erlernen können.

Unternehmen wie ***AI-Aloe*** nutzen KI, um virtuelle Charaktere zu schaffen, die in der Lage sind, mit Studenten zu interagieren und Unterricht zu erteilen. Im Zentrum steht die **Entwicklung von KI-Lehr- und Lernassistenten**. Diese sollen die kognitive, dozentenbezogene und soziale Präsenz in der Online-Erwachsenenbildung verbessern, um diese effizienter und effektiver zu gestalten. Die **Effizienz des Lehrens** wird versteigert, wenn ein Dozent eine größere Anzahl von Studenten erreichen kann, ohne den individuellen Lernerfolg zu beeinträchtigen. Die **Effektivität des Lehrens** wird ermittelt anhand der Zeit, die von Studenten benötigt wird, um eine Lektion oder eine Fähigkeit zu meistern. Parallel hierzu sollen Daten über den Lernenden und das Lernen verwendet werden, um das Lernen zu personalisieren (vgl. [1]).

Jill Watson des ***Georgia Institute of Technology*** ist eine der berühmtesten digitalen **Lehrassistentinnen** der Welt. Zum Start im Jahr 2015 beantwortete *Jill* zunächst nur routinemäßige, häufig gestellte Fragen im Forum – das aber mit mehr als neunzigprozentiger Genauigkeit. Ihre Authentizität war so überzeugend, dass die Studenten nicht herausfanden, dass *Jill* ein KI-Agent war. Inzwischen werden mehrere Avatare von *Jill Watson* unter verschiedenen Pseudonymen sowohl in den Online- als auch in den Präsenzveranstaltungen eingesetzt. Die derzeitige Version von *Jill* beantwortet automatisch etwa drei Fünftel der studentischen Fragen in der ersten Woche des Kurses sowie etwa ein Drittel aller administrativen Fragen zu den Bewertungen im Kurs, wie bspw. Aufgaben, Projekte, Prüfungen (vgl. [5]).

Die Bildungsplattform ***Udacity*** setzt GPT-4 ein, um Fragen der Studenten zu beantworten – anstelle von menschlichen Mentoren. So können bis zu 20.000 Fragen pro Tag viel leichter bearbeitet werden. GPT-4 wird auch zur Entwicklung von Lerninhalten und Video-Produktionen eingebunden. Schließlich wird GPT-4 auch für die individuelle Karriereberatung eingesetzt – um Studenten auf dem Weg zu ihrem Wunschberuf zu unterstützen. Eines macht der Gründer von *Udacity*, *Sebastian Thrun*, aber auch deutlich: KI kann Studenten weder dabei unterstützen, Charakter zu entwickeln, Noch kann sie die – auch für den Lernerfolg – wichtigen zwischenmenschlichen Interaktionen ersetzen (vgl. [12], S. 51).

7.4 Entwicklung immersiver Lernumgebungen – VR- und AR-Lösungen

Zusätzlich können **immersive Lernumgebungen**, die KI und Virtual Reality (VR) oder Augmented Reality (AR) kombinieren, ein tieferes und ansprechenderes Lernverständnis ermöglichen. Das Unternehmen ***Labster*** ermöglicht Wissenschaftsstudenten **virtuelle Laborerfahrungen**. Diese virtuellen Labore simulieren reale wissenschaftliche Experimente. So können Studenten Experimente durchzuführen, Daten sammeln und ihre Ergebnisse analysieren – alles in einer virtuellen Umgebung. Die KI-Technologie ermöglicht es den Laboren, auf die Aktionen der Studenten zu reagieren, ihnen Feedback zu geben und ihre Leistung zu bewerten.

Diese immersiven Lernumgebungen ermöglichen es den Studenten, in einem **praxisorientierten, interaktiven Kontext** zu lernen. Sie ermöglichen auch den Zugang zu Erfahrungen, die sonst wegen Kosten, Sicherheitsbedenken oder logistischen Herausforderungen schwer zu erreichen wären. Hierzu zählen bspw. hoch spezialisierte Laborarbeit oder die Erkundung von schwer zugänglichen Orten wie des Weltraums oder des Meeresbodens. Diese virtuellen Labore verfügen über die gleichen Möglichkeiten, die Lehrkräfte im Bereich der Naturwissenschaften ihren Studenten bieten können. Darüber hinaus werden weitere Handlungsfelder eröffnet, die den Rahmenbedingungen knapper Budgets, unmotivierter Studenten und wachsender Wissenslücken gerecht werden (vgl. [8]).

Im **beruflichen Bildungsbereich** kommt derzeit verstärkt ein Technologie-Mix zum Einsatz. Ansätze der **Augmented Reality (AR)** können Mitarbeiter gezielt und individuell bei ihrer Tätigkeit unterstützen. Spezielle Datenbrillen (**Smart Glasses**) oder Tablets werden mit den Daten aus Anlagen und/oder von Maschinen verknüpft. Dem Träger der Brille werden so direkt Instruktionen für die nächsten Arbeitsschritte eingeblendet. Derartige **Augmented-Reality-Brillen** können auch Lehrlinge, Berufseinsteiger und ungelerntes Personal in der Ausbildung sowie bei wenig bekannten Handlungsabläufen und Arbeitsprozessen unterstützen. Bei fehlerhafter Bedienung kann in einer AR-Brille oder auf einem Tablet ein rotes Signal erscheinen, um den Bediener zu einer sofortigen Korrektur aufzufordern. Spezialisten und Facharbeiter können über entsprechende Geräte jederzeit über den momentanen Prozessfortschritt informiert werden. Die übermittelten Informationen und Instruktionen beruhen auf Echtzeitmessungen, die in IoT-Technologie einfließen.

Zusätzlich können durch die Verwendung von **Virtual-Reality(VR-)Brillen** Bildungsinhalte realitätsnäher vermittelt werden. Orientiert an der Gaming-Industrie werden virtuelle Welten geschaffen, in denen der Lernende auf praxisrelevante Situationen geschult wird:

- Ein angehender **Steward** simuliert so hautnah das Verhalten bei einer Notlandung des Flugzeugs.
- Die **Hebamme** muss in einer Ausbildungseinheit wissen, welche besonderen Herausforderungen mit einer Zwillingsgeburt verbunden und wie diese zu meistern sind.
- Der **Maschinenbauer** erkennt, welche Konsequenzen das falsch eingebaute Ventil auf den Produktionsablauf haben würde.

Basierend auf KI-Algorithmen können auch hier gezielt Schwachstellen des Lernenden erkannt und es kann entsprechend darauf reagiert werden. Gleichzeitig können die Konsequenzen falscher Entscheidungen simuliert werden, ohne dass jemand zu Schaden kommt.

> **Merk-Box** **KI-gestützte virtuelle Lehrer** und **immersive Lernumgebungen** haben das Potenzial, die Art und Weise, wie Wissen vermittelt wird, radikal zu verändern und zu verbessern, indem sie individualisiertes, interaktives und engagiertes Lernen ermöglichen.

Es zeigt sich, dass KI-Ansätze als spannende Erweiterung und weniger als Ersatz für aktuelle Ausbildungskonzepte zu verstehen sind. Die Herausforderung heißt **Blended Learning** – eine Mischung verschiedener Lernkonzepte, bspw. von Online-Kursen und Präsenzveranstaltungen, virtuellen Supervisors, AR- und VR-Anwendungen, immersiven Lernumgebungen und mehr. Hierzu wird mit dem Metaverse eine spannende „Spielwiese" geschaffen, um diese Möglichkeiten auszuprobieren (vgl. Kap. 11).

Food for Thought Auch im Bildungsbereich gilt es, die Möglichkeiten der Künstlichen Intelligenz verantwortungsvoll zu integrieren. Ein **Nutzungsverbot**, wie es verschiedene Bildungsinstitutionen bei der Nutzung von *ChatGPT* versucht haben, ist allerdings die schlechteste aller Optionen.

Wann hätten Verbote – etwa von Zigaretten, Alkohol oder übermäßigem Social-Media-Konsum – je verfangen?

Der KI-Geist ist aus der Flasche.

Jetzt geht es darum, einen verantwortungsvollen Umgang damit zu lernen und zu lehren – und die Formen der Vermittlung von Wissen sowie auch Prüfungsformen daran auszurichten!

Think-Box: Fragen, die Sie sich stellen sollten!

- Welche Aspekte des Lernprozesses könnten in unserem Unternehmen von KI-Technologien profitieren?
- Wie effektiv und zuverlässig ist die KI-Lösung bei der Bereitstellung von Bildungsressourcen schon heute?
- Können KI-basierte Systeme auf die spezifischen Bedürfnisse von Lernenden eingehen und individuelle Lernwege unterstützen?
- Werden alle Lernenden gleichbehandelt? Kann die KI-Technologie möglicherweise voreingenommene oder diskriminierende Ergebnisse liefern?
- Ist unsere vorhandene technische Infrastruktur in der Lage, die Implementierung und den Betrieb der KI-Lösung zu unterstützen?
- Verfügt unser Personal über die notwendigen Fähigkeiten und das Wissen, um die KI-Technologie zur Unterstützung der Lehr- und Lernprozesse effektiv zu nutzen und zu verwalten?
- Gibt es hierzu in unserem Unternehmen noch einen Bedarf an Schulungen oder professioneller Entwicklung?
- Wie hoch sind die Kosten für die Implementierung und Wartung der KI-Technologie?
- Wie werden solche Kosten im Vergleich zu den erwarteten Vorteilen und Verbesserungen gerechtfertigt?
- Wie werden die Leistungen der KI-Technologie im Laufe der Zeit überwacht und bewertet?
- Gibt es bei uns bereits etablierte Mechanismen für regelmäßiges Feedback und Anpassungen?

- Wie werden die Daten von Lernenden geschützt und genutzt? Welche Sicherheitsmaßnahmen sind vorhanden, um Missbrauch und Datenschutzverletzungen zu verhindern?
- Welche weiteren rechtlichen oder regulatorischen Aspekte müssen bei der Implementierung von KI im Bildungssektor berücksichtigt werden?

Zusammenfassung

- KI-Lösungen ermöglichen **personalisierte Lernerfahrungen**. Hierzu werden individuelle Lernpläne erstellt – basierend auf den Stärken, Schwächen und Interessen der Studenten.
- KI kann **Echtzeit-Feedback** zu den Arbeiten der Lernenden geben. Sie kann Fehler identifizieren und Korrekturen vorschlagen, was zur Verbesserung der Lernergebnisse beiträgt.
- KI-basierte Lösungen ermöglichen eine **Vorhersage von Lernschwierigkeiten**; dann können Dozenten frühzeitig eingreifen und Unterstützung leisten.
- **KI-gestützte Tutor-Systeme** können als virtuelle Tutoren agieren, die rund um die Uhr verfügbar sind.
- Dozenten können durch eine **KI-gestützte Korrektur von Ausarbeitungen** entlastet werden.
- KI-Engines unterstützen die **Automatisierung administrativer Aufgaben** und die **Erstellung von Lehrinhalten**.
- Immersive Lernumgebungen (u. a. Einsatz von AR- und VR-Technologien) ermöglichen eine **Verbesserung der Online-Lernplattformen** – ein spannendes Einsatzfeld im **Metaverse**.
- KI ermöglicht eine leichtere **Zugänglichkeit zu Bildungsinhalten** durch Text-zu-Sprache-Technologien oder visuelle Hilfsmittel für Lernende mit besonderen Bedürfnissen.

Literatur

1. AI-Aloe. (2023). About AI-ALOE. https://aialoe.org/. Zugegriffen am 31.05.2023.
2. Behera, A., Matthew, P., Keidel, A., Vangorp, P., Fang, H., & Canning, S. (2020). Associating facial expressions and upper-body gestures with learning tasks for enhancing intelligent tutoring systems. *International Journal of Artificial Intelligence in Education, 30*, 236–270. https://doi.org/10.1007/s40593-020-00195-2. Zugegriffen am 01.06.2023.
3. Google. (2023). Live transcribe & notification. https://play.google.com/store/apps/details?id=com.google.audio.hearing.visualization.accessibility.scribe&hl=gsw&gl=US. Zugegriffen am 31.05.2023.
4. Gradescope. (2023). Deliver and grade your assessments anywhere. https://www.gradescope.com/. Zugegriffen am 31.05.2023.

5. GTV. (2023). Virtual teaching assistant: Jill Watson. https://gvu.gatech.edu/research/projects/virtual-teaching-assistant-jill-watson. Zugegriffen am 31.05.2023.
6. Khenkar, S. G., Jarraya, S. K., Allinjawi, A., Alkhuraiji, S., Abuzinadah, N., & Kateb, F. A. (2023). Deep analysis of student body activities to detect engagement state in E-learning sessions. https://www.mdpi.com/2076-3417/13/4/2591. Zugegriffen am 01.06.2023.
7. Kreutzer, R. T. (2018). *Toolbox für marketing und management*. Springer Gabler.
8. Labster. (2023). Empower the next generation of scientists. https://www.labster.com/. Zugegriffen am 31.05.2023.
9. Microsoft. (2023). Seeing AI in new languages. https://www.microsoft.com/en-us/ai/seeing-ai. Zugegriffen am 31.05.2023.
10. Newton. (2023). Alta's adaptive learning technology. https://www.knewton.com/the-power-of-altas-adaptive-technology/. Zugegriffen am 31.05.2023.
11. Theurer, M. (2023, Mai 21). Wolfsburg geht ans Netz. *Frankfurter Allgemeine Sonntagszeitung*, 20.
12. Thrun, S. (2023, Mai 28). „Es geht gerade erst los“. *Frankfurter Allgemeine Sonntagszeitung*, 51.

Human-Resource-Management (HRM) 8

Zusammenfassung

Die Künstliche Intelligenz kann das HRM entlang der gesamten Talent Journey unterstützen. Dies beginnt mit Augmented Writing und setzt sich über eine KI-basierte Analyse und Bewertung von Bewerbern fort. Hier kommt dem CV-Parsing eine große Bedeutung zu. Beim Onboarding sowie bei der unternehmensinternen Identifikation und Entwicklung von Talenten können KI-Engines wichtige Impulse geben.

Ein spannendes Feld für den Einsatz der Künstlichen Intelligenz ist das **HR-Management** (HRM). Wie ein KI-Einsatz hier erfolgen kann, wird in dessen zentralen Handlungsfeldern aufgezeigt. Diese umfassen die strategische HR-Planung, die Rekrutierung, Training und Entwicklung, das Performance-Management sowie die Incentivierung des Personals. Um einen ganzheitlichen Ansatz unter Einbindung von KI-Technologien zu erreichen, sollten Sie ein **Talent-Experience-Management** (TXM) aufbauen. Hierdurch soll ein ganzheitliches **Talenterlebnis** – gleichsam eine **Talent Experience** – geschaffen werden.

> **Merk-Box** Im HR-Bereich gilt analog zu **„The experience is the product"** im Marketing:
>
> **„The experience is the job (offer)!"**

Um ein **überzeugendes Talenterlebnis** zu schaffen, müssen die verantwortlichen HR-Manager vorhandene Informations- und Prozess-Silos verlassen. Denn nur dann kann

Ergänzende Information Die elektronische Version dieses Kapitels enthält Zusatzmaterial, auf das über folgenden Link zugegriffen werden kann [https://doi.org/10.1007/978-3-658-42598-2_8].

R. T. Kreutzer, *Künstliche Intelligenz verstehen*, https://doi.org/10.1007/978-3-658-42598-2_8

ein ganzheitliches, konsistentes Erlebnis für die vorhandenen sowie für zukünftige Talente geschaffen werden. Fallen Erwartungen und Erleben – aus Sicht der Talente – innerhalb der Talent Journey auseinander, weil keine saubere Integration der einzelnen Schritte erfolgt, können Bewerbungs- und Beschäftigungsprozesse und eine für beide Seiten wertschöpfende Zusammenarbeit nicht gelingen.

In welcher Weise kann das **Talent-Experience-Management** hier Abhilfe schaffen? Das Talent-Experience-Management stellt einen ganzheitlichen Ansatz dar. Das Ziel besteht darin, vom Bewerbungsprozess bis zum Ausscheiden eines Mitarbeiters oder einer Führungskraft aus der eigenen Organisation überzeugende Erlebnisse zu schaffen. Hierdurch soll das Engagement der Mitarbeiter und Führungskräfte gefördert und diese auch zu begeisterten Botschaftern des eigenen Unternehmens und der eigenen Marken entwickelt werden. Hierfür sind vier „Erlebnisbereiche" zu bespielen (vgl. [18], S. 9):

- Die **Bewerber** finden den richtigen Job – schnell und effizient.
- Die **Recruiter** werden produktiver und erhöhen die Qualität der Akquisitionen.
- Die engagierten **Mitarbeiter** und **Führungskräfte** können ihre Potenziale langfristig einbringen und entwickeln.
- Die **Führungskräfte** erhöhen ihre Produktivität und erhalten die Insights, die für ihre Führungsaufgaben unverzichtbar sind.

Wie können Sie das erreichen? Das **Talent-Experience-Management** versucht, jeden Punkt auf der **Talent Journey** zielorientiert auszugestalten. Welche Fragen innerhalb der Talent Journey vom Unternehmen zu beantworten sind, zeigt Abb. 8.1. In jeder Phase ist zu prüfen, welchen Beitrag die Künstliche Intelligenz zur Verbesserung der Erlebnisse leisten kann. Hierzu werden jeweils exemplarisch einzelne Lösungen präsentiert, um eine konkrete Vorstellung der heute schon verfügbaren Konzepte zu vermitteln.

Abb. 8.1 Ganzheitliche Ausgestaltung der Talent Journey – mit relevanten Fragestellungen

8.1 Strategische HR-Planung

Die strategische HR-Planung ist der Ausgangspunkt des Talent-Experience-Managements. Im Zentrum der Aktivitäten steht hier die Vorhersage des zukünftigen Personalbedarfs und vor allem auch der notwendigen Qualifikationen. Hierfür ist ein **Human Resource Information System** (HRIS) aufzubauen – gleichsam als wichtige Grundlage für den KI-Einsatz (vgl. auch [5, 21]).

Die zentrale Aufgabe des HR Information Systems ist die Zusammenführung und Auswertung von Daten über Mitarbeiter und Führungskräfte sowie über heutige und zukünftige Qualifikationserfordernisse. Dies kann Personalentscheidungen zusätzlich fundieren und die Effizienz des HR-Managements steigern. Immer mehr Unternehmen machen sich auf den Weg in Richtung eines **KI-gestützten Human Resource Information Systems** – um lohnende Bereiche eines Zusammenwirkens von künstlicher und menschlicher Intelligenz auszuloten. Wie die Talent Journey in den ersten Phasen durch KI-Instrumente unterstützt werden kann, zeigt Abb. 8.2. Diese Instrumente werden in den weiteren Abschnitten detailliert vorgestellt.

8.2 KI-gestützte Rekrutierung

Orientiert an den Anforderungen der strategischen HR-Planung erfolgt die Rekrutierung der erforderlichen Mitarbeiter und Führungskräfte. Schon heute zeichnet sich in immer mehr Bereichen ein **Mangel an qualifizierten (Fach-)**Kräften ab. Deshalb sind die **Aktivitäten zur Rekrutierung** zu verstärken. Eine zentrale Aufgabenstellung des Rekrutierungsprozesses ist es zunächst, eine ausreichende Anzahl qualifizierter Bewerber zu generieren. Hierzu kann eine **automatisierte Optimierung von Stellenanzeigen** einen wich-

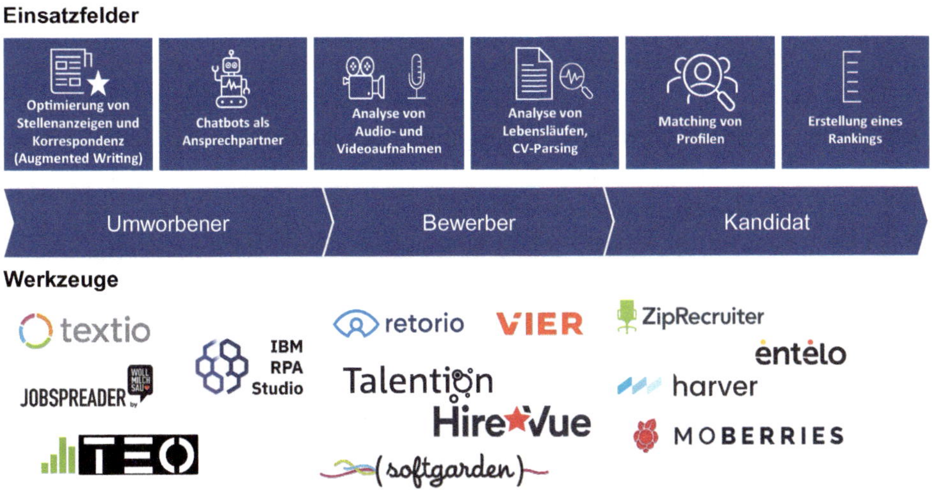

Abb. 8.2 KI-Werkzeuge für die ersten Phasen der Talent Journey

tigen Beitrag leisten. Der Fachbegriff hierzu lautet **Augmented Writing**. Beim Augmented Writing entwerfen (KI-gestützte) Systeme die Titel und Texte einer Stellenanzeige so, dass sich möglichst viele qualifizierte Bewerber angesprochen fühlen. Zusätzlich kann die Anzeige über die als besonders relevant erachteten Kanäle ausgespielt werden.

Um zu zeigen, wie der Prozess des Augmented Writings abläuft, wird hier das Konzept des US-Unternehmens ***Textio*** vorgestellt. Um die KI-Engine zu trainieren, werden von *Textio* Millionen von Stellenangeboten und Rekrutierungs-Mails ausgewertet, die weltweit von Unternehmen aus den verschiedensten Branchen bereitgestellt wurden. Eine **Prediction Engine** nutzt diese Daten, um sinnvolle Muster in der Sprache aufzudecken, die zu einer kraftvolleren Kommunikation und damit zu besseren Geschäftsergebnissen führen. Die jeweils gewonnenen Ergebnisse generieren weitere Daten, um den Lernprozess durch eine Lernschleife weiter voranzutreiben (vgl. [26]).

Die dadurch gewonnenen Erkenntnisse fließen in das Augmented Writing ein. Im Bewerbungsprozess können zunächst **Augmented Job Posts** eingesetzt werden, die besonders qualifizierte Bewerbungen auslösen sollen. Durch **Augmented Recruiting Mails** können anschließend die interessantesten Kandidaten angesprochen werden. Eine aktivierende Ansprache ist hier unverzichtbar, da die besonders qualifizierten Personen sicherlich viele entsprechende Mails erhalten. Deshalb ist es wichtig, dass bereits bei diesem Kontakt „der Funke überspringt". *Textio* unterstützt dabei, persönliche und wirkungsvolle Anschreiben viel schneller zu verfassen (vgl. [26]).

Hierfür liefert der visuelle Editor von *Textio* während des Schreibprozesses Formulierungen, die besonders effektiv sind. Es werden Anregungen für die Formulierung der Betreffzeile geliefert, um das Interesse des Empfängers zu wecken. Der ***Textio*-Leitfaden** ist speziell auf Rekrutierungsmails zugeschnitten. Der ***Textio*-Score** zeigt an, in welchem Umfang die ***Textio*-Richtlinien** eingehalten wurden. Bewertung und Hervorhebungen werden während der Eingabe angezeigt. Bei Termini, die auf Bewerter abschreckend wirken könnten, werden durch das Tool Synonyme vorgeschlagen. Hierdurch kann die Sprache kontinuierlich verbessert werden. Durch die ***Textio*-Browsererweiterung** erhöhte *Johnson & Johnson* bspw. die Rücklaufquote seiner Bewerber durch E-Mails mit hohen *Textio*-Scores um 25 % (vgl. [26]).

Die in Abschn. 4.5.1 vorgestellte ***TEO Suite*** von **tcl.digital** [25] ist auch sehr gut dafür geeignet, beim Augmented Writing zu unterstützen. Denn auch bei der Kommunikation mit Bewerbern geht es darum, lesefreundlich und vor allem auch aktivierend zu formulieren.

► **Merk-Box** Wichtig ist auch hier: Am Ende entscheidet der HR-Manager, welche Stellenanzeigen veröffentlicht und welche Texte eingesetzt werden. Das Augmented Writing kann allerdings helfen, möglichst viele qualifizierte Bewerber zu erreichen und die Suche nach geeigneten Kandidaten zu beschleunigen.

Jobspreader [11] unterstützt den Recruiting-Prozess mit Daten, Technologie und Know-how. Hierfür werden u. a. ein **Arbeitsmarktscreening,** ein **Wettbewerbsradar** und eine **Jobtitel-Suchmaschinen-Optimierung** durchgeführt. Auf diese Weise werden

Job-Angebote umfassend sichtbar. Zusätzlich wird ein **Dashboard** angeboten, um das datenbasierte Recruiting prozessual in der Organisation zu verankern.

Wenn sich Personen für ein Unternehmen und seine Job-Angebote interessieren, können sogenannte **Robo Recruiter** eingesetzt werden. Was können diese schon heute leisten? In Summe muss festgestellt werden, dass entsprechende Konzepte bisher noch nicht in der Lage sind, den kompletten Recruiting-Prozess selbstständig auszugestalten. Auch in diesem Bereich geht es primär darum, die HR-Manager bei ihrer Arbeit zu unterstützen. Für einfache Dialoge im Erstkontakt mit Bewerbern können **Chatbots** eingesetzt werden. Chatbots können einfache und häufig gestellt Personalfragen beantworten. Hierzu zählen Fragen zur Arbeitszeit, zum Urlaub oder zur Elternzeit. Auch im Onboarding-Prozess können Chatbots unterstützen.

Die in Abschn. 4.2 vorgestellten **digitalen Assistenten** können weitergehende Dialoge führen. Ein Bereich ist die Ermittlung der stellenrelevanten Qualifikationen durch entsprechende Dialoge. Hier geht es bspw. um das Vorliegen bestimmter Abschlüsse von Berufsschulen oder Universitäten. Auch der Stand der Beherrschung von Fremdsprachen kann ermittelt werden. Eine solche Lösung bietet ***IBM RPA*** (Robotic Process Automation). Hierbei handelt es sich um ein zentrales Tool für die Erstellung und Verwaltung von Bots mit einem nativen, KI-fähigen digitalen Assistenten (vgl. [9]). Diese Anwendungen können mit Menschen chatten, um eine wirkungsvolle Unterstützung im Recruiting-Prozess zu erbringen. Werden Fragen komplexer, ist eine unmittelbare Weiterleitung an einen HR-Manager unverzichtbar.

Weiterführend können – permissionbasiert – **automatisierte Analysen von Audio- und Videoaufnahmen** durchgeführt werden. Die hier eingesetzten Technologien werten Ton- und/oder Bildaufnahmen von Kandidaten aus, um Rückschlüsse auf Persönlichkeitsmerkmale und Kompetenzen der Bewerber zu ziehen.

Die **Video-KI** des deutschen Unternehmens ***Retorio*** [20] basiert auf wissenschaftlich validierten Persönlichkeits- und Kulturmodellen, die Aussagen im Hinblick auf Verhalten und Leistung ermöglichen. Die Grundlage hierfür ist das **Fünf-Faktoren-Modell**, auch **Big-5-Modell** genannt (vgl. grundlegend [13]). Dieses Modell der Persönlichkeit ist eine hierarchische Organisation von Persönlichkeitsmerkmalen in Form von fünf grundlegenden Dimensionen:

- **O**penness/Offenheit: Tendenz einer Aufgeschlossenheit für neue Erfahrungen
- **C**onscientiousness/Gewissenhaftigkeit: Tendenz zu langfristigem Planen, zu Selbstdisziplin und Fleiß
- **E**xtraversion: Tendenz zu Dominanz und Geselligkeit
- **A**greeableness/soziale Verträglichkeit: Tendenz zur Freundlichkeit und Harmonie
- **N**euroticisim/Neurotizismus: Tendenz zu Ängstlichkeit und Nervosität

Zusammen ergeben die Anfangsbuchstaben der englischen Begriffe das Akronym **OCEAN**. Mit diesem Modell lassen sich **Persönlichkeitsunterschiede** in allen Kulturen beschreiben. Jede Eigenschaft weist mehrere Unterdimensionen auf (vgl. [1]). Das auf diesem Persönlichkeitskonzept basierende KI-Modell wurde mit einem demografisch vielfältigen Datensatz von mehr als 100.000 Menschen aus der ganzen Welt trainiert und ist deshalb global einsetzbar. Seitens *Retorio* wird besonderer Wert auf **KI-Fairness** hinsichtlich Alter, Geschlecht und Hautfarbe gelegt (vgl. Abschn. 1.4). So sollen die eingesetzten Modelle menschliche Vorurteile und damit einhergehende Risiken eines diskriminierenden Verhaltens ausschließen. Für das Training wurden Supervised Learning und Deep-Learning-Modelle eingesetzt.

Durch **automatisierte Videointerviews** können durch *Retorio* **Persönlichkeitsprofile** erstellt werden, die auf der Analyse von Gesichtsausdruck, Körpersprache und Stimme basieren. Zusätzlich werden die gesprochenen Worte transkribiert und der Sprachgebrauch wird analysiert. Wichtig ist hierbei, dass das Modell von *Retorio* auf dem **tatsächlichen Verhalten** aufsetzt – und nicht auf einer Selbsteinschätzung des Kandidaten. Hierdurch wird die Gefahr vermieden, dass Teilnehmer ihre Eigenschaften überschätzen, um die Wahrscheinlichkeit einer Einstellung oder einer Beförderung zu erhöhen. Diese Gefahr kann bei Beobachtungen allerdings durch geschultes Personal vermieden werden.

Welche Ergebnisse durch dieses KI-Werkzeug erzielt werden können, wurde durch einen **Selbsttest des Autors** ermittelt. Zunächst wurde der potenzielle Bewerber dazu aufgefordert, sich kurz vorzustellen. Dann galt es, eine berufliche Situation zu schildern. Hierfür sind jeweils wenige Minuten ausreichend. Wenige Tage später wurden die Ergebnisse per Mail zugestellt. Der Autor hatte Glück – eine Empfehlung zur Einladung zum Interview wurde ausgesprochen (vgl. Abb. 8.3).

Abb. 8.3 Video-Aufzeichnung durch *Retorio*. (Quelle: Retorio)

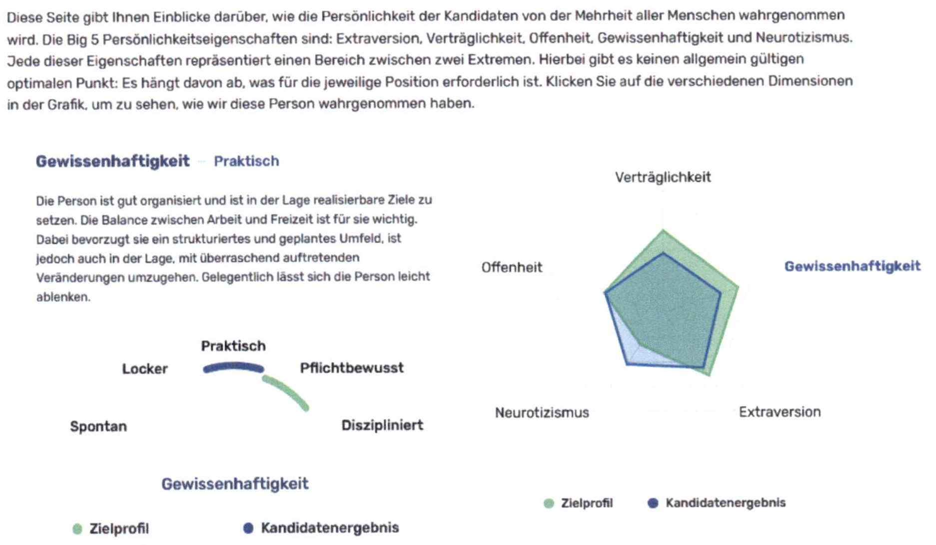

Abb. 8.4 Big-5-Persönlichkeitsprofil der KI-gestützte Video-Analyse durch *Retorio*. (Quelle: Retorio)

Viel spannender sind allerdings die weiteren Ergebnisse, die durch die KI-gestützte Video-Analyse erzielt wurden. Das **Big-5-Persönlichkeitsprofil** zeigt Abb. 8.4.

Welche weiterführenden Informationen durch diese Video-Analyse gewonnen werden, zeigt Abb. 8.5. Hier wird deutlich: Die Sichtweise menschlicher Recruiter wird hier durch weitere spannende Inhalte angereichert.

Allerdings gilt auch: Das **Profil eines Kandidaten** muss zur Kultur des Unternehmens passen. Die **Unternehmenskultur** spiegelt Verhaltensmuster und Einstellungen wider, die von den verschiedenen Mitgliedern und Einheiten einer Organisation gelebt werden. Um diese ebenfalls zu erfassen, setzt *Retorio* eine der wichtigsten **Taxonomien in der Kulturforschung** ein. Die folgenden **Faktoren der Unternehmenskultur** können nach O'Reilly III et al. ([17], S. 502) unterschieden werden:

- Innovation und Risikobereitschaft
- Detailorientierung
- Ergebnisorientierung
- Aggressivität und Wettbewerbsfähigkeit
- Unterstützung
- Betonung von Wachstum und Belohnung
- Zusammenarbeit und Teamorientierung
- Entscheidungsfreudigkeit

Abb. 8.5 Detailauswertung der KI-gestützten Video-Analyse durch *Retorio*. (Quelle: Retorio)

Diese **Faktoren der Unternehmenskultur** können mit individuellen **Merkmalen und Eigenschaften von Personen** abgeglichen. Hierdurch können Persönlichkeitsmerkmale auf individueller Ebene zu einem **übergreifenden Kulturmodell** zusammengeführt werden. Auf diese Weise wird ermittelt, wie gut bestimmte Personen zu einer Unternehmenskultur passen. Tendenziell steigt bei einer guten Passung auch die Verweilzeit im Unternehmen.

Weitergehende Analysemöglichkeiten bieten sich an, wenn der Bewerber einer umfassenden **Video-Analyse** zugestimmt hat. Dann kann die Künstliche Intelligenz bspw. ein 15-minütiges Videointerview in einen Satz von 20.000 Datenpunkten für Gesichtsbewegungen, Intonation und Wortwahl umwandeln (vgl. [10], S. 110). Die dabei gewonnenen Erkenntnisse können auch für die laufende **Bewertung von Mitarbeitern und Führungskräften** eingesetzt werden, die bereits an Bord sind. So können Entwicklungspotenziale sowie die Eignung für ausgeschriebene interne Stellen ermittelt werden und Lern-Agenden sowie Karrierepfade erarbeitet werden. In einer weiteren Stufe könnte auch ermittelt werden, wie harmonisch und erfolgreich Mitarbeiter mit bestimmten Führungskräften zusammenarbeiten könnten. So kann auch die Teamstruktur KI-gestützt optimiert werden.

Die schon in Abschn. 4.4 vorgestellte Sprachanalyse ***VIER Emotion Analytics*** kann auch im HR-Bereich gesetzt werden. Hier dient die Anwendung dazu, Stärken und Entwicklungsfelder von Bewerbern sowie von Mitarbeitern zu erkennen. Schließlich wirkt die Art und Weise, wie Menschen miteinander kommunizieren, auf die Beziehungen untereinander und damit auch auf das erreichbare Arbeitsergebnis. Hierfür misst das System die Art und Weise, wie Menschen miteinander interagieren. Recruiter können auf diese Weise leichter und schneller Mitarbeiter finden, die in ein Team sowie generell in die Kommunikations- und Interaktionskultur eines Unternehmens passen. Hierzu können Video-Interviews ausgewertet werden. Zusätzlich können Führungskräfte Impulse für das Talentmanagement erhalten, um Mitarbeiter zu motivieren, zu entwickeln und zu binden (vgl. [29]).

Einen innovativen HR-Ansatz bietet auch ***HireVue*** an. Durch eine **End-to-End Hiring Experience Platform** wird ein schneller und fairer Einstellungsprozess unterstützt. Die angebotene Software automatisiert auf Unternehmensebene die notwendigen Arbeitsabläufe. Die Phasen Ansprechen, Prüfen, Bewerten, Interviewen und Einstellen der Talent Journey werden hierfür nahtlos verknüpft. Durch automatisierte Workflows über Text-, Web- und *WhatsApp*-Schnittstellen wird eine **24/7-Bewerber-Interaktion** ermöglicht. Das erleichtert die **Skalierung von Einstellungsprozessen**. Hierfür erfolgt eine Verknüpfung mit den marktführenden Kalendersystemen, um die Terminplanung zu automatisieren. Für die Live- und On-Demand-Video-Interviews wird zusätzlich Conversational AI eingesetzt. Aufgezeichnete Interviews können durch die HR-Entscheider konsistenter ausgewertet werden. Außerdem können durch die Systemunterstützung mehr Kandidaten in kürzerer Zeit begutachtet werden (vgl. [7]).

Der Prozess wird durch einen ***HireVue*** **Builder** unterstützt. So werden ad hoc entwickelte und damit häufig auch inkonsistente Interviewprozesse vermieden. Über dieses System können die Personalverantwortlichen auf mehr als 1000 berufsspezifische, von Arbeitspsychologen geprüfte Gesprächsleitfäden zugreifen. Der *HireVue* Builder generiert automatisch Fragen und wählt die relevanten Bewertungskriterien auf der Grundlage von berufsbezogenen Attributen und Fähigkeiten aus. Die so standardisierten Bewerbungsgespräche stellen ein höheres Maß an Konsistenz und Fairness im Gesprächsprozess sicher (vgl. [7]).

8.3 Erfassung und Analyse von Lebensläufen

Der nächste wichtige Schritt in der Talent Journey ist die **Erfassung und Analyse von Lebensläufen** von Bewerbern. Meistens handelt es sich hier um unstrukturierte bzw. um semistrukturierte Daten, die für die Weiterverarbeitung in einen **strukturierten Lebenslauf** umgewandelt werden müssen. Hier werden Verfahren der Sprach- und Bilderkennung eingesetzt. Werden Techniken der Gesichtserkennung verwendet, kann eine Übereinstimmung der Kandidaten mit den eingereichten Foto-Dokumenten geprüft werden. Wenn dieser Abgleich erfolgte und ein strukturierter Datensatz vorliegt, können klassische Plausibilitäten überprüft und interessante Muster in den Lebensläufen erkannt werden. Diese ermittelten Muster können anschließend mit den Stellenanforderungen abgeglichen werden. Eine solche **Voranalyse und Vorauswahl potenzieller Kandidaten** kann den Rekrutierungsprozess – vor allem in Unternehmen mit einem hohen Bewerberaufkommen – deutlich beschleunigen. Eine solche qualifizierte Zuarbeit für die Personalakquisition kann allerdings nur dann gelingen, wenn der zum Training eingesetzt Datensatz keinen Bias aufweist und auch keine in der Vergangenheit generierten Vorurteile in die Bewertung einfließen lässt (vgl. vertiefend Abschn. 1.4). Sind diese Voraussetzungen erfüllt, können die Qualifikationen der Kandidaten vorurteilsfreier bewertet werden.

Um diese Prozesse zu unterstützen, werden KI-Werkzeugen zur **automatisierten Analyse von Lebensläufen** eingesetzt. Hier wird von **CV-Parsing** bzw. von **Résumé-Parsing** gesprochen (vgl. grundlegend zum Parsing Abschn. 1.3.1). Beim CV-Parsing (CV für Curriculum vitae bzw. Lebenslauf) werden die relevanten Daten aus einem digital vorliegenden, unstrukturierten Lebenslauf systematisch herausgefiltert, strukturiert und in eine Software für das Bewerbermanagement importiert. KI-Algorithmen erkennen die relevanten Textelemente eines Lebenslaufs. Die Bilderkennung erfasst Fotos der Bewerber, sodass diese anschließend extrahiert und gesondert verarbeitet werden können. Das CV-Parsing trägt zur **Beschleunigung des Recruiting-Prozesses** bei, weil nicht mehr jeder Lebenslauf komplett durchgesehen werden muss, um die relevanten Daten an den unterschiedlichsten Stellen zu finden. Außerdem ermöglicht eine strukturierte Aufbereitung der CV-Daten, gezielt nach bestimmten Keywords zu suchen (bspw. nach spezifischen Qualifikationen oder Abschlüssen). Mit einer CV-Parsing-Software, einer semantischen Suche und einer semantischen Matching-Lösung zwischen dem Qualifikationsprofil des Bewerbers und den Stellenanforderungen werden Arbeitgeber und Personalvermittler darin unterstützt, ihre Personal- und Rekrutierungsprozesse effizienter zu gestalten.

Eine entsprechende Lösung wird bspw. vom deutschen Unternehmen **Talention** [24] angeboten. Deren **CV-Parsing-Tools** ermöglichen auch die Analyse von **One-Click-Bewerbungen**. Bei diesen kann man sich unmittelbar mit seinem *Xing*- oder *LinkedIn*-Profil bewerben. Die dort zu findenden Daten werden vom CV-Parser analysiert und strukturiert in eine Bewerberdatenbank importiert. Ein solches Vorgehen erleichtert nicht nur die Arbeit der HR-Manager, sondern verbessert auch die Talent Experience. Dazu zählt ebenfalls, dass die Formulare für eine Online-Bewerbung auch auf mobilen Devices funktionieren. Denn immer häufiger bewerben sich Kandidaten per Tablet oder Smartphone. Diese Aspekte sollte man gerade beim War for Talents nicht aus den Augen verlieren.

Textkernel hat mit ***Extract! 4.0*** ebenfalls einen **CV-Parsing-Algorithmus** entwickelt. Dieser erlaubt es, Lebensläufe genau zu analysieren (vgl. [27]).

Ein weiteres Werkzeug ist die **Talent Acquisition Suite** des auch in Deutschland aktiven Unternehmens ***Softgarden***. Da die Mehrheit der Bewerber zunächst potenzielle Arbeitgeber auf *Google* suchen, müssen die eigenen Angebote dort optimal gefunden werden – und dann überzeugen. Zusätzlich können die Mitarbeiter hier selbst in den Rekrutierungsprozess eingebunden werden. Schließlich gilt – analog zur Freundschaftswerbung – „gute Mitarbeiter kennen andere gute (potenzielle) Mitarbeiter“. Empfehlungen führen hier häufig zu besonders erfolgreichen Einstellungen. Deshalb gilt es, die Netzwerke der eigenen Mitarbeiter in den Recruiting-Prozess einzubeziehen. Im Zuge des Bewerbermanagements wird auch hier CV-Parsing eingesetzt. Zusätzlich fließen die **Bewertungen als Arbeitgeber** in den Prozess ein. So wird ein holistisches HR-Management unterstützt (vgl. [23]).

8.4 Matching von Kandidaten und Stellenanforderungen

Die strukturierte Aufbereitung von Lebensläufen ist die Voraussetzung für ein **automatisiertes Matching von Kandidaten und Stellenanforderungen**. Hierbei werden die Profile von internen bzw. externen Kandidaten systematisch mit dem Anforderungsprofil von Stellen abgeglichen. So kann sehr schnell ein möglicher Match gefunden werden – oder es wird sichtbar, dass es nach wie vor an qualifizierten Bewerbern fehlt. Das automatisierte Matching unterstützt auch das interne Talent-Management und anstehende Nachfolgeplanungen. Teilweise wird im Rahmen des Matching-Prozesses automatisiert ein **Ranking der Bewerber** anhand der vordefinierten Ziele und Anforderungen erstellt. Dann werden die Personen nach ihrer Eignung für eine freie Stelle, ein Training, ein Coaching oder auch für eine Freisetzung in eine Reihenfolge gebracht.

Eine entsprechende Unterstützung wird bspw. von dem in Irland angesiedelten Unternehmen **ZipRecruiter** [31] geboten. Der hier entwickelte, über eine App zugängliche **Job-Marktplatz** unterstützt Menschen bei ihrer Jobsuche. Auf diesem als Plattform ausgestalteten Marktplatz sind nach Angaben des Anbieters monatlich über sieben Mio. aktiv Jobsuchende unterwegs. Über eine Million Unternehmen setzen *ZipRecruiter* bereits für ihre Bewerbungsprozesse ein – und pro Monat kommen nach Unternehmensangaben mehr als 10.000 Nutzer dazu.

Das US-Unternehmen **Entelo** [3] verbindet Talent Sourcing und Talent Engagement in einer **End-to-End-Recruiting-Lösung**. Hierzu wird eine spezielle Suchmaschine eingesetzt, um die gesuchten Talente schneller zu finden. Dabei werden Hunderte von Variablen analysiert, um schnell Kandidaten zu finden, die den Suchkriterien entsprechen. Hier handelt es sich um einen Einsatzbereich von Predictive Analytics.

Für die Einstellung einer großen Zahl von Mitarbeitern (bspw. Kellnern, Kassierern, Kundendienstmitarbeitern) bietet das niederländische Unternehmen **Harver** [6] eine **Software zur Unterstützung von Einstellungsprozessen** an. Hierzu werden datengestützte Abgleiche, eine End-to-End-Automatisierung und Business Intelligence auf Unternehmensniveau kombiniert. Hierzu wird eine Matching-Technologie eingesetzt, die sekundenschnelle Entscheidungen in großem Umfang ermöglicht. Die Matching-Daten werden verwendet, um Automatisierungsregeln auszulösen. Hierdurch werden Kandidaten ohne menschliches Eingreifen durch den Recruiting Funnel geleitet. Gleichzeitig soll ein schnelles und unterhaltsames Bewerbererlebnis ermöglicht werden. Eine **Business Intelligence Suite** auf Unternehmensebene umfasst alle relevanten Metriken und KPIs, um den Gesamtprozess zu monitoren.

Die **Recruiting-Software** des deutschen Anbieters ***MoBerries*** unterstützt ebenfalls den Recruiting-Prozess mit datenbasierten Einblicken. Im ersten Schritt hilft die Software bei der Gewinnung von Bewerbungen über verschiedene Recruiting-Kanäle. Dazu zählen Jobportale, Personalvermittler und Talentnetzwerke. Wichtig ist hierbei, dass bereits vorgefilterte Bewerber aus allen Kanälen angesprochen werden. Ein intelligenter, auf neuronalen Netzen basierender **Bewerberfilter** sortiert die Bewerber nach der Relevanz ihrer Profile. Dieser Bewerberfilter lernt kontinuierlich aus den Interaktionen der Kandidaten und hilft, die passendsten Bewerber zu priorisieren und irrelevante Bewerbungen schnell auszusortieren (vgl. [14]).

Für den zweiten Schritt, einen **Matching-Prozess**, wird eine spezielle KI-Anwendung eingesetzt. Diese wertet die von Bewerbern bereitgestellten Daten zu Fähigkeiten und Präferenzen aus. Das jeweilige Profil wird mit den Anforderungen einer zu besetzenden Position verglichen. Bei einer hohen Stimmigkeit zwischen dem Profil des Kandidaten und den Stellenanforderungen kann sich der Kandidat das Jobangebot ansehen und sich direkt per Klick bewerben. Diese Bewerbung wird unmittelbar in der Recruiting-Software bzw. in einem entsprechenden Dashboard sichtbar. Die Bewerbung kann nach einer Prüfung direkt akzeptiert oder ablehnt werden. Dieses Ergebnis – verbunden mit einer kurzen Begründung – trainiert die **Matching-KI**. Das Gleiche gilt für die Bewerber selbst. Wenn diese eine Stelle ablehnen, wird auch hier ein Feedback erbeten. So kann der Algorithmus von jedem Feedback lernen und besser werden. Gleichzeitig können auch die Unternehmen erkennen, warum sich potenzielle Kandidaten nicht bei eigenen Unternehmen bewerben. Diese Erkenntnisse sind wichtig, um die Stellenausschreibung weiter zu optimieren (vgl. [14]).

Wird im Bewerbungsprozess ein **KI-gestütztes Expertensystem** eingesetzt, so können durch den Abgleich zwischen dem Qualifikationsprofil externer oder interner Bewerber einerseits und den Anforderungen der Stelle andererseits relevante Fragenbereiche bzw. ganz konkrete Fragestellungen vorgeschlagen werden. Diese können entweder von einem Chatbot oder einem menschlichen Recruiter gestellt werden. Werden diese Antworten digital erfasst, können sie auf Plausibilität mit dem Lebenslauf sowie auf Korrektheit insgesamt überprüft werden – schneller, als dies Menschen möglich ist. Gleichzeitig kann die Effizienz des Bewerbungsprozesses gesteigert werden, wenn die Sprache von Bewerber und Interviewer automatisch digitalisiert wird. Hierdurch werden auch spätere, ggf. vertiefende Auswertungen möglich – soweit hierfür die notwendigen Erlaubnisse der Kandidaten vorliegen.

8.5 Onboarding neuer Mitarbeiter

Wie die Talent Journey in den weiteren Phasen durch KI-Instrumente unterstützt werden kann, zeigt Abb. 8.6. Interessant ist, dass für das **Exit-Management** bislang kaum entsprechende Angebote vorliegen. Hier kann sich der HR-Bereich von den Marketingkonzepten zum Churn-Management inspirieren lassen, um entsprechende Anwendungen zu entwickeln.

Abb. 8.6 KI-Werkzeuge für die weiteren Phasen der Talent Journey

Das Unternehmen ***Enboarder*** verspricht die Entwicklung von **Human-Centric Journeys**, indem neuen Mitarbeitern zeitnah personalisierte und „mundgerechte" Inhalte geliefert werden – jeweils über den präferierten Kommunikationskanal. Hierfür werden virtuelle Räume angeboten, um eine Bindung zwischen neuen Mitarbeitern und dem Team aufzubauen. Es werden auch Einführungsvideos eingesetzt und (virtuelle) Kaffeeklatschgespräche organisiert. Außerdem können Führungskräfte geschult werden, um ein **virtuelles Onboarding** zu meistern. Parallel dazu können technische Anfragen, aber auch die Bestellung von Berufsbekleidung, Ausweisen, Visitenkarten etc. erleichtert werden. Regelmäßige **Check-in-Umfragen** prüfen, wie rund die so unterstützten Prozesse laufen (vgl. [2]).

▶ **Merk-Box** KI-Lösungen können den Rekrutierungsprozess und das Onboarding durch viele spannende Anwendungen zielführend unterstützen.

8.6 Talent-Management – Training und Entwicklung

Ein – teilweise immer noch vernachlässigter – Kernbereich des HR-Managements ist das Training und die Entwicklung der Mitarbeiter und Führungskräfte. Dieser Aufgabe sollten Sie angesichts der dynamischen Veränderungen des digitalen Zeitalters und der Herausforderungen einer ökologischen Transformation besondere Aufmerksamkeit schenken. Es ist eine **lernende Organisationskultur** zu entwickeln, die nicht nur punktuell identifizierte Lücken in den Qualifikationsprofilen des Personals auszufüllen sucht. Außerdem gilt es, Potenzialträger im eigenen Unternehmen frühzeitig zu identifizieren – um diese zu halten!

Eine große Herausforderung für viele Unternehmen liegt darin, die Mobilität von Leistungsträgern innerhalb der Unternehmen zu verbessern. Das bedarf des Aufbaus einer leicht durchsuchbaren **Datenbank mit den Fähigkeiten und Kompetenzen der Mitarbeiter und Führungskräfte**. Diese sollen ihre Bewerbungsunterlagen einfach hochladen können, um interne Angebote zu finden, die ihren Profildaten entsprechen. Hierdurch wird es für die Leistungsträger des Unternehmens leichter, sich über neue Aufgabenstellungen, Rollen und Projekte zu informieren – und ihre Bewerbung mit einem Klick einzureichen. So wird die Talententwicklung im eigenen Unternehmen gefördert – beim vielfach beschriebenen Mangel an qualifizierten Fachkräften unverzichtbar. Außerdem kann früh festgestellt werden, ob ein externes Sourcing wirklich erforderlich ist. Hier kann auch ein **multilinguales Résumé-Parsing** eingesetzt werden, um Bewerbungen aus verschiedenen Sprachkreisen vergleichbar zu machen. Ein entsprechende KI-gestützte Lösung wird bspw. von ***Textkernel*** angeboten (vgl. [28]).

Das HR-Technologie-Unternehmen ***Phenom*** unterstützt das bereits angesprochene **Talent-Experience-Management** durch eine KI-gestützte, skalierbare Plattform. Hierzu tragen **digitale Talentmarktplätze** für Unternehmen bei, um diese mitarbeiterzentriert bei ihrer digitalen Transformation zu unterstützen. Ein **Matching-Algorithmus** als SaaS-Lösung gleicht vorhandene Daten über die **Qualifikationen** der bereits beschäftigten Mitarbeiter und Führungskräfte mit **unternehmensinternen Arbeits- und Lernangeboten** ab. Hierdurch soll das bereits im Unternehmen vorhandene Talentpotenzial ausgeschöpft werden. Zusätzlich soll durch den Matching-Prozess die **unternehmensinterne Vernetzung** gefördert werden, um so die Unternehmen von innen heraus zu stärken. Hierfür werden individuelle Marktplätze aufgebaut – mit Use Cases und Themen des jeweiligen Unternehmens. Dazu zählen Projekte, Jobsharing-Angebote, das Finden von unternehmensinternen Experten, Kurzeinsätze, aber bspw. auch Lunch Dates und Mentoring-Angebote (vgl. [18]).

Für die Unternehmen geht ein solches Vorgehen mit folgenden Vorteilen einher:

- Das **KI-gestützte Matching** unterstützt die **individuellen Karrierepfade** – orientiert an den individuellen Zielen, Fähigkeiten und Interessen der Kandidaten.
- Durch ein **Skill Mapping** werden qualifizierte Bewerber und offene Stellen im eigenen Unternehmen schnell zusammengebracht. Hierdurch können HR-Manager von Routineaufgaben entlastet werden.

KI-gestützte Systeme können bei der **qualifikationsgestützten „Lückenanalyse"** unterstützen und gleichzeitig passgenaue Angebote entwickeln bzw. in On- und Offline-Angeboten ausfindig machen.

KI-Anwendungen können heute schon **automatisiert Vorschläge zu Trainings- und Entwicklungsmaßnahmen** erarbeiten. Den Mitarbeitern bzw. den verantwortlichen HR-Managern werden hier – systemgestützt – Maßnahmen zur Personalentwicklung vorgeschlagen bzw. empfohlen. Diese Maßnahmen werden durch einen KI-Algorithmus auf Grundlage der im HR-System vorhandenen Daten abgeleitet. Diese Schritte werden durch das schon vorgestellte Konzept von ***Phenom*** unterstützt (vgl. [18]).

In diesem Kontext unterstützt auch das System ***Qualtrics Employee XM***. Hierfür werden die Stimmen der Mitarbeiter durch eine **Listening Engine** erfasst, um die jeweils passenden Schritte in Richtung Steigerung des Engagements, Talentplanung, Produktivität und Innovation einzuleiten. Um diese relevanten Daten zu ermitteln, können unternehmensinterne Befragungen durchgeführt werden (vgl. [19]).

Im Trainingsprozess selbst können **Schulungsroboter** eingesetzt werden, die bereits in Kap. 7 diskutiert wurden. Durch ein visuelles Scanning kann der täglichen Lernstatus der Teilnehmer beobachtet und die jeweilige Aufmerksamkeit ermittelt werden. Zusätzlich können die Lernfortschritte – für jede einzelne Person – exakt analysiert werden. Dies macht es möglich, dass nicht nur die Schwierigkeitsgrade der Inhalte, sondern auch die Art der didaktischen Aufbereitung sowie deren zeitliche Präsentation i.S. des Unterrichtsrhythmus dem jeweils Lernenden angepasst werden. Durch die direkte Interaktion mit dem Schulungsroboter können weitere Erkenntnisse über den Lernfortschritt sowie notwendige weitere Hilfeleistungen gewonnen werden. Grundlage hierfür sind Konzepte, die auch die Ausarbeitungen der Lernenden auf Korrektheit analysieren. Dies ist inzwischen in immer mehr Bereichen möglich. Während bspw. mathematische Ausarbeitungen meist eindeutig als korrekt oder falsch bewertet werden können, ist dies bei Fragestellungen, die auf Kreativität setzen (bspw. im Marketing, bei Produktentwicklungen etc.), eher schwierig. In Summe besteht hier die Möglichkeit, die Qualität des Lernens und der Lernerlebnisse sowie die Lerneffizienz selbst zu verbessern.

▶ **Merk-Box** Die Künstliche Intelligenz wird hier zum Unterstützer bzw. zum eigenständigen **Entwickler einer individuellen Trainingsagenda** – für jede einzelne Person.

Maßgeschneiderte Lernpläne für jeden Mitarbeiter und jede Führungskraft werden möglich – orientiert an den gegenwärtigen oder zukünftigen Anforderungen des Unternehmens und den jeweiligen persönlichen Zielen, Qualifikationen und Aufgaben der Kandidaten.

Ein weiterführendes Konzept zur Steigerung der Zufriedenheit und Produktivität von Mitarbeitern bietet das Berliner Unternehmen **Humanoo** [8]. Hier liegt Fokus auf dem **betrieblichen Gesundheitsmanagement**. Durch ein integriertes Gesundheitstraining soll die individuelle körperliche und geistige Gesundheit ermittelt und gefördert werden. Für ein **holistisches Gesundheitsangebot** stehen mehr als 3000 Programme zur Gesundheitsförderung bereit. Außerdem wird ein Zugang zu Psychologen und Coaches durch persönliche Video-Coachings ermöglicht. Hierfür wird eine App eingesetzt, die Mitarbeiter und Führungskräfte zu einem gesünderen Leben motivieren kann. Dies soll nicht nur die Zufriedenheit des Personals erhöhen, sondern auch Fehlzeiten reduzieren. Durch die Zusammenführung von Personen aus unterschiedlichen Unternehmensbereichen kann auch das Gemeinschaftsgefühl gefördert werden. Hierzu wird über die App zu verschiedenen Challenges aufgerufen. In Summe soll durch dieses Konzept die betriebliche Gesundheitsförderung zu messbaren Verbesserungen in der Unternehmensperformance führen.

▶ **Merk-Box** Ein starkes „Wir" entsteht erst durch viele motivierte, engagierte, hoch qualifizierte und gesunde „Ichs"!

8.7 Performance-Management

Eine zentrale Frage ist, wie ein **KI-gestütztes Performance-Management** aussehen kann. Eine entscheidende Voraussetzung hierfür ist, dass die leistungsorientierten Daten auf Personen- bzw. Gruppenebene überhaupt ausgewertet werden dürfen. Hierfür sind die rechtlichen Rahmenbedingungen zu berücksichtigen. Liegen solche Daten vor – bspw. aus der Produktion oder aus dem Vertrieb – so kann die jeweils erreichte Performance gezielt ausgewertet werden. Hier wird eine **Echtzeit-Leistungsüberwachung** möglich. Dazu sammeln und analysieren die KI-Systeme kontinuierlich Leistungsdaten, um Echtzeit-Feedback zu liefern. Dies ermöglicht es Führungskräften und Mitarbeitern, schnell auf Probleme zu reagieren und kontinuierliche Verbesserungen zu erreichen.

Eine entsprechende Unterstützung bietet das Programm ***Visier People*** des Unternehmens Visier [30]. Durch eine Kombination von Umfragedaten, Personaldaten und Geschäftsdaten wird das aktuelle **Niveau des Mitarbeiterengagements** sichtbar. Hierdurch können die Risiken von Burnouts, aber auch Bereiche von Dis-Engagement identifiziert werden. Den HR-Managern wird es erleichtert, Pläne zur Bewältigung dieser Probleme zu entwickeln. Hierzu stellt *Visier People* eine Verbindung zwischen den Geschäftsergebnissen und der Stimmung der Mitarbeiter her und setzt diese Stimmung mit organisatorischen Veränderungen in Beziehung. Es wird sichtbar, ob das Engagement der Mitarbeiter und Führungskräfte durch eine höhere Vergütung, mehr Lernmöglichkeiten oder Änderungen der Richtlinien gesteigert werden kann.

Eine interessante Lösung wird auch von SAP [22] angeboten: die ***SAP SuccessFactors Human Experience Management Suite***. Eine leistungsstarke Cloud-HR-Software ermöglicht es jedem Einzelnen, sein volles Potenzial bei der Arbeit auszuschöpfen. Hierzu werden die Erwartungen und Bedürfnisse der Mitarbeiter erfasst, um diese bei der Ausgestaltung von Prozessen zu berücksichtigen. Gleichzeitig soll die Mobilität der Leistungsträger gefördert werden – basierend auf einer holistischen Betrachtung jeder einzelnen Person.

Das US-Unternehmen ***Nice*** stellt mit ***NEVA*** (*Nice Employee Virtual Attendant*) Mitarbeitern im Front- und Back-Office einen persönlichen **Desktop-Assistenten** zur Seite (vgl. [15]). *NEVA* besitzt die Intelligenz und die Integrationsfähigkeiten, um auch in dynamischen und komplexen Desktop-Umgebung der Mitarbeiter eingesetzt zu werden. KI-gestützt erkennt *NEVA*, was der Mitarbeiter jeweils erreichen möchte. Hierzu werden dessen Desktop-Aktivitäten auf dem Bildschirm beobachtet und interpretiert:

- Welche Anwendungen werden ausgewählt?
- Auf welche Schaltflächen wird geklickt?
- In welchen Feldern werden Eingaben gemacht?

Dieser Bot präsentiert in Echtzeit und kontextbezogen Anstöße für die nächsten Maßnahmen und Arbeitsschritte der Mitarbeiter. **KI-basierte Echtzeitanleitungen**, die durch Desktop-Aktionen ausgelöst werden, können den Mitarbeitern wichtige Impulse vermitteln, um die **persönliche Performance** zu steigern. Diese Impulse können sich auch auf Live-Interaktionen mit Kunden beziehen. Hier können bewährte Verkaufspraktiken empfohlen und für das Gespräch wichtige Produktdetails angezeigt werden. Eine umfassende Sicht auf den Kunden – basierend auf verschiedenen Datenquellen – ermöglicht dem Mitarbeiter, die richtigen Argumente zu präsentieren.

Zusätzlich kann der intelligente Bot *NEVA* auch an anstehende Aufgaben erinnern. Basierend auf den im Zuge des *NEVA*-Einsatzes gewonnenen Desktop-Daten können die Prozesse laufend optimiert werden. Außerdem können weitere Möglichkeiten zur **Automatisierung von Desktop-Prozessen** erkannt werden (vgl. [15]).

Wie *NEVA* funktioniert, wird in diesem Video sichtbar:
https://www.youtube.com/watch?v=x4jVeKIAKS4

▶ **Food for Thought** Das Beispiel *NEVA* zeigt, wie umfassend KI-basierte Lösungen heute schon in den Arbeitsalltag eingreifen können. Und das ist erst der Anfang! Dies kann zum einen zu einer **Entmündigung der Mitarbeiter** führen, die lediglich Anweisungen von KI-Systemen folgen, die sie selbst nicht mehr verstehen – und deren Empfehlungen sie perspektivisch auch nicht mehr hinterfragen können oder hinterfragen wollen. Zum anderen ermöglichen solche Systeme – soweit sie rechtlich zulässig sind – den **Einsatz weniger qualifizierter Mitarbeiter**, weil deren Arbeitsschritte laufend überwacht werden. Dies könnte einen Mangel an entsprechenden Mitarbeitern mit höherer Qualifikation zu überwinden helfen.

Allerdings wird auch eines sichtbar: *NEVA* und vergleichbare Systeme sind nur ein Zwischenschritt, um immer mehr Prozesse umfassend zu automatisieren. Die beim Einsatz solcher Konzepte gewonnenen Erkenntnisse trainieren die KI-Anwendungen – damit die **Automatisierung von Prozessen** weiter vorangetrieben werden kann. Bis die KI-Agenten die entsprechenden Aufgaben dann ganz übernehmen …

Viele weitere Unternehmen bieten ähnliche Konzepte an. Wichtig ist allerdings, dass bei allen Beteiligten ein Konsens über solche Auswertungen vorliegt. Bevor Sie sich für eine Lösung entscheiden, sollten Sie die spezifischen Bedürfnisse und Ziele Ihres Unternehmens erfassen. Es kann auch hilfreich sein, Demoversionen oder Testversionen der Produkte auszuprobieren, um eine bessere Vorstellung davon zu bekommen, welche Lösung am besten zu Ihnen passt.

8.8 Incentivierung

Die Leistung der Mitarbeiter und Führungskräfte zu messen und zu überwachen, kann eine komplexe Aufgabe sein. Eine **KI-basierte Leistungsüberwachung** kann diese Aufgabe erleichtern, indem sie hilft, große Mengen an Leistungsdaten zu sammeln, zu analysieren und zu interpretieren. KI-Technologien können unterstützen, individuelle Leistungsindikatoren und Ziele zu definieren und kontinuierlich zu überwachen. Dies ermöglicht es den Unternehmen, die Entlohnung an die individuelle Leistung anzupassen und auf diese Weise gerechtere und motivierendere Anreizsysteme zu schaffen. Darüber hinaus können KI-Modelle dazu verwendet werden, die Auswirkungen verschiedener **Anreizsysteme** zu simulieren und zu prognostizieren. Auf diese Weise können Unternehmen fundierte Entscheidungen darüber treffen, welche Anreizsysteme am effektivsten zur Verbesserung der Leistung beitragen können. Ein weiterer Vorteil von KI ist ihre Fähigkeit, **personalisierte Anreize** zu schaffen. Indem sie die Präferenzen und Bedürfnisse jedes Mitarbeiters analysiert, können maßgeschneiderte Anreizsysteme entwickelt werden, die jeden Mitarbeiter individuell motivieren.

KI-Anwendungen können auch helfen, die **Fairness des Vergütungssystems** zu unterstützen. Hierfür können – unabhängig von Geschlecht, Alter, Bildung, Hautfarbe, Ethnie, Nationalität etc. – Leistungsparameter ausgewertet werden, um Anhaltspunkt für eine angemessene Vergütung zu vermitteln. Diese Trennung der Leistungsbewertung von Kriterien, die dafür – eigentlich – nicht relevant sind, könnte zu einer höheren Fairness in der Vergütung führen.

Ein solches Vorgehen entspräche dem **blinden Vorspiel** („**blind audition**") neuer Musiker bei einem Orchester. Bei diesem bleibt die Person des vorspielenden Musikers mit allen seinen wahrnehmbaren Merkmalen (Geschlecht, Alter, Hautfarbe, Ethnie) unsichtbar. Der Vortragende kann nur gehört werden. Bei vielen Orchestern hat diese zu einer Erhöhung der Anzahl von Musikerinnen geführt.

► **Food for Thought** Die zentralen Fragen in den Unternehmen lauten:

- Will man eine höhere Fairness in der Vergütung überhaupt erreichen?
- Wünschen Führungskräfte nicht nach wie vor ein hohes Maß an Intransparenz, um eigene Protegés zu bevorzugen?

Nicht fair – aber vielfach noch Realität!

8.9 Employee-Retention-Management

Ein weiteres spannendes Aufgabenfeld des KI-Einsatzes ist die **automatisierte Vorhersage der Kündigungsabsicht**. Dieses Konzept ist aus dem Customer-Relationship-Management bekannt (vgl. vertiefend [12], S. 350–363). Analog geht es beim **Employee-Retention-Management** um die Aufgabe, die **Wahrscheinlichkeit einer Kündigung des Arbeitsverhältnisses** durch den Mitarbeiter zu ermitteln. Auf der Grundlage eines sogenannten **Retention Scores** können – bei wichtigen und besonders wertstiftenden – Mitarbeitern „Haltestrategie" entwickelt werden. Dieser Retention Score wird durch einen Algorithmus für jeden Mitarbeiter berechnet. Gleichzeitig gilt es auch wichtige Informationen für das **Exit-Management** zu gewinnen – um festzustellen, von welchen Mitarbeitern sich das Unternehmen perspektivisch trennen sollte.

Ein solches Konzept wird vom schon zitierten Unternehmen ***Qualtrics*** sowie von ***Oracle*** mit dem Konzept ***Oracle Fusion HCM Analytics*** angeboten. HCM steht hier für Human Capital Management. Bei diesem Konzept handelt es sich um eine vorgefertigte, Cloud-native Lösung für das HR-Management. Hierdurch erhalten die handelnden Personen schnell wertvolle Einblicke in die eigene Belegschaft. Hierdurch können Entscheidungen in Bezug auf Mitarbeitervielfalt, Mitarbeiterfluktuation und -bindung, Talentakquisition, Vergütung und vieles mehr verbessert werden. So werden die Unternehmen unterstützt, unternehmensweite, abteilungs- und bereichsübergreifende Personalanalysen nach einheitlichen Standards durchzuführen. Zusätzlich können die eigenen Datenquellen mit zusätzlichen Informationen angereichert werden (vgl. [16]).

▶ **Merk-Box** Der Einsatz der Künstlichen Intelligenz ist auf die zu erwartenden rechtlichen Rahmenbedingungen auszurichten, die auf EU-Ebene mit dem **AI Act** verabschiedet werden. Gerade bei personenbezogenen Entscheidungen werden die autonomen KI-Lösungen eng eingehegt (vgl. Abschn. 1.6).

8.10 Stand des Einsatzes von (KI-basierten) HR-Technologien in Deutschland

Eine spannende Frage lautet jetzt: Wie aufgeschlossen sind **HR-Manager** für den Einsatz von (KI-basierten) HR-Technologien in Deutschland? Eine Studie des ***Ethikbeirat HR Tech*** befragte hierzu 330 Personen. Die zentralen Erkenntnisse dieser Studie lauten (vgl. [4], S. 3, 5):

- HR-Manager sind grundsätzlich aufgeschlossen für den **Einsatz von Technologien**.
- Knapp 30 % der Befragten verwenden schon neue **HR-Technologien** oder pilotieren bzw. planen deren Einsatz im HR-Management. Hierbei geht es u. a. um Technologien zur Analyse von Lebensläufen, die Erstellung von Bewerber-Rankings, die Optimierung von Stellenanzeigen, den Einsatz von Chatbots als Ansprechpartnern, die Erarbeitung von Vorschlägen für Entwicklungsmaßnahmen, die Vorhersage der Kündigungsabsicht, die Analyse von Audio- und Videoaufnahmen sowie das Matching von Profilen.
- Diese 30 % sagen aber auch aus, dass bei über 70 % der Unternehmen ein **KI-Einsatz im HR-Bereich nicht auf der Agenda** steht.
- Allerdings sind Regelungen zum **Technologieeinsatz im HR-Bereich** auch weitgehend unbekannt und werden deshalb kaum berücksichtigt.
- 80 bis 96 % der Befragten erkennen die **Relevanz einer HR-Richtlinie** an.
- Die **Umsetzung des Datenschutzes** ist bereits zunehmend verankert. Handlungsbedarf besteht noch hinsichtlich der **technologischen Fragestellungen**.

Welche **HR-Technologien** im Einzelnen bereits in Deutschland in welchem Umfang eingesetzt werden, zeigt Abb. 8.7 (vgl. [4], S. 20). Am weitesten verbreitet – wenn auch noch auf niedrigem Niveau – sind Technologien zur **Analyse von Lebensläufen**, zur **Optimierung von Stellenanzeigen** sowie für das **Matching von Profilen**. Auch **Chatbots als Ansprechpartner** werden schon eingesetzt. Eine **Analyse von Audio- und Videoaufnahmen** sowie die **Vorhersage der Kündigungsabsicht** finden dagegen noch nicht statt.

Wie die **Sinnhaftigkeit des Einsatzes verschiedener HR-Technologien** von den Befragten gesehen wird, bei denen die gezeigten Technologien bereits Anwendung finden oder eingeführt werden, zeigt Abb. 8.8 (vgl. [4], S. 21). Die Befragten, schätzen den Ein-

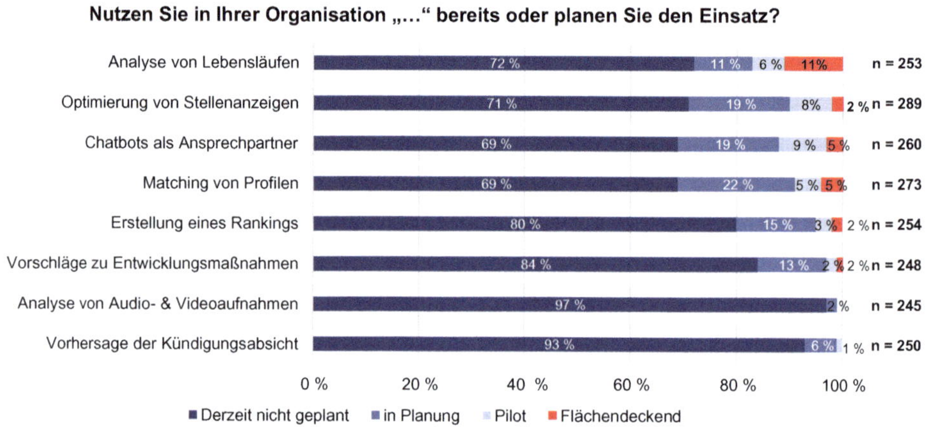

Abb. 8.7 Einsatz von HR-Technologien in Deutschland (Datenquelle: [4], S. 20)

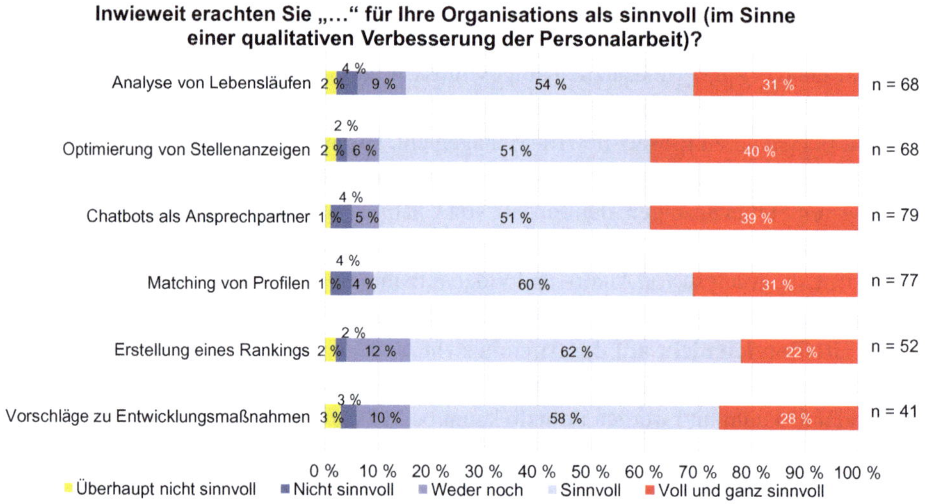

Abb. 8.8 Einschätzung der Sinnhaftigkeit des Einsatzes verschiedener HR-Technologien (Datenquelle: [4], S. 21)

satz von HR-Technologien überwiegend als „sinnvoll“ bzw. sogar „voll und ganz sinnvoll“ ein. Mit „voll und ganz sinnvoll“ werden die **Optimierung von Stellenanzeigen** sowie der **Chatbot-Einsatz** bewertet. Etwas weniger sinnvoll wird der Technologie-Einsatz zum **Matching von Profilen** sowie zur **Analyse von Lebensläufen** eingeschätzt. Interessant ist, dass eine **technologiebasierte Analyse von Lebensläufen** am höchsten geschätzt wird. Aufgrund dieser überaus positiven Einschätzung von Einsatzbereichen der Künstlichen Intelligenz im HR-Bereich ist es umso erstaunlicher, wie gering der tatsächliche Einsatz heute noch ausfüllt.

Im HR-Management wird es auch in Zukunft auf eine intensive **Zusammenarbeit von Mensch und Maschine** ankommen. Allerdings ist schon heute absehbar, dass viele Standardaufgaben im Personalmanagement in Zukunft von KI-gestützten Systemen übernommen werden können. Eine wichtige Erfolgsvoraussetzung hierfür ist eine umfassende Datengrundlage, um ein **HR-orientiertes Expertensystem** aufzubauen.

Welche **Hindernisse** sind bei der **Nutzung der Künstlichen Intelligenz im HR-Management** zu berücksichtigen? Zunächst einmal stellt der **Mangel an KI-Spezialisten** generell, aber gerade auch für den Einsatz im Personalwesen, einen gravierenden Engpass dar. Außerdem stellt sich die übergreifende Frage, welche Einsatzfelder der **Datenschutz im HR-Bereich** erlaubt. Bei den personenbezogenen Daten ist bei Gewinnung, Verarbeitung und Auswertung eine besondere Sensibilität gefordert. Unverzichtbar ist, dass eine freiwillige **Einwilligung zur Verwendung der Daten** vorliegt. Hierfür müssen vor allem auch KI-Skeptiker und die Kandidaten von den Vorteilen einer KI-Anwendung überzeugt werden.

Die **Qualitätssicherung der KI-Anwendungen** im Personalbereich ist besonders schwierig. Informationen darüber, wie ein abgewiesener Bewerber sich bei einer Einstellung im Unternehmen entwickelt hätte, liegen nicht vor und können auch nicht beschafft werden. Ob sich ein neuer Mitarbeiter oder eine neue Führungskraft bewährt, zeigt sich – je nach Einsatzfeld – erst nach sechs oder zwölf Monaten. Für die entsprechende Leistungsbewertung ist wiederum eine Vielzahl von personenbezogenen Indikatoren erforderlich, deren Erhebung und Auswertung rechtlich reglementiert ist.

Auf die Notwendigkeit einer **Korrektheit** und **Freiheit von Verzerrungen in den Datensätzen** als unverzichtbare Voraussetzung für den KI-Einsatz generell, besonders im HR-Bereich, wurde bereits hingewiesen. Um diese sowie einen korrekten Einsatz von KI-Systemen zu gewährleisten, sind alle Anwender dieser Technologien umfassend zu schulen und für mögliche Problemfälle zu sensibilisieren. Hierfür sind entsprechende **Governance-Richtlinien für den KI-Einsatz im HR-Management** aufzustellen (vgl. Abschn. 12.3.3). Diese Richtlinien müssen nicht nur die technischen Prozesse und das Datenmanagement betreffen, sondern auch die einschlägigen rechtliche Anforderungen berücksichtigen.

In der schon zitierten Studie des *Ethikrates HR Tech* wurde auch ermittelt, wie die Befragten zu **Regelungen des Einsatzes von HR-Technologien** stehen (vgl. Abb. 8.9; vgl. [4], S. 29). Die deutliche Mehrheit der Befragten befürwortet den Einsatz von Richtlinien beim Thema Künstliche Intelligenz und Automatisierung (83 % wählten „Stimme voll und ganz zu“ oder „Stimme zu“). 74 % wählten „Stimme voll und ganz zu“ oder „Stimme zu“, würden es also befürworten, wenn die Organisationen für sich Richtlinien definieren

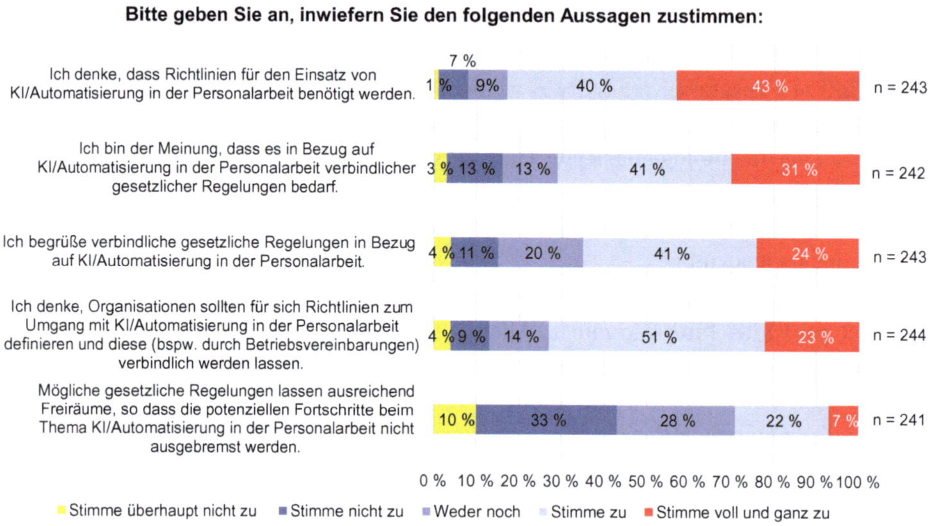

Abb. 8.9 Notwendigkeit von Regelungen für den Einsatz von HR-Technologien in Deutschland. (Datenquelle: [4], S. 21)

und diese intern verbindlich werden lassen. 72 % sprechen sich für verbindliche gesetzliche Regelungen aus.

Der Ethikbeirat HR Tech [4] hat vor dem Hintergrund dieser Ergebnisse folgende **Richtlinien für den verantwortungsvollen Einsatz von KI und weiteren digitalen Technologien** in der Personalarbeit definiert:

1. **Transparenter Zielsetzungsprozess und Einbindung der wichtigsten Stakeholder**
   Vor der Einführung einer KI-Lösung muss die Zielsetzung für die Nutzung definiert werden. In diesem Prozess sollen alle relevanten Interessensgruppen identifiziert und eingebunden werden.
2. **Einsatz von empirisch und theoretisch fundierten Lösungen**
   Wer KI-Lösungen anbietet oder nutzt, muss darauf achten, dass diese empirisch evaluiert sind und über eine tragfähige theoretische Grundlage verfügen.
3. **Menschen behalten bei Personalfragen die Letztentscheidungsgewalt**
   Wer KI-Lösungen einsetzt, muss sicherstellen, dass bei wichtigen Personalentscheidungen die Letztentscheidungsbefugnis einer natürlichen Person obliegt.
4. **HR-Management treibt die Nutzung von KI-Lösungen**
   Ein erfolgreicher Einsatz von KI-Lösungen durch HR benötigt die Kombination technologischer, analytischer und personalwirtschaftlicher Kompetenzen. Anwendungen erfolgen zielorientiert – nicht technologiegetrieben.
5. **Haftung und Verantwortung obliegt den einsetzenden Organisationen**
   Organisationen, die KI-Lösungen nutzen, sind für die Ergebnisse ihrer Nutzung verantwortlich.

6. **Zweckbindung und Datenminimierung der KI-Anwendungen**
   Wer personenbezogene Daten für KI-Lösungen nutzt, muss im Vorfeld definieren, für welche Zwecke diese verwendet werden. Zusätzlich ist sicherzustellen, dass diese Daten nur zweckdienlich erhoben, gespeichert und genutzt werden.
7. **Informationspflicht gegenüber den betroffenen Personen**
   Vor bzw. beim Einsatz von KI-Lösungen müssen die davon betroffenen Menschen über den Einsatz, den Zweck, die Logik der KI-Anwendung sowie über die dafür erhobenen und verwendeten Datenarten informiert werden.
8. **Achten der Subjektqualität**
   Für die Nutzung in KI-Lösungen dürfen ohne rechtzeitige Beteiligung und individuelle Einwilligung der Betroffenen keine Daten erhoben werden, die deren willentlicher Steuerung entzogen sind.
9. **Sicherstellung einer hohen Datenqualität und Vermeidung jeglicher Diskriminierung**
   Wer KI-Lösungen entwickelt oder nutzt, muss sicherstellen, dass die zugrunde liegenden Daten über eine hohe Qualität verfügen. Systembedingte Diskriminierungen müssen verhindert werden.
10. **Stetige Überprüfung und Berücksichtigung der relevanten Richtlinien**
    Wer KI-Lösungen nach den vorliegenden Richtlinien einführt, soll transparent sicherstellen, dass die Richtlinien auch bei der betrieblichen Umsetzung und der Weiterentwicklung beachtet werden.

Diese Regeln definieren den Rahmen, innerhalb deren KI-Anwendungen im HR-Bereich stattfinden sollen.

► **Food for Thought** Eines sei bei einer **HR-Unterstützung durch die Künstliche Intelligenz** betont: Die finale Entscheidung, ob ein Kandidat eingestellt wird oder nicht, sollte nach wie vor in den Händen der beteiligten Führungskräfte liegen. Da nach wie vor eine Artificial General Intelligence fehlt, ist der Mensch bei der Beurteilung der Stimmigkeit eines Bewerbers für eine Stelle ein viel besserer Entscheider. Schließlich ist seine Intelligenz viel generischer und kann Wörter, Gestik, Mimik, Pausen im Redefluss etc. mit der für eine erfolgreiche Zusammenarbeit entscheidenden Sympathie bzw. Antipathie zusammenführen. Das schafft momentan noch kein KI-System.

Deshalb bleibt ein reines **Data-Driven Recruiting** bzw. ein **Robot Recruiting** (noch) Zukunftsmusik, so man nicht selbst menschliche Roboter einstellen möchte! Trotzdem sollte bei der Suche nach potenziellen Kandidaten nicht auf die Künstliche Intelligenz verzichtet werden. Schließlich kann die KI-basierte Technologie wichtige Zusatzerkenntnisse generieren, um den Entscheidungsprozess zu fundieren. Außerdem können verschiedene Routine-Prozesse entlang der Talent Journey automatisiert werden.

Think-Box: Fragen, die Sie sich stellen sollten!

- In welchen Bereichen unserer Talent Journey verlieren wir momentan die meisten Bewerber?
- Wo innerhalb der Talent Journey werden heute Personalressourcen gebunden für Aufgaben, die auch die KI übernehmen kann?
- Verwenden wir schon Systeme, um die gezielte Ansprache von Bewerbern zu verbessern?
- Können Chatbots bei der Betreuung von Bewerbern und beim Onboarding unterstützen?
- Werden Audio- und Video-Analysen eingesetzt, um weitere Insights der Bewerber zu generieren?
- Setzen wir CV-Parsing ein, um unstrukturierte Lebensläufe schneller verarbeiten zu können?
- Verwenden wir Matching-Werkzeuge, um einen Fit zwischen internen/externen Bewerbern und Stellenanforderungen zu ermitteln – auch über Ländergrenzen hinweg?
- Wie systematisch analysieren wir das bestehende Personal im Hinblick auf Fortbildungsnotwendigkeiten und Promotionmöglichkeiten?
- Ist sichergestellt, dass die persönlichen Informationen der Mitarbeiter geschützt und datenschutzkonform behandelt werden?
- Wie können wir sicherstellen, dass die KI keine voreingenommenen oder diskriminierenden Entscheidungen trifft?
- Sind unsere KI-Systeme und -Prozesse transparent und verständlich für die Mitarbeiter?
- Haben wir das notwendige Know-how im HR-Team, um KI-Tools effektiv einzusetzen und zu verwalten? Benötigen wir hierzu zusätzliche Schulungen oder zusätzliches Personal?
- Wie können wir erreichen, dass unsere Mitarbeiter und Führungskräfte die Implementierung von KI akzeptieren und unterstützen?
- Welche potenziellen Risiken sind mit der Implementierung von KI im HR-Bereich verbunden – und wie können wir diese Risiken minimieren?
- Wie messen wir den Erfolg unserer KI-Implementierung? Welche Metriken sind hierfür am aussagekräftigsten?
- Bei welchen Anwendungen könnten wir den größten Hebeleffekt erzielen?
- Wer trägt für diese Fragenstellungen bei uns die Verantwortung?

Zusammenfassung

- KI-Anwendungen können einen wesentlichen Beitrag zur **Professionalisierung der HR-Arbeit** leisten und entlang der gesamten Talent Journey unterstützen.

- Hierfür bedarf es neben einer **Vertrautheit mit den KI-basierten Lösungen** vor allem auch einer entsprechenden **Qualifizierung der HR-Manager** selbst.
- Jedes HR-Team ist aufgerufen, die **vorhandenen KI-Tools** auf ihre Eignung für die eigenen Personalaufgaben zu untersuchen.
- Dabei ist es unverzichtbar, die jeweiligen **rechtlichen Rahmenbedingungen** umfassend zu berücksichtigen und über den KI-Einsatz intern zu informieren.

Literatur

1. Dorsch. (2023). Fünf-Faktoren-Modell. https://dorsch.hogrefe.com/stichwort/fuenf-faktoren-modell. Zugegriffen am 01.06.2023.
2. Enboarder. (2023). Creating better human connections. https://enboarder.com/. Zugegriffen am 02.06.2023.
3. Entelo. (2023). Get more applications from qualified candidates. https://www.entelo.com/. Zugegriffen am 02.06.2023.
4. Ethikbeirat HR Tech. (2021). Umfrage zur Automatisierung in der Personalarbeit. https://www.ethikbeirat-hrtech.de/. Zugegriffen am 03.06.2023.
5. Fink, V. (2021). *Künstliche Intelligenz in der Personalarbeit*. Schäffer Poeschel.
6. Harver. (2023). Better talent decisions. Faster. https://harver.com/. Zugegriffen am 02.06.2023.
7. HireVue. (2023). No matter your hiring needs, we have the solution. https://www.hirevue.com/. Zugegriffen am 02.06.2023.
8. Humanoo. (2023). Stärke die Bindung zu deinen Mitarbeitenden. https://www.humanoo.com/de/fuer-arbeitgeber/. Zugegriffen am 02.06.2023.
9. IBM. (2023). IBM robotic process automation. https://www.ibm.com/de-de/products/robotic-process-automation. Zugegriffen am 01.06.2023.
10. Jia, Q., Guo, Y., Li, R., Li, Y. R., & Chen, Y. W. (2018). *A conceptual artificial intelligence application framework in human resource management*. ICEB, Proceedings of the 18th international conference on electronic business, S. 106–114.
11. Jobspreader. (2023). Wir nehmen den Zufall aus dem Recruiting. https://wollmilchsau.de/. Zugegriffen am 01.06.2023.
12. Kreutzer, R. T. (2021). *Kundendialog online und offline. Das große 1x1 der Kundenakquisition, Kundenbindung und Kundenrückgewinnung*. Springer Gabler.
13. McCrae, R. R., & John, O. P. (1992). An introduction to the five-factor model and its applications. https://doi.org/10.1111/j.1467-6494.1992.tb00970.x. Zugegriffen am 13.03.2022.
14. MoBerries. (2023). Erleben Sie modernes Recruiting. https://www.moberries.com/de/. Zugegriffen am 02.06.2023.
15. NICE. (2023). Every employee's personal attended bots. https://www.nicerpa.com/neva-attended-automation/. Zugegriffen am 02.06.2023.
16. Oracle. (2023). Oracle fusion analytics für HCM. https://www.oracle.com/de/business-analytics/fusion-hcm-analytics/. Zugegriffen am 02.06.2023.
17. O'Reilly, C. A., III, Chatman, J., & Caldwell, D. F. (1991). People and organizational culture: A profile comparison approach to assessing person organization fit source. *The Academy of Management Journal, 34*(3), 487–516. https://www.jstor.org/stable/256404. Zugegriffen am 01.06.2023.
18. Phenom. (2023). *The definitive guide to talent management*. https://www.phenom.com/resource/the-definitive-guide-to-talent-experience-management. Zugegriffen am 01.06.2023.

19. Qualtrics. (2023). Machen Sie aus Mitarbeitern Markenbotschafter. https://www.qualtrics.com/de/employee-experience/. Zugegriffen am 02.06.2023.
20. Retorio. (2023). Erkenne & trainiere erfolgreiche Verhaltensweisen für Service. https://www.retorio.com/de/. Zugegriffen am 01.06.2023.
21. Rudel, S. (2021). *People Analytics: Methoden und Werkzeuge zur Arbeit mit Daten im Human Resource Management: Methoden & Werkzeuge zur Arbeit mit Daten im Human Resource Management (HRM)*. Vahlen.
22. SAP. (2023). Human capital management. https://www.sap.com/products/hcm.html. Zugegriffen am 02.06.2023.
23. Softgarden. (2023). We make your candidates apply. https://softgarden.com/de/. Zugegriffen am 02.06.2023.
24. Talention. (2023). Mehr qualitative Bewerber. https://www.talention.de/. Zugegriffen am 02.06.2023.
25. tcl.digital. (2023). Mit der TEO Suite optimieren Sie Ihre Texte einfach auf Ihr Kommunikations-Ziel. https://tcl.digital. Zugegriffen am 19.05.2023.
26. Textio. (2023). End hidden bias, literally. https://textio.com/. Zugegriffen am 01.06.2023.
27. Textkernel. (2023a). Extract! 4.0 – Textkernel launches the first fully deep learning powered CV parsing solution. https://www.textkernel.com/newsroom/extract-4-0-textkernel-launches-the-first-fully-deep-learning-powered-cv-parsing-solution/. Zugegriffen am 02.06.2023.
28. Textkernel. (2023b). So ermöglicht KI eine „Internal skills economy". https://www.textkernel.com/de/internal-mobility/. Zugegriffen am 02.06.2023.
29. Vier. (2023). Emotionsanalyse durch KI. https://www.vier.ai/emotion-analytics-technologie/. Zugegriffen am 19.05.2023.
30. Visier. (2023). Simply the world's best people analytics platform. https://www.visier.com/. Zugegriffen am 02.06.2023.
31. ZipRecruiter. (2023). Wir führen Jobsuchende zu ihrem Traumjob, und Arbeitgeber zum Erfolg. https://www.ziprecruiter.de/uber-uns. Zugegriffen am 02.06.2023.

Finanzdienstleistungssektor 9

Zusammenfassung

Die Künstliche Intelligenz wird den Finanzsektor revolutionieren, indem sie die Effizienz erhöht und maßgeschneiderte Finanzlösungen ermöglicht. Durch fortschrittliche Datenanalyse kann KI Markttrends vorhersagen und Anlageempfehlungen liefern, was zur Verbesserung der Portfolioverwaltung beiträgt. Im Risikomanagement kann KI helfen, Betrug zu erkennen und zu verhindern, während gleichzeitig die Einhaltung regulatorischer Anforderungen unterstützt wird. Chatbots und andere KI-gesteuerte Werkzeuge für die Kundeninteraktion können den Kundenservice verbessern, indem sie rund um die Uhr personalisierte Unterstützung anbieten. Schließlich kann KI durch Automatisierung von Routineprozessen zu erheblichen Kosteneinsparungen beitragen und so die Rentabilität steigern.

Aufgrund seiner starken **Abhängigkeit von großen Datenmengen** ist der **Finanzdienstleistungssektor** prädestiniert für vielfältige KI-Anwendungen. Hier besteht die Herausforderung darin, große Mengen historischer und aktueller Daten über die wirtschaftlichen Akteure – vor allem Unternehmen und deren Kunden – und die damit verbundenen Transaktionen sowie über das politische, gesellschaftliche und wirtschaftliche Umfeld insgesamt zusammenzuführen, um relevante Muster zu erkennen. KI-Anwendungen können in verschiedenen Bereichen eingesetzt werden.

McKinsey prognostiziert, dass die Finanzbranche durch den Einsatz der Künstlichen Intelligenz **zusätzliche Erträge** zwischen 200 und 340 Mrd. US-$ generieren könnte. Dieser Zuwachs, der 3 bis 5 % des Branchenumsatzes entspricht, beruht auf der Annahme, dass KI in dem wissens- und technikbasierten Finanzsektor besondere Vorteile bringt. Aktuell finden KI-Anwendungen bereits in Marketing und Kundenbetreuung statt. Den größ-

R. T. Kreutzer, *Künstliche Intelligenz verstehen*, https://doi.org/10.1007/978-3-658-42598-2_9

ten Mehrwert sieht die Studie jedoch in der Automatisierung von administrativen Tätigkeiten. Mitarbeiter können sich hierdurch auf höherwertige Aufgaben (wie Beratungen) konzentrieren. Zudem könnten generative KI-Anwendungen bei der Migration veralteter IT-Strukturen helfen, ein aktuell komplexes und fehleranfälliges Problem vieler Banken. Generative KI kann auch das Verfassen von E-Mails und die Vorbereitung von Präsentationen erleichtern (vgl. [7])

9.1 Wealth-Management – Vermögensverwaltung – Robo Advisor

Wealth-Management – auf Deutsch **Vermögensverwaltung** – bezieht sich auf eine hochgradig individualisierte Art der Finanzplanung. Es richtet sich in der Regel an vermögende Einzelpersonen oder Familien und umfasst eine breite Palette von Dienstleistungen: Vermögensplanung, Anlageberatung, Nachlassplanung, Steuerplanung, ggf. auch Rechtsberatung. Eine Wealth-Management i. S. einer privaten Vermögensverwaltung war bisher oft nur einer elitären Gruppe zugänglich. Hier wurden Finanzverwalter beauftragt, ein oft viele Millionen umfassendes Vermögen in Gestalt eines aktiv verwalteten Portfolios zu mehren.

KI-Agenten schaffen nun die Voraussetzung, eine Vermögensverwaltung mit deutlich niedrigen Gebühren anzubieten. Hier entscheidet dann ein **Robo Advisor** darüber, welche Änderungen im Anlage-Portfolio vorzunehmen sind. Im ersten Schritt nutzen Robo Advisor regelbasierte Algorithmen, um bspw. börsengehandelte Fonds (ETFs/Exchange-Traded-Funds) auszuwählen, die anhand von Informationen wie Alter, Risikobereitschaft und Einkommen in Frage kommen. Bei ETFs handelt es sich um eine Sonderform der klassischen Investmentfonds, die an der Börse gehandelt werden. Im zweiten Schritt ermöglicht die KI-gestützte Vermögensverwaltung, dass – basierend auf dem Reinforcement Learning – selbstständig Anlageentscheidungen getroffen werden, die sich an der spezifischen Situation jedes Anlegers orientieren.

Bei einem Robo-Berater bzw. Robo Advisor handelt es sich folglich um eine algorithmenbasierte, automatisierte Vermögensverwaltung. Aufgrund des Einsatzes von Algorithmen wird auch von Algo Trading gesprochen. Das Management des Anlageportfolios wird hier für jeden Anleger individuell auf dessen individuelle Ziele sowie auf die persönliche Risikoneigung abgestimmt.

Eine solche digitale Vermögensberatung bietet die *Deutsche Bank* unter dem Namen ***ROBIN*** an (vgl. [2]). Anleger erhalten hier die Möglichkeit, ihr Vermögen mittel- bis langfristig anzulegen, ohne regelmäßig die Entwicklung an der Börse verfolgen zu müssen. Dieser Begriff *ROBIN* steht für **Robo-Invest** und verbindet KI-Technologien mit dem Wissen erfahrener Portfolio-Manager sowie einem fortschrittlichen Risikomanagement. Ein entsprechendes Engagement kann bereits ab 500 € begonnen werden. Mit *ROBIN* kann der Anleger heute in weit gestreute ETFs investieren. Durch *ROBIN* steht eine professionelle Vermögensverwaltung für weitere Marktteilnehmer bereit. Weitere **Robo Ad-**

visor sind bspw. ***Oskar, Growney, Quirion, Ginmon, Whitebox*** und ***Solidvest***. Kontinuierlich steigen weitere Unternehmen mit entsprechenden Angeboten in den Markt ein, weil es hierdurch möglich ist, neue Zielgruppen für Finanzanlagen zu gewinnen.

Inzwischen übernehmen Robo Advisor auch einen Großteil des **Anleihehandels** – vor allem bei Staats- und Unternehmensanleihen. Das Algo Trading dringt auch in weniger liquide Teile des Anleihemarktes vor. Hierbei handelt es sich um Anleihen mit niedriger Qualität (sogenannte Hochzinsanleihen) sowie um Anleihen aus Schwellenländern. Die steigende Leistungsfähigkeit der Robo Advisor ermöglicht es, auch diese Teile des Anleihemarktes abzudecken. Die teilweise dramatischen Kursentwicklungen in der Pandemie haben den KI-Systemen wertvolle Trainingsdaten geliefert, um die Algorithmen zu verfeinern. Gerade große Kursschwankungen ermöglichen es den Entwicklern, das Verhalten von Wertpapieren auch in schwierigen Marktverhältnissen besser zu verstehen.

Der zunehmende **Einsatz von Robo Advisors** bringt zwei positive Effekte mit sich. Zum einen können sich die Händler auf die komplizierteren Transaktionen konzentrieren, weil Standardtransaktionen automatisiert abgewickelt werden. Zum anderen können die KI-Systeme wesentlich mehr Kursanfragen und Transaktionen selbstständig abwickeln – auch wenn diese jeweils nur ein kleines Volumen umfassen. Hierdurch wächst der Markt. Es bleibt zu beobachten, welche möglichen Negativeffekte sich einstellen, wenn zukünftig immer mehr Robo Advisors miteinander kommunizieren. Hierdurch können sich sowohl negative wie auch positive Entwicklungen verstärken und sich hierdurch immer weiter von der Realwirtschaft entfernen.

BlackRock, der weltgrößte Vermögensverwalter, setzt im Wealth-Management ***Aladdin*** ein. *Aladdin* ist ein Akronym für *Asset, Liability, and Debt and Derivative Investment Network*. Hiermit wird ein **System zur Datenanalyse** sowie eine **Risiko- und Investmentplattform** beschrieben, die eine skalierbare Portfolioanalyse und Risikomanagement mit einer vollständigen Handelsplattform zusammenführt. Hierfür werden umfassende Risikoanalysen mit vielfältigen Front-, Middle- und Back-Office-Funktionen kombiniert. Hochentwickelte und flexible Tools messen die Risikopositionen in den Portfolios und automatisieren die Portfolio-Modellierung, um die vom Manager definierten Ziele innerhalb der Kundenrichtlinien zu erreichen. Das gilt sowohl für aktive als auch für passive Anlagestile.

Ein **Echtzeit-Dashboard** schafft eine sehr hohe Transparenz im gesamten Unternehmen *BlackRock*. Hier haben alle Abteilungen einen Zugriff auf konsistente Informationen über alle Portfolios hinweg. Durch diese Unterstützung können sich Investment-Manager darauf konzentrieren, die Ergebnisse zu interpretieren, Anlageentscheidungen zu treffen und Kunden zu betreuen. Automatisierte Arbeitsabläufe können zusätzlich die Effizienz steigern und das operative Risiko verringern (vgl. [1]).

Aladdin Wealth ist eine **Plattform zur Vermögensverwaltung** für professionelle Anleger, die von *BlackRock* entwickelt wurde. Sie schafft Transparenz über die Risiken in Geschäfts- und Kundenportfolios, was fundiertere Anlageentscheidungen ermöglicht. Die Plattform soll das Vertrauen der Kunden stärken und sie in die Lage versetzen, selbstbewusst über alle Marktzyklen hinweg zu handeln. Die Plattform bietet verschiedene Kernkompetenzen, darunter tiefe Einblicke in das Kundenportfolio, Unterstützung bei der Neugewichtung von Kundenportfolios auf Basis sich ändernder Marktbedingungen und Kundenanforderungen. Zusätzlich generiert *Aladdin Wealth* systematische Benachrichtigungen. Diese unterstützen die Berater, auf datengestützter Basis zu handeln und zu erkennen, wann Kunden und Portfolios ihre Aufmerksamkeit benötigen (vgl. [1]).

9.2 Hochfrequenzhandel

Künstliche Intelligenz hat auch den **Hochfrequenzhandel** (High-Frequency Trading) erheblich beeinflusst, indem sie die Geschwindigkeit, Genauigkeit und Effizienz des Handels verbessert hat. Hier wird auch von **automatisiertem** oder **algorithmischem Handel** gesprochen. Beim Hochfrequenzhandel werden innerhalb von Mikro- oder sogar Nanosekunden Tausende von Transaktionen ausgeführt. Im Kern geht es um den algorithmusgestützten automatisierten Kauf und Verkauf von Wertpapieren. KI-Algorithmen können große Mengen von Marktdaten in Echtzeit verarbeiten und auf Muster, Trends und Anomalien reagieren, die menschliche Händler möglicherweise übersehen. So können globale Preis- und Wissensunterschiede zur Optimierung von Finanzanlagen ausgenutzt werden. Darüber hinaus können KI-Systeme fortlaufend von diesen Daten lernen und ihre Handelsstrategien entsprechend anpassen. Dies trägt zur Verbesserung der Handelsleistung bei.

Es gibt jedoch auch **Risiken des KI-gestützten Hochfrequenzhandels**. Einige Bedenken betreffen die Transparenz und Nachvollziehbarkeit der Entscheidungsfindung durch KI, insb. bei komplexen, selbstlernenden Algorithmen. Hier bieten Lösungskonzepte der Explainable AI verschiedene Lösungsansätze, um die Transparenz und Verständlichkeit von KI-Entscheidungen zu verbessern. Darüber hinaus ist ein strenges **Risikomanagement** erforderlich, um potenzielle negative Auswirkungen von Fehlern oder unerwarteten Marktbedingungen zu minimieren. Dazu gehören Überwachungssysteme und Notausschalter, die den Handel automatisch stoppen können, wenn bestimmte Risikogrenzen überschritten werden. Schließlich sind angemessene **regulatorische Rahmenbedingungen** wichtig, um Fairness und Stabilität auf den Märkten sicherzustellen.

Hier wie bei allen anderen Anwendungsfeldern der Künstlichen Intelligenz steht und fällt die Qualität der getroffenen Entscheidungen mit der Qualität und Zuverlässigkeit der verfügbaren Daten. Kommen für Anlageentscheidungen oder für die Bonitätsbewertung falsche oder nicht mehr aktuelle Daten zum Einsatz, können gravierende Fehlentscheidungen die Folge sein. Zusätzlich ist aufgrund der Sensibilität der verarbeiteten Daten auch auf die Datensicherheit selbst größter Wert zu legen.

9.3 Betrugserkennung und Betrugsvermeidung

Die frühzeitige Aufdeckung bzw. die Vermeidung von **Betrugsfällen** ist in der Finanzbranche von enormer Wichtigkeit. Es geht um **Fake Detection** und **Fraud Detection**. KI-Algorithmen unterstützen hier die schnelle und fundierte Analyse, selbst wenn dafür riesige Datenmengen auszuwerten sind. Warum ist der Bedarf an solchen Lösungen gestiegen? Die umfassende Digitalisierung (fast) aller Lebensbereiche sowie die damit einhergehende zunehmende Vernetzung – im privat wie im beruflichen Bereich gleichermaßen – erhöhen das Risiko von Betrug, Hackerangriffen, Datenkompromittierung und anderen Cyber-Angriffen. Die **Kosten der Cyber-Kriminalität** in der Weltwirtschaft belaufen sich jährlich auf viele hundert Mrd. US-$.

Unterstützung leisten in diesem Bereich Systeme wie GiniMachine [4]. Die ***GiniMachine*** ist eine nutzerfreundliche **No-Code AI-Plattform**, die auf Software as a Service basiert und zur Unterstützung der Entscheidungsfindung konzipiert wurde. Durch Hochladen der Daten ermöglicht die Plattform das Erstellen leistungsstarker, durch KI unterstützter Modelle. Dies eröffnet eine Vielzahl von Anwendungen, wie die Reduzierung von Risiken um bis zu 45 %, die Verbesserung des Kreditportfolios, die Vorhersage von Kundenabwanderungen und die automatisierte Entscheidungsfindung. *GiniMachine* hebt sich durch seine Fähigkeit ab, historische Daten zu verarbeiten und Risikomodelle in wenigen Minuten zu erstellen und zu validieren, ohne dass spezialisiertes Machine-Learning-Know-how erforderlich ist. Die Plattform kann mit rohen oder strukturierten Daten arbeiten, sogar wenn einige Daten fehlen.

In spezifischen Anwendungsbereichen, wie dem **Inkasso-Scoring**, unterstützt *GiniMachine* die Priorisierung von Schuldnern mit hoher Rückzahlungswahrscheinlichkeit und empfiehlt Inkasso-Tools basierend auf Scoring-Parametern. Darüber hinaus kann die Software bei der Identifizierung kreditwürdiger Kreditnehmer in verschiedenen Branchen helfen und so das Antrags-Scoring vereinfachen. Banken und Fintech-Unternehmen können die Plattform nutzen, um die traditionelle **Kreditwürdigkeitsprüfung** zu verbessern und ein optimales Gleichgewicht zwischen Risiko und Ertrag zu erreichen.

Ein großes Schadensrisiko für Kunden und Unternehmen gleichermaßen stellt der **Identitätsdiebstahl** bzw. der **Identitätsbetrug** dar. Hierbei handelt es sich um eine Situation, in der ein Betrüger persönliche Daten einer Person verwendet, um Zugang zu Finanzkonten zu erhalten oder neue Konten zu eröffnen. Um solchen Betrugsversuchen entgegenzuwirken, werden verschiedene Arten von KI-Agenten eingesetzt. Diese helfen den Finanzinstituten dabei, das **Kaufverhalten jedes Kunden** zu untersuchen. Das individuelle Verhalten wird mit weiteren Indikatoren abgeglichen, um ein vollständiges Bild einer Transaktion zu erstellen. Werden Abweichungen innerhalb der erwartbaren Entwicklungen festgestellt, bspw. ungewöhnliche Transaktionsmuster oder Zugriffe von ungewöhnlichen Standorten, wird ein Alarm ausgelöst. Zu diesen Triggern zählen auch verdächtige E-Mail-Aktivitäten oder ungewöhnliche Log-in-Versuche. Hierzu untersuchen KI-Engines die E-Mails und Websites auf verdächtige Zeichen und Muster.

Darüber hinaus können KI-Systeme eine **Verhaltensbiometrie** durchführen. Hierbei wird das individuelle Verhalten eines Benutzers analysiert, um Betrüger zu identifizieren, die versuchen, auf ein Konto zuzugreifen. Zu den Verhaltensmustern zählen Tippgeschwindigkeit, Mausbewegungen oder Interaktionsmuster mit der Benutzeroberfläche.

Werden abweichende oder ungewöhnliche Phänomene festgestellt, erfolgt entweder eine **menschliche Intervention** oder es werden **automatisierte Prozesse** ausgelöst. Zusätzlich können KI-Systeme auch **biometrische Technologien zur Authentifizierung** unterstützen. Durch eine Gesichts-, Stimmen- oder Fingerabdruckerkennung kann die Identität des Benutzers genauer überprüft werden.

Ein weiteres KI-Einsatzfeld in der Finanzwirtschaft ist die Vermeidung von **Kreditkartenbetrug**. Hierbei handelt es sich um betrügerische Aktivitäten, die mit gestohlenen oder gefälschten Kreditkartendaten durchgeführt werden. KI kann bei der Erkennung von Kreditkartenbetrug unterstützen, indem Transaktionsdaten in Echtzeit analysiert und verdächtige Aktivitäten erkannt werden. Hierzu zählen bspw. mehrere Einkäufe – schnell hintereinander – an verschiedenen physischen Standorten. Zudem können KI-Systeme das Verhalten eines Karteninhabers erlernen und so auffällige Abweichungen identifizieren. Auch hier werden dann Warnsignale ausgelöst, die verschiedene Prozessketten anstoßen.

Immer häufiger wird inzwischen auch **Investitionsbetrug** festgestellt. Dabei handelt es sich um betrügerische Aktivitäten, bei denen Personen oder Unternehmen dazu verleitet werden, in nicht existente oder wertlose Anlagen zu investieren. KI kann helfen, solche Betrügereien zu erkennen, indem sie Muster in den Kommunikationsdaten erkennt, die auf Betrug hindeuten. Das können die Verwendung bestimmter Phrasen oder Sprachmuster sein. KI-Systeme können auch die Legitimität von Anlagefirmen überprüfen, indem sie die öffentlich verfügbaren Informationen aus verschiedenen Quellen analysieren und bewerten werden.

Um dieses Umfeld zu durchleuchten, wurde von *PayPal* eine Studie initiiert. Hierzu wurden 632 Personen befragt, die mit Maßnahmen zur Betrugsbekämpfung ihrer Unternehmen vertraut waren. Diese Personen befassten sich mit der Betrugsermittlung und -bekämpfung und/oder mit Maßnahmen der Cyber-Sicherheit. Ziel dieser Studie war es, die aktuelle **Betrugslandschaft** sowie die **Herausforderungen der Betrugserkennung und Betrugsvermeidung** zu verstehen. Die Ergebnisse zeigen, dass die größte Herausforderung die zunehmende **Raffinesse der Betrüger** ist, gefolgt vom **Fehlen der richtigen Technologien** zur Eindämmung von Online-Finanzbetrug. Im Detail wurden folgende Ergebnisse ermittelt (vgl. [6]):

- 61 % der Befragten geben an, dass ihre Unternehmen nicht über die richtigen **Technologien zur Eindämmung von Online-Finanzbetrug** verfügen.
- Weniger als die Hälfte der Befragten (45 %) sagt, dass ihr Unternehmen über die **notwendigen internen Fachkenntnisse** verfügt, um Online-Betrug zu verhindern und einzudämmen.
- 60 % der Befragten gaben an, dass **KI-Technologien für die Aufdeckung von Online-Betrug** unerlässlich sind.
- 51 % der Befragten gaben an, dass ihre Unternehmen bereits **Automatisierung, maschinelles Lernen und/oder Verhaltensanalysen zur Betrugsbekämpfung** einsetzen.

Die Notwendigkeit für den **Einsatz KI-gestützter Konzepte zur Betrugsprävention** ergibt sich auch aus der Tatsache, dass die digitale Transformation das Risiko von Online-Betrug weiter erhöhen wird.

9.4 KI-gestützte Prozessautomatisierung im Finanzsektor

Ein erstes wichtiges KI-Einsatzfeld stellt auch bei Finanzdienstleistern die **Prozessautomatisierung** bzw. die **Workflow-Automatisierung** dar. Viele Banken und Versicherungen verwenden bereits die Verarbeitung natürlicher Sprache, um Geschäftsprozesse zu automatisieren. Hierdurch sollen – im Idealfall – nicht nur die Kosten reduziert, sondern auch die Kundenzufriedenheit soll gesteigert werden. Hier können die in Kap. 4 präsentierten Lösungen eingesetzt werden. Es existieren aber noch viel weiterreichende Anwendungsfelder.

Im **Bankensektor** wird die **Prozessautomatisierung** bei vielen Analysearbeiten verwendet, die bisher von Mitarbeitern zu erbringen waren. Die Prozessautomatisierung reduziert die Bearbeitungszeit für Transaktionen und steigert die Produktivität. Gleichzeitig können Fehlerquellen eliminiert werden. Hierbei dominierten bisher regelbasierte Systeme, die Prozesse nach vordefinierten Regeln durchführten. Jetzt wird verstärkt versucht, KI-Techniken in diese Abläufe einzubinden. Hierzu wird vor allem die Sprach- und Bilderkennung eingesetzt. Das erschließt ein Automatisierungspotenzial auch in den Bereichen der Kreditvergabe und des Kartengeschäfts. Das Risikomanagement sowie das Compliance-Monitoring können hierdurch ebenfalls unterstützt werden.

Um solche Prozesse zu unterstützen, kann bspw. die **RiskOps-Plattform** von ***Feedzai*** eingesetzt werden. Diese umfasst die Bereiche Betrug, Geldwäsche, Compliance und Risikopolitik. Hierzu wird jede Phase des Risikoprozesses auf dieser Plattform verwaltet: Einleiten, Vorbeugen, Erkennen, Beheben, Einhalten und Anpassen. Die Plattform ist so konzipiert, dass sie von den Nutzern individuell angepasst werden kann, um die Erreichung der jeweiligen Ziele zu unterstützen sowie die jeweilige Risikobereitschaft zu berücksichtigen. Durch diesen integrativen Ansatz werden vorhandene Daten-Silos zwischen den Betrugs-, Compliance- und Risikoabteilungen aufgebrochen. Hierdurch wird eine **zentrale Risikosicht** geschaffen. Im Zuge von Analysen werden die Informationen automatisch kontextualisiert, um die Aussagekraft zu erhöhen (vgl. [3]).

Ein innovatives Konzept wird vom US-Unternehmen ***Upstart*** eingesetzt. *Upstart* ist ein **Marktplatz für Kredite** – basierend auf Künstlicher Intelligenz. Das Ziel des Unternehmens besteht darin, Nutzern den Zugang zu erschwinglichen Krediten verbessern – basierend auf der Prognose des tatsächlichen Ausfallrisikos. Hierdurch sollen sowohl die Risiken wie auch die Kosten der Kreditvergabe für die Bankpartner gesenkt werden, die mit *Upstart* kooperieren (vgl. [9]).

Hintergrund dieser Initiative ist, dass vier von fünf US-Amerikanern noch nie mit einem Kreditprodukt in Verzug geraten sind. Allerdings hat nur die Hälfte von ihnen Zugang zu einem erstklassigen Kredit. Hierdurch werden lukrative Marktpotenziale nicht ausgeschöpft. Mit einem **intelligenteren Modell zur Kreditwürdigkeitsprüfung** könnten Banken deutlich mehr Kredite bewilligen – dazu noch mit weniger Zahlungsausfällen. Um dies zu erreichen, setzt *Upstart* auf die KI-basierte Auswertung umfassender Datenströme. Hierfür wurde ein **Einkommens- und Ausfallprognosemodell** entwickelt, um die Kreditwürdigkeit potenzieller Kreditnehmer zu ermitteln. Neben klassischen Kriterien (wie Kreditauskunft, erzieltes Einkommen) werden auch Bildungsvariablen (etwa die besuchte Hochschule und der Studienbereich) sowie der berufliche Werdegang berücksichtigt. Basierend auf ca. 1600 Datenpunkten wird ein statistisches **Modell der finanziellen Leistungsfähigkeit und der persönlichen Rückzahlungsbereitschaft** des Kreditnehmers entwickelt. Hierdurch geht *Upstart* weit über klassische Scoring-Ansätze hinaus. Das eingesetzte Modell wird kontinuierlich verbessert – durch Reinforcement Learning. Hierfür fließen die täglichen Rückzahlungs- und Säumnisdaten der Kreditnehmer ein. Auf diese Weise kann das *Upstart*-Modell die Kreditwürdigkeit wesentlich genauer ermitteln als herkömmliche Kreditvergabemodelle. Zur Prüfung der Kreditwürdigkeit wird die sogenannte **Dunkelverarbeitung** verwendet (vgl. [9]).

> **Merk-Box** Bei der **Dunkelverarbeitung**, die auch als **Dark Processing** oder **Straight-Through Processing** bezeichnet wird, handelt es sich um einen automatisierten Prozess. Dieser läuft von Anfang bis Ende ohne menschliche Aufsicht oder manuelle Eingriffe - eben „im Dunkeln". In vielen Fällen verbessern sie die Effizienz und Genauigkeit von Abläufen, indem sie die Wahrscheinlichkeit menschlicher Fehler reduzieren und die Geschwindigkeit der Prozesse erhöhen.
>
> Typische **Aufgaben der Dunkelverarbeitung** sind vor allem Veränderungen von Bestandsdaten, die Erstellung und Versendung von Rechnungen, die Prüfung von Versicherungsansprüchen und Kreditanträgen. Solche Systeme weisen einen weiteren großen Vorteil auf: eine hohe **Skalierbarkeit**. Schließlich können mit solchen Systemen auch große Datenmengen schnell bearbeitet werden.

Diese Art der **KI-gestützten Kreditvergabe** hat den Zugang zu erschwinglichen Krediten erweitert. Dies gelang durch die Ermittlung von neuen Wegen, um qualifizierte Kreditnehmer zu identifizieren. Eine Voraussetzung hierfür ist, dass das KI-basierte Modell rechtswidrige unvereinbare Auswirkungen sowie statistische Verzerrungen vermeidet, die für benachteiligte Gruppen schädlich sein könnten. Bisher ist es *Upstart* gelungen, die Plattform frei von Voreingenommenheit in den Kreditentscheidungsprozess zu halten. Zusätzlich hat es ein Meldeverfahren entwickelt, um die Fairness auch bei zukünftigen Versionen des Modells sicherzustellen. Außerdem hat *Upstart* von Anfang an mit den Aufsichtsbehörden zusammengearbeitet, um ein gesetzeskonformes Agieren zu sichern (vgl. [9]).

Auch **Versicherungsunternehmen** setzen zunehmend auf Dunkelverarbeitung. Die Unternehmen und ihre Kunden haben oft das gleiche Ziel. Die **Schadensabwicklung** soll schnell, effizient sowie möglichst genau und fair erfolgen. Um dieses Ziel zu erreichen, setzen Versicherungen zunehmend KI-Systeme zur schnellen **Bewertung von Versicherungsansprüchen** ein. Hierbei gilt es auch, Anomalien in Schadensfällen zu erkennen, die auf potenziellen Versicherungsbetrug hindeuten – und alle anderen Schadensfälle schnell abzuwickeln.

Das Unternehmen ***Tractable*** unterstützt diese Prozesse in der **Automobilbranche** durch eine KI-Lösung, die Kostenvoranschläge schnell und effizient prüft. Notwendige Reparaturen oder Totalschäden bei Fahrzeugen können schnell erkannt und kalkuliert werden. Hierzu verwendet die KI-Engine Fotos, um den Schaden bereits bei der ersten Schadensmeldung zu bewerten. Um diesen Prozess zu starten, fotografiert der Versicherungsnehmer den Schaden und lädt die Fotos hoch – meist über eine Smartphone-App. Dies kann unmittelbar nach einem Unfall geschehen. Die Fotos werden durch Computer Vision in Echtzeit überprüft und die Reparaturkosten prognostiziert. Diese können auf die Standards der Versicherer ausgerichtet werden. Bei der Kalkulation der Kosten greift das KI-System auf mehrere Millionen Fotos von Autounfällen zurück. Dieser Prozess ermöglicht es, dass ein Kostenvoranschlag schon innerhalb von Minuten erstellt werden kann (vgl. [8]).

Auch das Unternehmen ***Lemonade*** setzt bei seinem Geschäftsmodell auf Künstliche Intelligenz. Derzeit bieten das Unternehmen in Deutschland und den Niederlanden **Hausrat- und Privathaftpflichtversicherungen** an. Im Gegensatz zu vielen traditionellen Versicherungsunternehmen behält *Lemonade* nur einen fixen Anteil der Beiträge für sich. Die verbleibenden Einnahmen werden zur Begleichung weiterer Kosten verwendet, etwa für die Rückversicherung sowie für die Zahlung bei Schadensfällen. Der nicht benötigte Restbetrag wird als „Giveback" bezeichnet. Dieser Restbetrag wird jedes Jahr für gute Zwecke gespendet. Hierbei betrachtet *Lemonade* die Versicherungsnehmer, die einen identischen guten Zweck unterstützen wollen, als „Peers". Die pro Peer-Gruppe gesammelten Beiträge werden genutzt, um die Schadensfälle der jeweiligen Gruppe zu bezahlen und das verbleibende Geld für den gemeinsamen guten Zweck zu spenden. Sollten die abzuwickelnden Schadensfälle den Geldbetrag des jeweiligen Gruppen-Pools übersteigen, wird auf die Rückversicherung zur Deckung dieser Schäden zurückgegriffen (vgl. [5]).

Wo wird bei *Lemonade* KI eingesetzt? Der (potenzielle) Kunde wird durch den **Chatbot** *Maya* durch den Prozess geführt. Der Prozess ist sehr spielerisch gestaltet – und nach Eingabe der persönlichen Daten dauert es keine Minute, bis ein individualisiertes Angebot erstellt ist. Auch die Auszahlung im Schadensfalle findet KI-gestützt statt – und dauert häufig nur Minuten (vgl. [5]).

Think-Box: Fragen, die Sie sich stellen sollten!

- Welche spezifischen Use Cases gibt es in unserem Unternehmen für den KI-Einsatz – und welche Ziele könnten wir dadurch erreichen (Steigerung von Effizienz und Schnelligkeit, Kostenreduktion, Verbesserung der Kundenerfahrung)?
- Verfügen wir über die notwendigen Daten zum Training der KI-Systeme – oder stehen entsprechende Datenpools oder vortrainierte KI-Engines zur Verfügung?
- Wie können wir unsere Angebote im Wealth-Management weiterentwickeln?
- Welche Bedeutung haben Robo Advisor für unser Angebot?
- Welche Erwartungen haben die Kunden bei diesen Dienstleistungen?
- Wie können wir unsere Lösungen im Hochfrequenzhandel weiterentwickeln?

- Welchen Beitrag kann die KI zur Betrugserkennung und Betrugsvermeidung leisten?
- Welche Einsatzbereiche gibt es bei uns, um eine KI-gestützte Prozessoptimierung einzusetzen?
- Welche Felder können in die Dunkelverarbeitung einbezogen werden?
- Wie kann sichergestellt werden, dass (automatisierte) Prozesse bei der Kreditvergabe oder Risikobewertung transparent, fair und nachvollziehbar ablaufen?
- Verfügen wir über die notwendigen Fähigkeiten, Technologien und Budgets, um hier signifikante Erfolge zu erzielen?

Zusammenfassung

- Der **Markt der Finanzdienstleistungen** stellt ein **besonders spannendes KI-Einsatzfeld** dar, weil hier Konsequenzen richtiger und falscher Entscheidungen häufig sehr zeitnah festgestellt werden können.
- **Robo-Berater** bzw. **Robo Advisors** ermöglichen es, vielen weiteren Zielgruppen eine individualisierte Vermögensberatung anzubieten.
- Ein weiteres interessantes Einsatzfeld ist der **Hochfrequenzhandel** (High-Frequency Trading).
- KI-Systeme werden zu **Fake Detection** und **Fraud Detection** eingesetzt.
- Wie in vielen anderen Branchen kann die Künstliche Intelligenz bei der **Workflow-Automatisierung** unterstützen.
- Ein weiteres wichtiges Einsatzfeld stellt die **Kreditwürdigkeitsprüfung** (Credit-Scoring) dar, um zu verlässlicheren Ergebnissen zu kommen.
- KI-Engines können weitere Formen der **Dunkelverarbeitung** unterstützen.

Literatur

1. BlackRock. (2023). Unsichere Zeiten erfordern mehr Klarheit. https://www.blackrock.com/de/professionelle-anleger/aladdin?switchLocale=y&siteEntryPassthrough=true. Zugegriffen am 03.06.2023.
2. Deutsche Bank. (2023). ROBIN, die digitale Vermögensverwaltung – damit jeder wie ein Profi anlegen kann. https://www.deutsche-bank.de/pk/sparen-und-anlegen/geldanlage-online/robin.html. Zugegriffen am 03.06.2023.
3. Feedzai. (2023). Introducing the world's First RiskOps Platform. https://feedzai.com/blog/introducing-the-worlds-first-riskops-platform/. Zugegriffen am 03.06.2023.
4. GiniMachine. (2023). No-code AI decision making platform. https://ginimachine.com/. Zugegriffen am 05.06.2023.
5. Lemonade. (2023). Vergiss alles, was du über Versicherungen weißt. https://www.lemonade.com/de/?f=1. Zugegriffen am 05.06.2023.
6. Ponemon Institute. (2021). The real cost of online fraud. https://www.paypal.com/us/brc/article/enterprise-solutions-real-cost-online-fraud. Zugegriffen am 03.06.2023.

7. Preuschat, A., & Hock, M. (2023). Analysten, Berater und Detektive aus der Maschine. https://www.faz.net/aktuell/finanzen/ki-in-banken-analysten-berater-detektive-als-maschinen-18960970.html. Zugegriffen am 26.06.2023.
8. Tractable. (2023). The speed and accuracy of AI. https://tractable.ai/. Zugegriffen am 05.06.2023.
9. Upstart. (2023). This is Upstart. https://www.upstart.com/i/about. Zugegriffen am 05.06.2023.

Militärsektor 10

Zusammenfassung

Im Militärsektor wird KI zur Überwachung und Aufklärung genutzt, wobei sie große Datenmengen analysiert, um relevante Informationen und Muster zu erkennen. KI treibt auch die Entwicklung autonomer Systeme voran, die für Überwachungs-, Aufklärungs-, Transport- und Kampfaufgaben eingesetzt werden können. Zudem findet KI Anwendung in der Cyber-Sicherheit zur Erkennung und Reaktion auf Netzwerkanomalien und Netzwerkangriffe. Auch in der militärischen Logistik und Wartung können durch KI-Lösungen entscheidende Effizienzsteigerungen erzielt werden.

Um den **Einsatz der** Künstlichen **Intelligenz in der Waffentechnik** voranzubringen, investieren Länder wie China, Großbritannien, Israel, Russland, Südkorea und die USA jedes Jahr Milliardenbeträge. Wenn ernsthafte **Bedrohungen der Menschheit durch Künstliche Intelligenz** zu erwarten sind, trifft dies wohl am ehesten auf diesen Bereich zu. Der KI-Einsatz im Militärsektor hat erhebliches Potenzial, die Art und Weise zu revolutionieren, wie militärische Operationen heute bereits und in Zukunft durchgeführt werden.

10.1 KI-Einsatzbereiche im Militärsektor

KI kann im militärischen Bereich in verschiedenen Feldern eingesetzt werden. Nachfolgend werden besonders wichtige **KI-Einsatzbereiche im Militärsektor** ausgewiesen (vgl. auch Krause, [3]):

R. T. Kreutzer, *Künstliche Intelligenz verstehen*, https://doi.org/10.1007/978-3-658-42598-2_10

- **Überwachung und Aufklärung**
KI-Engines werden eingesetzt, um große Mengen an Überwachungsdaten zu analysieren und wichtige Informationen zu identifizieren. Dazu gehören Bild- und Videoanalyse von Drohnen oder Satelliten sowie die Auswertung von Kommunikationsdaten, um Aktivitäten oder Bedrohungen zu identifizieren.
- **Cyber-Sicherheit**
KI wird auch in der Cyber-Sicherheit eingesetzt, um Anomalien in Netzwerken oder Angriffe auf Netzwerke zu erkennen und darauf zu reagieren. KI-gesteuerte Systeme können Netzwerke kontinuierlich überwachen und oft schneller auf Bedrohungen reagieren als Menschen.
- **Logistik und Wartung**
KI kann verwendet werden, um Logistik- und Wartungsaufgaben effizienter zu gestalten. Dazu gehören Vorhersagen über benötigte Ressourcen, Identifizierung von Wartungsbedarf für militärische Ausrüstung und Optimierung von Lieferketten.
- **Autonome Systeme**
KI ermöglicht die Entwicklung von autonomen militärischen Systemen, wie unbemannten Luft-, Land- und Wasserfahrzeugen. Diese Systeme können für eine Vielzahl von Aufgaben eingesetzt werden, darunter Überwachung, Aufklärung, Transport und direkte Kampfhandlungen.

10.2 Autonome Waffensysteme

Autonomen Systemen kommt im Militärsektor eine besonders große Bedeutung zu. Deshalb werden nachfolgend verschiedene **autonome Systeme für das Militär** vorgestellt; teilweise überschneiden sich die dargestellten Konzepte:

- **Fliegende Drohnen**
Drohnen können zur **automatisierten Daten- und Bildanalyse** eingesetzt werden. In Echtzeit kann eine große Datenmenge verarbeitet und zur Entscheidungsunterstützung genutzt werden. Trifft die Drohne selbstständige Entscheidungen über Angriffe, so wird sie zum **Kampfroboter**.
Ein besonderes Risiko ist mit sogenannten **Mikro-Drohnen** verbunden. Diese können als Kampfroboter ausgestaltet in Drohnenschwärmen vorab definierte Ziele angreifen. Die Drohnen koordinieren sich autonom untereinander – und sind durch klassische Luftabwehrsysteme kaum zu bekämpfen. Werden sie mit einer Gesichtserkennungs-Software ausgestaltet, können einzelne Personen gezielt angegriffen werden. Wie solche Attacken aussehen können, zeigt das folgende Video: https://www.youtube.com/watch?v=HipTO_7mUOw
- **Unbemannte U-Boote**
U-Boot-Drohnen stellen eine besondere Gefahr für das „Gleichgewicht des Schreckens" hinsichtlich der U-Boot-Flotten der militärischen Großmächte dar. Die klassi-

schen U-Boot-Flotten können durch kostengünstigere autonom agierende U-Boote ausspioniert werden, sodass die Flotten ihre abschreckende Wirkung verlieren. Bei einer entsprechenden Bewaffnung werden auch die U-Boot-Drohnen zu **Kampfroboter**n, wenn über den Waffeneinsatz autonom entschieden wird und kein Mensch mehr in die Entscheidungskette eingebunden ist.

- **Kampfroboter** (auch tödliche autonome Waffensysteme bzw. Lethal Autonomous Weapon Systems)
  Hierbei handelt es sich zum einen um **fest installierte Systeme**, die autonom agieren, um Angriffe abzuwehren. Sie kommen schon heute beim Schutz von militärischen und zivilen Einrichtungen (bspw. Staudämmen, Atomanlagen), Grenzen (so zwischen Süd- und Nordkorea) sowie auf Kriegsschiffen zum Einsatz. Zum anderen kommen Kampfroboter – wie bereits aufgezeigt – auch mobil in Gestalt von **fliegenden und tauchenden Drohnen** zum Einsatz. Zusätzlich können sich solche **Kampfroboter auf dem Land bewegen**, indem Räder, Ketten oder Beine zur Fortbewegung eingesetzt werden. Welche Entwicklungen sich hier abzeichnen, zeigen folgende Videos: https://www.youtube.com/watch?v=Wu1kpnCylKQ – https://www.youtube.com/watch?v=L9U3B8wnM7w
- **(Teil-)autonome Assistenten**
  (Teil-)autonome Assistenten werden bei der **Minenräumung** sowie bei der **Entschärfung von Bomben** eingesetzt. Sie können auch helfen, **Verletzte aus Kampfzonen zu evakuieren**, dorthin **Nachschub zu liefern** oder **Höhlen zu explorieren**. Einen großen Entwicklungsschub nahm die Entwicklung solcher (teil-)autonomen Assistenten durch die nukleare Katastrophe von Fukushima im Jahr 2011. Das Gebiet ist immer noch stark kontaminiert und für den Menschen in vielen Bereichen unzugänglich. Deshalb können bestimmte Aufräumarbeiten nach wie vor nur durch Roboter geleistet werden. Allerdings ist die Strahlung auch für Roboter nicht ungefährlich. So können sowohl die Linse der Kamera wie auch die Schreib-Lese-Speicher durch die Strahlung geschädigt werden. Die für diesen Einsatz erforderlichen stabilen und vor allem haltbaren Roboter für den Weg durch die Trümmer waren in Japan zunächst nicht verfügbar. Dagegen haben die USA – auch getrieben durch den gefährlichen Einsatz in Afghanistan und im Irak – bereits früher viele Millionen US-$ in die Entwicklung solcher Roboter investiert.

Durch das Vordringen der Künstlichen Intelligenz beschleunigt sich gerade der weltweite Rüstungswettlauf. Dieser wird eher im Verborgenen geführt, weil sich die „üblichen Verdächtigen“ nicht gerne in die Karten schauen lassen.

Die **Vorteile des KI-Einsatzes bei Rüstungsgütern** sind aus Sicht der Propagandisten sehr überzeugend:

- KI-gestützte Waffensysteme können **große Datenmengen in Echtzeit auswerten**, Angriffsziele identifizieren, priorisieren und ggf. autonom angreifen.
- In Verbindung mit einer **Gesichtserkennung** können Angriffe personenbezogen erfolgen.

- Durch den Einsatz autonomer Waffen können menschliche Verluste auf der Seite der Angreifer und ggf. durch **zielgenaueres Agieren** auch auf Seiten der Angegriffenen reduziert werden.
- KI-basierte Entscheidungssysteme sind **unabhängig von Müdigkeit, emotionalen Befindlichkeiten und der Aufmerksamkeit von menschlichen Akteuren**.
- Wenn **menschliche Soldaten** durch Maschinen ersetzt werden, kann die Zahl der Opfer für den Besitzer verringert werden; allerdings kann hierdurch auch die Schwelle zum Kampf sinken.

▶ **Food for Thought** Das Zusammenspiel der Künstlichen Intelligenz mit der Robotik wird immer ausgefeiltere Kampfmaschinen hervorbringen. Eine spannende Frage lautet: Wenn es gelingt, den Straßenverkehr durch autonomes Fahren sicherer von menschlichem Fehlverhalten zu machen, kann der Einsatz autonomer Waffensysteme Kriege – ein semantischer Widerspruch – humaner machen?

Auch die **Risiken des KI-Einsatzes bei Rüstungsgütern** sind gravierend:

- Eine zentrale Frage lautet, ob Kampfrobotern die **Entscheidungsprinzipien des Völkerrechts** sowie die **grundlegenden Menschenrechte** „fest" einprogrammiert werden können. Dazu zählt der völkerrechtlich verbindliche Schutz von Zivilisten sowie von verwundeten Soldaten. Wird die Bilderkennung so gut sein, in Kampfeinsätzen diese besonders zu schützenden Personen korrekt zu erkennen?
- Autonome Waffensysteme können ohne menschliche Einflussnahme und folglich auch **ohne menschliche Kontrolle** agieren und fehlerhaft entscheiden – wie Menschen auch. Bewaffnete Quadcopter (Hubschrauber mit vier Rotoren) ermöglichen es, Personen zu suchen, die bestimmte Kriterien erfüllen, um diese zu eliminieren – ohne jegliche menschliche Intervention. Es stellt sich die Frage, welche Entscheidungsparameter und/oder ethischen Prinzipien den Robotern einprogrammiert werden und ob sich diese durch Machine Learning selbstständig weiterentwickeln können – in welche Richtung auch immer.
- Unklar ist, ob die Entwicklungen ein **globales KI-Wettrüsten** in Gang setzen oder es eher verhindern. Da die großen Militärmächte die Entwicklung von KI-Waffen mit großen Budgets vorantreiben, scheint ein globales Wettrüsten praktisch unvermeidlich. Die Kalaschnikows von heute werden morgen durch autonome Waffen ersetzt werden. Diese Entwicklung ist fast unvermeidlich, weil für die Entwicklung und die Produktion von autonomen Waffen weder teure noch schwer zu beschaffende Rohstoffe benötigt werden. Auch eine Massenproduktion ist relativ einfach zu erreichen.
- Wie bei allen nicht-militärischen Anwendungen können auch hier die **Algorithmen** (oft schwer nachvollziehbar) **manipuliert** werden. Im Worst Case stellt man diese Manipulationen erst nach dadurch ausgelösten Angriffen fest.
- Besonders kritisch ist der autonome Einsatz, wenn **im realen Einsatz andere Daten zu berücksichtigen sind als in der Trainingsphase**. Hier ist nicht absehbar, wie die

Künstliche Intelligenz autonom reagieren wird, wenn eine sogenannte „semantische Lücke" auftritt (vgl. Abschn. 1.4.1).

- Die **Entmenschlichung kriegerischer Auseinandersetzungen** kann die Hemmschwelle für entsprechende Aktionen reduzieren, weil Regierende ihren Wählern gegenüber bei Kämpfen keine oder weniger Menschenverluste auf der eigenen Seite mehr rechtfertigen müssen.
- Der Einsatz von Killerrobotern kann **bewaffnete Konflikte in Endloskriege ausarten** lassen, weil keine Ermüdung der technischen Systeme eintritt – von Verschleiß und „Abschuss" der Killerroboter einmal abgesehen.
- Besonders gefährlich wird es, wenn die **politische oder militärische Führung die Kontrolle über autonome Waffensysteme verliert** und sich diese „selbständig" machen – mit unvorhersehbaren Konsequenzen.
- Ungelöst ist auch die Frage, wie eine **strafrechtliche Verfolgung von Kriegsverbrechen** erfolgen soll, wenn diese von autonomen Waffensystemen begangen werden.
- Leicht einsetzbare **KI-Waffensysteme** können **in den Händen von Terrororganisationen** außerdem verheerende Schäden anrichten.

▶ **Filmtipp** Das ethische Dilemma des militärischen Drohneneinsatzes zeigt sich sehr gut in dem Thriller *„Eye in the Sky"*.

Organisationen, Politiker, Wissenschaftler und Ingenieure fordern immer wieder dazu auf, sich nicht an der Entwicklung, Herstellung, dem Handel und dem Gebrauch von tödlichen autonomen Waffen zu beteiligen. Doch eine überzeugende globale Lösung ist nicht in Sicht. Auf der einen Seite fordern viele Länder ein **Verbot von Killerrobotern** (vgl. [4]). Aber solange Staaten wie China, Israel, Russland und die USA gegen ein solches Verbot sind, wird das **KI-Wettrüsten** weitergehen. Und dies nicht zum Wohle der Menschheit. Auch das Future of Life Institute [2] wirft in diesem Kontext einen kritischen Blick auf die KI-Entwicklungen. Nach Einschätzung dieses Instituts könnten sich die KI-Systeme zum **wirkungsstärken Mechanismus der Menschheitsgeschichte** entwickeln – mit Potenzial zum Guten wie zum Schlechten!

Eine besondere Herausforderung besteht darin, ein zerstörerisches Wettrennen mit tödlichen autonomen Waffen zu vermeiden. Auf diese Gefahren weist das ***Future of Life Institute*** in offenen Briefen immer wieder hin – vor allem auf das Risiko eines globalen militärischen KI-Wettrüstens. Deshalb wird von diesem Institut ein **Verbot von offensiven autonomen Waffen** ohne menschliche Kontrolle gefordert. Aber genau das ist heute schon der Fall: KI-gesteuerte Drohnen, die nicht nur autonom fliegen, sondern auch Ziele (Menschen und Dinge) eigenständig erkennen und bekämpfen. Und die Vergangenheit stimmt hier nicht hoffnungsfroh: Bisher wurden fast alle technologischen Möglichkeiten umfassend für militärische Zwecke genutzt – bis hin zur Atombombe.

Warum ein solches Verbot für die Menschheit von großer Bedeutung wäre, zeigt das folgende virtuelle Duell, welches im Rahmen des experimentellen Turniers ***Alpha Dogfight*** stattfand. Zunächst das Ergebnis: **Der KI-Pilot besiegt Menschen im Finale des**

Alpha Dogfight **mit dem Ergebnis 5 zu 0 Abschüssen.** Das KI-System ***Falco*** von *Heron Systems* besiegte einen menschlichen F-16-Piloten in fünf Szenarien. Der menschliche F-16-Pilot hatte gegen das KI-gesteuerte Flugzeug keine Chance. Der KI-Gegner war völlig angstfrei, steuerte frontal auf den menschlichen Piloten zu und führte das virtuelle Flugzeug auch in engsten Schleifen sicher, obgleich hier Fliehkräfte des Neunfachen der normalen Schwerkraft auftraten. Für eine Maschine alles kein Problem – ebenso wenig wie fehlender Schlaf, fehlende Nahrung und reiner Überlebenswille. Allerdings können solchen KI-gesteuerten Maschinen auch Augenmaß, Mitleid und Tötungshemmung fehlen (vgl. [1]).

► **Food for Thought** Der KI-Einsatz im Militärsektor wirft viele ethische Fragen auf. Diese beziehen sich vor allem auf autonome Waffensysteme und die Notwendigkeit, menschliche Kontrolle und Verantwortung in Kriegssituationen zu gewährleisten. Auch die Cyber-Sicherheit und der Schutz vor KI-gesteuerten Cyber-Angriffen sind wichtige Herausforderungen. Letztlich müssen Militärs, Politiker und die Gesellschaft als Ganzes die Vorteile von KI gegen die potenziellen Risiken abwägen und Regeln und Vorschriften entwickeln, die einen „verantwortungsvollen" Einsatz von KI im Militärsektor gewährleisten.

Zusammenfassung

- Heute fließen jedes Jahr Milliardenbeträge in die Entwicklung von KI-Systemen für den militärischen Einsatz.
- Diese Entwicklungen finden weitgehend im Verborgenen statt und lassen sich kaum kontrollieren.
- Die größten Risiken der Künstlichen Intelligenz gehen mit den verschiedenen Formen von Kampfrobotern einher, weil diese die „Spielregeln" bei kriegerischen Auseinandersetzungen massiv verändern werden.

Literatur

1. Darpa. (2020). AlphaDogfight trials go virtual for final event. https://www.darpa.mil/news-events/2020-08-07. Zugegriffen am 05.06.2023.
2. Future of Life Institute. (2023). Steering transformative technology towards benefitting life and away from extreme large-scale risks. https://futureoflife.org/. Zugegriffen am 05.06.2023.
3. von Krause, U. (2021). *Künstliche Intelligenz im Militär*. Springer Gabler.
4. Stop Killer Robots. (2023). Less autonomy. More humanity. https://www.stopkillerrobots.org/. Zugegriffen am 05.06.2023.

11 Metaverse

Zusammenfassung

Im Metaverse spielt die Künstliche Intelligenz eine zentrale Rolle. Sie ermöglicht personalisierte und immersive Erfahrungen, etwa durch die Erzeugung von dynamischen virtuellen Welten und die Unterstützung intelligenter Avatare. KI analysiert Benutzerinteraktionen, um die Nutzererfahrung weiter zu verbessern und zu personalisieren. Darüber ermöglicht die KI realistische und natürliche Interaktionen im Metaverse, indem sie Sprache, Bilder und zunehmend auch Emotionen erkennt.

„Nur, wer vorangeht, bestimmt die Richtung!"

11.1 Kennzeichnung des Metaverse

Der Begriff **Metaverse** (in Deutsch auch **Metaversum**) setzt sich aus den Begriffen „meta" für „jenseits" und „verse" für „universe" zusammen. Es geht folglich um ein Universum, das jenseits unserer analogen Welt liegt (vgl. vertiefend [5]). Als Metaverse wird die zukünftige Ausgestaltung des Internets beschrieben, die auf ein intensives und quasi grenzenloses Zusammenwirken von digitalem und analogem Leben setzt. Hierfür wird zunehmend der Begriff **Web 3.0** verwendet. Ein zentrales Element des Web 3.0 ist, dass jetzt

Ergänzende Information Die elektronische Version dieses Kapitels enthält Zusatzmaterial, auf das über folgenden Link zugegriffen werden kann [https://doi.org/10.1007/978-3-658-42598-2_11].

R. T. Kreutzer, *Künstliche Intelligenz verstehen*, https://doi.org/10.1007/978-3-658-42598-2_11

im Internet basierend auf der Blockchain-Technologie Eigentumsrechte erworben werden können. Die **Varianten des Internets** lassen sich folglich so beschreiben:

- **Web 1**: Read only (das Schreiben war den Profis vorbehalten.
- **Web 2**: Read & Write (das Mitmach-Web)
- **Web 3**: Read & Write & Own & Do Things (das Walk-in-Web)

▶ **Merk-Box** Das **Metaverse** stellt die nächste Evolutionsstufe des Internets dar. Hierbei handelt es sich um ein interoperables, dezentrales und persistentes (i.S. von dauerhaftes) Netzwerk aus virtuellen, in Quasi-Echtzeit aus Rohdaten entwickelten dreidimensionalen Welten. Das Metaverse ermöglicht es einer beliebig großen Menge an Nutzern, dort synchron mit ein und derselben Identität wie auch mit mehreren Identitäten ein virtuelles Leben mit all seinen Facetten (Arbeit, Urlaub, Kultur, Bildung, Freundschaften, Beziehungen etc.) zu führen.

Metaverse ist ein Walk-in-Internet!

Promotoren des Metaverse sagen, dass wir bei Metaverse heute dort stehen, wo wir beim Einstieg ins Internet ab 1990 auch standen: Das Internet versprach vieles, manche konnten sich einige Anwendungen vorstellen – aber niemandem war bewusst, dass das Internet die Welt durchgreifend verändern würde. Vielleicht gilt das auch für das Metaverse – vielleicht!

Die in Abb. 11.1 gezeigten **Charakteristika des Metaverse** sind zum Verständnis des Gesamtkonzepts von entscheidender Bedeutung (vgl. [5], S. 11).

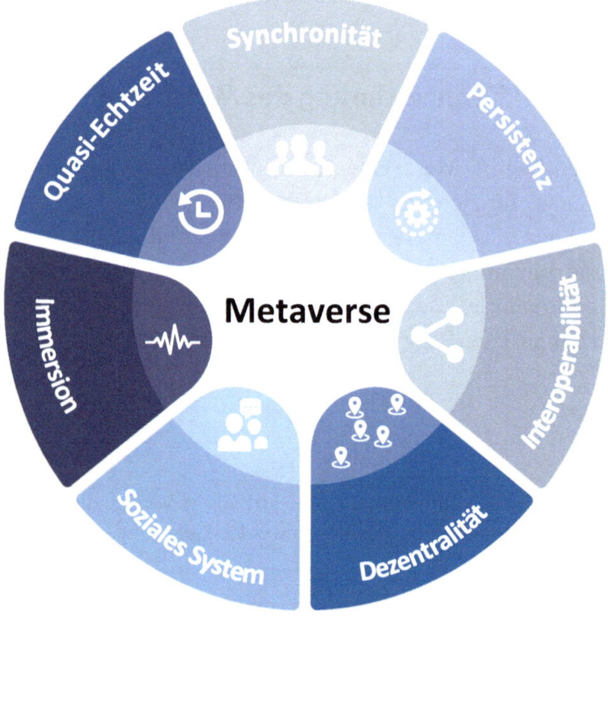

Abb. 11.1 Charakteristika des Metaverse. (Quelle: [5], S. 11)

Was verbirgt sich hinter diesen **Charakteristika des Metaverse** (vgl. weiterführend [5], S. 13–20)?

- Die **Synchronität** ermöglicht eine gleichzeitige Nutzung ohne Einschränkungen durch eine große Anzahl von Nutzern, die an derselben Stelle im Metaverse interagieren können.
- Die **Persistenz** des Metaverse und der persönlichen Account-Historie bedeutet, dass im Metaverse generierte und oder gekaufte Inhalte (Avatare, NFSs) … unabhängig von einem oder mehreren Unternehmen fortbestehen können.
- Die **Interoperabilität** über Plattformen und Geräte hinweg erlaubt die Nutzung einzelner Elemente des Metaverse, wie Avatare oder virtuelle Güter, in verschiedenen Systemen.
- Die **Dezentralität** des Metaverse zeigt, dass es unabhängig von spezifischen Geräten oder Organisationen ist und somit niemandem „gehört".
- **Immersion** bezeichnet das „Eintauchen" in eine 3D-virtuelle Welt oder eine Mischung aus physischer und digitaler Welt mithilfe von Avataren und Extended Reality (XR) – einer Zusammenführung von Augmented und Virtual Reality.
- Die Interaktivität kann standortunabhängig und in **Quasi-Echtzeit** stattfinden.
- Das Metaverse ist ein **soziales Netzwerk**, in dem Menschen sich treffen und mit anderen Menschen und Organisationen interagieren können – und das geht weit über das Spielen hinaus.

> **Merk-Box** Das Metaverse basiert in vielen Bereichen auf Technologien der Künstlichen Intelligenz. Erst diese ermöglicht es, den Kontext umfassend in Erlebnisse zu integrieren. Außerdem werden erst durch KI fotorealistische Bewegungen sowie eine Erfassung von Emotionen in Quasi-Echtzeit möglich. Hierzu sind hochkomplexe Rechenoperationen erforderlich.

> **Food for Thought**
> - Unternehmen und Kunden haben in den letzten Jahren bereits den **Sprung** von der **Offline-Welt** in die **Online-Welt** vollzogen.
> - In der Online-Welt ist dann der **Sprung** von der **stationären** zur **mobilen Nutzung** des **Internets** erfolgt.
> - Das Metaverse soll jetzt zum **Sprung** von der **2. Dimension** in die **3. Dimension** mit einer 360-Grad-Perspektive einladen.

11.2 Interessante KI-Einsatzfelder im Metaverse

Im **Arbeitsleben** kann das Metaverse viele der bereits aufgezeigten KI-Einsatzfelder in einer innovativen Form zusammenführen (vgl. vertiefend [5], S. 58–87). So können im Metaverse Menschen sowohl innerhalb als auch zwischen Unternehmen kooperieren und sich für eine Vielzahl von Anwendungsfällen live in einem virtuellen Raum treffen, unabhängig von ihrem physischen Standort. Diese **virtuelle Kreativumgebung** ermöglicht im Grunde alles, was in einem realen Bürogebäude möglich wäre: Meetings, Konferenzen, Schulungen, Brainstorming-Sitzungen und auch informellen Austausch. **VR-Umgebungen** bieten ein stärkeres Präsenzgefühl und erweiterte Möglichkeiten für die Remote-Zusammenarbeit im Vergleich zu traditionellen Videokonferenzen. Die Illusion, tatsächlich mit anderen Personen in einem gemeinsamen Raum zu sein, wird im virtuellen Umfeld erzeugt. Hier können die Teilnehmer direkt miteinander interagieren, virtuelle Objekte gemeinsam betrachten und modifizieren sowie Gedanken auf geteilten Whiteboards festhalten.

AR- und VR-Anwendungen können nicht nur die Kommunikationsqualität verbessern, sondern auch die Produktivität der Mitarbeiter steigern. Hierzu können Trainings und Meetings ins Metaverse verlegt werden. Eine 3D-Visualisierung von Räumen, Teilnehmern, aber auch Maschinen und Produktionsstätten kann die Qualität der Zusammenarbeit und Leistung verbessern. Eine zusätzliche Herausforderung besteht darin, digitale und analoge Geschäftsprozesse in der **Metaverse-Wirtschaft** zu integrieren. Hier kann der Einsatz von **Digital Twins** hilfreich sein – in der Produktentwicklung, Fertigung, und entlang der gesamten Wertschöpfungskette, einschließlich der Vernetzung mit anderen Leistungspartnern (vgl. Abschn. 3.1.3). Hier wird inzwischen schon vom **industriellen Metaverse** gesprochen.

Dem **Bildungssektor** bietet das Metaverse die Möglichkeit, Wissen auf eine innovative, immersive Weise zu vermitteln. Lernumgebungen, die immersiv gestaltet sind, ermöglichen es den Lernenden, sich vollständig in eine Situation hineinzufühlen. Hierfür werden spielerische Anwendungen, spezielle Umgebungen oder Szenarien nachgebildet. Das Ausmaß der **Immersion** im Lernprozess kann hierbei variieren. Ein höherer Grad an Immersion führt dazu, dass den Lernenden weniger bewusst ist, dass sie sich in einer virtuellen Welt befinden. Um eine erfolgreiche Immersion zu erreichen, müssen die Lernenden mental in die Umgebung eintauchen, was durch realistische Ortsillusionen und dreidimensionale Darstellungstechniken sowie durch die aktive Beteiligung der Lernenden in der simulierten Welt erreicht werden kann.

Die Künstliche Intelligenz bietet im Metaverse auch für den **Vertrieb** vielfältige Handlungsfelder. Hierfür sind nicht nur sichere digitale Identitäten zu entwickeln, sondern auch AR- und VR-Technologien in die **Omni-Channel-Strategie** der Unternehmen zu integrieren. Dann können ganz neue **immersive und personalisierte Kundenerfahrungen** geschaffen werden. Unternehmen wie *Balenciago, Nike* und *Guggi* nutzen das Metaverse bereits erfolgreich für ihre Geschäftsmodelle. Auch die Autohersteller *Audi, Hyundai* und *Nissan* entwickeln Konzepte für das Metaverse. Hier können 3D-Modelle von Produkten in Originalgröße angesehen werden, bevor eine Kaufentscheidung getroffen wird.

Die ***EHI***-Studie „Metaverse im Handel“ von 2022 stellt heraus, dass **Händler** eine Vielzahl neuer Möglichkeiten im Metaverse erkennen. Dafür wurden 433 Führungspersonen aus 284 verschiedenen Handelsunternehmen im deutschsprachigen Raum befragt. Es wurden folgende Erkenntnisse gewonnen (vgl. [3]):

- 77,3 % der Befragten sehen die Möglichkeit der **virtuellen Beratung** oder **Einkaufsassistenz**, um das Erlebnis im stationären Handel digital nachzuahmen.
- 75,4 % unterstützen eine **3D-Produktpräsentation** in virtuellen Räumen oder mithilfe von AR-Technologien.
- 69,2 % entscheiden sich für **Werbung im virtuellen Raum**, um herkömmliche Kommunikationswege mit virtuellen Werbebotschaften zu erweitern.
- 67,9 % setzen auf eine Erweiterung des stationären Einkaufs um **virtuelle Erlebnisse**, etwa durch den Einsatz von VR-Brillen oder Terminals für den Kauf digitaler Güter.
- 59,3 % ziehen **Gamification** zur Verbesserung der Markenwahrnehmung in Betracht.
- 56,6 % könnten **virtuelle Einkaufswelten** schaffen, um den Kunden das Bummeln durch virtuelle Einkaufszentren zu ermöglichen.
- 54,7 % stellen sich eine **virtuelle Anprobe** vor – mit dem Avatar des Benutzers.
- 38,6 % ziehen den **Handel mit digitalen Gütern** (wie Avataren, digitaler Kleidung, digitaler Kunst, digitalen Grundstücken usw.) in Betracht.

79,9 % der Händler glauben, dass sie durch eine Präsenz im Metaverse ihre klassischen Marketingziele erreichen könnten, etwa eine **Steigerung der Markenbekanntheit** oder eine **Verbesserung des Images**. 65,1 % sind davon überzeugt, dass sie durch eine Beteiligung im Metaverse ihre **wirtschaftlichen Ziele** erfüllen könnten, einschließlich Umsatzsteigerungen und Kostensenkungen. 56,2 % glauben, dass das Metaverse auch bei der **Erreichung von Umweltzielen** helfen kann.

Im **Gesundheitsbereich** bietet das Metaverse ebenfalls viele Ansätze, um verschiedene KI-Lösungen zusammenzuführen. Um hier die Aus- und Weiterbildung zu erleichtern, können Operationen virtuell geübt werden, bevor das reale Skalpell zum Einsatz kommt. Mit AR-Headsets könnten Operateuren live zusätzliche Informationen bereitgestellt werden, die ständiges Umsehen vom Operationstisch zum externen Monitor überflüssig machen. Eine Zusammenarbeit von geografisch weit voneinander getrennten Teammitgliedern und internationalen Experten wird möglich. Die Bereitstellung einer VR-Trainings-App ermöglicht **Rekonvaleszenten** ein immersives Training – ohne das eigene Haus verlassen zu müssen.

Der größte Nutzen des Metaverse und der KI im Gesundheitswesen wird davon abhängen, wie umfassend beide sich ergänzen (können). Eine solche Integration könnte dazu beitragen, Misstrauen, Reibungsverluste und Fehler zu beseitigen, die heute oft beim Wechsel zwischen Ärzten, Kliniken, Pflegeeinrichtungen und Arbeitsumgebungen entstehen. Aber das Gesundheitswesen braucht, vielleicht mehr als jede andere Branche, eine Datenbasis, die Vertrauen, Sicherheit und Wahlfreiheit für alle Beteiligten gewährleistet (vgl. [4], S. 12).

Angesichts dieser Möglichkeiten ist es überraschend, dass nur 26 % der Unternehmen das Metaverse weite überwiegend bzw. eher als **Chance** ansehen. 20 % sehen das Meta-

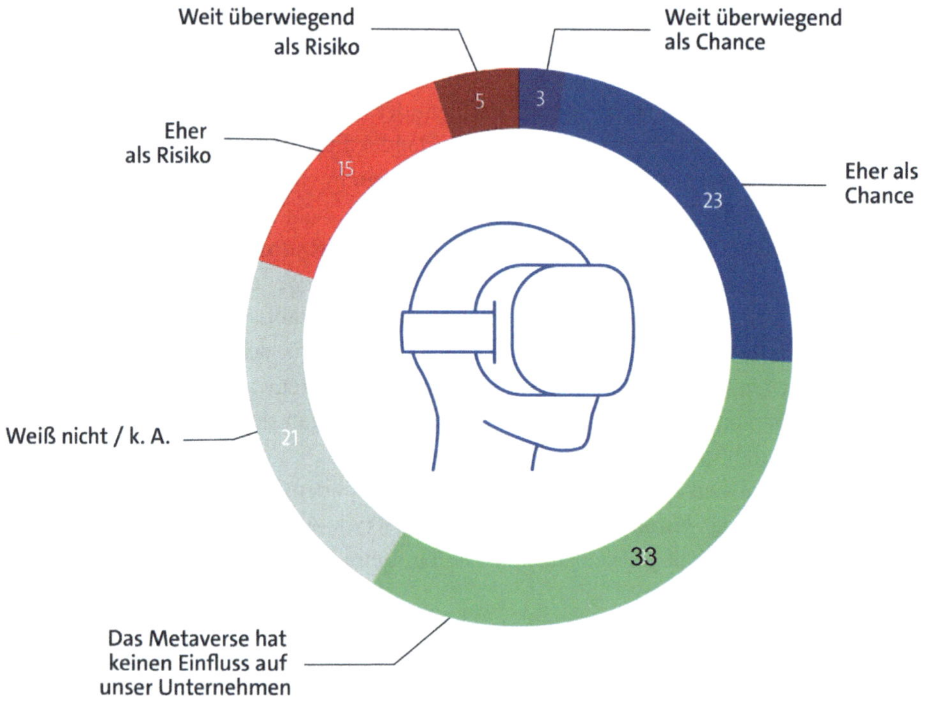

Abb. 11.2 Bewertung des Metaverse durch Unternehmen in Deutschland. (Quelle: Bitkom, [2])

verse eher/weit überwiegend als **Risiko**. 21 % können die Entwicklung nicht einschätzen. 33 % der Unternehmen gehen davon aus, dass das Metaverse keinen Einfluss auf ihr Geschäft haben wird. Dies sind die Ergebnisse einer repräsentativen Umfrage des Digitalverbands *Bitkom* unter 604 Unternehmen in Deutschland mit mindestens 20 Mitarbeitern (vgl. Abb. 11.2; Bitkom, [2]).

11.3 Wird Metaverse eine Erfolgsstory werden?

In Deutschland wird die Integration der Künstlichen Intelligenz ins Metaverse voraussichtlich eine bedeutende Rolle in der digitalen Transformation spielen. Die Nutzung von KI im Metaverse ermöglicht es Unternehmen, personalisierte Erlebnisse für ihre Kunden zu schaffen, Prozesse zu automatisieren und neue Geschäftsmodelle zu entwickeln. Allerdings werden die Fortschritte in diesem Bereich durch regulatorische Anforderungen, Datenschutzbedenken und technische Herausforderungen beeinflusst sein. Es wird erwartet, dass sich die Regierung aktiv in die Gestaltung von Richtlinien und Standards für die Nutzung von KI im Metaverse einbringen wird, um Vertrauen zu schaffen und die Interessen der Verbraucher zu schützen.

In den nächsten Jahren wird der **KI-Einsatz im Metaverse** in den verschiedenen Branchen nach und nach zunehmen. Welche Branchen zu den Innovatoren und Frühadoptoren

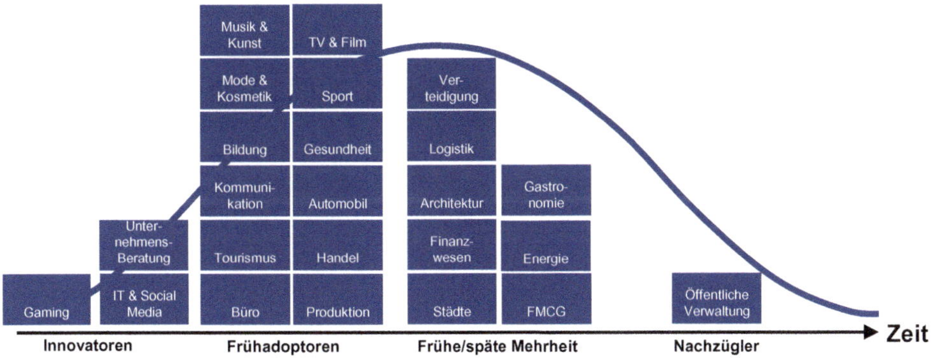

Abb. 11.3 Adoption des Metaverse durch verschiedene Branchen im Zeitablauf

und welche eher zur frühen und späten Mehrheit sowie zu den Nachzüglern gehören werden, zeigt Abb. 11.3 anhand der **Diffusionskurve von Innovationen** (vgl. [5], S. 22; vgl. zur Datenbasis [1, 6]). Nicht überraschend gehört die **Gaming-Branche** zu den Innovatoren, weil hier bereits frühzeitig viele KI-Entwicklungen aufgegriffen wurden. Die **Öffentliche Verwaltung** wird dagegen auch in diesem Bereich zu den Nachzüglern gehören.

▶ **Merk-Box** Eines ist sicher: Es lohnt sich, frühzeitig die Auseinandersetzung mit dem Metaverse zu beginnen. Das **Metaverse-Ökosystem** wird gerade von vielen Unternehmen massiv ausgebaut – und weitere steigen sukzessiv in diesen Zukunftsmarkt ein.

Das Metaverse stellt ein besonders spannendes Spielfeld für KI-Technologien dar.

▶ **Food for Thought** Über eines sollten wir uns im Klaren sein:

Metaverse führt zu einem Dataverse.

Jeder Schritt, jede Aktion, jedes gesprochene Wort, jede gezeigte Emotion – schlicht alles, was dort passiert, wird datentechnisch erfasst. Wer über diese Daten verfügt, kann unser Leben in einer noch nie dagewesenen Weise fördern – oder auch manipulieren.

Think-Box: Fragen, die Sie sich stellen sollten!

- Welche Rolle kann Künstliche Intelligenz im Metaverse für unser Unternehmen spielen und welche konkreten Vorteile könnten daraus resultieren?
- Welche Herausforderungen und Risiken könnten bei der Integration von KI in das Metaverse für unser Unternehmen entstehen und wie können wird diese bewältigen?
- Verfügen wir über die nötigen technologischen Fähigkeiten und Ressourcen, um KI im Metaverse effektiv einzusetzen?
- Wie kann KI im Metaverse dazu beitragen, die Kundenerfahrung zu verbessern und personalisierte Dienstleistungen anzubieten?

- Wie könnten KI-gesteuerte Metaverse-Anwendungen in bestehende Geschäftsprozesse integriert werden?
- Wie könnte KI im Metaverse dabei unterstützen, neue Geschäftsmodelle zu entwickeln und neue Märkte zu erschließen?
- Wie können wir sicherstellen, dass der Einsatz von KI im Metaverse mit den geltenden Datenschutz- und Sicherheitsvorschriften in Einklang steht?
- Welche Schulungen und Unterstützung benötigen unsere Mitarbeiter für den KI-Einsatz im Metaverse?
- Welche Partnerschaften oder Kooperationen könnten unser Unternehmen unterstützen, um KI effektiv im Metaverse einzusetzen und die damit verbundenen Herausforderungen zu bewältigen?
- Wer kümmert sich bei uns um alle diese Fragestellungen?

Zusammenfassung

- Das Metaverse stellt eine der spannendsten „Spielwiesen" für die Künstliche Intelligenz dar.
- Um diese zu erschließen, bedarf es eines profunden Know-how-Aufbaus zum Metaverse in den Unternehmen.
- Jedes Unternehmen ist aufgerufen, spannende KI-bezogene Use Cases für das Metaverse zu identifizieren und erste Pilotprojekte zu starten.
- Der Wettlauf um eine Spitzenposition im Metaverse hat schon begonnen.

Literatur

1. Abovitz, R., Banerjee, S., Gilliland, G., Liu, C., Sackey, E., Timashkov, A., & Trollinger, R. (2022). How the metaverse will remake your strategy. https://mkt-bcg-com-public-pdfs.s3.amazonaws.com/prod/impact-of-metaverse-on-business.pdf. Zugegriffen am 05.06.2023.
2. Bitkom. (2022). Beim Metaverse ist die deutsche Wirtschaft gespalten. https://www.bitkom.org/Presse/Presseinformation/Metaverse-deutsche-Wirtschaft-gespalten#msdynttrid=Mm57TkFY5QDIDAQi6WNIMiPE3zUhAkG1t51yq_OzJUk. Zugegriffen am 05.06.2023.
3. EHI. (2022). Metaverse im handel. https://www.ehi.org/produkt/whitepaper-metaverse-im-handel/. Zugegriffen am 05.06.2023.
4. Kalis, B., McHugh, J., Safavi, K. T., & Truscott, A. (2022). Accenture digital health technology vision: Meet me in the metaverse. How the continuum of technology and experience is reshaping healthcare. https://www.accenture.com/_acnmedia/Thought-Leadership-Assets/PDF-5/Accenture-Meet-Me-in-the-Metaverse-Full-Report.pdf. Zugegriffen am 05.06.2023.
5. Kreutzer, R. T., & Klose, S. (2023). *Metaverse kompakt*. Springer Gabler.
6. Newzoo. (2022). The metaverse, blockchain gaming, and NFTs: Navigating the internet's uncharted waters | Newzoo trend report. https://newzoo.com/insights/trend-reports/newzoo-intro-to-the-metaverse-report-2021-free-version. Zugegriffen am 05.06.2023.

Teil III

KI-Challenge – wie Künstliche Intelligenz im Unternehmen zu verankern ist

Auch die längste Reise beginnt mit dem ersten Schritt! Laotse

Jedes Unternehmen ist aufgerufen, den (weiteren) KI-Einsatz im eigenen Unternehmen zu analysieren. Eines darf nicht passieren: Dass Führungskräfte den Siegeszug der Künstlichen Intelligenz verpassen und nicht oder nicht früh genug prüfen, in welchen Feldern ein KI-Einsatz zu Wettbewerbsvorteilen im Markt führen kann.

Entwicklung einer KI-Journey im eigenen Unternehmen

12

Zusammenfassung

Die Künstliche Intelligenz hat das Potenzial, Politik, Wirtschaft und Gesellschaft grundlegend zu verändern. Trotz allem besteht nach wie vor eine große Unsicherheit darüber, wie und vor allem wie schnell sich diese Technologie weiterentwickeln wird. Deshalb ist jedes Unternehmen aufgerufen, eine individuelle KI-Journey zu starten – jetzt!

12.1 Phasen-Konzept für die unternehmenseigene KI-Journey

Kein Unternehmen sollte angesichts der großen Innovationssprünge bei KI-Anwendungen einen **Wait-and-See-Ansatz** verfolgen. Ein solches Vorgehen könnte bereits sehr schnell zu gravierenden Wettbewerbsnachteilen führen. Es gilt stattdessen, schnell eine **KI-Journey** zu starten, um das KI-Potenzial für das eigene Unternehmen stufenweise zu heben (vgl. auch [13], S. 19–24; [12], S. 28). Hierfür bietet Abb. 12.1 einen wichtigen Orientierungsrahmen, um sukzessiv die Stufen **KI-Einstieg**, **KI-Ausbau** und **KI-Skalierung** zu erreichen.

Zunächst geht es darum, eine umfassende **Analyse des Status quo** durchzuführen, um die Ausgangssituation des Unternehmens und seine Position in der gesamten Branche zu ermitteln. Hierfür sollten die nachfolgend vorgestellten Konzepte des **3-Horizonte-Modells** sowie die **KI-Maturity-Map** eingesetzt werden. Idealerweise wird diese Ana-

Ergänzende Information Die elektronische Version dieses Kapitels enthält Zusatzmaterial, auf das über folgenden Link zugegriffen werden kann [https://doi.org/10.1007/978-3-658-42598-2_12].

R. T. Kreutzer, *Künstliche Intelligenz verstehen*, https://doi.org/10.1007/978-3-658-42598-2_12

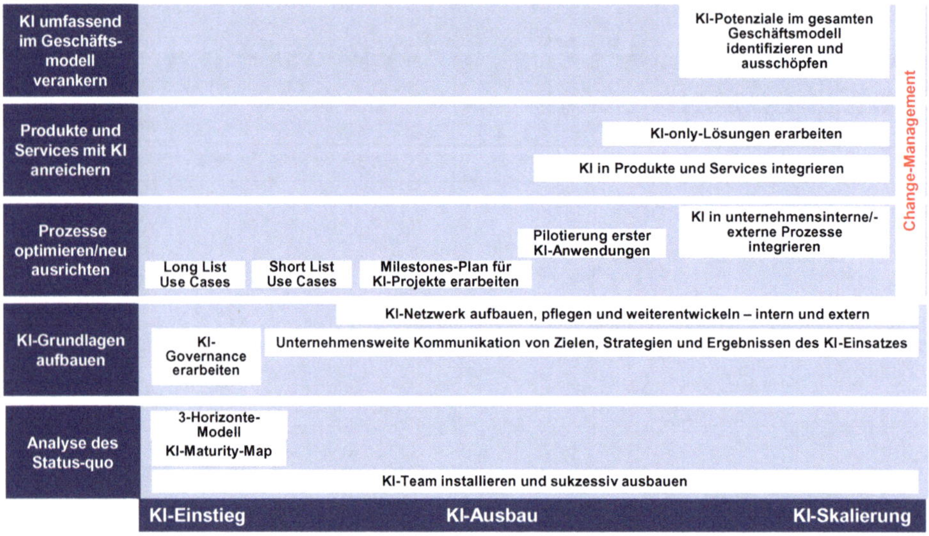

Abb. 12.1 Phasen der unternehmenseigenen KI-Journey

lyse bereits durch ein speziell installiertes **KI-Team** durchgeführt, das quasi die **Keimzelle für das unternehmerische KI-Engagement** darstellt.

Basierend auf den gewonnenen Erkenntnissen sind wichtige **KI-Grundlagen** zu entwickeln. Eine wichtige Voraussetzung für zukünftige KI-Erfolge ist vor allem die **Schaffung eigener KI-Kompetenzen** im Unternehmen. Dies gelingt durch die Gewinnung neuer wie auch durch die Schulung vorhandener Mitarbeiter. Außerdem gilt es zu prüfen, in welchem Umfang ein Zugriff auf externe KI-Ressourcen gelingen kann. In dieser Phase ist auch eine **KI-Governance** zu erarbeiten, um eine Richtschnur für das unternehmerische KI-Engagement zu liefern. Parallel hierzu gilt es, **Ziele und Strategien des KI-Einsatzes** zu erarbeiten – und auch im Unternehmen zu kommunizieren. Hierbei kann es bspw. um eine Prozessoptimierung für die Entwicklung von Produkt- und Service-Innovationen gehen. Parallel dazu kann am Aufbau eines eigenen **Daten-Ökosystems** gearbeitet werden, um eine große und ausgewogene Datenbasis zum Training der Algorithmen zu schaffen. Parallel oder alternativ zum eigenen Datenaufbau ist über den Zugriff auf bzw. eine Mitwirkung an externe(n) Daten-Ökosystemen zu entscheiden. In dieser Phase ist auch über die **Entwicklung leistungsstarker Algorithmen** für spezifische Anwendungsfälle zu entscheiden. Um solche Schritte zu unterstützen, sind unternehmensintern und unternehmensextern **KI-Netzwerke** aufzubauen und zu pflegen.

Durch diese Maßnahmen werden die Voraussetzungen geschaffen, um **Prozesse** KI-gestützt zu optimieren und ggf. neu auszurichten. Da KI kein Selbstzweck ist, sondern das profitable Wachstum von Unternehmen unterstützen soll, gilt es jetzt, spannende **Use Cases** auf einer **Long List** zu identifizieren und anschließend auf einer **Short List** zu priorisieren. Die weitere Entwicklung kann durch agile Methoden unterstützt werden, um möglichst schnell erste **KI-Pilotanwendungen** zu starten, um dann eine KI-Integration in verschiedene Prozesse vorzunehmen. Hierbei können sich dynamische Übergänge zur **KI-Integration in eigene Produkte und Dienstleistungen** ergeben, um den KI-Ausbau konsequent voranzutreiben. Hier können sich auch **KI-only-Lösungen** einstellen, die ohne einen KI-Einsatz nicht möglich wären. Im Zuge einer **KI-Skalierung** kann das ganze **Geschäftsmodell** durch die Künstliche Intelligenz unterstützt werden. Außerdem können auch neue Geschäftsmodelle – KI-basiert – entwickelt werden.

Flankierend hierzu bedarf es eines **Change-Managements**, um die gesamte Organisation und jeden einzelnen Mitarbeiter auf die KI-Journey mitzunehmen. Schließlich wird ein immer weitere fortschreitender KI-Einsatz zum Verlust, aber auch zur Schaffung von neuen Arbeitsplätzen führen. Hierfür ist ein professionell gemanagter Veränderungsprozess unverzichtbar. Dafür ist auch die **Unternehmenskultur** weiterzuentwickeln. Eine besondere Herausforderung besteht darin, unternehmensweit eine **datenorientierte Denkweise** zu fördern, die Daten als wertvolle Ressource begreift, um Innovationen voranzutreibt. Es erfordert auch, dass Unternehmen agil handeln und zu Veränderung bereit sind, um neue KI-Anwendungen zu implementieren und sich an die sich schnell verändernde KI-Landschaft anzupassen. Schließlich erfordert die **Schaffung einer KI-Kultur** auch eine Verpflichtung zur ethischen Nutzung von KI und die Berücksichtigung von Fragen der Datensicherheit und des Datenschutzes.

► **Merk-Box** Die **unternehmerische KI-Journey** wird einmal gestartet – und wird nie zu Ende gehen. Die Dynamik der KI-Entwicklungen wird sich in den nächsten Jahren noch steigern. Folglich haben wir es beim **KI-Ausbau** und bei der **KI-Skalierung** mit einem „Moving Target" zu tun. Aufgrund der enormen Investitionen, die heute in die KI-Entwicklung fließen, ist Monat für Monat mit weiteren spannenden Durchbrüchen bei KI-Technologien sowie beim KI-Einsatz zu rechnen.

► **Food for Thought** Für unsere ganz persönliche KI-Journey sollten wir uns von folgendem Leitprinzip lenken lassen:

If you fail, fail fast, fail cheap and fail early!

Misserfolge werden auch bei einer bestens orchestrierten KI-Journey nicht ausbleiben. Deshalb gilt auch hier:

Never give up!

12.2 Analyse des Status quo

Die Vielfalt der beschriebenen KI-Anwendungsbeispiele zeigt über alle Branchen hinweg enorme strategische Entwicklungspotenziale. Hier steht – zeitlich befristet – ein spannendes **strategisches Fenster** – das berühmte **Strategic Window of Opportunity** – zur Erschließung neuer Marktchancen offen. Dieses zeitliche Fenster gilt es zu nutzen, wenn man als etablierter Anbieter nicht von KI-Newcomern überrascht werden möchte – oder wenn man als Start-up die sich bietenden Gestaltungsmöglichkeiten selbst zu erschließen gedenkt. Es gilt, die **unternehmensinterne KI-Handlungsfelder** systematisch auf ihre Relevanz hin zu überprüfen. Hierzu ist es unverzichtbar, dass Sie sich über die Tragweite der jeweiligen Veränderung im Klaren sind. Zu deren Ermittlung können verschiedene Werkzeuge eingesetzt werden.

12.2.1 Analyse der Auswirkungen der Künstlichen Intelligenz auf die Wettbewerbsdynamik

Zum Start der Status-quo-Analyse ist die Beantwortung der folgenden Fragen hilfreich. Hier können Sie feststellen, wie die Künstliche Intelligenz die **Wettbewerbsgrundlage zwischen Sektoren und Unternehmen** verändern wird:

- **Veränderungen in der Wettbewerbslandschaft durch Künstliche Intelligenz**
  - Welche Branchen und Unternehmen könnten durch ihren Zugang zu IT-Rechenleistung, Daten, Algorithmen und qualifizierten Arbeitskräften besonders von der KI profitieren?
  - Wie könnte die KI die Wettbewerbsdynamik in verschiedenen Branchen und zwischen verschiedenen Unternehmen in den kommenden Jahren verändern?
  - Welche Branchen könnten durch KI an Bedeutung verlieren und welche könnten neu an Bedeutung gewinnen?
- **Rolle der Technologieplattformen im Transformationsprozess**
  - Welche Rolle spielen Technologieplattformen bei der KI-gesteuerten Transformation von Branchen und Unternehmen?
  - Wie können diese Plattformen dazu beitragen, den Zugang zu KI-Ressourcen zu demokratisieren und neue Geschäftsmodelle zu ermöglichen?
  - In welcher Form könnten diese Plattformen den KI-Einsatz im eigenen Unternehmen erschweren?
  - Welche Partnerschaften können dazu beitragen, die Herausforderungen einer KI-Implementierung leichter zu bewältigen?
- **Gestaltung der KI-Transformation in anderen Unternehmen – innerhalb/außerhalb der eigenen Branche**
  - Wie haben andere Unternehmen die KI-Transformation gestaltet, um deren Mitarbeiter und Führungskräfte effektiv in die KI-Implementierung einzubeziehen?
  - Welche Prozessoptimierungen und Neugestaltungen konnten Dritte durch den Einsatz von KI-Technologien besonders schnell erreichen?
  - Welche Use Cases versprechen einen besonders schnellen Return-on-Invest (Ermittlung der sogenannten „Low-hanging Fruits")?
  - Welche Produkt- und Service-Innovationen konnten andere Unternehmen durch den Einsatz von KI bereits entwickeln?

- Wie konnten andere Unternehmen eine kollaborative, agile und nicht-hierarchische Organisationskultur aufbauen, um die Einführung und Nutzung von KI-Technologien zu fördern?
- Wodurch ist es Unternehmen gelungen, ihre Mitarbeiter und Führungskräfte bei diesem Kulturwandel mitzunehmen und ihre Fähigkeiten und Kompetenzen im Umgang mit KI konsequent zu entwickeln?
- Wie wird in anderen Unternehmen und/oder Branchen die Performance von KI-Anwendungen gemessen und bewertet?
- Wie haben dritte Unternehmen die mit dem KI-Einsatz verbundenen Risiken und ethischen Herausforderungen gemeistert? Welches waren hierbei die größten Herausforderungen?

Die Antworten auf diese Fragen beschreiben gleichzeitig den Handlungshintergrund für die beiden nachfolgend vorgestellten Methoden.

12.2.2 3-Horizonte-Modell

Zur weiteren Analyse sollten Sie die Status-quo-Analyse das **3-Horizonte-Modell** einsetzen (vgl. Abb. 12.2; vgl. [6], S. 5–17; [8, 23], S. 167–170). Eine umfassende KI-Einbindung in Produkte, Services, Prozesse und ggf. ganze Geschäftsmodelle bedarf zum einen einer strategischen Verankerung im Top-Management. Zum anderen ist ein umfassendes KI-Wissen in der Organisation notwendig. Zusätzlich sind bestimmte Rahmenbedingungen zu schaffen, um durch die Künstliche Intelligenz Erfolge zu erzielen. Anhand des

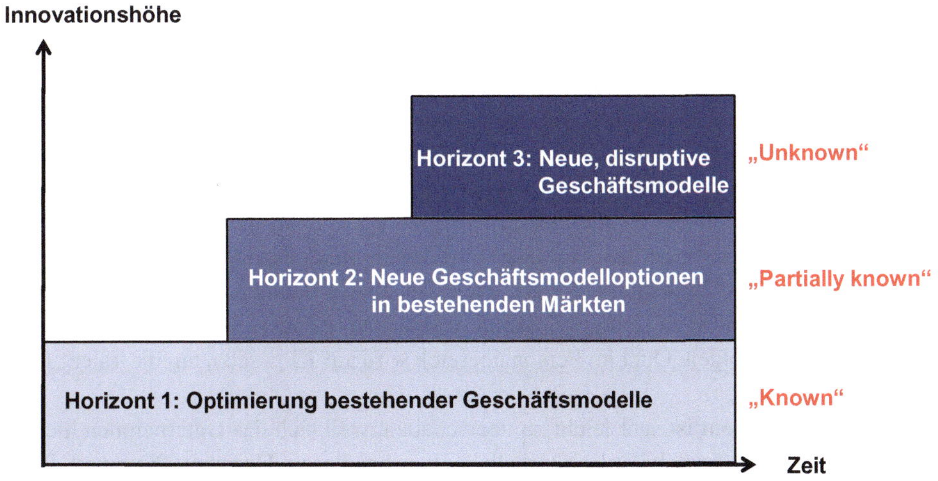

Abb. 12.2 3-Horizonte-Modell

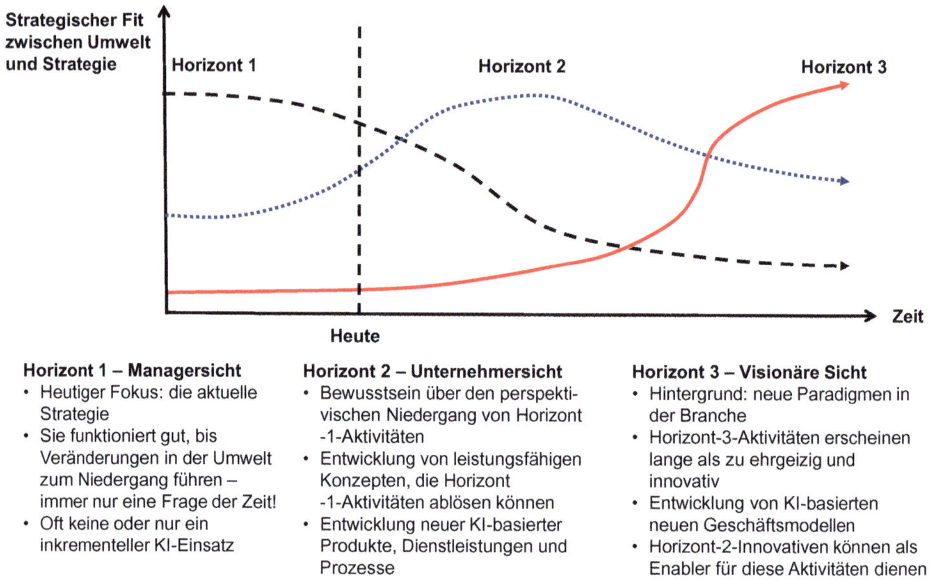

Abb. 12.3 3-Horizonte-Modell zur strategischen Analyse der KI-Einbindung

3-Horizonte-Modells können Sie prüfen, in welchem Ausmaß KI-Aktivitäten in Ihrem Unternehmen bereits integriert sind – oder nicht.

Die relevanten Inhalte der auf verschiedenen Horizonten angesiedelten KI-Aktivitäten gestalten sich wie folgt (vgl. Abb. 12.3):

- **Horizont-1-Geschäftsmodelle**
  Die Horizont-1-Geschäftsmodelle beschreiben den aktuellen Status eines Unternehmens. Das heute existierende Geschäftsmodell wird abgebildet und ausgeführt. Die entstehenden Erträge und Cashflows stehen im Zentrum der Betrachtung. Diese sind nicht zuletzt auch Voraussetzung dafür, dass (KI-bezogene) Innovationsaktivitäten überhaupt finanziert werden können. Dieses Kerngeschäft soll auf der Horizont-1-Ebene ggf. optimiert, erweitert und/oder verteidigt werden. In diesen – oft reifen – Geschäftsmodellen gilt es, durch eine Einbindung der Künstlichen Intelligenz inkrementelle Verbesserungen an Prozessen, Produkten und/oder Dienstleistungen vorzunehmen, um das Wachstum des etablierten Geschäftsmodells zu unterstützen und um dessen Profitabilität zu sichern. So kann im Marketing bspw. eine KI-gestützte Automatisierung erfolgen. Oder im Personalbereich wird auf KI gesetzt, um die Talent Journey zu optimieren.

  Dieser Horizont ist sehr leicht zu überschauen, weil sich das Unternehmen hier im vertrauten Fahrwasser befindet. Deshalb heißt es bei diesem Horizont **„Known“**. Es ist eher die **Managerperspektive** i. S. einer Optimierung des Vorhandenen.

- **Horizont-2-Geschäftsmodelle**
  Auf der Horizont-2-Ebene wird geprüft, welche Innovationen die Aktivitäten auf der Horizont-1-Ebene unterstützen können. Neue, daraus erwachsende Geschäftsmodellinitiativen – basierend auf umfangreich weiterentwickelten Prozessen, Produkten und/oder Dienstleistungen – werden oft mittels erheblicher Investitionen aufgebaut. Bereits jetzt können diese weiterentwickelten Geschäftsmodelle initiale Erträge erzielen, obwohl deren geschäftlicher Höhepunkt oft erst in vier bis fünf Jahren erreicht sein wird.
  Bei der Einbindung der Künstlichen Intelligenz stellt sich hier die Frage, welche neuen Ausrichtungen die verschiedenen Aktivitäten eines Unternehmens durch einen umfassenderen KI-Einsatz erreichen können. Diese Aktivitäten gehen über die inkrementellen Optimierungen des Horizonts 1 weit hinaus. Hier können bspw. Schritte in Richtung Smart Factory vollzogen werden, die das bestehende Geschäftsmodell abzusichern helfen. Bildungsträger können prüfen, wie KI-Engines zur Wissensvermittlung und zur Studentenbetreuung eingesetzt werden können.
  Dieser Horizont ist bereits weniger leicht zu überschauen. Das Unternehmen verlässt – zumindest partiell – das vertraute Fahrwasser. Deshalb heißt es bei diesem Horizont **„Partially known"**. Hier handelt es um eine **Unternehmerperspektive**. Die Verantwortungsträger sind sich der „Endlichkeit" des Geschäftsmodells von Horizont 1 bewusst und agieren vorausschauend, um zukünftige Ertragspotenziale zu erschließen.
- **Horizont-3-Geschäftsmodelle**
  Die Horizont-3-Geschäftsmodelle sind hochinnovativ und häufig auch disruptiv. Sie stellen Ansätze für vollkommen neue Geschäftslogiken dar, die teilweise erst durch KI-Konzepte möglich werden. Hierzu gehören Angebote der Predictive Maintenance, die zu einer ganz neuen Partnerschaft zwischen einem Hersteller und seinen Kunden führen kann. Die Nutzung von Robotern in verschiedenen Branchen können neue Marktfelder erschließen. Der Einstieg in das Geschäft mit Smart Homes eröffnet neue, bisher nicht erschlossene Wachstumspfade. In der Forschung können KI-Systeme zu bahnbrechenden Entwicklungen führen, die weit über das bestehende Geschäftsfeld hinausgehen. Viele andere Innovationsbereiche wurden in den vorhergehenden Kapiteln präsentiert.
  Um solche Geschäftsmodelle zu entwickeln, kann eine vertiefende – und über das bisherige Tagesgeschäft weit hinausgehende – Analyse einzelner Unternehmensfähigkeiten oder Kundengruppen notwendig sein (vgl. zu den erforderlichen Methoden [22, 23]). Auf der Horizont-3-Ebene werden strategische Optionen für disruptive Veränderungen erforscht und Ideen in konkrete Modelle übergeführt. Die Künstliche Intelligenz mit ihren vielfältigen Möglichkeiten ist hier ein besonders wichtiger Treiber. Allerdings ist dieser Horizont nur schwer zu überschauen. Das Unternehmen erschließt sich neue Handlungsfelder – mit großen Chancen und Risiken gleichermaßen. Deshalb heißt es bei diesem Horizont **„Unknown"**. Dafür bedarf es einer **visionären Sicht**, die auch bereit ist, unternehmerisches Neuland zu betreten.

Das **3-Horizonte-Modell** zeigt die unterschiedlichen Reichweiten von (KI-basierten) Weiterentwicklungen der eigenen Produkte, Dienstleistungen, Prozesse und/oder Geschäftsmodelle. Hierbei ist auf einen Aspekt besonders hinzuweisen. Die Unternehmen sind dazu aufgerufen, auf allen drei Horizonten gleichzeitig tätig zu werden. Es geht **nicht** um einen **chronologischen, sequenziellen Schritt-für-Schritt-Ansatz** wie:

- **Heute**: Horizont 1
- **Morgen**: Horizont 2
- **Übermorgen**: Horizont 3.

Unternehmen müssen alle Horizonte gleichzeitig bewältigen. Hierbei gilt allerdings auch, dass die drei Horizonte unterschiedliche Managementansätze, Organisationsstrukturen und Fähigkeiten benötigen, um erfolgreich bearbeitet zu werden. Für diese Herausforderung hat sich in der Managementsprache der Begriff **Ambidextrie** (in Englisch **Ambidexterity**) für „Beidhändigkeit" eingebürgert. Es geht schlicht darum, heute sowohl das Tagesgeschäft zu meistern als auch die Zukunft auf den Horizonten 2 und 3 zu gestalten ist. Beim Tagesgeschäft geht es um **Exploitation** i. S. der Ausschöpfung bereits bearbeiteter Potenziale. Bei den Horizonten 2 und 3 steht dagegen die **Exploration** i. S. der Erkundung neuer Geschäftsfelder im Mittelpunkt. Schließlich führt das digitale Zeitalter zum immer schnelleren Entstehen und Vergehen von Geschäftsmodellen. Hierfür ist die Künstliche Intelligenz ein zusätzlicher Beschleuniger (vgl. vertiefend [23]).

► **Merk-Box** Das **3-Horizonte-Modell** lenkt die Aufmerksamkeit auf eine besondere strategische Herausforderung. Während auf der Horizont-1-Ebene das Tagesgeschäft bearbeitet wird, muss jedes Unternehmen parallel auf den Horizont-Ebenen 2 und 3 aktiv sein, um die Zukunft erfolgreich gestalten zu können.

Diese Herausforderung wird mit dem Begriff **Ambidextrie** bezeichnet.

12.2.3 KI-Maturity-Map

Die Ergebnisse des 3-Horizonte-Modells können durch eine weitere **Standortbestimmung** ergänzt werden, auch wenn deren Ergebnisse oft keine Begeisterung auslösen. Hierzu wird die in Abb. 12.4 dargestellte **KI-Maturity-Map** eingesetzt. In dieser wird zwischen KI-Grundlagen und KI-Anwendungsfeldern unterschieden. Die **KI-Grundlagen** sind für alle Unternehmen anhand der genannten vier Dimensionen zu analysieren. Hier ist selbstkritisch zu ermitteln, in welchem Ausmaß bereits **Ziele** und **Strategien** für den KI-Einsatz erarbeitet wurden. Außerdem stellt sich die Frage, ob bereits **Personen** und **Budget** mit dem Label „Künstliche Intelligenz" installiert wurden. Zudem ist zu ermitteln, in welchem Ausmaß bereits **KI-Systeme** im Unternehmen bekannt sind und/oder eingesetzt werden. Eine solche Ermittlung muss zwingend unternehmensweit ausgerichtet werden.

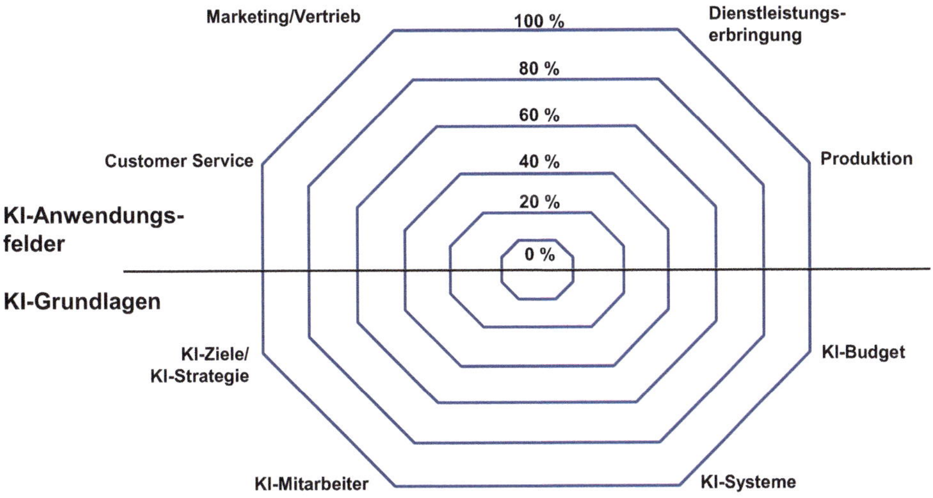

Abb. 12.4 KI-Maturity-Map – unternehmensindividuell zu adaptieren

Die relevanten **KI-Anwendungsfelder** sind unternehmensspezifisch zu definieren. Diese können – wie hier – die Bereiche Customer Service, Marketing/Vertrieb, Dienstleistungserbringung und Produktion umfassen. Je nach Unternehmensschwerpunkt können auch der Wartungssektor, der Bereich Human Resources, das Wissensmanagement oder andere Felder im Mittelpunkt der Analyse stehen. Deshalb sollten Sie vor dem Einsatz der KI-Maturity-Map prüfen, ob diese bereits die für Sie wichtigen Einsatzbereiche abbildet. Bei Bedarf können Sie weitere Bereiche ergänzen oder bestehende herausnehmen. So schaffen Sie eine **unternehmensspezifische KI-Maturity-Map**.

> **Merk-Box** Wichtig ist, dass Sie jedes **Glied Ihrer Wertschöpfungskette** daraufhin überprüfen, ob durch den Einsatz der Künstlichen Intelligenz **Kosten gesenkt** und/oder **zusätzliche Wertbeiträge** für Kunden, Lieferanten und/ oder das Unternehmen selbst **generiert** werden können.

Die Inhalte der einzelnen **Felder der KI-Maturity-Map** werden nachfolgend spezifiziert. Dabei stellen Sie fest, wie umfassend die beschriebenen Inhalte in Ihrem Unternehmen bereits vorhanden sind (**KI-Grundlagen**) bzw. eingesetzt werden (**KI-Anwendungen**).

Zur Analyse des Vorhandenseins der KI-Grundlagen **werden folgende Felder vertiefend analysiert:**

- **KI-Ziele/KI-Strategie**
  - Haben Sie klar definierte, messbare, zeitlich spezifizierte und tragfähige Ziele für den Einsatz von KI in Ihrem Unternehmen formuliert?
  - Existiert eine gut strukturierte KI-Strategie oder zumindest strategische Konzepte für den Einsatz von KI in Ihrem Unternehmen?

  - Sind KI-Anwendungen bereits in bestehende Geschäftsprozesse integriert?
  - Ist bekannt, welche Geschäftsprozesse in Zukunft durch KI unterstützt oder automatisiert werden könnten?
- **KI-Budget**
  - Haben Sie ein spezifisches Budget für die Entwicklung und Nutzung der KI festgelegt?
  - Weist das KI-Budget im Vergleich zum gesamten F&E-Budget oder zum Umsatz und Gewinn Ihres Unternehmens eine signifikante Höhe auf?
  - Oder handelt es sich beim KI-Budget um ein Alibi-Invest – ohne eine strategische Weichenstellung?
- **KI-Personal**
  - Haben Sie bereits KI-Spezialisten wie Data Scientists oder Machine-Learning-Spezialisten in Ihrem Team?
  - Sind die Aufgaben, Kompetenzen und Verantwortlichkeiten von Mitarbeitern mit KI-bezogenen Aufgaben in Ihrer Organisationsstruktur klar geregelt?
  - Ist die Verantwortung für KI auf hohen Hierarchieebenen verortet?
  - Werden externe Kräfte in den Kompetenzaufbau eingebunden, wenn sich die eigenen Kompetenzen noch im Aufbau befinden oder schlicht nicht ausreichen?
  - Sind ein Bewusstsein und eine Akzeptanz von KI in Ihrer Unternehmenskultur schon ausgeprägt?
  - Wurden bereits umfassende Maßnahmen ergriffen, um das Verständnis und die Akzeptanz von KI in Ihrem Unternehmen zu fördern?
- **KI-Systeme**
  - Werden verschiedene KI-Systeme oder Machine-Learning-Plattformen sowie unterschiedliche Daten-Pools genutzt?
  - Wird primär auf Eigenentwicklungen gesetzt oder auch Open-Source-Lösungen eingebunden?
  - Werden KI-Systeme zur Entscheidungsunterstützung und/oder für autonome Entscheidungen eingesetzt?
  - Stehen umfassende Datenströme für KI-Anwendungen zur Verfügung – Small Data aus Ihrem eigenen Unternehmen und Big Data aus verschiedenen Quellen?
  - Wurden unternehmensinterne Daten- und Prozess-Silos bereits überwunden?
  - Ist bereits ein leistungsstarkes Datenmanagement für KI-Anwendungen in Ihrem Unternehmen installiert?
  - Werden Datenschutz und Datensicherheit im Kontext von KI gewährleistet?

Bei den **KI-Grundlagen** können Sie bei der Bewertung die folgenden **Ausprägungen** unterscheiden:

- 0 bis 20 %: Fehlt, keine belastbaren Antworten vorhanden; KI-Journey noch nicht gestartet
- 21 bis 40 %: Punktuell vorhanden, Themen wurden partiell angegangen

- 41 bis 60 %: In einzelnen Bereichen wurden KI-Grundlagen geschaffen – aber noch unvernetzt
- 61 bis 80 %: In vielen Bereichen sind überzeugende Grundlagen für den KI-Einsatz bereits vorhanden – aber erst teilweise vernetzt
- 81 bis 100 %: KI-gestützte Ressourcen sind komplett inhaltlich vernetzt und strukturell im Unternehmen verankert; Unternehmens-DNA enthält KI-Elemente

Analyse des Vorhandenseins von KI-Anwendungen

- **Customer Service**
  - In welchem Maße werden signifikante Bereiche Ihres Kundenservices bereits durch KI-Anwendungen unterstützt?
  - Können alle relevanten Einsatzbereiche durch KI-Lösungen abgedeckt werden?
  - Wie effektiv und effizient ist der Einsatz von KI in Ihrem Kundenservice?
- **Marketing/Vertrieb**
  - Werden in Marketing und Vertrieb umsatz- bzw. ergebnisstarke Kunden durch KI-Anwendungen identifiziert, um Streuverluste bei der Akquisition zu verringern?
  - Nutzen Sie KI-Lösungen, um die nächsten kommunikativen Anstöße zu erarbeiten und in die Marketing-Automation zu überführen?
  - Werden Predictive Analytics eingesetzt, um aus kundenbezogenen Datensätzen Muster zu erkennen, die auf Umsatz-/Ertragspotenziale hinweisen?
- **Dienstleistungserbringung**
  - Werden Ihre Dienstleistungen bereits durch KI-Systeme unterstützt oder sogar eigenständig erbracht?
  - Kommen zur Leistungserbringen bereits verschiedene Arten von KI-Technologien zum Einsatz (etwa Gesichtserkennung, digitale persönliche Assistenten oder humanoide Roboter – bspw. beim Check-in im Hotel)?
  - Als wie effektiv und effizient hat sich der Einsatz von KI in der Erbringung Ihrer Dienstleistungen bisher erwiesen?
- **Produktion**
  - Setzen Sie KI-gestützte Lösungen in den Bereichen Beschaffung, Produktionsplanung, Ressourcensteuerung, Predictive Maintenance und Logistikkette ein?
  - Wird Ihre Produktion bereits durch KI-Lösungen umfassend unterstützt?
  - Hat der KI-Einsatz in Ihrer Produktion bereits Mehrwerte geschaffen?
  - Sie sollten die KI-Maturity auf Ihre jeweiligen Unternehmensschwerpunkte ausrichten. Dann könnten statt der in Abb. 12.4 aufgezeigten Bereiche das Personalwesen, die F&E-Aktivitäten oder die Unternehmensführung analysiert. Zur Ermittlung der KI-Reife können dann die folgenden Fragen beantwortet werden:
- **Personalwesen**
  - Nutzen Sie KI in Ihrem Personalwesen, etwa bei der Rekrutierung, bei der Mitarbeiterentwicklung oder zur Verbesserung der Arbeitsbedingungen?
  - Wie effektiv und effizient hat sich der Einsatz von KI in Ihrem Personalwesen bisher erwiesen?

- **Forschung und Entwicklung**
  - Wird KI in Ihrer Forschungs- und Entwicklungsabteilung eingesetzt, etwa zur Vorhersage von Markttrends oder zur Entwicklung neuer Produkte und Dienstleistungen?
  - Wie effektiv und effizient hat sich der Einsatz von KI in Ihrer Forschungs- und Entwicklungsabteilung bisher erwiesen?
- **Unternehmensführung**
  - Wird KI in Ihrer Unternehmensführung eingesetzt, etwa zur Unterstützung strategischer Entscheidungen oder zur Verbesserung der Unternehmensleistung?
  - Als wie effektiv und effizient hat sich der Einsatz von KI in Ihrer Unternehmensführung bisher erwiesen?

Bei diesen **Anwendungsfeldern** können Sie bei der Analyse die folgenden **Ausprägungen** vergeben:

- 0 bis 20 %: Kein Einsatz oder minimale Anfänge
- 21 bis 40 %: Rudimentärer Einsatz gegeben, bspw. in Tests und Pilotanwendungen
- 41 bis 60 %: Verschiedene Einsatzfelder wurden erschlossen, aber noch nicht systematisch und nicht vernetzt
- 61 bis 80 %: Eine Vielzahl von KI-Anwendungen sind im Einsatz; eine Gesamtstrategie zeichnet sich ab
- 81 bis 100 %: KI-Anwendungen sind – basierend auf einer unternehmensweiten Strategie – überall im Unternehmen im Einsatz, wo es zielführend ist

Wie können Sie zu den Antworten auf die hier aufgeworfenen Fragen kommen? Hierzu bieten sich **unternehmensinterne Workshop** oder – vor allem in größeren Unternehmen – **Umfragen** bei Mitarbeitern und Führungskräften an. Hierdurch können Sie die **KI-Reife aus der Selbstperspektive** ermitteln (**Eigenbild**). Hierfür ist es wichtig, dass den Befragten bewusst ist, dass es dabei um eine ehrliche Bestandsaufnahme gehen sollte. Sich selbst etwas „in die Tasche zu lügen", ist bei diesem wichtigen Thema nicht zielführend. Zusätzlich ist es meist hilfreich, wenn nicht sogar unverzichtbar, das Eigenbild um ein **Fremdbild** zu ergänzen. Hierzu können externe Berater eingesetzt werden, die bei der (vergleichenden) Ermittlung der KI-Reife unterstützen. Gerade ein „externer" Blick weitet den Horizont und trägt dazu bei, den Blick über den Tellerrand des eigenen Unternehmens und der eigenen Branche auf Herausforderungen zu lenken, die das Unternehmen selbst nicht „auf dem Schirm" haben. Der externe Blick soll vor allem auch zu der Erkenntnis beitragen, was durch KI heute schon möglich ist.

▶ **Merk-Box** Der **Lösungsraum der Künstlichen Intelligenz** ist ebenfalls ein **„Moving Target"**. Deshalb ist eine kritische Bestandsaufnahme von Eigen- und Fremdbild spätestens alle zwölf Monate zu wiederholen.

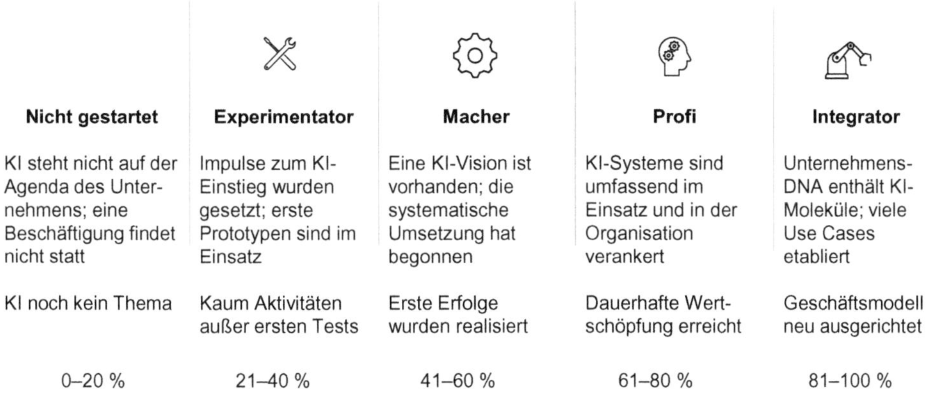

Abb. 12.5 Reifegrade einer KI-Journey

In Abhängigkeit der erzielten Ergebnisse können Sie Ihr Unternehmen auf der **Skala der Reifegrade einer KI-Journey** positionieren (vgl. Abb. 12.5). Das hier ausgewiesene Ergebnisse sollten Sie im Unternehmen breit kommunizieren. Es kann im Idealfall zeigen, wie weit das eigene Unternehmen auf der KI-Journey schon gekommen ist. Oder es wird sichtbar, welch langer und ggf. auch mühsamer Weg noch zu bestreiten ist. In jedem Falle liefern diese Reifegrade wichtige Informationen für das unternehmensinterne Storytelling. In welchem Ausmaß diese Informationen auch nach außen dringen sollen, hängt vom Ergebnis ab. Wenn deutlich wird, dass das Unternehmen noch nicht gestartet ist oder maximal als Experimentator agiert, kann sich dies durchaus negativ auf den Börsenwert und die Attraktivität für (neue) Mitarbeiter und Führungskräfte auswirken (vgl. zu einem ähnlichen Konzept [4]).

Dazu gehört auch, dass Sie eine **Analyse der KI-Reife Ihrer wichtigsten Wettbewerber** durchführen. Auch hierbei ist es wichtig, sich nicht eng an den bisher gültigen Branchengrenzen zu orientieren. Gerade die Künstliche Intelligenz wird dazu führen, dass Branchengrenzen noch weiter an Bedeutung verlieren. Und häufig kommen neue Wettbewerber nicht aus der eigenen Branche, sondern sind kreative Start-ups, die einfach einmal etwas Neues probieren.

Das Ergebnis der KI-Maturity-Analyse zeigt im Idealfall, dass Ihr Unternehmen bereits einen KI-Vorsprung erzielt hat. Oder es wird deutlich, dass Ihr Unternehmen bereits heute im Hintertreffen ist. Dann haben die verantwortlichen Manager in jedem Fall jetzt eine KI-Journey zu starten, um das KI-Engagement kraftvoll voranzutreiben.

12.3 KI-Grundlagen aufbauen

12.3.1 Aufbau einer umfassenden eigenen KI-Kompetenz

Bevor Sie eine KI-Strategie (weiter) entwickeln, ist es unerlässlich, dass Sie sich Ihre Führungskräfte und Mitarbeiter umfassend mit Themenbereich der Künstlichen Intelligenz beschäftigen. Hierbei gilt es, über die Buzzwords sowie die Medien-Euphorie bzw. den Medien-Pessimismus hinauszugehen, der in der Fach- und Publikumspresse, aber auch in den sozialen Medien herrscht. Erfolgsentscheidend ist die Etablierung eines sorgfältig ausgewählten **KI-Kompetenz-Teams** – gleichsam als Keimzelle des KI-Engagements Ihres Unternehmens. Allerdings darf der Kompetenzaufbau nicht auf dieses Team beschränkt bleiben.

Die **Etablierung einer umfassenden eigenen KI-Kompetenz** ist deshalb für viele Unternehmen von zentraler Bedeutung, um im digitalen Zeitalter erfolgreich zu sein. Der Aufbau dieser Kompetenz erfordert jedoch strategische Überlegungen, Investitionen in Technologie und Mitarbeiter sowie eine anpassungsfähige Unternehmenskultur. Im Folgenden werden die Schritte beschrieben, die Unternehmen zur Entwicklung einer soliden KI-Kompetenz unternehmen sollten.

Ein erster wichtiger Ansatzpunkt ist die **Förderung der Datenkompetenz im Unternehmen**. Um die KI-Kompetenz im Unternehmen aufzubauen, beginnt der Prozess mit der Stärkung der Datenkompetenz. Daten sind die Lebensader jeder KI-Anwendung. Daher ist es unerlässlich, dass Mitarbeiter die Bedeutung von Datenqualität und Datenmanagement verstehen. Dies kann durch Schulungen und Workshops erreicht werden, in denen die Grundlagen der Datenerhebung, -verarbeitung und -analyse vermittelt werden. Darüber hinaus ist es wichtig, einen interdisziplinären Ansatz zu verfolgen, bei dem Fachleute aus verschiedenen Abteilungen zusammenarbeiten, um eine datengesteuerte Entscheidungsfindung in den gesamten Geschäftsbetrieb zu integrieren. Hierdurch wird gleichzeitig erreicht, dass ggf. vorhandene Daten-Silos aufgebrochen werden.

Zusätzlich bedarf es des **Aufbaus spezifischer KI-Kompetenzen**. Neben der allgemeinen Datenkompetenz ist es wichtig, gezielte Schulungen und Entwicklungsprogramme für spezifische KI-Kompetenzen anzubieten. Dies könnte Schulungen in Machine Learning, Natural Language Processing oder Computer Vision umfassen. Hierbei ist es vorteilhaft, sowohl **tiefgreifende Schulungen für KI-Spezialisten** als auch **allgemeinere Schulungen für Führungskräfte und weitere Mitarbeiter** anzubieten. Letztere sollten die Grundprinzipien der KI und ihre Anwendungsmöglichkeiten im Unternehmen verstehen, um hierdurch ggf. vorhandene Unsicherheiten und Ängste abzubauen, die häufig durch Unwissenheit entstehen.

Die **Entwicklung und Rekrutierung von eigenen KI-Talenten** stellt eine weitere große Aufgabe dar. Wenn Sie bisher über keine eigene KI-Expertise verfügen, lohnt es sich, am Anfang auf **externe Dienstleister** zurückzugreifen, um die internen KI-Prozesse zu beschleunigen. Dazu zählen auch **Projekte mit Forschungszentren**, um Zugang zu qualifizierten Mitarbeitern zu erhalten. Hierzu können auch **Kooperationen mit Unternehmen** der eigenen Branche beitragen, selbst wenn man mit diesen im Wettbewerb steht. Für Innovationen auf der Horizont-3-Ebene gilt es vielfach sogar, die eigenen Branchengrenzen zu überwinden. Hierfür kann eine Kooperation mit KI-Start-ups oder anderen führenden KI-Unternehmen hilfreich sein. Durch praktische Erfahrungen mit KI-Anwendungen erlangen Sie Zugang zu den neuesten Forschungsergebnissen und Fachwissen und können von deren Expertise profitieren. Schaffen Sie für das gesamte Unternehmen Möglichkeiten, um auf diese Weise mit KI-Systemen und KI-Anwendungen in Kontakt zu kommen – wie durch ein **KI-Hub**.

Schließlich geht es beim KI-Kompetenz-Aufbau auch um die **Förderung einer KI-freundlichen Unternehmenskultur**, die Innovation und Experimentierfreude fördert. Der Einsatz von KI bringt oft Veränderungen mit sich und kann Widerstand hervorrufen. Daher ist es wichtig, eine Unternehmenskultur zu entwickeln, die Veränderungen begrüßt, das Lernen aus Fehlern unterstützt und den kontinuierlichen Wissens- und Kompetenzaufbau fördert. Um diesen **Change-Prozess** zu unterstützten, sollten Sie auch **spielerische Auseinandersetzung mit der Künstlichen Intelligenz** ermöglichen. Hierdurch können Ängste im Unternehmen abgebaut werden, um die Vorteile dieser Technologien erkennen zu können. Die Erfahrungen, die Sie hier sammeln, ermöglichen es Ihnen, erste KI-Anwendungsbereiche für Ihr Unternehmen zu erkennen.

▶ **Food for Thought** Der **Aufbau von KI-Kompetenzen** ist eine langfristige Investition, die Engagement und strategische Planung erfordert. Durch die Kombination von Schulungen, Zusammenarbeit und kulturellem Wandel können Unternehmen jedoch eine starke KI-Kompetenz aufbauen, die ihnen hilft, die Vorteile dieser transformativen Technologie zu nutzen und in der digitalen Wirtschaft erfolgreich zu sein.

12.3.2 Entwicklung von Zielen und Strategien für den KI-Einsatz

Die **Ziele für den KI-Einsatz** sollten Sie aus den Erkenntnissen der Status-quo-Analyse ableiten. Diese Ziele können je nach Unternehmensgröße, Branche, Budget, Kompetenzlevel und spezifischen Herausforderungen stark variieren. Prüfen Sie, welche der nachfolgenden **Ziele einer KI-Implementierung** für Ihr Unternehmen besonders wichtig sind:

- **Effizienzsteigerung und Kostensenkung**
  KI-basierte Lösungen können dazu beitragen, Prozesse zu automatisieren und zu optimieren, was zu Kosteneinsparungen und einer Steigerung der betrieblichen Effizienz führen kann. Dies könnte in Form einer Automatisierung routinemäßiger Aufgaben, einer Verbesserung der Lieferkettenlogistik oder durch Reduzierung von Wartungs- und Reparaturkosten durch vorausschauende Instandhaltung erfolgen.
- **Verbesserung der Kundenerfahrung**
  KI-Lösungen können auch genutzt werden, um personalisierte Kundenerlebnisse zu schaffen, die Kundenbindung zu erhöhen und neue Kunden zu gewinnen. Dies kann durch personalisierte Produkt- oder Dienstleistungsempfehlungen sowie durch Chatbots für den Kundenservice erreicht werden.
- **Entwicklung von neuen Produkten und Dienstleistungen sowie von Geschäftsmodell-Innovationen**
  KI kann Unternehmen unterstützen, innovative Produkte oder Dienstleistungen zu entwickeln und neue Geschäftsmodelle zu erforschen. Dies könnte durch den Einsatz von KI in der Forschung und Entwicklung oder durch die Nutzung von KI zur Analyse von Markttrends und Kundenverhalten geschehen.

- **Steigerung der Entscheidungsqualität**
  Durch die Nutzung von KI für die Datenanalyse können Unternehmen besser informierte Entscheidungen treffen – etwa bei der Beschaffung, in der Produktion und Logistik sowie in Marketing und Vertrieb. KI kann dazu beitragen, Muster und Zusammenhänge in großen Datenmengen zu erkennen, was zu verbesserten Prognosen und Entscheidungen führen kann.
- **Risikominderung**
  KI kann genutzt werden, um Risiken zu identifizieren und zu mindern, etwa durch Fraud Detection im Finanzbereich oder durch vorausschauende Analyse im Bereich der Betriebssicherheit, vor allem auch der Cyber-Security.

Diese Zielkategorien können bei Ihrer spezifischen Zielformulierung natürlich nur den Ausgangspunkt darstellen. Diese Ziele sind an die spezifischen Bedürfnisse und Herausforderungen Ihres Unternehmens anzupassen. Es ist auch unverzichtbar, dass die KI-Ziele Ihres Unternehmens mit dem unternehmerischen Purpose, der Corporate Strategy und den Unternehmenswerten übereinstimmen. Diese Ziele stellen dann den Ausgangspunkt zur Formulierung der KI-Strategie dar, um diese Ziele zu erreichen.

► Merk-Box **Jeglicher KI-Einsatz sollte mit geschäftsorientierten Fragen beginnen:**

- In welchen Bereichen der Value Chain kann KI zur Kostenreduktion und/oder zur Effizienzsteigerung und somit zur Werterhöhung im umfassenden Sinne beitragen?
- Welche KI-Anwendungen können die Customer Experience verbessern?
- Welche neuen Produkte, Dienstleistungen und/oder Geschäftsmodelle werden durch KI möglich?

Hierbei gilt:

Die Künstliche Intelligenz hat kein Wert in sich – die Relevanz der KI ergibt sich erst durch deren wertschöpfenden Einsatz!

KI-Anwendungen sollen dazu beitragen, Mehrwert zu schaffen – für Mitarbeiter, Führungskräfte, Kunden sowie die Wirtschaft und Gesellschaft insgesamt. Deshalb ist es unverzichtbar, spezifische KPIs zu definieren, um die gewünschten KI-Effekte zu erfassen. Solche KI-KPIs sind in die Prozesse zu integrieren, um die erzielten Erfolgsbeiträge kontinuierlich zu erfassen.

Eine **KI-Strategie** bezeichnet den systematischen Plan, um die Potenziale der Künstlichen Intelligenz für ein Unternehmen Schritt für Schritt zu erschließen. Hierfür sind die möglichen Anwendungsgebiete zu erkennen, Vor- und Nachteile zu bewerten, Business- und IT-Teams zu koordinieren, Budgets bereitzustellen und organisatorische Lösungen anzupassen, um die Implementierung von KI zu unterstützen. Folgende Bereiche stellen **Schlüsselelemente einer KI-Strategie** für Unternehmen dar:

- **KI-Vision**
  Die KI-Strategie ist in den Gesamtkontext des Unternehmens einzubetten und eng mit dessen übergeordneten Ambitionen zu verknüpfen. Es sollte klar dargelegt werden, wie KI die digitale Transformation und andere strategische Ziele des Unternehmens unterstützt. Hierzu sind im Rahmen der Strategiearbeit verschiedene Ansätze und Fokusbereiche zu definieren, die strategisch durch KI erschlossen werden sollen.
- **Strategischer Aktionsplan für Künstliche Intelligenz**
  Untersuchen Sie die potenziellen Auswirkungen der Künstlichen Intelligenz auf Ihre Geschäftsmodelle, Prozesse, Mitarbeiter und Fähigkeiten. Verfolgen Sie einen Portfolioansatz für KI-Möglichkeiten und weisen Sie klare Verantwortlichkeiten für die Entwicklung und Implementierung der KI-Strategie zu. Interdisziplinäre Teams und datengetriebene Kompetenzen sind hierfür erfolgsentscheidend. Zu diesem Aktionsplan gehört auch die Entwicklung interner und externer KI-Netzwerke.
- **Implementierung von KI**
  Beschreiben Sie den Rahmen für mögliche KI-Anwendungsfelder, um die Suche nach spannenden Anwendungen zu lenken. Anhand von Scoring-Modellen kann in der nächsten Stufe die Auswahl von spannenden Projekten erfolgen, um in einer Long und Short List Prioritäten für die Implementierung zu setzen.
- **Festlegung von Erfolgsmetriken**
  Bereits in dieser Phase sollten die Erfolgskriterien festgelegt werden, anhand derer die Ergebnisse der KI-Initiativen gemessen werden sollen. Diese KPIs sind in einem KPI-Dashboard zusammenzuführen.
- **KI-Risikomanagement**
  Analysieren Sie das Ausmaß Ihrer Risikoexposition in verschiedenen Schlüsselbereichen. Dazu gehören regulatorische Risiken (etwa die Einhaltung von Datenschutzgesetzen und Urheberrechte), Reputationsrisiken (bspw. falsche Entscheidungen durch KI-Bias) und organisatorische Risiken (z. B. fehlende Fähigkeiten oder unzureichende Infrastruktur, etwa zur Datensicherung). Basierend auf den hier erarbeiteten Erkenntnissen sind Maßnahmen zur Risikominderung bzw. zur Risikovermeidung zu erarbeiten.
- **Kommunikation zum Stand der KI-Implementierung**
  Kommunizieren Sie aktiv den Start und die Fortschritte der KI-Initiative in Ihrem Unternehmen. Nutzen Sie die Erfolge des KI-Teams, um Geschichten zu erzählen und andere Führungskräfte dazu zu ermutigen, die Bedeutung und den Wert der KI-Strategie zu kommunizieren.

▶ **Merk-Box** Um Ängste der Führungskräfte und Mitarbeiter vor einem potenziellen „Job-Killer" KI und Roboter abzubauen, ist die eigene Belegschaft frühzeitig in die Entscheidungsprozesse einzubinden. So kann schon Akzeptanz gefördert werden, bevor die „neuen Kollegen" im Betrieb Einzug halten.

> **Food for Thought** Sie sollten sich darüber bewusst sein, dass der Einsatz von Künstlicher Intelligenz meist **keinen kurzfristigen Erfolg** verspricht. Sowohl die Nutzenstiftung für die Kunden wie auch ein ROI werden sich bei KI-Anwendungen vielfach erst später einstellen. Deshalb müssen Sie in Ihrem Unternehmen eine ständige **Test- und Prototypen-Mentalität** schaffen, die genügend Raum zum Scheitern lässt.
>
> Dafür benötigen Ihre Manager **„Skill-to-kill"**, um Projekte – ohne eigenen Reputationsschaden – zu beenden, wenn sich die in sie gesetzten Erwartungen nicht erfüllen. Das klingt zunächst frustrierend, ist aber auf lange Sicht erfolgsentscheidend. Gleichzeitig dürfen Sie bei den ROI-Erwartungen von KI-Projekten nicht zu ungeduldig sein. Sonst werden Sie manche Projekte beenden, noch bevor sich diese bewähren konnten.

12.3.3 Entwicklung einer KI-Governance

Ein wichtiges Modul beim unternehmerischen KI-Einsatz ist die **Erarbeitung einer KI-Governance**. Die **KI-Governance** bezieht sich auf die systematischen Strukturen, Verfahren und Richtlinien, die zur Verwaltung und Überwachung der KI-Systeme und KI-Technologien in einer Organisation eingesetzt werden. Es handelt sich um einen integralen Teil der IT-Governance insgesamt und umfasst Bereiche wie Ethik, Datenschutz, Datensicherheit, Compliance, Verantwortlichkeit und Transparenz in Bezug auf die Entwicklung, Implementierung und Nutzung von KI.

Da KI immer stärker in Geschäftsprozesse eingebettet wird, wird auch die Notwendigkeit einer soliden Governance immer dringlicher. Eine wirksame KI-Governance gewährleistet, dass die KI-Anwendungen eines Unternehmens **ethische Standards** einhalten, **gesetzeskonform** sind und das **Risiko von Fehlverhalten** minimieren. Sie fördert auch das Vertrauen der Stakeholder und der Öffentlichkeit in die KI-Systeme des Unternehmens, indem sie **Transparenz** und **Verantwortlichkeit** sicherstellt. Darüber hinaus kann eine gut etablierte KI-Governance dazu beitragen, das volle Potenzial der KI zu erschließen und den Nutzen und die Leistung der KI-Investitionen zu optimieren.

Folgende **Schritte zur Einführung der KI-Governance** sind zu berücksichtigen:

- **Entwicklung einer KI-Governance-Struktur**
  Zunächst ist eine Struktur für die KI-Governance-Struktur zu erarbeiten. Diese umfasst die Ernennung eines KI-Governance-Ausschusses oder einer vergleichbaren Gruppe, die die Verantwortung für die Überwachung und Steuerung der KI-Initiativen im Unternehmen übernimmt. Der Ausschuss sollte Vertreter aus verschiedenen Bereichen umfassen, einschließlich IT, Recht, Ethik, Compliance und Geschäftsbereichen.
- **Erarbeitung von KI-Richtlinien und Verfahren**
  Im nächsten Schritt sollte das Unternehmen klare Richtlinien und Verfahren für die Verwendung von KI entwickeln. Diese sollten Fragen zur Datennutzung und -schutz, zur

Berücksichtigung von ethischen und Compliance-Anforderungen sowie zur Verantwortlichkeit und Kontrolle von KI-Anwendungen beantworten.

- **Schulung und Sensibilisierung zum KI-Einsatz**
  Es ist wichtig, dass alle Mitarbeiter und Führungskräfte, die mit KI arbeiten, über die Richtlinien und Verfahren informiert sind und darin geschult werden. Dies beinhaltet auch die Sensibilisierung für die ethischen und rechtlichen Implikationen einer KI-Nutzung.
- **Überwachung und Überprüfung des KI-Einsatzes**
  Außerdem ist ein Prozess zur regelmäßigen Überwachung und Überprüfung der KI-Initiativen zu etablieren. Dies sollte die Überprüfung der Einhaltung der KI-Richtlinien und -Verfahren sowie die Beurteilung der Effektivität der KI-Governance umfassen. Dieser Prozess sollte auch die Möglichkeit für eine kontinuierliche Verbesserung der KI-Governance-Praktiken bieten.

Durch die Etablierung einer soliden KI-Governance-Struktur und die Implementierung klarer Richtlinien und Verfahren kann ein Unternehmen sicherstellen, dass seine KI-Anwendungen ethisch und gesetzeskonform sind. Hierdurch wird das Vertrauen der Stakeholder gestärkt. Außerdem soll hierdurch das Potenzial der KI-Applikationen ausgeschöpft werden.

▶ **Merk-Box** Entwickeln Sie eine **KI-Governance** für Ihr Unternehmen und wenden Sie diese auf Ihre KI-Anwendungen an. Die Erarbeitung von Gesetzen ist immer sehr viel träger als die Entwicklung von neuen Technologien. Damit steigt auch Ihre persönliche Verantwortung, Prozesse, Produkte, Dienstleistungen und Geschäftsmodelle zu schaffen, die auf eine Nutzenstiftung für die Menschen insgesamt abzielen.

Damit die Technologie den Menschen hilft – und nicht umgekehrt.

12.4 Prozesse optimieren und neu ausrichten

Die **Integration von KI-Anwendungen** sowie von den durch Künstliche Intelligenz erzielten Ergebnissen stellt jede Organisation vor mehr oder weniger umfassende Herausforderungen. Hier kann es zu einem **Prozess-Redesign** kommen. Basierend auf neuen Erkenntnissen bzw. durch neue Möglichkeiten der Prozessgestaltung können Abläufe und Verfahren im Unternehmen in Frage gestellt werden. Vorhandene Prozesse können komplett automatisiert werden (etwa bei Verwaltungs-, Produktions- und/oder Logistikaufgaben). Hier steht die **Maschine-zu-Maschine-Schnittstelle** im Mittelpunkt. In anderen Fällen kann eine Anreicherung menschlicher Tätigkeiten durch KI-Ergebnisse erfolgen. Hier können den Mitarbeitern im Customer Service Center oder im Wartungsbereich relevante Information in Echtzeit zur Verfügung gestellt werden. Damit handelt es sich um die Ausgestaltung der **Mensch-zu-Maschine-Schnittstelle** – bspw. zwischen digitalen Assistenten oder Expertensystemen und den Mitarbeitern im Unternehmen. Jedes Unternehmen ist aufgerufen, die relevanten KI-Use-Cases frühzeitig zu erkennen.

12.4.1 Identifikation spannender Use Cases

- Die **Umsetzung von möglichen Use Cases in profitable Business Cases** ist essenziell für eine erfolgreiche KI-Journey. Es ist nicht sinnvoll, einen humanoiden Roboter in den Empfangsbereich eines Hotels zu installieren, wenn er weder einen Nutzen für die Gäste noch langfristig einen positiven ROI erwirtschaftet, indem Serviceprozesse durch Roboter kostengünstiger erbracht werden.
- Achten Sie unbedingt auf einen angemessenen **Kontext**! Der Einsatz der Künstlichen Intelligenz erfordert auch ein Gespür für richtiges **Timing**. Dieses muss zuerst für Ihre Mitarbeiter und Führungskräfte sowie an zweiter Stelle für die Kunden passen. Wenn Ihre Teams die KI-Anwendungen nicht mittragen, werden diese Lösungen sicherlich auch in den Augen der Kunden nicht überzeugen. Deshalb ist es wichtig, dass sich vor allem die Mitarbeiter im direkten Kundenkontakt mit den an der Kundenfront sichtbaren KI-Lösungen intensiv beschäftigt haben und diese auch positiv gegenüber den Kunden vertreten können.
- Im Hinblick auf das Timing gilt aber auch, dass Sie mit einer umfassenden Auslotung der Möglichkeiten der Künstlichen Intelligenz für Ihr Unternehmen nicht so lange warten dürfen, bis neue und alte Wettbewerber bereits mit neuen Lösungen im Markt aktiv sind. Nehmen Sie – budget- und kompetenzgestützt – eine **aktive Innovationsrolle** ein!

Insbesondere Unternehmen, die sich noch in den Anfangsstadien ihrer KI-Journey befinden, neigen dazu, KI-Anwendungsfälle mit dem Schwerpunkt auf Kosteneinsparungen und Effizienzsteigerung bei den bestehenden Prozessen zu verfolgen. Hier bewegen sich die Unternehmen auf der **Horizont-1-Ebene** (vgl. Abschn. 12.2.2). Damit ist bei einem unkritischen Einsatz ein großes Risiko verbunden. Die KI-Integration in bestehende Prozesse ist nur dann sinnvoll, wenn diese Prozesse bereits optimal laufen. Aber selbst dann stellt sich die Frage, ob Sie nicht durch ein KI-basiertes Re-Design von Abläufen überzeugendere Ergebnisse erzielen könnten. Ein Fehler sollte allerdings in jedem Falle vermieden werden – einfach die bestehenden Prozesse KI-gestützt fortzuführen. Schließlich gilt:

► If you digitize a shitty process, you will get a digitized shitty process.

Es sollte vielmehr von Anfang an geprüft werden, ob bestehende Prozesse durch einen KI-Einsatz nicht ganz anders angelegt werden könnten. Nur dann wird das mögliche **Optimierungspotenzial durch KI** ausgeschöpft. Mit fortschreitender KI-Reife weiten die Unternehmen erfahrungsgemäß ihren KI-Einsatz aus und verlagern ihren Fokus bspw. auf Schlüsselelemente des Kundenerlebnisses oder die gesamte Wertschöpfungskette. Der Einsatz und damit auch die Wirkung der Künstlichen Intelligenz nimmt folglich mit einer zunehmenden KI-Reife des Unternehmens zu, weil immer breitere KI-Anwendungen angestoßen werden.

Zusätzlich ist zu ermitteln, ob Sie bei Ihren bestehenden **Prozessen** sowie im eigenen **Produkt-/Service-Portfolio** unmittelbar Leistungsverbesserungen durch die Künstliche Intelligenz erzielen können. Hierbei können Sie sich auf solche Anwendungsfälle konzentrieren, in denen bereits bewährte KI-Technologien vorliegen. Dazu gehören die Automatisierung von Produktionsprozessen, der Einsatz von Predictive Maintenance oder die Verfeinerung von Analysemöglichkeiten im CRM-Bereich (etwa Kundenwertanalysen oder Bonitätsbewertungen). Hierbei können Sie einen Ein- bis Zwei-Jahres-Horizont zugrunde legen, um monetär messbare Erfolge zu erzielen.

- Mit der **Horizont-2-Ebene** weiten Sie Ihren Blick und prüfen, welche neuen **KI-getriebenen Prozesse** die bestehenden Aktivitäten deutlich weiterentwickeln können. Zusätzlich sollten Sie hier eine **Analyse des gesamten Leistungsspektrums** (Produkte und Dienstleistungen) vorantreiben. So können Sie ermitteln, welche durchgreifenden Verbesserungen oder Ergänzungen Ihres Angebotsportfolios durch die Künstliche Intelligenz erreichbar sind. Zu dieser Ebene gehört bspw. die Integration von Chatbots in den Kundendialog oder die Einbindung von KI-Anwendungen in den Diagnose- und Therapiebereich im Gesundheitswesen. Ein weiteres Beispiel für diese Ebene stellt die Entwicklung von Digital Twins von Anlagen und Aggregaten dar, um darauf basierend neue Geschäftsfelder für bereits etablierte Aktivitäten zu erschließen. Hier können Sie sich auf einen Zwei- bis Vier-Jahres-Horizont konzentrieren.
- Die **Horizont-3-Ebene** schließlich lenkt die Perspektive deutlich über das bestehende Geschäftsmodell hinaus und fordert Sie auf, in verwandten und/oder **neuen Aufgabenfeldern** und **innovativen Geschäftsmodellen** nach spannenden KI-Cases zu suchen. Dies ist sicherlich der anspruchsvollste Bereich. Um hier Erfolge zu erzielen, müssen Sie gewohnte Denk- und Handlungsmuster überwinden. Dafür kann es hilfreich sein, mit starken externen Partnern aus der Wissenschaft zusammenzuarbeiten, die an der vordersten Front der Entwicklung arbeiten. Auch die intensive Zusammenarbeit mit Start-ups hilft, den Blick auf durchgreifende KI-getriebene Innovationen zu lenken. Auf diese Weise bauen Sie ein **Netzwerk** auf, um sich austauschen und gemeinsame Lösungen zu entwickeln.

  Bei diesem Horizont können Sie einen Drei- bis Fünf-Jahres-Zeitraum zugrunde legen.

Auf allen drei Horizont-Ebenen wird ein **Test-and-Learn-Ansatz** praktiziert. Hierzu sind die jeweiligen Business Cases laufend zu validieren und zeitlich begrenzte Experimente durchzuführen. So können Sie zeitnah feststellen, welche Ansätze sich bewähren, um damit zukünftige Erfolgspotenziale zu sichern. Bei der Bewertung von KI-Initiativen sollten kaufmännische und technische Führungskräfte gleichermaßen eingebunden sein, um beide Perspektiven in einem **holistischen Bewertungsansatz** zusammenzuführen. So können Sie einer **Silo-Bildung** vorbeugen: Technologie hier – Business Case dort.

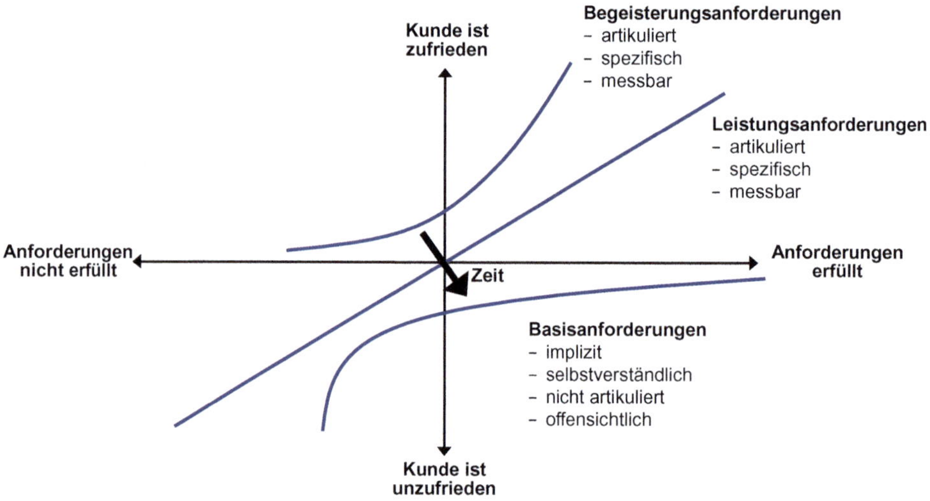

Abb. 12.6 Kano-Modell der Kundenzufriedenheit

Solche Silos führten oft dazu, dass die verantwortlichen Manager für IT, Digital oder Innovation alleine im Lead waren, teilweise ohne eine zielführende Fokussierung auf Business Cases vorzunehmen. Dabei kam es teilweise zu dem **„Hammer sucht Nagel"-Phänomen**:

Wir haben eine Lösung, wo ist das (Kunden-)Problem?

Einer solchen Entwicklung können Sie durch den beschriebenen holistischen Bewertungsansatz entgegenwirken.

Zusätzlich sollten Sie Ausschau halten nach **Lösungsbedarfen Ihrer Kunden**. Agile Projektmethoden wie Design-Thinking können Ihnen helfen, **neue Geschäftsmodelle für den KI-Einsatz** zu identifizieren. Welche Erwartungen die Kunden an Ihre Angebote haben, können Sie bspw. durch das **Kano-Konzept** ermitteln (vgl. Abb. 12.6; vgl. [7, 23], S. 381–383).

Das **Kano-Modell** wurde von dem japanischen Wissenschaftler *Noriaki Kano* entwickelt wurde. Es bietet ein Framework zur Priorisierung von Merkmalen oder Funktionen basierend auf dem wahrgenommenen Nutzen des Kunden. Das Modell kategorisiert Produkteigenschaften in drei Hauptgruppen:

- **Basisanforderungen** (Must-be) sind die grundlegenden Funktionen, die ein Produkt oder eine Dienstleistung erfüllen muss, um den Erwartungen der Kunden gerecht zu werden. Diese Merkmale führen nicht zu Zufriedenheit, wenn sie vorhanden sind; jedoch führt ein Fehlen zu Unzufriedenheit.
- **Leistungsanforderungen** (Performance) sind Aspekte, bei denen die Zufriedenheit des Kunden proportional zur Funktionalität ist: Je höher die Leistung, desto zufriedener ist der Kunde.

- **Begeisterungsanforderungen** (Delighters oder Attractive) hingegen sind Merkmale, die der Kunde nicht erwartet, aber wenn sie vorhanden sind, führen sie zu hoher Zufriedenheit oder sogar zu Begeisterung. Es ist wichtig zu beachten, dass im Laufe der Zeit Begeisterungsmerkmale zu Leistungs- oder sogar Basismerkmalen werden können, wenn Kunden beginnen, diese Merkmale bereits zu erwarten (vgl. den Pfeil in Abb. 12.6).

Das Kano-Modell wird eingesetzt, um Produkte, Dienstleistungen, Prozesses oder auch ganze Geschäftsmodelle aus der **Perspektive des Kunden** heraus zu verstehen und zu optimieren. Durch die Identifizierung und Kategorisierung der verschiedenen Anforderungen können Unternehmen besser verstehen, welche Merkmale wirklich wichtig sind und welche Merkmale zur Differenzierung und Steigerung der Kundenzufriedenheit beitragen können. Dieses Modell fördert auch die **kontinuierliche Produktinnovation**, indem es Unternehmen ermutigt, ständig nach neuen Begeisterungsmerkmalen zu suchen, die die Kundenzufriedenheit steigern können. Daher ist die fortlaufende Überprüfung und Anpassung der Merkmale nach dem Kano-Modell entscheidend für langfristigen Erfolg und Kundenzufriedenheit.

Die Notwendigkeit und Dringlichkeit, aber auch spannenden Use Cases für einen KI-Einsatzes für Ihr Unternehmen können Sie anhand einer KI-spezifischen Adaptionen des **Business Model Canvas** ermitteln. Der Begriff „Canvas" steht für „Leinwand", auf dem ein solches Konzept – gut sichtbar – in einem interdisziplinären Team entwickelt werden kann (vgl. vertiefend [22], S. 75–78). In Abb. 12.7 ist ein **Canvas-Konzept zum Einsatz der Künstlichen Intelligenz** zu finden. Anhand dieses Konzepts können Sie die Re-

KI-Chancen	KI-Risiken	KI-Ziele	KI-Datengrundlagen	KI-Ressourcen
• Welche Potenziale können in unserer Branche durch KI gehoben werden? • Was können wir als Unternehmen durch den KI-Einsatz gewinnen? • Welche KI-Use-Cases sind besonders spannend? • …	• Welche Risiken gehen mit dem KI-Einsatz für unsere Branche einher? • Welche Risiken gehen mit dem KI-Einsatz für unser Unternehmen einher? • Wie sind die rechtlichen Risiken zu bewerten (u. a. Datenschutz)? • Wie werden die Kunden ein KI-Engagement bewerten? • …	• Welche prozessualen Verbesserung für Kunden können erreicht werden? • Welche neuen Produkte/Services für Kunden können entwickelt werden? • Welche Optimierungen in der Value Chain können erzielt werden? • Welche Potenziale im Produktionsbereich können gehoben werden? • …	• Welche relevanten Daten liegen bereits intern vor? • Welche Daten können extern beschafft werden? • Welche Datenlücke zeichnet sind ab – und wie kann diese geschlossen werden? • Wie kann eine kontinuierliche Datengewinnung sichergestellt werden? • …	• Welche KI-Mitarbeiter werden benötigt? • Welche externen Ressourcen sind erforderlich? • Welche IT-Infrastruktur ist notwendig? • Welche Vernetzungen entlang der Value Chain sind geboten? • Welche zusätzlichen Investitionen sind erforderlich? • …

Kostenstrukturen	Erlösstrukturen
• Welche initialen und welche laufenden Kosten sind mit dem KI-Einsatz verbunden (Systeme, Lizenzen, Programmierung, Daten, Mitarbeiter, Schulung)? • Welche Kosten gehen mit dem Change-Management in Richtung Künstlicher Intelligenz einher? • …	• Welche Erlöspotenziale lassen sich in welchen Bereichen identifizieren (direkte/indirekte Kunden, neue/weiterentwickelte Prozesse, neue Produkte/Services, neue/weiterentwickelte Geschäftsmodelle)? • In welchen Zeiträumen ist mit deren Eintritt zu rechnen? • Welche Unsicherheiten sind mit den Erlöseintritt verbunden? • …

Abb. 12.7 Canvas zum Einsatz der Künstlichen Intelligenz

levanz der Künstlichen Intelligenz für Ihr Unternehmen ermitteln. Der Vorteil dieses Canvas-Ansatzes besteht darin, dass Sie diesen in unternehmensinternen Workshops gut einsetzen können, um gemeinsam an KI-Themen zu arbeiten. Setzen Sie diesen **Canvas zur Visualisierung in Großformat** ein, können Ideen und Vorschläge unmittelbar durch Post-its eingefügt werden. So wird die Kreativität aller stimuliert.

Basierend auf den Ergebnissen der Status-quo-Analyse und des Business Model Canvas kann eine **Long List von relevanten KI-Projekten** erarbeitet werden. Diese Projekte könnten Bereiche abdecken, in denen sich der KI-Einsatz für das Unternehmen grds. lohnen könnte. Zur Erarbeitung einer **Short List von relevanten KI-Projekten** sind spezifischer Auswahlkriterien zu definieren. Zu diesen Auswahlkriterien gehören u. a.:

- potenzieller ROI
- technische Machbarkeit
- Übereinstimmung mit der Unternehmensstrategie
- Vertretbarkeit des Ressourcen-Einsatzes (etwa bzgl. Zeit, Personal, Finanzen, Technologien)
- Time-to-Value (hiermit ist die Zeit gemeint, die verstreichen wird, bis ein erster Nutzen bei den Anwendern erzielt werden kann; vgl. [23], S. 52–54).
- Umfang möglicher Risiken

Anhand dieser **Auswahlkriterien** können die Projekte auf der Long List bewertet und priorisiert werden, um eine **Short List** zu erhalten. Diese Liste sollte die vielversprechendsten KI-Projekte umfassen, die das Unternehmen in naher Zukunft umsetzen sollte. Dieser **Bewertungs- und Auswahlprozess** sollte regelmäßig überprüft und angepasst werden. Nur hierdurch kann sichergestellt werden, dass die ausgewählten KI-Projekte weiterhin relevant sind und im Einklang mit den sich ändernden Geschäftsbedingungen und Zielen des Unternehmens stehen. Außerdem kann bspw. eine Veränderung bei den verfügbaren Ressourcen – neue Technologien, zusätzliche Förderprogramm etc. – dazu führen, dass sich die Prioritäten für die Short List verschieben.

Erfolgsentscheidend ist, dass die Use Cases auf der Short List frühzeitig mit der Corporate- und/oder Business-Strategie verbunden werden. Außerdem sind ein Top-Management-Support und die zeitnahe Bereitstellung der notwendigen Budgets und Personalressourcen unverzichtbar. Gleichzeitig ist entscheidend, nicht unreflektiert dem KI-Hype zu folgen, sondern für Ihr Unternehmen relevante KI-Einsatzfelder zu definieren, die einen positiven ROI versprechen. Vielfältige Anwendungsfelder wurden bereits diskutiert, um Ihre Kreativprozesse zu unterstützen.

12.4.2 Zugriff auf KI-Lösungsmodule

Nicht jedes Unternehmen verfügt über ausreichende Ressourcen, um eigene KI-Lösungen zu entwickeln. Deshalb sind für viele KI-Nutzer **Open-Source-Software-Lösungen** von großer Bedeutung. **Open-Source-Projekte** haben sich in den letzten Jahren als eine tragende Säule in der KI-Entwicklung etabliert. Sie stellen einen kostengünstigen, flexiblen und vielseitigen Weg dar, KI-Technologien zu erforschen und einzusetzen. Tools wie ***TensorFlow*** (https://www.tensorflow.org/), ***PyTorch*** (https://pytorch.org/) und ***Keras*** (https://keras.io/) sind weit verbreitet und werden sowohl in der akademischen Forschung als auch in der Industrie eingesetzt. Sie bieten umfangreiche Funktionalitäten für maschinelles Lernen und tiefe neuronale Netze. Durch die breite **Community-Unterstützung** und die stetige **Weiterentwicklung** dieser Tools können Unternehmen auf dem neuesten Stand der KI-Technologien bleiben, ohne dabei kostspielige proprietäre Softwarelösungen erwerben zu müssen.

Für die Entwicklung von KI-Anwendungen sind außerdem **leistungsstarke Hardware- und Infrastrukturlösungen** erforderlich. Die Auswahl der richtigen Hardware, etwa spezialisierter Grafikprozessoren (GPUs/Graphics Processing Units) oder Tensor Processing Units (TPUs) wirkt sich nachhaltig auf Effizienz und Geschwindigkeit der KI-Trainings- und Inferenzprozesse aus. Unternehmen können auch auf **Cloud-basierte Lösungen** zurückgreifen, die flexible und skalierbare Rechenressourcen zur Verfügung stellen. Dienste wie ***Amazon Web Services***, ***Google Cloud*** oder ***Microsoft Azure*** bieten spezielle KI- und Machine-Learning-Services an, die den Zugang zu leistungsfähiger Hardware und vorab konfigurierten Software-Stacks erleichtern.

Daten sind – wie schon mehrfach betont wurde – der Treibstoff für KI. Der Zugriff auf große, qualitativ hochwertige und vielfältige Datensätze ist für die Entwicklung wirksamer KI-Modelle unerlässlich. Deshalb geht mit dem voranschreitenden KI-Einsatz eine weitere wichtige Aufgabe einher, die auch im Canvas in Abb. 12.7 adressiert wurde: der **Aufbau eines eigenen Daten-Ökosystems**. Hierfür sind die Daten zu definieren, die für die ausgewählten Anwendungsfälle relevant sind. Anschließend ist zu prüfen, welche dieser Daten bereits im Unternehmen vorliegen und auf welche ggf. sogar einen exklusiven Zugriff besteht. Durch einen Abgleich zwischen Daten-Soll und Daten-Haben werden Sie mehr oder weniger große **Daten-Gaps** ermitteln. Jetzt beginnt die spannende Aufgabe, weitere wichtige Datenquellen zu erschließen. Hierbei sollten Sie die Kriterien berücksichtigen, die bei der Datenauswahl zu berücksichtigen sind (vgl. Abschn. 2.4).

An dieser Stelle werden Sie vielfach schmerzlich feststellen, welche Limitierungen die DS-GVO für Sie bereithält – und in welchem Ausmaß Unternehmen wie *Amazon*, *Google* und *Meta* im Vergleich dazu aus dem Vollen schöpfen können. Um diesen Wettbewerbsnachteil auszugleichen und die Grenzen des eigenen Datenkranzes zu überwinden, können Kooperationen mit anderen Datenpartnern sinnvoll und notwendig werden. Vielleicht gelingt es, mit Drittparteien ein **Daten-Ökosystem** aufzubauen, um wichtige Datenlücken zu schließen. Neben dem **„Anzapfen" relevanter Datenquellen** stellt die **Nutzbarmachung der unterschiedlichsten Datenformate** eine weitere große Herausforderung dar. Gelingt es, verschiedene Datenströme in einem größeren Eco-System zusammenzuführen, kann dies zu dauerhaften Vorteilen im Wettbewerb führen. Der kontinuierlich sprudelnde Datenstrom aus Sensoren- und Maschinen-Daten sowie insb. aus den sozialen Netzwerken ist zu bewältigen – und das oft in Echtzeit.

Meta setzt sich mit ***MetaAI*** für die Weiterentwicklung der KI-Technologie ein. Das Ziel von *Meta* ist es, KI nicht alleine voranzutreiben. Deshalb engagiert sich das Unternehmen in der **KI-Community** durch Veröffentlichungen, Open-Source-Software sowie durch die Teilnahme an Konferenzen und Workshops. Zusätzlich wird die Zusammenarbeit mit Vertretern aus der Wissenschaft vorangetrieben. Die wichtigsten Themenfelder hierbei sind: KI-Infrastruktur, generative KI, NLP, Computer Vision sowie andere Kernbereiche der KI. Viele Modelle, die von *Meta* entwickelt wurden, können als Open-Source-Lösung von allen interessierten Nutzern eingesetzt werden (vgl. [17]). Jedes Unternehmen sollte prüfen, welche Vor- und Nachteile mit einer solchen Zusammenarbeit verbunden sind.

Eine Möglichkeit der branchenübergreifenden Zusammenarbeit bietet auch die ***Partnership on Artificial Intelligence***. Diese wurde 2016 durch KI-Forscher der Unternehmen *Amazon, Apple, DeepMind, Facebook, Google, IBM* und *Microsoft* initiiert. Im Jahr 2017 wurde die Partnerschaft durch die Aufnahme von sechs gemeinnützigen Vorstandsmitgliedern zu einer **Multi-Stakeholder-Organisation** ausgebaut. Die *Partnership on Artificial Intelligence* umfasst heute 105 Partner aus 17 Ländern und definiert sich wie folgt [27]:

> „**Our mission**: Bringing diverse voices together across global sectors, disciplines, and demographics so developments in AI advance positive outcomes for people and society.
>
> **Our vision**: A future where Artificial Intelligence empowers humanity by contributing to a more just, equitable, and prosperous world.
>
> **Our values:**
>
> - **Equity & Inclusion**: As an independent body, *Partnership on Artificial Intelligence* exists for the benefit of people and society. We empower diverse voices to participate from ideation through implementation, striving for fairness, equity, and inclusion.
> - **Conviction & Dependability**: Committed to tackling the hard questions through meaningful dialogue, research, insights, and guidance, we're determined to maintain courage in the face of adversity, and are dedicated to facilitating effective processes that lead to significant outcomes.
> - **Learning & Compassion**: We aim to provide and participate in an unbiased process with open hearts and minds. Our work emphasizes shared learning, open dialogue, and direct communication."

In Abhängigkeit der strategischen KI-Relevanz für Ihr Unternehmen kann es zielführend sein, sich dieser Allianz anzuschließen oder zumindest die dort geführten Diskussionen intensiv zu verfolgen.

Zusätzlich ist es lohnend, sich mit der Idee der ***Fraunhofer-Allianz Big Data*** zu beschäftigen. Diese Allianz führt die branchenübergreifende Expertise und die Erfahrung von über 30 *Fraunhofer*-Instituten zusammen. Die Allianz unterstützt im Rahmen ihrer Auftragsforschung Unternehmen bei der Entwicklung und Implementierung von Big-Data- und KI-Strategien. Hierfür werden KI-Systeme entwickelt, die nicht nur den europäischen Datenschutzstandards entsprechen, sondern auch transparent, vertrauenswürdig und zuverlässig sind. Parallel hat die *Fraunhofer-Allianz Big Data* auch ein Trainingsprogramm entwickelt, um Experten für Künstliche Intelligenz und Data Science auszubilden. Die Allianz stellt intelligente Lösungen für verschiedene Branchen zur Verfügung (vgl. [18]):

- Business und Finance
- Energie und Umwelt
- Life Science und Health Care
- Logistik und Mobilität
- Produktion und Industrie 4.0
- Sicherheit

Amazon SageMaker unterstützt Unternehmen dabei, Machine-Learning-Modelle für die verschiedensten Anwendungsfälle zu entwickeln, zu trainieren und zu implementieren. Hierfür werden die relevante Infrastruktur, Tools und Workflows zur Verfügung gestellt. Für das Training der KI-Engines können die Unternehmen auf eine große Menge strukturierter Daten (Tabellendaten) und unstrukturierter Daten (Fotos, Video, georäumlich und Audio) zugreifen. Mit einer optimierten Infrastruktur kann die Trainingszeit häufig signifikant verkürzt werden. Hierfür können die **Machine Learning Operations** (MLOps) automatisiert und standardisiert werden. Machine Learning Operations übertragen das in der Softwareentwicklung etablierte DevOps-Konzept auf maschinelles Lernen. **DevOps** basiert auf Lean-Prinzipien und agilen Methoden und unterstützt die Software-Entwicklung. Machine Learning Operations steigern die Effizienz beim Entwickeln, Bereitstellen, Verwalten und Überwachen von Machine-Learning-Modellen. Mit ***SageMaker MLOps*** soll es mehr Menschen und Unternehmen möglich werden, mit der Künstlichen Intelligenz zu arbeiten (vgl. [3]).

Mit ***Amazon Rekognition*** stellt Amazon [2] vortrainierte oder anpassbare **Computer-Vision-APIs** bereit, ohne dass hierfür Machine-Learning-Modelle neu entwickelt werden müssen. Der Einsatz dieser APIs erlaubt es, innerhalb von Sekunden Millionen von Bildern, Streaming und gespeicherten Videos zu analysieren. Ein solcher KI-Einsatz kann bisher durch Menschen vorgenommene Überprüfungen automatisieren und dadurch beschleunigen. Durch *Amazon Rekognition* können bspw. **potenziell unsichere, unangemessene oder unerwünschte Inhalte** in Bildern und Videos erkannt werden. Dort können auch **Objekte** (etwa Personen, Haustiere, Pakete), **Szenen** (Auslieferung eines Paketes, Annäherung einer Person) und **Aktivitäten** (Tanzen oder Singen) erkannt und mit **Labeln** versehen werden. Hierbei kann es sich auch um benutzerdefinierte Objekte handeln, wie bspw. Markenlogos, die es zu erkennen gilt.

Um die Funktionalitäten von *Amazon Rekognition* einzusetzen, ist die bereitgestellte **Rekognition-API** in die jeweilige Anwendung zu integrieren. Hierfür sind keine Fachkenntnisse zum Machine Learning notwendig. Wie andere KI-Systeme auch, wird die verwendete Bilderkennung laufend mit neuen Daten trainiert, um hierdurch die Fähigkeiten zum Erkennen von Objekten (bspw. Fahrrad, Telefon, Auto, Gebäude), Szenen (etwa Parkplatz, Strand, Shopping-Mall, Stadt) und Aktivitäten (bei Videos etwa „Paketzustellung" oder „Fußballspiel") zu steigern. Außerdem soll die jeweilige Erkennungsgenauigkeit verbessert werden. Je nach Volumen bietet *Amazon Rekognition* eine Stapel- und Echtzeitanalyse an. Die Bezahlung dieser Leistungen orientiert sich an der Anzahl der analysierten Bilder bzw. an der Länge der Videos sowie an der Größe des für die Bilderkennung bereitgestellten eigenen Repositorys, d. h. eines Verzeichnisses mit Gesichtsbildern (vgl. [2]).

Als Lösungspartner bietet sich auch ***Aleph Alpha*** mit einem fortschrittlichen **KI-Sprachmodell** „Made in Germany" an. Anders als *ChatGPT* richtet sich das Angebot von *Aleph Alpha* mehr an Unternehmen und die öffentliche Verwaltung – und weniger an Konsumenten. Die vorgestellte *Luminous*-Reihe ist eine Familie von großen Sprachmodellen. Sie besteht derzeit aus drei Vanilla-Modellen, die sich in ihrer Komplexität und ihren Fähigkeiten unterscheiden (vgl. [1]):

- **Luminous-supreme**
  Luminous-supreme ist das größte und leistungsfähigste Modell der *Luminous*-Modellfamilie. Es kann alle Aufgaben lösen, die auch die kleineren Modelle lösen können, und eignet sich besonders gut für das kreative Schreiben von Texten.
- **Luminous-extended**
  Luminous-extended ist das zweitgrößte Modell. Es ist gut geeignet für Aufgaben wie Informationsextraktion und Sprachvereinfachung. Im Vergleich zu *Luminous-base* ist es bei einer Vielzahl von Aufgaben leistungsfähiger und schneller und kostengünstiger als *Luminous-supreme*.
- **Luminous-base**
  Luminous-base ist das kleinste und gleichzeitig auch das schnellste und preiswerteste Modell der *Luminous*-Modellfamilie. Daher eignet sich dieses Modell für Anwendungen, bei denen auf Geschwindigkeit und niedrige Kosten besonderen Wert gelegt wird, etwa für Aufgaben wie Klassifizierung und Etikettierung.
- **Luminous-Kontrollmodelle**
  Die Kontrollmodelle sind Versionen von Modellen, die für die Befolgung von Anweisungen optimiert sind. Das bedeutet, dass diese Modelle für eine Vielzahl von Aufgaben, die durch von Menschen geschriebene Anweisungen beschrieben werden, feinabgestimmt worden sind. Einer ihrer großen Vorteile ist, dass sie im Vergleich zu den *Vanilla*-Modellen eine viel bessere Performance beim Zero-Shot Prompting aufweisen. Wenn es bei bestimmten Aufgaben ausreicht, dem Modell eine Anweisung in natürlicher Sprache zu geben, um ein gutes Ergebnis zu erzielen, wird von **Zero-Shot Prompting** gesprochen. Dies erleichtert die Anwendung durch weniger Eingaben. Die Kontrollversion eines Modells ist für alle *Luminous*-Modelle verfügbar.

Alle *Luminous*-Modelle wurden in den fünf am häufigsten gesprochenen **europäischen Sprachen** trainiert: Englisch, Deutsch, Französisch, Italienisch und Spanisch. Die *Luminous*-Modelle können auch mit Bildern arbeiten. So erreicht die *Luminous*-Familie eine **Multimodalität**. Zusätzlich tragen die Modelle zur Erklärbarkeit bei, indem sie Nutzern ermöglichen zu verstehen, woher ihre Antworten kommen. Hierzu gehören Funktionen zur **Quellenverifizierung**. So kann das Sprachmodell angeben, auf welche Textstelle in einer Quelle die von KI-System generierten Antworten basieren. Zusätzlich kann ausgewiesen werden, welche Quellen zu diesen Aussagen möglicherweise im Widerspruch stehen. Ein solcher Nachweis ist wichtig, damit die Nutzer verantwortungsvolle Entscheidungen treffen können. Gleichzeitig leistet *Aleph Alpha* hierdurch einen Beitrag zur **Erklärung der KI-generierten Inhalte** (vgl. [1]; zur Relevanz von Explainable AI vgl. Abschn. 1.4.3).

IBM [21] entwickelt mit ***Watsonx*** eine umfassende **KI- und Datenplattform**. Diese Plattform besteht aus drei leistungsstarken Komponenten, die je nach Zielsetzung des nutzenden Unternehmens eingesetzt werden können:

- ***watsonx.ai***
  Hiermit können bspw. Grundlagenmodelle und Modelle der generativen KI erarbeitet werden. *watsonx.ai* ermöglicht es, Foundation- und Machine-Learning-Modelle zu trainieren, zu validieren, abzustimmen und einzusetzen. Foundation-Modelle ermöglichen die Feinabstimmung von KI auf die spezifischen Daten und das Domänenwissen eines Unternehmens.
- ***watsonx.data***
  Bei *watsonx.data* handelt es sich um einen offenen, hybriden und kontrollierten Datenspeicher. Unter Zugriff auf die hier verfügbaren Daten können eigene KI-Engines trainiert werden.
- ***watsonx.governance***
  watsonx.governance unterstützt bei der Erreichung von Transparenz und Erklärbarkeit in den eigenen Daten- und KI-Workflows. Diese Lösung hilft, die eigenen KI-Aktivitäten zu steuern, zu verwalten und zu überwachen.

Entscheidend für eigenen erfolgreichen KI-Einsatz ist auch die Verfügbarkeit weiterer einschlägiger Daten. Hierzu können Unternehmen auf eine Vielzahl von **Open-Data-Plattformen** zugreifen, die öffentlich zugängliche Daten in verschiedenen Domänen bereitstellen. Unternehmen können u. a. auf die folgenden Open-Data-Plattformen zugreifen:

- ***Data.gov***
  Die Plattform beschreibt sich selbst als die „Heimat der offenen Daten der US-Regierung“. Hierbei handelt es sich um die offizielle US-Regierungswebsite für Open Data. Sie bietet Zugriff auf eine breite Palette von Daten, Tools und Ressourcen für die Durchführung von Forschungsarbeiten, die Entwicklung von Web- und mobilen Anwendungen, die Gestaltung von Datenvisualisierungen und vieles mehr. Insgesamt sind hier fast 300.000 Datensätze verfügbar (vgl. [14]).
- ***OpenML***
  OpenML ist ein weltweites Labor für maschinelles Lernen und versteht sich als eine offene Plattform für den Austausch von Datensätzen, Algorithmen und Experimenten.

Ein zentraler Bereich sind die KI-fähige Daten. Alle Datensätze sind einheitlich formatiert, verfügen über umfangreiche, konsistente Meta-Daten und können direkt in die präferierten Umgebungen geladen werden. *OpenML* ist offen und kann kostenlos genutzt werden. Eine Integration in ML-Bibliotheken ist leicht möglich (vgl. [25]).

- ***AWS Open Data Registry***
  Das AWS Open Data Registry ermöglicht den Zugriff auf Datensätze, die über AWS-Ressourcen verfügbar sind. Hierzu zählen Datensätze von Allen Institute for Artificial Intelligence, Digital Earth Africa, Data for Good at Meta, NASA Space Act Agreement, NIH STRIDES, NOAA Open Data Dissemination Program, Space Telescope Science Institute und Amazon Sustainability Data Initiative (vgl. [5]).
- ***European Data Portal***
  Das *European Data Portal* ist eine Initiative der Europäischen Union, die den Zugang zu öffentlichen Daten aus ganz Europa erleichtert. Dieses Portal ist der offizielle Anbieter von Veröffentlichungsdiensten für alle Organe, Einrichtungen und Agenturen der EU. Als solches ist es eine zentrale Anlaufstelle für den Zugang zu EU-Recht, Veröffentlichungen, offenen Daten, Forschungsergebnissen, Ausschreibungsbekanntmachungen und anderen offiziellen Informationen. Es bietet Daten zu einer Vielzahl von Themen, darunter Landwirtschaft, Klima, Bildung, Energie, Umwelt und mehr (vgl. [15]).
- ***GovData* – Das Datenportal für Deutschland**
  GovData ist die zentrale Open-Data-Plattform der deutschen Bundesregierung und der Länder. Sie bietet eine breite Palette von Daten aus verschiedenen Bereichen der öffentlichen Verwaltung – zurzeit über 80.000 Datensätze des Bundes sowie der Bundesländer (vgl. [20]).
- ***Open Data***
  Open Data ist ein zentraler Lösungsansatz, um den technologischen und kommerziellen Wandel der globalen Tourismus-Industrie informatorisch zu unterstützen. Hierfür haben die *Deutsche Zentrale für Tourismus*, verschiedene Marketing-Organisationen von Ländern und Städten beschlossen, ihre Daten in Form von Open Data durch ein gemeinsames Projekt allgemein zur Verfügung zu stellen (vgl. [26]).

In diesem Kontext ist auf das bereits in Abschn. 2.4 vorgestellte Projekt ***Gaia-X*** hinzuweisen. Das Ziel ist die Schaffung eines sicheren, föderierten **Daten-Öko-Systems**, das den digitalen Souveränitätsanspruch der Datenbesitzer, Interoperabilität und Open-Source-Prinzipien repräsentiert und die föderale Vision Europas verwirklicht. Auf dieser Grundlage können Daten und Dienstleistungen bereitgestellt, vernetzt und auf vertrauenswürdige Weise geteilt und genutzt werden, um Innovationen zu unterstützen und die Vorteile der Datenökonomie für alle Datenlieferanten zugänglich zu machen (vgl. [11]). Die Zeit wird zeigen, in welchem Umfang diese hohen Ansprüche in der Realität umgesetzt werden können.

Jedes Unternehmen ist aufgerufen, zu prüfen, ob für die eigene Branche zusätzliche Datenpools existieren, die für den KI-Einsatz herangezogen werden können. Hierbei kann das Tool ***Google Dataset Search*** unterstützen. Dies ist eine Suchmaschine von *Google*, die Forschern hilft, frei verfügbare Online-Daten zu finden. Nutzer können mit Hilfe eines Suchbegriffs Datenpools finden, die in Tausenden von Repositories im gesamten Web gehostet werden. Hierdurch sollen diese Datenpools allgemein zugänglich und nutzbar gemacht werden (vgl. [19]). Hierbei ist zu beachten, dass die Verfügbarkeit und Qualität der Daten auf diesen Plattformen variieren können. Einige Plattformen können Daten in maschinenlesbaren Formaten bereitstellen, während andere Daten möglicherweise manuell extrahiert und bearbeitet werden müssen. Vor dem Einsatz in KI-Anwendungen sollte eine gründliche Datenbereinigung erfolgen, um eine hohe Datenqualität sicherzustellen.

12.4.3 Förderprogramme für KI-Anwendungen

Es gibt verschiedene **staatliche Förderprogramme für Künstliche Intelligenz** in Deutschland und Europa, die Unternehmen bei der Entwicklung und Anwendung von KI unterstützen. Diese Programme bieten in der Regel finanzielle Unterstützung in Form von Zuschüssen, Darlehen oder Steueranreizen. Hier sind einige von ihnen:

- ***Förderprogramm Erforschung, Entwicklung und Nutzung von Methoden der Künstlichen Intelligenz in KMU***
  Hierbei handelt es sich um ein bundesweites, branchenoffenes Förderprogramm von risikoreichen industriellen Forschungs- und Entwicklungsvorhaben im Bereich der Künstlichen Intelligenz. Das Förderprogramm richtet sich an kleine und mittlere Unternehmen (KMU) der gewerblichen Wirtschaft mit maximal 249 Mitarbeitern sowie 50 Mio. € Jahresumsatz oder 43 Mio. € Jahresbilanzsumme. In diese Förderung sind auch deren Partner aus Wissenschaft und Wirtschaft eingebunden (vgl. [9]).
- ***Förderprogramm Künstliche Intelligenz für das Gemeinwohl***
  Unternehmen, die Grundlagen für den Einsatz gemeinwohlorientierter Künstlicher Intelligenz entwickeln und erproben, können sich um einen Zuschuss durch das *Bundesministerium für Familie, Senioren, Frauen und Jugend* bewerben. Die Projekte können entweder Grundlagen für gemeinwohlorientierte „Künstliche Intelligenz" schaffen oder gemeinwohlorientierte Künstliche Intelligenz entwickeln und erproben (vgl. [10]).
- ***Digital Europe Programme***
  Das *Digital Europe Programme* ist ein EU-Förderprogramm, das strategische Mittel zur Bewältigung digitaler Herausforderungen bereitstellt und Projekte in fünf Schlüsselbereichen unterstützt: Supercomputing, Künstliche Intelligenz, Cyber-Sicherheit, fortgeschrittene digitale Kompetenzen und breite Nutzung digitaler Technologien in Wirtschaft und Gesellschaft. Das Programm verfügt über ein geplantes Gesamtbudget von 7,5 Mrd. € und zielt darauf ab, den wirtschaftlichen Aufschwung zu beschleunigen und den digitalen Wandel in Europa zu gestalten, insb. zugunsten kleiner und mittlerer Unternehmen (vgl. [16]).

Diese und weitere Förderprogramme sind in der Regel wettbewerbsorientiert und erfordern, dass Unternehmen einen Antrag stellen, in dem sie das Potenzial und die Auswirkungen ihrer vorgeschlagenen KI-Innovation darlegen. Die spezifischen Anforderungen und Bedingungen können von Programm zu Programm variieren. Es ist daher wichtig, dass Unternehmen die relevanten Förderleitfäden und -bedingungen sorgfältig durchlesen, bevor sie einen Antrag stellen.

12.5 Anreicherung von Produkten und Dienstleistungen durch KI – Produkt- und Service-Innovationen – Verankerung der KI im Geschäftsmodell

Zusätzlich können **Produkte und Dienstleistungen durch KI angereichert** oder **Produkt- und Service-Innovationen** geschaffen werden. Hierzu wurde in den bisherigen Kapiteln bereits eine Vielzahl von Ideen präsentiert. Zusätzlich ist über **KI-only-Lösungen** nachzudenken, die ohne einen Zugriff auf die Künstliche Intelligenz nicht möglich wären. Manche dieser KI-only-Lösungen sind sogar schon zum zentralen Werttreiber von Geschäftsmodellen geworden. Hier ein paar Beispiele für **KI-only-Lösungen** bzw. **KI-gestützte Geschäftsmodelle**:

- ***ChatGPT*** und ***Dall-E*** sind zwei KI-only-Lösungen, die dem Unternehmen *OpenAI* zu Weltruhm und umfassenden Kapitelzuflüssen verholfen haben – vor allem von *Microsoft*.
- Das deutsche ***DeepL***-Übersetzungsprogramme gäbe es ohne KI nicht. Es stellt gleichzeitig das Herzstück des entsprechenden Unternehmens dar.
- ***DeepMind AlphaGo*** ist ein KI-gestütztes Produkt, welches das komplexe Brettspiel Go erfolgreicher meistert als alle Menschen zuvor.
- ***Aleph Alpha*** ist ein reines KI-Unternehmen mit der Vision: „To be the leading European company researching and creating next-generation strong artificial intelligence" [1].

12.6 Flankierendes Change-Management

Um bei der KI-Integration erfolgreich zu sein, muss die **Unternehmenskultur** und mit ihr das **Mindset** in den Unternehmen weiterentwickelt werden. Hierfür ist auf breiter Basis Vertrauen in die Künstliche Intelligenz und ihre Ergebnisse aufzubauen. Dabei kommt der in Abschn. 1.4.3 beschriebenen **Explainable Artificial Intelligence** eine nicht zu unterschätzende Bedeutung zu. Hierbei ist zu berücksichtigen, dass die Menschen Zeit benötigen werden, um sich auf diesen Paradigmenwechsel einzustellen. Folglich ist dem Aufbau einer **KI-unterstützenden Kultur** große Bedeutung beizumessen. Dazu bedarf es nicht nur der Investitionen in die **Entwicklung von Fähigkeiten der KI-Mitarbeiter**. Es sind in hohem

Maße auch **Investitionen in das mittlere und obere Management** zu tätigen, damit diese die Möglichkeiten und Grenzen der Künstlichen Intelligenz umfassend verstehen – und nicht aus Angst vor Blamage entsprechende Vorschläge und Ideen ihrer Mitarbeiter unterbinden.

Folglich ist das interne **Change-Management** eine Ihrer größten Herausforderung, um die Unternehmenskultur auf die Ausschöpfung der Möglichkeiten der Künstlichen Intelligenz auszurichten. Denn wie heißt es schön in dem Zitat, dass meist *Peter Drucker* zugeschrieben wird?

Culture eats strategy for breakfast.

Deshalb ist es wichtig, dass Sie alle Mitarbeiter schon im frühen Stadium in den Prozess der KI-Nutzung einbeziehen, statt sie – gleich einer Bombenwurf-Strategie – vor vollendete Tatsachen zu stellen. Langfristig werden Sie mit der besten KI-Anwendung nur Erfolg haben, wenn die Mitarbeiter ein **digitales Mindset** entwickeln. Denn KI-Lösungen greifen häufig in bestehende „Reviere" ein und rufen deshalb starke Abwehrreaktionen hervor (vgl. vertiefend zu Methoden des Change-Managements [23], S. 561–595). Zusätzlich ist eine starke **Unterstützung durch das C-Level** für den erfolgreichen Einsatz der Künstlichen Intelligenz unverzichtbar – wie auch bei der digitalen und ökologischen Transformation von Unternehmen (vgl. [24]).

► **Food for Thought** Ist das **Mindset Ihrer Organisation** schon digital? Das muss es werden, denn die Künstliche Intelligenz ist kein singuläres IT-Projekt, das man für ein paar Jahre vorantreibt, sondern eine strategische Ausrichtung des gesamten Unternehmens! Und der **KI-Impact** wird sich über die kommenden Jahre massiv verstärken – und keinen Unternehmensbereich auslassen.

Heute sind die Unternehmen gefragt, die ihre Prozesse, Produkte und Dienstleistungen mit KI anreichern oder selbst innovative KI-basierte Geschäftsmodelle auf den Markt bringen. Warten Sie dabei nicht auf Lösungen oder Unterstützung aus der Politik oder der Forschung.

Wer die Künstliche Intelligenz zum Erfolg bringen will, muss selbst agil, offen und kritisch sein!

Entwickeln Sie früh und umfassend **eigene KI-Kompetenzen** im Austausch mit Vertretern der Wissenschaft und der Wirtschaft. Durch brancheninterne und branchenübergreifende Kooperationen können Sie die notwendigen Investitionen stemmen. Gestalten Sie eigene **rechtskonforme Lösungen** im Austausch mit der Politik und erfinden Sie **innovative Produkte, Dienstleistungen, Prozesse und Geschäftsmodelle** im Austausch mit Ihren Kunden!

12.7 Controlling der KI-Journey

Zur Überprüfung der unternehmenseigenen KI-Journey durch das Controlling sind geeignete **Key Performance Indicators** zu definieren und in einem **KI-Journey-Dashboard** zusammenzuführen. Dieses sollte eine Reihe von KPIs enthalten, die sowohl die technische Leistungsfähigkeit der KI-Systeme als auch deren Auswirkungen auf Geschäftsziele und -prozesse messen. Durch die folgenden KPIs können die **Effizienz und Effektivität der eingeleiteten KI-Initiativen** ermittelt werden:

- **Genauigkeit der KI-Vorhersagen**
  Hier wird erfasst, wie oft die Vorhersagen oder Entscheidungen der KI korrekt sind. Diese Genauigkeit kann in verschiedenen Kontexten gemessen werden, je nachdem, für welche Aufgaben die KI eingesetzt wird.
- **Schnelligkeit der KI-Engines**
  Hierbei geht es um die Schnelligkeit, mit der umfassende Datenpools ausgewertet und Entscheidungen vorbereitet oder autonom getroffen werden können. Dies ist besonders wichtig, wenn Analysen in Echtzeit erforderlich sind.
- **Verfügbarkeit des KI-Systems**
  Hierzu werden die Ausfallzeiten der eingesetzten KI-Systeme erfasst.
- **Reduzierung manueller Aufgaben**
  Der Fokus liegt hier auf der Frage, in welchem Umfang durch den KI-Einsatz menschliche Arbeit ersetzt werden konnte (auf Stunden- oder Manntage-Basis bzw. in eingesparten Personalkosten).
- **Verbesserung der Entscheidungsfindung**
  Hierzu ist zu ermitteln, in welchem Umfang sich die Qualität der Entscheidungen nach der Einführung von KI-Lösungen verbessert hat (u. a. durch Kostenreduktion, Umsatz-/Gewinnsteigerung, verringerte Maschinen-Ausfallzeiten durch Predictive Maintenance etc.).
- **Return on Investment**
  Um den finanziellen Nutzen von KI-Lösungen zu ermitteln, sind die erzielten Erlössteigerungen den getätigten KI-Investitionen gegenüberzustellen. Steigerungen des ROI können bspw. durch Kosteneinsparungen, Umsatzsteigerungen oder eine erhöhte Produktivität erreicht werden. Der ROI für KI-Initiativen ist für einzelne Unternehmensbereiche sowie für das Unternehmen insgesamt zu ermitteln.
- **Compliance-Rate**
  Die Compliance-Rate misst, wie gut das Unternehmen bei der Einhaltung ethischer Richtlinien und gesetzlicher Vorschriften für den Einsatz von KI abschneidet.
- **Risikomanagement-Metriken**
  Anhand von Risikomanagement-Metriken sind Häufigkeit und Schwere von Datenschutzverletzungen, mögliche Bias in KI-Modellen und Fehlentscheidungen durch KI-Systeme zu ermitteln.

Alle diese KPIs sollten regelmäßig überprüft und aktualisiert werden, um sicherzustellen, dass sie weiterhin relevant und nützlich für die **Überwachung der KI-Journey** des Unternehmens sind. Es ist auch wichtig, dass alle diese Daten in einem leicht verständlichen Format präsentiert werden, damit Entscheidungsträger sie leicht interpretieren und darauf reagieren können.

Parallel kann das Controlling einen detaillierten **Audit-Plan** erstellen, um die KI-Journey effektiv zu überprüfen. Das **KI-Audit** kann sich hierbei auf die Überprüfung von KI-Systemen, auf Praktiken des Datenmanagements, die Trainingsprozesse der KI-Engines mit internen und/oder externen Daten, die Schulung von Mitarbeitern und Führungskräften sowie auf die Implementierung von KI-Initiativen konzentrieren. Der Audit-Plan sollte auch die Verantwortlichkeiten für verschiedene Aspekte des KI-Audits definieren. Im Rahmen dieses Audits ist auch zu prüfen, ob eine konsequente Ausrichtung an den Regeln der KI-Governance erfolgte (vgl. Abschn. 12.3.3). Hierbei geht es bspw. um die Einhaltung ethischer Richtlinien und gesetzlicher Vorschriften beim Einsatz der KI. Zusätzlich ist zu prüfen, in welchem Umfang die Künstliche Intelligenz selbst zum Controlling der KI-Journey beitragen kann (vgl. auch [28]).

Think-Box: Fragen, die Sie sich stellen sollten!

- Welche Geschäftsprobleme oder Herausforderungen können wir mit KI besser lösen als bisher?
- Was sind unsere Ziele und Erwartungen in Bezug auf KI?
- Wie umfassend ist unsere eigene KI-Kompetenz im Unternehmen?
- Verfügen wir über die notwendigen Daten und sind diese von hoher Qualität?
- Wissen wir, welche KI-ready Lösungen am Markt verfügbar sind?
- Haben wir die Fähigkeiten und Ressourcen, um KI-Projekte intern zu entwickeln oder benötigen wir externe Unterstützung?
- Wie integrieren wir KI in unsere bestehenden Systeme und Prozesse?
- Gibt es spannende KI-only-Produkte und -Dienstleistungen für unser Unternehmen oder können wir bestehende Angebot durch KI erfolgreicher machen?
- Können wir ein (neues) Geschäftsmodell auf KI aufbauen?
- Wie messen wir den Erfolg unserer KI-Initiativen?
- Welche rechtlichen und ethischen Überlegungen müssen wir bei der Verwendung von KI beachten?
- Wie gehen wir mit den menschlichen Auswirkungen der KI-Implementierung um, einschließlich möglicher Arbeitsplatzverluste oder Veränderungen in der Arbeitsweise?
- Wie stellen wir die Transparenz und Nachvollziehbarkeit unserer KI-Systeme sicher?
- Wie gewährleisten wir die Sicherheit unserer KI-Systeme?
- Wie fördern wir durch Change-Management eine Kultur, die Innovation und das Experimentieren mit KI unterstützt?
- Wurde ein Controlling für Überprüfung der Ergebnisse der KI-Journey installiert?
- Decken die definierten KPIs die relevanten Einsatzbereiche ab?
- Wurde ein verbindlicher Audit-Plan zur Begleitung unserer KI-Journey erarbeitet?

Zusammenfassung

Die nachfolgenden **Orientierungspunkte zur Ausgestaltung Ihrer KI-Journey** können Ihnen helfen, diese Reise erfolgreich zu gestalten:

- Identifizieren Sie die **potenziellen Bereiche**, in denen KI Ihrem Unternehmen Nutzen bringen kann.
- Mit dem 3-Horizonte-Modell steht Ihnen ein wichtiges Werkzeug zur Verfügung, um den **Status quo der KI-Nutzung in Ihrem Unternehmen** zu überprüfen.
- Sie können zusätzlich konkrete Aufgabenstellungen formulieren, um **Aktivitäten auf den Horizont-2- und -3-Ebenen anzustoßen**, damit möglichst früh das strategische Potenzial der Künstlichen Intelligenz für Ihr Unternehmen erkannt wird.
- Der Einsatz der **KI-Maturity-Map** zur Analyse Ihrer KI-Reife stellt einen unverzichtbaren ersten **Schritt des KI-Aufbaus** dar.
- Hier können Sie systematisch ermitteln, ob Sie die für eine erfolgreiche Nutzung der Künstlichen Intelligenz vorhandenen **Grundlagen** bereits im Unternehmen geschaffen haben.
- Zusätzlich können Sie erkennen, in welche **Anwendungsbereiche** die Künstliche Intelligenz schon eingeflossen ist.
- Basierend auf den **Ergebnissen der KI-Maturity-Map** beginnen Sie Ihre KI-Journey bzw. setzen diese mit klaren Prioritäten fort.
- Definieren Sie klare **Prioritäten** für die ausgewählten Anwendungsfälle in Form von Business Cases, basierend auf soliden Analysen.
- Vermeiden Sie es, alle Ressourcen auf eine **einzige KI-Initiative** zu setzen – verteilen Sie Ihr Investitionsrisiko, ohne den Fokus auf rentable Geschäftsfälle zu verlieren.
- Bauen Sie intern **eigene KI-Kompetenzen** auf, unterstützt durch **externe Ressourcen**.
- Künstliche Intelligenz wird zunehmend zu einer **Kernkompetenz** – und KI-Fachleute sind bereits heute eine rare Ressource.
- Gewinnen sich geschäftsrelevante **Daten** – diese sind das Lebenselixier der KI-Wertschöpfung.
- Beginnen Sie die **KI-Transformation** mit kleinen, schnellen Schritten: Pilotprojekte, Tests und Simulationen.
- Große Vorabinvestitionen sind nicht erforderlich, jedoch ist **Agilität** der Schlüssel zum Erfolg!
- Untersuchen Sie, welche **Canvas-Konzepte** Ihnen auf Ihrer KI-Reise am besten dienen können.
- Reinvestieren Sie die Ressourcen, die durch den Einsatz von KI frei geworden sind, in **innovative Geschäftsmodelle** – das Ziel eines KI-Einsatzes ist nicht bloßes Kostensenken, sondern die Sicherung der langfristigen Wettbewerbsfähigkeit.
- Die Implementierung von KI erfordert einen **Kulturwandel** in Ihrem Unternehmen – eine Offenheit für die Zusammenarbeit zwischen Mensch und Maschine ist essenziell.

- Beziehen Sie Ihre Mitarbeiter frühzeitig in die Konzeption von KI ein, betreiben Sie aktives **Change-Management** und sprechen Sie über aufkommende Bedenken und Ängste.
- Die **Nachvollziehbarkeit von KI-Ergebnissen** ist eine wichtige, aber schwer zu bewältigende Herausforderung.
- **Vertrauen in KI** wächst nur über die Zeit; seien Sie deshalb geduldig und konsequent in Ihrem Vorgehen.
- Setzen Sie ein **KI-Controlling** auf, um die Implementierung der Künstliche Intelligenz in Ihrem Unternehmen zu kontrollieren und zu steuern.
- Entwerfen Sie einen **KI-Audit-Plan**, damit die Prozesse immer wieder kritisch auf die Einhaltung von Standards und auf die Erzielung definierter Ergebnisse ausgerichtet bleiben.

Literatur

1. Aleph Alpha. (2023). The power to create. https://www.aleph-alpha.com/. Zugegriffen am 02.06.2023.
2. Amazon. (2023a). Amazon Rekognition. https://aws.amazon.com/de/rekognition/. Zugegriffen am 29.03.2023.
3. Amazon. (2023b). Amazon SageMaker. https://aws.amazon.com/de/sagemaker/. Zugegriffen am 07.06.2023.
4. AppliedAI. (2023). Reifegrad Assessment Tool. https://www.appliedai.de/ki-reifegrad. Zugegriffen am 06.06.2023.
5. AWS Open Data Registry. (2023). Registry of Open Data on AWS. https://registry.opendata.aws/. Zugegriffen am 07.06.2023.
6. Baghai, M., Coley, S., & White, D. (2000). *The alchemy of growth*. Perseus.
7. Berger, C., Blauth, R., Boger, D., Bolster, C., Burchill, G., DuMouchel, W., Pouliot, F., Richter, R., Rubinoff, A., Shen, D., Timko, M., & Walden, D. (1993). Kano's Methods of Understanding Customer-defined Quality. *Center for Quality of Management Journal, 2*(4/1993), 3–36.
8. Blank, S. (2015). Innovation at 50x. http://steveblank.com/2015/08/21/innovation-50x-in-companies-and-government-agencies/. Zugegriffen am 06.06.2023.
9. BMBF. (2023). Förderprogramm Erforschung, Entwicklung und Nutzung von Methoden der Künstlichen Intelligenz in KMU. https://www.foerderdatenbank.de/FDB/Content/DE/Foerderprogramm/Bund/BMBF/erforschung-entwicklung-nutzung-ki-kmu.html. Zugegriffen am 07.06.2023.
10. BMFSFJ. (2023). Förderprogramm Künstliche Intelligenz für das Gemeinwohl. https://www.foerderdatenbank.de/FDB/Content/DE/Foerderprogramm/Bund/BMFSFJ/kuenstliche-intelligenz-gemeinwohl.html. Zugegriffen am 07.06.2023.
11. BMWK. (2023). Der deutsche Gaia-X Hub. https://www.bmwk.de/Redaktion/DE/Dossier/gaia-x.html. Zugegriffen am 03.04.2023.
12. Brenner, W., van Giffen, B., Koehler, J., Fahse, T., & Sagodi, A. (2021). *Bausteine eines Managements Künstlicher Intelligenz. Eine Standortbestimmung*. Springer Gabler.
13. Bünte, C., & Wecke, B. (2022). *Künstliche Intelligenz – die Zukunft des Marketings* (2. Aufl.). Springer Gabler.

14. Data.gov. (2023). The Home of the U.S. Government's Open Data. https://data.gov/. Zugegriffen am 07.06.2023.
15. Europäische Kommission. (2023a). data.europa.eu – The official portal for European data. https://data.europa.eu/en. Zugegriffen am 06.06.2023.
16. Europäische Kommission. (2023b). Das Programm „Digitales Europa". https://digital-strategy.ec.europa.eu/de/activities/digital-programme. Zugegriffen am 07.06.2023
17. FacebookAI. (2023). We're unlocking the possibilities of AI, together. https://ai.facebook.com/. 06.06.2023.
18. Fraunhofer. (2023). Fraunhofer-Allianz Big Data und Künstliche Intelligenz. https://www.bigdata-ai.fraunhofer.de/. Zugegriffen am 07.06.2023
19. Google. (2023). Google Dataset Search. https://datasetsearch.research.google.com/. Zugegriffen am 07.06.2023.
20. Govdata. (2023). Das Datenportal für Deutschland. https://www.govdata.de/. Zugegriffen am 06.06.2023.
21. IBM (2023). IBM Watson. https://www.ibm.com/watson. Zugegriffen am 08.06.2023.
22. Kreutzer, R. T. (2018). *Toolbox für Marketing und Management*. Springer Gabler.
23. Kreutzer, R. T. (2021). *Toolbox für Digital Business. Leadership, Geschäftsmodelle, Technologien und Change-Management für das digitale Zeitalter*. Springer Gabler.
24. Kreutzer, R. T. (2023). *Der Weg zur nachhaltigen Unternehmensführung*. Springer Gabler.
25. OpenML. (2023). OpenML, A worldwide machine learning lab. https://www.openml.org/. Zugegriffen am 07.06.2023.
26. Open Data. (2023). Open Data im Tourismus. https://open-data-germany.org/. Zugegriffen am 06.06.2023.
27. Partnership-on-AI. (2023). Partnership on AI is bringing together device voices from across the AI community. https://www.partnershiponai.org/. Zugegriffen am 06.06.2023
28. Schneider, T. (2022). *Digitalisierung und Künstliche Intelligenz. Einsatz durch und im Controlling*. Springer Gabler.

13 Ausblick

Zusammenfassung

Es wird heute fast zu einseitig nur über die Risiken der Künstlichen Intelligenz gesprochen. Wir müssen uns vor allem fragen, wo die KI wertschöpfend eingesetzt werden kann.

Viele Befürchtungen im Zusammenhang mit der Künstlichen Intelligenz rühren daher, dass wir einen **Kontrollverlust** befürchten, weil wir nicht mehr nachvollziehen können, warum etwas passiert. Wenn wir ehrlich sind, akzeptieren wir diesen Kontrollverlust doch in einer Vielzahl von Anwendungen – schon heute. Wer kann schon – außer den jeweiligen Fachspezialisten – erklären, wie ein Verbrennungs- oder ein Dieselmotor genau funktioniert, wie ein Sonnenkraftwerk Energie erzeugt, wie der *Google*-Suchalgorithmus aufgebaut ist und wie die Prozesse in einem Smartphone ablaufen, das wir tagtäglich in die Hand nehmen? Und trotzdem nutzen und vertrauen wir auf diesen Systemen – 24/7.

► **Food for Thought** Es wird keine menschliche Zukunft mehr ohne Künstliche Intelligenz geben, so wie es keinen Alltag ohne Elektrizität oder ohne das Internet geben wird.

Welche **Herausforderungen für Politik und Gesellschaft** ergeben sich durch das immer stärkere Vordringen der Künstlichen Intelligenz? Neben den Unternehmen trägt die Politik eine maßgebliche Verantwortung dafür, dass die Reise in die KI-Welt eher mit Vorteilen als mit Nachteilen behaftet ist. Die erste Phase sollte analog zu der in den Unternehmen erfolgen:

R. T. Kreutzer, *Künstliche Intelligenz verstehen*, https://doi.org/10.1007/978-3-658-42598-2_13

Selber informieren ist unverzichtbar – idealerweise durch den Dialog mit den Machern!

Für die Politiker ist es wichtiger denn je, die **Auswirkungen der KI-Technologien** im Austausch mit Wissenschaft und Wirtschaft umfassend abzuschätzen. Allerdings sollten nicht nur die **Risiken**, sondern vor allem auch die **Chancen** in den Mittelpunkt der Betrachtung gestellt werden – aller Technologiefeindlichkeit zum Trotz, die zu oft zu beobachten ist. Deshalb sollte der Fokus auch nicht allein auf der Frage liegen, wie viele Arbeitsplätze durch die Künstliche Intelligenz bedroht sind. Vielmehr sollte gefragt werden, wie die Künstliche Intelligenz zum weiteren intelligenten und gesunden Wachstum unserer Volkswirtschaft beitragen kann.

Darüber hinaus gehört es zur Pflicht der Politiker, dieses Wissen durch entsprechende **Ausrichtung der Bildungsarbeit** auch an die Bevölkerung weiterzugeben, um so die **Entwicklung zum digital mündigen Bürger** zu fördern. Der **Bildung** kommt eine Schlüsselfunktion zu, KI-Kompetenz zu erlangen und der zunehmenden Entwicklungen der Ungleichheit der Möglichkeiten des Technologiezugangs entgegenzuwirken. Es kommt zu einem regelrechten **Wettrennen zwischen Technologie und Bildung**. Wer schon frühzeitig Zugang zu neuen Technologien hat, der über ein reines Bedienen hinausgeht und Anwendungskompetenz schafft, vermag diese Fähigkeiten besser in seinem Berufsleben einzusetzen und drohender Arbeitslosigkeit entgegenzuwirken.

Hierzu ist eine konstruktive politische Initiative zu stärken, um eine **soziale Debatte zum Thema Künstliche Intelligenz** voranzutreiben, damit Ängste und Befürchtungen ernst genommen und idealerweise überwunden werden können. Sonst überlässt man die Diskussion den Verschwörungstheoretikern und Apokalyptikern, die ihre Horrorvisionen auf ein (uninformiertes) Publikum ausrichten.

▶ **Merk-Box** Politik und Wirtschaft sollten sich gemeinsam um eine **Kultur der Transparenz und des Vertrauens in Sachen Künstlicher Intelligenz** bemühen. Das ist der beste Nährboden für die notwendige Aufbruchstimmung!

Zusätzlich bedarf es einer Re-Skilling-Initiative, um Berufseinsteigern und den schon Berufstätigen die relevanten Kernkompetenzen für die digitale Arbeitswelt zu vermitteln. Gefragt ist ein Curriculum für die digitale Bildung – von der Schule über das System der beruflichen Ausbildung bis hin zu den Hochschulen und Universitäten. Das ist heute wichtiger denn je!

Zusätzlich ist die intensive Zusammenarbeit zwischen Wissenschaft und Wirtschaft zu fördern, damit in Deutschland nicht nur herausragende Forschungsleistungen erzielt werden, sondern diese hier auch in vermarktungsfähige Produkte und Dienstleistungen einfließen. Diese Zusammenarbeit sollte auch mittelständische Unternehmen einschließen, die ggf. nicht über das notwendige Budget für umfassende KI-Forschungen verfügen. Dazu können die in Abschn. 12.4.3 angesprochenen Förderprogramme beitragen.

Die Unterstützung bei der Vermittlung von Arbeit ist ein weiterer wichtiger Bereich für die Politik, um Kosten für Arbeitnehmer und Arbeitgeber zu reduzieren und die richtigen

Fachkräfte schnell an den richtigen Arbeitsstellen tätig werden zu lassen. Nach wie vor ist die persönliche Weiterempfehlung aus dem Netzwerk des Arbeitnehmers die beste Möglichkeit, einen lukrativen Arbeitsplatz zu finden. Leistungsstarke KI-Systeme zur Ermittlung der Kompetenzen von Bewerbern können einen schnellen Abgleich mit den Anforderungen der Arbeitgeber fördern. Die Politik steht in der Verantwortung, die Entwicklung von effektiven Datenbanken zu fördern – am besten im internationalen Kontext. Hierzu können auch die in Kap. 8 beschriebenen Konzepte für das Personal-Management eingesetzt werden.

Die langfristigen Arbeitsplatzeffekte des KI-Einsatzes sind ganzheitlich zu durchleuchten. Je weiter die Automatisierung und damit die Freisetzung von Arbeitskräften voranschreitet, ohne gleichzeitig im gleichen Umfang neue Arbeitsplätze zu schaffen, desto schwieriger wird die Erreichung und Erhaltung einer Vollbeschäftigung werden. Gleichzeitig kann dem immer gravierender werdenden Fachkräfte-Mangel entgegengewirkt werden. Es ist nicht notwendigerweise der Reichtum, der sich verringert, sondern dessen Verteilung in der Gesamtbevölkerung wird sich verändern. Die Aufgabe vorausschauenden Regierungshandelns ist es, im Zuge der gesamten Digitalisierungsdebatte dafür zu sorgen, dass auch die Künstliche Intelligenz dem Allgemeinwohl dient und nicht alleine die Gewinne einzelner Unternehmen erhöht.

▶ **Merk-Box** Die Gesellschaft insgesamt muss sich darüber im Klaren sein, was Künstliche Intelligenz bedeutet und wo die ethischen Grenzen gesetzt werden sollten. Gleichzeitig ist ein Bewusstsein darüber zu schaffen, welchen Beitrag die Künstliche Intelligenz zur Zukunftsgestaltung leisten kann und leisten muss, damit Deutschland und Europa hier nicht den Anschluss verlieren.

Zusätzlich hat die Politik einen verbindlichen **Rechtsrahmen** zu Themen wie Sicherheit und Datenschutz beim KI-Einsatz zu erarbeiten. Viele Unternehmen, die bereits KI-Anwendungen nutzen, bewegen sich in Grauzonen, da es für viele digitale Prozesse noch gar keine geregelten Bestimmungen gibt. Die Herausforderung besteht darin, einen Ausgleich zwischen dem **gesellschaftlichen Ziel des Schutzes persönlicher Daten** einerseits und der **Verfügbarkeit qualitativ hochwertiger Trainingsdaten für die KI-Algorithmen** zu schaffen.

▶ **Food for Thought** Durch die DS-GVO wurde europäischen Unternehmen der Zugriff auf personenbezogene Daten (bspw. von Interessenten und Kunden) deutlich erschwert. Hier werden US-amerikanische Unternehmen wie *Amazon*, *Google* und *Meta* ihren Wettbewerbsvorteil genauso beibehalten wie die korrespondierenden chinesischen Unternehmen wie *Alibaba*, *Baidu*, *JD.com* und *Tencent*.

Anders sieht es dagegen bei den Daten aus, die im Kontext von Industrie 4.0 gewonnen werden. Durch das Internet of Things bzw. das Internet of Everything werden viele Daten gewonnen, die nicht der DS-GVO unterliegen. Hier bieten sich für deutsche und europäische Unternehmen spannende Einsatzfelder, die es tatkräftig aufzugreifen gilt.

Es ist Aufgabe der Regierung, für ein ausgeglichenes Verhältnis zwischen regulatorischer Notwendigkeit und Freiräumen für innovative Geschäftsmodelle zu sorgen. Wie jedes Unternehmen muss auch jedes Land für sich entscheiden, wie weit oben in der KI-Liga es mitspielen möchte und welche staatliche Investitionsunterstützung gewährt wird. China ist entschlossen, die Weltliga der Künstlichen Intelligenz anzuführen, statt nur mitzuschwimmen. Was will Deutschland? Und vor allem: Was tut Deutschland hier – gerne auch im europäischen Rahmen? Zumindest wird in Deutschland über einen Masterplan Künstliche Intelligenz gesprochen, der auch mit Fördermitteln ausgestattet wurde. Aber wir wissen alle: Pläne und Budgets sind zwar notwendige Voraussetzungen für einen Erfolg. Der Erfolg selbst hängt aber maßgeblich von einer zielorientierten Implementierung ab.

Neben diesen regulatorischen Aspekten benötigt die Künstliche Intelligenz als Teil des Digitalisierungsprozesses eine leistungsfähige Infrastruktur als technischen Rahmen. Das beinhaltet vor allem ein schnelles, flächenübergreifendes (!) und leistungsfähiges Internet, das in Deutschland so leider immer noch nicht vorhanden ist.

Der umfassende Einsatz der Künstlichen Intelligenz schafft viele Chancen – deren Umsetzung ist aber auch mit großen Herausforderungen verbunden. Die Vorteile der Künstlichen Intelligenz zeichnen sich erst längerfristig ab. Deshalb erschließen sich die Vorteile von Anfangsinvestitionen nicht sofort. Somit sind – in Wirtschaft, Politik und Gesellschaft – nicht nur Geduld, sondern auch eine langfristige Strategie und ein Denken der Politiker und der Manager über Wahlperioden und Vertragslaufzeiten hinweg erforderlich. Politische und wirtschaftliche Entscheidungsträger gleichermaßen müssen eine deutliche Führungsrolle übernehmen, um den Transformationsprozess erfolgreich zu gestalten und Hindernisse zu überwinden. Die Angst vor Arbeitsplatzverlust ist genauso ernst zu nehmen wie die Gefahr, bei einer Ignoranz der KI-Technologien weltweit ins Hintertreffen zu gelangen.

Vor diesem Hintergrund sind auf Länderebene – gerne auch auf EU-Ebene – die folgenden Fragen zu beantworten:

- Welche KI-Investitionen stärken nicht nur die **Wettbewerbsfähigkeit**, sondern fördern auch die **Schaffung neuer Arbeitsplätze**?
- Wie sind die **Bildungssysteme und -angebote** zu gestalten, um ein tiefgreifendes Verständnis der Fähigkeiten und Grenzen der Künstlichen Intelligenz zu fördern?
- Wie können wir eine **Erhöhung der staatlichen Investitionen** in das menschliche Kapital des Landes gewährleisten?
- Wie sind die voraussichtlichen **Veränderungen auf dem Arbeitsmarkt** sozial verträglich zu gestalten, bspw. durch gemeinsame Initiativen von Regierung, Unternehmen und Gewerkschaften?
- Wie ist ein **gesunder Wettbewerb** zwischen Unternehmen zu fördern, um eine Tendenz zu KI-Monopolen, ähnlich den Monopolen in den Bereichen Suchmaschinen und soziale Netzwerke, zu verhindern?

- Wie können **rechtliche Rahmenbedingungen** (etwa für neue Arbeitsformen und Datennutzung) so gestaltet werden, dass der Transformationsprozess rechtlich abgesichert ist?
- Wie ist das **Urheberrecht** auszugestalten, damit KI-Systeme als Urheber von kreativen Lösungen anerkannt werden können, nicht nur Menschen?
- Welche Lösungen könnten zur **finanziellen Absicherung** von Menschen eingesetzt werden, wenn durch den Einsatz von KI signifikante Beschäftigungslücken und damit verbundene Arbeitslosigkeit entstehen (bspw. durch Maßnahmen zur Förderung der Mobilität, Schulungsmaßnahmen, bedingte/unbedingte staatliche Transfers)?
- Wie und in welchem Umfang können **globale KI-Standards** (u. a. militärische Grenzen, Datenschutz oder allgemeingültige Wertebilder von KI-Algorithmen) definiert werden?

Es wird noch länger dauern, bis bei einer Mehrheit der Unternehmen eine **KI-First-Strategie** zu erleben sein wird. Leider müssen sich zu viele Unternehmen noch zu sehr mit der Bewältigung ihrer digitalen und ökologischen Transformation beschäftigen, als dass sie schon heute die nächste Entwicklungsstufe – die umfassende Integration der Künstlichen Intelligenz – angehen könnten. Das ist sehr besorgniserregend, weil dadurch zukünftige Herausforderungen nicht in Angriff genommen werden!

Zur notwendigen **Gelassenheit als Bürger zum Umgang mit der Künstlichen Intelligenz** mag uns diese Einschätzung verhelfen (vgl. [1]):

Unsere Intelligenz ist das Produkt von Millionen von Jahren evolutionärer Entwicklung und ist darauf ausgelegt, ständig nach Erklärungsmustern zu suchen, die uns vor Bedrohungen schützen. Daher liegt unser Fokus nicht auf mathematischer Präzision. Vielmehr ist unser menschliches, intelligentes Denken stark durch Zufälligkeit geprägt. Anders ausgedrückt: Unsere geistige Freiheit rührt daher, dass unser Denken nicht einem universellen Algorithmus folgt. Niemand oder nichts hat uns vollständig programmiert. Dies macht uns nur teilweise vorhersehbar, da wir ständig kleinere und größere Fehler machen, die nicht programmierbar sind.

Deshalb wird es noch sehr lange dauern, bis eine auch nur annähernde Nachbildung des menschlichen Gehirns gelingen wird. Die Reise dorthin wird mit einer Vielzahl von Veränderungen in unserem privaten und beruflichen Leben einhergehen. Zu deren konstruktiver und mutiger Bewältigung wünschen wir allen unseren Lesern den erforderlichen Mut und das notwendige Selbstvertrauen!

► **Food for Thought** „Wer mitbestimmen will, wie weit Technik die Welt beherrscht, muss erst einmal die Technik selbst beherrschen.“ ([3], S. 67)

„AI is likely to be either the best or worst thing ever to happen to humanity, so there’s huge value in getting it right.“ [2]

Zusammenfassung

- Unsere Gesellschaft muss sich global auf **disruptive Veränderungen** durch die Künstliche Intelligenz einstellen.
- Wir befinden uns in einem **ständigen Metamorphose-Prozess**, der durch die Digitalisierung ausgelöst wurde und durch die Künstliche Intelligenz weiter verstärkt wird.
- Und: **Dieser Prozess wird nicht mehr zu Ende gehen!**
- Diskussionen darüber, ob Künstliche Intelligenz generell verwendet werden sollte oder nicht, sind nicht zielführend; schließlich kann weltweit niemand den **Einsatz dieser Technologie** aufhalten.
- Erfolgversprechender sind **aktive Diskussionen** darüber, wie man Diskriminierung, Missbrauch und Fehlentwicklungen von KI-Systemen eindämmen kann.
- Die Künstliche Intelligenz sollte primär als **Chance** begriffen werden, die anhaltenden weltweiten Herausforderungen von zunehmender Urbanisierung und Mobilität, von durchgreifenden demografischen Veränderungen sowie des globalen Klimawandels zu bewältigen.
- Eine internationale Initiative ist gefragt, um eine **globale KI-Richtlinie** zu entwickeln, die für alle Länder einen verbindlichen Orientierungsrahmen schafft.
- **Das Internet kennt keine Grenzen – die Künstliche Intelligenz auch nicht!**

Literatur

1. Gabriel, M. (2020). *Der Sinn des Denkens*. Ullstein.
2. Hawking, S. (2014). BBC interview vom 2.12.2014. https://www.youtube.com/watch?v=fFLVyWBDTfo. Zugegriffen am 13.12.2021.
3. Jung, A., Nezik, A.-K., Rosenbach, M., & Schulz, T. (2018). Angstträume. *Der Spiegel, 46*, 66–71.

Daten, Recht und Verantwortung – Rechtliche Herausforderungen beim Einsatz von Künstlicher Intelligenz

14

Rechtsanwalt Franz Peter Altemeier, DDV-Geschäftsführer

Zusammenfassung

Das Kapitel geht auf die aktuellen rechtlichen Herausforderungen beim Einsatz von Künstlicher Intelligenz ein und zeigt Wege für einen pragmatischen Umgang in der unternehmerischen Praxis auf. Zugleich diskutiert es die Ambivalenz der KI und die Rolle des Rechts bei deren Einsatz. Es wird auf den Einfluss des KI-Tools ChatGPT eingegangen und die damit verbundenen rechtlichen Risiken, insb. im Content-Marketing, werden erläutert. Urheberrechtliche und leistungsschutzrechtliche Aspekte werden betrachtet.

14.1 Die Ambivalenz der Künstlichen Intelligenz und die Rolle des Rechts

Es gibt kaum gesellschaftliche Themen, die ähnliche polarisieren wie die Debatte über den Einsatz Künstlicher Intelligenz. Das Thema gehört zu den **Streitthemen des 21. Jahrhunderts**. Dies ist vor allem seiner **Ambivalenz** geschuldet: Was den einen beflügelt und ihn zu Höchstleistungen befähigt, lähmt den anderen und lässt ihn erschaudern. Für den Otto-Normal-Bürger ist das Thema schwer greifbar: Für ihn lässt sich kaum erahnen oder nur spekulieren, zu welchen positiven wie negativen Errungenschaften die KI und ihre rasante Entwicklung in der Lage ist und was sie zur Folge haben könnte. Dem Thema hängt positives und negatives Faszinosum an.

Vielfach wird die Diskussion getragen von dem Wunsch nach einer besseren, zivilisierteren Welt und nach einer progressiven Nutzung der KI zur Bewältigung von Krisen und anderen menschengemachten Problemen. Diesem optimistischen Blick in die Welt will dieses Kapitel nicht entgegentreten. Wenn wir deshalb einen nüchternen Blick auf die Materie

R. T. Kreutzer, *Künstliche Intelligenz verstehen*, https://doi.org/10.1007/978-3-658-42598-2_14

werfen, erscheint sie uns, jedenfalls wenn wir in rechtlichen Kategorien denken, lösbarer oder jedenfalls steuerbarer, als zunächst vermutet. Allerdings lehrt uns auch die juristische Debatte in den vergangenen Jahren, dass wir hier noch am Anfang einer langen Reise stehen, in der wir uns auf neue, möglicherweise nicht lösbare **Konflikte** und **Rechtsunsicherheiten** einstellen müssen. Auf den ersten Blick mag schon die Komplexität der aktuellen Rechtslage abschreckend wirken und viele Rechtsanwender überfordern. Sie ist vor allem darauf zurückzuführen, dass zahlreiche Regelungsaspekte noch offen sind oder weiterer Anpassungen bedürfen. Wenn wir uns diesen Implikationen stellen wollen, können uns dabei rechtliche Denkschemata und der Glaube an die Ordnungsfunktion des Rechts helfen.

14.2 Künstliche Intelligenz und Recht: Begriff, Definition, Rechtsfragen

14.2.1 Begriff und Definition

Unter dem Begriff **Künstliche Intelligenz** werden unterschiedliche Technologien zur Lösung komplexer Aufgaben verstanden. Bereits der Begriff ist etwas unglücklich gewählt, da er sich von dem Versuch ableitet, kognitive Fähigkeiten des Menschen bei der Verarbeitung von Informationen zur Bewältigung von Aufgaben mit den Mitteln der Informatik nachzubilden. Dabei ist schon unklar, was überhaupt unter „menschlicher Intelligenz" zu verstehen ist. Sie nachzubilden, mit allen ihren Fehlern und Anfälligkeiten, erscheint wenig attraktiv. Wesentlich eindrücklicher und im Ergebnis zutreffender ist die vom *Europäischen Parlament* genutzte Definition. Danach ist Künstliche Intelligenz „die Fähigkeit einer Maschine, menschliche Fähigkeiten wie logisches Denken, Lernen, Planen und Kreativität zu imitieren" (vgl. [6]; vertiefend Abschn. 1.1).

Fassbarer wird es, wenn wir begreifen, dass neben der **Simulation „menschlich intelligenter Leistungen"** durch Informationstechnologie vor allem an **originär „intelligenten" Lösungen** gearbeitet wird. Als Basistechnologie ist KI in erster Linie ein Treiber für Innovationen und in der Lage, eine neue industrielle Revolution auszulösen. Denn solche Systeme können, anders als ihre Vorgänger, ihr Handeln anpassen, die Folgen früherer Aktionen analysieren, einordnen und sie – das macht sie so revolutionär – autonom weiterentwickeln.

14.2.2 Rechtsfragen zur Verwendung von KI

Die Rechtswissenschaft befasst sich aktuell vor allem mit vier **Kategorien rechtlicher Fragestellungen**:

- Wo dürfen KI-Systeme eingesetzt werden?
- Welche Standards müssen Systeme für Künstliche Intelligenz einhalten und wie transparent muss ihr Einsatz sein?

- Welche Verantwortung (des Menschen) besteht für den Einsatz von KI?
- Wie lässt sich diese Verantwortung sowohl zivilrechtlich als auch strafrechtlich beschreiben und welche Rechtsanwendungsbefehle lassen sich ableiten?

Außerdem stehen verschiedene **Zurechnungsfragen** im Raum:

- Wer ist Erfinder im Sinne des Gesetzes, wenn eine KI etwas erfindet?
- Wie viel „Mensch" muss bei der Nutzung der KI bleiben, damit das Ergebnis ihres Einsatzes ihm zugerechnet werden kann?
- Wie weit kann und darf der Einsatz der Künstlichen Intelligenz gehen – ethisch wie rechtlich?

Nicht ohne Grund verlangt beispielsweise Artikel 22 der Datenschutz-Grundverordnung (DS-GVO), dass es beim Einsatz von Technik immer eine **menschliche Letztentscheidung** geben muss. Dadurch soll verhindert werden, dass der Mensch einer ausschließlich automatisierten Entscheidung unterworfen und er somit zum Objektsein degradiert wird. Dies folgt richtigerweise dem Maßstab der „Objektformel", die durch die Rechtsprechung des Bundesverfassungsgerichts aus der **Menschenwürde** des Artikel 1 Absatz 1 Grundgesetz herausgelesen wird (vgl. [4]). Damit einher geht die Frage, wie viel **Restentscheidungsbefugnis** beim Menschen verbleiben muss. Diese spielt bspw. bei der Risikofolgenabschätzung des autonomen Fahrens eine große Rolle (vgl. zum autonomen Fahren und dem Trolley-Problem Abschn. 1.4.1).

14.3 Tsunami der Informationsgesellschaft

Die Diskussion wird durch das KI-Tool ***ChatGPT*** des US-amerikanischen Unternehmens *Open AI* beflügelt. Es avanciert aktuell weltweit zur erfolgreichsten **Lösung der generativen künstlichen Intelligenz**. Anders als „normale" Bots generiert es Erkenntnisse und kontextbezogene Informationen auf nicht-deterministische Weise durch intelligente, offene Eingabeaufforderungen, die sogenannten Prompts (vgl. vertiefend Abschn. 4.2.2). Hierdurch wurde gleichsam ein **Tsunami der Informationsgesellschaft** ausgelöst (vgl. auch [2]):

Schauen wir uns die relevanten Cases einmal genauer an. *ChatGPT* wird aktuell vor allem als **Sparringspartner im Marketing** eingesetzt – als Inspirationsquelle, Ideengeber, aber auch bei der Keyword-Recherche. Für diese Art der Nutzung sind die rechtlichen Risiken überschaubar. Obacht ist lediglich geboten, wenn sensible Daten durch den Nutzer selber in das Tool eingespeist werden, wie bspw. Geschäftsgeheimnisse oder Gesundheitsdaten. Dem Nutzer muss klar sein, dass eine KI ihn nicht vor Haftung und Verantwortung befreien kann, wenn einer KI-Engine solche Daten zur Verfügung gestellt werden. Jeder, der ein KI-Tool nutzt, muss sich bewusst sein, dass er verantwortlich bleibt für den Inhalt, den er veröffentlicht (vgl. zu diesem Feeding genannten Prozess Abschn. 4.2.2).

Die Ergebnisse von *ChatGPT* können im Zuge der Ideenfindung grundsätzlich genutzt werden. Aber auch hier lohnt sich ein kritischer Blick auf die Ergebnisse. Noch immer machen auch lernende Systeme Fehler (vgl. [7]). Ein entsprechendes Lektorat ist in jedem Fall nicht nur zu empfehlen, sondern unverzichtbar (vgl. Abb. 4.7 und 4.8). Bei der Weitergabe der Inhalte der von *ChatGPT* genierten Texten an Dritte (etwa an Agenturen) ist nach mehreren Aspekten zu differenzieren.

14.3.1 Urheberrecht

Grundsätzlich ist es möglich, dass eine KI wie *ChatGPT* ihre Inhalte aus urheberrechtlich geschützten Texten, Bildern und Codes generiert. Dem Nutzer wird dies regelmäßig nicht bekannt sein. Dies muss ihn zunächst auch nicht interessieren, da er als reiner Nutzer der Software nicht, sondern nur der Anbieter haften würde. Etwas anderes könnte gelten für Inhalte, die durch die Nutzung der KI erstellt und veröffentlicht werden.

Voraussetzung für **urheberrechtlichen Schutz eines Werkes** ist stets eine persönliche geistige Schöpfung (§ 2 Abs.2 UrhG). Das heißt, dass zur Anwendbarkeit des Urheberrechts die Frage zu klären ist, ob und inwieweit die zu schützenden Werke auf eine gestalterische Tätigkeit einer menschlichen Person zurückzuführen sind. Hierbei gilt:

Ausschließlich KI-generierte Inhalte sind urheberrechtlich nicht geschützt.

Gleiches gilt bspw. für KI-generierte Bilddateien. Wenn der Mensch an dem Prozess nicht beteiligt war oder ist, scheidet ein Urheberschutz am geschaffenen Werk aus. Dies nachzuweisen, dürfte die Praxis vor Herausforderungen stellen: Denn je mehr künstlich generierte Texte in die Trainingsdaten des KI-Tools einfließen, desto kleiner wird das verbleibende Substrat menschlicher kreativer Tätigkeit. Damit steigen die Anforderungen an die Beweisführung. Denn es ist davon auszugehen, dass im Netz die Zahl der gemeinfreien Texte und Bilder in den kommenden Jahren rasant ansteigen werden, ohne dass sie (auch mit Hilfe von spezieller Software) von menschlichen Werken unterschieden werden könnten.

Anders als dieser Output können die **Prompts**, also die (menschlichen) Texte für das Briefen der KI, urheberrechtlich geschützt werden. Die geistigen Werke von sog. **Prompt Engineers**, die von der KI zu erledigende Aufgaben formulieren bzw. beschreiben, finden sich schon jetzt in (kostenpflichtigen) **Prompts-Datenbanken**.

Vor diesem Hintergrund ist davon auszugehen, dass mit der rasanten Entwicklung und Nutzung der KI-Tools das Urheberrecht, in der Form wie wir es heute kennen, sein Ende finden wird. Dies gilt jedenfalls für die Texte und Ausdrucksformen, die sich außerhalb literarischer Werke etablieren werden. Bei solchen literarischen Werken lassen sich meist noch ein schöpferischer Autor und damit ein Urheberrechtsschutz zuordnen. Außerdem dürfte die Versuchung groß sein, *ChatGPT* und andere KI-Tools bei der Veröffentlichung der Texte nicht als (Mit-)Autor zu benennen. Auch dadurch wird es künftig immer schwieriger werden, eine natürliche Urheberschaft nachzuweisen.

14.3.2 Leistungsschutzrecht

Auch das **Leistungsschutzrecht** ist den neuen Herausforderungen (noch) nicht gewachsen. Als Leistungsschutzrecht werden „verwandte Schutzrechte" bezeichnet. Diese gelten neben dem Urheberrecht und knüpfen an den **Prozess einer Leistungserbringung** an. Das Leistungsschutzrecht schützt Leistungen, die – anders als beim Urheberrecht – nicht schöpferisch sind, aber mit urheberrechtlich geschützten Werken in Verbindung stehen oder der schöpferischen Leistung des Urhebers ähnlich sind. Das Gesetz stellt auf die **Erbringung von Leistungen** ab.

So kann bspw. derjenige, der eine wesentliche Investition zur **Schaffung einer Datenbank** vorgenommen hat, von einem Leistungsschutzrecht, dem Schutz des Datenbankherstellers, profitieren (§§ 87a ff. UrhG). Ein **Leistungsschutz für künstliche Texte** vor Anpassung, Veränderung oder Verwertung gibt es nicht. Dagegen könnte **KI-generierte Musik** in den Anwendungsbereich des Gesetzes fallen, konkret das Leistungsschutzrecht des Tonträgerherstellers (§ 85 UrhG). Ob und inwieweit etwaige Schutzlücken durch **spezielle KI-Leistungsschutzrechte** geschlossen werden sollten, wird in der rechtswissenschaftlichen Fachliteratur diskutiert. Hier ist bspw. an die Leistungen der Programmierer als Hersteller der Künstlichen Intelligenz oder weiterer am Entwicklungs- und Trainingsprozess beteiligter Personen zu denken. Auch im **Patentrecht** stellt sich die Frage, ob unter Einsatz von Künstlicher Intelligenz geschaffene Werke zu Gunsten einer natürlichen oder juristischen Person patentiert werden können.

14.3.3 Kennzeichnungspflicht

Eine **Verpflichtung zur Kennzeichnung KI-generierter Werke oder Inhalte** gibt es (noch) nicht. Über Art und Umfang einer derartigen Verpflichtung wird aktuell auf europäischer Ebene gestritten. Es ist davon auszugehen, dass mit der geplanten KI-Verordnung (Stichwort **AI Act**, vgl. Abschn. 1.6) eine solche Verpflichtung in Europa eingeführt wird. Die Verordnung wird weltweit der erste Versuch zur Regulierung von Künstlicher Intelligenz sein. Der Versuch wird damit mehr als nur eine Blaupause für andere außereuropäische Länder sein. Der AI ACT könnte geeignet sein, richtungsweisende Maßstäbe zu setzen, die sich auch in anderen Rechtssystemen niederschlagen. So hat bereits die DS-GVO außerhalb des EU-Rechtsraumes neue Maßstäbe im Umgang mit Datenschutz setzen können. Die europäischen Bemühungen zur Schaffung eines einheitlichen **„Level Playing Fields"** bleiben auch für den anglo-amerikanischen Rechtsraum und seine Wirtschaftsbeziehungen vor allem zu EU-Mitgliedsländern nicht folgenlos. Damit dürfte der europäischen Gesetzgebung enormes Gewicht zufallen.

Festzuhalten bleibt, dass Unternehmen für ihre **Kundenkommunikation** verantwortlich bleiben. Dies gilt auch beim Einsatz von „klassischen" Chatbots in Kundenportalen. Es können Urheberrechtsverletzungen, Wettbewerbsverstöße, Persönlichkeitsverletzungen und vor allem Verstöße gegen Datenschutzvorgaben drohen. Letztere werden immer dann besonderes relevant, wenn durch Serviceanfragen personenbezogene Daten der Kunden verarbeitet werden. Je nach Art der Daten dürfte regelmäßig eine **Datenfolgenabschätzung**, also ein Risiko-Assessment nach Art. 35 DS-GVO, erforderlich sein. Dies gilt erst recht beim Einsatz von KI-generierten Chatbots (vgl. Abschn. 14.5).

Spätestens mit der vorgenannten KI-Verordnung (AI Act) wird es auch für diesen Bereich neue **Compliance-Vorgaben** geben. Auch für falsche Informationen muss ein Unternehmen im Zweifel einstehen. Besondere Vorsicht gilt vor (un-)gewollten Vertragsabschlüssen. Durch die **Zurechnungslehre** können rechtlich wirksame Verträge durch den Chatbot geschlossen werden. Sind Verbraucher beteiligt, müssen die aus dem E-Commerce bekannten fernabsatzrechtlichen Informationspflichten und Widerrufspflichten aus dem Verbraucherrecht beachtet werden.

14.4 Generative Künstliche Intelligenz: Regulierung steht am Scheideweg

Anspruch an eine (europäische) Regulierung ist eine angemessene **Balance zwischen effektiver Regulierung und der Förderung innovativer Geschäftsmodelle** im Bereich generativer Künstlicher Intelligenz. Dies ist zuletzt auch in einer Anhörung im Digitalausschuss des Deutschen Bundestags im Mai 2023 deutlich geworden. Die Experten waren sich weitestgehend einig, dass die Zeit für entsprechende (europäische) Vorgaben drängt. Dies gelte vor allem im Hinblick auf **Transparenzfragen** zur Kennzeichnung von KI-basierten Texten und anderen offenen Fragen beim Einsatz von KI. Die im Juni 2023 – und damit schneller als zunächst erwartet – gestarteten Trilog-Verhandlungen werden alsbald Klarheit über Regelungsmaterie und Vorgaben für die Anwender bringen. Politische Beobachter gehen davon aus, dass die Verordnung noch vor der Europawahl 2024 verabschiedet werden könnte. Die neuen Regelungen dürften allerdings – unter Berücksichtigung einer 18-monatigen Übergangszeit – nicht vor 2025 in Kraft treten.

Die Verordnung sieht als **Grundlage für die Regulierung** ein **angestuftes Schutzkonzept** vor. Konkret im Raum stehen neben den Transparenz- auch Kodex- und Haftungsfragen, auch Verbote für besonders risikobehaftete KI. Gesonderte Prüfungen sollen bspw. für den medizinischen Bereich erforderlich sein. Während es eine Reihe von KI-Ansätzen gibt, bei denen nur minimale Risiken gesehen werden (etwa KI-gestützte Videospiele), sollen bei höheren Risiken besondere **Transparenzverpflichtungen** gelten. So muss bspw. erkennbar sein, dass im Kundendialog ein Chatbot im Einsatz ist. Bei KI-Systemen mit hohem Risiko sind hohe **Prüf- und Freigabeauflagen** zu erfüllen. **Verbote** soll es bspw. für KI-Systeme und KI-Anwendungen geben, die menschliches Verhalten manipulieren, um den freien Willen der Nutzer zu umgehen. Auch Social Scoring soll, wenn überhaupt, nur unter sehr strengen Auflagen möglich sein (vgl. am Beispiel China Abschn. 5.2.2). Nach Schätzungen der EU-Kommission werden etwa 5 bis 15 % der Systeme bzw. Anwendungen in die höchste Risikokategorie fallen.

Interessant dürfte auch der Fortgang der Richtlinie zur Anpassung der außervertraglichen zivilrechtlichen Haftung für KI (**Richtlinie über KI-Haftung**) sein. Dazu stellte die EU-Kommission im September 2022 einen entsprechenden Entwurf vor (vgl. [5]). Nach dem Willen der EU-Kommission soll sichergestellt werden, dass „Opfer von durch KI verursachten Schäden den gleichen Schutz erhalten wie Opfer von Schäden, die durch Produkte im Allgemeinen verursacht wurden". Zudem sollen Unternehmen mehr Freiräume bei der Nutzung von KI erhalten. Denn noch immer stehen erhebliche Rechtsunsicherheiten und Haftungsrisiken im Raum. Hindernisse sollen ausgeräumt und Haftungsrisiken für Unternehmen verringert werden. Gleichwohl ist davon auszugehen, dass die **Compliance-Anforderungen** an unternehmerische Aktivitäten steigen werden. Als lähmend für innovative Geschäftsmodelle erweisen dürften sich vor allem die hohen Bußgeldandrohungen bei Nicht-Einhaltung von Compliance-Vorgaben (vgl. zur KI-Governance Abschn. 12.3.3).

14.5 Schutz persönlicher Daten: hohe Anforderungen an automatisierte Entscheidungssysteme

Besondere Bedeutung fällt de lege lata, d. h. „nach geltendem Recht", dem **Schutz personenbezogener Daten** zu: Alle Anbieter und Nutzer von KI-Systemen sind (unabhängig von der geplanten KI-Verordnung) zum Schutz persönlicher Daten verpflichtet. Die DS-GVO stellt vor allem hohe Anforderungen an automatisierte Entscheidungssysteme. Es wird für den Rechtsanwender in hohem Maße entscheidend sein, ob und inwieweit es den nationalen und europäischen Datenschutzbehörden im Umgang mit generativer KI wie *ChatGPT* gelingen wird, durch eine pragmatische Herangehensweise zu überzeugen (vgl. [1]).

Für Diskussionen nicht nur in der rechtswissenschaftlichen Kommentarliteratur gesorgt hatte zuletzt die Entscheidung der italienischen Datenschutzbehörde im Zuge der Freischaltung von *ChatGPT* im November 2022. Diese hatte den Betrieb von *ChatGPT* kurzzeitig landesweit untersagt. Die Behörde warf dem Betreiber *OpenAI* vor, entsprechende DS-GVO-Regularien nicht bzw. nur unzureichend vor Markteintritt geprüft zu haben. Das betraf persönliche Daten in Trainingsdaten, fehlende Rechtsgrundlagen, mangelnde Transparenz und Probleme mit der Datengenauigkeit und der Alterskontrolle. Dieser Paukenschlag war keinesfalls nur ein kurzzeitiger Reflex einer Behörde, die das Verbot wieder aufhob, nachdem *OpenAI* kurzfristig an *ChatGPT* nachbesserte. Schließlich stellen auch andere Behörden, wie der deutsche, aber auch der europäische Datenschutzausschuss kritische Fragen an den Einsatz von *ChatGPT*. Hierbei ging es bspw. um Zwecke des Profiling, um die Verarbeitung sensibler Daten und um die indirekte Datenerhebung.

Es bleibt abzuwarten, wie andere Datenschutzbehörden in Zukunft vorgehen werden (vgl. [8, 10]). Soweit einzuschätzen, steht ein generelles Verbot nicht (mehr) im Raum, allerdings muss davon ausgegangen werden, dass *OpenAI* nachbessern und sein *ChatGPT* mit Blick auf die (neuen) Anforderungen (vgl. Abschn. 14.4) anpassen muss.

14.6 Reaktionen von DS-GVO-Gesetzgeber und Wirtschaft

Die Reaktionen auf nationaler (bspw. Bundestag und Bundesrat) und internationaler Ebene (bspw. European Data Protection Board) auf den Umgang mit *ChatGPT* zeigen einmal mehr, dass das Datenschutzrecht überdacht werden muss. Das **Verbot mit Erlaubnisvorbehalt** funktioniert nicht (mehr). Denn eine „Einwilligung in Kenntnis der Sachlage", ist – wie es die DS-GVO einfordert – bei KI-gestützter Datenverarbeitung nicht oder nur schwerlich möglich. Die Verarbeitung auf der Ebene des einzelnen Datensatzes findet weitestgehend in einer „Black Box" statt. Es dürfte regelmäßig eine Rechtsgrundlage fehlen und auf das „berechtigte Interesse" nach Art. 6 DS-GVO zurückgegriffen werden müssen. Dies dürfte dem **Grundsatz der Transparenz** nur schwerlich dienen. Auch das Erfordernis der „Datenminimierung" dürfte damit als Kriterium für Korrekturmaßnahmen obsolet geworden sein. Vielmehr wäre es zu akzeptieren, dass die DS-GVO in einer technologieneutralen und innovationsorientierten Weise zu gelten habe (vgl. Erwg. 15 der DS-GVO). Letzteres würde vor allem ihre Sinnhaftigkeit in Frage stellen. Jedenfalls wird zu akzeptieren sein, dass der **Aufwand für Folgenabschätzungen** und zusätzliche **Schutzmaßnahmen** erheblich sein dürfte.

Den (politischen) Bemühungen zur Reduzierung bürokratischer Hürden dürfte dies zuwiderlaufen. Möglichweise ließe sich die DS-GVO-konforme Funktionsweise durch **Zertifizierungen** und **Konformitätssiegel** bestätigen lassen. Hierzu sollten die Datenschutzbehörden verlässliche Vorgaben für die Pseudonymisierung und Anonymisierung von personenbezogenen Daten machen können (vgl. auch [9]).

Als **vertrauenschaffende Maßnahme** dem Anwender und der Aufsichtsbehörde gegenüber könnten Anbieter von KI-Anwendungen, die kein hohes Risiko darstellen, auf (freiwillige) Verhaltensregeln oder Selbstverpflichtungen repräsentativer Verbände zurückgreifen. Teilweise arbeiten Unternehmen bereits mit freiwilligen Verhaltensregeln oder Selbstverpflichtungen. So hat sich jüngst die *Deutsche Telekom* einem „Manifest zur Nutzung von Künstlicher Intelligenz" unterworfen. Es setzt den Konzerneinheiten den Rahmen für die Verarbeitung von Beschäftigten-Daten in KI-Systemen [3].

14.7 Red Flags im Umgang mit KI-Tools

In der Beratungspraxis für Unternehmen sind insbesondere drei Felder zu beachten, die hier „Buzzword-artig" noch einmal im **Umgang mit KI-Tools** zusammengefasst werden sollen:

- Das Thema **„Verantwortlichkeit"** muss in Fleisch und Blut übergehen. Grundsätzlich sollten keine KI-generierten Texte und Bilder ungeprüft herausgegeben werden.
- Bei der Nutzung von KI-generiertem Output ist das **Urheberrecht** zu beachten. Es gilt auch für Code-Zeilen. In der juristischen Fachliteratur ist bspw. umstritten, wie mit

Software umzugehen ist, die aufgrund mathematischer Darstellungen etwa neue Bilder erstellt und dafür (auch nur teilweise) auf urheberrechtlich geschützte Ausgangsdaten zurückgreift und sie nutzt (insb. bei Deep-Learning-Modellen relevant). In der unternehmerischen Praxis können KI-Tools zur Aufdeckung von möglichen Urheberrechtsverletzungen helfen.
- **Datenschutz-Compliance** (bspw. beim „Feeding“): Beim Maschine Learning lauern datenschutzrechtliche Risiken. Vorsicht gilt bei geschützten Informationen wie Geschäftsgeheimnissen bzw. bei durch das Anwaltsgeheimnis geschützten Informationen. Die DS-GVO stellt hohe Anforderungen an automatisierte Entscheidungssysteme (insb. beim „Scoring“). Wenn KI-basierte Systeme personenbezogene Daten speichern oder zum Training verwenden, sind für die Herstellung oder den Einsatz des KI-Programms u. a. Informationspflichten zu beachten. Grundsätzlich sollten Unternehmen wissen, dass hier mit hoher Wahrscheinlichkeit eine Datenschutzfolgenabschätzung durchgeführt werden muss. Das bedeutet für Unternehmen, dass sie Richtlinien entwickeln sollten, um Compliance-Anforderungen bspw. bei der Einstellung von Prompts zu bewältigen. Diese Prompts sollten grds. keine persönlichen Daten oder Geschäftsgeheimnisse beinhalten. Zudem braucht es Prozesse zur Qualitätskontrolle (insb. beim Output).

14.8 Ausblick

- KI wird immer **intermodaler**: Künstliche Intelligenz wird vielfältige Aufgaben lösen und lösen müssen. Die Folge sind vielfältige Implikationen in allen Lebensbereichen (etwa in der Arbeitswelt beim Beschäftigtendatenschutz).
- **Recht** kann mit technischer Entwicklung nicht mithalten. Die Politik ist aufgefordert, das Recht zügig weiterzuentwickeln und in diesem Zuge die regulativen Vorgaben an die Wirtschaft zu präzisieren und zu vereinfachen.
- Manche **Grundgedanken und Ziele des Datenschutzrechts** stehen mit der für KI-Technologien erforderlichen massenhaften Datenverarbeitung in **diametralem Widerspruch**. Positiv betrachtet eröffnet Rechtsunsicherheit aber auch Spielräume, die es zu nutzen gilt. Das Ineinandergreifen von Recht und KI gilt es in Zukunft immer wieder neu zu bestimmen.
- Jedes Unternehmen – auch KMU – sollten in Anbetracht der Sicherstellung der Wettbewerbsfähigkeit eine eigene **Digitalstrategie** entwerfen. Diese sollte neben einem ohnehin erforderlichen Digitalisierungskonzept auch den Einsatz von KI-Anwendungen berücksichtigen.
- Dabei können und sollten die **Vernetzungsangebote** der zahlreichen KI-Plattformen und der KI-Förderungsangebote der Bundes- und Landesregierungen genutzt werden. Einen wichtigen Ansprechpartner stellt hier bspw. der ***Deutsche Dialogmarketing Verband*** für seine Mitglieder dar.

Literatur

1. Datenschutzkonferenz. (2019). Hambacher Erklärung zur Künstlichen Intelligenz. https://www.datenschutzkonferenz-online.de/media/en/20190405_hambacher_erklaerung.pdf. Zugegriffen am 23.06.2023.
2. DDV. (2023). Quintessenz, OpenAI - das Unternehmen hinter ChatGPT. https://www.ddv.de/ihre-woechentliche-quintessenz-openai-das-unternehmen-hinter-chatgpt-und-dall-e.html. Zugegriffen am 26.06.2023.
3. Deutsche Telekom. (2023). Manifest. https://www.telekom.com/resource/blob/1025798/169e50ff1e61f2c69512aa9961dd1d03/dl-230210-ki-manifest-data.pdf. Zugegriffen am 23.06.2023.
4. Dürig, G. (1958). Kommentar Art. 1 Abs. 1, Rdnr. 28; BVerfGE 27, 1, 6 – Mikrozensus. In T. Maunz & G. Dürig (Hrsg.), *Grundgesetz*. Beck.
5. EU. (2022). COM (2022) 496: Vorschlag für eine Richtlinie des Europäischen Parlaments und des Rates zur Anpassung der Vorschriften über außervertragliche zivilrechtliche Haftung an künstliche Intelligenz (Richtlinie über KI-Haftung). https://eur-lex.europa.eu/legal-content/DE/HIS/?uri=COM%3A2022%3A496%3AFIN. Zugegriffen am 23.06.2023.
6. EU. (2023). Künstliche Intelligenz – Exzellenz und Vertrauen. https://commission.europa.eu/strategy-and-policy/priorities-2019-2024/europe-fit-digital-age/excellence-and-trust-artificial-intelligence_de. Zugegriffen am 03.04.2023.
7. Gall, I. (2023). ChatGPT – Hamburger Expertin warnt vor großen Gefahren. https://www.abendblatt.de/hamburg/article238286585/ChatGPT-Hamburger-Expertin-warnt-vor-grossen-Gefahren.html. Zugegriffen am 26.06.2023.
8. Heise. (2023). So grillen Datenschützer OpenAI. https://www.heise.de/news/DSGVO-So-grillen-Datenschuetzer-OpenAI-9159102.html. Zugegriffen am 23.06.2023.
9. Stiftung Datenschutz. (2022). Praxisleitfaden zum Anonymisieren personenbezogener Daten der Stiftung Datenschutz aus Dezember 2022. https://stiftungdatenschutz.org/fileadmin/Redaktion/Dokumente/Anonymisierung_personenbezogener_Daten/SDS_Studie_Praxisleitfaden-Anonymisieren-Web_01.pdf. Zugegriffen am 23.06.2023.
10. ULD Schleswig-Holstein. (2023). Official request. https://www.datenschutzzentrum.de/uploads/chatgpt/20230419_Request-OpenAI_ULD-Schleswig-Holstein_IZG.pdf. Zugegriffen am 23.06.2023.

Stichwortverzeichnis

R. T. Kreutzer, *Künstliche Intelligenz verstehen*,
https://doi.org/10.1007/978-3-658-42598-2

B

D

M

T

U

GPSR Compliance

The European Union's (EU) General Product Safety Regulation (GPSR) is a set of rules that requires consumer products to be safe and our obligations to ensure this.

If you have any concerns about our products, you can contact us on ProductSafety@springernature.com

In case Publisher is established outside the EU, the EU authorized representative is:

Springer Nature Customer Service Center GmbH
Europaplatz 3
69115 Heidelberg, Germany

Batch number: 08457186

Printed by Printforce, the Netherlands